JN431256

제 2 판

GX Works2를 활용한

MELSEC Q PLC

기초부터 터치패널
[GOT · TOP] 활용하기

주동인 저

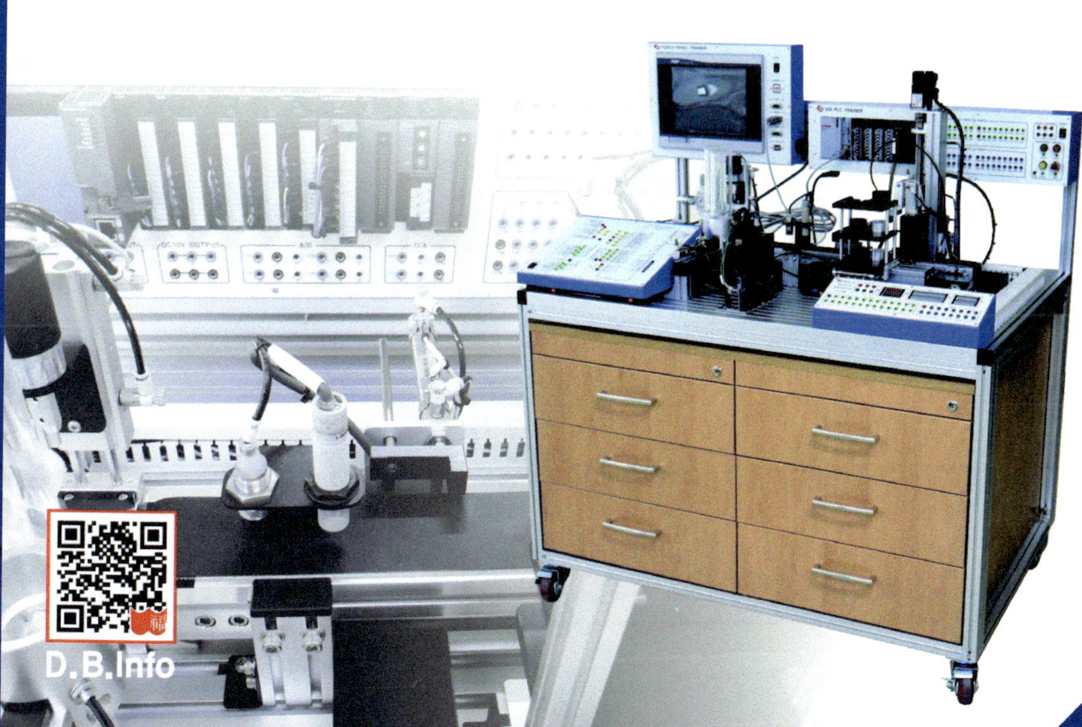

D.B.Info

소개의 글

멜섹Q PLC가 자동차 제조, 통신장비 및 통신장비 검사장비 등 다양한 제조업 분야에서 사용되고 있으므로, 본교재 내용을 각각의 산업현장에서 활용되는 분야에 맞게 대학에 재학 중인 공학도뿐만 아니라 기업에 종사하는 기술자에게도 실제적인 도움을 줄 수 있도록 멜섹PLC 기초기술부터 터치패널(GOT, TOP)을 사용할 수 있도록 정리 하였습니다.

본 교재는 복잡한 이론은 가급적 배제하고 기본적인 원리와 현장에서 있을 수 있는 상황을 연습문제로 만들어서 실무에 적용될 수 있도록 하였습니다. 또한 자동화기기 간의 인터페이스를 위한 네트워크를 Ethernet으로 할 수 있도록 방법을 기술하였습니다.

Chapter1에서 Chapter10까지 멜섹Q PLC의 제원, PLC 기동 및 설정 등 기초적인 사항 그리고 연습문제를 산업현장에서 활용할 수 있도록 문제를 구성하여 현장에 맞게 학습을 할 수 있도록 구성 하였습니다.

Chapter11에서는 Ethernet 통신으로 PLC, 터치팬널, PC 간 다수가 기기에 IP를 부여 하여 상호간에 인터페이스를 할 수 있도록 하는 방법을 소개 하였습니다.

Chapter12에서는 터치팬널(GOT, TOP) 버튼 및 램프 그래프 등 작화법 및 Ethernet 통신연결법, PLC 프로그램을 동작을 학습할 수 있도록 소개를 하였습니다.

Chapter13에서는 공압기기인 실린더를 제어할 수 있도록 문제들을 수록 하였습니다. 또한 공압기기들의 전기배선 단선이상 유무 및 고장 확인 방법, 센서 고장 및 출력장치 고장을 확인하는 방법을 쉽게 할 수 있도록 PLC 프로그램을 소개 하였습니다. PLC 프로그램을 비트 방식으로도 구성할 수 있도록 방법을 소개 하였습니다.

그리고 별도로 생산자동화 산업기사의 PLC 분야 문제 및 PLC 프로그램을 소개 하였습니다.

이 책은 멜섹Q PLC를 처음 공부하고자하는 학생에게는 기초 교육 교재로 활용할 수 있으며, 관련 분야에 종사하는 기업체의 기술자에게는 교육교재로 활용할 수 있습니다.

끝으로 이 책의 출간에 많은 도움을 주신 복두출판사 관계자 분들에게 깊은 감사의 말씀을 드립니다.

2017년 2월 저자씀

목차

PART I

MELSEC Q PLC
기초부터 터치패널 활용하기

PART II

생산자동화 산업기사
PLC기반제어작업
실기문제풀이

PART Ⅰ

MELSEC Q PLC
기초부터 터치패널 활용하기

Chapter 01 PLC(QCPU) 제원

입출력 점수로는 8192점 사용(X/Y0~1FFF)

- 베이스(4096점, X/Y0~FFF) + CC-LINk(4096점)연결하여 사용
- 주로하는 필드네트워크는 AB PLC는 Device Net, 지멘스PLC는 프로피 버스, MITSUBISHI PLC는 CC-LINk로 한다.
- 멜섹의 통신속도 : RS232C(107Mbps), USB(107Mbps)

확장 슬롯은 7단까지 가능하고(총거리 13.2m 이내)

- CPU의 처리속도는 5~200ms 이상이면 에러로 판단

* 이중화시스템은 PLC 다운 시 사용(확장스롯과 다르다)

확장 슬롯	전원	CPU					

확장 슬롯	전원	CPU					

:

총 7단까지 확장 사용 가능

PLC 커맨드가 메모리 용량을 많이 사용한다

- (한글 1자는 1워드(2바이트), 영문 1자는 1바이트)
- PLC 프로그램에서 용량이 많이 사용되므로 별도 저장(ROM, RAM)한다.

터치(GOT)는 30m까지 슬롯에 연결 사용 가능하다

Base 표시법

- Q3 12B
  * 3은 기본베이스 표시 CPU장착, 5는 증설베이스로 전원 모듈 사용 안함, 6은 증설 베이스로 전원모듈 사용한다.
  * 12B는 슬롯 갯수(전원, CPU제외): 12, 8, 5, 3

전원

- Q61P-A2(220V), Q61P-A1(110V), Q61P(110/220V), Q62P(입력 : 110/220V, 출력 : DC24V), Q63P(입출력 : DC24V)

입력(QX42), 출력(QY42) 카드

- QX42에서 첫 숫자는 AC용으로 1(릴레이용), 2(SCR용)이고, DC용으로는 4(Photo Coupler용), 8(TR용)을 쓰며, 다음숫자는 접점수로 0(16점), 1(32점), 2(64점)을 쓴다.

AD(Q64AD)/DAQ64DAN) 카드

- 6은 특수 모듈 번호, 4는 채널 수

Q시리즈 CPU 구조

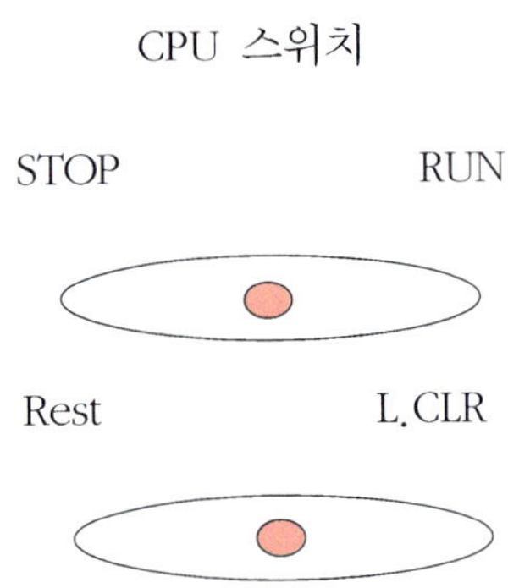

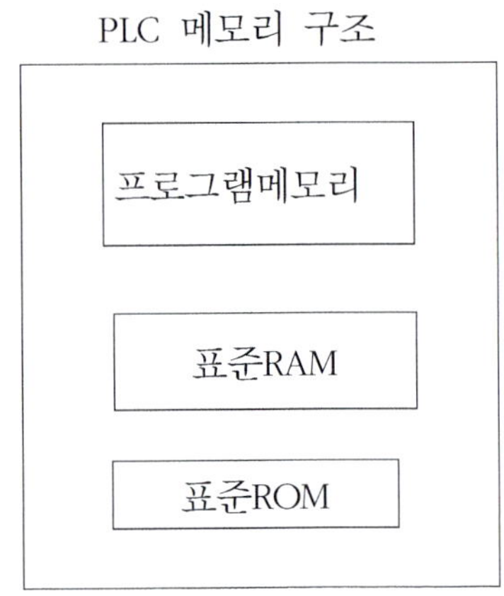

* Stop으로 조정하고 L.CLR를 3회 ON하여 User LED에 붉은색이 켜지면 다시 L.CLR을 1회 ON을 더하여 PLC 메모리내용을 삭제한다.

Chapter 02 PLC 기동 및 설정

프로그램의 영문표시를 한글 표시하는 방법

01 regedit 〈검색〉: GX Works2를 실행하지 않고 검색

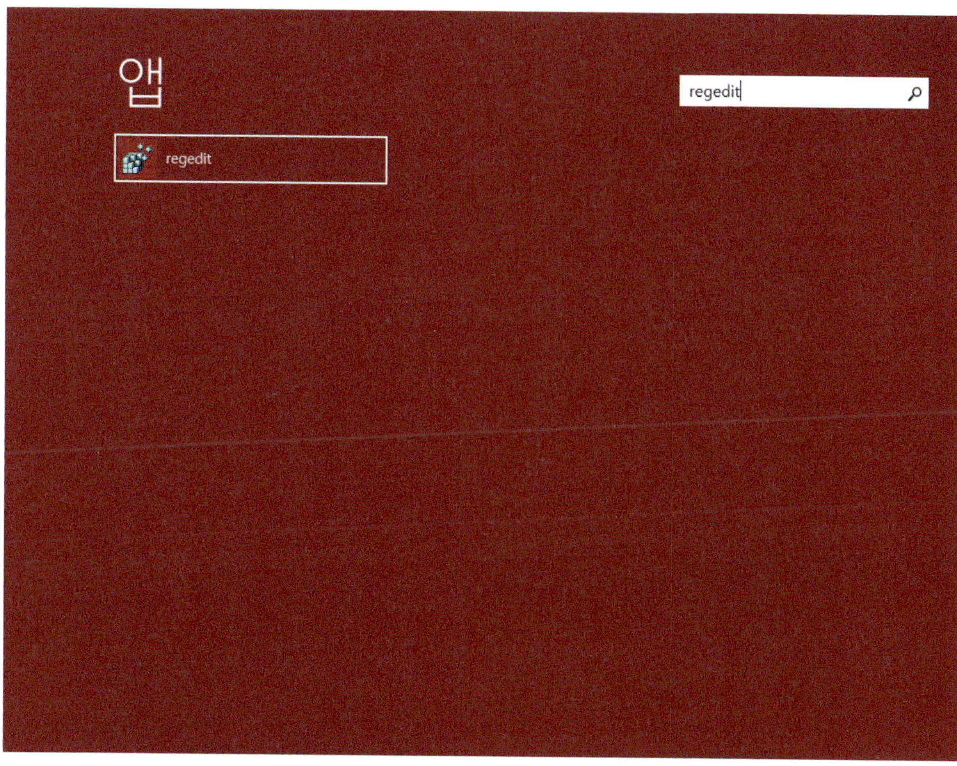

02 HKEY_USERS

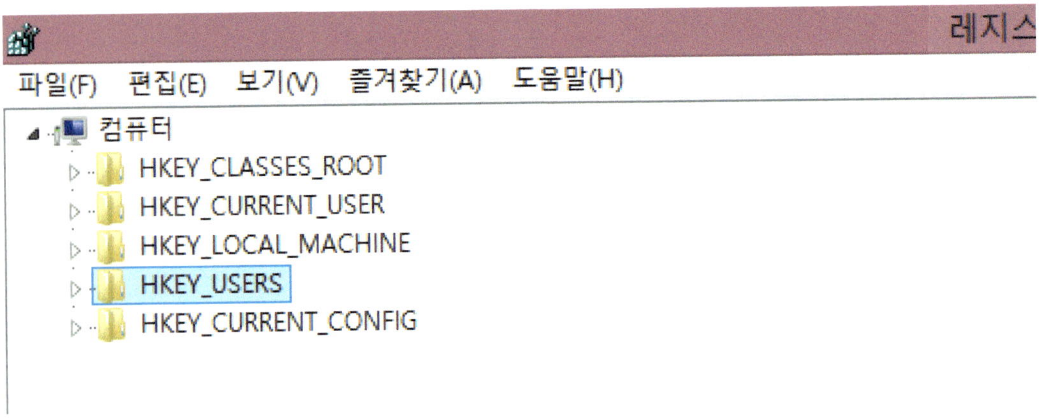

03 S-1-5-21-3144215752-2770620519-257690655-1001

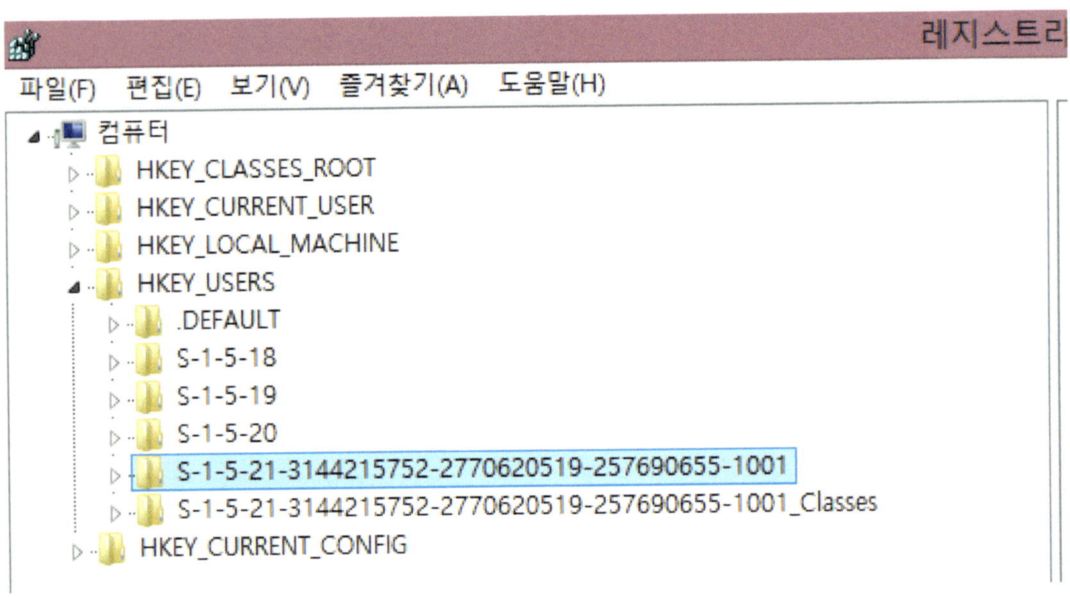

04 Software

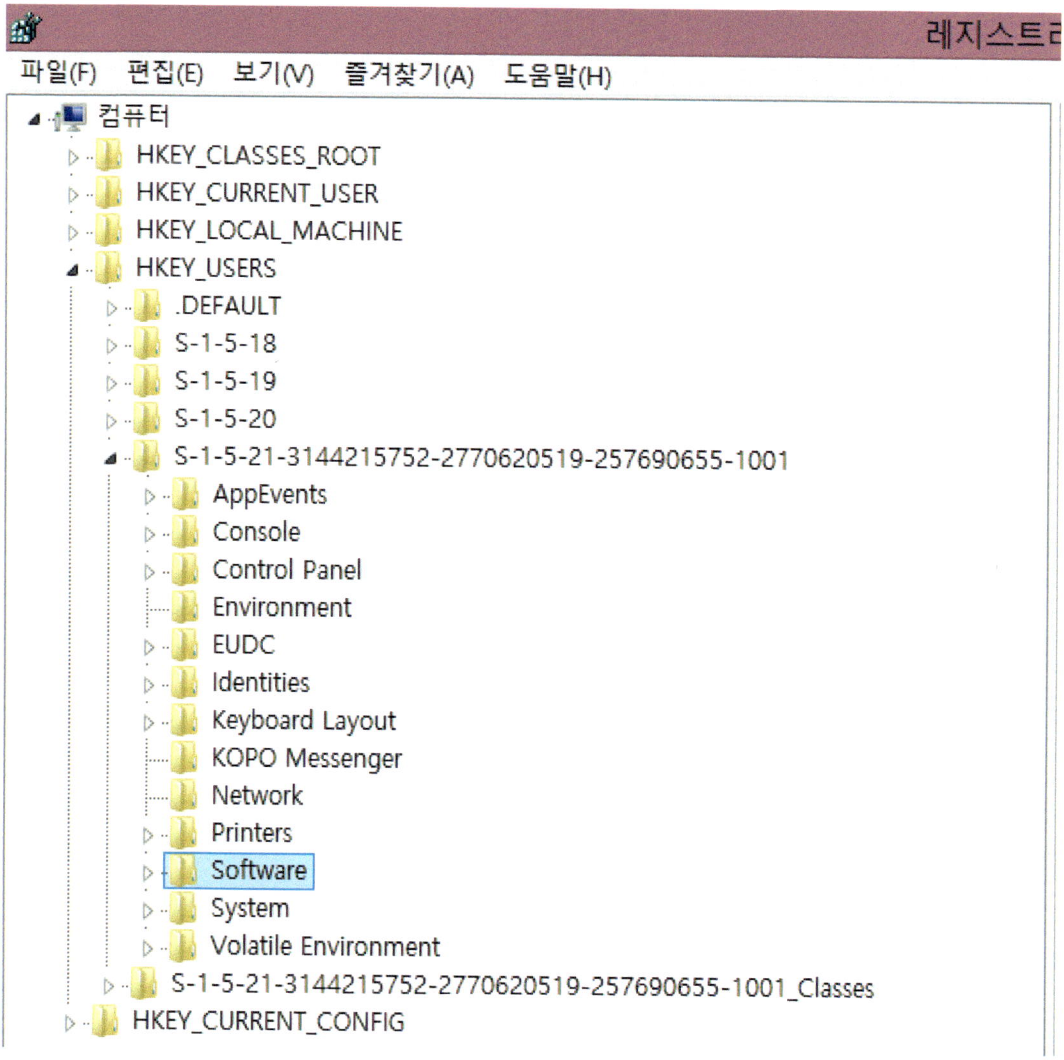
레지스트리
파일(F) 편집(E) 보기(V) 즐겨찾기(A) 도움말(H)
컴퓨터
HKEY_CLASSES_ROOT
HKEY_CURRENT_USER
HKEY_LOCAL_MACHINE
HKEY_USERS
.DEFAULT
S-1-5-18
S-1-5-19
S-1-5-20
S-1-5-21-3144215752-2770620519-257690655-1001
AppEvents
Console
Control Panel
Environment
EUDC
Identities
Keyboard Layout
KOPO Messenger
Network
Printers
Software
System
Volatile Environment
S-1-5-21-3144215752-2770620519-257690655-1001_Classes
HKEY_CURRENT_CONFIG

05 MITSUBISHI

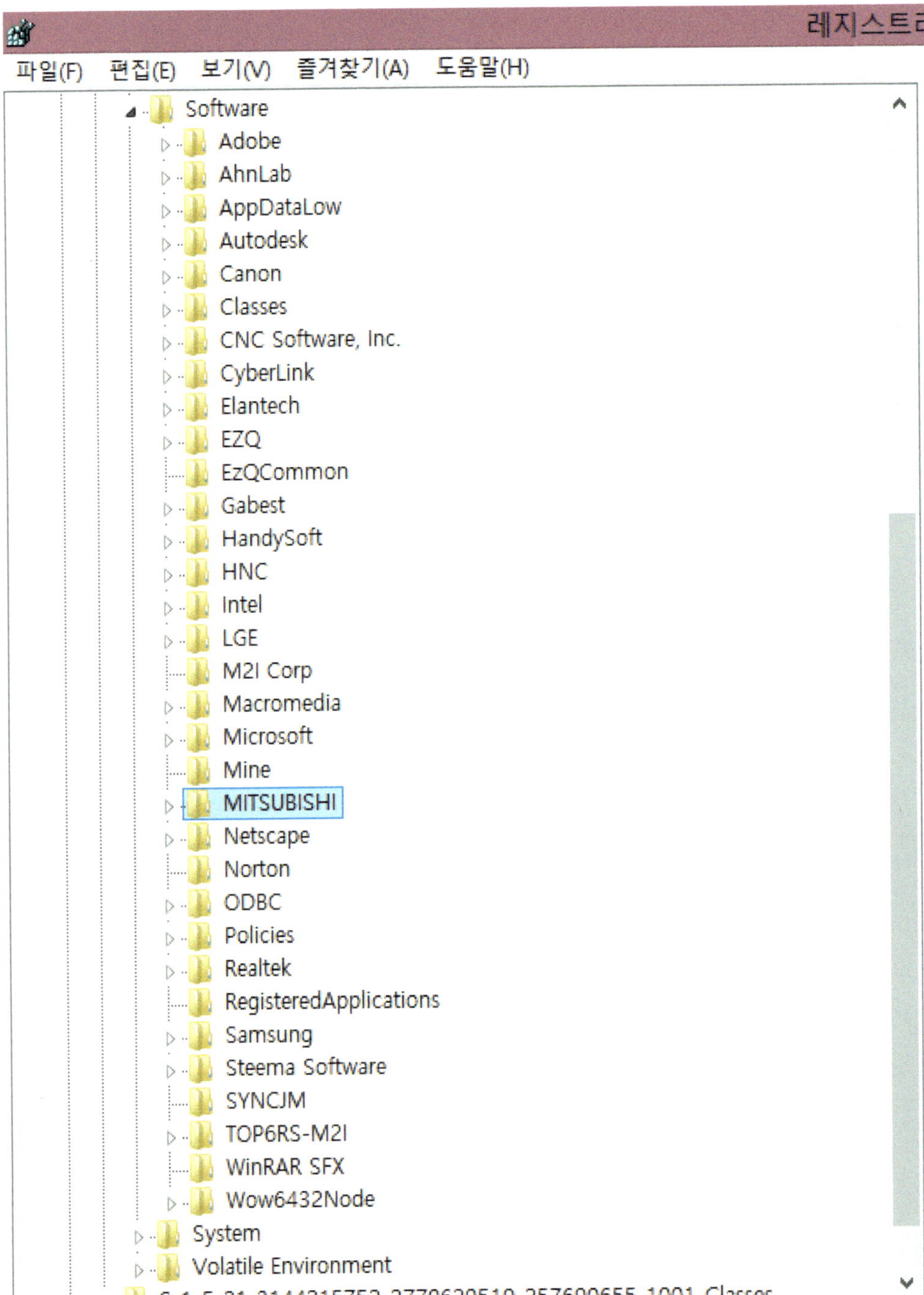

06 SWnDN-GPPW2

07 APP

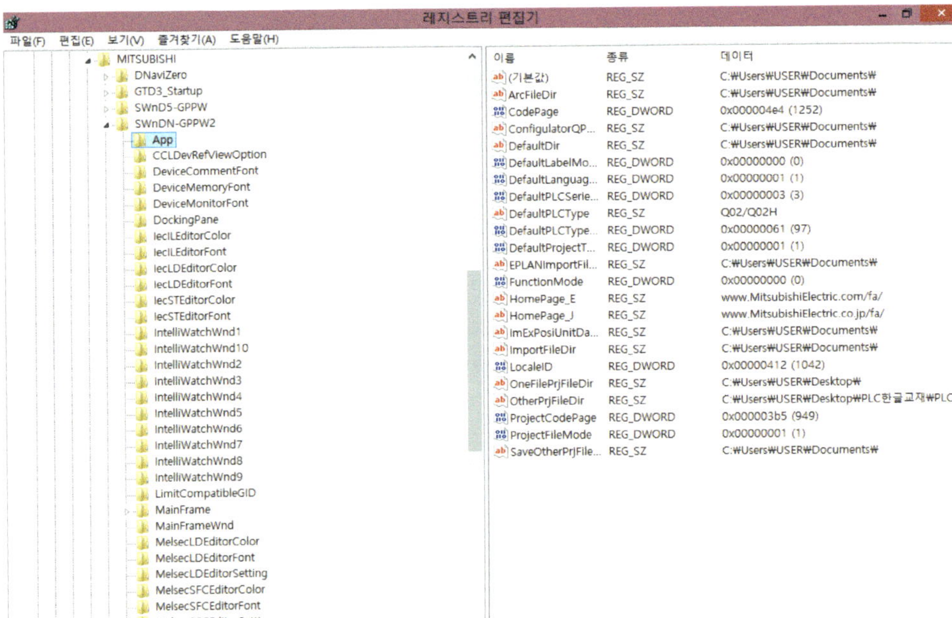

08 CODEPAGE

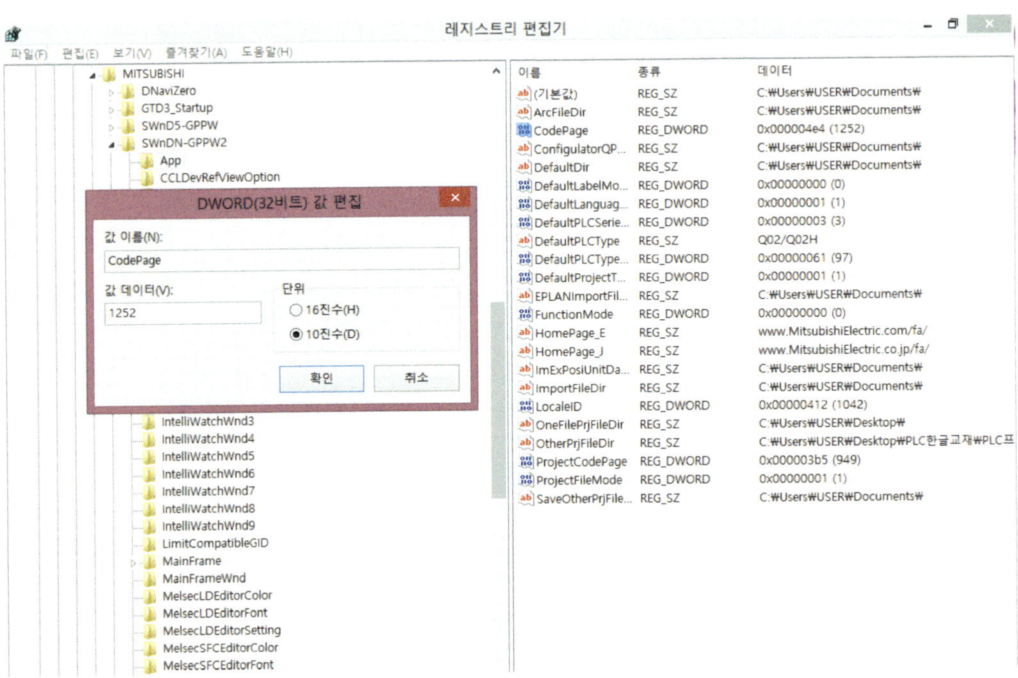

- 값 데이터 〈1252: 영문, 949: 한글〉

01 PC에 IP를 설정한다

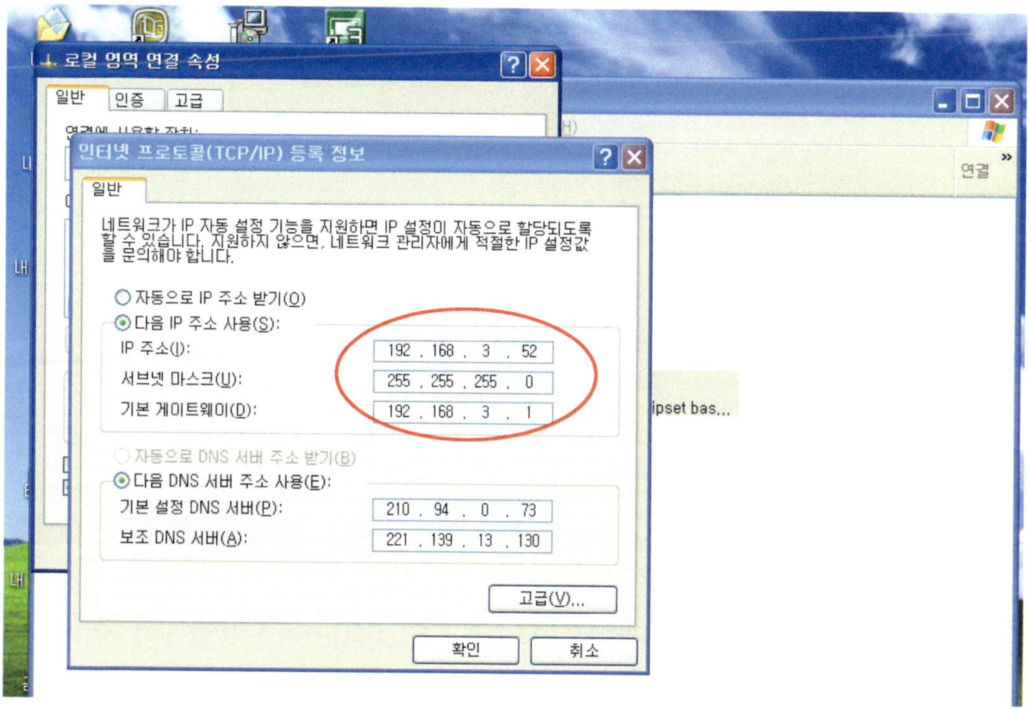

02 GX Works2 아이콘 선택

03 프로젝트/새 프로젝트 만들기(CPU: QO3UDV)

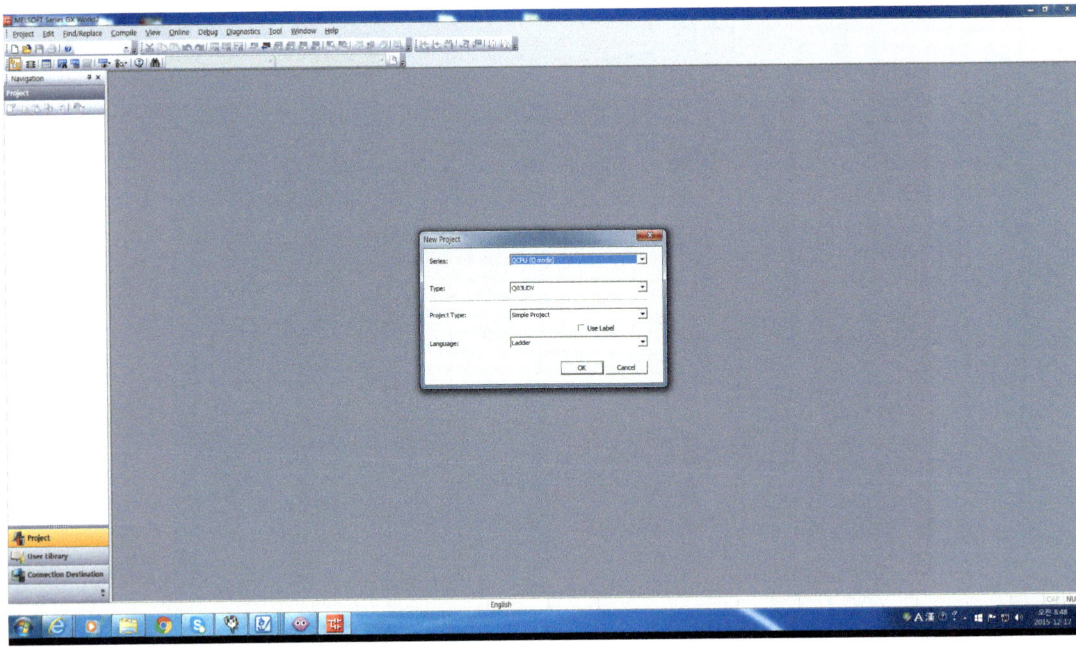

04 PLC Parameter ⇒ Built-in Ethernet Port Setting ⇒ IP를 설정 ⇒ End

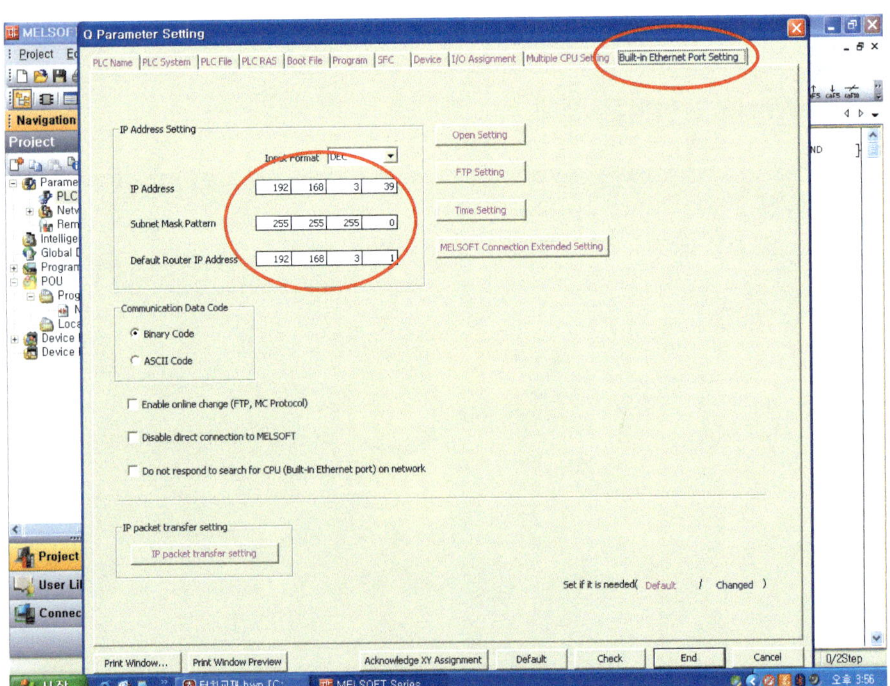

05 PC 및 PLC간 통신 연결 확인(Ethernet 통신)

- Connection Destination ⇒ All Connections(Connections1)

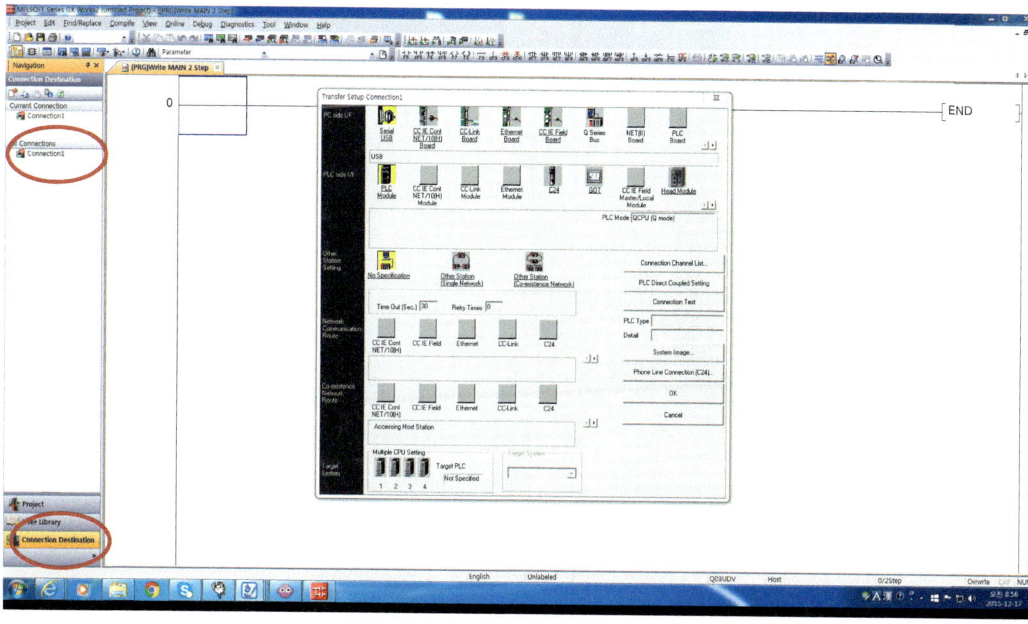

- PC 측 I/F ⇒ Ethernet Board 선택

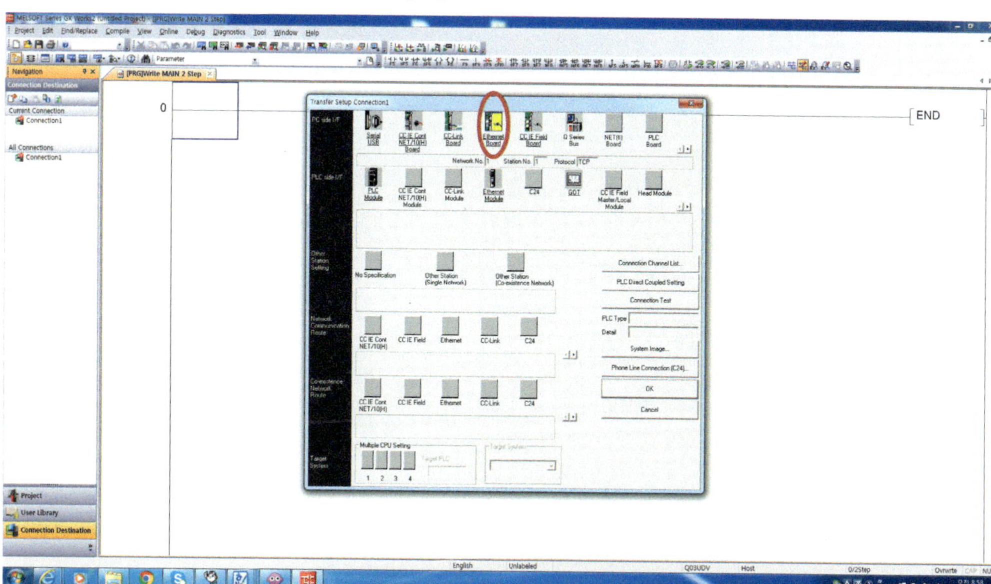

- PLC 측 I/F ⇒ QCPU mode(Ethernet Port Direct Connection) 선택

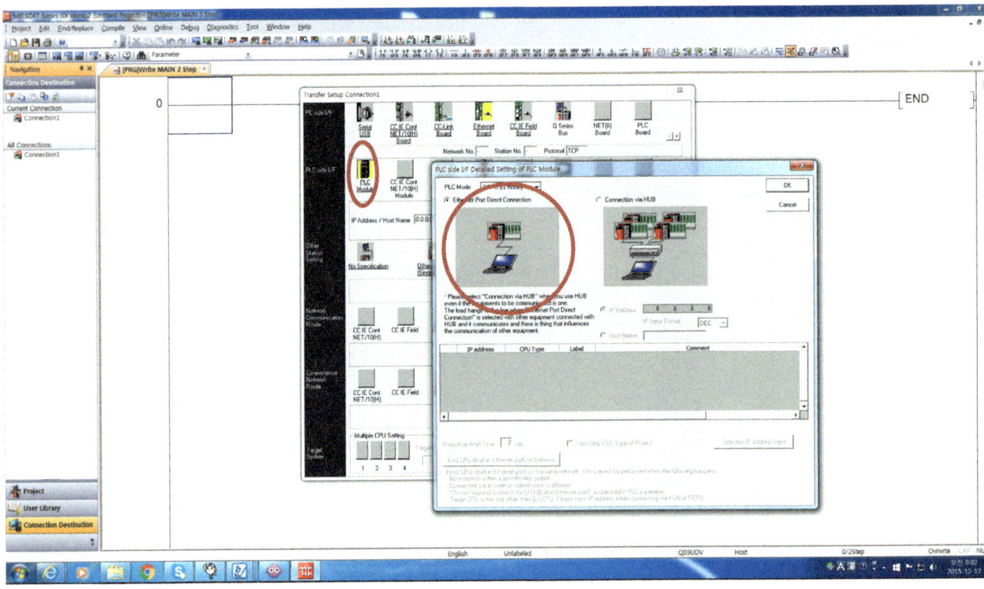

- 연결테스트(Connection test) ⇒ Successfully connected with the Q03UDVCPU ⇒ OK("OK"를 클릭해야 지정된 내용이 저장된다.)

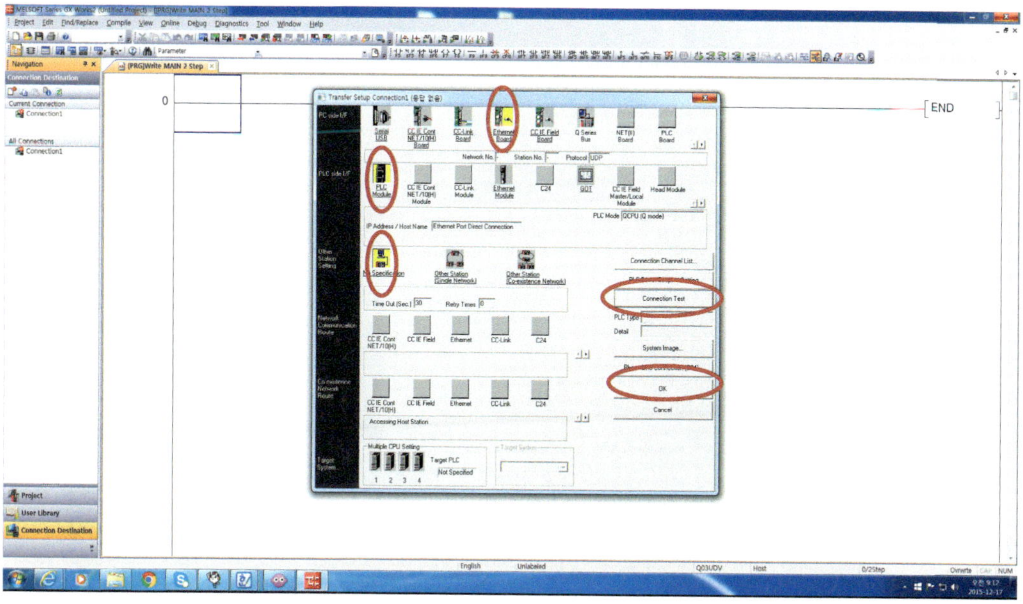

GX Developer

01 GX Developer 아이콘 선택

02 프로젝트/새 프로젝트 만들기

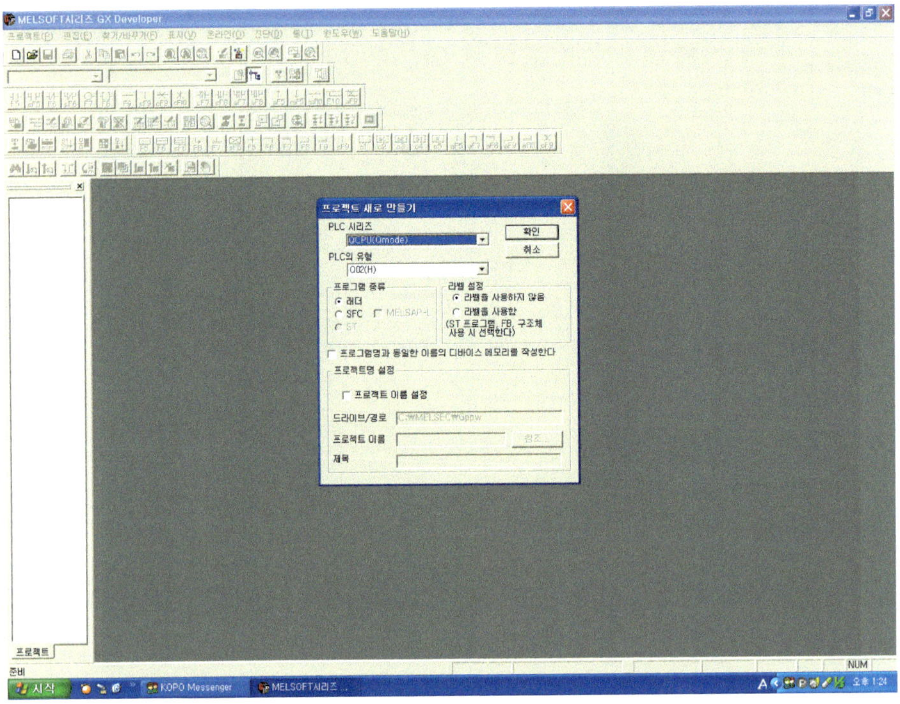

03 PC 및 PLC간 통신 연결 확인

- 온라인(Online) ⇒ 연결대상 지정(Transfer Setup)

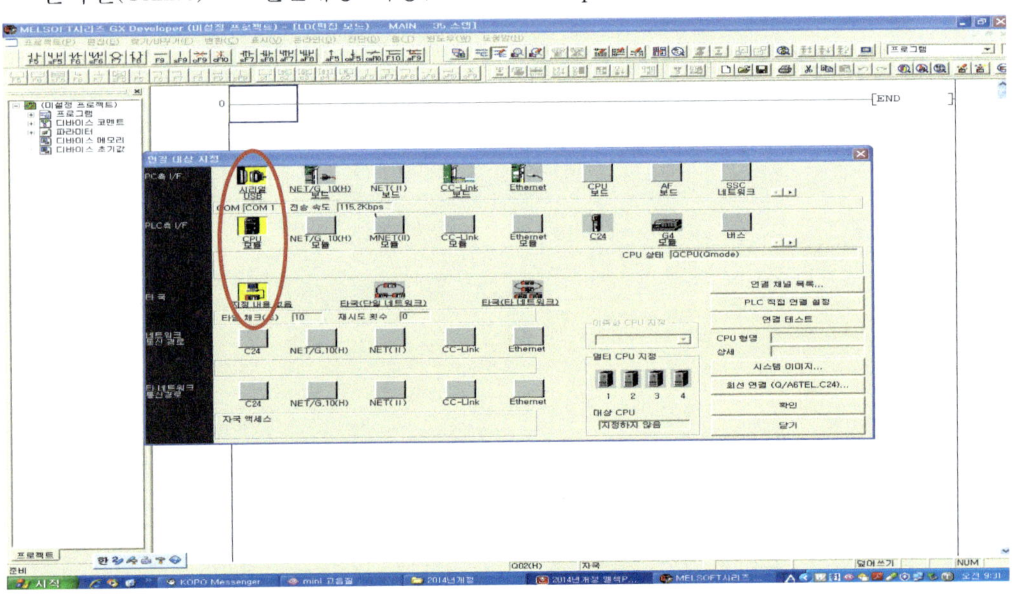

- PC 측 I/F ⇒ USB 선택

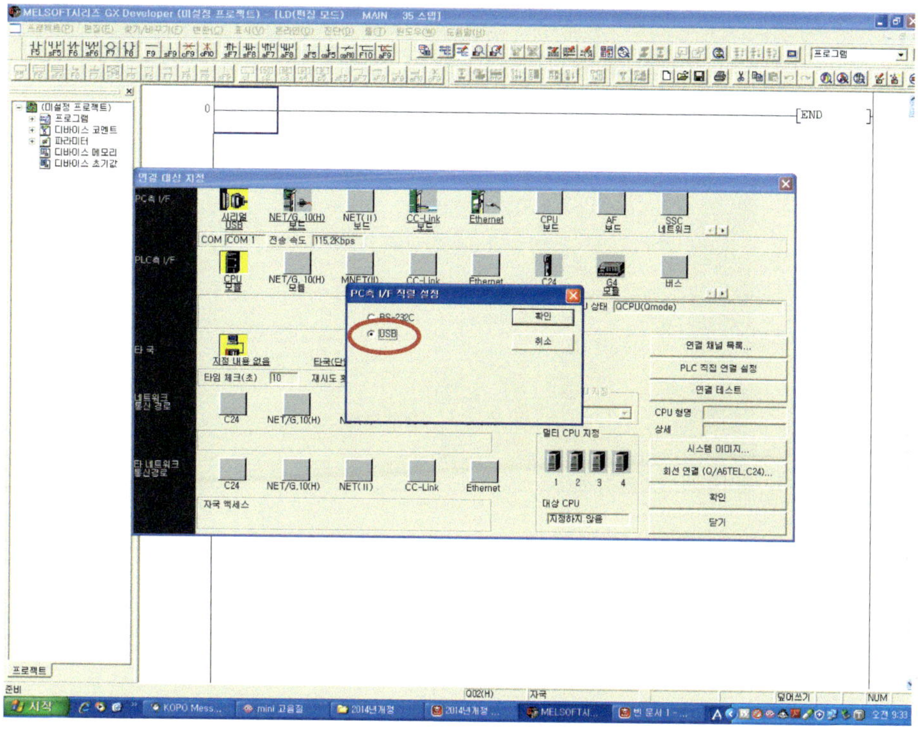

- PLC 측 I/F ⇒ QCPU(Qmode) 선택

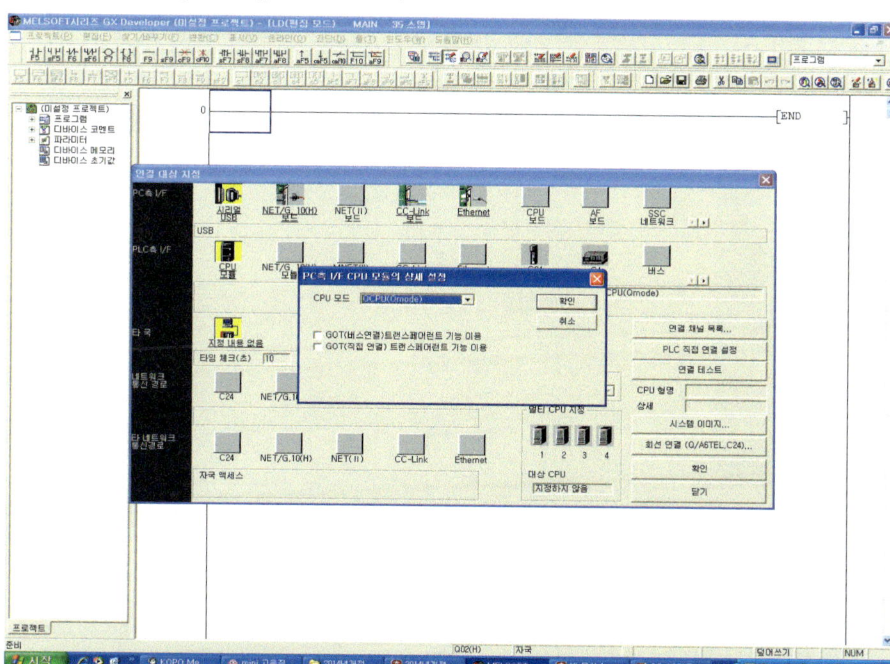

- 연결테스트(Connection test) ⇒ Successfully connected with the Q02(H)CPU ⇒ OK

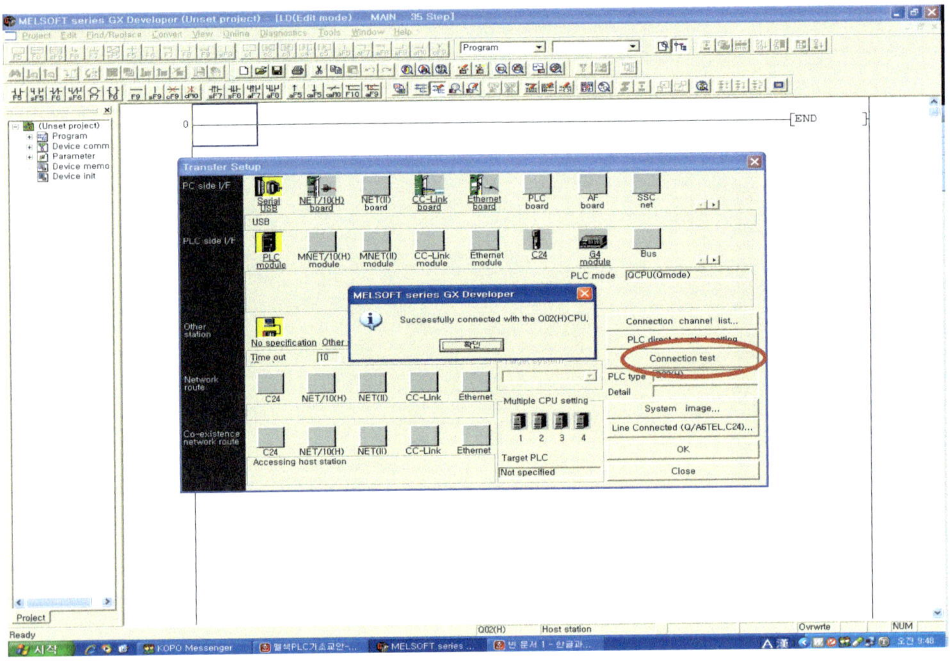

- 반드시 "확인"을 클릭해야 지정된 내용이 저장된다.

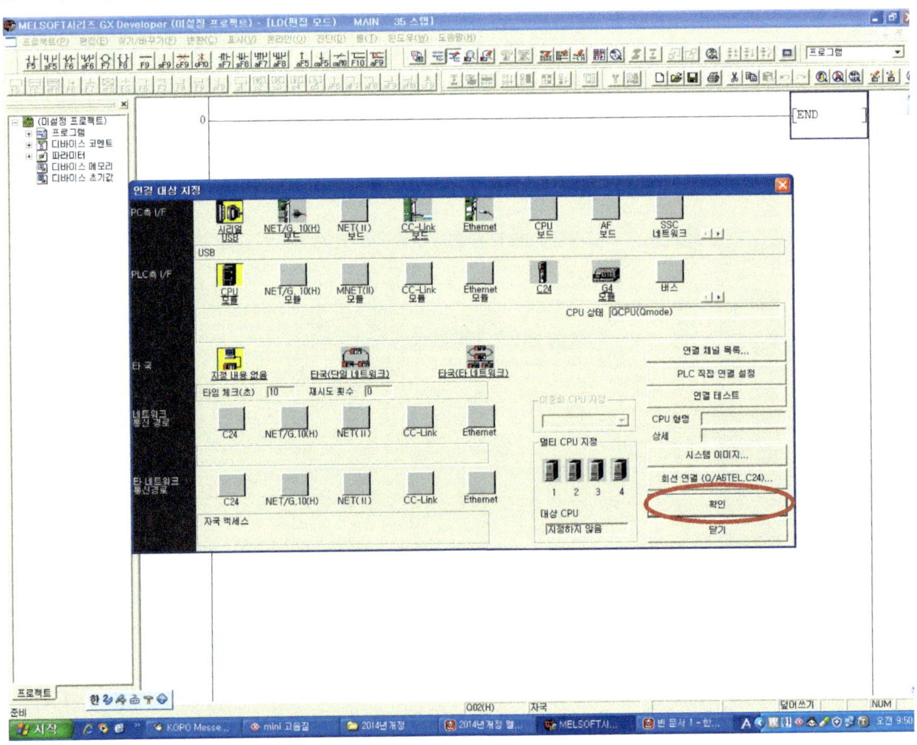

04 편집모드(프로젝트 저장, 기본 35스텝 소요)

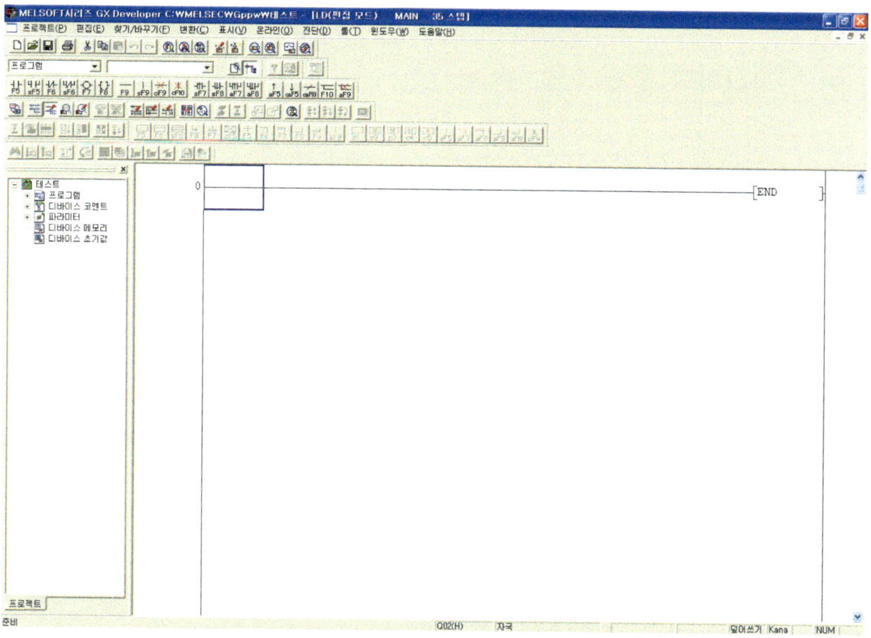

05 PLC CPU에 에러 LED 점등시(온라인/PLC 메모리 포맷)

- 프로그램 메모리 및 디바이스 메모리, RAM, ROM 포맷

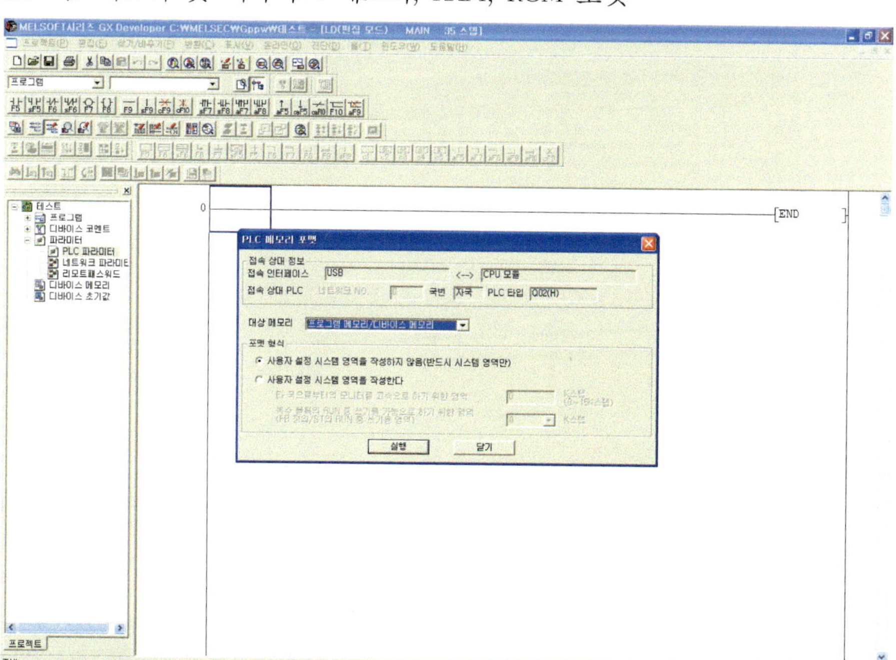

- PLC에 쓰기(온라인/PLC 쓰기)
- Rest(전원 ON-OFF)하면 에러가 사라진다.

06 PLC 파라미터 설정

- 붉은색은 디폴트값, 검정색은 변경된 값

07 외부접점 이용 RUN-PAUSE

예) RUN X0, PAUSE X1로 설정하면 외부스위치 X0을 ON하면 RUN, 외부스위치 X1을 ON하면 PAUSE가 된다.

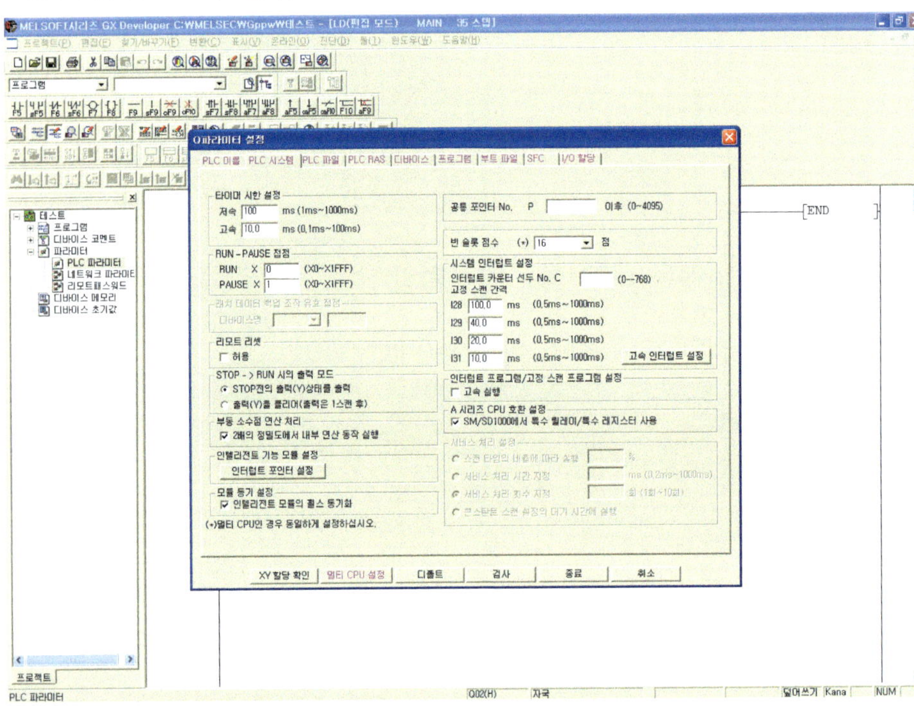

08 PLC 파라미터/PLC RAS

- WDT Setting 200ms(0.2 이내 1scan해야 에러가 되지 않는다)
- 연산에러(Computation error)를 정지(stop)에서 속행(continue)으로 변경

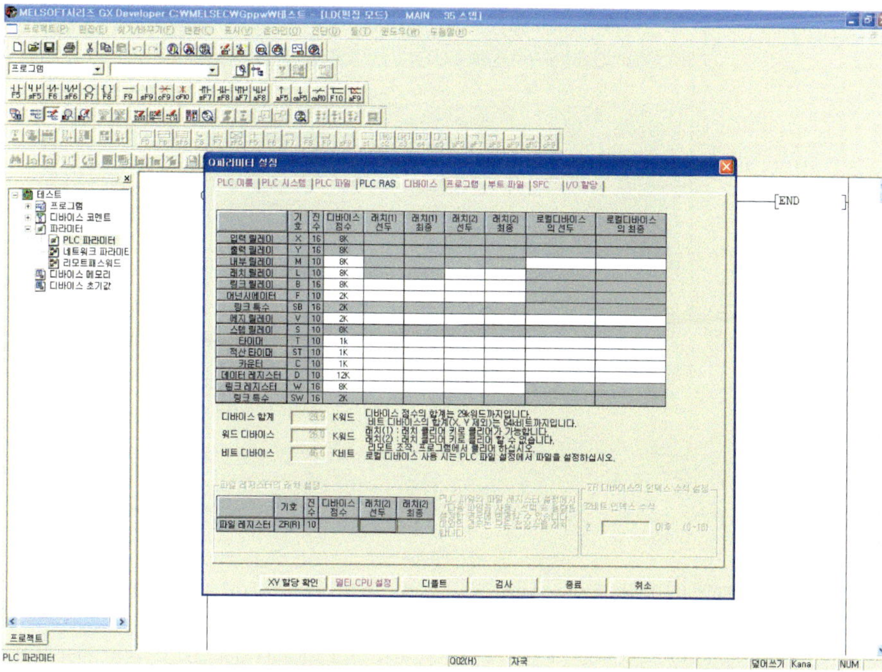

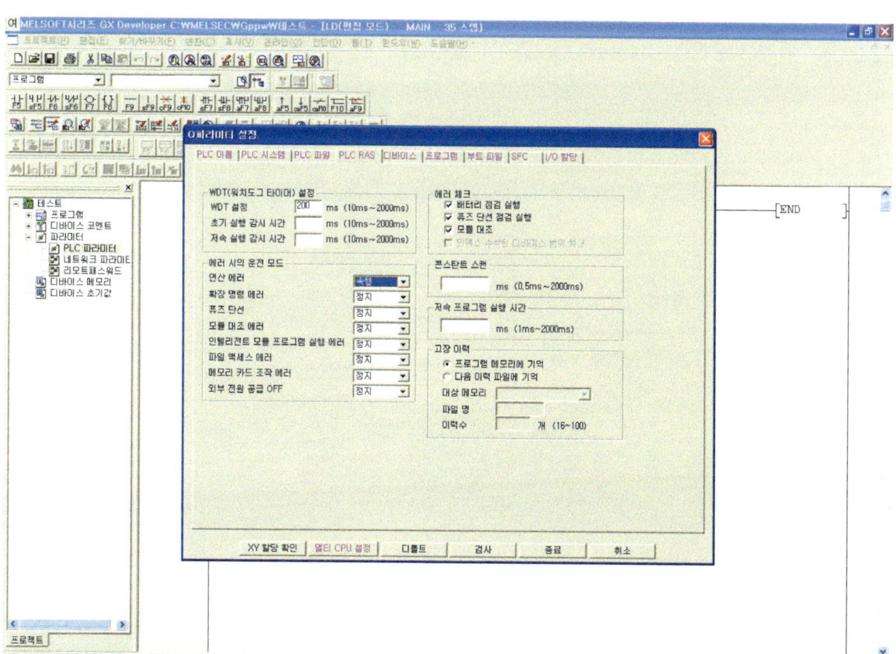

09 PLC 파라미터/디바이스(타이머 및 적산 타이머를 1K로 변경)

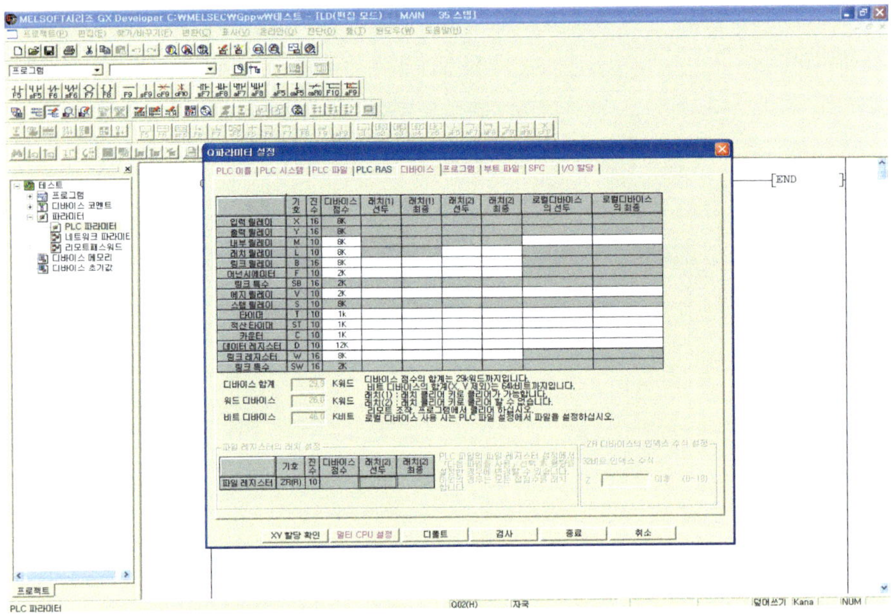

10 PLC 파라미터/디바이스

- Latch(1): 외부 스위치 Clear(D0 ~ D1000)
- Latch(2): 외부 스위치 Clear(D1001 ~ D2000)

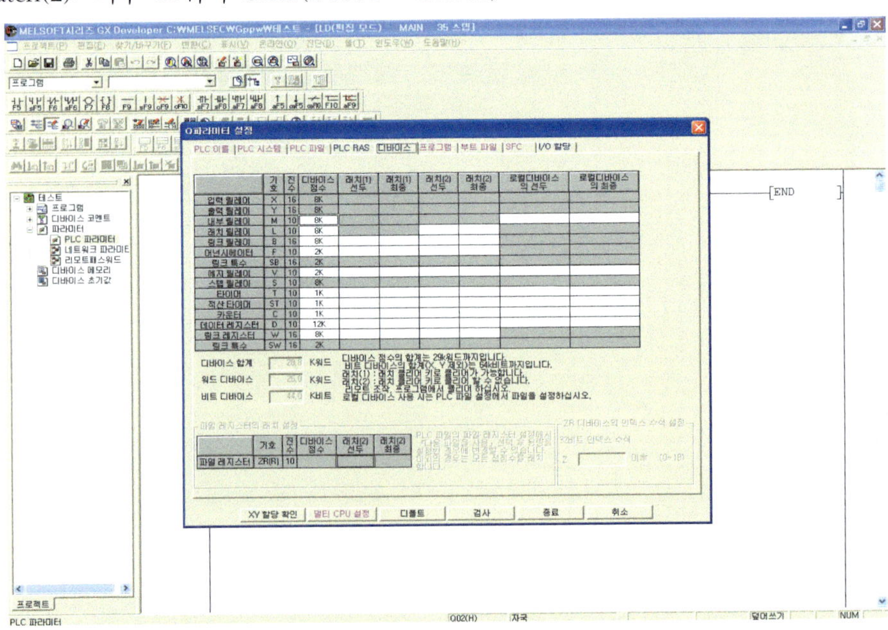

11 PLC 파라미터/프로그램

- 대기(wait: 프로그램 정지), 스캔(scan: 일반적인 프로그램 동작), 초기(initial: Stop → Run 1회 동작), 저속(Low speed: 고정 스캔 후 남는 시간에 동작), 고정스캔(Fixed scan: 설정 시간 동안 동작) → 예시: 일반스캔: 5ms, Fix: 10ms이면 나머지로 Low speed로 5ms 동작

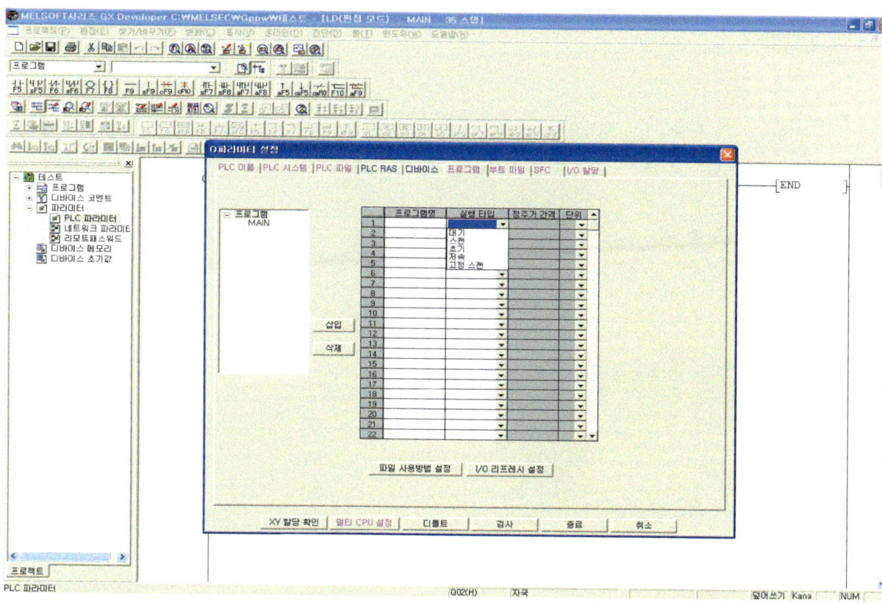

12 디바이스 코멘트(I/O 할당표 작성)

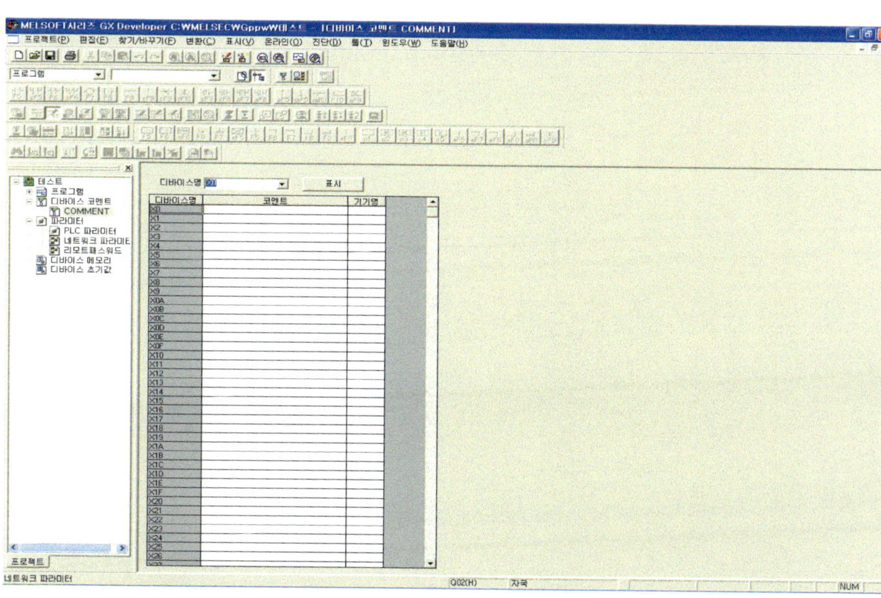

Chapter 03

PLC 입출력 연결 방법

구분	제어 선	COM 선	비고
NPN 연결	0V	+24V	한국, 일본
PNP 연결	+24V	0V	유럽

입력 :

출력 :

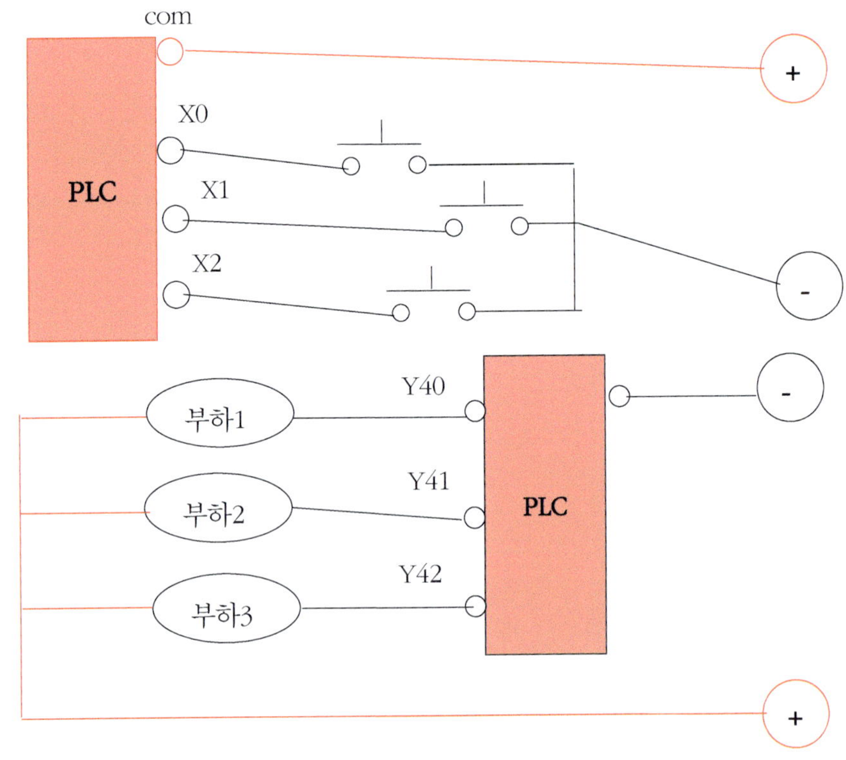

Chapter

04 단축키

단축키	기능	비고
F2	쓰기 모드	
F3	모니터 모드	
F4	변환 모드	
F5	a 접점	─┤ ├─
F6	b 접점	─┤/├─
F7	코일	-(　　)-
F8	응용명령어	-[　　]-
F9	가로선	────

Chapter 05

디바이스명 및 용량

	기호	진수	디바이스 점수	래치(1) 선두	래치(1) 최종	래치(2) 선두	래치(2) 최종	로컬디바이스의 선두	로컬디바이스의 최종
입력 릴레이	X	16	8K						
출력 릴레이	Y	16	8K						
내부 릴레이	M	10	8K						
래치 릴레이	L	10	8K						
링크 릴레이	B	16	8K						
어넌시에이터	F	10	2K						
링크 특수	SB	16	2K						
에지 릴레이	V	10	2K						
스텝 릴레이	S	10	8K						
타이머	T	10	2K						
적산 타이머	ST	10	0K						
카운터	C	10	1K						
데이터 레지스터	D	10	12K						
링크 레지스터	W	16	8K						
링크 특수	SW	16	2K						

※ 입출력 점수(Point)에 대해서

- 입력(X) 및 출력(Y)을 16진수를 사용하는 이유는 1Word를 활용하기 위함이다.
  (X 및 Y는 bit이고 16bit는 1Word)
- bit는 binary digit의 약칭으로 컴퓨터의 기억장치는 모든 신호를 2진수로 고쳐서 기억한다. 2진수에서의 숫자 "0", "1"과 같이 신호를 나타내는 최소의 단위를 비트(bit)라 한다.

X0	X1	X2	X3	X4	X5	X6	X7	X8	X9	X0A	X0B	X0C	X0D	X0E	X0F
1bit															
1Bite															
1Word															

- 입력 16점, 출력16점(X, Y를 순서대로 사용)

입력(X)	00	01	02	03	04	05	06	07	08	09	0A	0B	0C	0D	0E	0F
출력(Y)	10	11	12	13	14	15	16	17	18	19	1A	1B	1C	1D	1E	1F

- 입력 32점, 출력32점(X, Y를 순서대로 사용)

입력(X)	00	01	02	03	04	05	06	07	08	09	0A	0B	0C	0D	0E	0F
	10	11	12	13	14	15	16	17	18	19	1A	1B	1C	1D	1E	1F
출력(Y)	20	21	22	23	24	25	26	27	28	29	2A	2B	2C	2D	2E	2F
	30	31	32	33	34	35	36	37	38	39	3A	3B	3C	3D	3E	3F

- 입력 64점, 출력64점(X, Y를 순서대로 사용)

입력(X)	00	01	02	03	04	05	06	07	08	09	0A	0B	0C	0D	0E	0F
	10	11	12	13	14	15	16	17	18	19	1A	1B	1C	1D	1E	1F
	20	21	22	23	24	25	26	27	28	29	2A	2B	2C	2D	2E	2F
	30	31	32	33	34	35	36	37	38	39	3A	3B	3C	3D	3E	3F
출력(Y)	40	41	42	43	44	45	46	47	48	49	4A	4B	4C	4D	4E	4F
	50	51	52	53	54	55	56	57	58	59	5A	5B	5C	5D	5E	5F
	60	61	62	63	64	65	66	67	68	69	6A	6B	6C	6D	6E	6F
	70	71	72	73	74	75	76	77	78	79	7A	7B	7C	7D	7E	7F

외부 입력릴레이(X)

(1) 외부 입력릴레이 "X"란?

X는 비트용 데이터메모리이며 입력 유니트에 접속한 리밋 스위치나 센서 등의 외부 기기로부터 입력신호나 특수 유니트에서 보내진 입력신호를 CPU유니트에서 감시 연산하기 위한 릴레이다. 따라서 외부기기 1점(point)에 대해서 PLC 내부에 가상의 입력 릴레이 Xn을 내장하고 있다고 생각하고 PLC program에서 a접점/b접점으로 사용하면 된다.

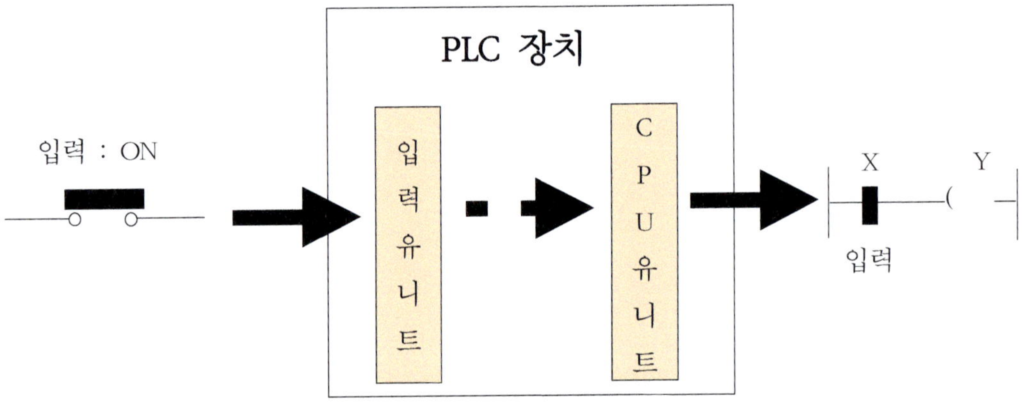

(2) 입력기기의 종류

누름버튼, 전환스위치, 리밋스위치, 디지털스위치 등의 외부기기에 의해 하이퍼포먼스 모델 QCPU에 지령이나 데이터를 전하는 장치다.

외부 출력릴레이(Y)

(1) 외부 출력릴레이 "Y"란?

Y는 비트용 데이터메모리이며 출력 유니트에 접속한 릴레이나 표시기 등의 부하, 그리고 CPU유니트에서 특수 유니트에서 특수 유니트로 프로그램 연산의 결과를 신호로서 보내기 위한 릴레이다. 외부출력의 부하에서 ON/OFF상태가 신호로서 출력된다. 따라서 외부출력기기 1개에 대해서 내부에 출력 릴레이 Yn을 내장하고 있다고 생각하고 PLC program에서 입력/출력접점으로 작성한다.

- 출력유닛 등으로 할당되지 않는 외부출력은 내부릴레이로 사용 가능하다. 단 유지형으

로는 지정할 수 없다.
- 1개 프로그램 중에 1번만 사용 가능(2중 출력 금지)하며, 1번 이상 사용하면 마지막에 스캔 된 부품이 출력된다. (에러가 아닌 오동작함)
- "SET" 및 "RST" 명령어는 2중 출력과 무관하게 사용 가능하다.

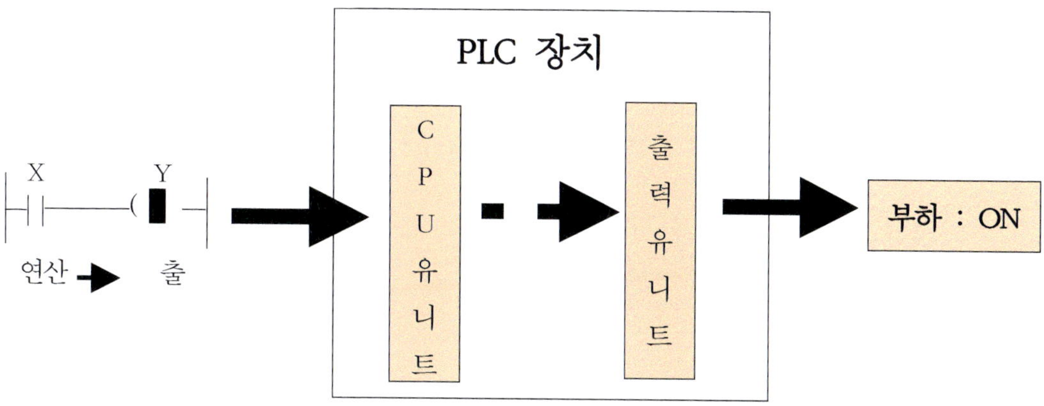

(2) 출력기기의 종류

출력은 프로그램의 제어결과를 외부의 전등, 디지털표시기, 전자개폐기, 솔레노이드 등으로 출력하는 것이다.

내부릴레이(M): PLC 내부에서 사용하는 휘발성 bit디바이스 신호

- 내부릴레이(M): PLC 외부로는 출력할 수 없고 프로그램 상으로만 동작하는 내부릴레이로써 ON/OFF상태는 외부로 출력되지 않는다.
- 릴레이에는 유지형(L)과 비유지형(M)릴레이가 있는데 내부릴레이는 전원을 OFF 한다거나, RUN모드에서 프로그램(쓰기)모드로 전환할 때, 정지하기 직전의 ON/OFF 상태를 기억하고, 복귀 후 그 상태에서 운전할 수 있는 유지형 릴레이 "L"이 있고, 정지할 때 리셋되는 비유지형 릴레이 "M"이 있다.
- 내부릴레이(M)란 휘발성이다.

  내부릴레이(M)은 하이 퍼포먼스 모델 QCPU 내부에서 사용하는 래치(정전유지)를 할 수 없는 보조 릴레이다. 전원을 OFF하고 다시 전원을 투입 시, 리셋 시, 래치를 클리어 시 아래 프로그램을 실행하면 내부릴레이는 모두 OFF된다.

내부릴레이(L): 정전유지기능, 신호유지(불휘발성)

- 내부릴레이(L): Keep릴레이, Lach릴레이로써 전원 OFF 전의 연산결과를 CPU DATA BACK-UP 기능에 의해 유지시켜 주는 영역이다.

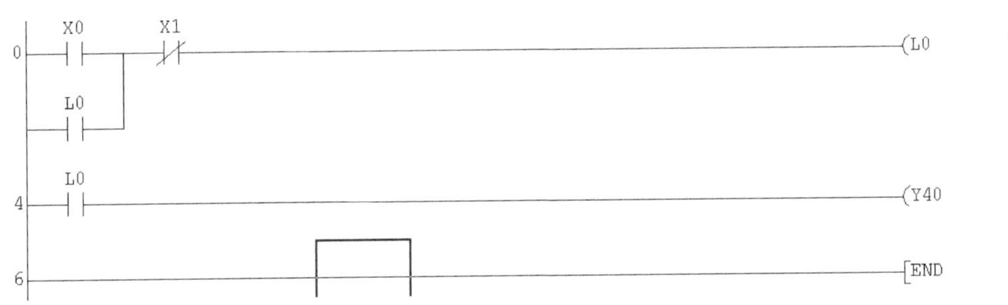

내부 릴레이 L과 M 기능 비교

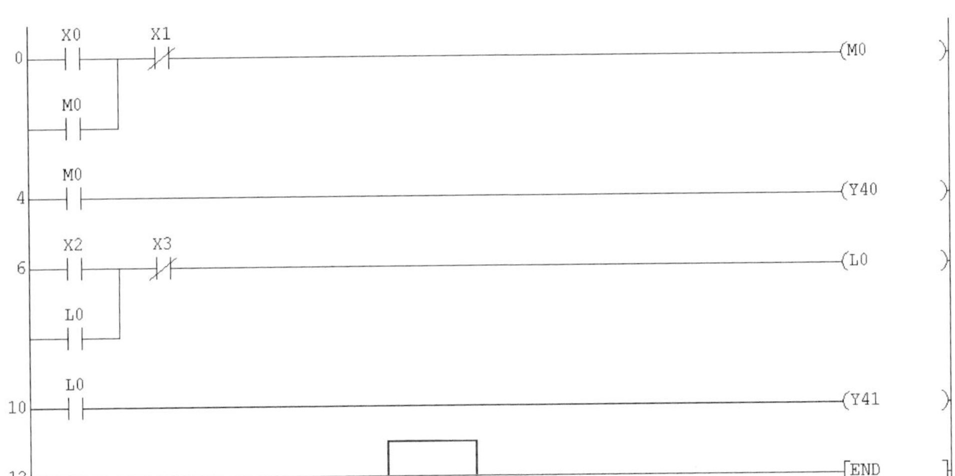

링크 출력릴레이(B)

- Melsec Net 전용 bit디바이스로 PLC간 통신 시 bit 정보공유
- 외부출력 링크릴레이(B)는 PLC가 네트워크로 접속하고 있을 때 PLC간 링크정보(데이터)를 공유하는 PLC 링크 릴레이다. 네트워크 되어 있는 어떠한 PLC에서도 링크릴레이(B)의 연산결과를 출력하면, 네트워크로 접속되어 있다. PLC에서 동일번호의 링크릴레이(접점)의 값이 수신되어 상대 PLC의 연산결과에 이용할 수 있다.

기타 릴레이

- 어넌시에이터(F): 설비이상 및 고장검출용 내부릴레이
- 에지릴레이(V): 래더블록의 선두에서의 연산결과를 기억하는 디바이스의 접점에서 사용
- 링크 특수릴레이(SB): 통신상태 및 이상 여부를 확인
- 링크레지스터(W): 네트워크용 링크용 메모리
- 데이터 레지스터(D): −32,768 ~ +32,767 또는 H0000 ~ HFFFF를 저장하는 16비트 크기의 메모리다.

Chapter 06 프로그램순서

※ 좌 · 우, 위 · 아래 순(예외 조건은 Set, Rst)

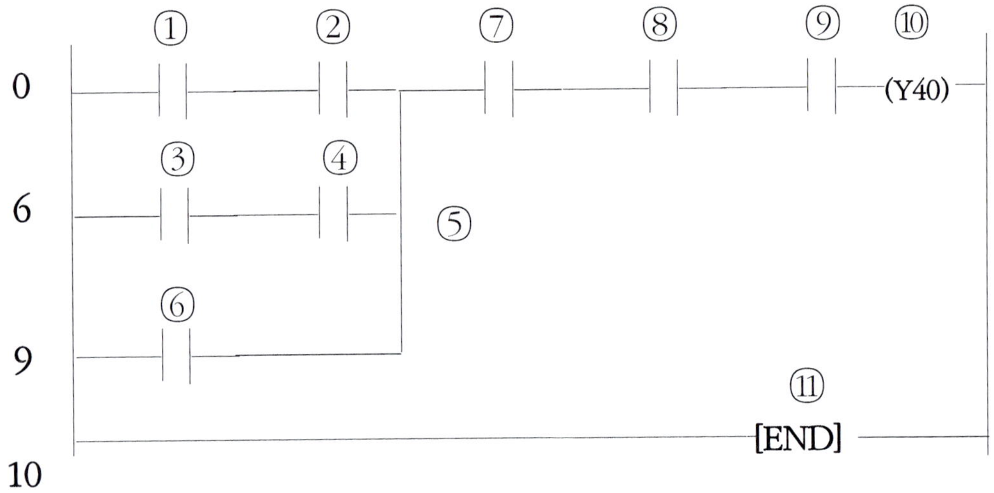

Chapter

07 특수릴레이(명령어)

명령어	기　능	설　　명
SM400	상시 ON	항상 ON 되어 있는 접점
SM401	상시 OFF	항상 OFF 되어 있는 접점
SM402	Run 후 1Scan만 ON	• Run 후 1Scan 동안만 ON되는 접점 • Scan 실행타입의 프로그램에서만 사용
SM403	Run 후 1Scan만 OFF	• Run 후 1Scan 동안만 OFF되고 나머지는 ON • Scan 실행타입의 프로그램에서만 사용
SM409	0.01초 클록	0.005초 ON, 0.005초 OFF 반복하는 접점
SM410	0.1초 클록	0.05초 ON, 0.05초 OFF 반복하는 접점
SM411	0.2초 클록	0.1초 ON, 0.1초 OFF 반복하는 접점
SM412	1초 클록	0.5초 ON, 0.5초 OFF 반복하는 접점
SM413	2초 클록	1초 ON, 1초 OFF 반복하는 접점
FF	래칭 스위치	신호가 ON 될 때마다 ON→Off→ON→OFF·········을 반복적으로 실행

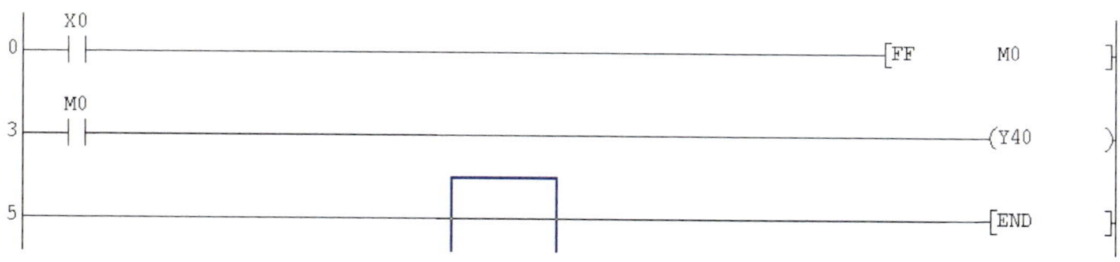

Chapter 08

명령어

명령어

가) 시퀀스 명령어: a접점, b접점, 출력, 타이머, 카운터

나) 데이터 전송명령: mov

[mov(명령어) 변수 또는 상수 변수]

예시: [mov k10 D10]

다) 산술명령: +, −, *, /

라) 비교연산: 〉, 〈, 〉=, 〈=, 〈〉

마) 논리연산: WOR, WAND, WZXOR, ROR, ROL

바) 데이터 변환: BCD(2진수를 이용하여 10진수 숫자표현), BIN

상수표시 : 10진수는 "k10", 16진수는 "H10"

변수 : 비트(x, y, m …), 워드(D, R … 〈−32768 ~ +32767〉)

PLC의 입력 신호는 4가지로 구분하여 사용

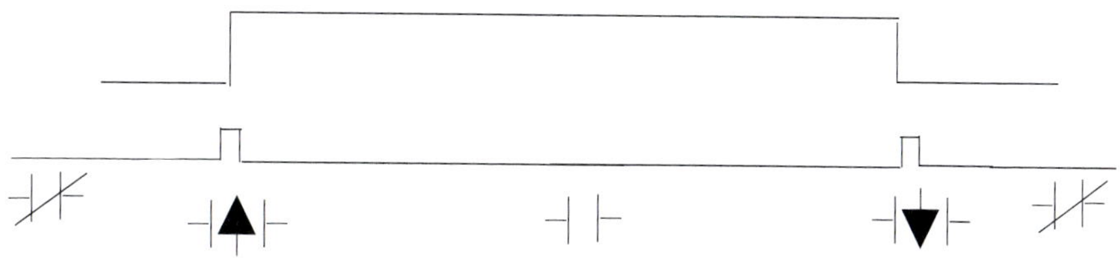

PLC 프로그램 작성 시 유의사항

입력메모리 갱신	프로그램 실행	출력메모리 갱신	입력메모리 갱신	프로그램 실행	출력메모리 갱신
1SCAN			1SCAN		

* PLC는 입력메모리를 읽는다(입력신호를 읽는 것이 아니다).
* 스캔 중에는 내부릴레이 값을 바꾼다.
* 연산이 완료된 후에는 출력값은 바꾸지 않는다.
* 이중 출력 금지(출력 리프레쉬: 동시 출력), 항상 ON 또는 OFF가 된다.
* X0을 ON 하는 동안 D10값은 계속 증가(스캔 횟수)하고, D11값은 "1"이 된다.

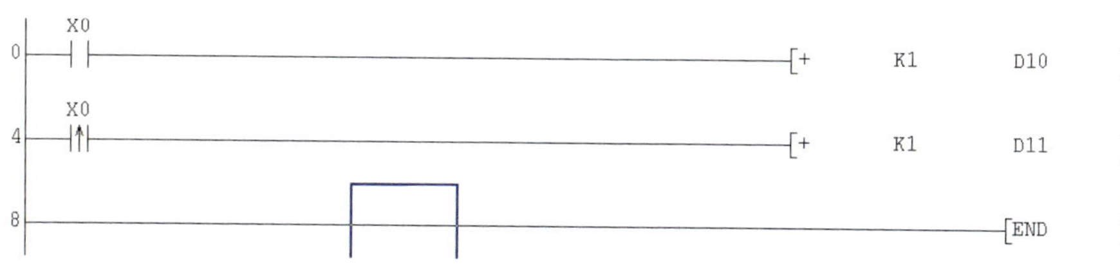

명령어구성

[FMOV　D0　D10　K3]

명령부　　　디바이스부

명령부　소스부　데스티네이션　디바이스 수

(C0　K10)

카운터번호　설정값(상수)

(C0　D10)

카운터번호　설정값(변수)

입출력 접점

구분	래더심벌	처리내용
입력	─┤├─	a접점
입력	─┤/├─	b접점
입력	─┤↑├─	펄스상승 a접점 
입력	─┤↓├─	펄스하강 a접점 
출력	(　)	결과물 처리

타이머(T)

- 타이머는 기본적으로 ON Delay timer로 하는 접점을 취급하는 비트용 릴레이다.
- 타이머가 동작해서 설정한 시간에 도달하면 타이머와 동일한 번호의 타이머 접점이 ON이 된다.
- 타이머의 기능적인 분류로는 타이머와 적산타이머가 있으며, 시간의 최저 단위에 따라 고속타이머, 저속타이머가 있다.

(1) 저속타이머란?

코일이 ON일 때만 유효한 타이머이며, 계측단위는 초기값이 100ms(1/10초)이다. 계측단위를 1~1000ms까지 1ms단위로 PLC 파라미터의 PLC시스템 설정에서 변경 실행 가능하다.

(2) 고속타이머란?

코일이 ON일 때만 유효한 타이머이며 기호로 H를 붙인다. 계측단위는 초기값이 10ms(1/100초)이다. 계측단위를 0.1~100ms까지 0.1ms단위로 PLC 파라미터의 PLC시스템 설정에서 변경 실행 가능하다.

(3) 적산타이머란?

코일이 ON일 때만 유효한 타이머이며, 종류는 저속적산타이머와 고속적산타이머가 있다. 타이머코일이 ON하면 계측이 시작하고 타임업하면 접점이 ON한다. 타이머의 코일이 OFF가 되어도 현재값, 접점의 ON/OFF 상태를 유지한다. 다시 코일이 ON하면 유지하고 있던 현재값부터 계측을 재개한다. 현재값의 클리어와 접점의 OFF는 RST 명령어로 실행한다.

- 적산타이머는 파라미터의 디바이스에 1k를 배정한다.
  (타이머는 2k에서 1k로 수정)

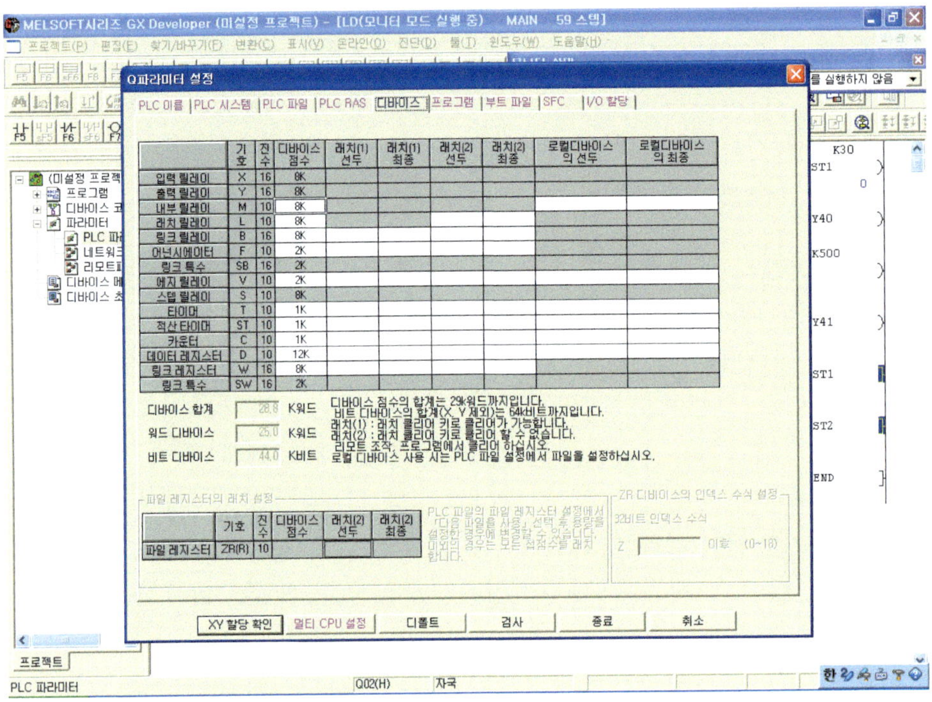

- ON delay timer: X0를 ON한 후 Y40이 3초 후에 ON된다.

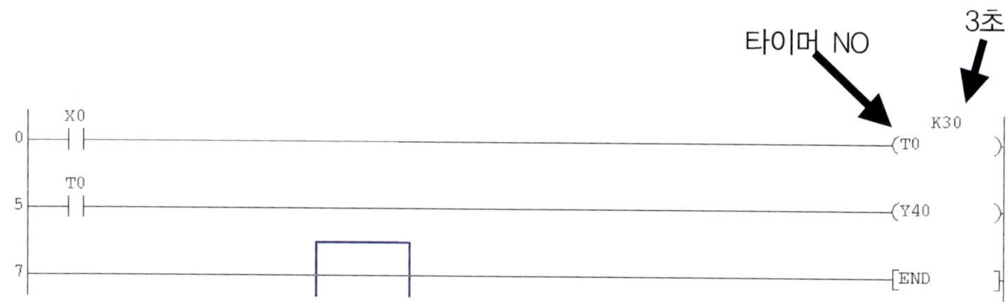

- OFF delay timer: X0를 ON하면 Y41이 ON이 되고, X0를 OFF하면 Y41이 5초 후에 OFF 된다.

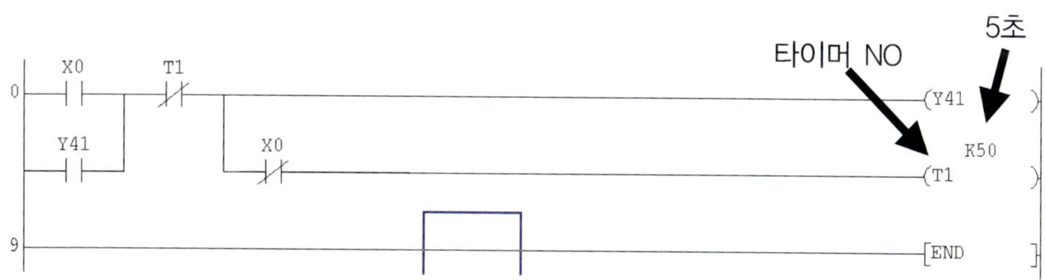

- One shot timer: X0를 ON하면 Y41이 ON이 되고, Y41은 5초 후에 OFF 된다.

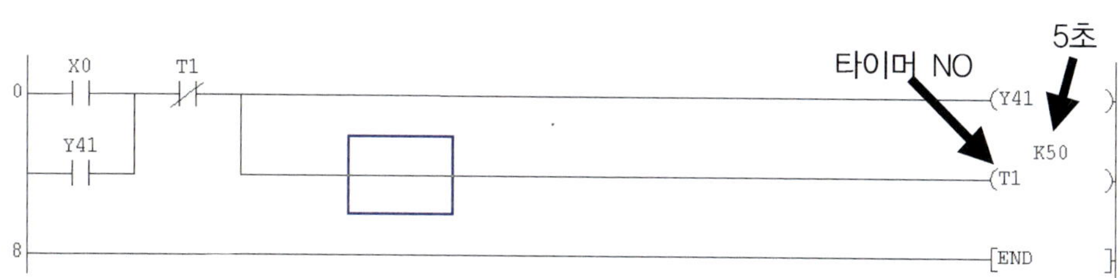

- Flicker Timer(SM413): 1초 간격으로 깜박임.

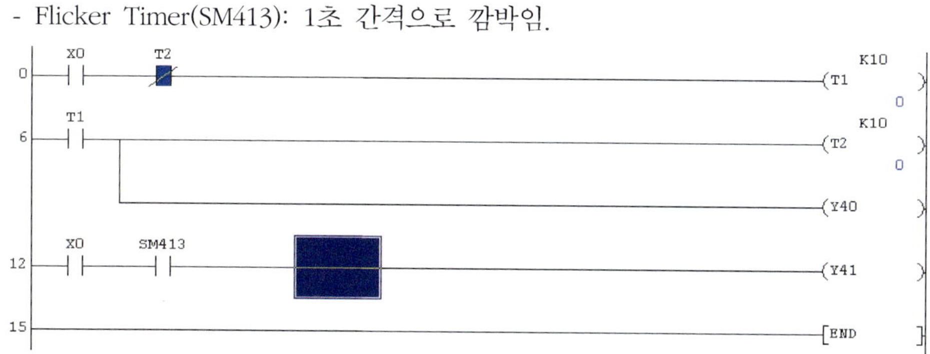

연습문제

1.5초 클럭으로 변경(0.75초 ON, 0.75초 OFF)

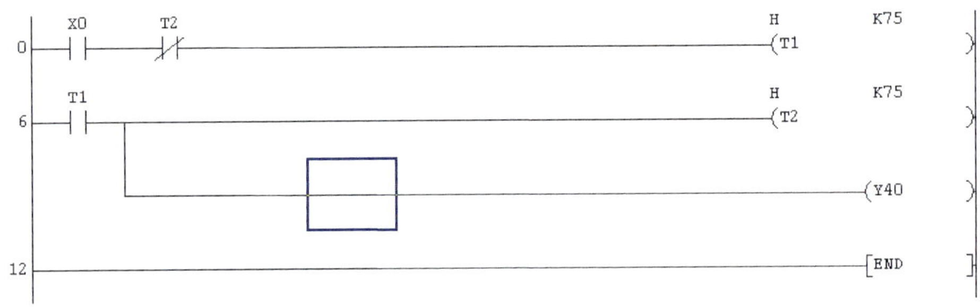

스테이트먼트, 노트, 커맨드(2가지) 입력방법 숙지

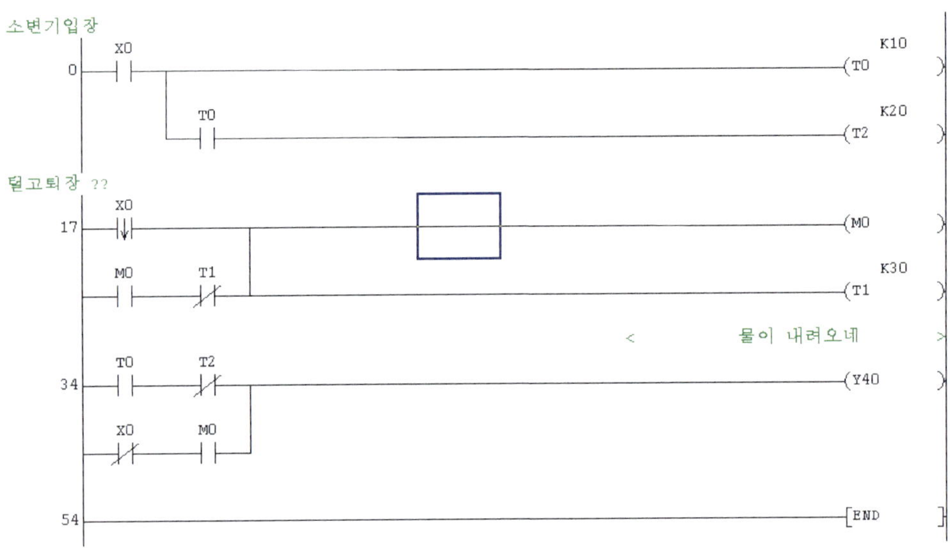

카운터(C)란

- 카운터를 접점으로 취급하는 비트용 릴레이며, 지정값에 도달하면 카운터와 동일번호의 카운터 접점이 ON된다. 단, 카운터의 X0 입력 신호가 ON 할 때마다 신호횟수가 카운터접점 C0에 카운터 셋팅 값과 같아지면 C0접점에 출력값이 발생된다. X1를 ON하면 C0 숫자가 RST 되면서 출력이 OFF된다.

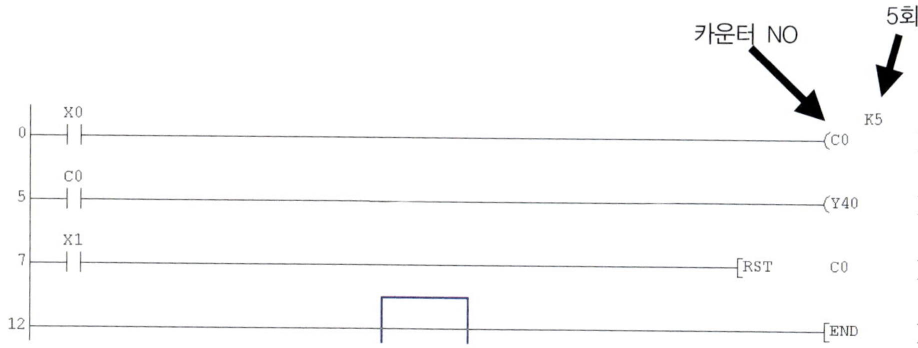

연습1

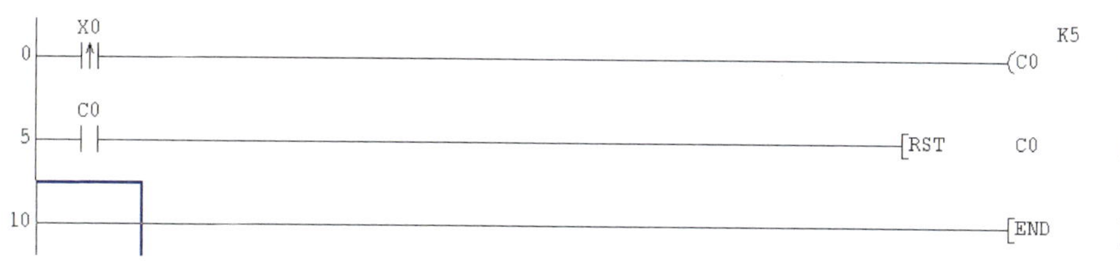

결과치: 0, 1, 2, 3, 4, 0, 1, 2, 3, 4, 0, 1, 2, 3 ……

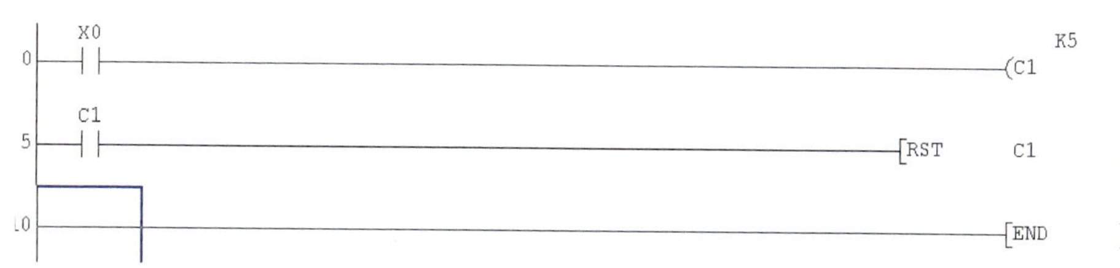

결과치: 0, 1, 2, 3, 4, 1, 2, 3, 4, 1, 2, 3 ……

연습2

- 이중출력은 나중출력이 ON된다.
  X0을 ON하면 Y40은 신호가 나오지 않는다.
  X1를 ON하면 Y40은 신호가 나온다.

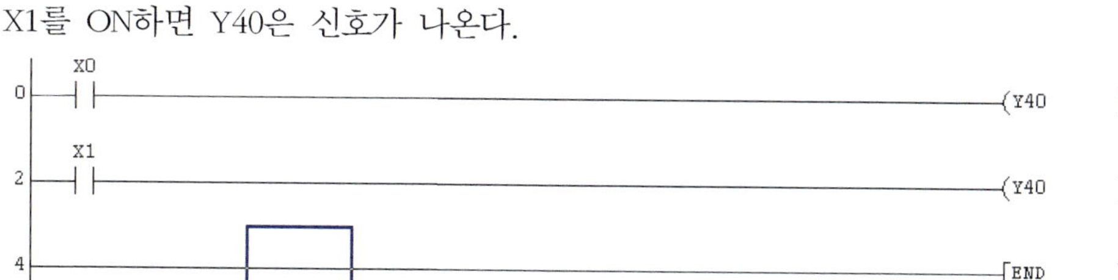

연습문제

스톱워치 만들기(1/100초, 1초, 1분: 두 자리로 표시)

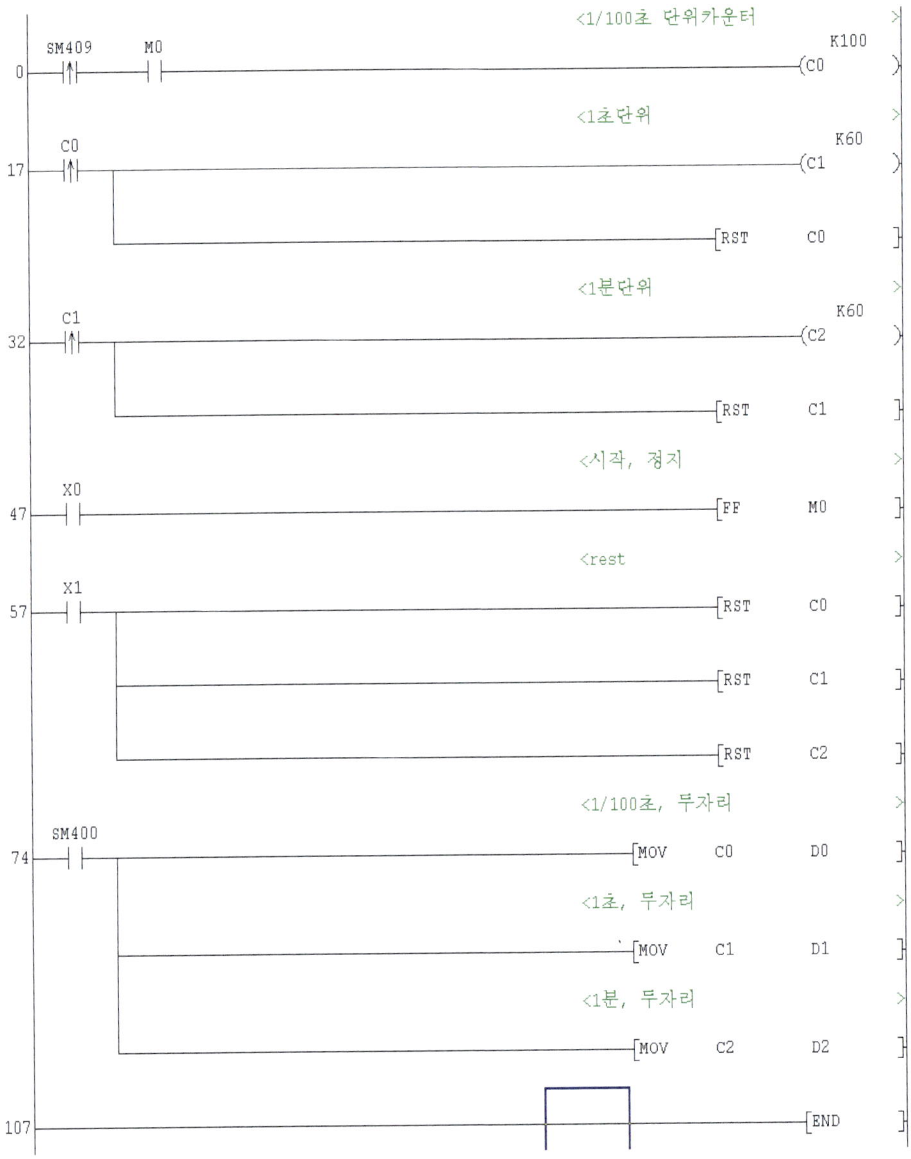

Chapter 09 회로구성

자기유지

- OFF우선 자기유지회로

- ON우선 자기유지회로

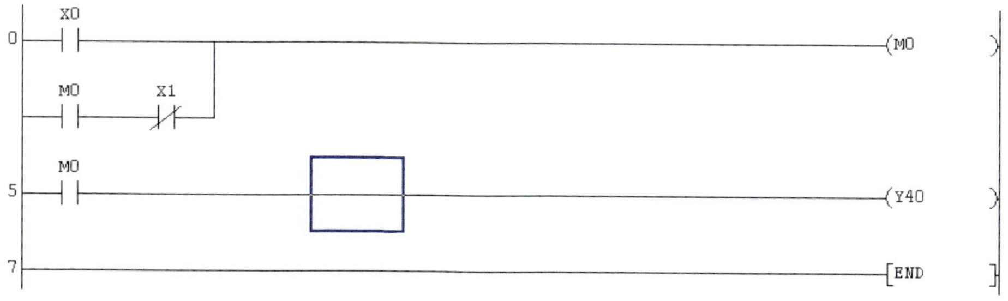

⊣↑⊢ (PLS : 상승에지), ⊣↓⊢ (PLF : 하강에지) 비교

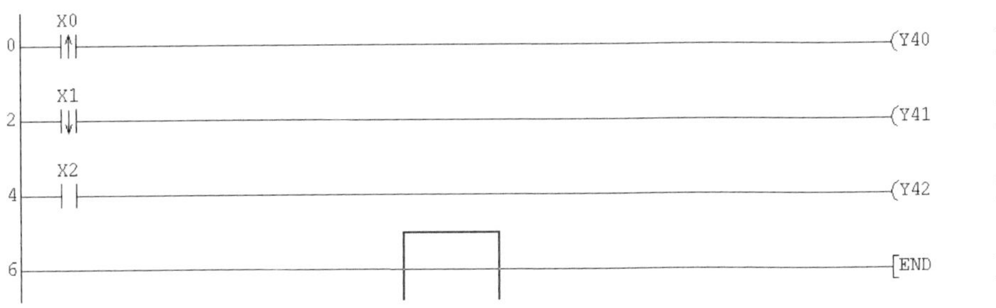

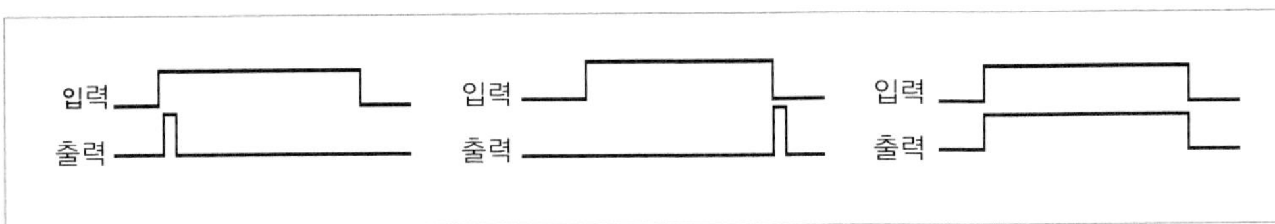

─/─ (INV)

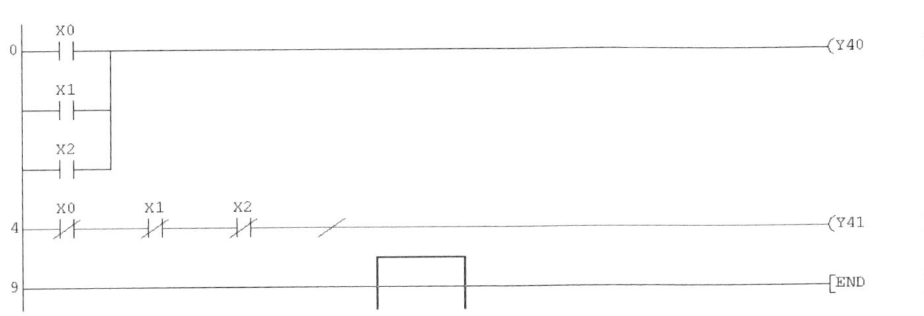

$$A+B=C \Rightarrow \overline{A+B}=\overline{C} \Rightarrow \overline{A}\cdot\overline{B}=\overline{C} \Rightarrow \overline{\overline{A}\cdot\overline{B}}=C$$

MC, MCR(마스터 컨트롤 리셋): 15개까지 사용

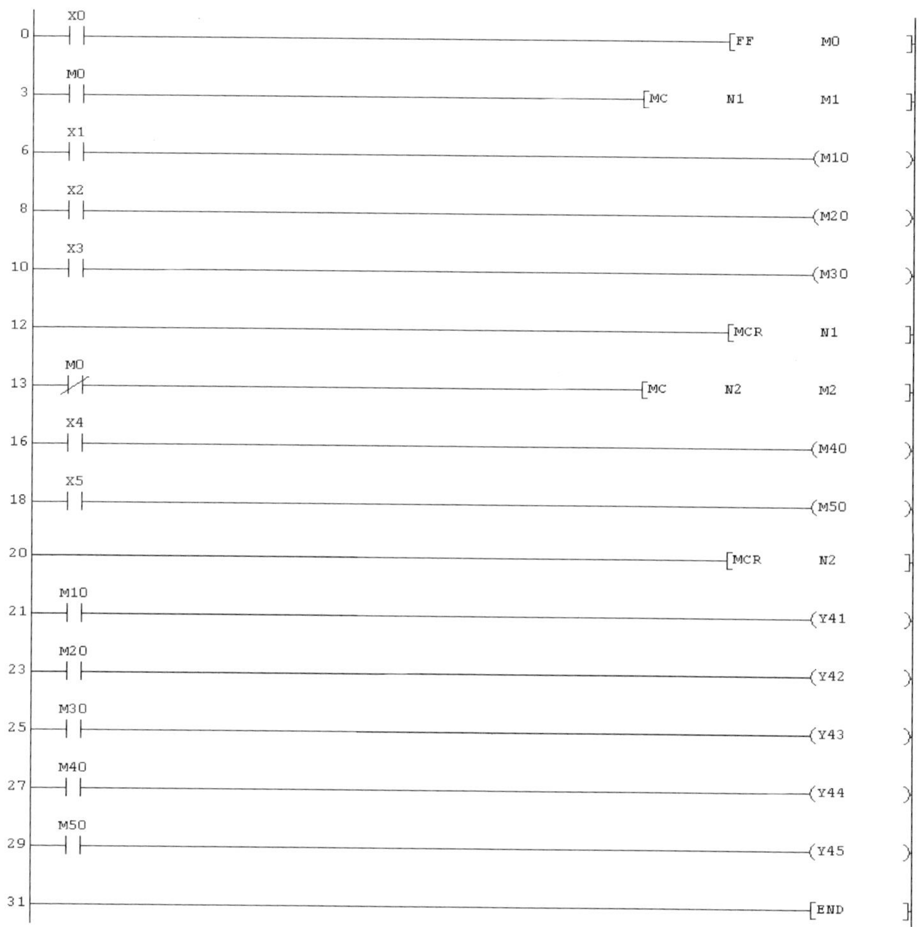

MC: master control, N0: nesting번호(0 ~ 14)

M1: 보조접점(본 프로그램에서 사용하지 않는 릴레이 사용)

FF: 래칭 S/W(신호가 ON될 때마다 순서대로 ON → OFF → ON → OFF → …… 됨)

SET, RST(ON, OFF 명령어)

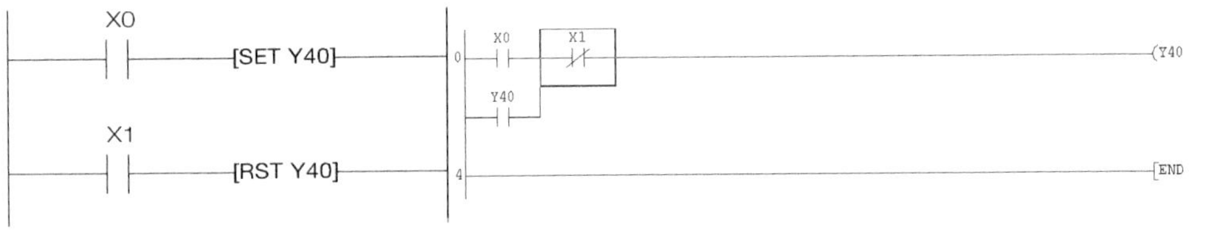

* [BKRST M1 k5]: M1부터 M5까지 5개를 동시에 RST

■ SET 및 RST 비교

- RST 앞부분 b접점(X1, X2, X3)이 a접점으로 OR연결되는 이유는?

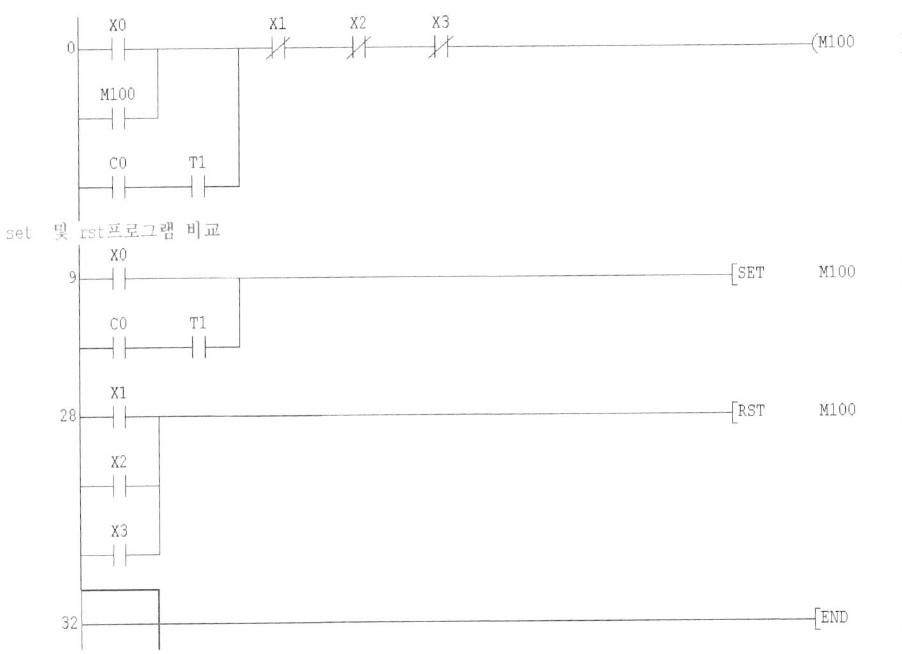

- SET, RST, 타이머, 연속동작, 비상정지, 카운터연습

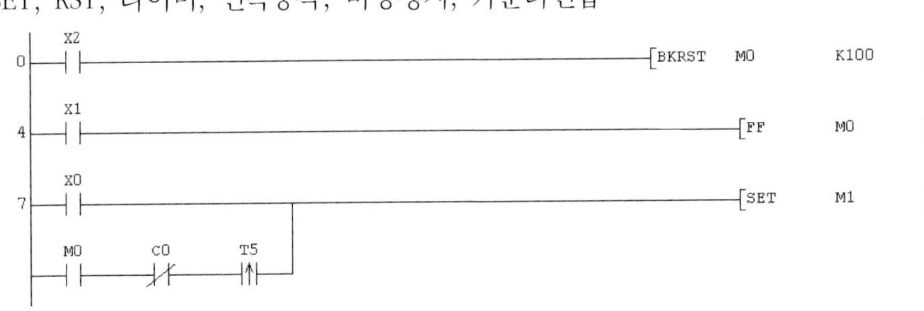

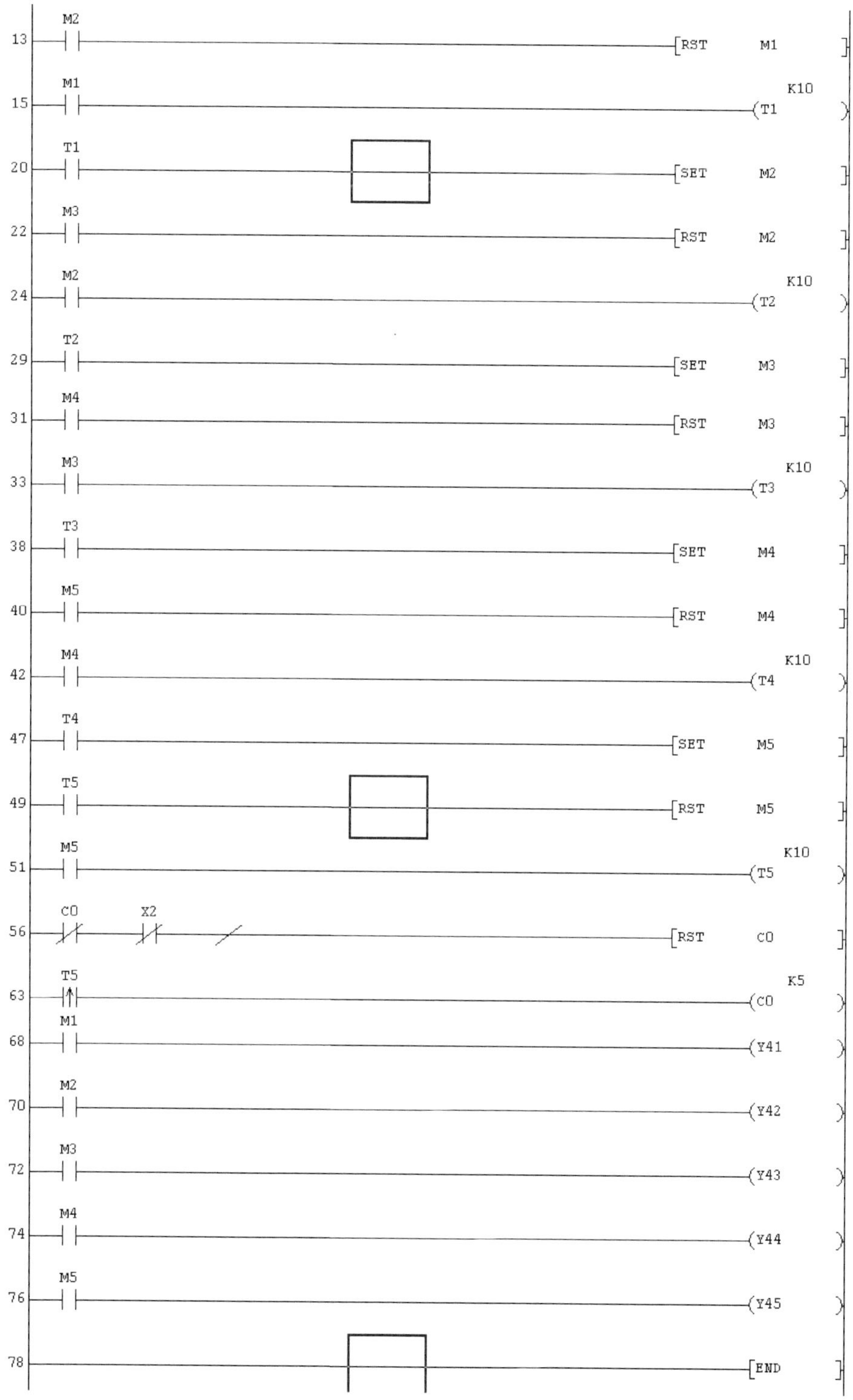
13 M2 [RST M1]
15 M1 (T1 K10)
20 T1 [SET M2]
22 M3 [RST M2]
24 M2 (T2 K10)
29 T2 [SET M3]
31 M4 [RST M3]
33 M3 (T3 K10)
38 T3 [SET M4]
40 M5 [RST M4]
42 M4 (T4 K10)
47 T4 [SET M5]
49 T5 [RST M5]
51 M5 (T5 K10)
56 C0 X2 [RST C0]
63 T5 (C0 K5)
68 M1 (Y41)
70 M2 (Y42)
72 M3 (Y43)
74 M4 (Y44)
76 M5 (Y45)
78 [END]

- X0(시작), X1(자동/수동), X2(비상정지)

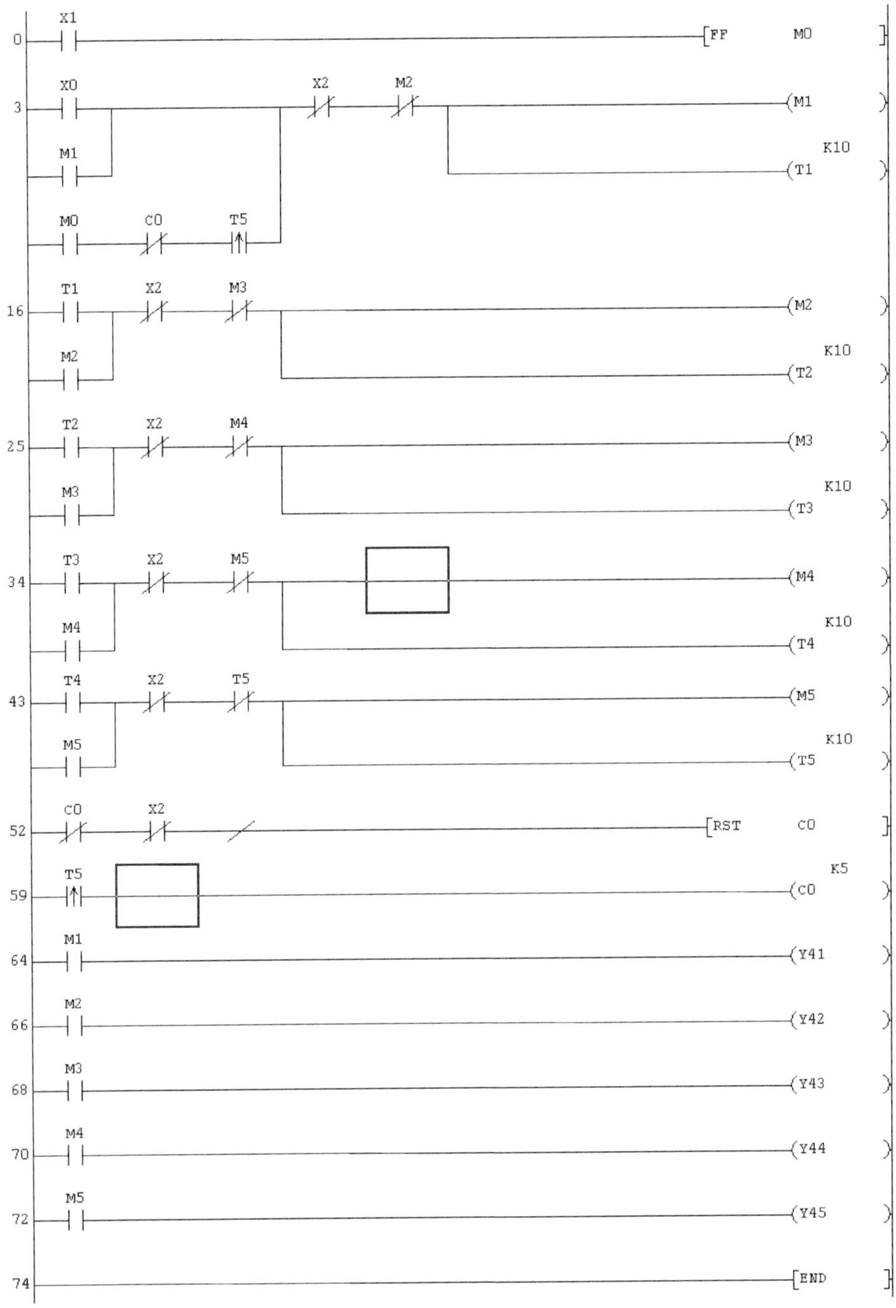

- 카운터 명령어를 사용 시 카운터 명령보다 RST를 나중에 사용하면 무한 반복동작 (56번 스텝과 61번의 위를 변경하면 정상동작)

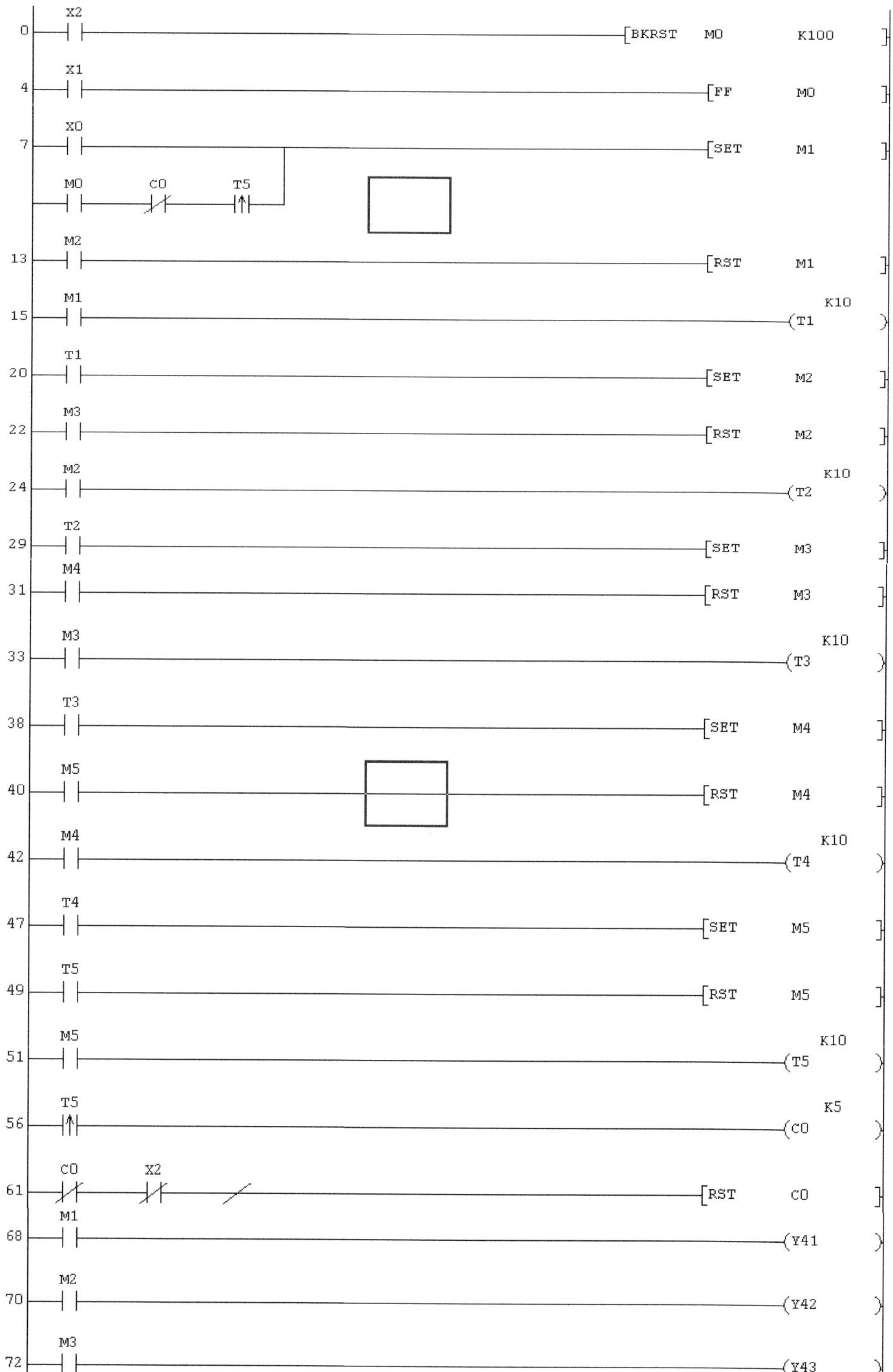

PLS, PLF 출력

데이터 전송명령(MOV), MOVP(P: 펄스의미)

[MOV S d]

S: D10, K10(10진 상수, H16(16진 상수)

d: D100(데이터레지스터)

다음의 두 프로그램은 같은 동작을 한다.

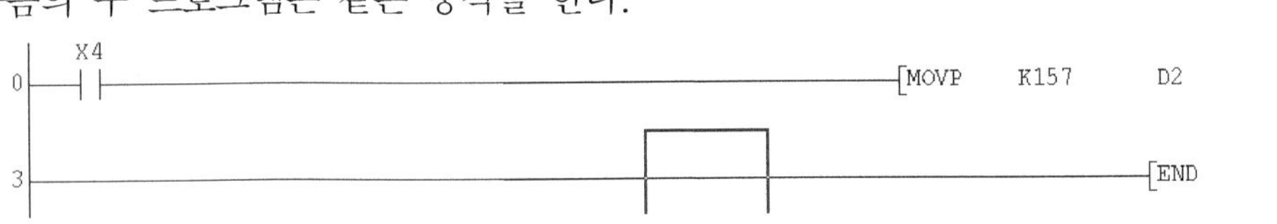

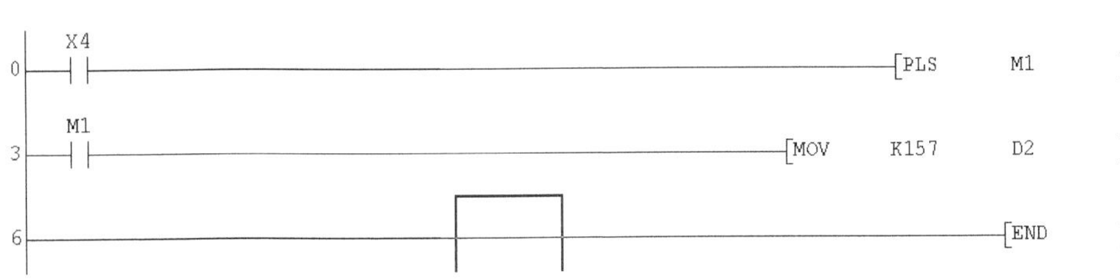

01 동일 데이터 일괄 전송형식

[FMOV S D N]

명령어	전송데이터	저장 선두디바이스	개수
FMOV	S	D	N

예시

[FMOV K0 D0 K10]

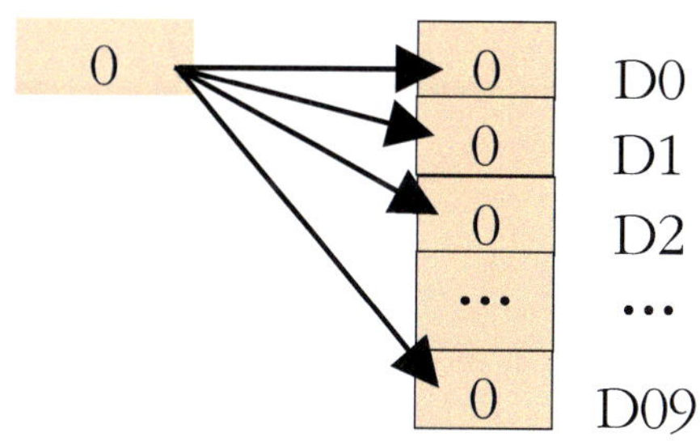

02 블럭데이터 일괄 전송형식

[BMOV S D N]

명령어	전송 선두데이터	저장 선두디바이스	개수
BMOV	S	D	N

예시

[BMOV D10 D100 K10]

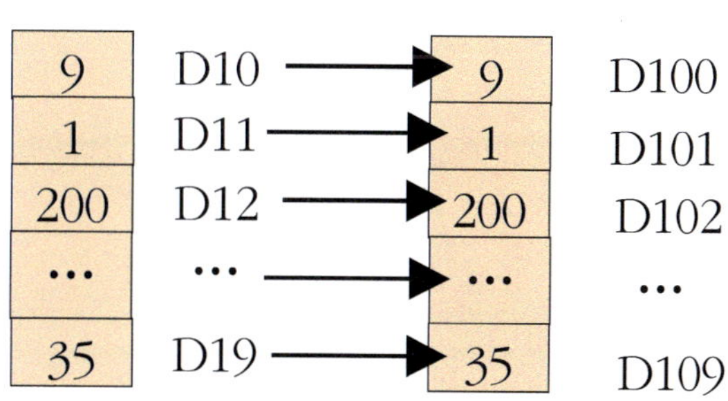

예시

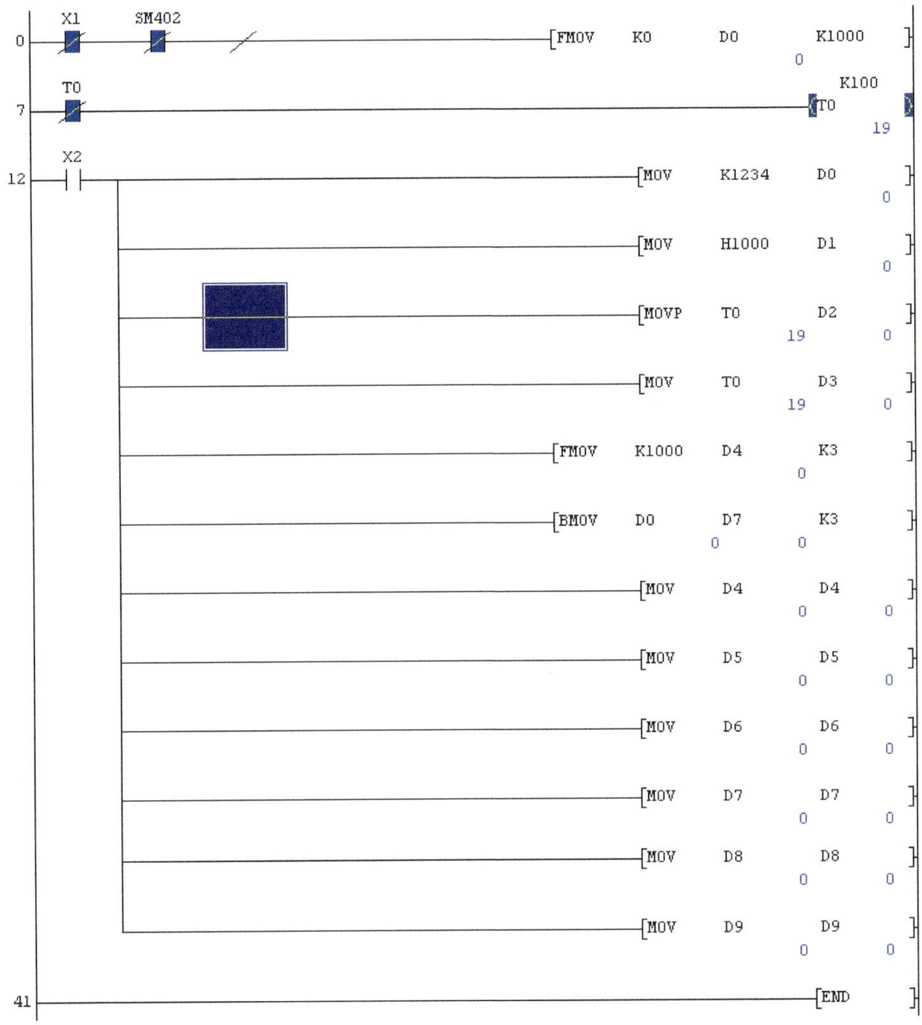

- FMOV k1000 D4 K3 : 동일데이터(k1000)을 D4, D5, D6에 일괄전송(k3은 D4부터 순서대로 3곳으로 전송)
- BMOV D0 D7 K3 : 블록데이터(D0, D1, D2)를 D7, D8, D9에 일괄전송(k3은 D0→D7, D1→D8, D2→D9) 3곳으로 순서대로 전송)
- 온라인/모니터/디바이스 등록모니터에서 디바이스값 D0을 입력하면 값이 표시됨

■ [$MOV "자동" D0]의 $MOV는 터치의 문자 표시

- 타 PLC 프로그램 활용법
  - 프로젝트/PLC 유형변경(change PLC type)

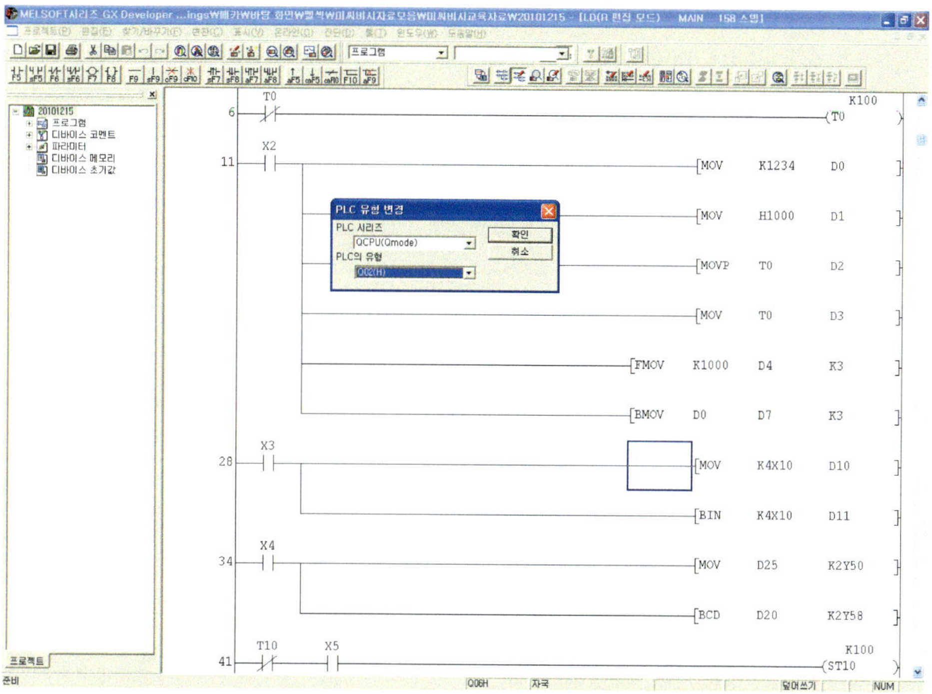

- 디바이스 찾기 및 바꾸기(찾기, 바꾸기/디바이스 바꾸기)

- 모니터링 상태에서 커서를 접점에 놓고 Shift + Enter하면 그 접점이 ON 된다. (접점은 래칭된다.)

- 데이터 레지스터 D0의 비트별 입력 값 실행 시 동작
  - 비트의 값이 "1"이면 ON, "0"이면 OFF가 됨

2진수				10진수
b3	b2	b1	b0	–
0	0	0	0	0
0	0	0	1	1
0	0	1	0	2
0	1	0	0	4
1	0	0	0	8

b0F	b0E	b0D	b0C	b0B	b0A	b9	b8	b7	b6	b5	b4	b3	b2	b1	b0
															1bit
								1Bite							
1Word															

- X0, X1, X2, X3, X4는 스위치 Y41, Y42, Y43, Y44는 램프
- X0를 ON-OFF하면 램프는 OFF이고, X1은 Y41, X2는 Y42, X3은 Y43, X4는 Y44 램프가 ON된다.

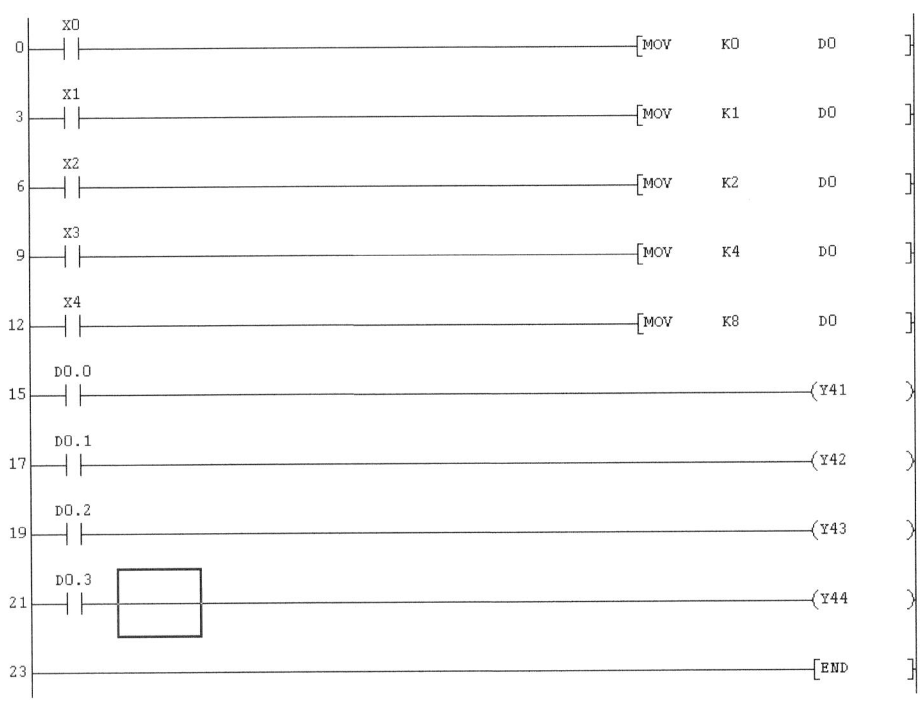

비교연산

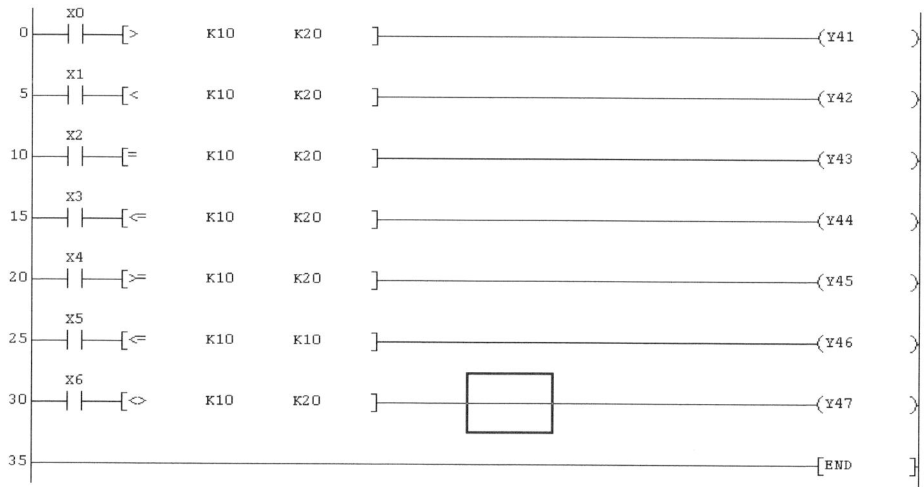

BCD, BIN 명령어

- BCD: 2진수를 10진수로
- BIN: 10진수를 2진수로

<table>
<tr><td>Y5F</td><td>Y5E</td><td>Y5D</td><td>Y5C</td><td>Y5B</td><td>Y5A</td><td>Y59</td><td>Y58</td><td>Y57</td><td>Y56</td><td>Y55</td><td>Y54</td><td>Y53</td><td>Y52</td><td>Y51</td><td>Y50</td></tr>
<tr><td colspan="12"></td><td colspan="4">K1Y50</td></tr>
<tr><td colspan="8"></td><td colspan="8">K2Y50</td></tr>
<tr><td colspan="4"></td><td colspan="12">K3Y50</td></tr>
<tr><td colspan="16">K4Y50</td></tr>
</table>

· FND를 K1은 1자리, K2는 2자리, K3은 3자리, K4 4자리를 표현할 수 있다는 의미다.

* 나누기(÷)에는 분모가 "0"이 되거나, BCD 명령어 상에도 숫자값이 마이너스(−)가 되면 에러가 된다.(프로그램 상 "0" 또는 마이너스(−)가 되지 않도록 함)

연습문제

문제 1

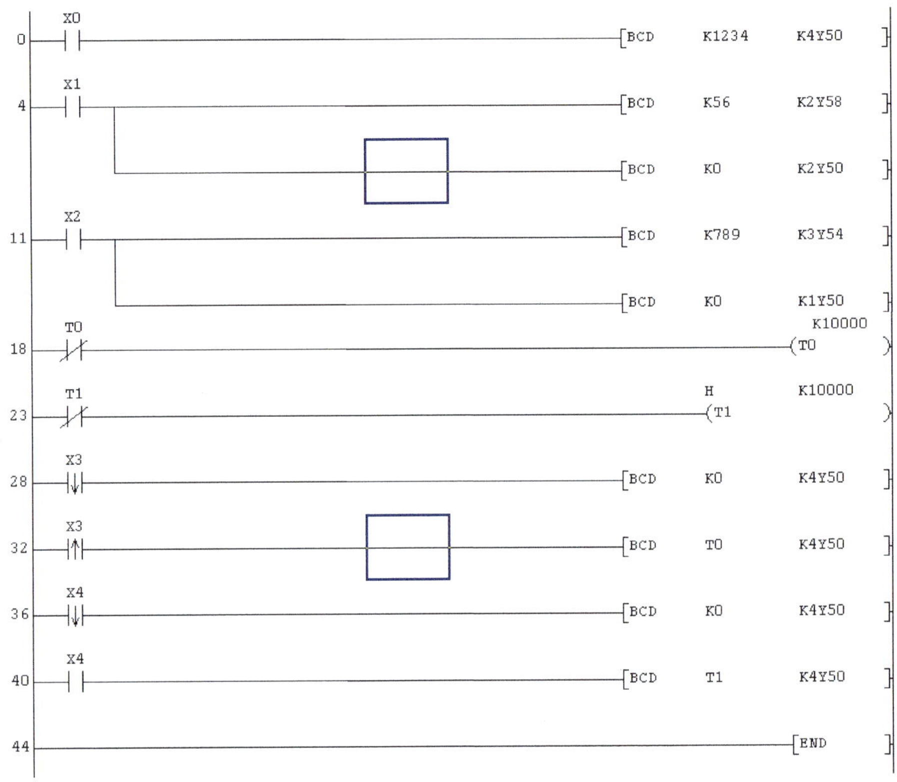

- "0"번 스텝의 [BCD K1234 K4Y50]의 표시는
  K4Y50: FND를 4자리로 표현하고 Y50부터 출력접점이 시작

1	2	3	4

- "4"번 스텝의[BCD K56 K2Y58]의 표시는
  K2Y58: FND를 2자리로 표현하고 Y58부터 출력접점이 시작

5	6		

- "4"번 스텝의[BCD K0 K2Y50]의 표시는
  K2Y50: FND를 2자리로 표현하고 Y50부터 출력접점이 시작

		0	0

- “11”번 스텝의[BCD K789 K3Y54]의 표시는

K3Y54: FND를 3자리로 표현하고 Y54부터 출력접점이 시작

7	8	9	

- “11”번 스텝의[BCD K0 K1Y50의 표시는

K1Y50: FND를 1자리로 표현하고 Y50부터 출력접점이 시작

			0

문제 2

타이머를 이용하여 12초 동안 작동하는 프로그램을 먼저 작성한 뒤 아래와 같이 3개 구간 동작(대수비교 이용)

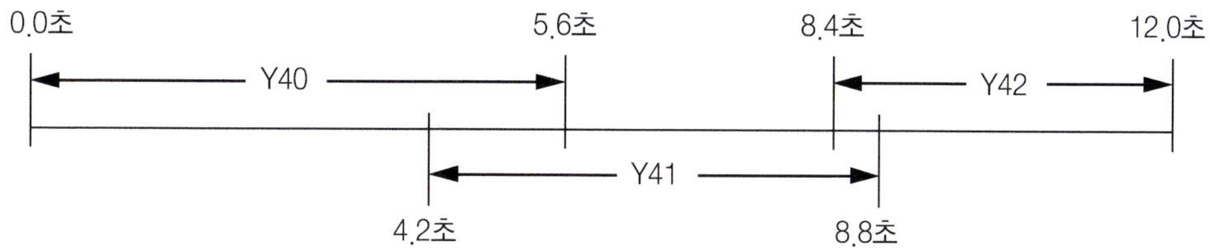

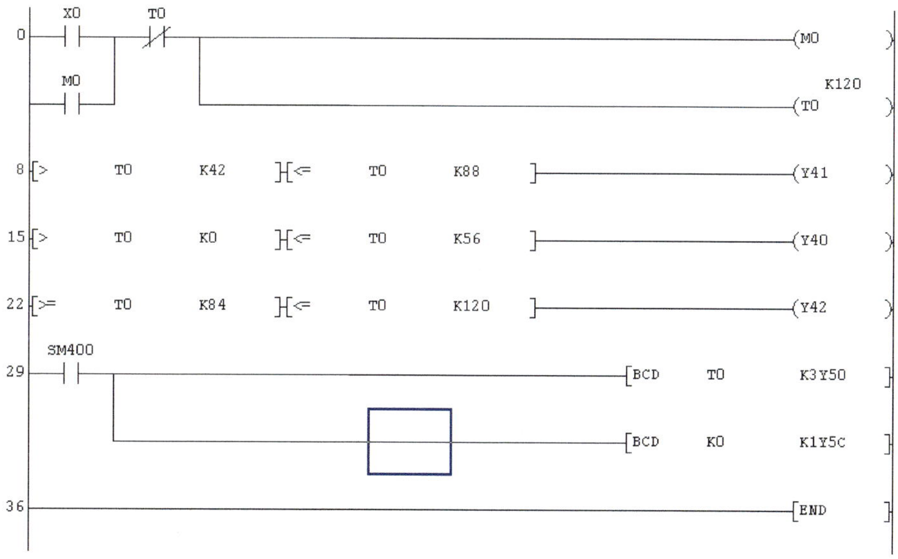

문제 3

- 차고의 입출 수량제어(주차능력 500대), X0(입고센서), X1(출고센서)
- 입출고량 표시

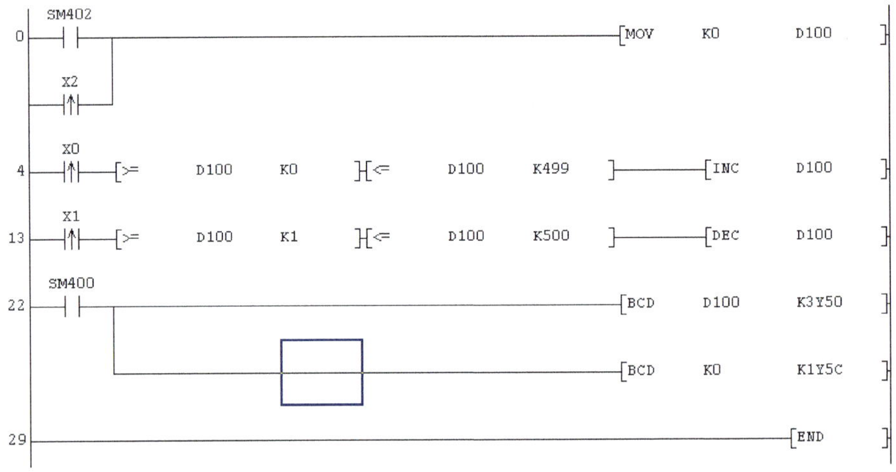

- 주차가능 수량 표시

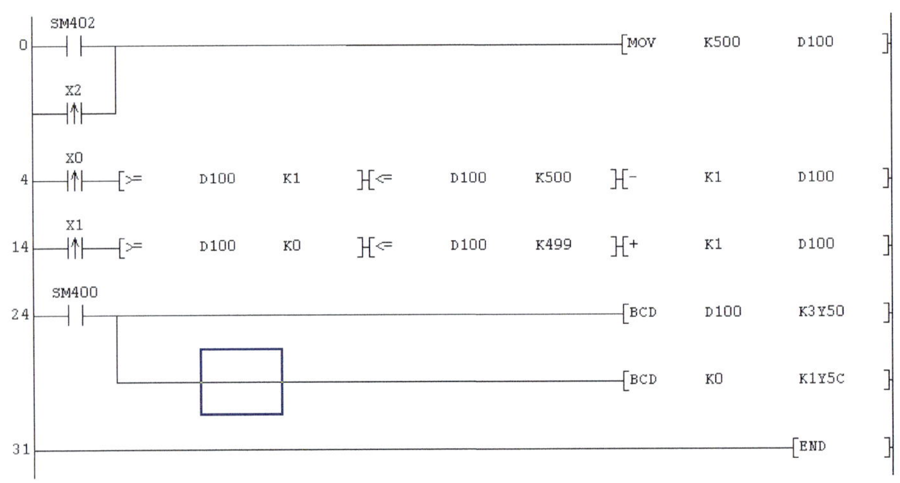

산술연산(+ – * /)

01 +(P), –(P) 연산

■ 형식

├┤├──────[기호 A1 A2]┤

+, – 또는 +P, –P　　A1 ± A2 = A2

├┤├──────[기호 A1 A2 A3]┤

+, – 또는 +P, –P　　A1 ± A2 = A3

예시

├┤├──────[+ K1 D0]┤ = [INC D0]

설명 신호가 ON될 때마다 D0에 "1"씩 더한다.

├┤├──────[– K1 D1]┤ = [DEC D1]

설명 신호가 ON될 때마다 D1에 "1"씩 감한다.

├┤├──────[– D10 D11 D12]┤

설명 신호가 ON될 때마다 D10값에서 D11값을 감한다.

02 *(P), /(P) 연산

■ 형식

├┤├──────[기호 A1 A2 A3]┤

*, / 또는 *P, /P　　A1 * 또는 / A2 = A3

```
├─┤├──────────[ *P    K10    D100    D101 ]─┤
```

설명 신호가 1펄스 ON될 때만 "10"을 D100 값에 곱하여 D101에 저장한다.

```
├─┤├──────────[ /P    D20    D21    D25 ]─┤
```

설명 신호가 1펄스 ON될 때만 D20을 D21에 나누어 D25에 저장한다.

03 곱셈연산 시 주의사항

예시

```
├─┤├──────────[ *    D100    D101    D300 ]─┤
```

설명 D100값이 "1000"이고, D101값이 "300"일 때 1000×300＝300000이 되므로 D300에는 1word 범위(−32768～32767)를 초과하므로 2word를 사용해야 한다.

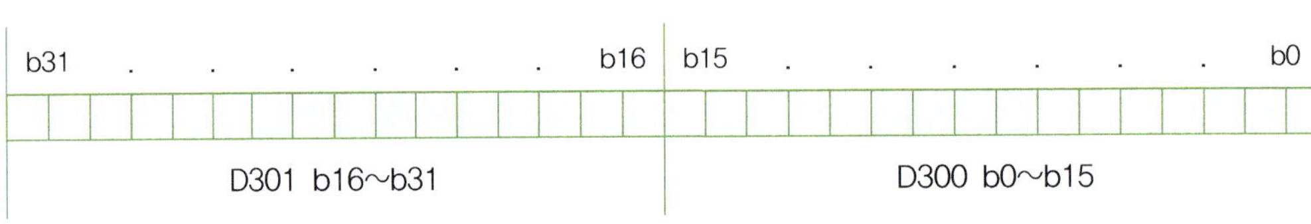

04 나눗셈 연산 시 주의사항

예시1

```
├─┤├──────────[ /    D200    D400    D500 ]─┤
```

설명 D200값이 "1000"이고, D400값이 "300"일 때 1000÷300＝3.333이 되나, D500에는 몫 "3"이 저장되고, D501에는 나머지 "100"이 저장된다.

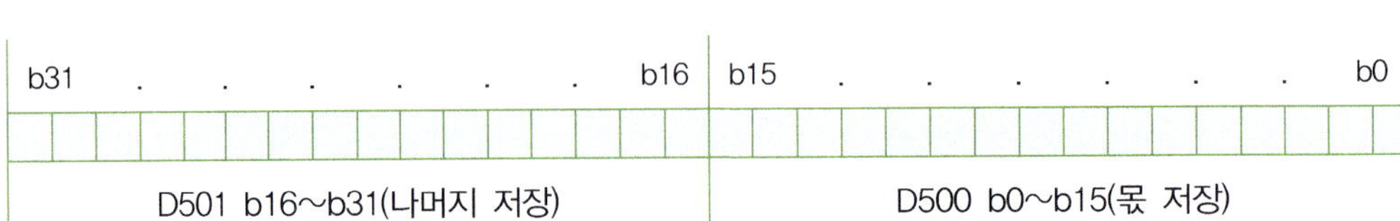

예시2 2word(32767 이상) 사용 시

```
─┤ ├──────[ D/    D600    D700    D800 ]─┤
```

설명 D600값이 "50000"이고, D700값이 "3000"일 때 50000 ÷ 3000 = 16.666이 되나, D800과 D801에는 몫 "16"이 저장되고, D802과 D803에는 나머지 "2000"이 저장된다.

■ 덧셈 및 뺄셈 연습

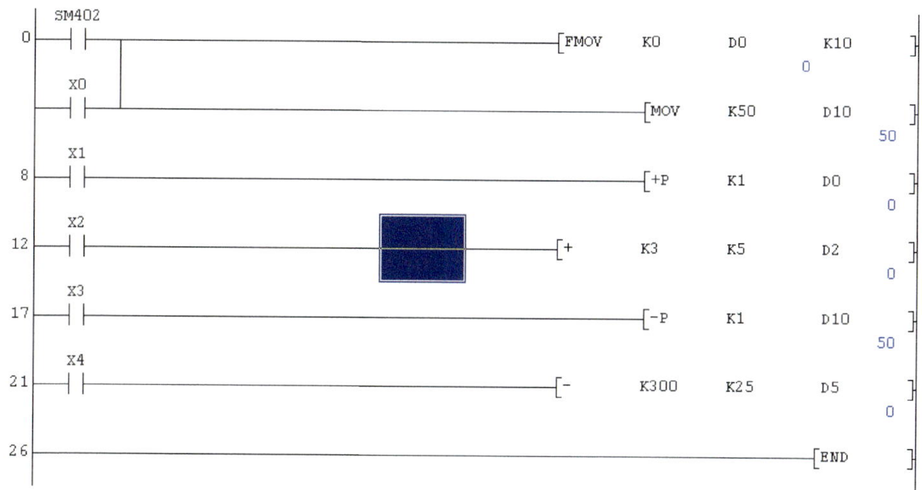

■ 곱셈 연습

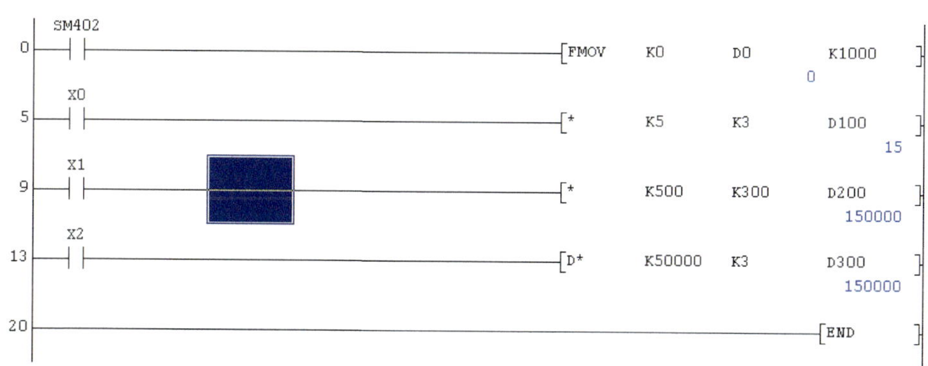

■ 나눗셈표시(5÷3 및 50000÷3의 몫 및 나머지 표시)

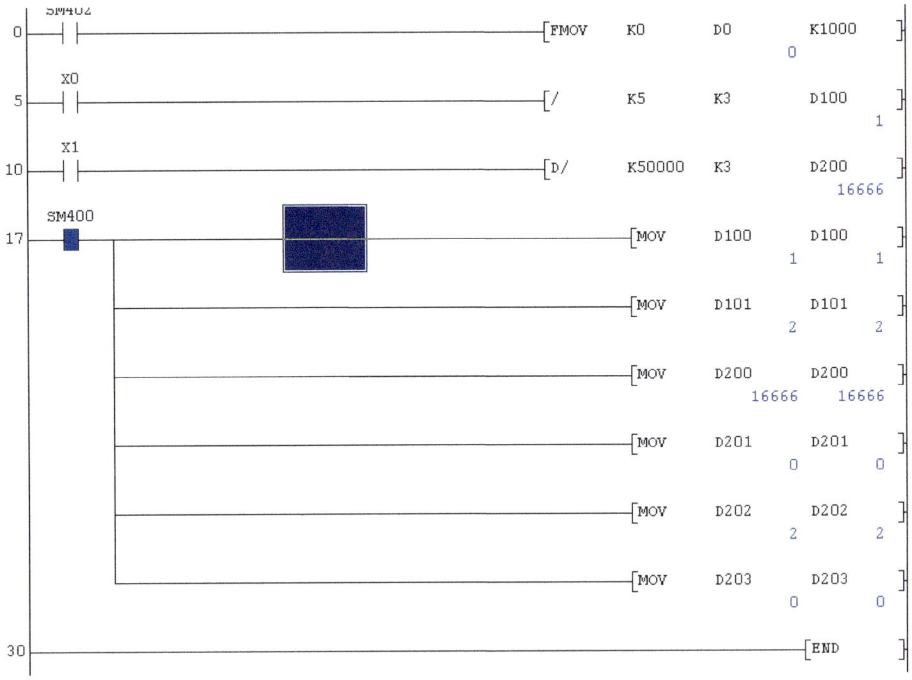

연/습/문/제 1 터치사용

Question 1 1차 방정식 계산하기

- 수식 y = 100x + 50을 값을 표시, 터치에 x값 입력(D0), D100(32bit)에 y값 표시
- 숫자 표시 및 터치에 외부에서 숫자입력 방법 숙지
- 문자 표시 명령어 표시: [$MOV "입력" D500]

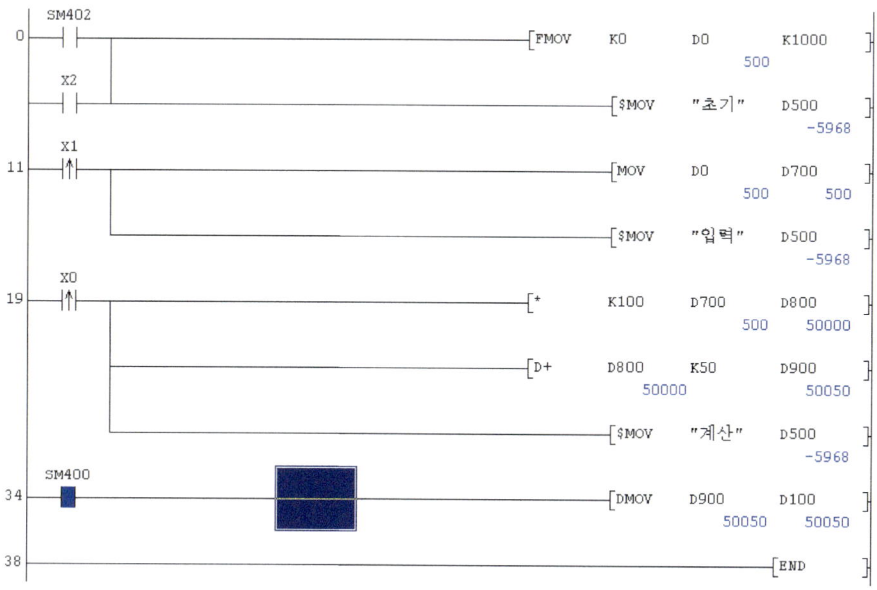

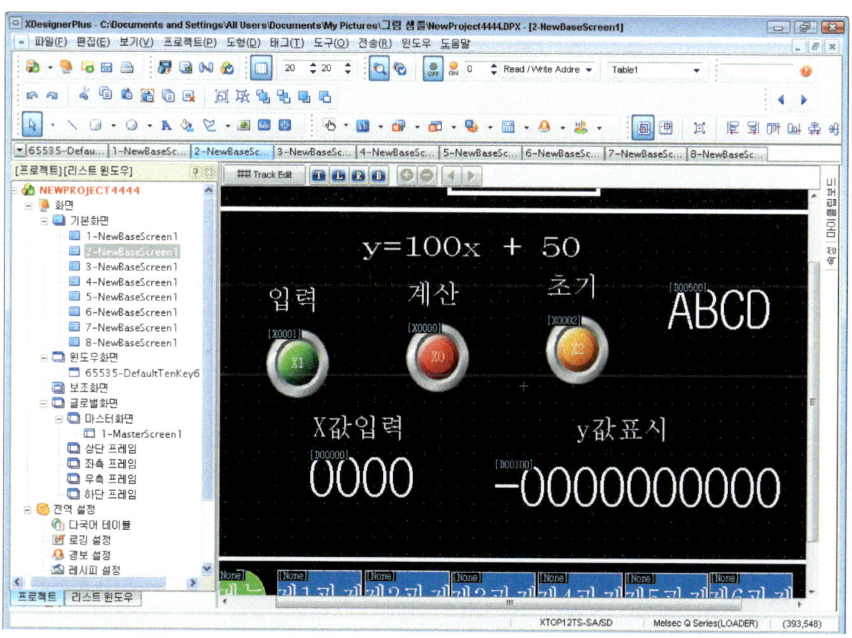

Question 2 4칙연산

- X0(+), X1(−), X2(×), X3(÷), X4(계산), X5(초기화), D0(터치에 표시), D10(32bit), D700(숫자 입력), D701(숫자 입력), D500 문자표시

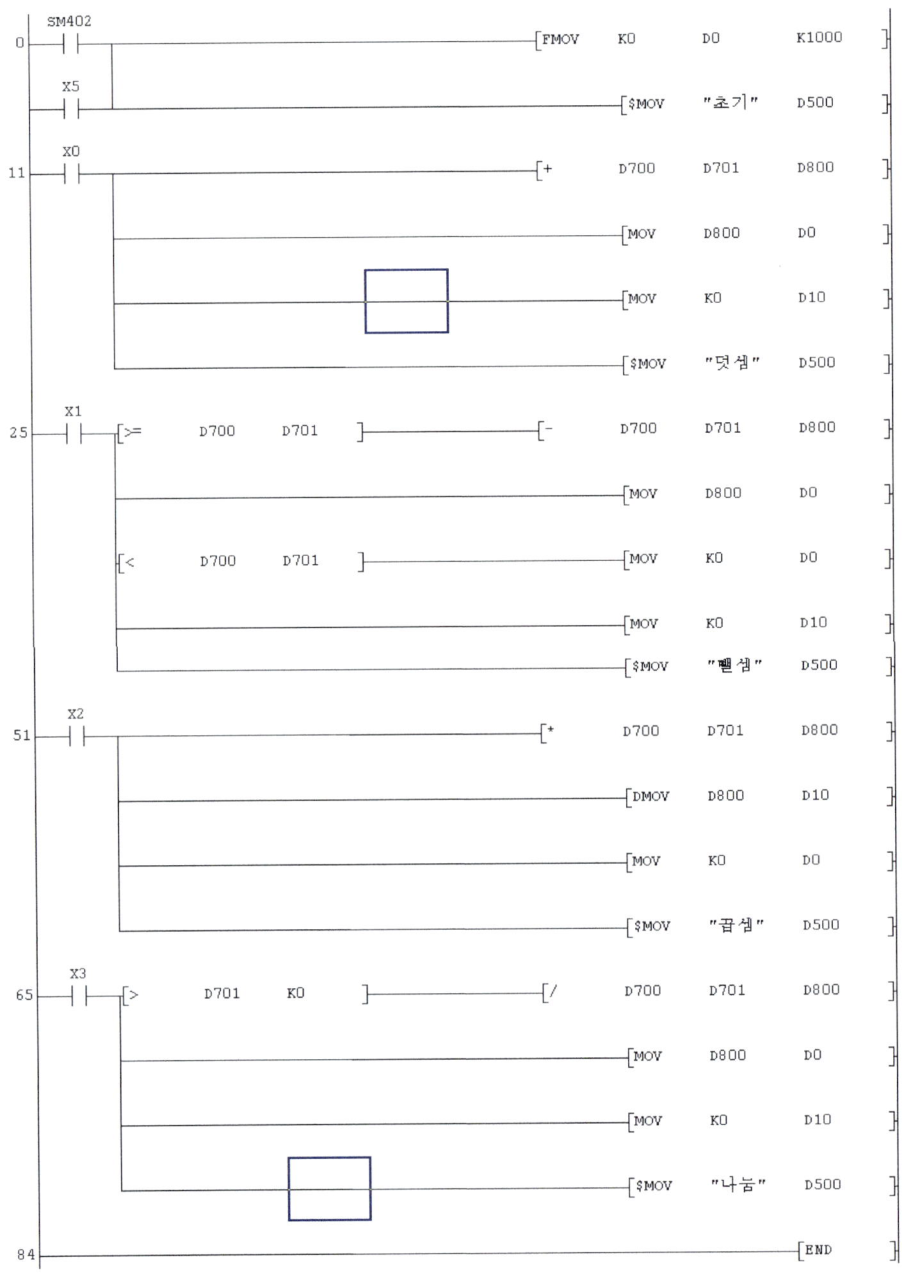

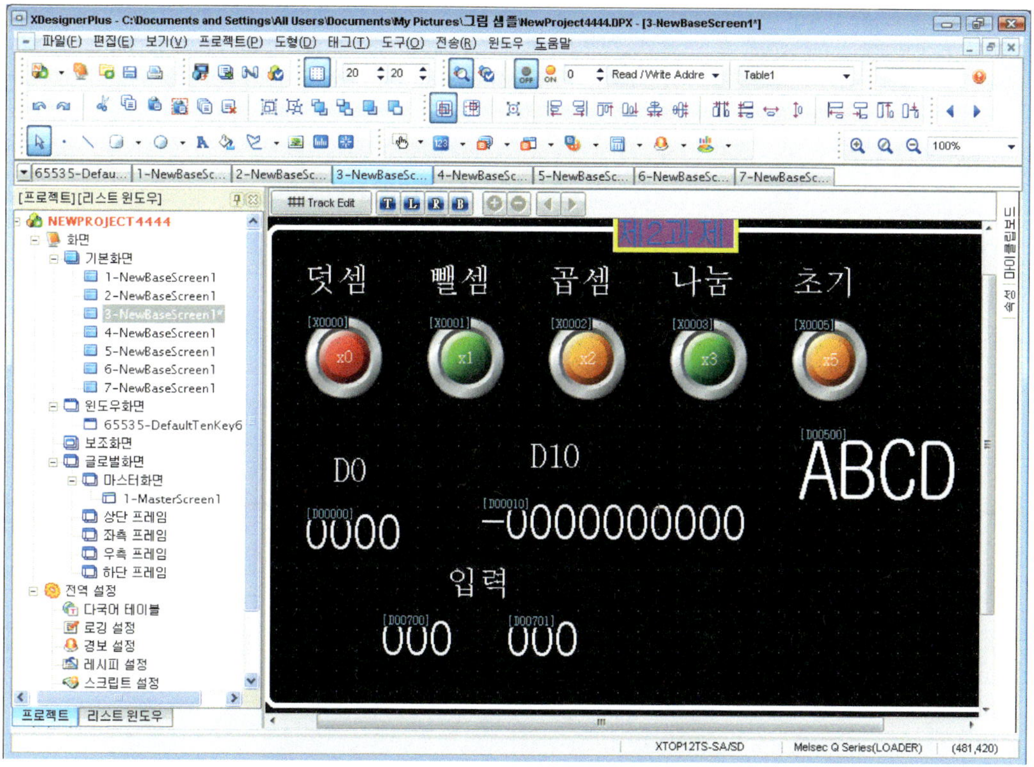
XDesignerPlus - C:\Documents and Settings\All Users\Documents\My Pictures\그림 샘플\NewProject4444.DPX - [3-NewBaseScreen1*]
파일(F) 편집(E) 보기(V) 프로젝트(P) 도형(D) 태그(T) 도구(O) 전송(R) 윈도우 도움말
Read / Write Addre
Table1
100%
65535-Defau... 1-NewBaseSc... 2-NewBaseSc... 3-NewBaseSc... 4-NewBaseSc... 5-NewBaseSc... 6-NewBaseSc... 7-NewBaseSc...
[프로젝트][리스트 윈도우]
NEWPROJECT4444
화면
기본화면
1-NewBaseScreen1
2-NewBaseScreen1
3-NewBaseScreen1*
4-NewBaseScreen1
5-NewBaseScreen1
6-NewBaseScreen1
7-NewBaseScreen1
윈도우화면
65535-DefaultTenKey6
보조화면
글로벌화면
마스터화면
1-MasterScreen1
상단 프레임
좌측 프레임
우측 프레임
하단 프레임
전역 설정
다국어 테이블
로깅 설정
경보 설정
레시피 설정
스크립트 설정
프로젝트
리스트 윈도우
Track Edit
덧셈
뺄셈
곱셈
나눔
초기
[X0000]
x0
[X0001]
x1
[X0002]
x2
[X0003]
x3
[X0005]
x5
D0
D10
[D00500]
ABCD
[D00000]
0000
[D00010]
-00000000000
입력
[D00700]
000
[D00701]
000
XTOP12TS-SA/SD
Melsec Q Series(LOADER)
(481,420)

Question 3 나눗셈 값 표시하기

- 5÷3 계산(소수점 2자리까지 표시) (D100, D110은 숫자 입력), 몫은 D940, 소수점은 D942에 표시, D500 문자표시(D/에서는 몫 및 나머지가 데이터레이스 2개씩 차지함)

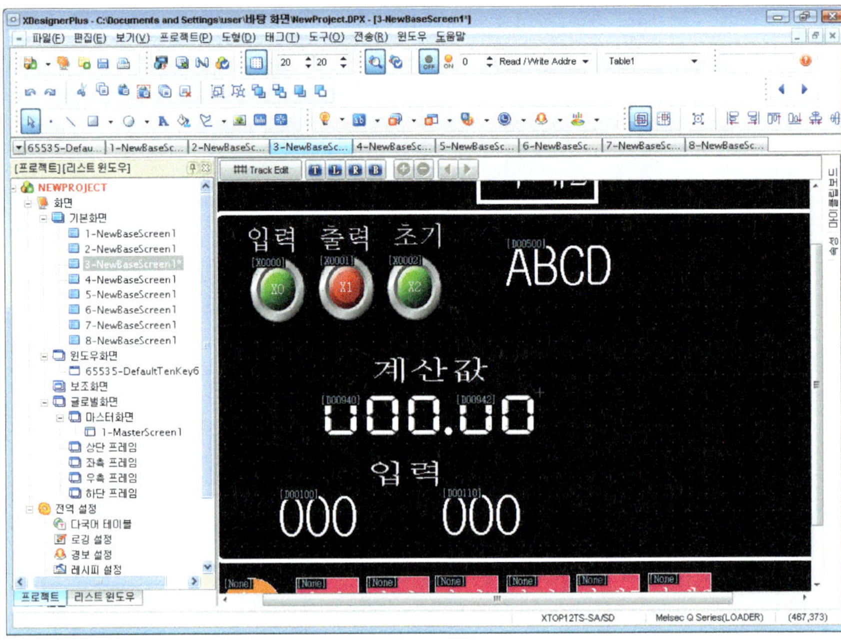

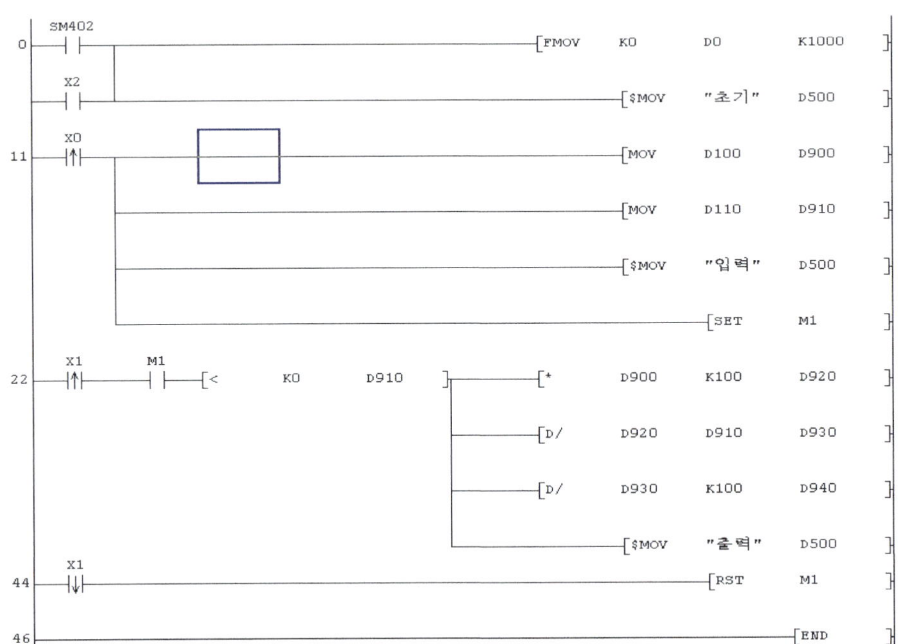

Question 4 양품률 표시하기

- 양품률(%) = 양품 수/총 생산 수(불량 수 + 양품 수) × 100%, 소수점 2자리까지 표시, D100(양품 수), D110(불량 수)는 숫자 입력, 양품률 몫은 D950, 소수점은 D952에 표시, D500 문자표시

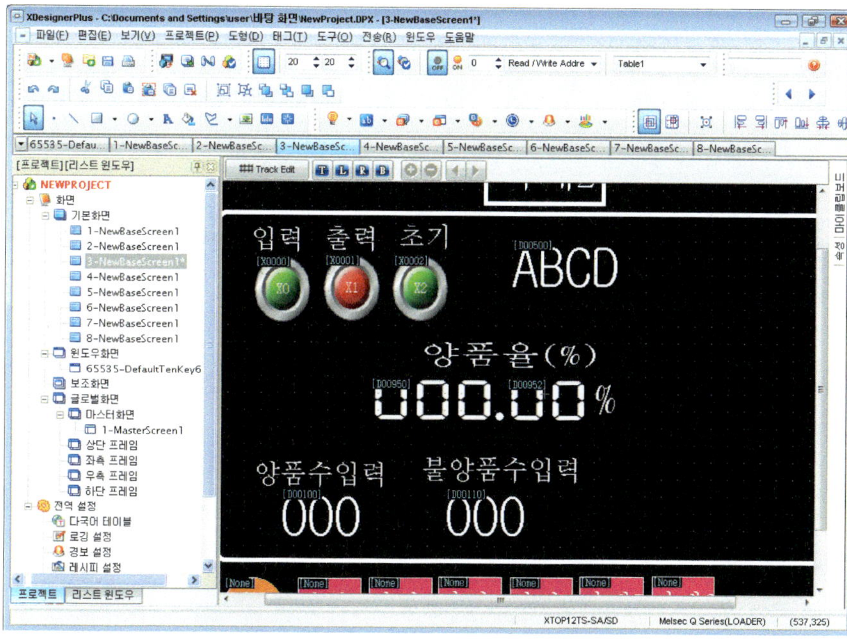

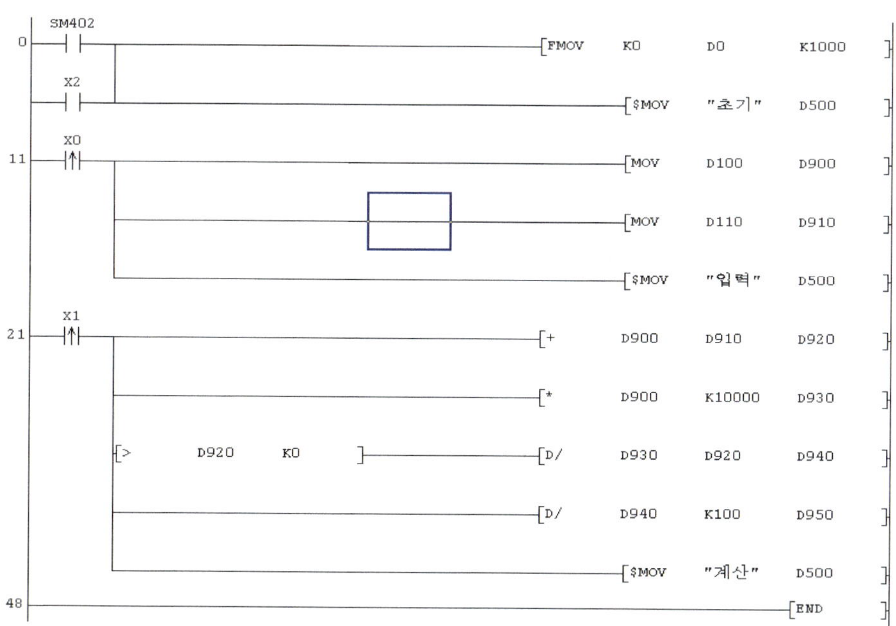

Question 5 화씨온도를 섭씨온도로 변환

- C =5/9×(F−32), 몫 표시(D145), 소수점 1자리 표시(D147), 화씨온도 입력(D100), “입력”, “계산” 문자표시(D500), “+”, “−”, “ ” 문자표시(D170)
- D/에서는 몫 및 나머지가 데이터레이스 2개씩 차지함
- D142(소수점 1자리 표시) 〉 K0 은 소수점 자리도 양수여야하기 때문이다.
- 화씨온도를 입력하여 섭씨온도를 확인할 내용

  (100°F → +37.7℃, 0°F → −17.7℃, 32°F → 0℃, 15°F → −9.4℃)

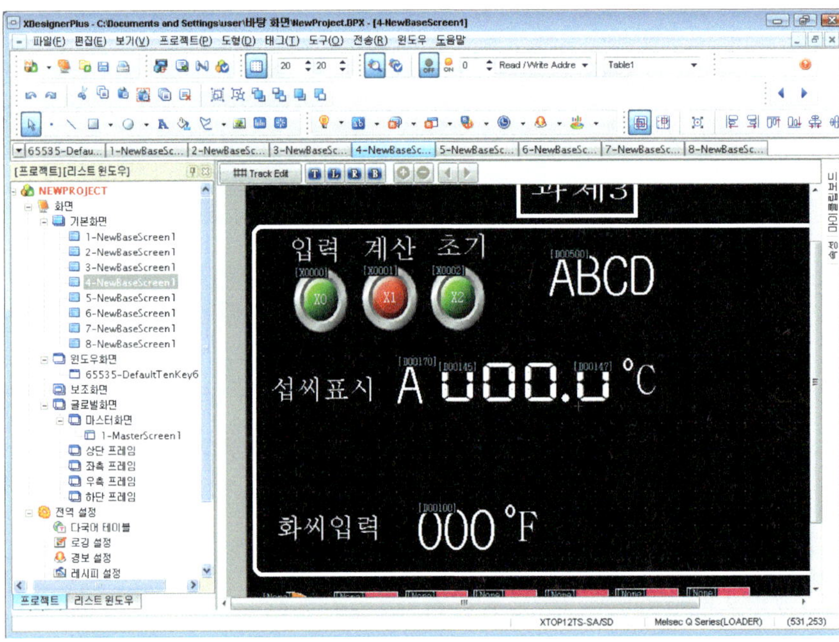

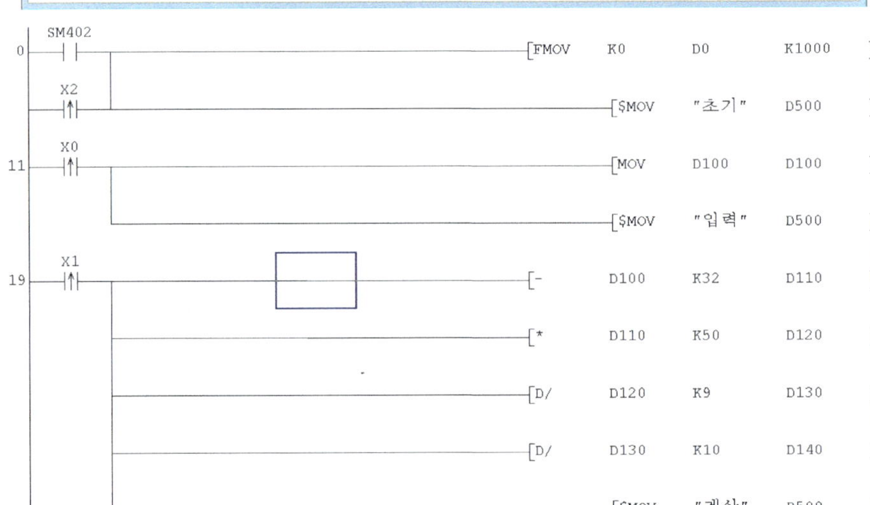

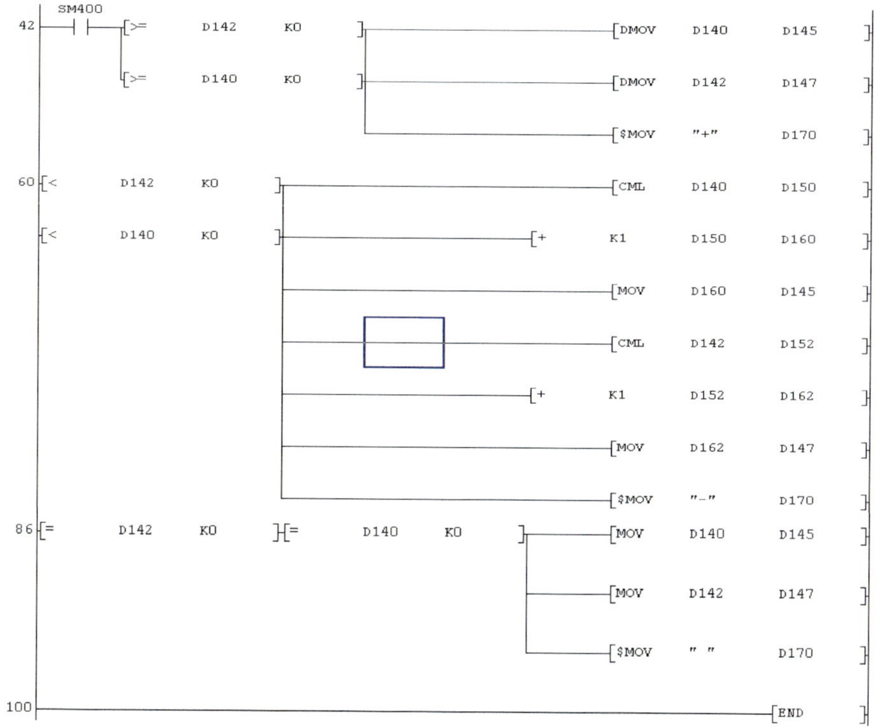

〈2의 보수를 이용한 PLC의 음수표현〉

10진수	2진수				16진수
+32767(2^{15}-1)	0111	1111	1111	1111	7FFF
+32766	0111	1111	1111	1110	7FFE
+32765	0111	1111	1111	1101	7FFD
: :		: :			: :
+3	0000	0000	0000	0011	0003
+2	0000	0000	0000	0010	0002
+1	0000	0000	0000	0001	0001
0	0000	0000	0000	0000	0000
-1	1111	1111	1111	1111	FFFF
-2	1111	1111	1111	1110	FFFE
-3	1111	1111	1111	1101	FFFD
: :		: :			: :
-32766	1000	0000	0000	0010	8002
-32767	1000	0000	0000	0001	8001
-32768(2^{15})	1000	0000	0000	0000	8000

설명

- CML 명령어를 사용해서 －3(10진수)의 보수는 ＋2(10진수)가 된다.
- 왜냐하면 1111 1111 1111 1101 (-3: 10진수)를 2의 보수를 취하면 0000 0000 0000 0010 (＋2: 10진수)가 된다. 그래서 값에 ＋1를 더해야 같아진다.
- 또한, 데이터레지스터 값이 16번지에 “0”이면 양수, “1”이면 음수이다.

Question 6 4칙 연산하기

- 터치를 사용하여 D0은 정수, D2는 소수점 둘째 자리까지 값 표시, D10은 숫자 입력, D11은 숫자 입력, D20은 문자, D700은 기호를 표시한다.
  PB1(M1)을 1회 ON-OFF하면 +, 2회 ON-OFF하면 −, 3회 ON-OFF하면 ×, 4회 ON-OFF하면 ÷을 연산하고, PB2(M2)은 연산시작, PB3(M3) 및 초기화면은 모든 숫자 "00"표시, 동작 형태를 문자로 표시 및 음수는 "−" 표시

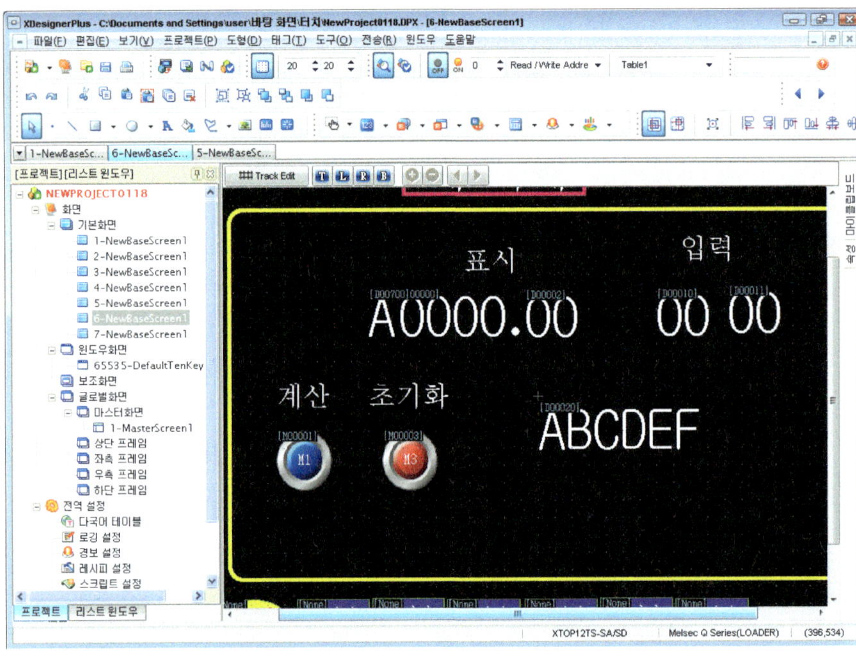

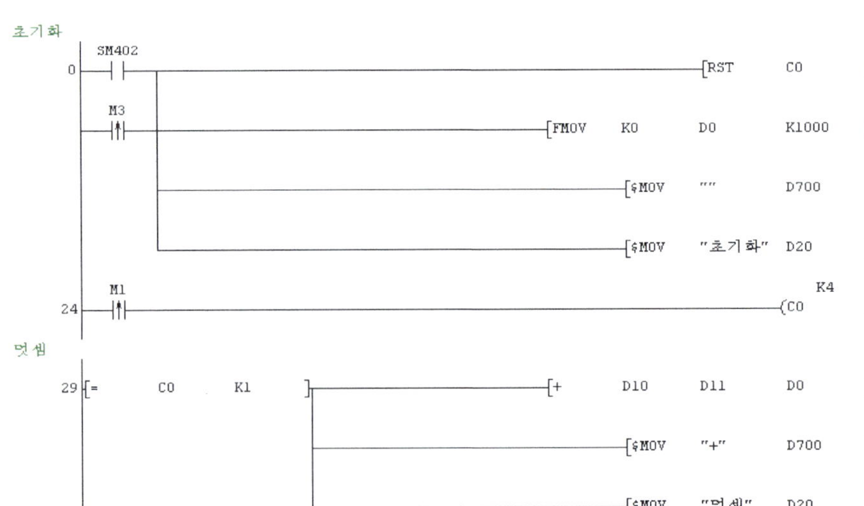

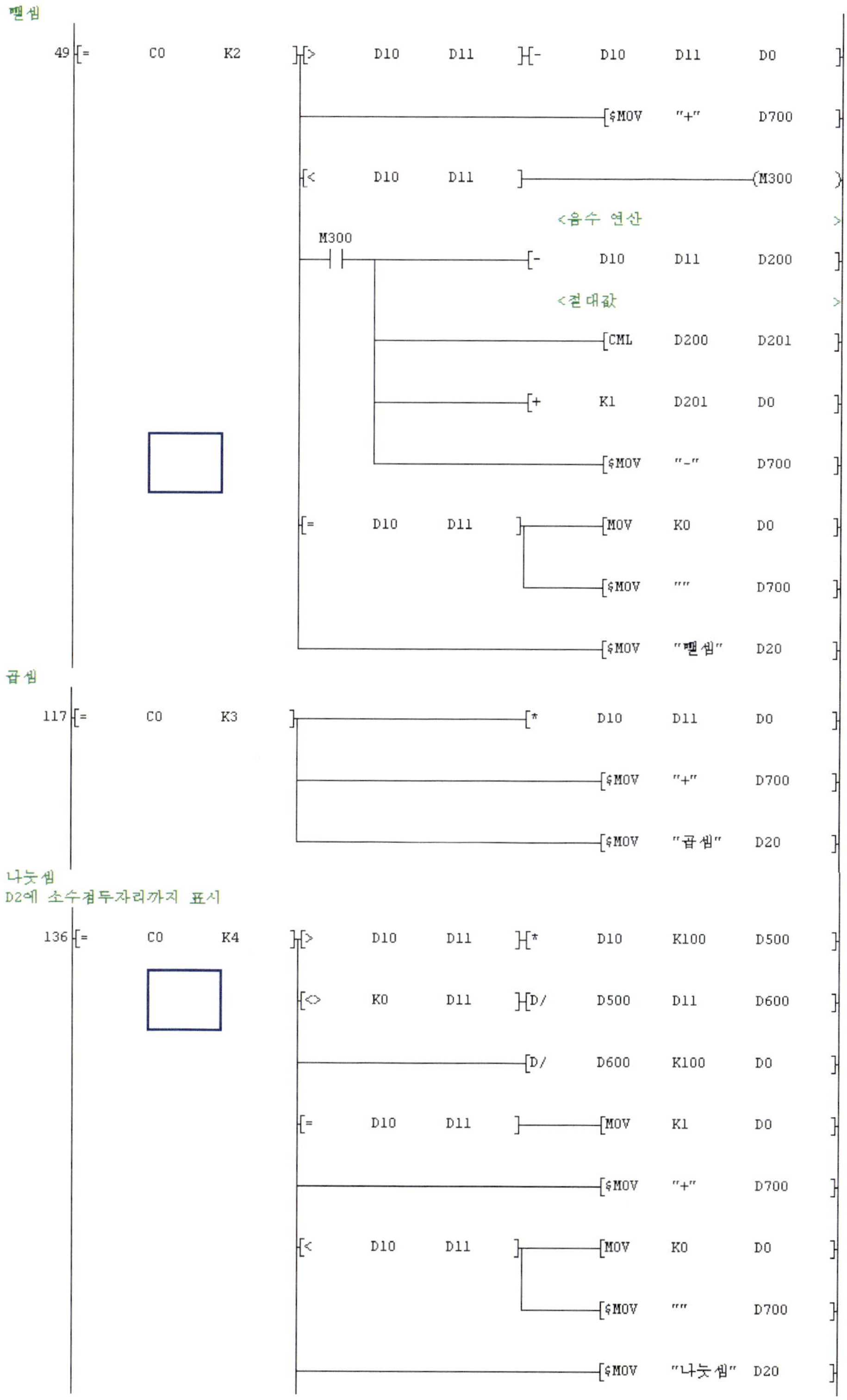

뺄셈
49 [= C0 K2][> D10 D11][- D10 D11 D0]
[$MOV "+" D700]
[< D10 D11] (M300)
<음수 연산 >
M300
[- D10 D11 D200]
<절대값 >
[CML D200 D201]
[+ K1 D201 D0]
[$MOV "-" D700]
[= D10 D11] [MOV K0 D0]
[$MOV "" D700]
[$MOV "뺄셈" D20]
곱셈
117 [= C0 K3] [* D10 D11 D0]
[$MOV "+" D700]
[$MOV "곱셈" D20]
나눗셈
D2에 소수점두자리까지 표시
136 [= C0 K4][> D10 D11][* D10 K100 D500]
[<> K0 D11][D/ D500 D11 D600]
[D/ D600 K100 D0]
[= D10 D11] [MOV K1 D0]
[$MOV "+" D700]
[< D10 D11] [MOV K0 D0]
[$MOV "" D700]
[$MOV "나눗셈" D20]

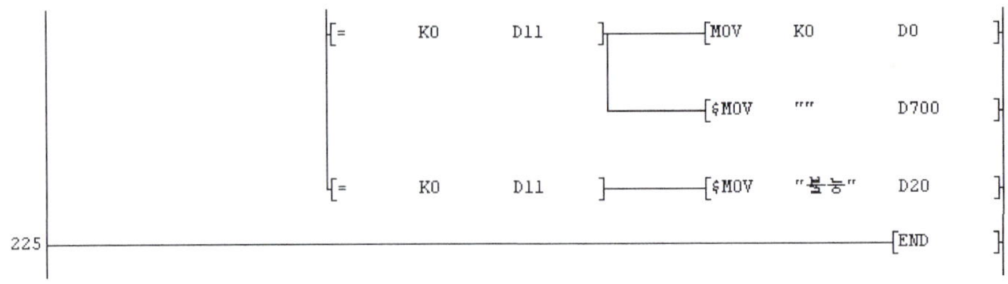

Question 7 오늘의 운세 알아보기

- 생년 입력(D10), 월일 입력(D20), 초기화(X0), 준비(X1), 결과(X2), 문자표시(D500)
- 동작순서: 초기화 → 준비스위치(X1)를 ON한 후 준비완료램프(Y40)가 점등되면 스위치를 OFF → 생년월일 입력(D10, D20입력) → 결과(X2)

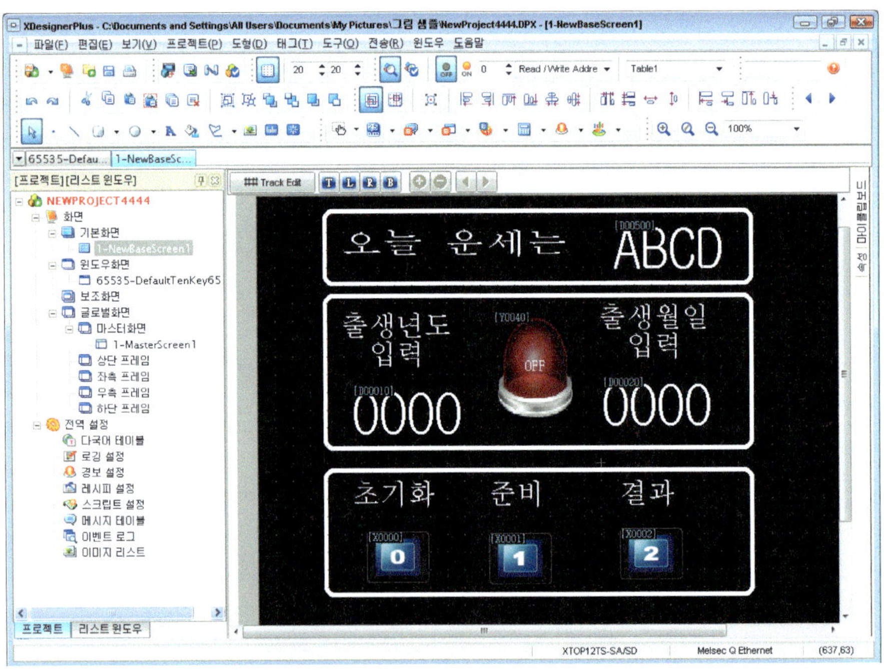

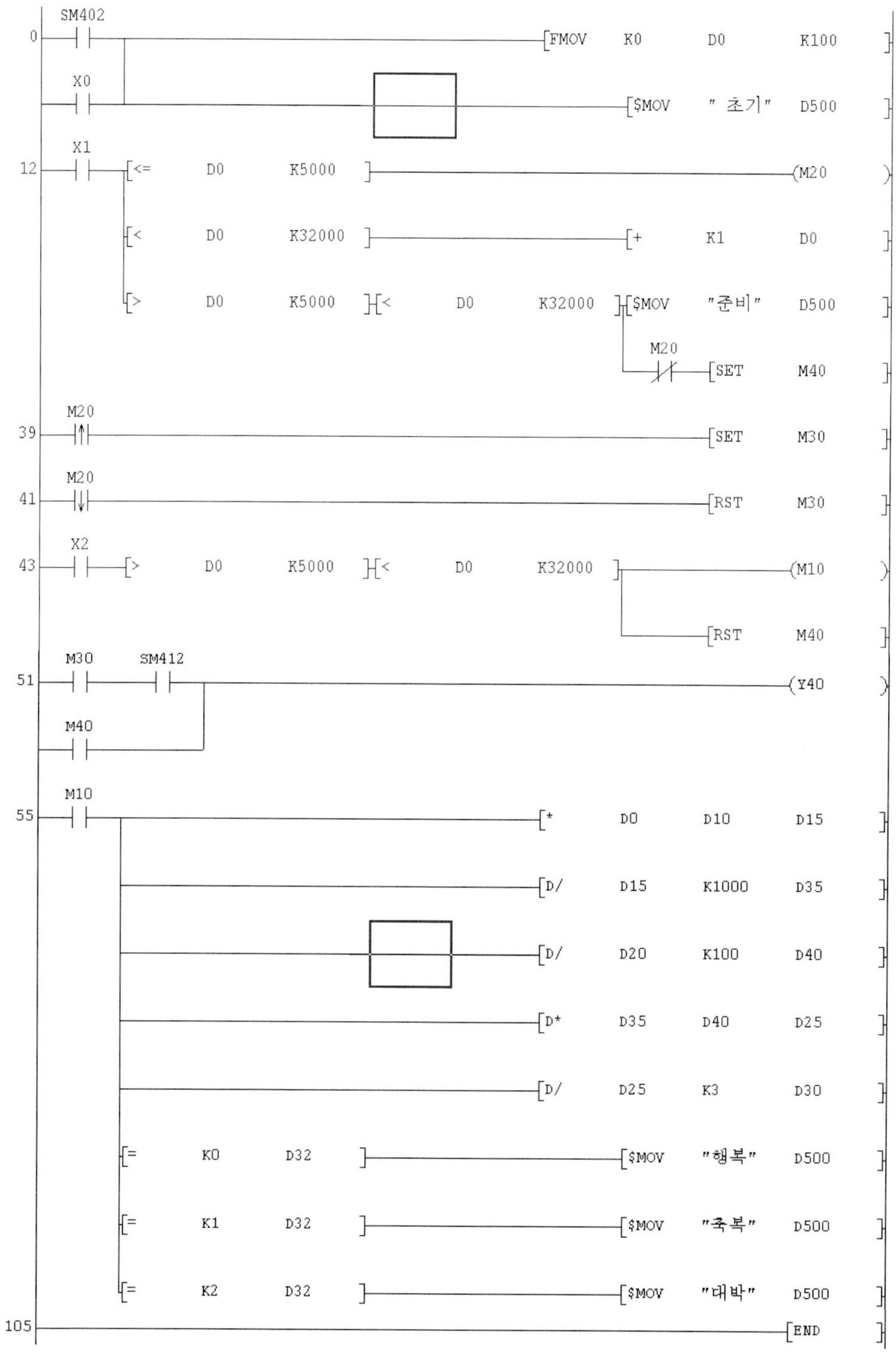
0 SM402 [FMOV K0 D0 K100]
X0 [$MOV " 초기" D500]
12 X1 [<= D0 K5000] (M20)
[< D0 K32000] [+ K1 D0]
[> D0 K5000] [< D0 K32000] [$MOV "준비" D500]
M20 [SET M40]
39 M20 [SET M30]
41 M20 [RST M30]
43 X2 [> D0 K5000] [< D0 K32000] (M10)
[RST M40]
51 M30 SM412 (Y40)
M40
55 M10 [* D0 D10 D15]
[D/ D15 K1000 D35]
[D/ D20 K100 D40]
[D* D35 D40 D25]
[D/ D25 K3 D30]
[= K0 D32] [$MOV "행복" D500]
[= K1 D32] [$MOV "축복" D500]
[= K2 D32] [$MOV "대박" D500]
105 [END]

Question 8 램프순차점멸

■ 조건

① x, y를 사용하지 않고 M을 사용하여 터치에 Lamp 점등

② 신호를 줄 때마다 동작 조건에 따라 Lamp가 ON

③ 1 WORD 범위 내에서 동작

■ 동작

① Lamp M210 ~ M224(15개)를 M210부터 순서대로 Lamp 1개씩만 ON(Lamp 순차점등)

② Lamp M250 ~ M264(15개)를 M250부터 순서대로 Lamp 1개씩 추가로 ON(Lamp 누적 점등)

■ 관련지식

① 등비수열 일반항 : $a_n = a \cdot r^{n-1}$

2의 등비수열 일반항은 초항(a)이 "1", 등비(r)는 "2"이므로 2^0, 2^1, 2^2, 2^3, 2^4, 2^5, 2^6 …… 2^{n-1}이 된다.

② 등비수열의 합 : $S_n = \Sigma(a \cdot r^{n-1}) = a(r^n-1)/r-1$

2의 등비수열 일반항의 합은 초항(a)이 "1", 등비(r)는 "2"이므로 $2^0 + 2^1 + 2^2 + 2^3 + 2^4 + 2^5 + 2^6 + \cdots\cdots + 2^{n-1}$이 된다.

③ 신호가 있을 때마다 순서대로 1개씩 각각 ON 되는 램프는 데이터레지스터(D)의 b0부터 15개 번지에 각각의 신호를 주어서 동작시킨다. 즉 "2"의 등비수열 일반항의 값과 같은 원리를 이용한 것이다.

④ 신호가 있을 때마다 순서대로 1개씩 추가로 ON 되는 램프는 데이터레지스터(D)의 b0부터 15개를 번지에 누적하여 신호를 주어서 동작시킨다. 즉 "2"의 등비수열 합과 같은 원리를 이용한 것이다.

■ 응용문제 해보기

① 1초 간격으로 연속적으로 위 동작이 되도록 프로그램 완성하시오.

② 전체 램프가 ON상태에서 위 조건을 만족하면서 OFF 되도록 하시오.

③ 응용①의 터치를 활용 "ROL" 명령어로 램프를 3개씩 순차점등 및 "ROR" 명령어로 램프를 2개씩 순차점등

④ Lamp M210 ~ M224(15개)를 순차로 Lamp 1개씩만 ON
(M210 → M211 → … M224 → M223 → … → M210 → M211 → …)
Lamp M250 ~ M264(15개)를 순서대로 Lamp 1개씩 누적 ON
(M250 → M251 → … M264 → M263 → … → M250 → M251 → …)

■ 응용문제② 관련지식

〈2의 보수를 이용한 PLC의 음수표현〉

10진수	2진수				16진수
+32767(2^{15}-1)	0111	1111	1111	1111	7FFF
+32766	0111	1111	1111	1110	7FFE
+32765	0111	1111	1111	1101	7FFD
:		:			:
+15	0000	0000	0000	1111	000F
:		:			:
+8	0000	0000	0000	1000	0008
+7	0000	0000	0000	0111	0007
:		:			:
+4	0000	0000	0000	0100	0004
+3	0000	0000	0000	0011	0003
+2	0000	0000	0000	0010	0002
+1	0000	0000	0000	0001	0001
0	0000	0000	0000	0000	0000
-1	1111	1111	1111	1111	FFFF
-2	1111	1111	1111	1110	FFFE
-3	1111	1111	1111	1101	FFFD
-4	1111	1111	1111	1100	FFFC
-5	1111	1111	1111	1011	FFFB
:		:			:
-8	1111	1111	1111	1000	FFF8
-9	1111	1111	1111	0111	FFF7
:		:			:
-16	1111	1111	1111	0000	FFF0
:		:			:
-32766	1000	0000	0000	0010	8002
-32767	1000	0000	0000	0001	8001
-32768(2^{15})	1000	0000	0000	0000	8000

설명

· CML 명령어를 사용해서 -3(10진수)의 보수는 +2(10진수)가 된다.
왜냐하면 1111 1111 1111 1101 (-3: 10진수)을 2의 보수를 취하면 0000 0000 0000 0010 (+2: 10진수)이 된다.
또한, 데이터레지스터 값이 16번지에 "0"이면 양수, "1"이면 음수이다.

· 순차점등에서 [CML D210 D215]에서 D210에 입력되는 숫자 0, 1, 2, 4, 8 … 는 D215에 −1, -2, -3, -5, -9 …… 가 된다.

· 누적점등에서 [CML D230 D235]에서 D230에 입력되는 숫자 0, 1, 3, 7, 15 … 는 D235에 −1, -2, -4, -8, -16 …… 가 된다.

■ 응용문제③ 관련지식

- [ROL D210 k3]의 의미는 D210값을 3비트씩 b0에서 b0F방향 이동
- [MOV k7 D210]의 의미는 D210 초기값에 K7을 보내면 b0, b1, b2에 ON됨

b0F	b0E	b0D	b0C	b0B	b0A	b9	b8	b7	b6	b5	b4	b3	b2	b1	b0
0	0	0	0	0	0	0	0	0	0	0	0	0	1	1	1
0				0				0				7			

- [ROR D230 k2]의 의미는 D230값을 2비트씩 b0F에서 b0방향 이동
- [MOV H6000 D230]의 의미는 D230 초기값에 H6000을 보내면 b0E, b0D에 ON됨

b0F	b0E	b0D	b0C	b0B	b0A	b9	b8	b7	b6	b5	b4	b3	b2	b1	b0
0	1	1	0	0	0	0	0	0	0	0	0	0	0	0	0
6				0				0				0			

■ 터치

초기화버튼(M200), 동작버튼(M201), 연속/단속 선택버튼(M202), Lamp(M210 ~ M224, M250 ~ M264), 숫자 표시(D210), 숫자 표시(D230), 문자 표시(D600)

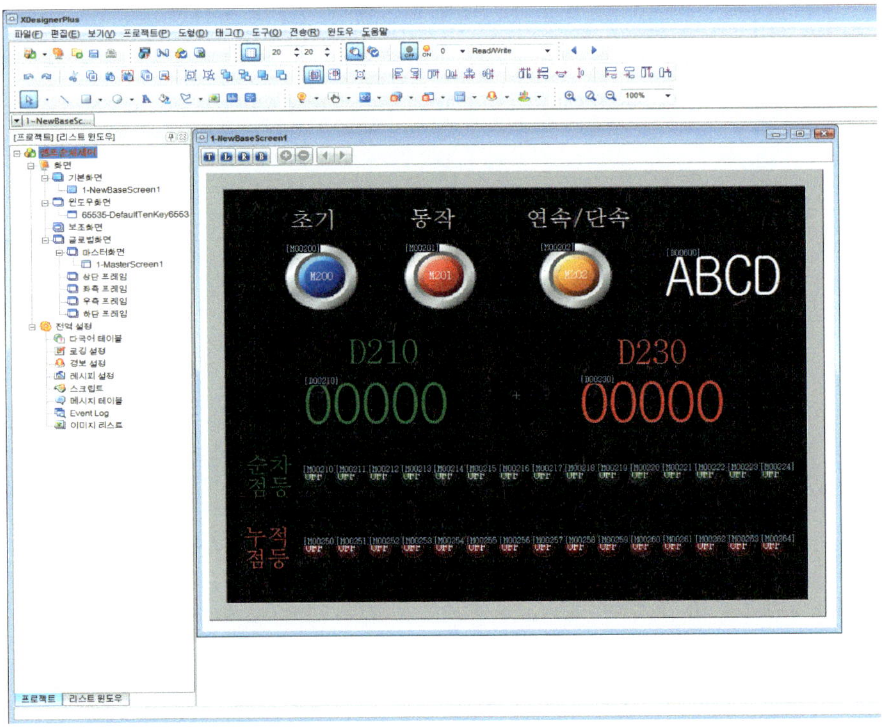

■ PLC 프로그램

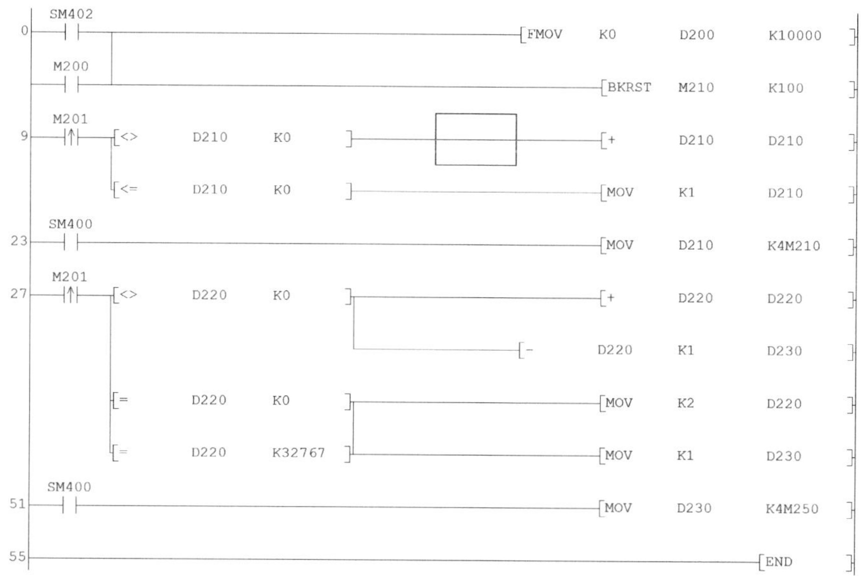

■ 응용문제① PLC 프로그램

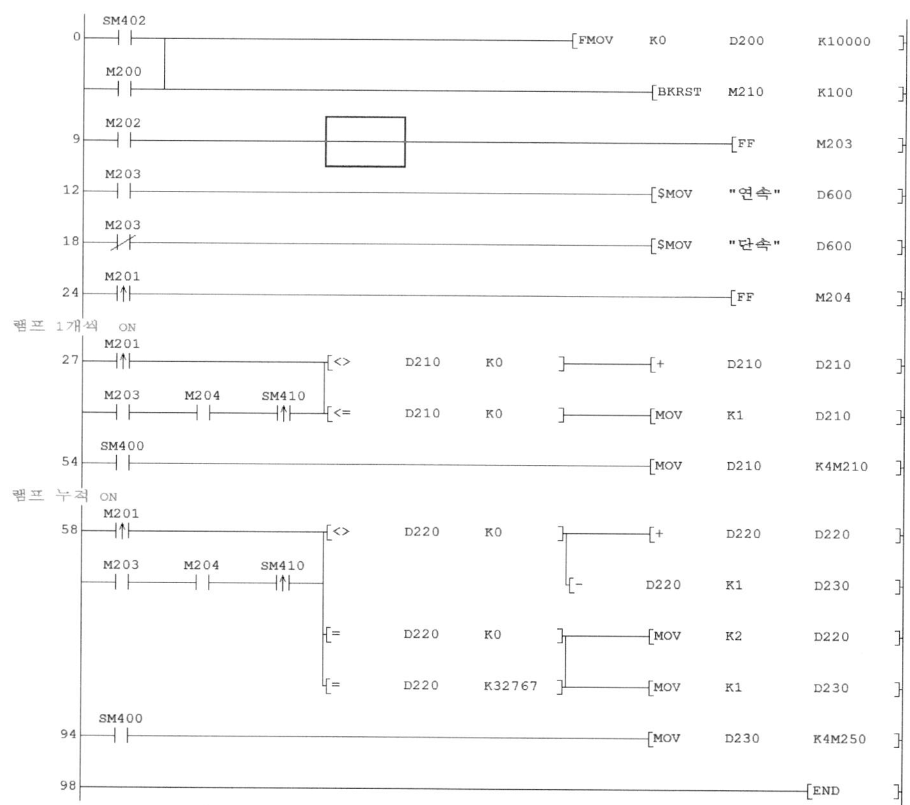

■ 응용문제② PLC 프로그램

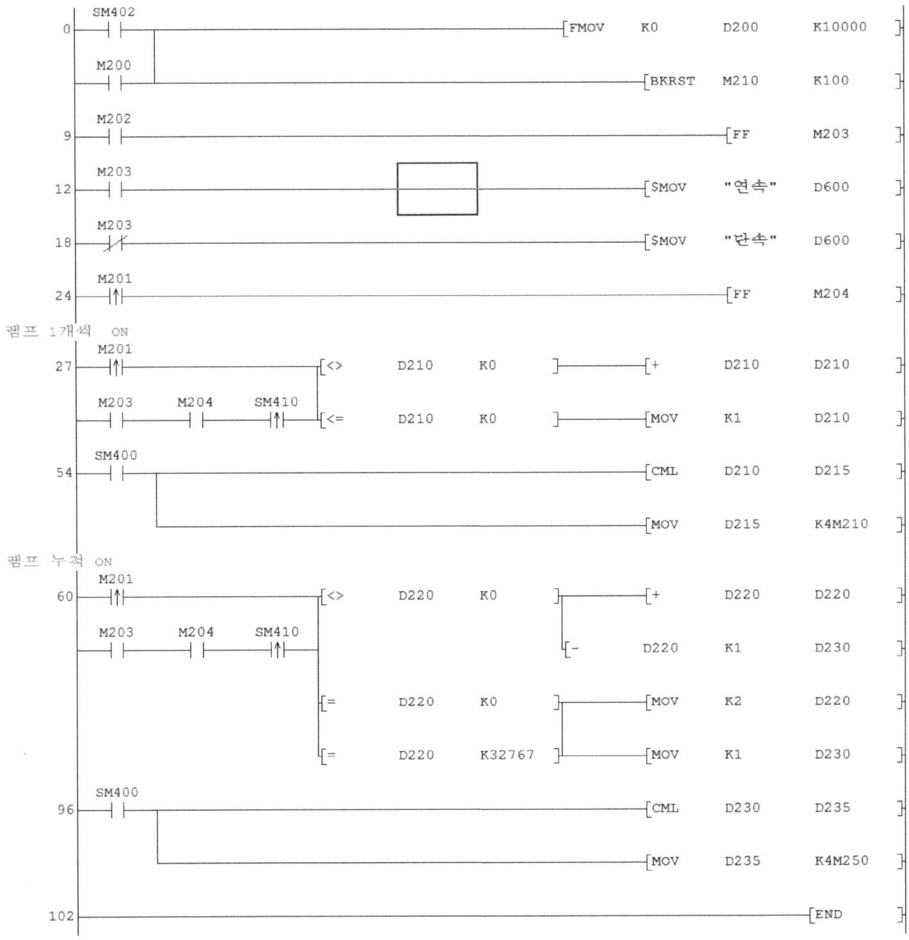

■ 응용문제③ PLC 프로그램

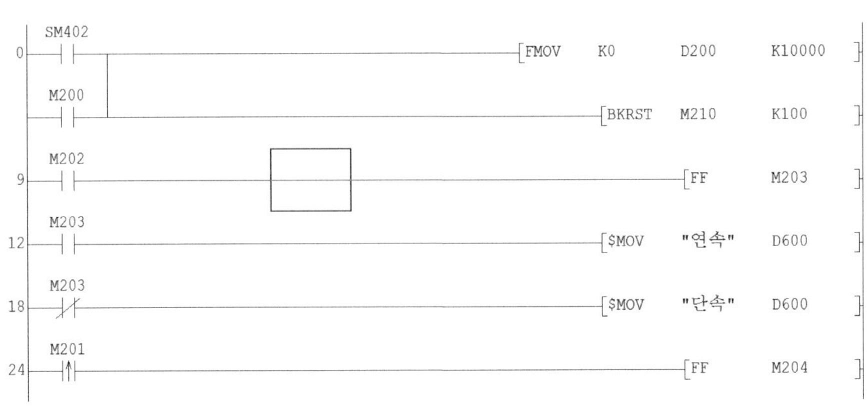

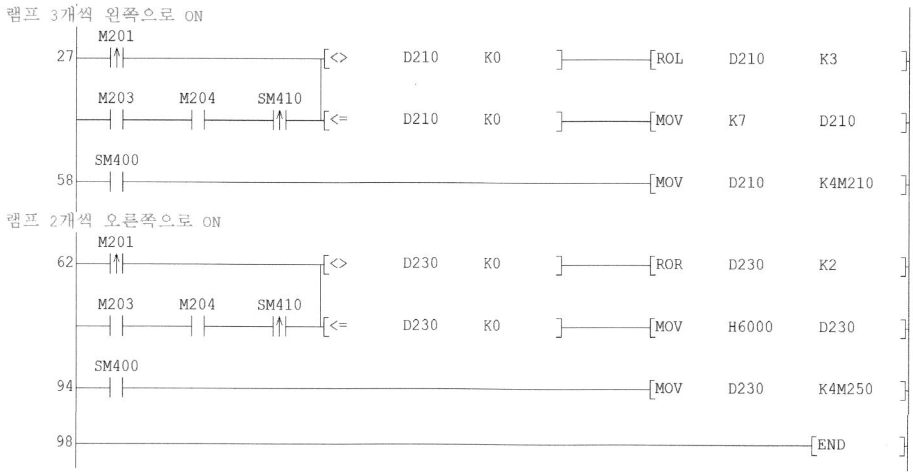

■ 응용문제④ PLC 프로그램

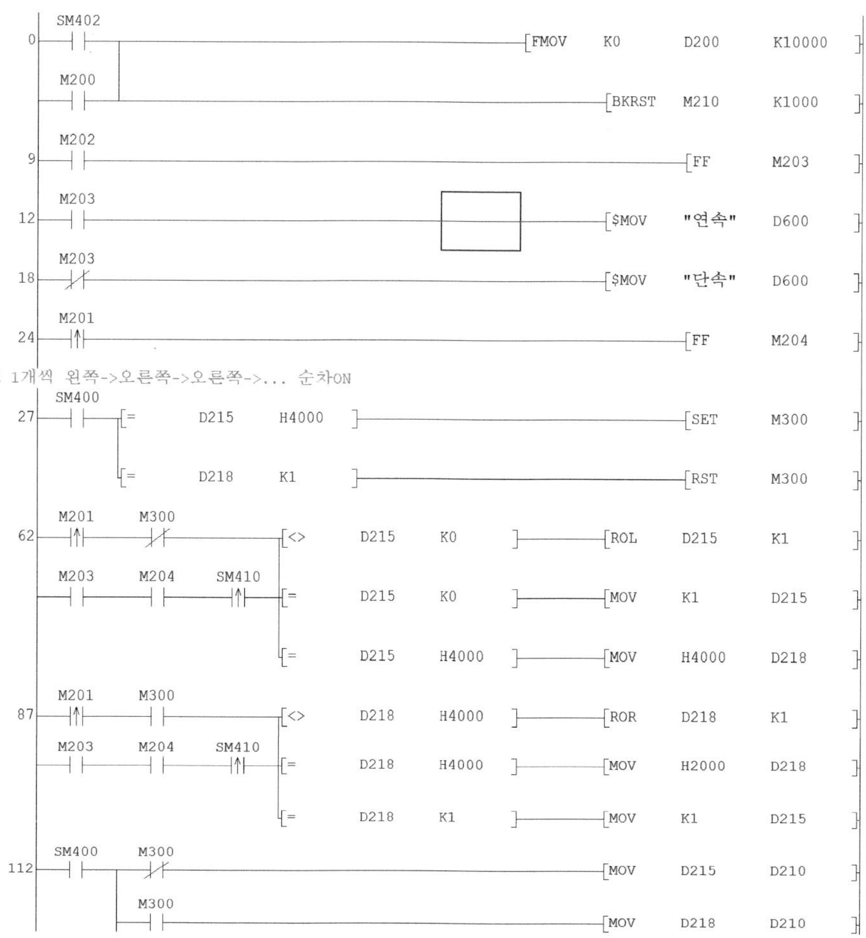

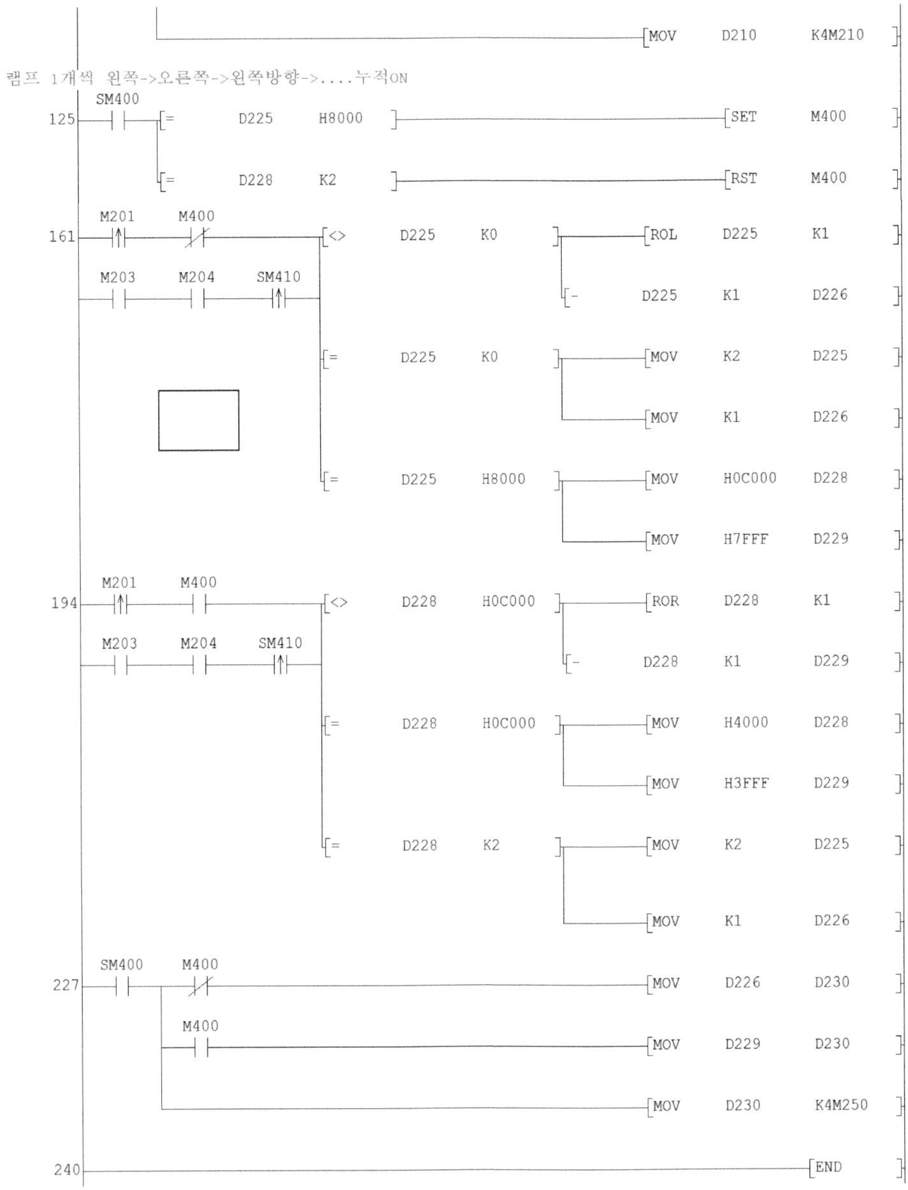
[MOV D210 K4M210]
램프 1개씩 왼쪽->오른쪽->왼쪽방향->....누적ON
125 SM400
[= D225 H8000] [SET M400]
[= D228 K2] [RST M400]
161 M201 M400
M203 M204 SM410
[<> D225 K0] [ROL D225 K1]
[- D225 K1 D226]
[= D225 K0] [MOV K2 D225]
[MOV K1 D226]
[= D225 H8000] [MOV H0C000 D228]
[MOV H7FFF D229]
194 M201 M400
M203 M204 SM410
[<> D228 H0C000] [ROR D228 K1]
[- D228 K1 D229]
[= D228 H0C000] [MOV H4000 D228]
[MOV H3FFF D229]
[= D228 K2] [MOV K2 D225]
[MOV K1 D226]
227 SM400 M400
[MOV D226 D230]
M400
[MOV D229 D230]
[MOV D230 K4M250]
240 [END]

Question 8-1 16진수 이용하여 램프 점등하기

■ 터치

①	②	③	④
⑤	⑥	⑦	⑧
⑨	⑩	⑪	⑫
⑬	⑭	⑮	⑯

(M0), (M1), (M2), (M3), (M4), (M5), (M6)

* (M0), (M1), (M2), (M3), (M4), (M5), (M6) : 스위치

* ①: M10, ②: M11, ③: M12…… ⑯: M25 램프

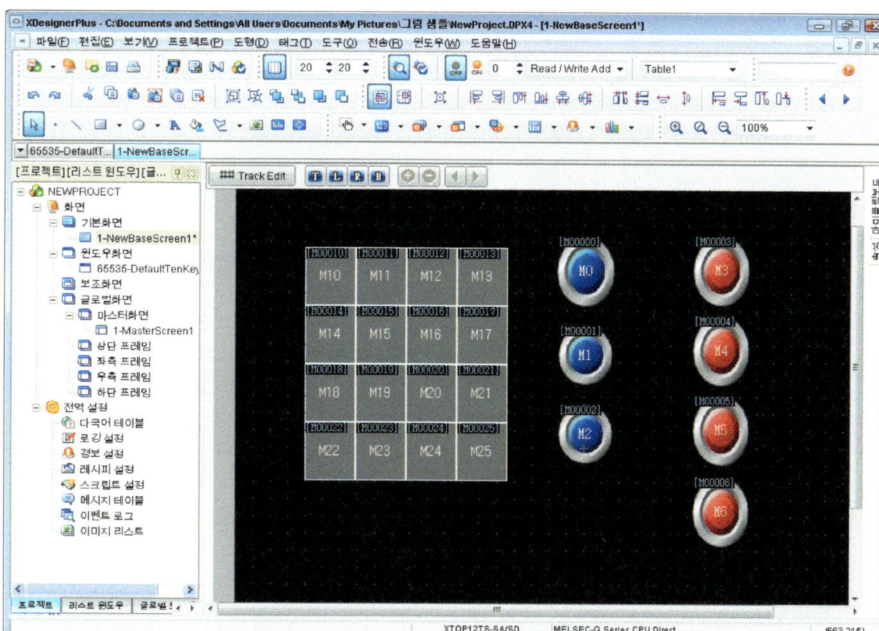

1) (M0): 모든 램프 ON

2) (M1): ①②③④ 램프 ON

3) (M2): ③⑦⑪⑮ 램프 ON

4) (M3): ①⑥⑪⑯ 램프 ON

5) (M4): ①⑤⑨⑬ ⇒ 1초 ⇒ ②⑥⑩⑭ ⇒ 1초 ⇒ ③⑦⑪⑮ ⇒ 1초 ⇒ ④⑧⑫⑯ ⇒ 1초 ⇒ 램프 OFF

6) (M5): ①②③④ ⇒ 1초 ⇒ ⑤⑥⑦⑧ ⇒ 1초 ⇒ ⑨⑩⑪⑫ ⇒ 1초 ⇒ ⑬⑭⑮⑯ ⇒ 1초 ⇒ 램프 OFF

7) (M6): ① ⇒ 1초 ⇒ ②⑤ ⇒ 1초 ⇒ ③⑥⑨ ⇒ 1초 ⇒ ④⑦⑩⑬ ⇒ 1초 ⇒ ⑧⑪⑭ ⇒ 1초 ⇒ ⑫⑮ ⇒ 1초 ⇒ ⑯ ⇒ 1초 ⇒ 램프 OFF

■ PLC 프로그램

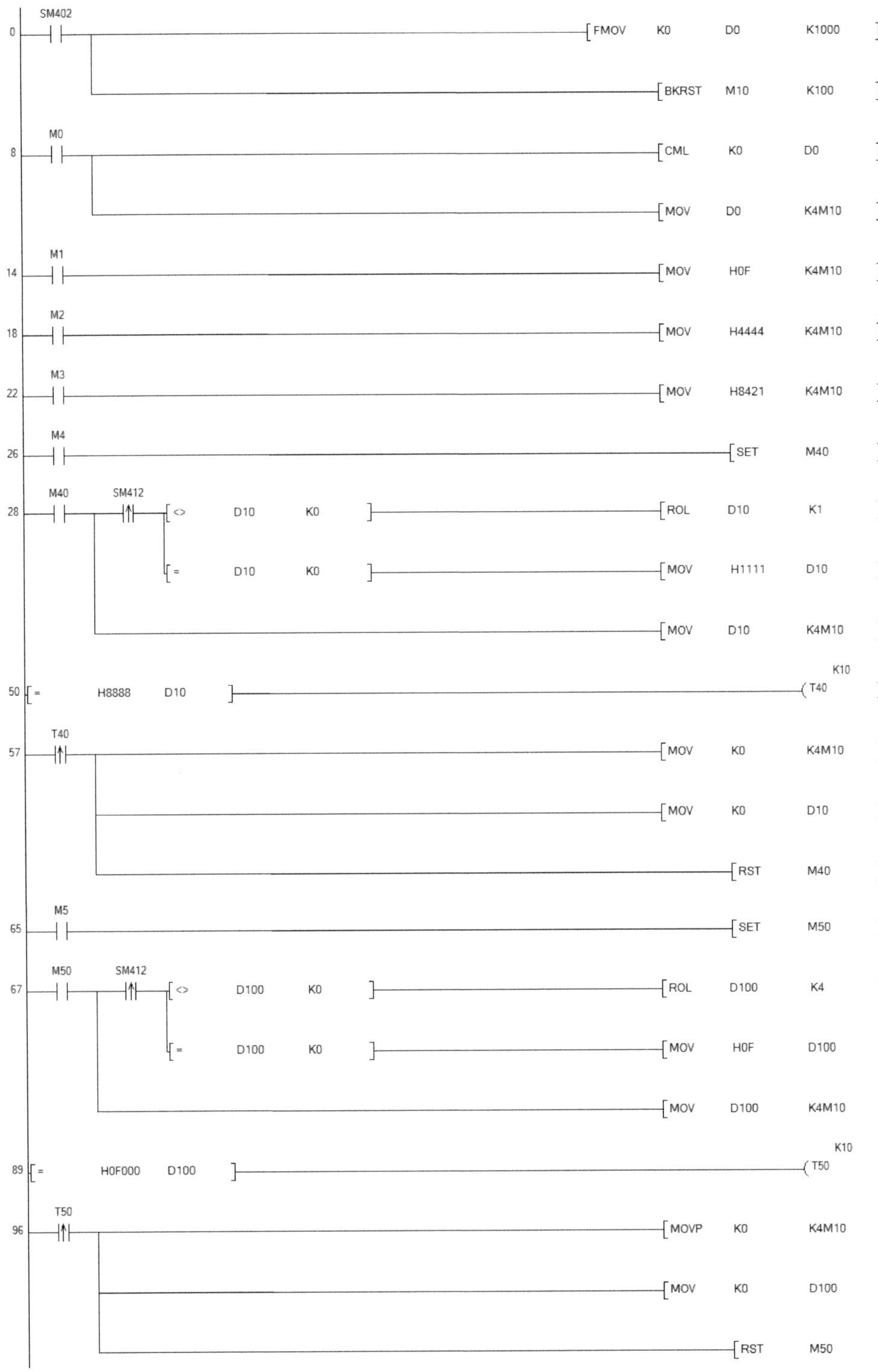
0 SM402 FMOV K0 D0 K1000
BKRST M10 K100
8 M0 CML K0 D0
MOV D0 K4M10
14 M1 MOV H0F K4M10
18 M2 MOV H4444 K4M10
22 M3 MOV H8421 K4M10
26 M4 SET M40
28 M40 SM412 <> D10 K0 ROL D10 K1
= D10 K0 MOV H1111 D10
MOV D10 K4M10
50 = H8888 D10 T40 K10
57 T40 MOV K0 K4M10
MOV K0 D10
RST M40
65 M5 SET M50
67 M50 SM412 <> D100 K0 ROL D100 K4
= D100 K0 MOV H0F D100
MOV D100 K4M10
89 = H0F000 D100 T50 K10
96 T50 MOVP K0 K4M10
MOV K0 D100
RST M50

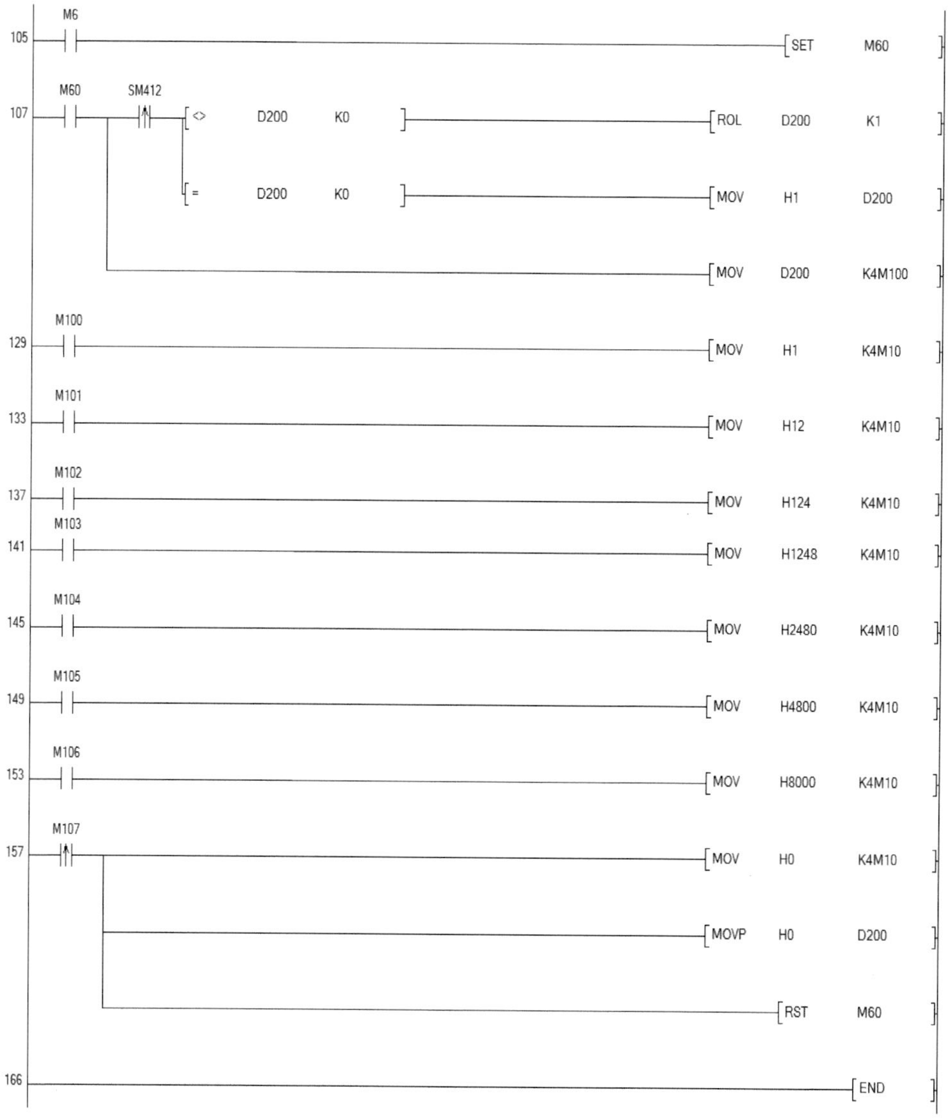
105
M6
SET M60
107
M60
SM412
<> D200 K0
ROL D200 K1
= D200 K0
MOV H1 D200
MOV D200 K4M100
129
M100
MOV H1 K4M10
133
M101
MOV H12 K4M10
137
M102
MOV H124 K4M10
141
M103
MOV H1248 K4M10
145
M104
MOV H2480 K4M10
149
M105
MOV H4800 K4M10
153
M106
MOV H8000 K4M10
157
M107
MOV H0 K4M10
MOVP H0 D200
RST M60
166
END

Question 9 구구단을 표시하시오. D10(단수입력), D100(값 표시)

- X0(초기화), X1(값 순차표시, 2단 경우 2, 4, 6, 8, ……)

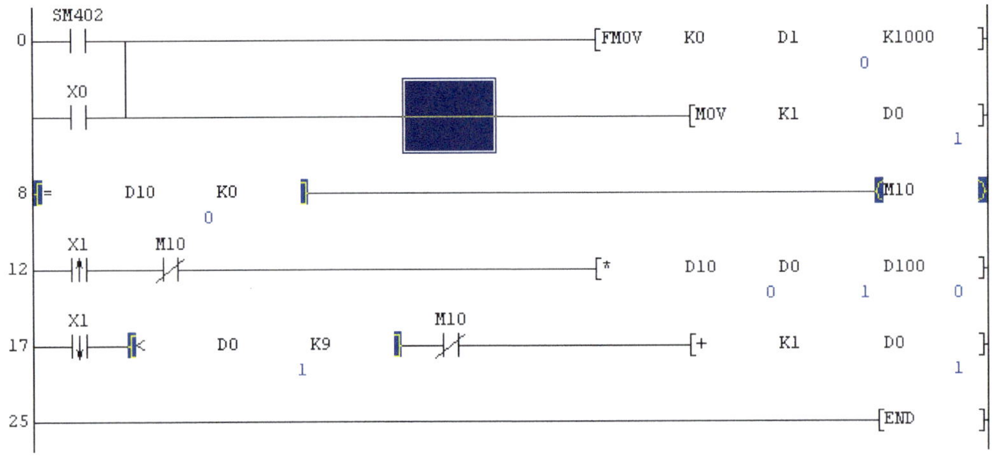

Question 9-1 구구단을 표시하시오. D10(단수입력), D100(값 표시)

- X0(초기화), X1(값 순차표시, 2단 경우 2, 4, 6, 8,……)
- D10 × D1 = D100으로 표시

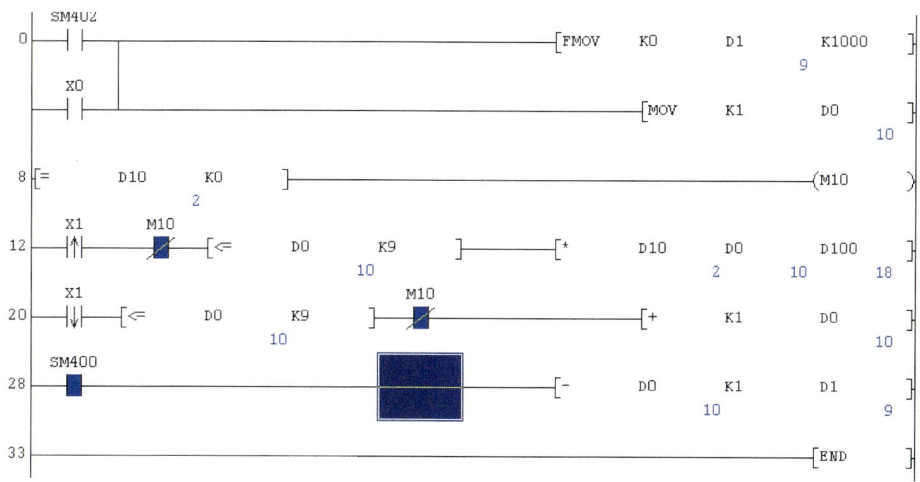

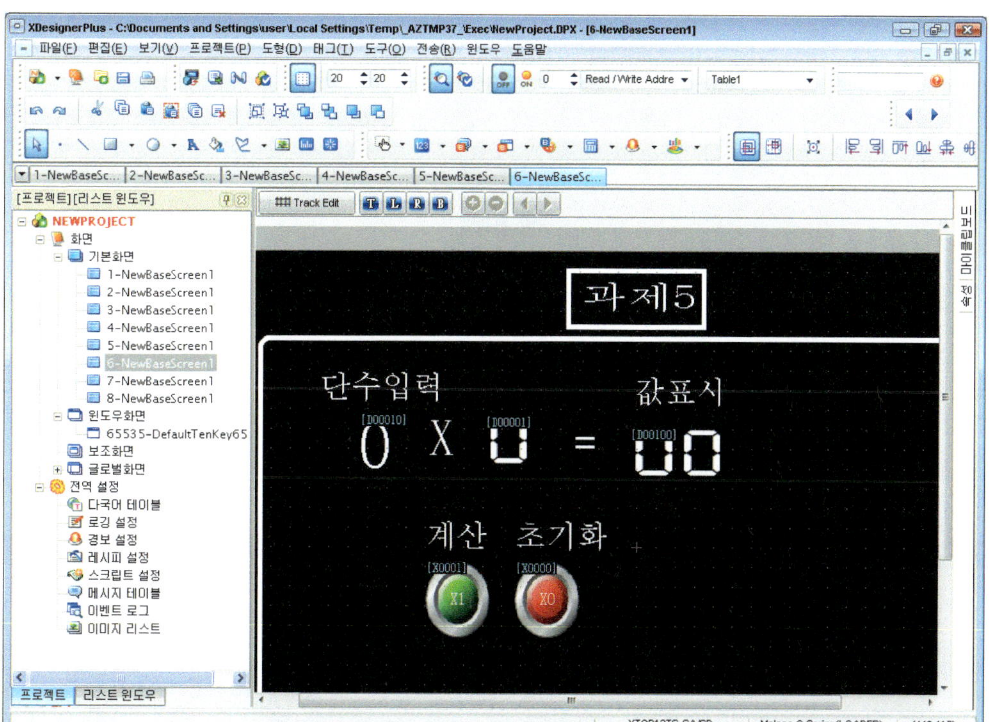

Question 10 $y = 2x^2 + 4x + 20$에 x값 입력(D10), y값 표시(D100)

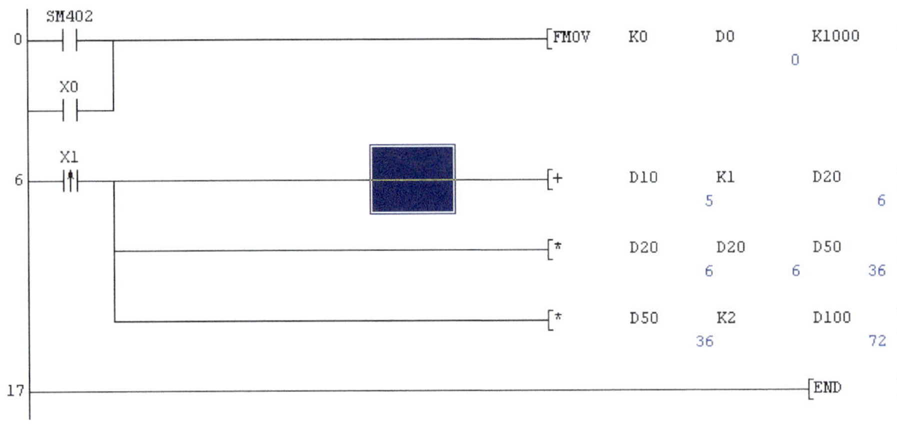

Question 11 $y = 2x^2 - 4x + 20$에 x값 입력(D10), y값 표시(D100)

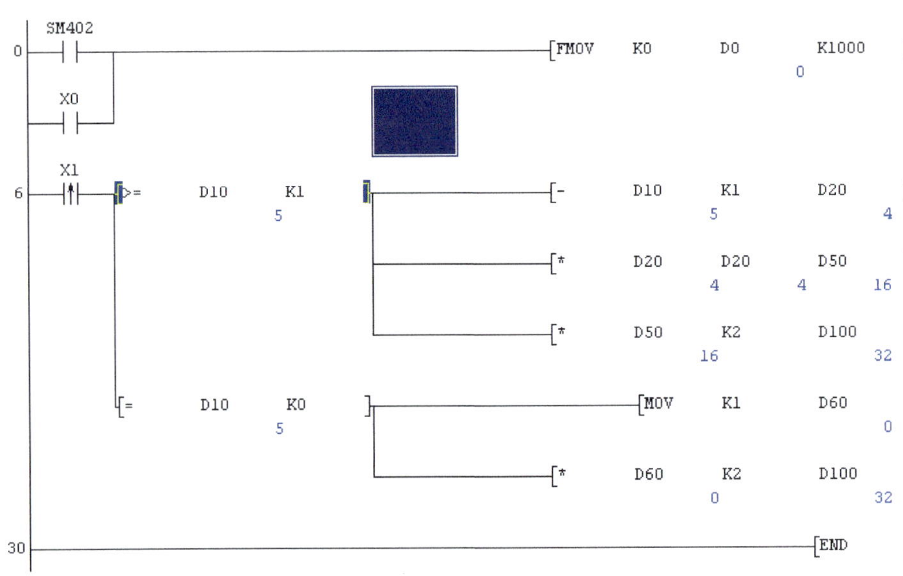

Question 12 DC모터 정역회전

- DC모터 결선도를 릴레이 2개 이용 회로구성(PB1: 정회전, PB2: 역회전)

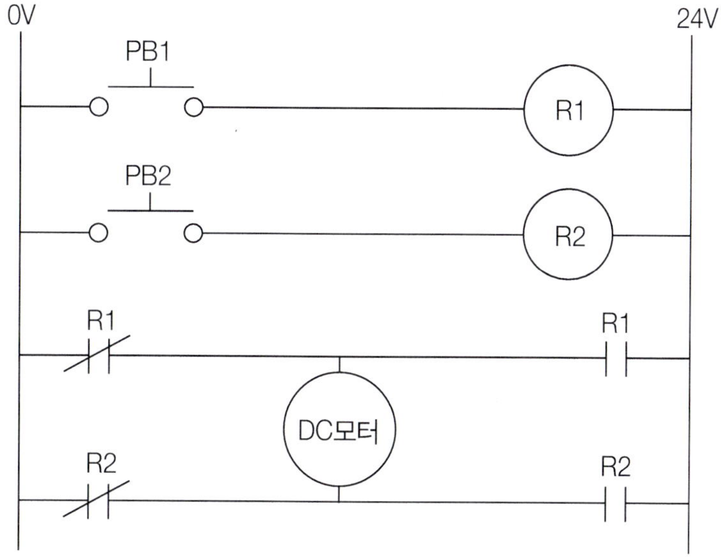

가. 정역회전

- X00(정회전), X01(역회전), Y40(정회전), Y41(역회전)

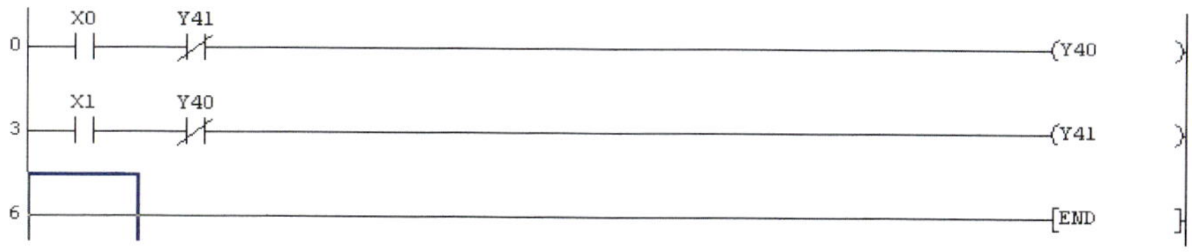

나. 자기유지 정역회전

- X00(정회전), X01(역회전), Y40(정회전), Y41(역회전)

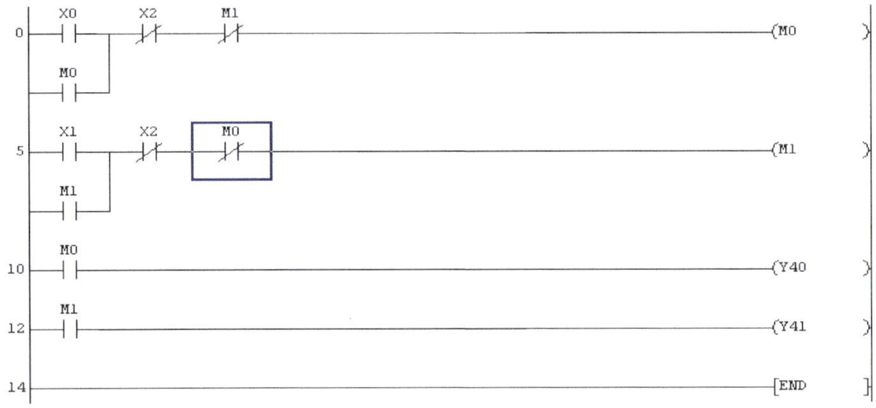

다. 모터정역회전 및 정지(정역회전, 정지 무순으로 동작)

- 초기화(X0), 준비(X1), 운전(X2), PB1(Y41), PB2(Y42), 정지램프(Y40), 준비완료램프(Y43), 문자표시(D500)
- DC모터 결선도를 릴레이 2개 이용 회로 구성(PB1: 정회전, PB2: 역회전)

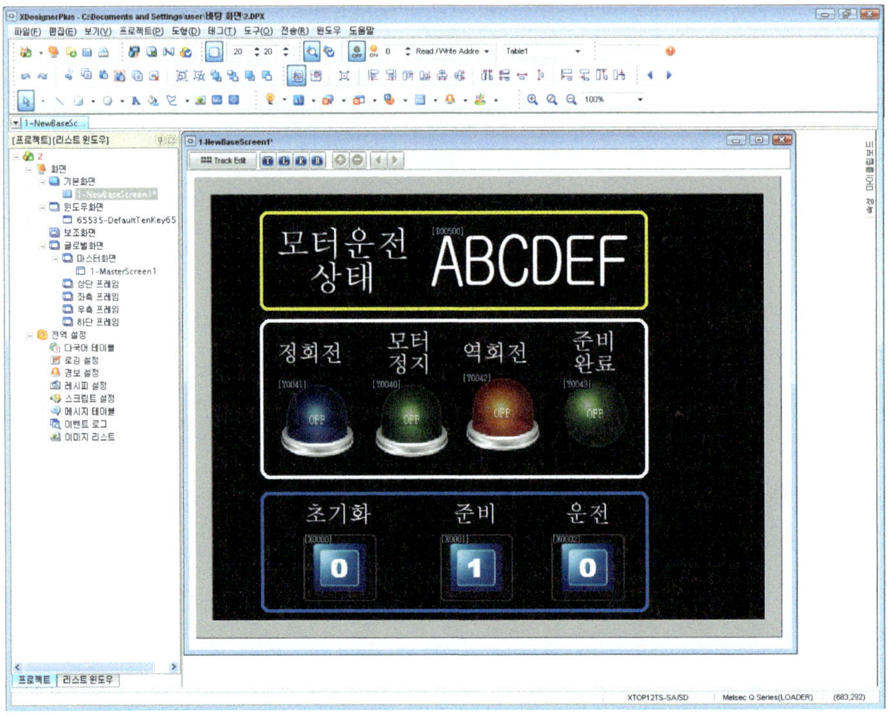

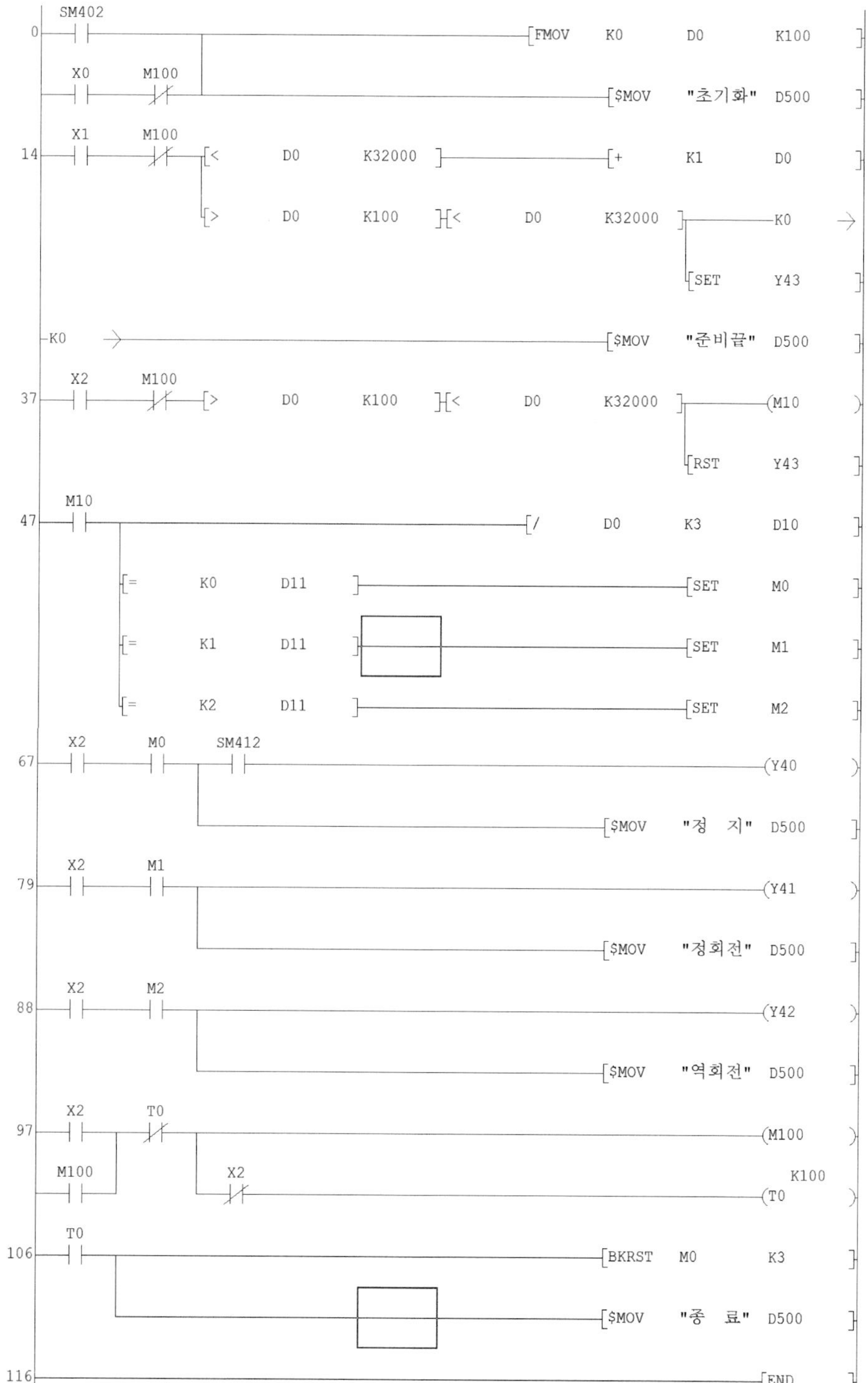
0 SM402 [FMOV K0 D0 K100]
X0 M100 [$MOV "초기화" D500]
14 X1 M100 [< D0 K32000] [+ K1 D0]
[> D0 K100][< D0 K32000] K0 →
[SET Y43]
K0 → [$MOV "준비끝" D500]
37 X2 M100 [> D0 K100][< D0 K32000] (M10)
[RST Y43]
47 M10 [/ D0 K3 D10]
[= K0 D11] [SET M0]
[= K1 D11] [SET M1]
[= K2 D11] [SET M2]
67 X2 M0 SM412 (Y40)
[$MOV "정 지" D500]
79 X2 M1 (Y41)
[$MOV "정회전" D500]
88 X2 M2 (Y42)
[$MOV "역회전" D500]
97 X2 T0 (M100)
M100 X2 K100 (T0)
106 T0 [BKRST M0 K3]
[$MOV "종 료" D500]
116 [END]

Question 13 DC모터 정역회전 순차제어

- X0을 1회 ON-OFF하면 최대 5분간 아래 조건으로 DC 모터가 동작한다. 동작 중 X0을 1회 ON-OFF하면 DC 모터는 정지되고 모든 것이 초기화 된다.
- 적산타이머(ST)를 PLC 파라미터에서 디바이스 변경("0K" → "1K"로 변경)
- PB1(Y41), PB2(Y42), X1(초기화),
- D10(분), D11(초)에 동작시간을 표시, D500(문자표시) 동작상태

- 제어조건

진행시간	0초		1초		3초		4초		6초

동작시간	1초간	2초간	1초간	2초간	
모터동작	정지	정회전	정지	역회전	
	M0	M1(Y41)	M2	M3(Y42)	

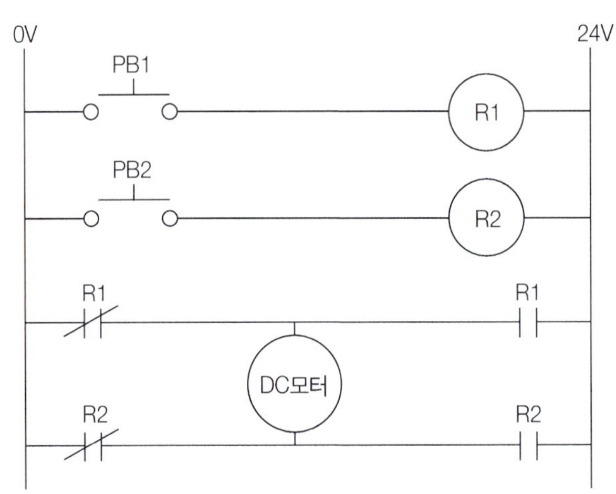

- 적산타이머(ST)를 PLC파라미터에서 디바이스변경("0K" → "1K"로 변경)

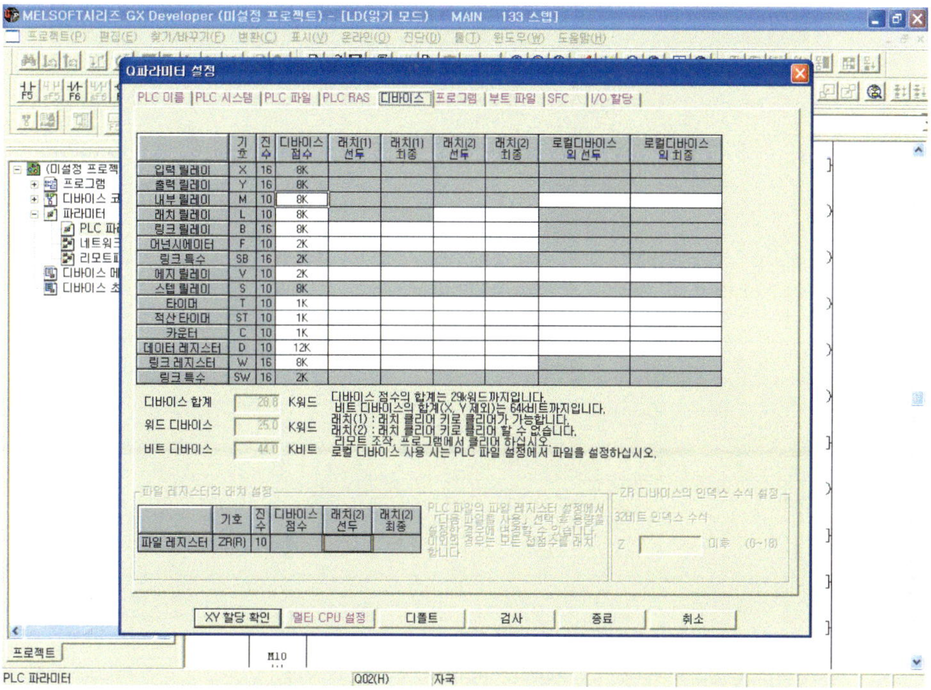

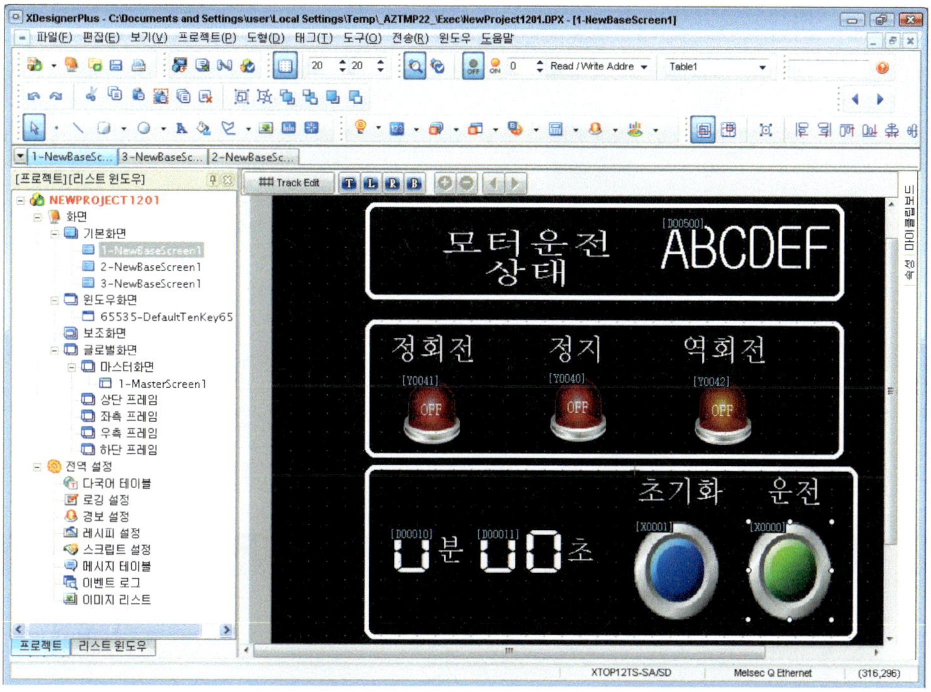

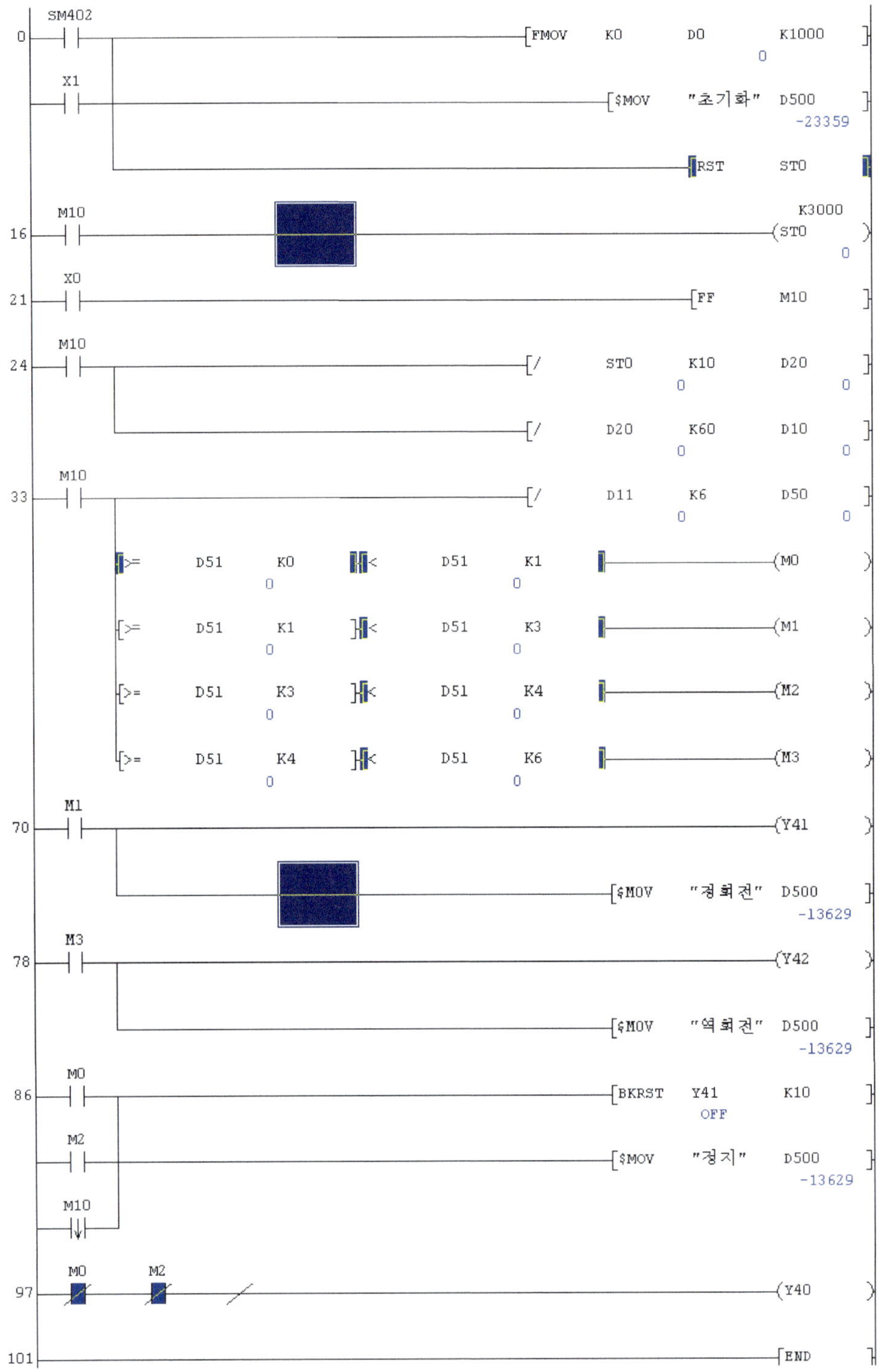
SM402
FMOV K0 D0 K1000
X1
$MOV "초기화" D500
-23359
RST ST0
M10
K3000
ST0
X0
FF M10
M10
/ ST0 K10 D20
/ D20 K60 D10
M10
/ D11 K6 D50
>= D51 K0 < D51 K1 M0
>= D51 K1 < D51 K3 M1
>= D51 K3 < D51 K4 M2
>= D51 K4 < D51 K6 M3
M1
Y41
$MOV "정회전" D500
-13629
M3
Y42
$MOV "역회전" D500
-13629
M0
BKRST Y41 K10
OFF
M2
$MOV "정지" D500
-13629
M10
M0 M2
Y40
END

연/습/문/제 2

Question 1 숫자 증가 표시하기

초기조건 또는 PB2를 이용하여 "0"을 표시, 1 ~ 29까지 1씩 증가(PB1 ON-Off하면 1씩 증가), PB1을 이용하여 3초 지속 ON하면 0.1초 간격으로 자동 1씩 증가(터치에 해당 숫자 표시 시 "수동", "자동" 표시)

Question 2 숫자 감소 표시하기

초기조건 또는 PB2을 이용 "98"을 표시, 98 ~ 52까지 2씩 감소(PB1 ON-Off), PB1을 이용하여 3초 지속 ON 하면 0.1초 간격으로 자동 1씩 감소(터치에 해당 숫자 표시 시 "수동", "자동" 표시)

Question 3 숫자 감소 표시하기

초기조건 또는 PB2을 이용하여 "50"을 표시, 50 ~ 0까지 1씩 감소(PB1 ON-Off), PB1을 이용하여 2초 지속 ON 하면 1.5초 간격으로 자동 5씩 감소(터치에 해당 숫자 표시 시 "수동", "자동" 표시)

Question 4 숫자 5단위씩 감소, 증가 표시하기

초기조건 또는 PB3을 이용하여 "50"을 표시, 99 ~ 0사이 1씩 감소(PB1 ON-Off), 1씩 증가(PB2 ON-Off), PB1을 이용하여 2초 지속 ON하면 1초 간격으로 자동 5단위로 감소, PB2을 이용하여 2초 지속 ON하면 1초 간격으로 자동 5단위로 증가(터치에 해당 숫자 표시 시 "수동", "자동"표시)

Question 4-1 숫자 5단위씩 증가, 감소 표시하기

초기조건 또는 PB3을 이용하여 "50"을 표시, 99 ~ 0사이 1씩 감소(PB1 ON-Off), 1씩 증가(PB2 ON-Off), PB1을 이용하여 2초 지속 ON하면 1초 간격으로 자동 5씩 감소, PB2를 이용하여 2초 지속 ON하면 1초 간격으로 자동 5씩 증가(터치에 해당 숫자 표시 시 "수동", "자동"표시)

Question 5 숫자 감소 표시 및 숫자 점멸 표시

초기조건 또는 PB2을 이용하여 "98"을 표시, 98 ~ 52까지 2씩 감소(PB1 ON-Off), PB1을 이용하여 3초 지속 ON하면 0.1초 간격으로 자동 1씩 감소, 또한 "52"가 되면 1초 간격으로 "98"과 "52"가 점멸.

Question 6 숫자 연속 표시

초기조건 또는 PB2을 이용하여 "9" 및 "0"을 표시하고, PB1을 ON-OFF하면 "9"는 9 → 8 → 7 → 6 → 5 → 4 → 3 → 2 → 1 → 0 → 1 → 2 → 3 → 4 → 5 → 6 → 7 → 8 → 9로 1초 간격으로 자동변경, 동시에 "0"은 0 → 1 → 2 → 3 → 4 → 5 → 6 → 7 → 8 → 9로 2초 간격으로 자동변경, "99"가 되면 2초 간격으로 "00" 및 "99"로 점멸

Question 6-1 타이머를 이용한 숫자 연속 표시

시작스위치(PB1)를 ON-OFF하면 D100에 9 → 8 → 7 → 6 → 5 → 4 → 3 → 2 → 1 → 0 → 1 → 2 → 3 → 4 → 5 → 6 → 7 → 8 → 9를 0.5초 간격으로 표시되도록 하고, D200에 0 → 1 → 2 → 3 → 4 → 5 → 6 → 7 → 8 → 9를 1초 간격으로 표시되도록 하고 D100 및 D200에 각각 "9", "9"가 표시되면 1초 간격으로 "9", "9" 및 "0", "0"이 표시되도록 하고 다시 시작스위치(PB1)를 ON-OFF하면 다시 동작가능

Question 7 타이머를 이용한 숫자 무한반복 표시(1초 간격)

초기조건에 D1에 "0"표시하고, PB1(X0)을 ON-OFF하면 1초 간격으로 0 ~ 9까지 연속적으로 무한 반복하고 다시 ON-OFF하면 표시를 정지하고 "0"을 표시하시오.

Question 8 타이머를 이용한 숫자 무한 반복 표시(0.5초 간격)

초기조건에 D1에 "25"를 표시하고, PB1(X0)을 ON-OFF하면 0.5초 간격으로 0 ~ 25까지 연속적으로 무한 반복하고 다시 ON-OFF하면 표시를 정지하고 "25"를 표시하시오.

Answer 1 숫자 증가 표시하기

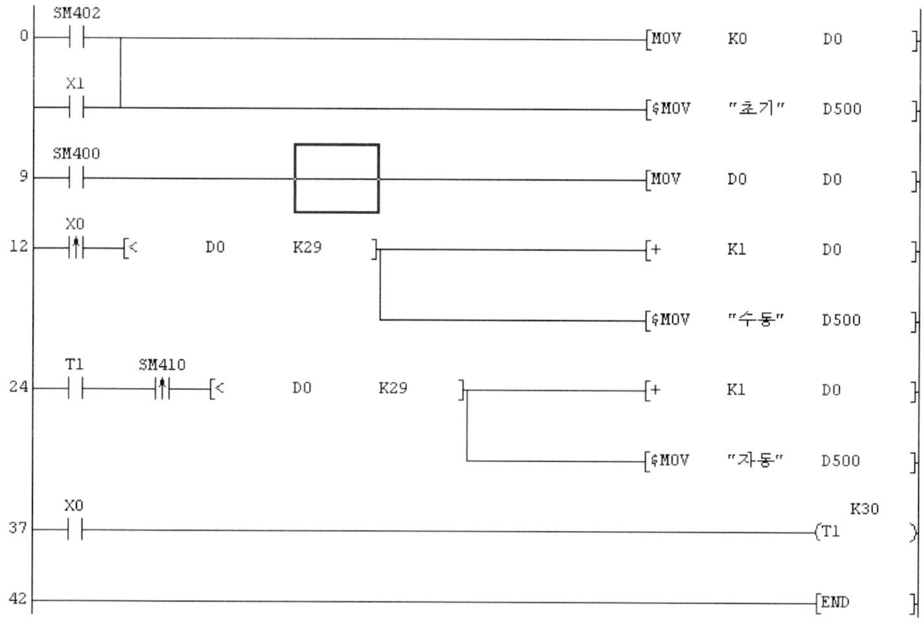

Answer 2 숫자 감소 표시하기

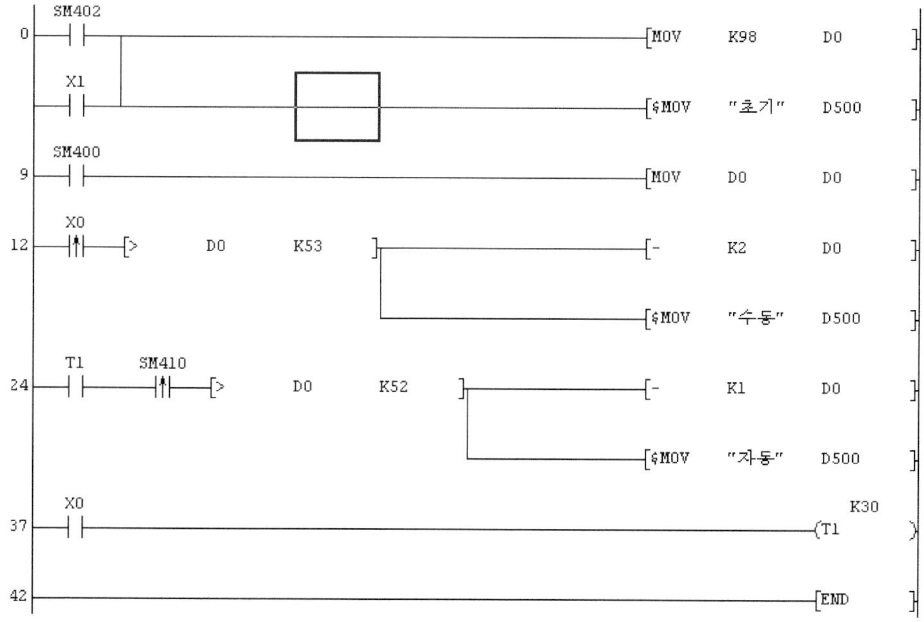

Answer 3 숫자 감소 표시하기

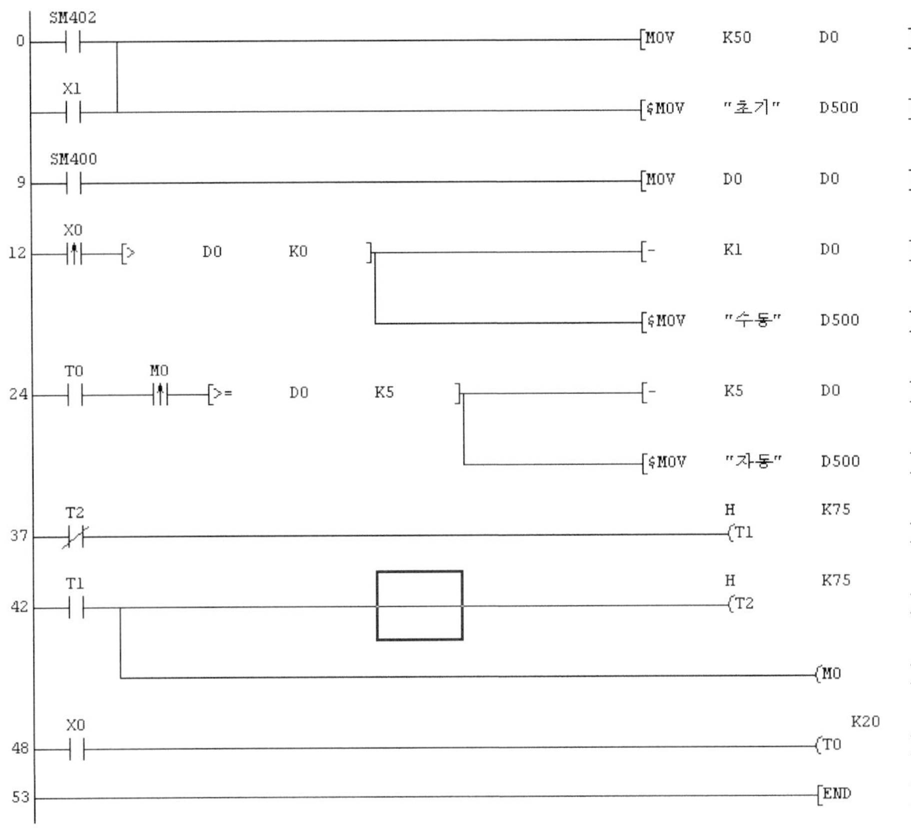

Answer 4 숫자 5단위씩 감소, 증가 표시하기

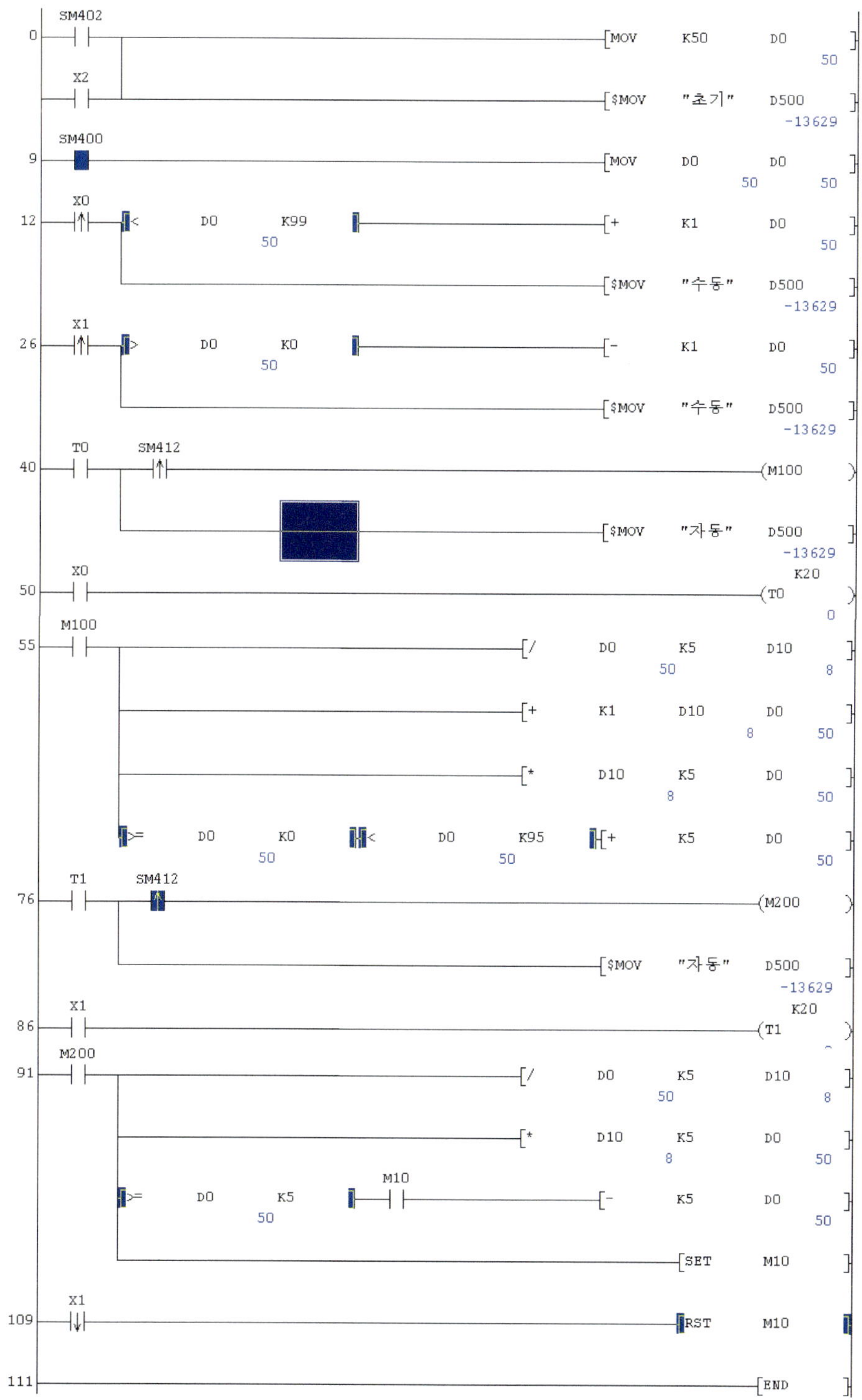

Answer 4-1 숫자 5단위씩 감소, 증가 표시하기

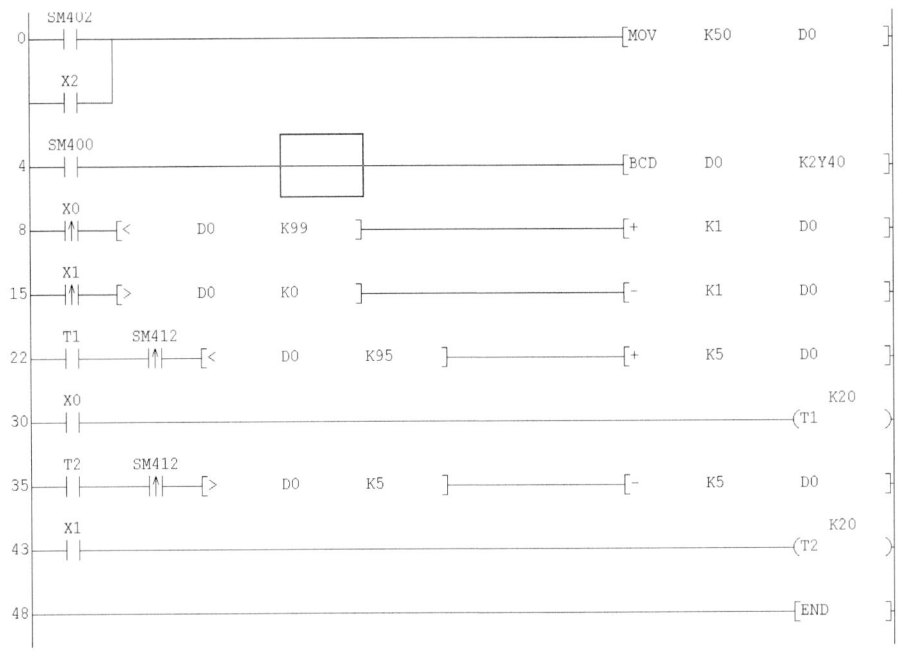

Answer 5 숫자 감소 표시 및 숫자 점멸 표시

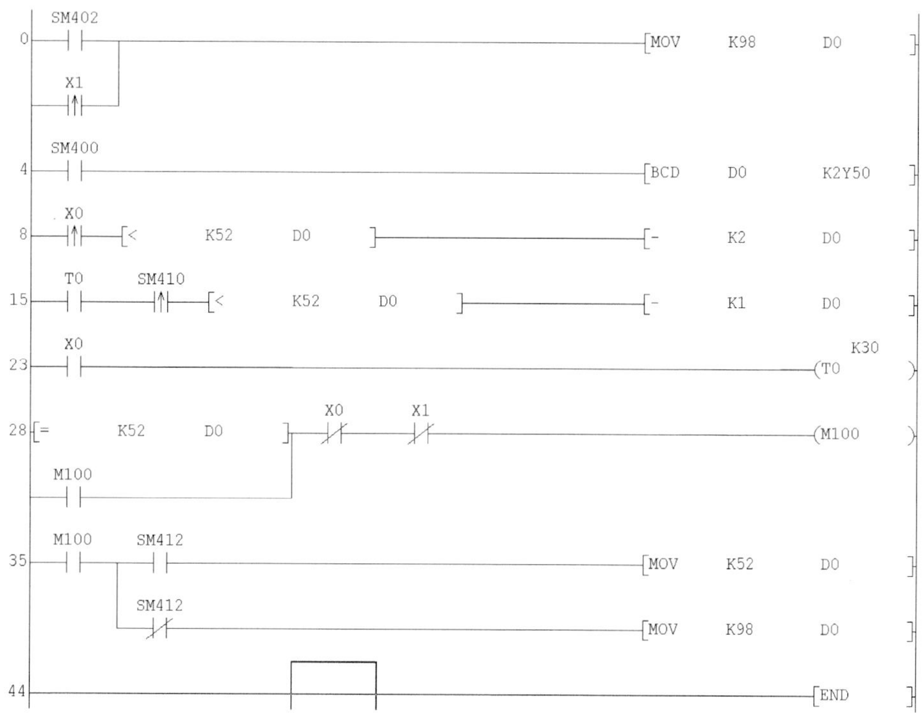

Answer 6 숫자 연속 표시

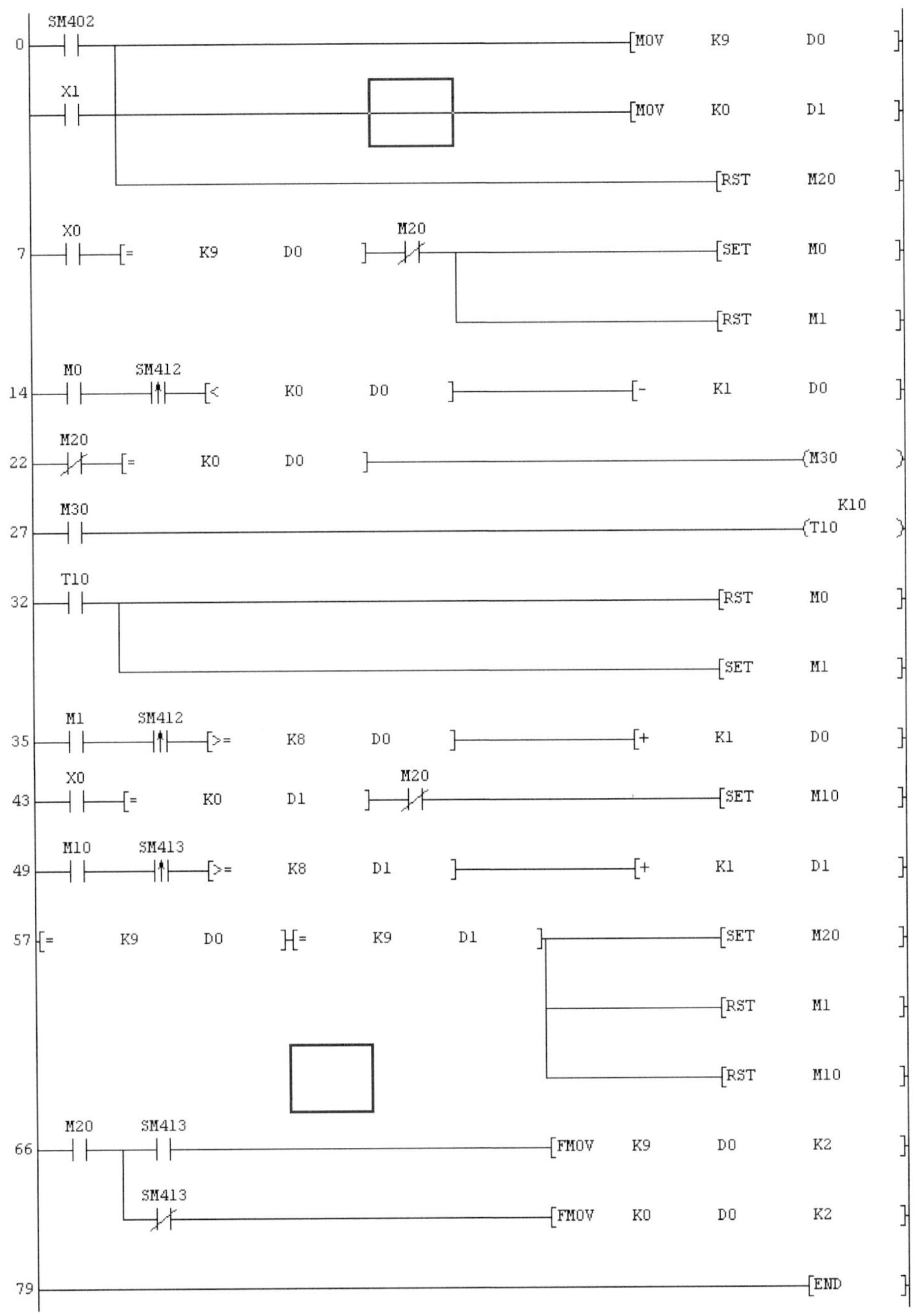

Answer 6-1 타이머를 이용한 숫자 연속 표시

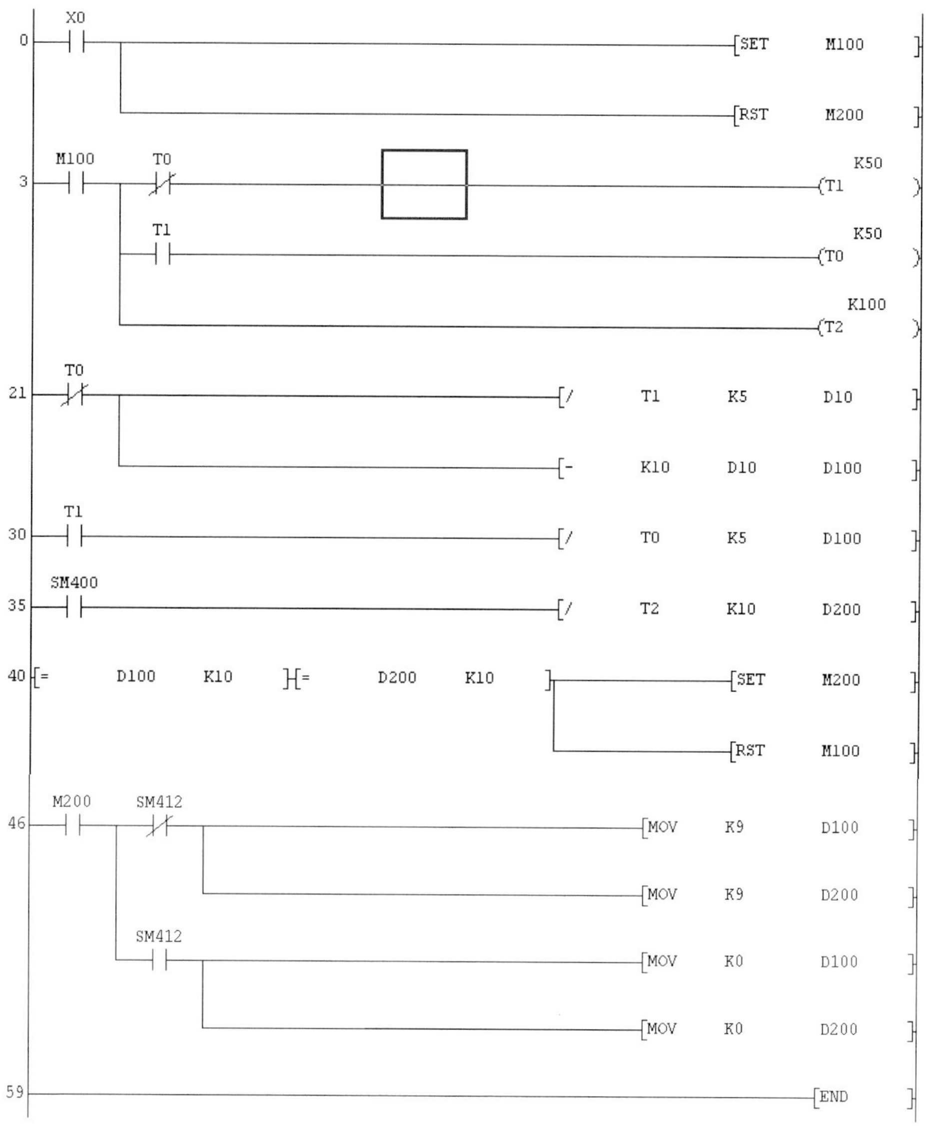

Answer 7 타이머를 이용한 숫자 무한 반복 표시(1초 간격)

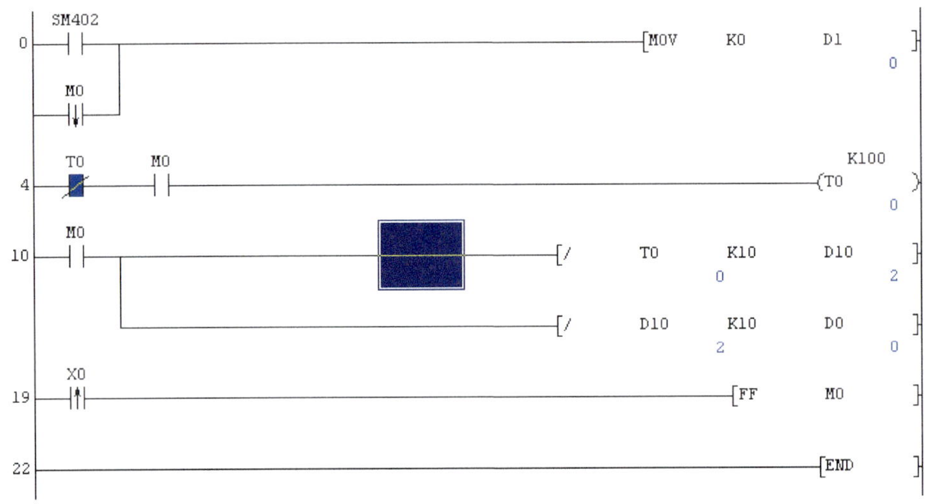

Answer 8 타이머를 이용한 숫자 무한 반복 표시(0.5초 간격)

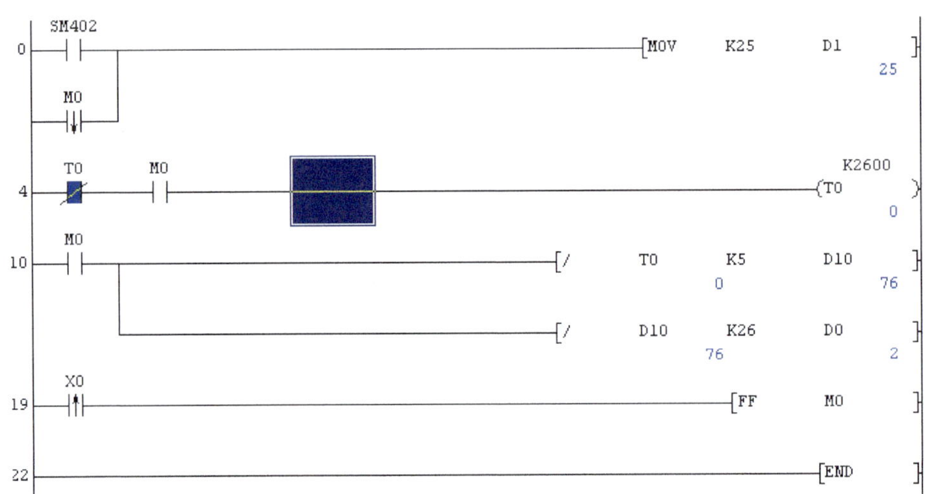

Chapter 10

SCAN TIME

소프트웨어의 연산처리 과정

- 직렬처리방식: PLC 프로그램을 순차적으로 연산
- 병렬처리방식: 릴레이 등 여러 가지 회로가 전기적인 신호에 의해서 동시에 동작

PLC의 프로그램 연산처리

- SCAN은 입력 Unit로부터 접점상태를 읽어 들여 입력 X영역에 저장한 후 이를 바탕으로 0000스텝부터 End까지 순차적으로 실행하고 자기진단을 한 후 외부로 출력하는 일련의 동작
- 입력 Refresh는 프로그램을 실행하기 전에 입력 Unit에서 Data를 Read하며 Data Memory의 입력 X영역에 일괄 저장하는 것
- 출력 Refresh는 End명령까지 연산을 실행하고 자기진단 기능을 한 후 Data Memory에 있는 출력 Y영역의 Data를 출력Unit에 일괄 출력하는 것
- PLC CPU는 입·출력 신호를 빈틈없이 처리하기 위하여 반복하여 연산(사이클릭 연산)을 수행한다.

신호처리순서(Scan)

- 첫 번째 스캔이 끝나면 Y40, Y41, Y42 출력이 된다.

- 첫 번째 스캔이 끝나면 Y40, Y41, Y42 출력이 확인되는 프로그램이다.

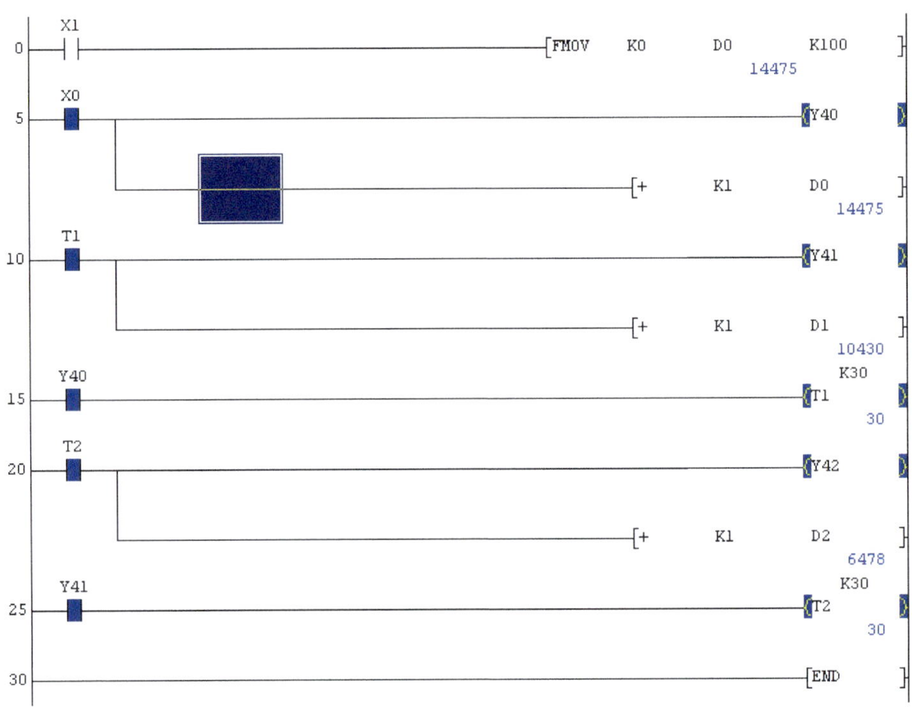

- 첫 번째 스캔이 끝나면 Y40 출력이 된다. (Y41, Y42는 OFF)
- 두 번째 스캔이 끝나면 Y40, Y41 출력이 된다. (Y42는 OFF)
- 세 번째 스캔이 끝나면 Y40, Y41, Y42 출력이 된다.

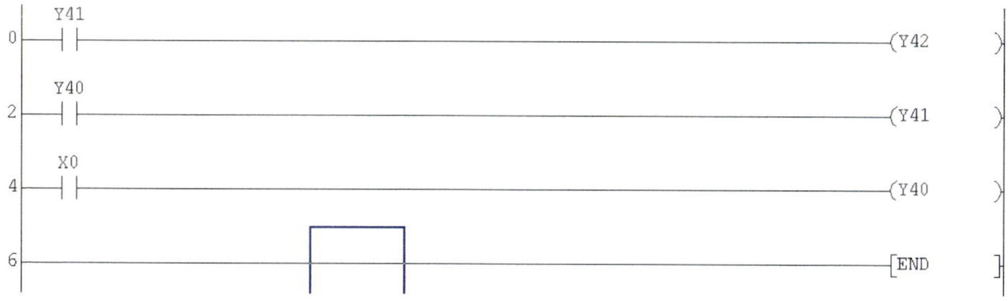

- 첫 번째, 두 번째, 세 번째 스캔 순서대로 Y40, Y41, Y42 출력 확인되는 프로그램이다.

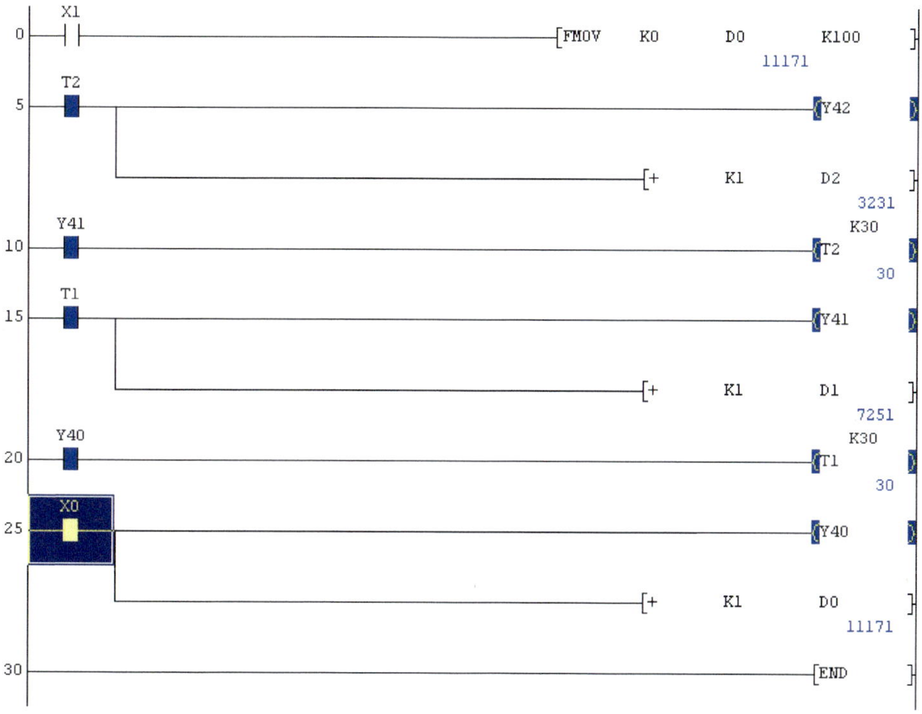

Chapter 11 Ethernet 통신

PC 및 PLC간 Ethernet 연결

01 PC설정

- PC의 네트워크 / 속성 / 로컬영역 / 속성 / 인터넷 프로토콜(TCP/IP) / 속성 / IP 설정

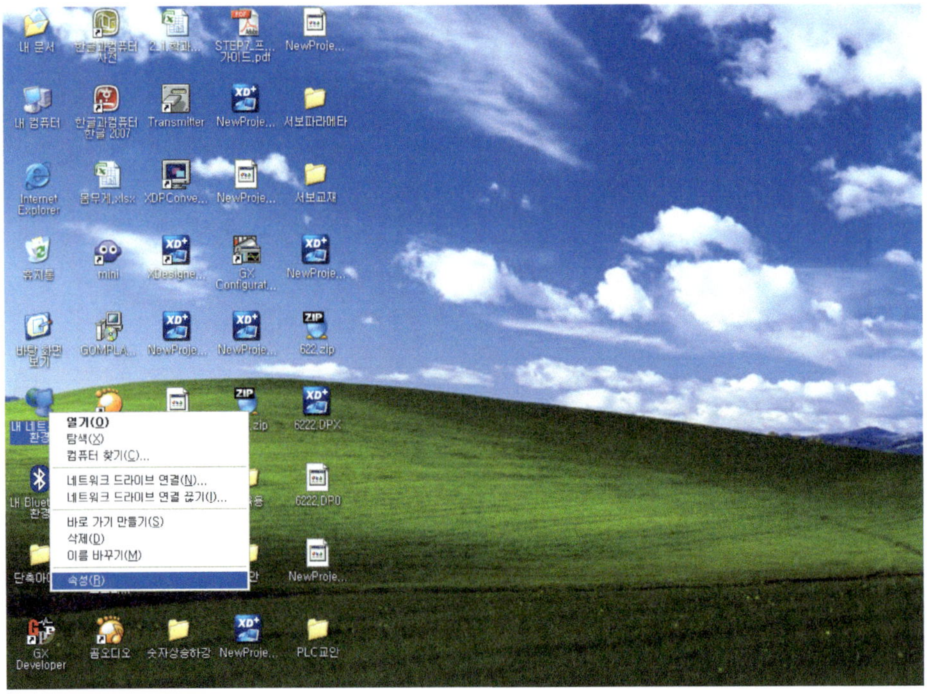

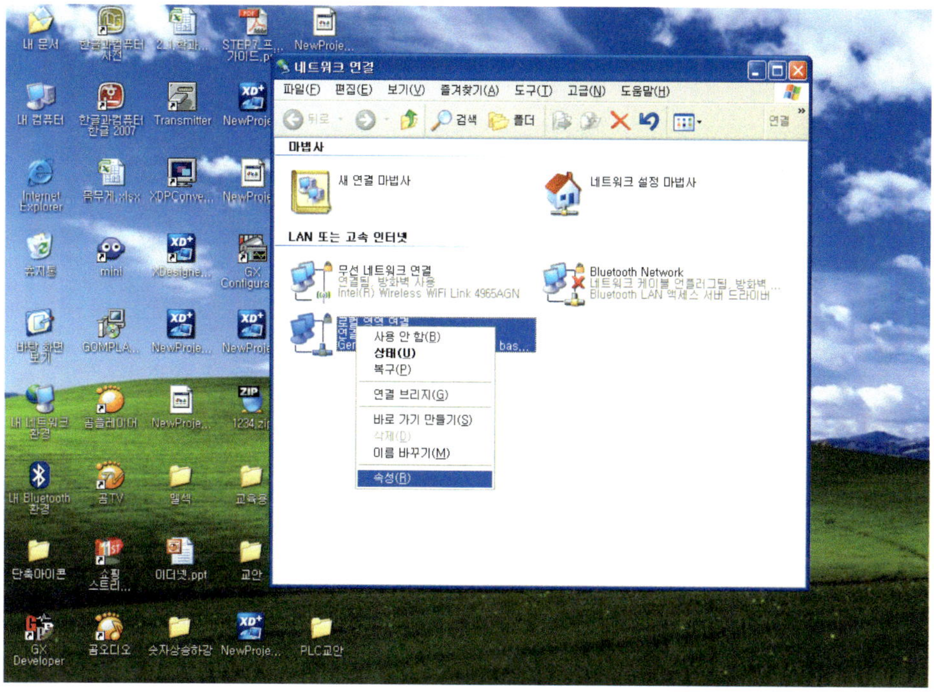
네트워크 연결
파일(F) 편집(E) 보기(V) 즐겨찾기(A) 도구(T) 고급(N) 도움말(H)
마법사
새 연결 마법사
네트워크 설정 마법사
LAN 또는 고속 인터넷
무선 네트워크 연결
Intel(R) Wireless WiFi Link 4965AGN
Bluetooth Network
Bluetooth LAN 액세스 서버 드라이버
사용 안 함(B)
상태(U)
복구(P)
연결 브리지(G)
바로 가기 만들기(S)
삭제(D)
이름 바꾸기(M)
속성(R)

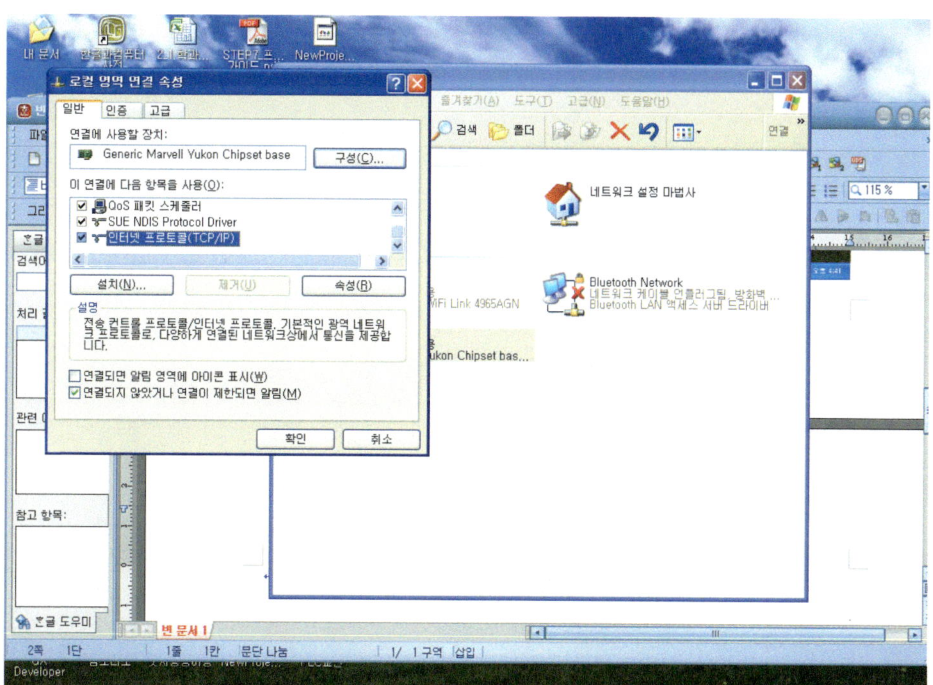
로컬 영역 연결 속성
일반
인증
고급
연결에 사용할 장치:
Generic Marvell Yukon Chipset base
구성(C)...
이 연결에 다음 항목을 사용(O):
QoS 패킷 스케줄러
SUE NDIS Protocol Driver
인터넷 프로토콜(TCP/IP)
설치(N)...
제거(U)
속성(R)
설명
전송 컨트롤 프로토콜/인터넷 프로토콜. 기본적인 광역 네트워크 프로토콜로, 다양하게 연결된 네트워크상에서 통신을 제공합니다.
연결되면 알림 영역에 아이콘 표시(W)
연결되지 않았거나 연결이 제한되면 알림(M)
확인
취소
네트워크 설정 마법사
Bluetooth Network

- PC IP[192.168.3.52]: 2국
  서브넷 마스크[255.255.255.0]
  기본 게이트웨이[192.168.3.1]

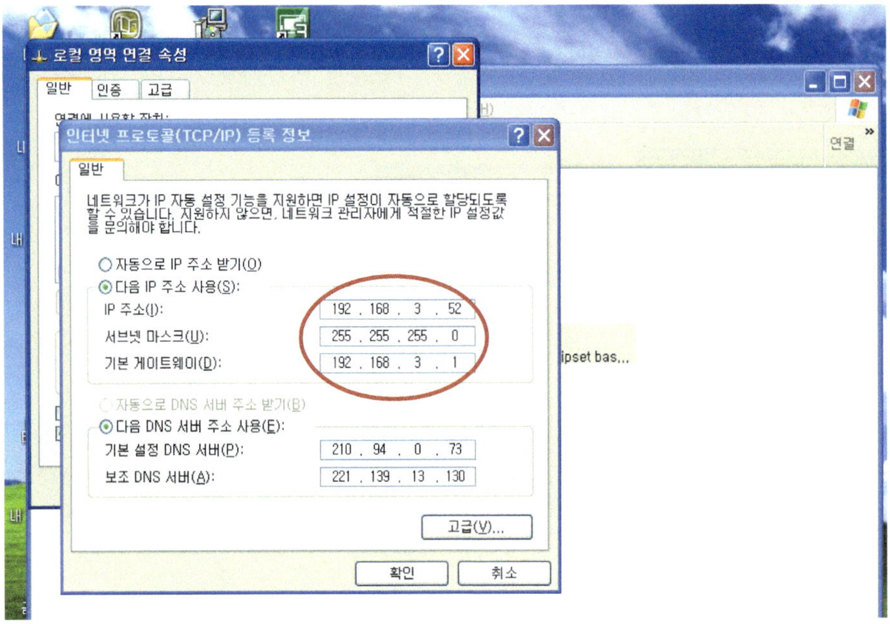

- PLC프로그램에서 USB 연결확인

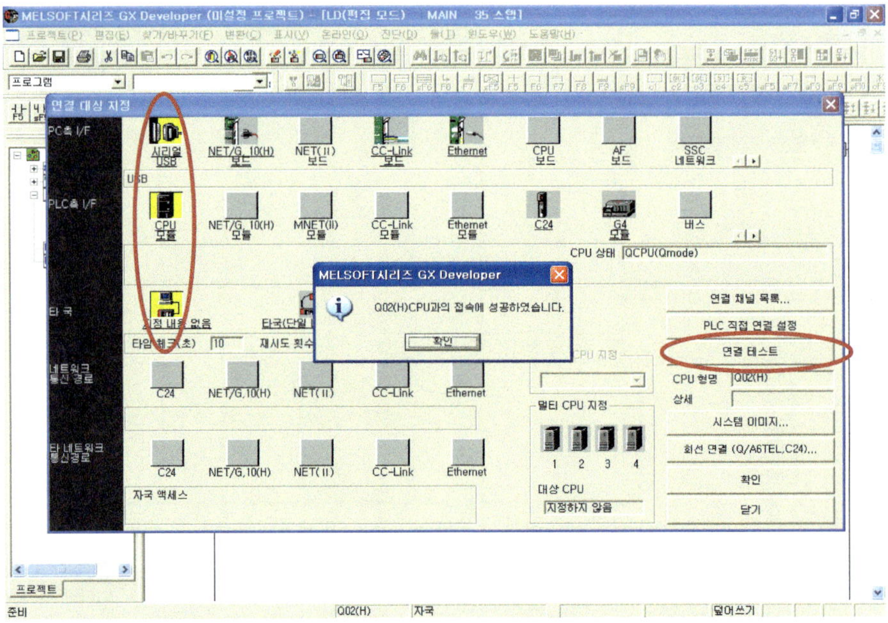

02 PLC 설정

- 네트워크 파라미터 맞추기(선두I/O: 100, 국번: 1번)

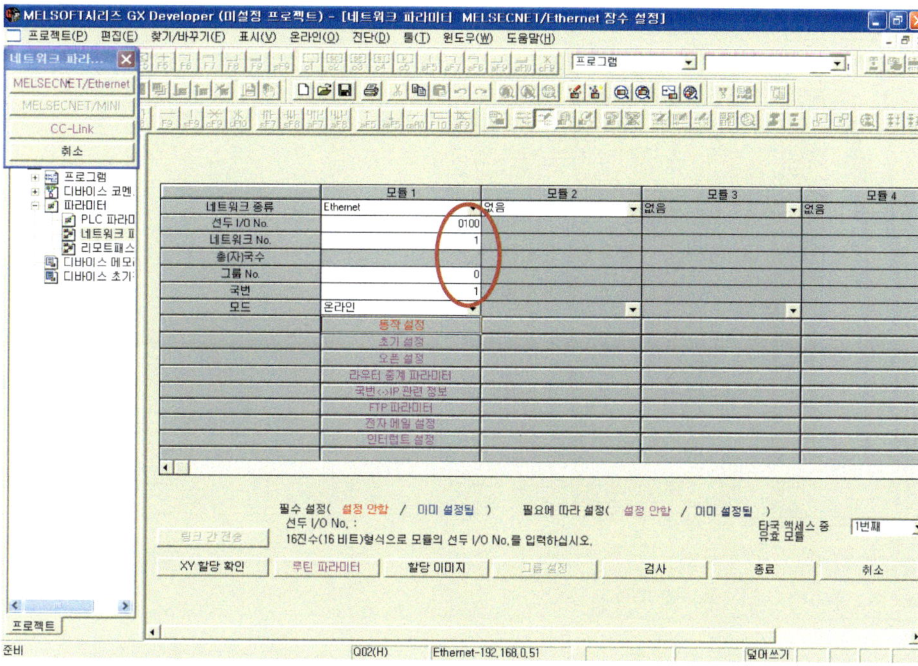

- 동작설정 IP는 192.168.3.51

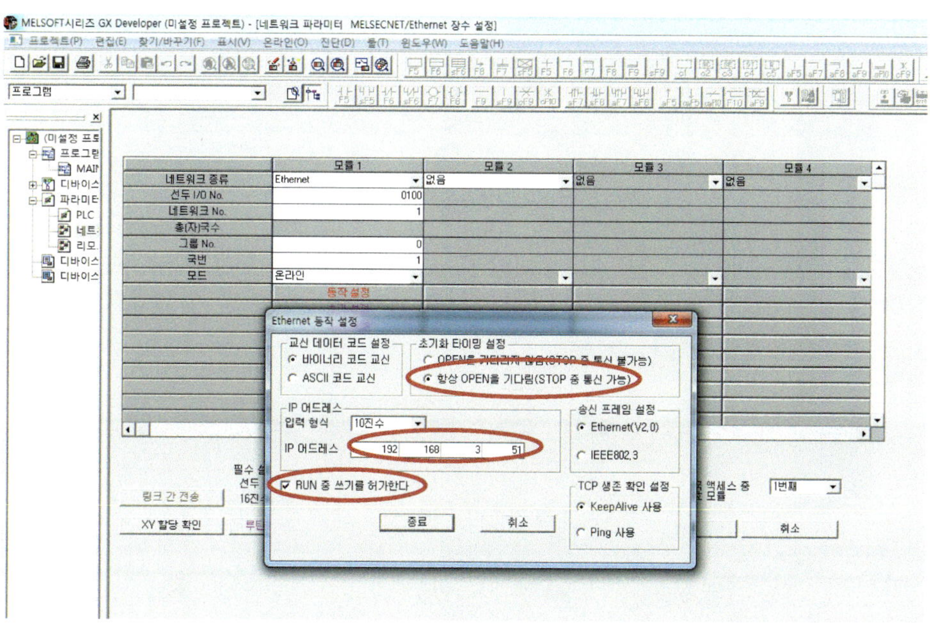

- PLC에 쓰기

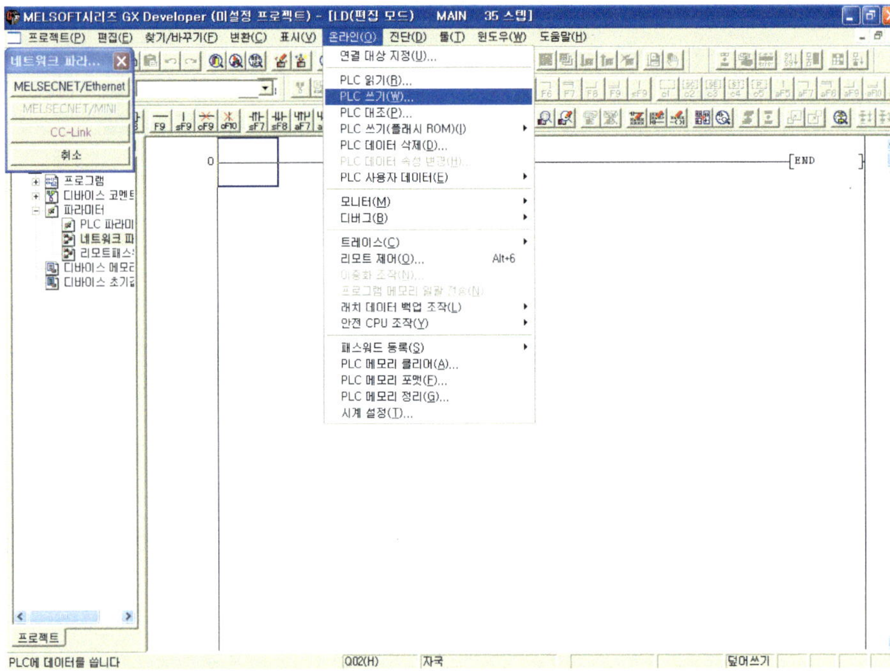

■ PLC를 OFF한 후 ON한다.

- 연결대상지정에서 Ethernet으로 변경 순서(PC는 2국)

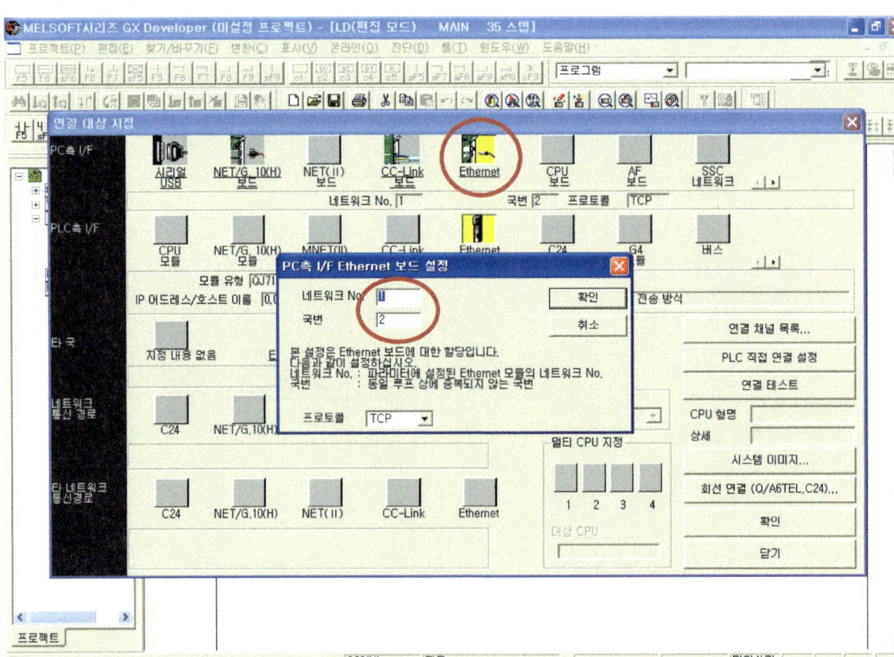

- PLC는 1국(IP는 192.168.3.51)

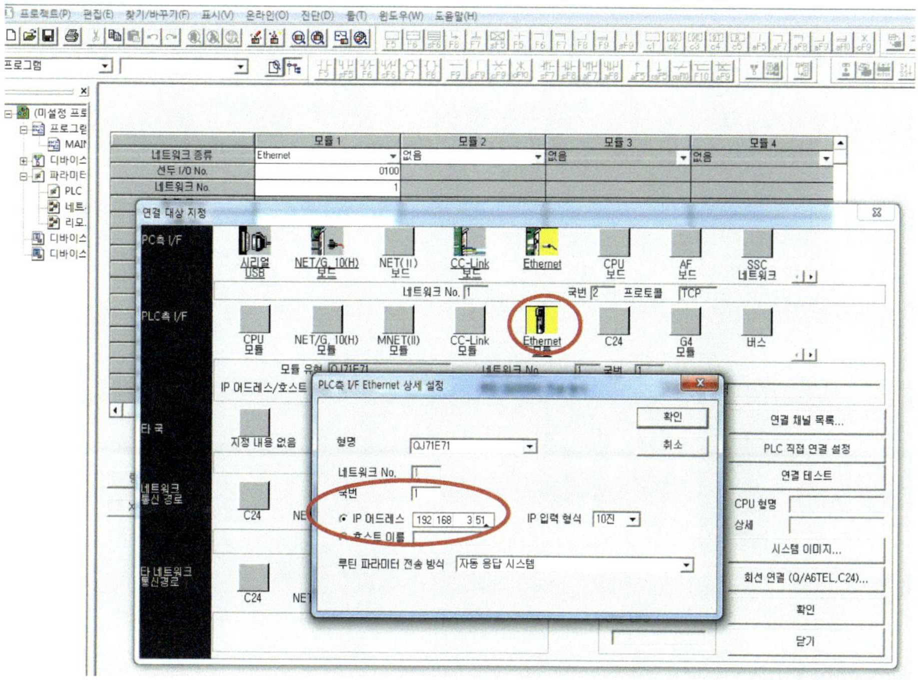

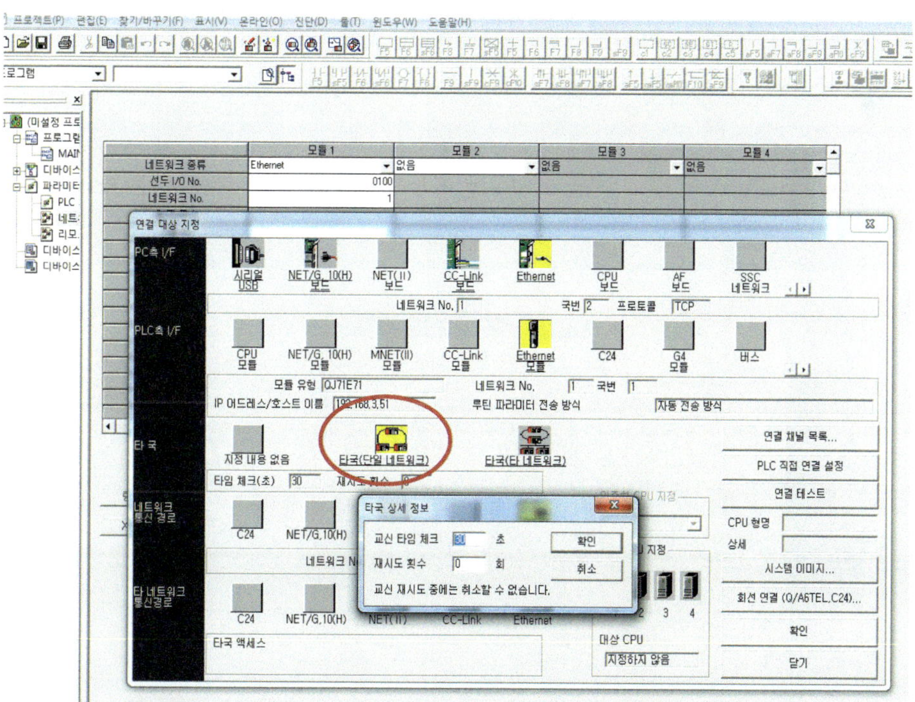

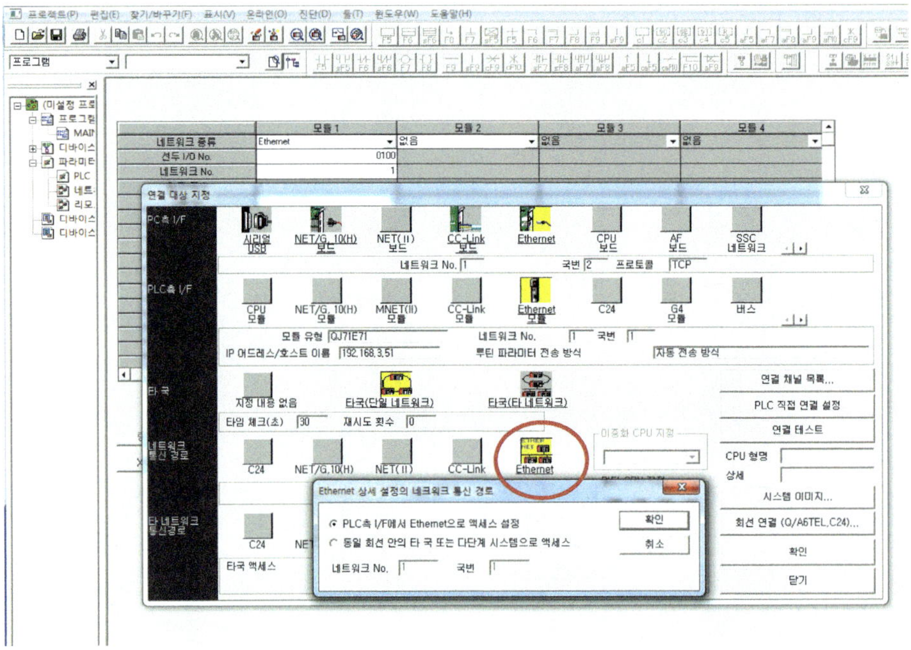

■ 연결테스트 ⇒ 확인

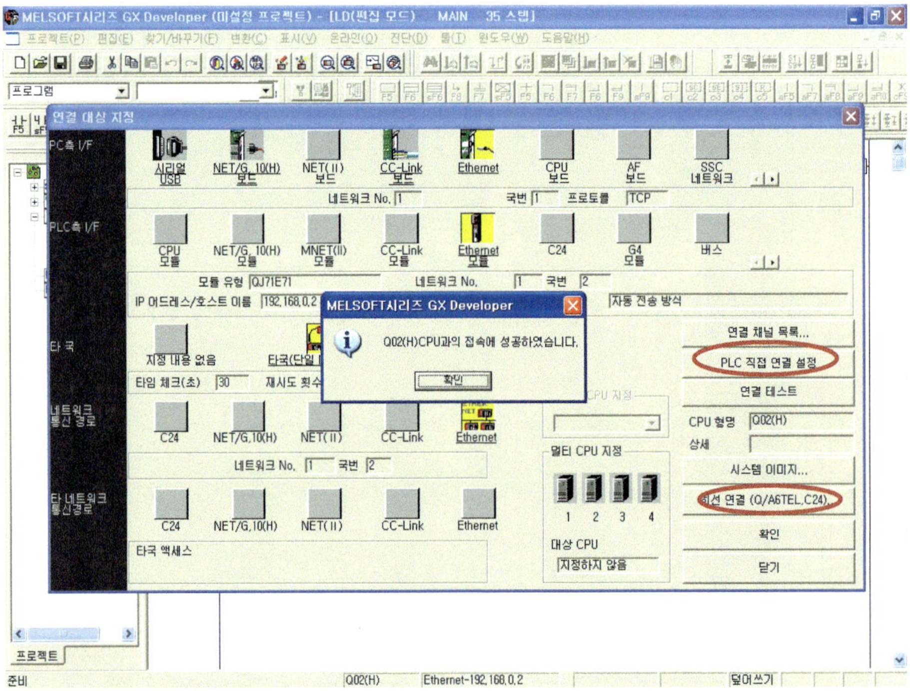

Ethernet통신 연결 방법(터치, PLC, PC1, PC2, PC3 ……)

01 Ethernet통신 IP 등

구분	터치	PLC	PC1	PC2	PC3
주소(IP)	192.168.3.50	192.168.3.51	192.168.3.52	192.168.3.53	192.168.3.54
국		1국	2국	3국	4국
서브넷 마스크	255.255.255.0		255.255.255.0	255.255.255.0	255.255.255.0
기본 게이트웨이	192.168.3.1		192.168.3.1	192.168.3.1	192.168.3.1

- IP 끝자리는 2 ~ 254까지 사용가능(0, 1, 255는 다른 용도로 사용)

02 설정방법

(1) 1번 PC IP 설정(여러 PC는 IP 끝 번호를 다르게 설정한다.)

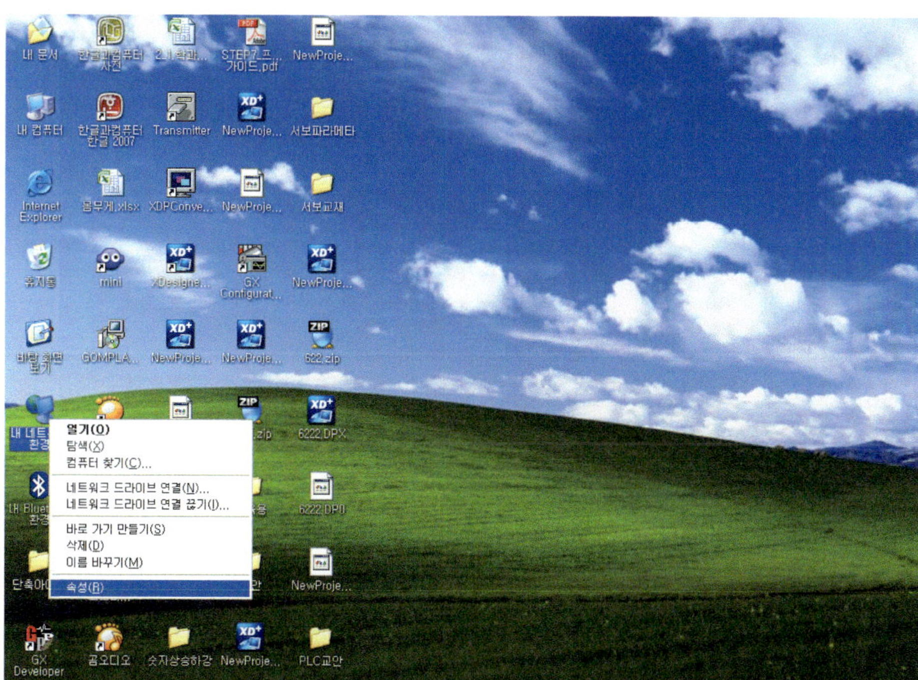

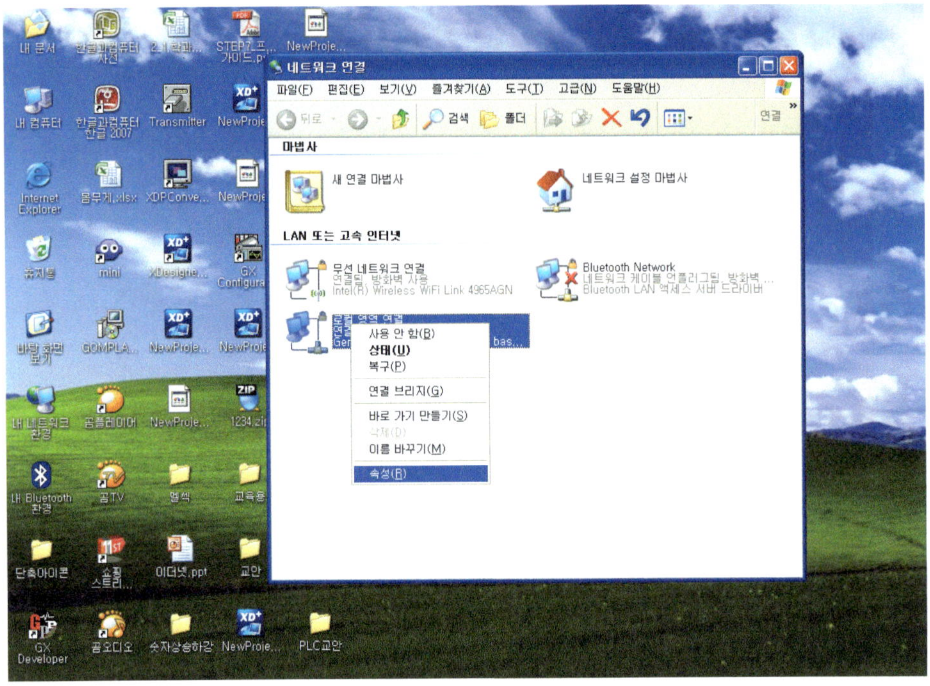
네트워크 연결
파일(F) 편집(E) 보기(V) 즐겨찾기(A) 도구(T) 고급(N) 도움말(H)
뒤로
검색
폴더
연결
마법사
새 연결 마법사
네트워크 설정 마법사
LAN 또는 고속 인터넷
무선 네트워크 연결
Intel(R) Wireless WiFi Link 4965AGN
Bluetooth Network
Bluetooth LAN 액세스 서버 드라이버
사용 안 함(B)
상태(U)
복구(P)
연결 브리지(G)
바로 가기 만들기(S)
이름 바꾸기(M)
속성(R)

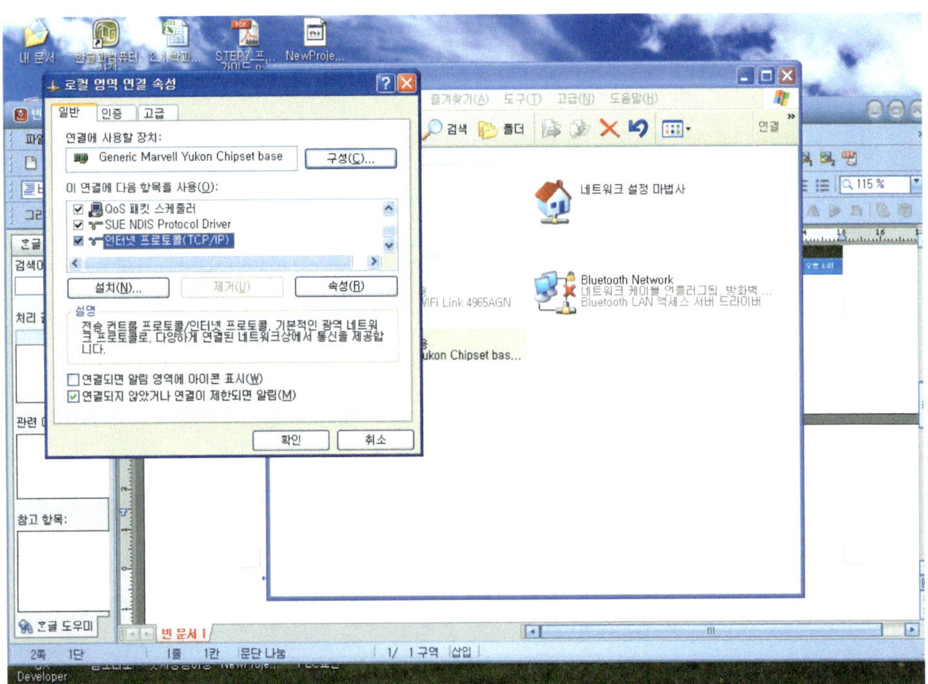
로컬 영역 연결 속성
일반
인증
고급
연결에 사용할 장치:
Generic Marvell Yukon Chipset base
구성(C)...
이 연결에 다음 항목을 사용(O):
QoS 패킷 스케줄러
SUE NDIS Protocol Driver
인터넷 프로토콜(TCP/IP)
설치(N)...
제거(U)
속성(R)
설명
전송 컨트롤 프로토콜/인터넷 프로토콜. 기본적인 광역 네트워크 프로토콜로, 다양하게 연결된 네트워크상에서 통신을 제공합니다.
연결되면 알림 영역에 아이콘 표시(W)
연결되지 않았거나 연결이 제한되면 알림(M)
확인
취소
네트워크 설정 마법사
Bluetooth Network
Bluetooth LAN 액세스 서버 드라이버

- IP: 192.168.3.52, 서브넷 마스크: 255.255.255.0, 기본 게이트웨이: 192.168.3.1

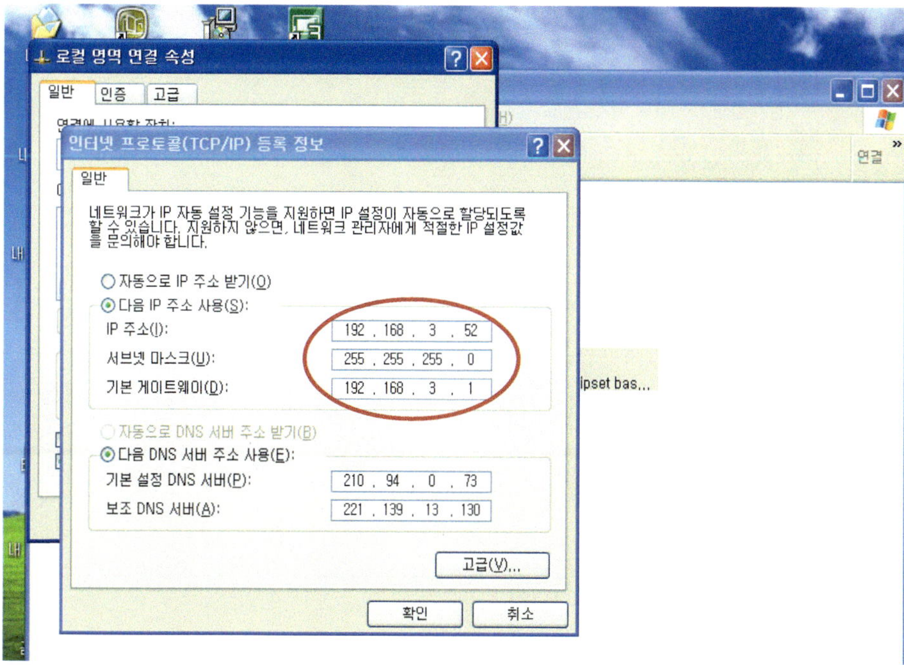

(2) PLC 설정

- PLC 데이터 읽기

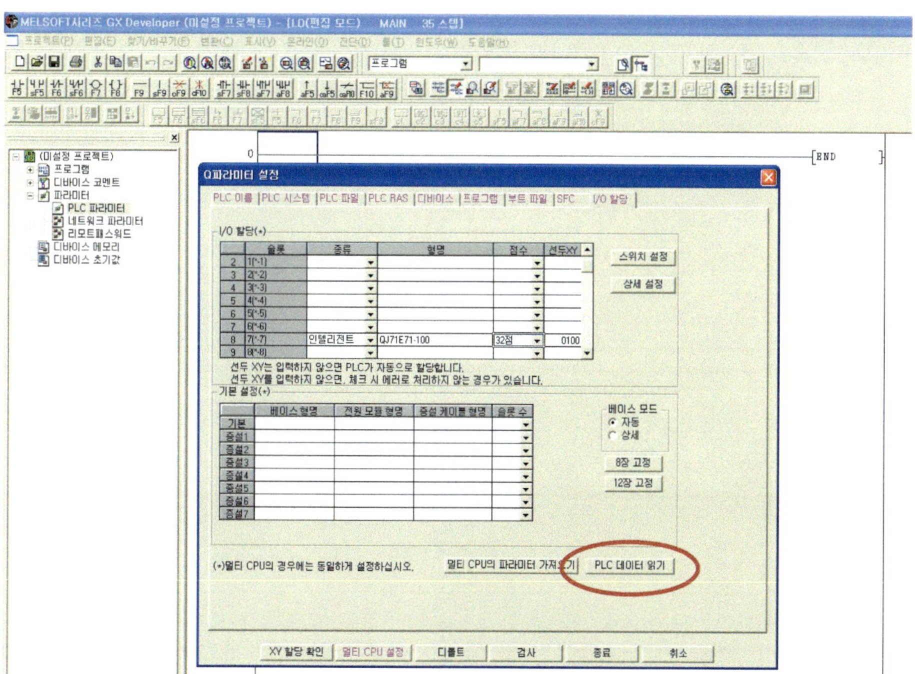

- PLC 프로그램에서 USB 연결확인

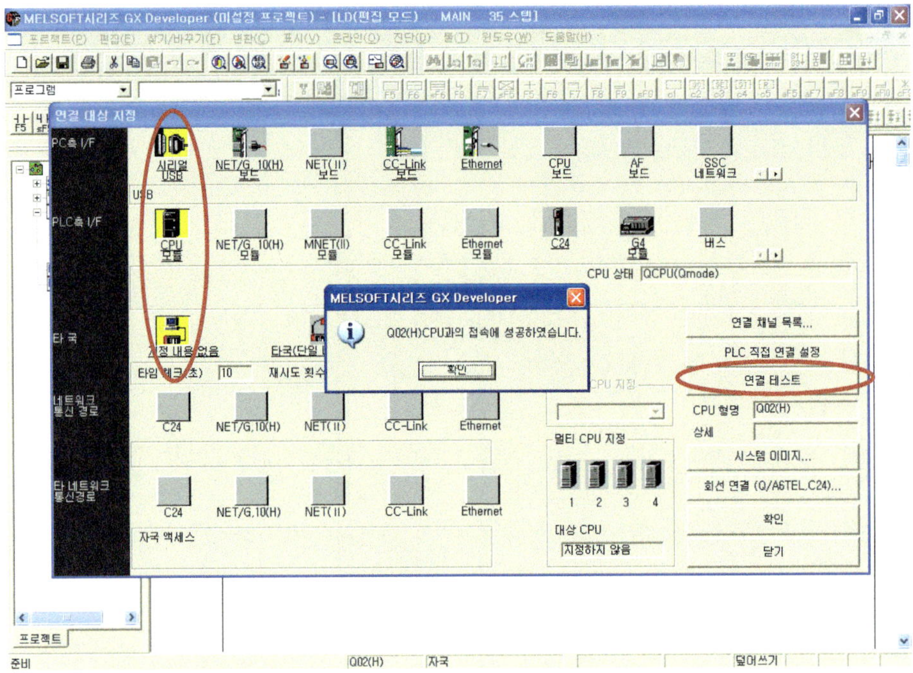

- 네트워크 파라미터 맞추기(선두I/O: 100, 국번: 1번)

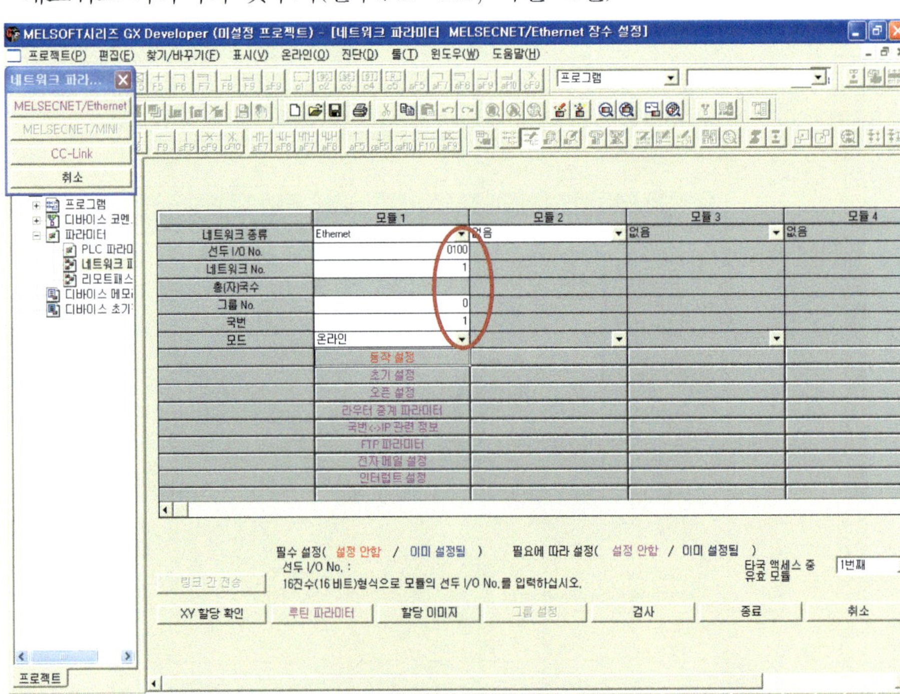

- 동작설정 IP는 192.168.3.51

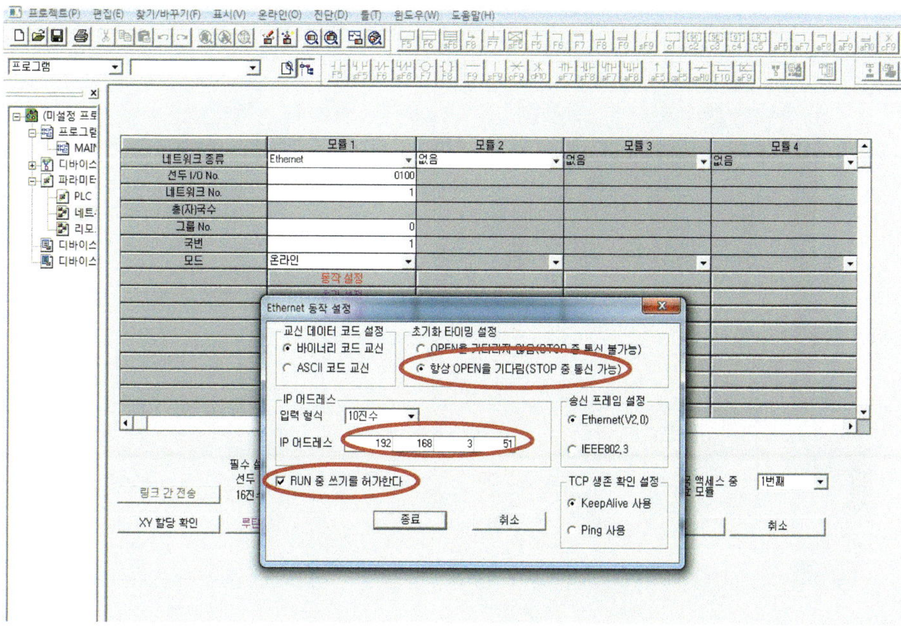

- 오픈설정(프로토콜: TCP, 오픈방식: Unpassive, 자국포트No.: 138D)

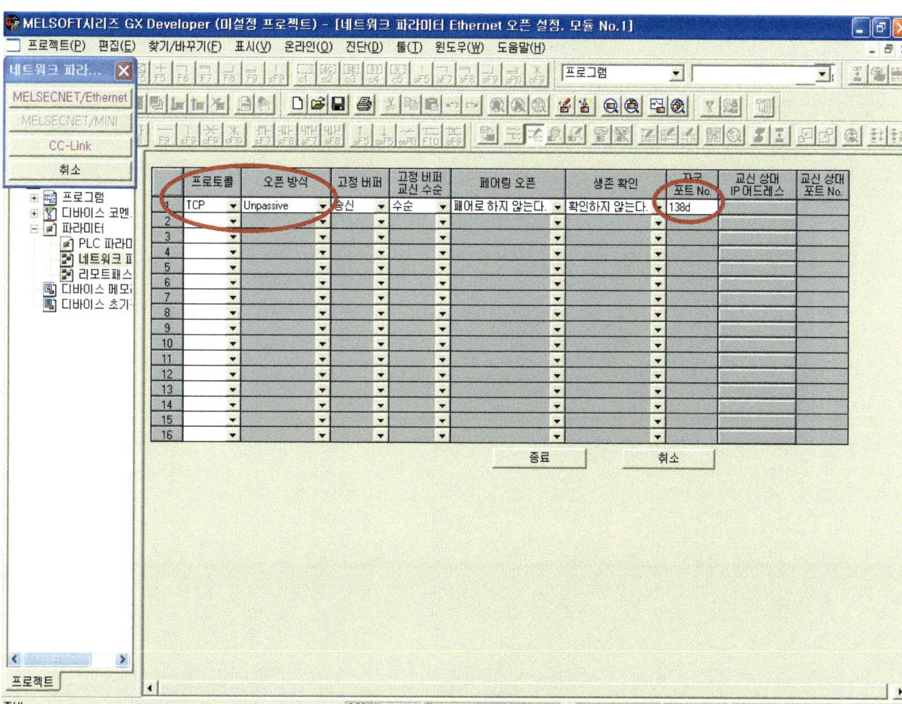

- PLC에 쓰기(USB 다운로드) →(온라인/연결대상지정)에서 접속확인 후 쓰기

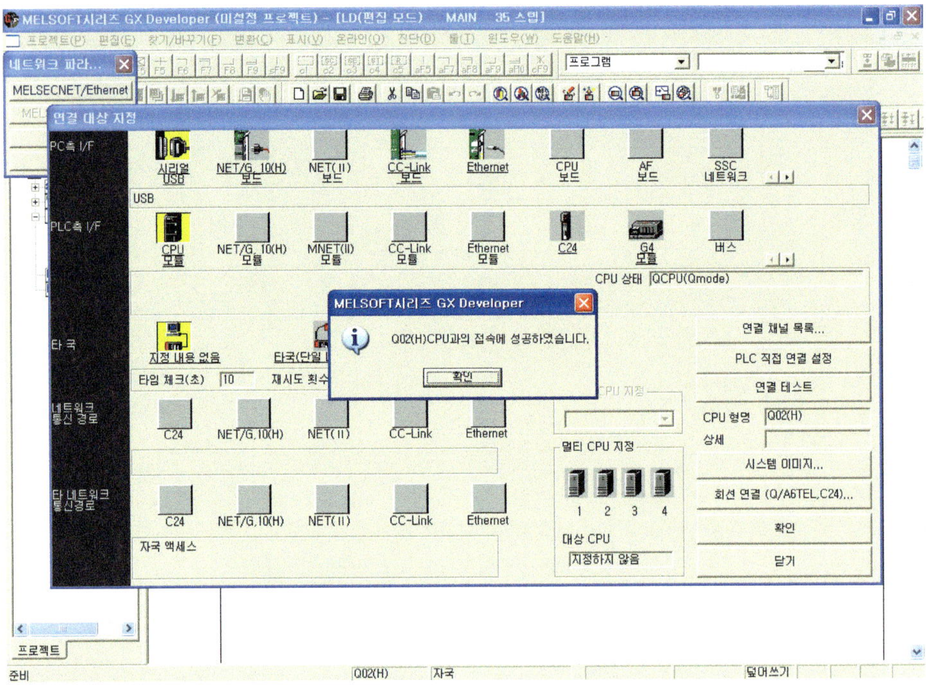

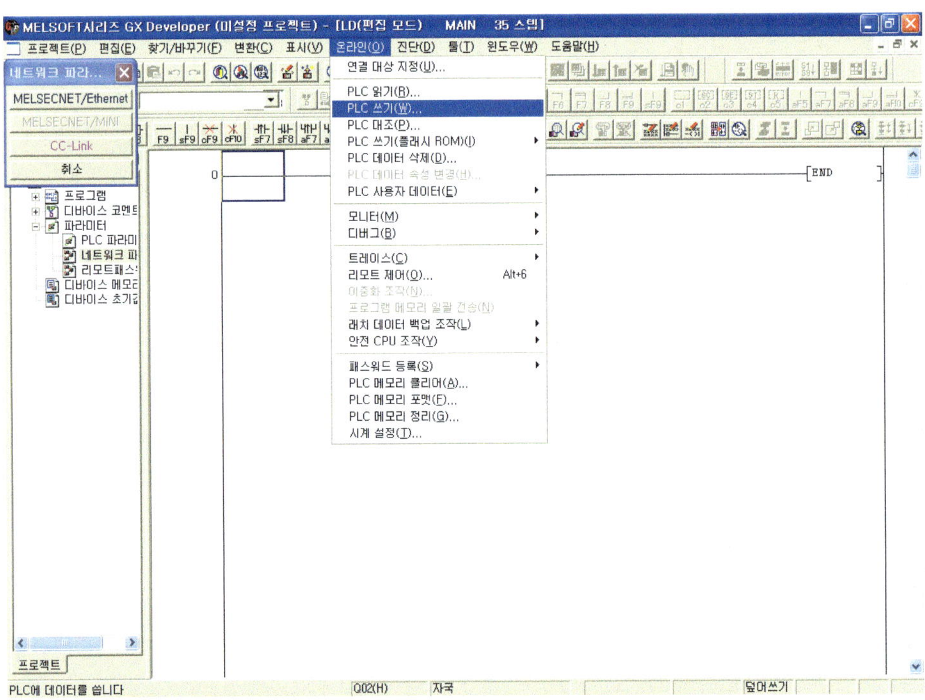

■ PLC에 쓰기 한 후 PLC OFF한 후 ON한다.

- 연결대상지정에서 Ethernet으로 변경 순서
  (PC1은 2국, PC2는 3국, PC3은 4국): 다른 설정은 동일

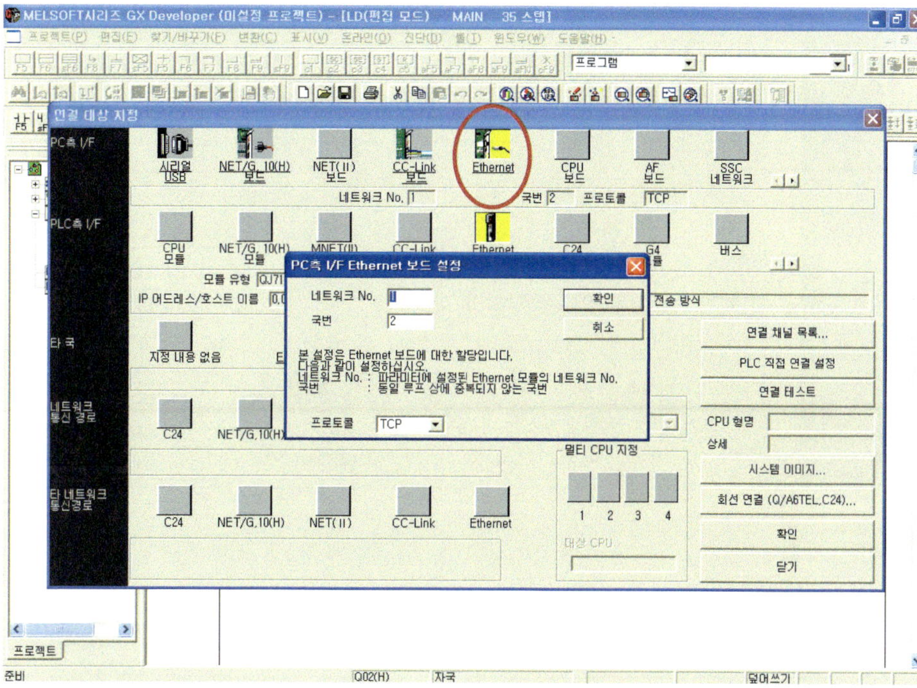

- PLC는 1국 (IP는 192.168.3.51)

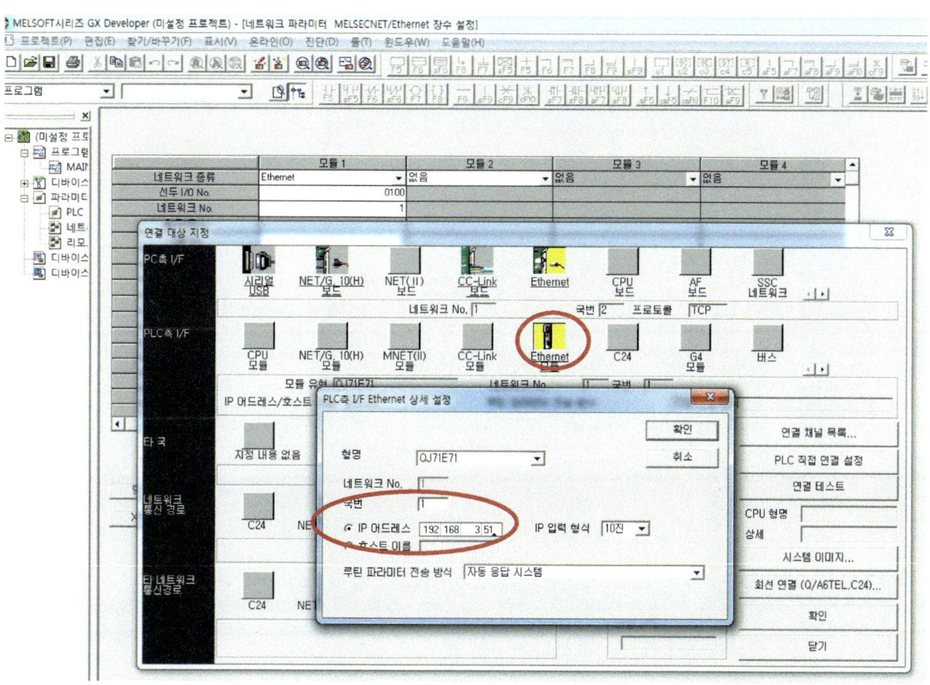

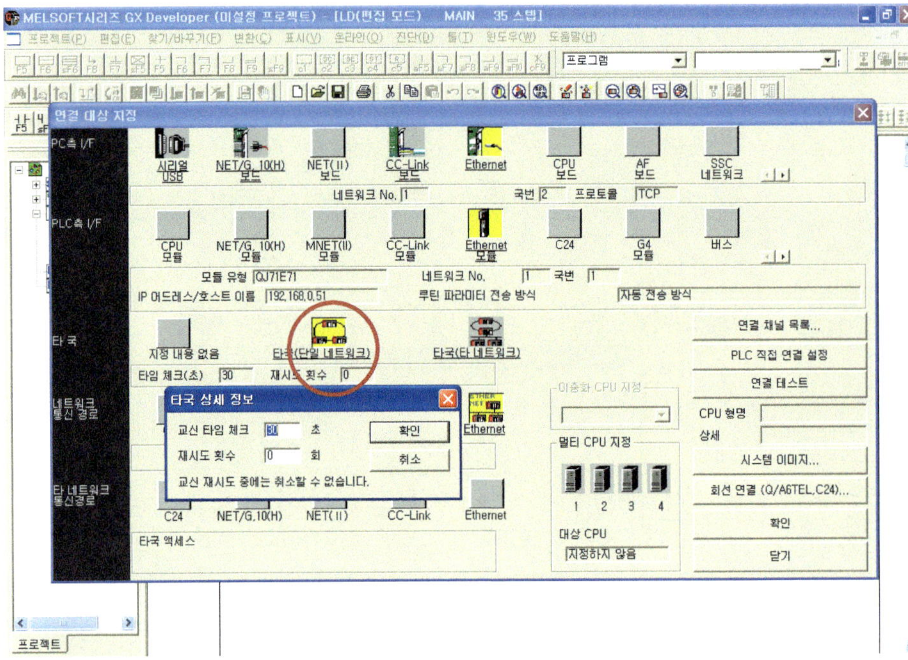

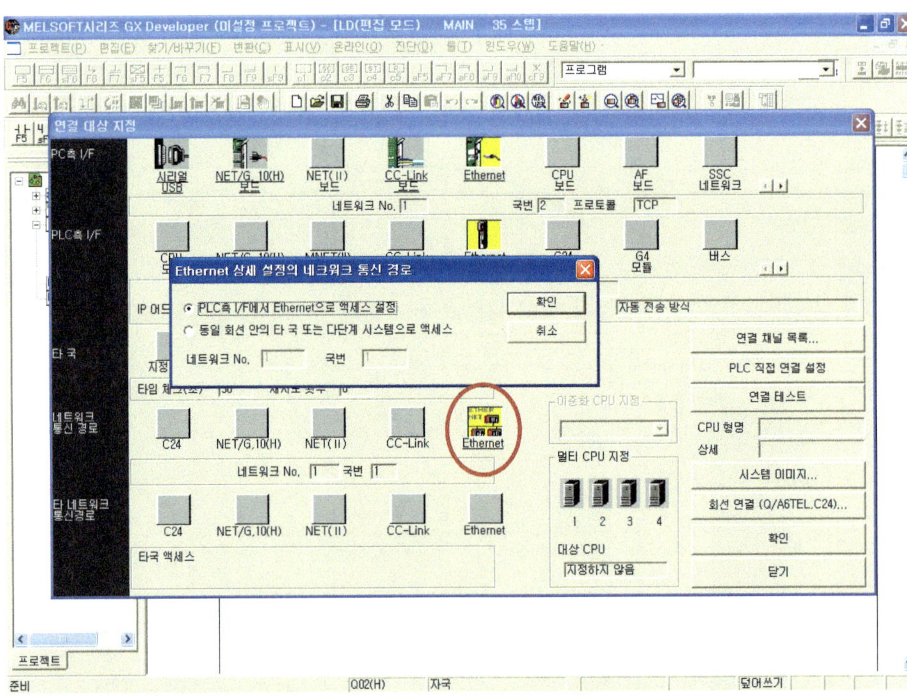

■ PLC를 OFF한 후 ON한다.

- 연결테스트를 한 후 확인버튼을 누른다.

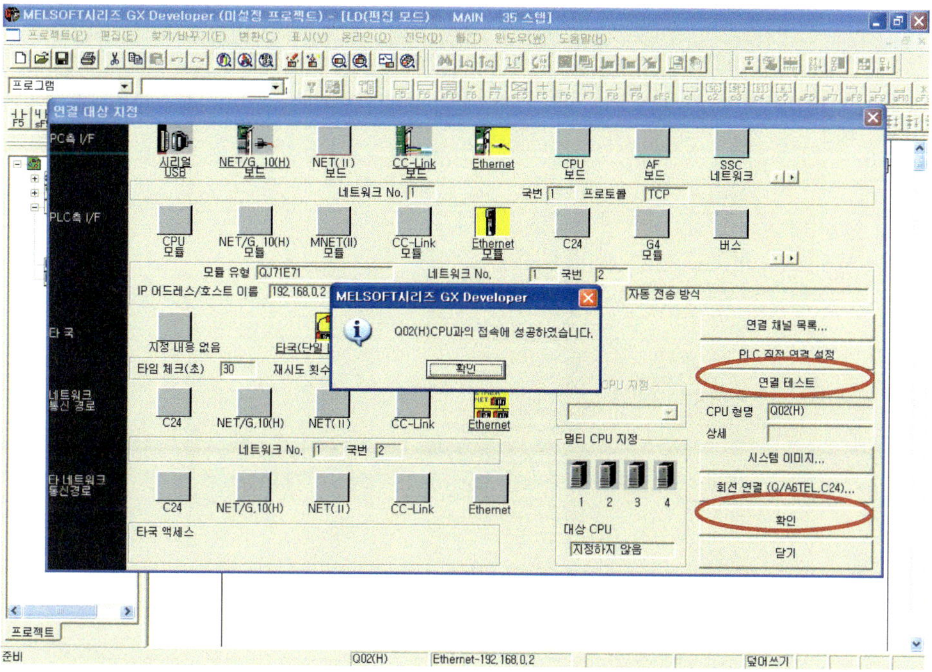

(3) 터치 프로그램 설정

- 파일 / 새 프로젝트 만들기 / 새 프로젝트(XTOP Series(XTOP12TS-SA, 800 × 600))

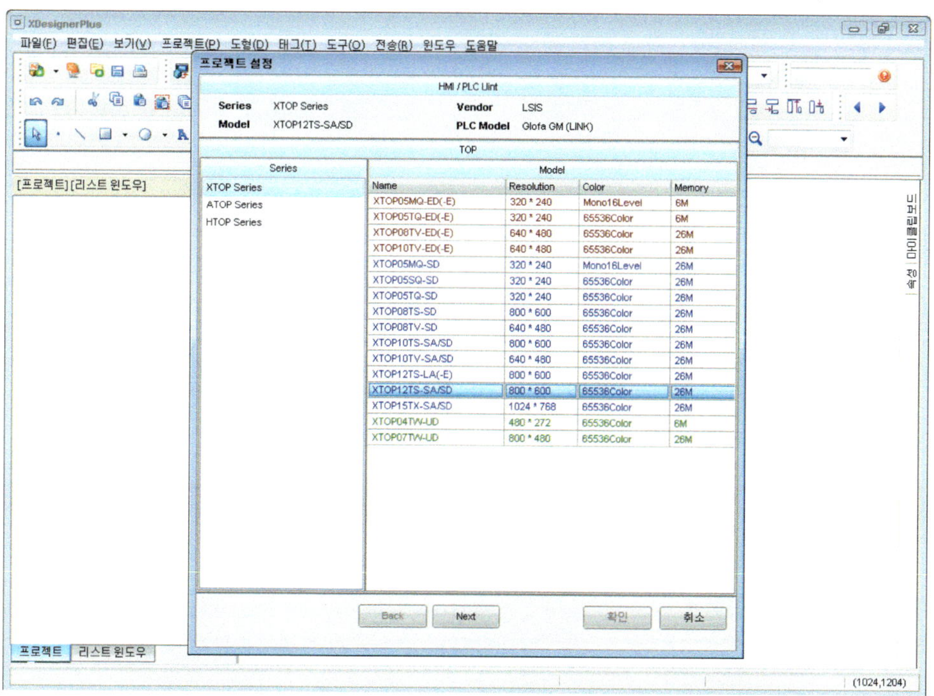

- 제조사(MITSUBISHI), PLC(Melsec Q Ethernet)

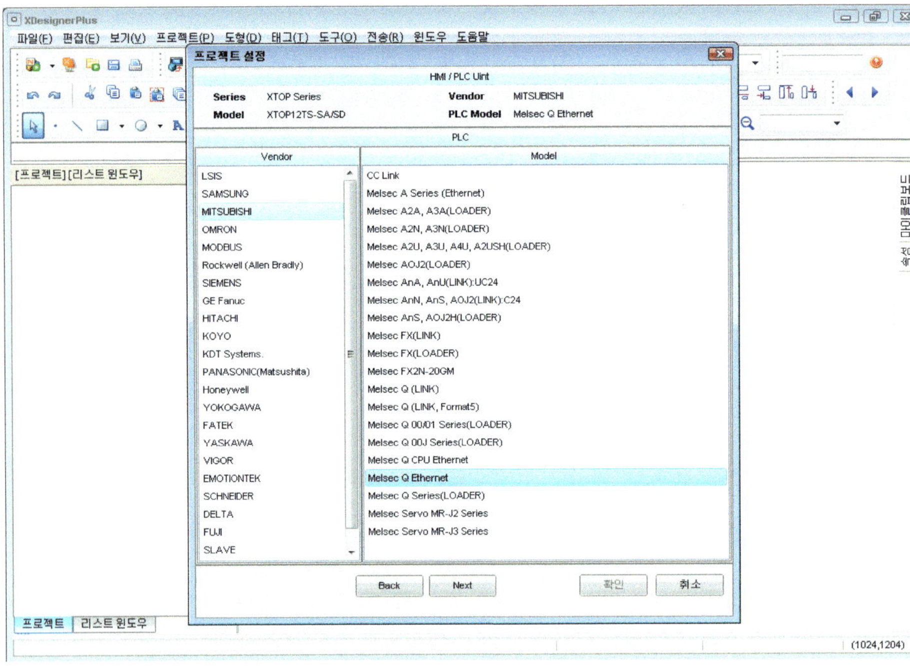

- IP 설정: 192.168.0.51 / 읽기, 쓰기 포트: 5005_{DEC}($138D_{HEX}$)

  디바이스 읽기방식: 이산처리우선

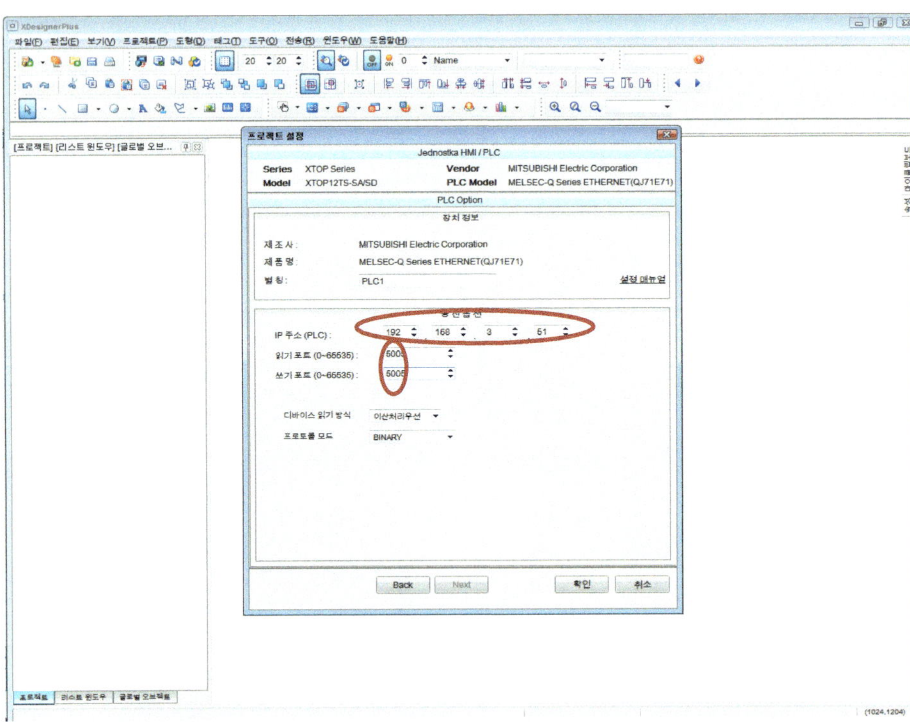

- 전송 / 빌드 및 전송 / Ethernet / 검색 / 해당 IP 체크 / 전송

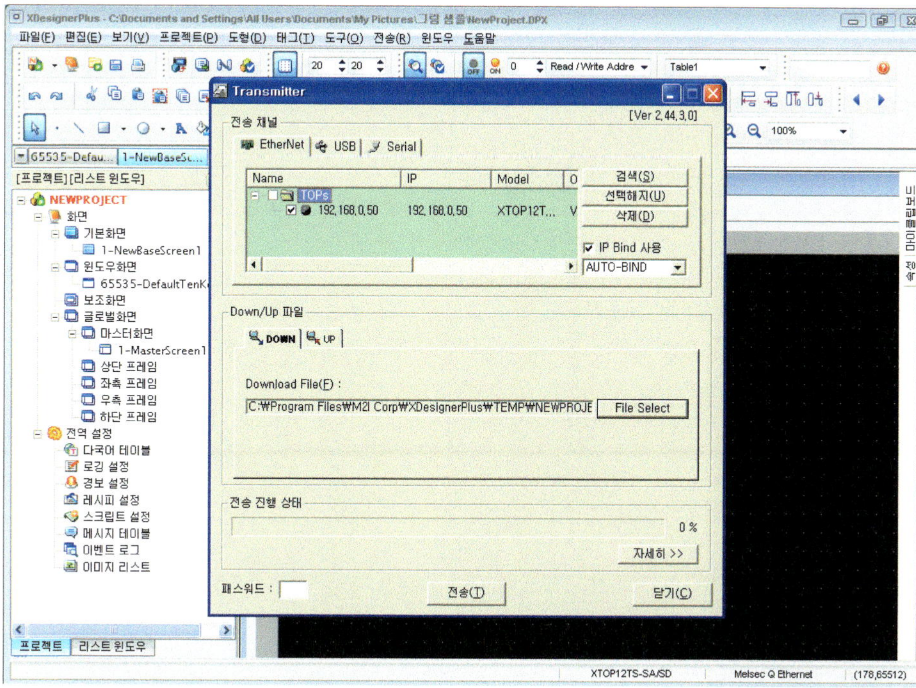

(4) 터치 메뉴설정

■ 통신설정

메 뉴	정 보
IP Address	192.168.3.50
Subnet Mask	255.255.255.0
Gateway	192.168.3.1
포트	5005
프로토콜	TCP

Ethernet통신 연결 방법(PLC ↔ PLC)

01 Ethernet통신 개요

구분	Ethernet 1	Ethernet 2
주소(IP)	100.100.100.1	100.100.100.2
담당자	500	500

02 Ethernet통신 연결 방법(PLC↔PLC)

(1) PLC1, PLC2 연결(통신선)

(2) 프로그램 loading

(3) 네트워크 파라미터 설정

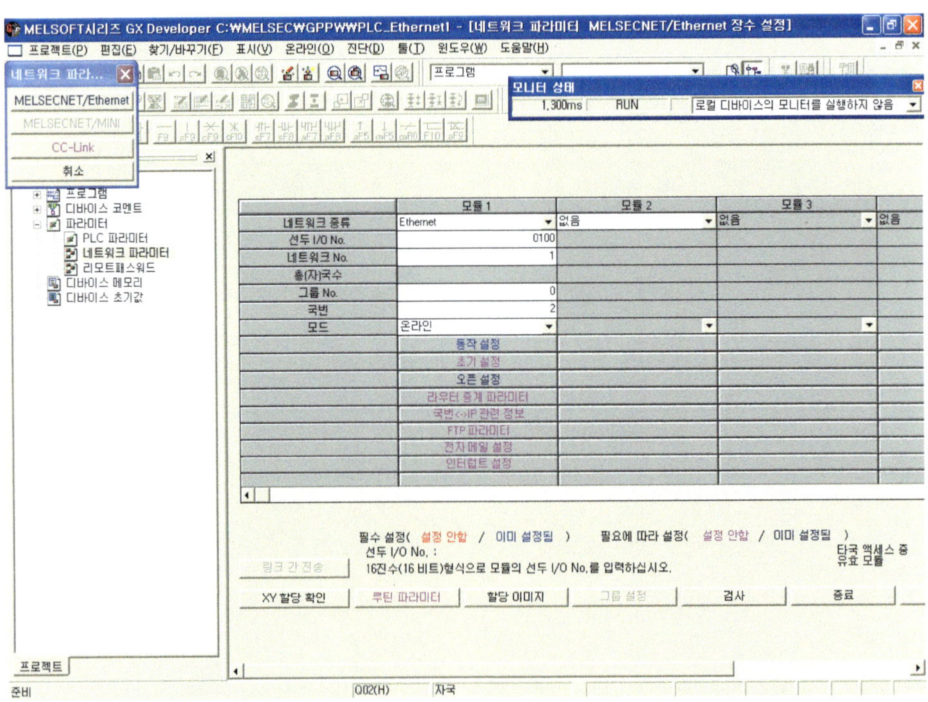

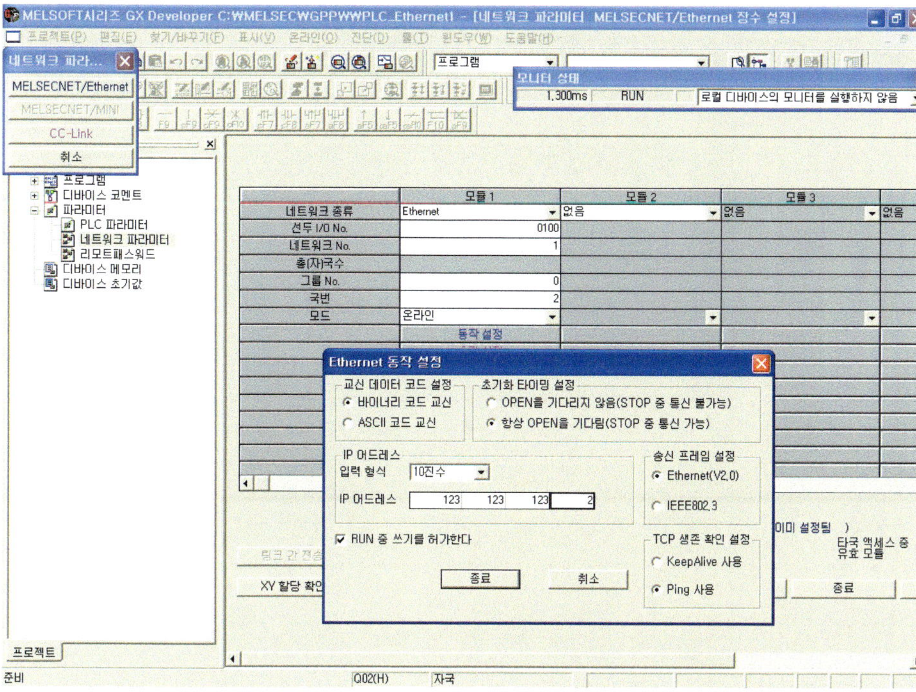

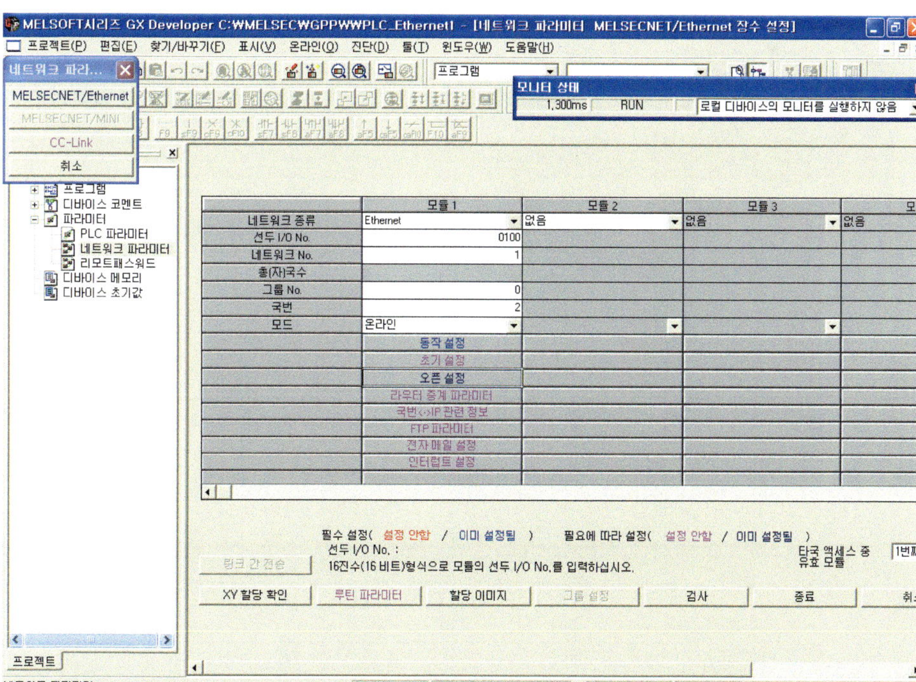

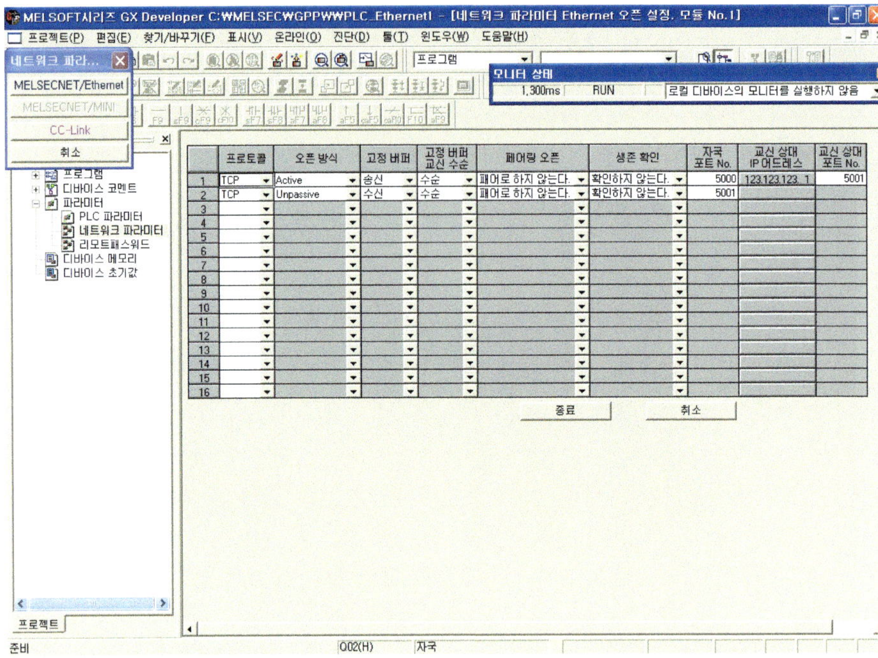

프로그램 소스에서 "Uxx"로 된 부분을 "100"(7번째 카드)이면 "10"으로 시작 어드레스로 바꾼다.(Ethernet 카드 위치에 따라 바꾼다.)

- 진단/시스템 모니터

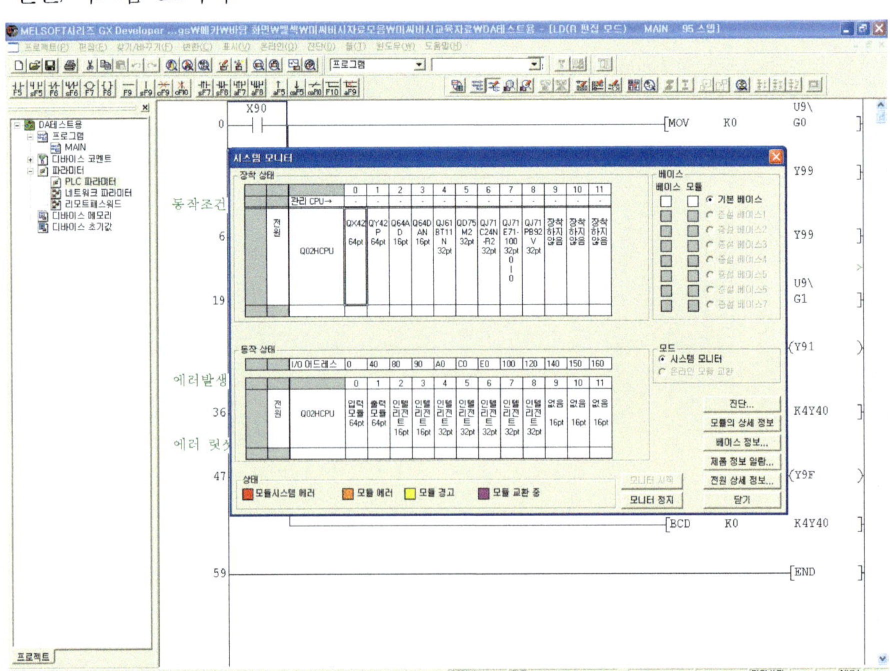

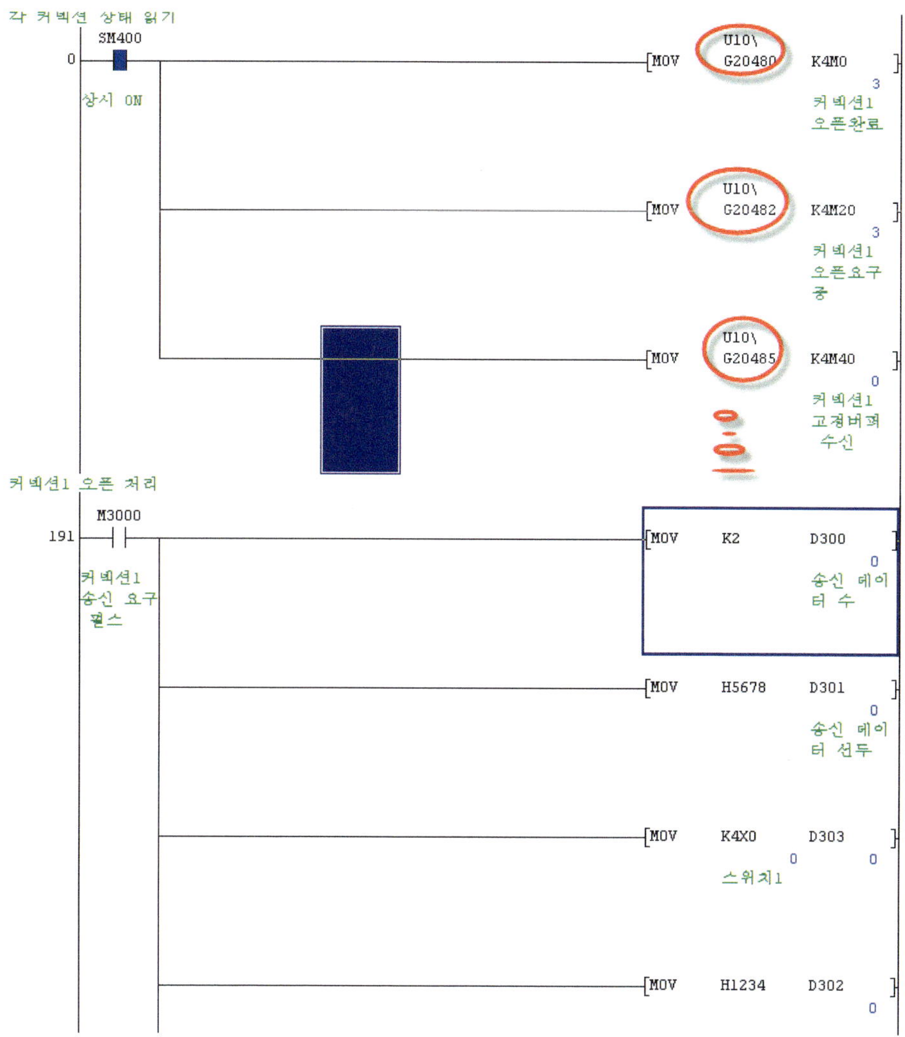

D300: 전송할 데이터 길이(Word 단위)

D301 ~ : 전송데이터

(4) 프로그램(PLC ↔ PLC 간 통신)

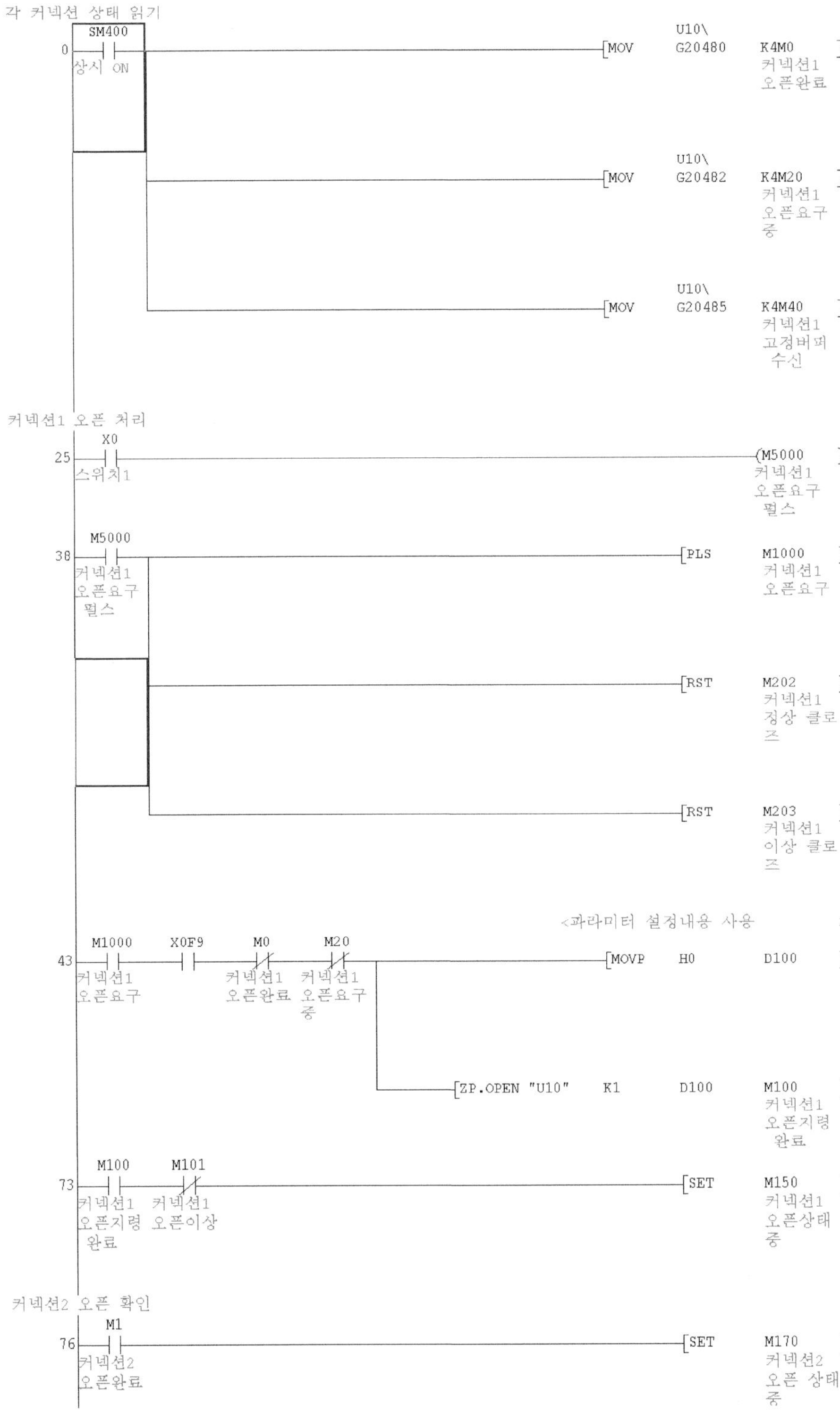

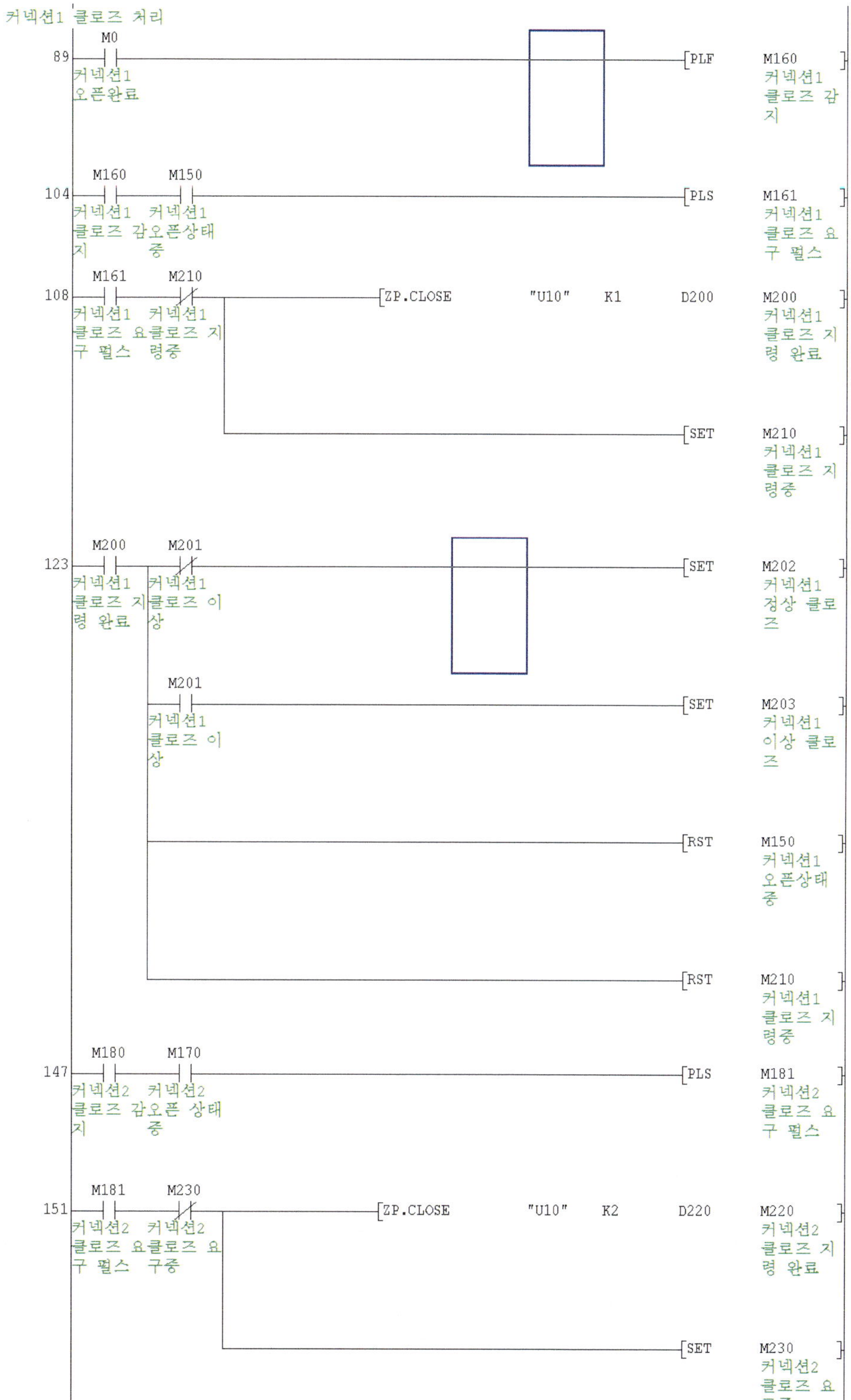
커넥션1 클로즈 처리
89 M0 커넥션1 오픈완료 [PLF M160 커넥션1 클로즈 감지]
104 M160 커넥션1 클로즈 감지 M150 커넥션1 오픈상태 중 [PLS M161 커넥션1 클로즈 요구 펄스]
108 M161 커넥션1 클로즈 요구 펄스 M210 커넥션1 클로즈 지령중 [ZP.CLOSE "U10" K1 D200 M200 커넥션1 클로즈 지령 완료]
[SET M210 커넥션1 클로즈 지령중]
123 M200 커넥션1 클로즈 지령 완료 M201 커넥션1 클로즈 이상 [SET M202 커넥션1 정상 클로즈]
M201 커넥션1 클로즈 이상 [SET M203 커넥션1 이상 클로즈]
[RST M150 커넥션1 오픈상태 중]
[RST M210 커넥션1 클로즈 지령중]
147 M180 커넥션2 클로즈 감지 M170 커넥션2 오픈 상태 중 [PLS M181 커넥션2 클로즈 요구 펄스]
151 M181 커넥션2 클로즈 요구 펄스 M230 커넥션2 클로즈 요구중 [ZP.CLOSE "U10" K2 D220 M220 커넥션2 클로즈 지령 완료]
[SET M230 커넥션2 클로즈 요구중]

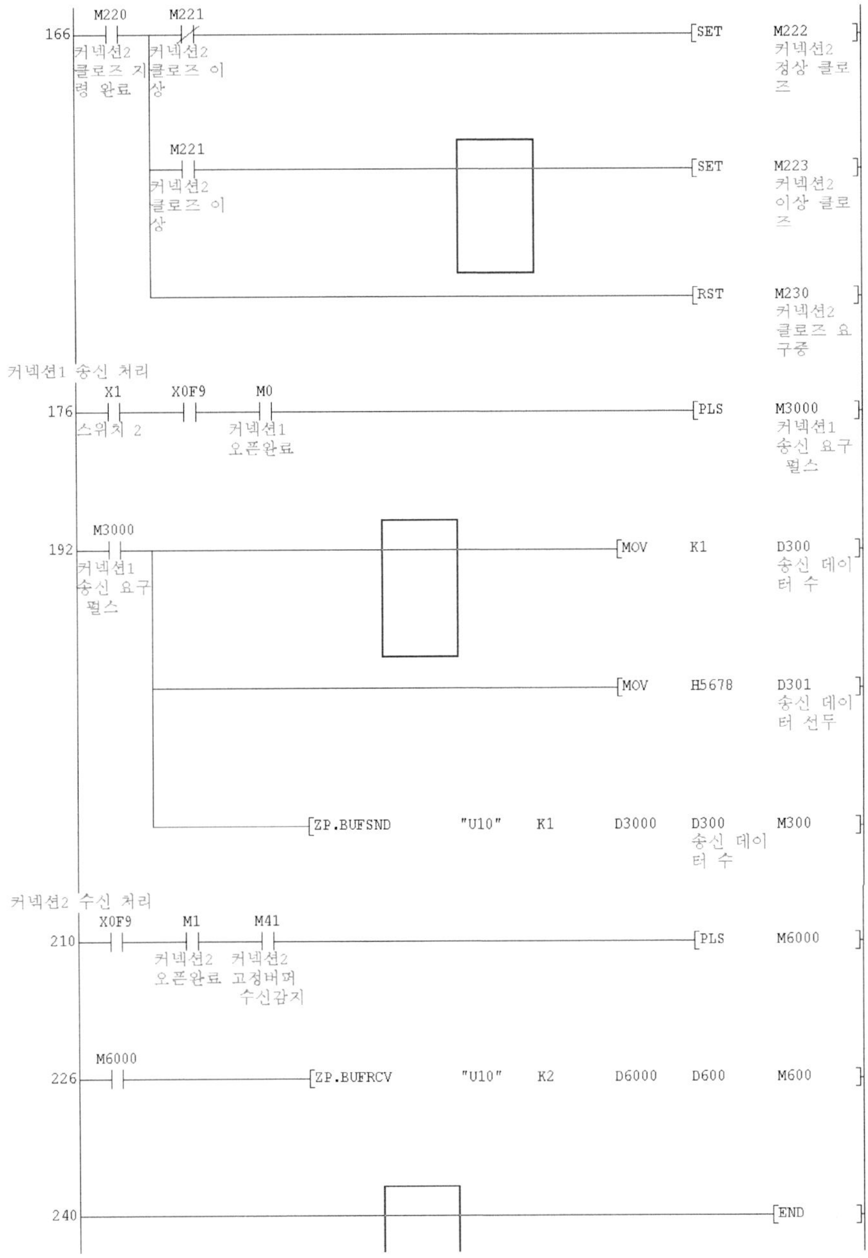
166
M220
커넥션2 클로즈 지령 완료
M221
커넥션2 클로즈 이상
SET M222
커넥션2 정상 클로즈
M221
커넥션2 클로즈 이상
SET M223
커넥션2 이상 클로즈
RST M230
커넥션2 클로즈 요구중
커넥션1 송신 처리
176
X1
스위치 2
X0F9
M0
커넥션1 오픈완료
PLS M3000
커넥션1 송신 요구 펄스
192
M3000
커넥션1 송신 요구 펄스
MOV K1 D300
송신 데이터 수
MOV H5678 D301
송신 데이터 선두
ZP.BUFSND "U10" K1 D3000 D300 M300
송신 데이터 수
커넥션2 수신 처리
210
X0F9
M1
커넥션2 오픈완료
M41
커넥션2 고정버퍼 수신감지
PLS M6000
226
M6000
ZP.BUFRCV "U10" K2 D6000 D600 M600
240
END

Chapter 12

터치패널

GOT

01 GT Designer3 시작하기

(1) 시작 버튼을 누른다.

(2) 모든 프로그램 → MELSOFT Application → GT Works3 → GT Designer3 클릭

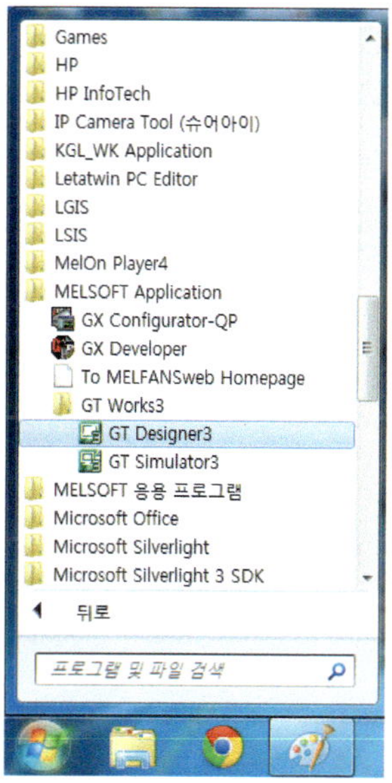

02 GT Designer3 프로젝트 생성하기

(1) 새로 만들기(N) 버튼을 클릭한다.

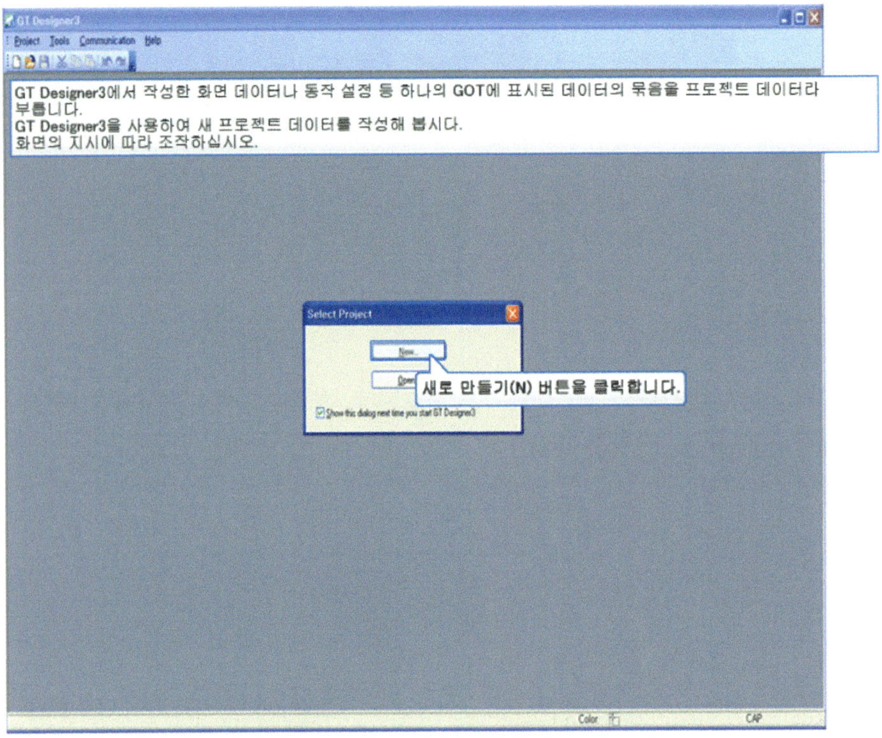

(2) 다음(N)〉 버튼을 클릭한다.

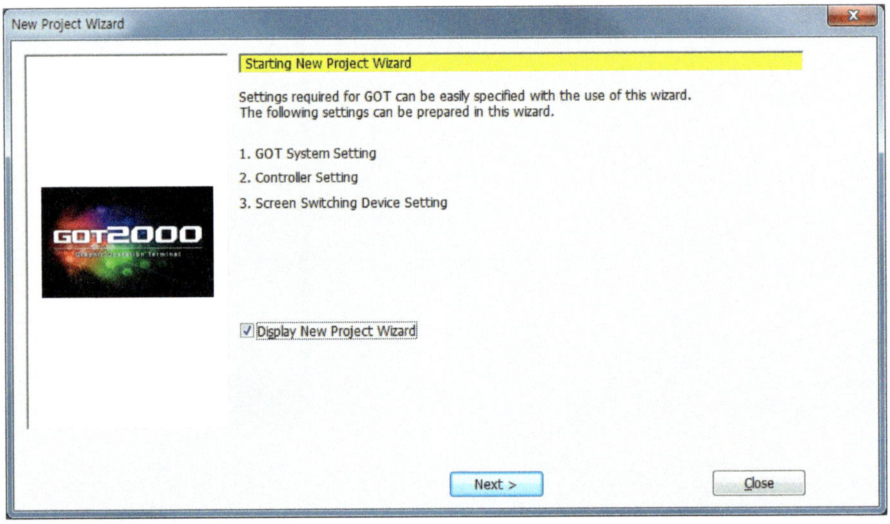

(3) 열기 버튼을 클릭한다.

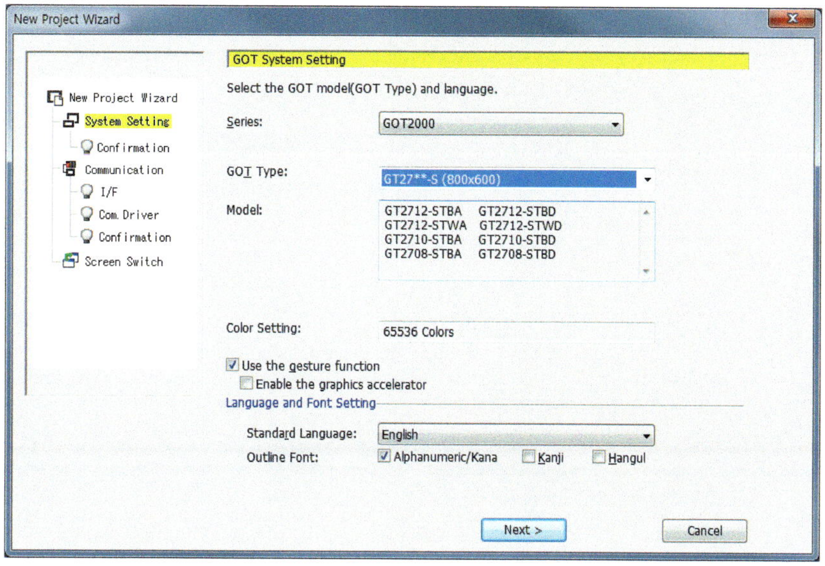

* GT27**-S(800×600)를 선택한다.

(4) 다음(N) 버튼을 클릭한다.

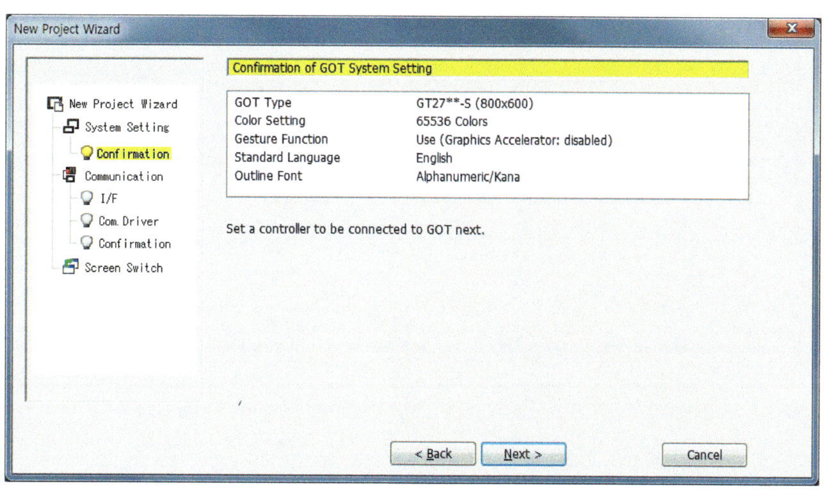

(5) 다음(N)> 버튼을 클릭한다.

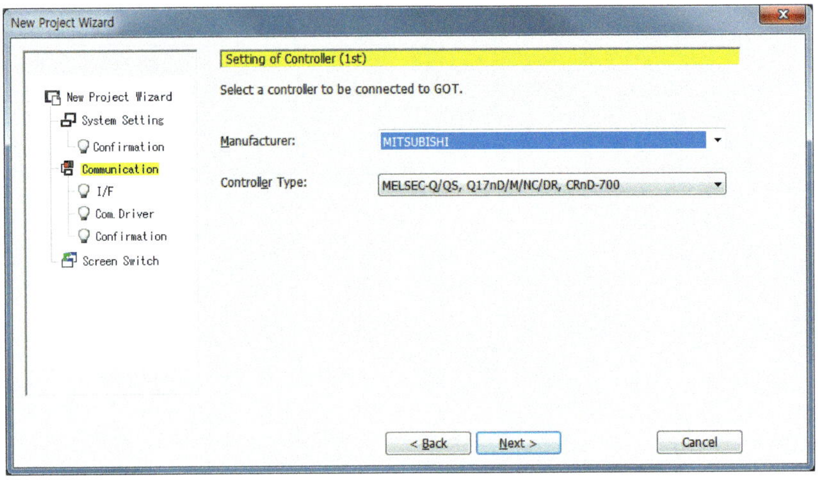

(6) 표준 I/F(표준 Ethernet)를 선택한다.

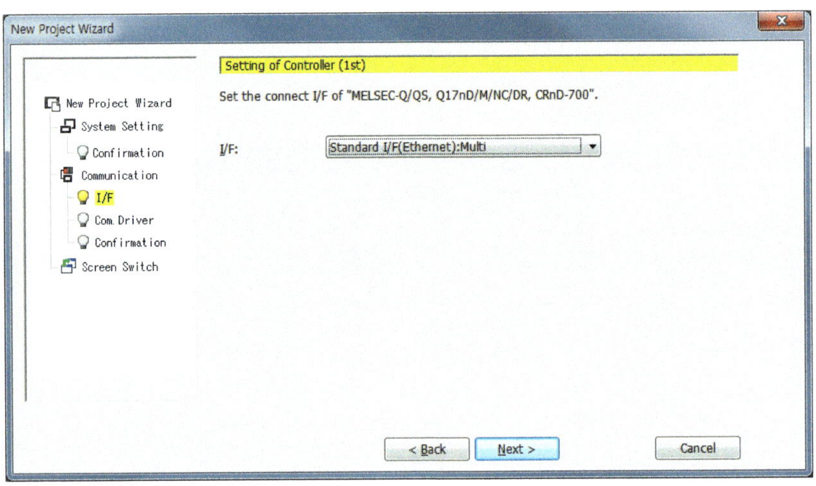

(7) 다음 버튼을 클릭한다.

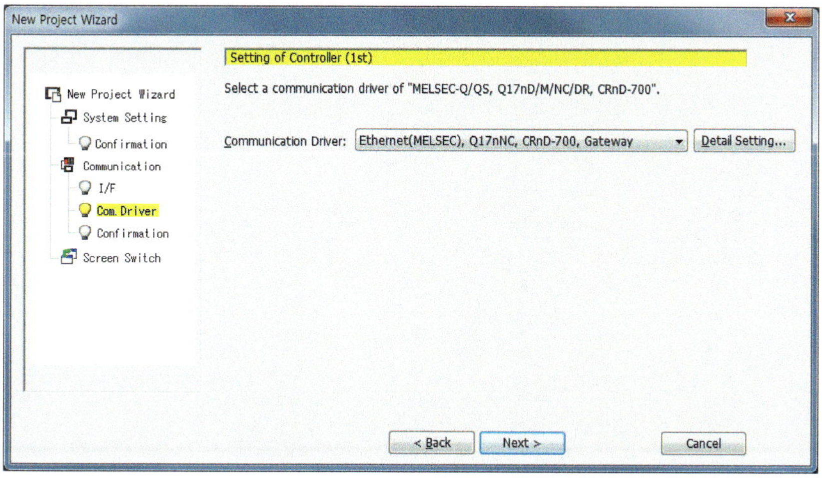

(8) 다음(N)〉 버튼을 클릭한다.

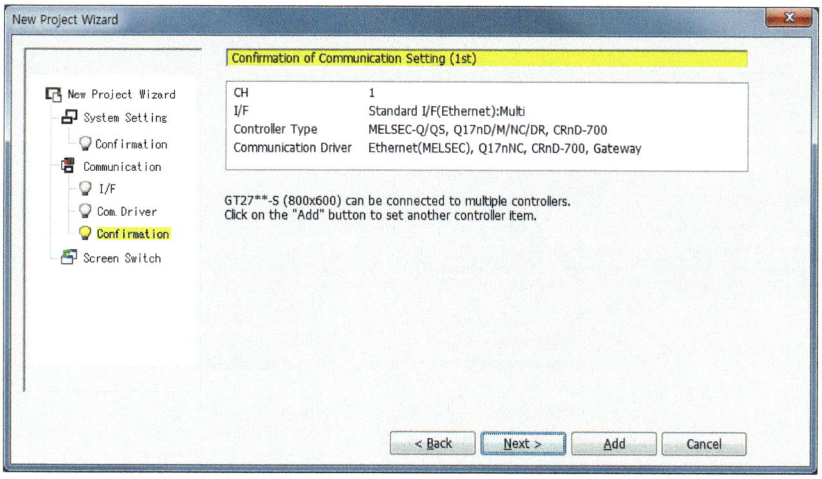

(9) 다음(N)〉 버튼을 클릭한다.

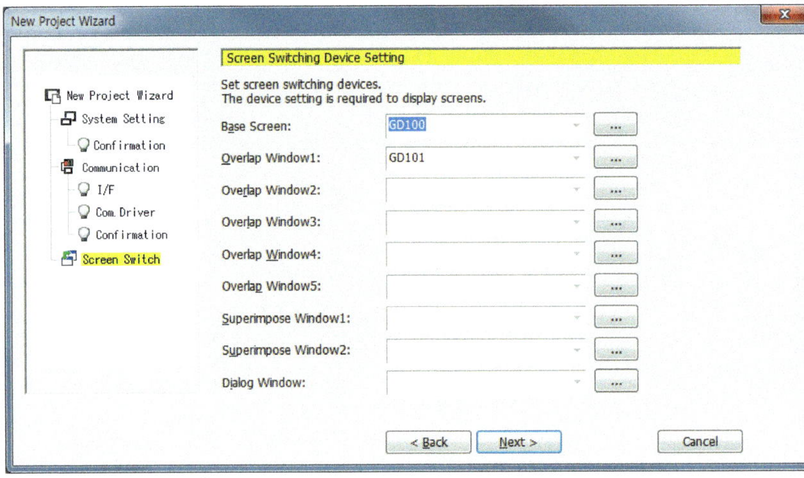

(10) 완료(F) 버튼을 클릭한다.

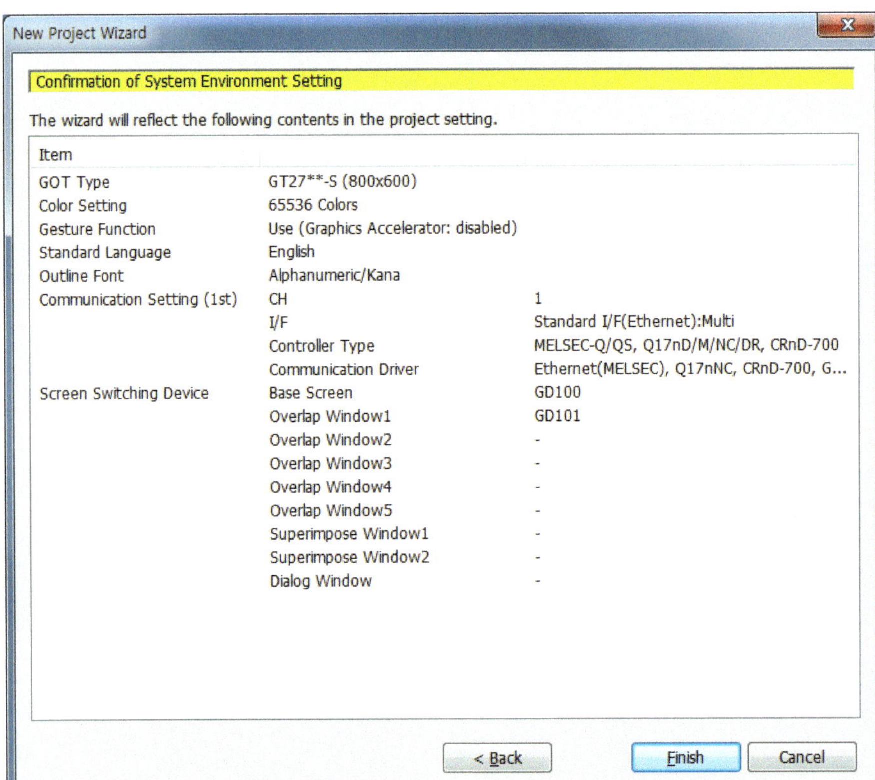

(11) 프로젝트 데이터의 작성을 완료한다.

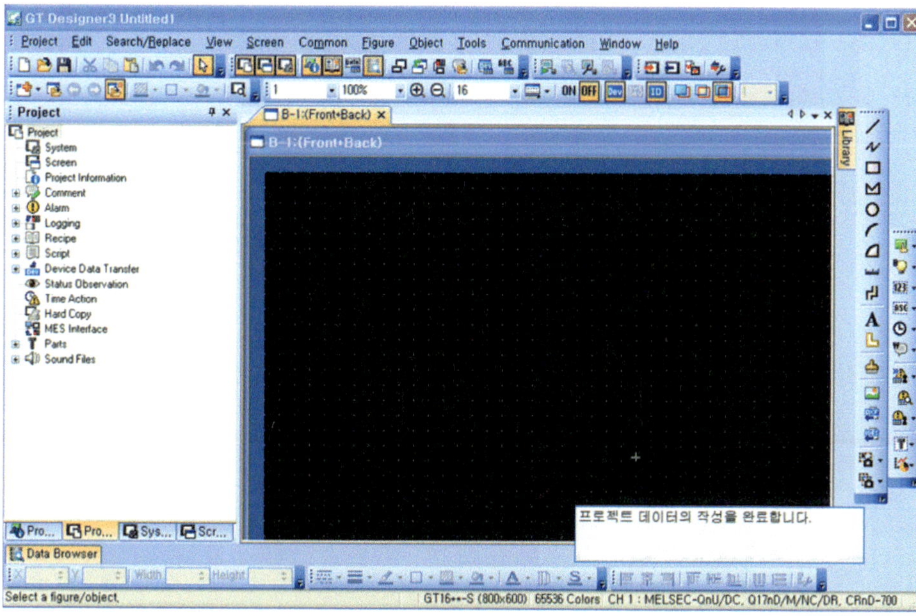

03 GT Designer3 스위치 작성

(1) 오브젝트(O) 메뉴를 선택한다.

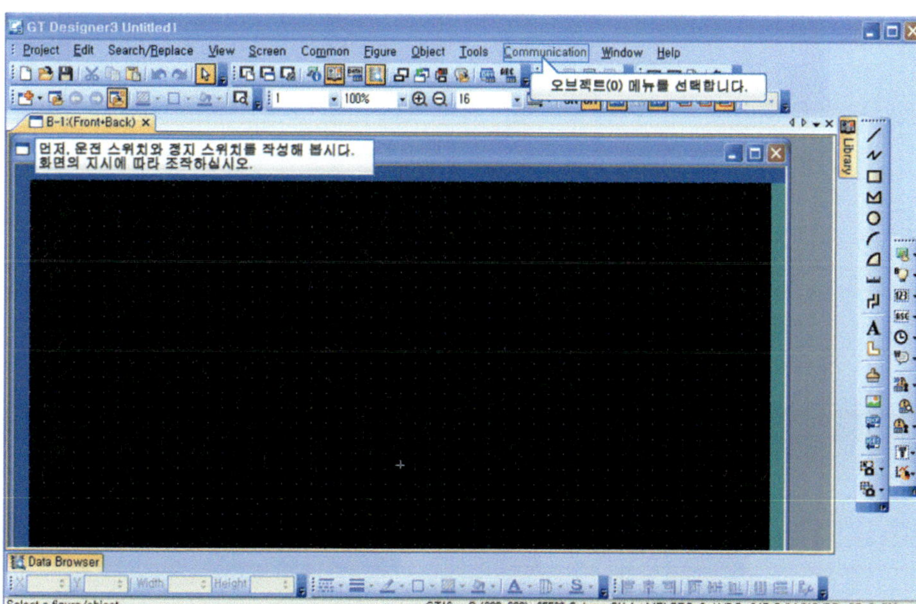

(2) 스위치(S) - 비트 스위치(B)를 선택한다.

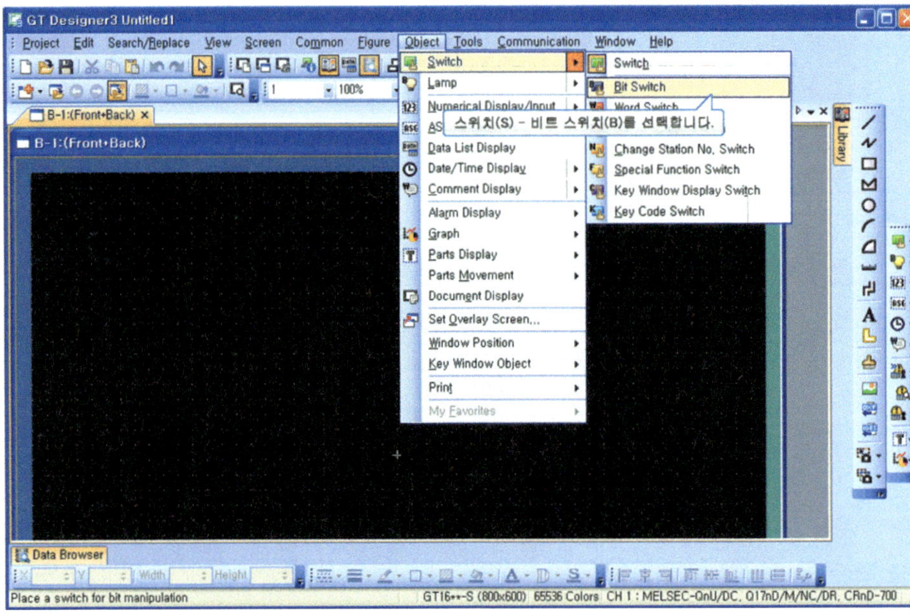

(3) 드래그 앤드 드롭으로 임의의 크기로 스위치를 배치한다.

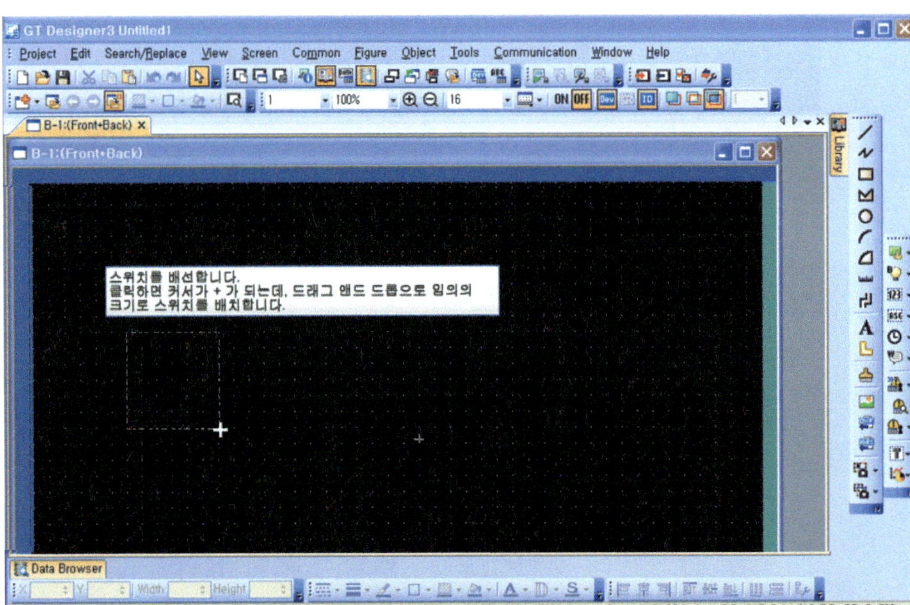

(4) 스위치를 더블 클릭한다.

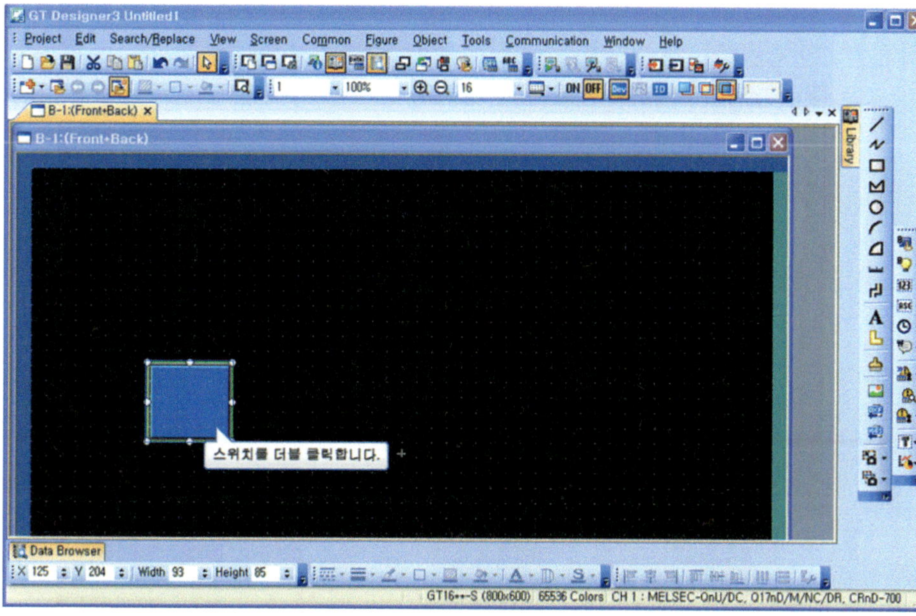

(5) ... 버튼을 클릭한다.

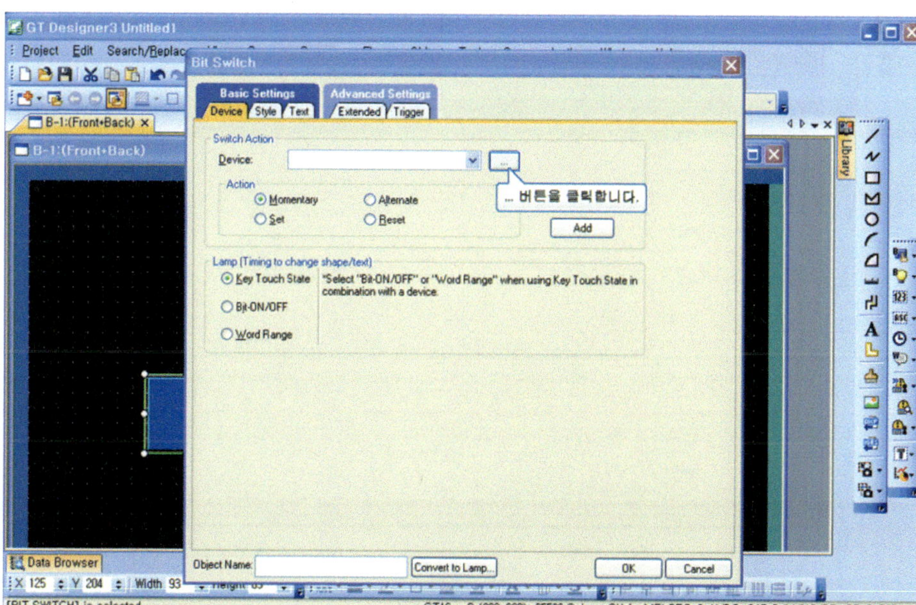

(6) 열기 버튼을 클릭한다.

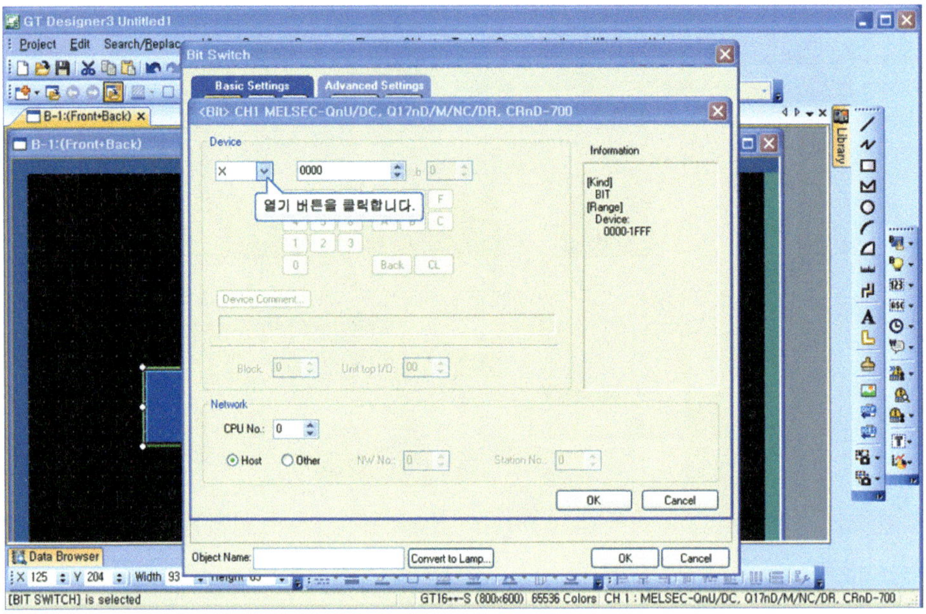

(7) 디바이스 M을 선택한다.

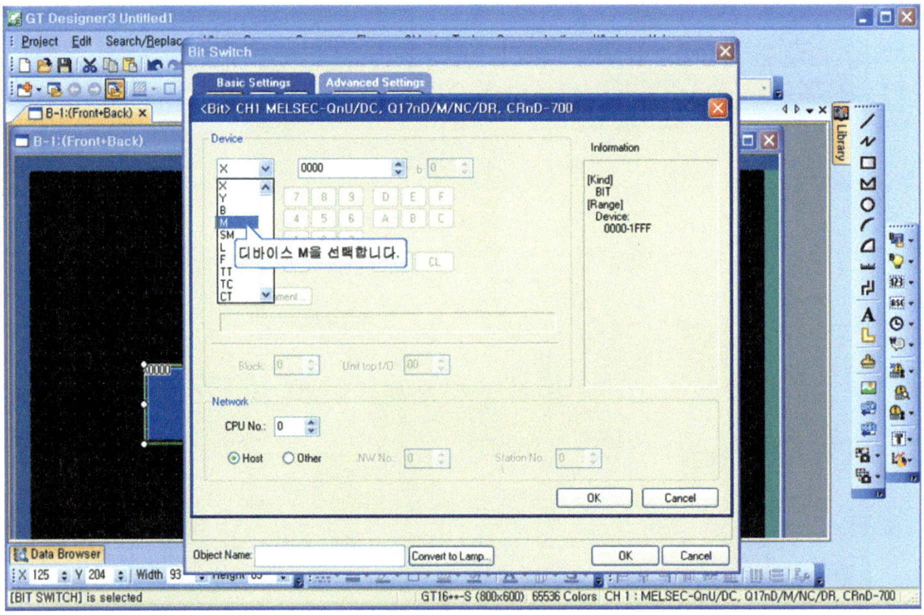

(8) 디바이스 번호 0을 확인하고, OK버튼을 클릭한다.

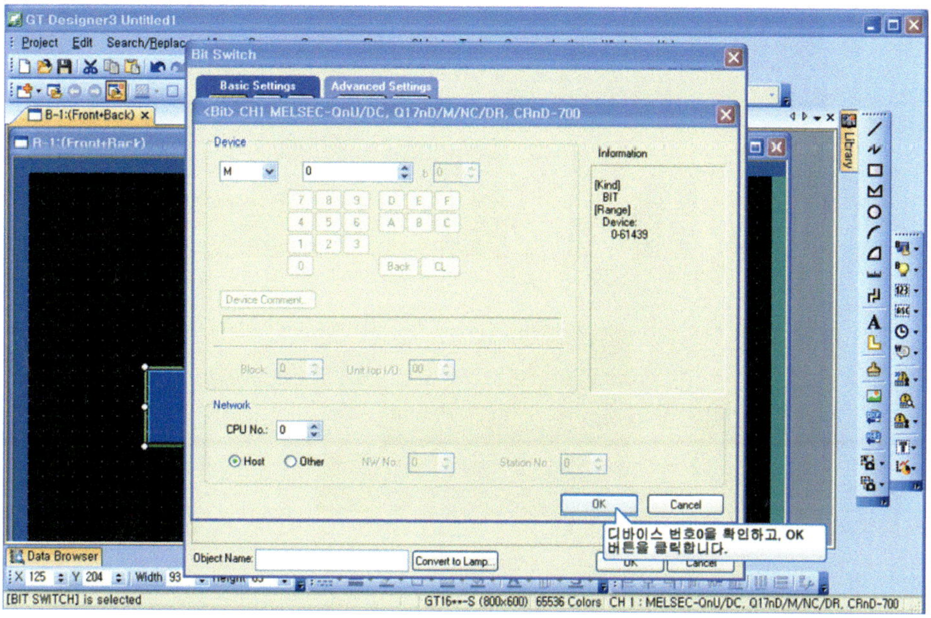

(9) 스타일 탭을 선택한다.

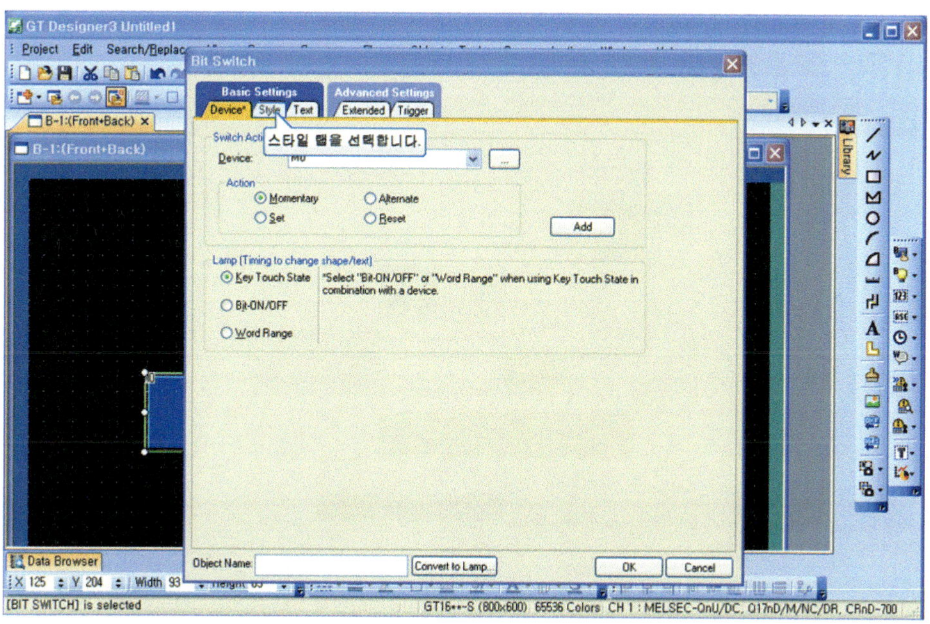

(10) 키 터치 ON을 선택한다.

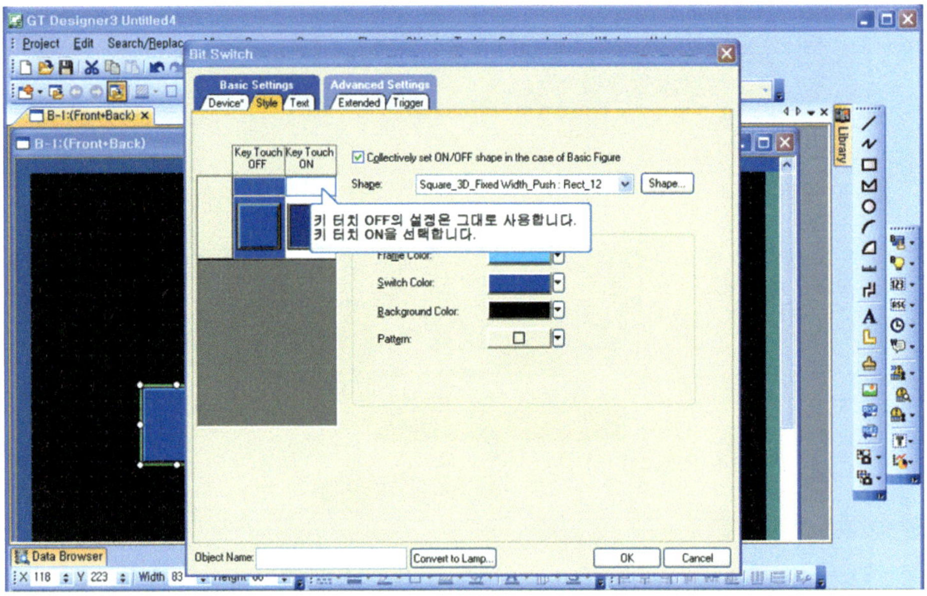

(11) 프레임 색상 버튼을 클릭한다.

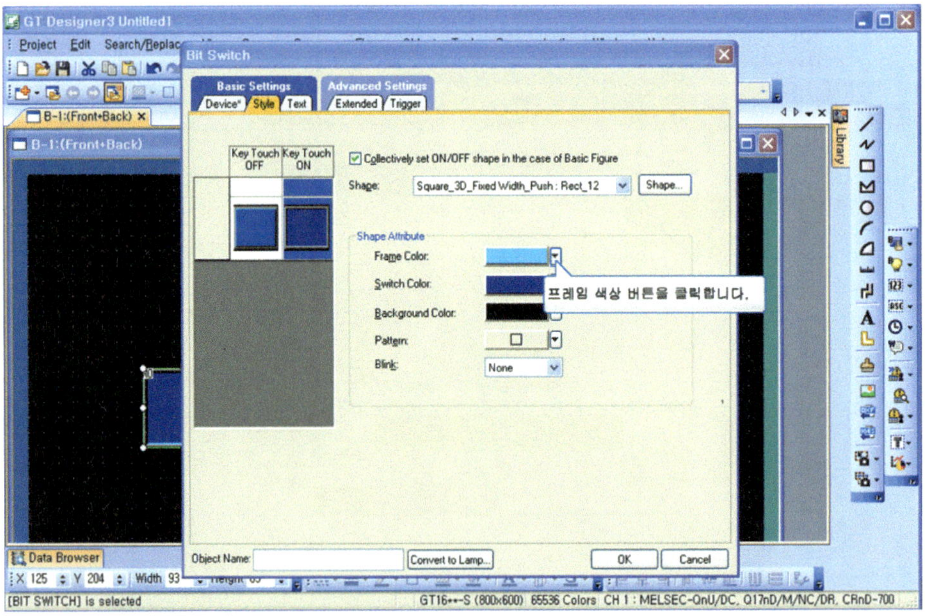

(12) 암녹색 버튼을 클릭한다.

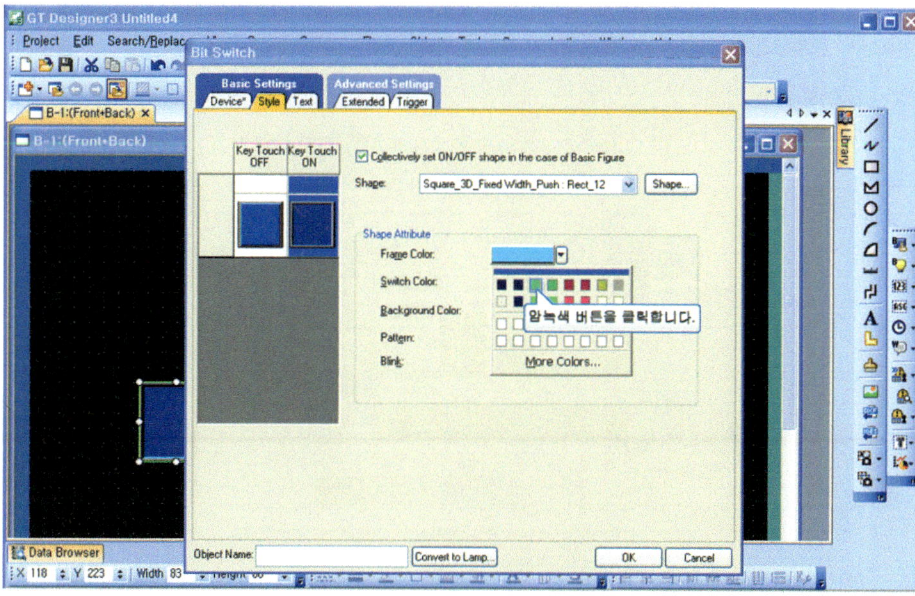

(13) 스위치 색상 버튼을 클릭한다.

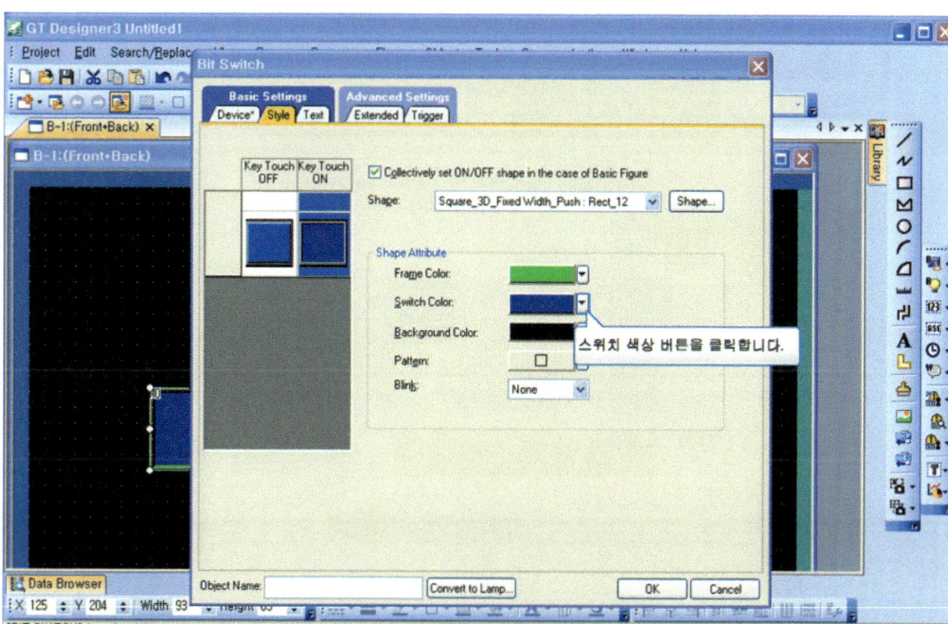

(14) 녹색 버튼을 클릭한다.

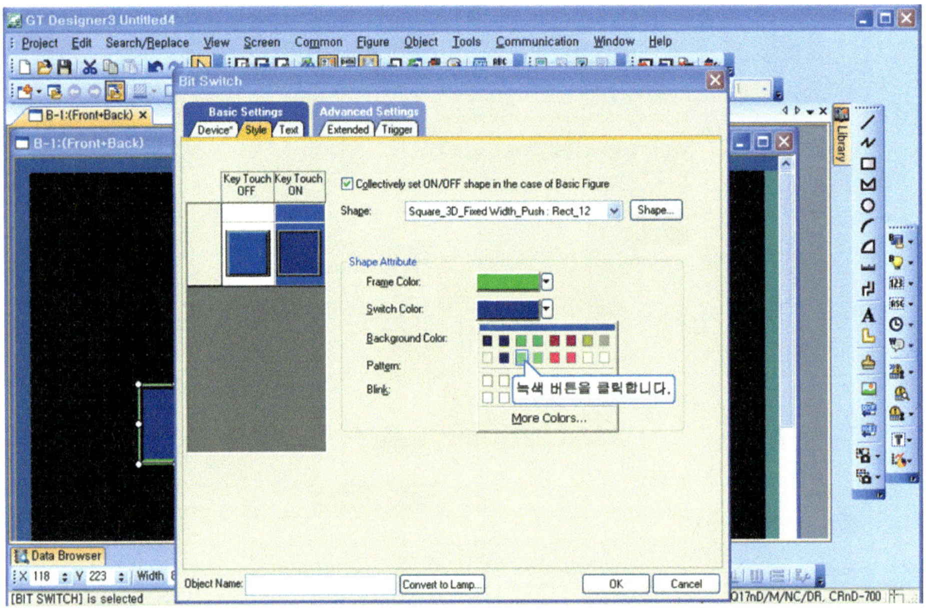

(15) 문자 탭을 선택한다.

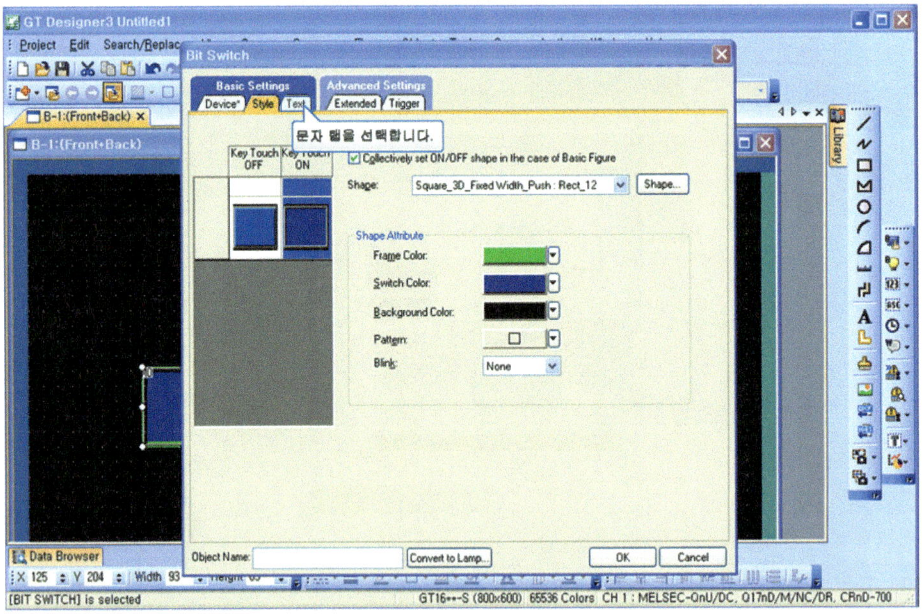

(16) 열기 버튼을 클릭한다.

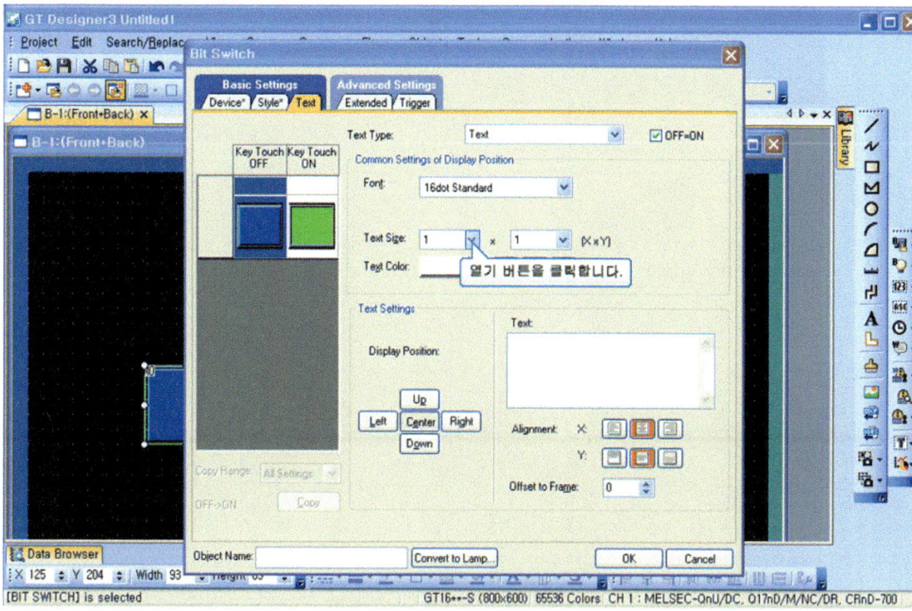

(17) 문자 크기 2를 선택한다.

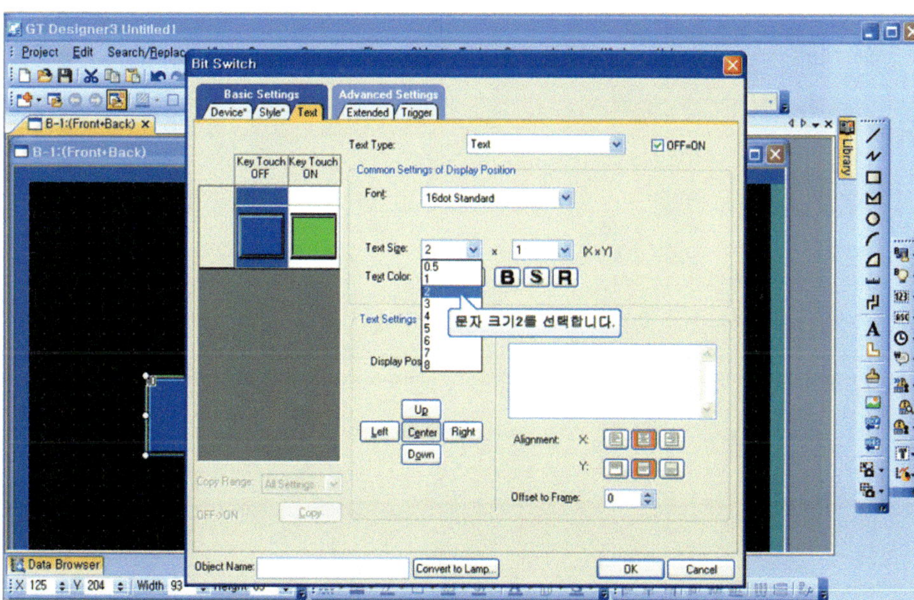

(18) 열기 버튼을 클릭한다.

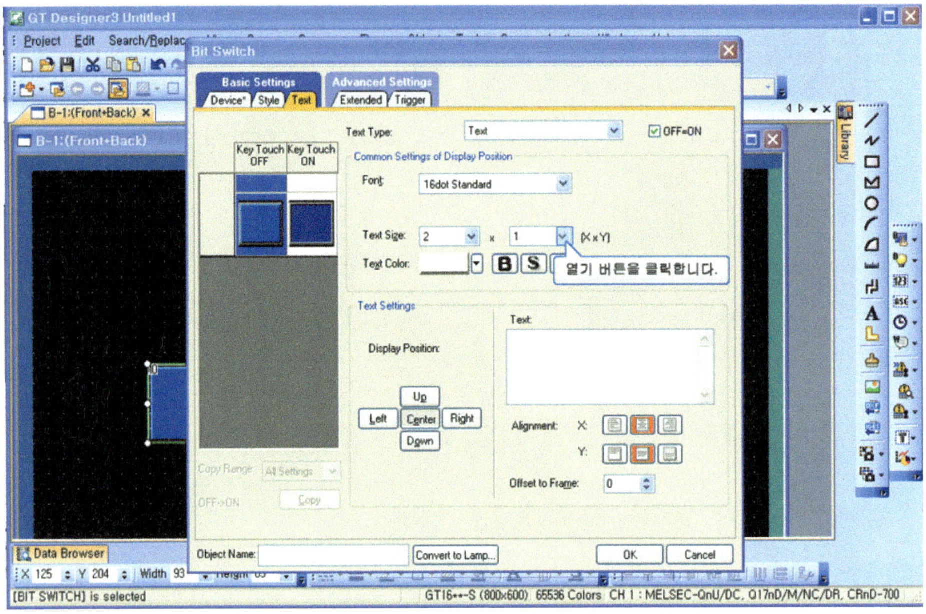

(19) 문자 크기 2를 선택한다.

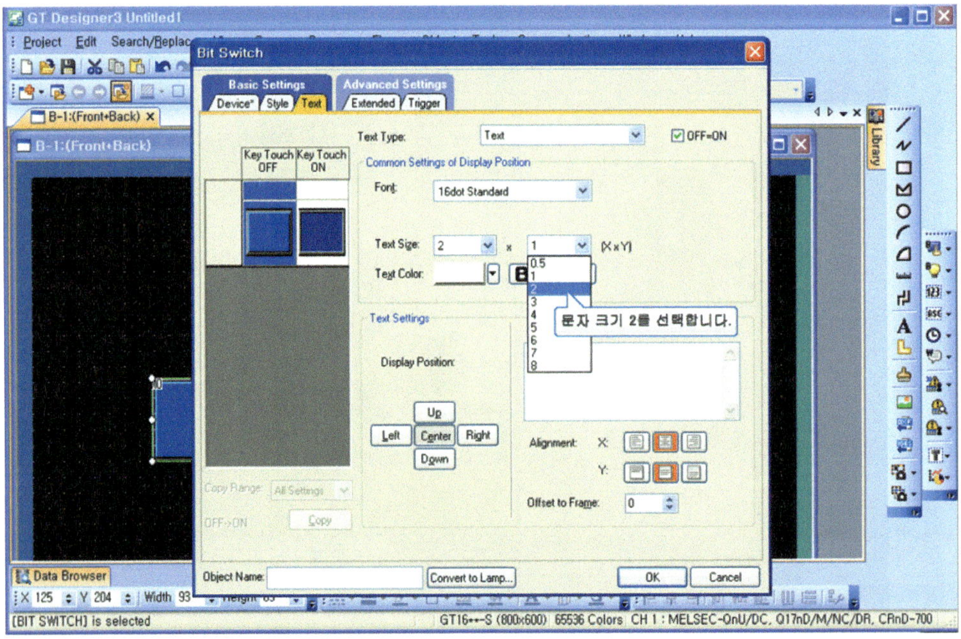

(20) 문자열: 텍스트 상자를 선택한다.

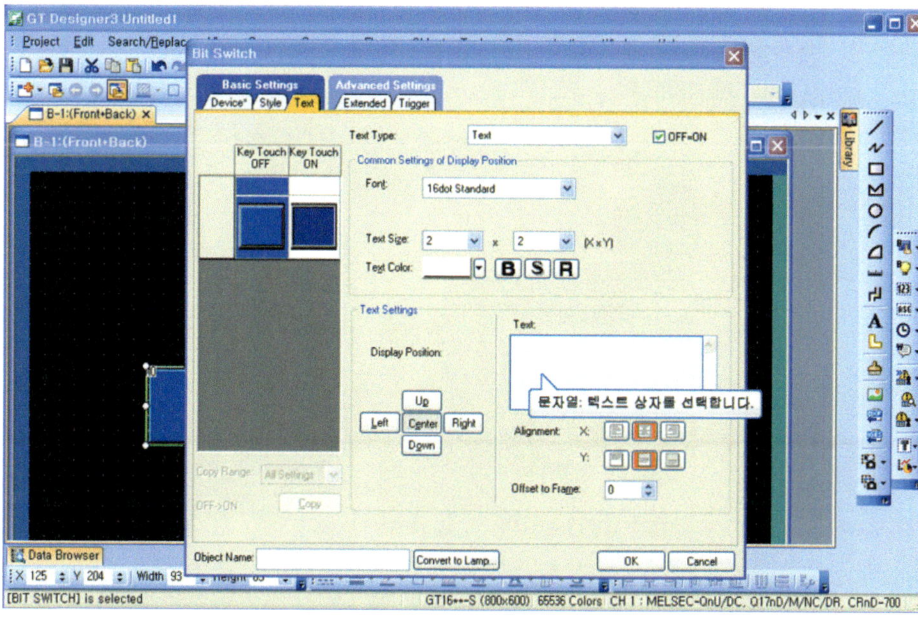

(21) 운전을 입력하고 Enter↵ 키를 누른다.

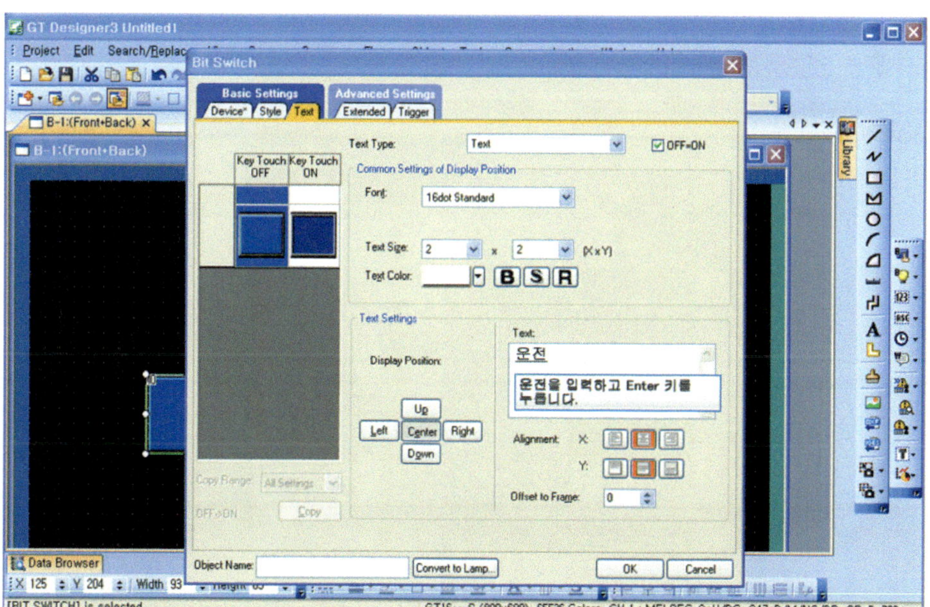

(22) OK 버튼을 클릭한다.

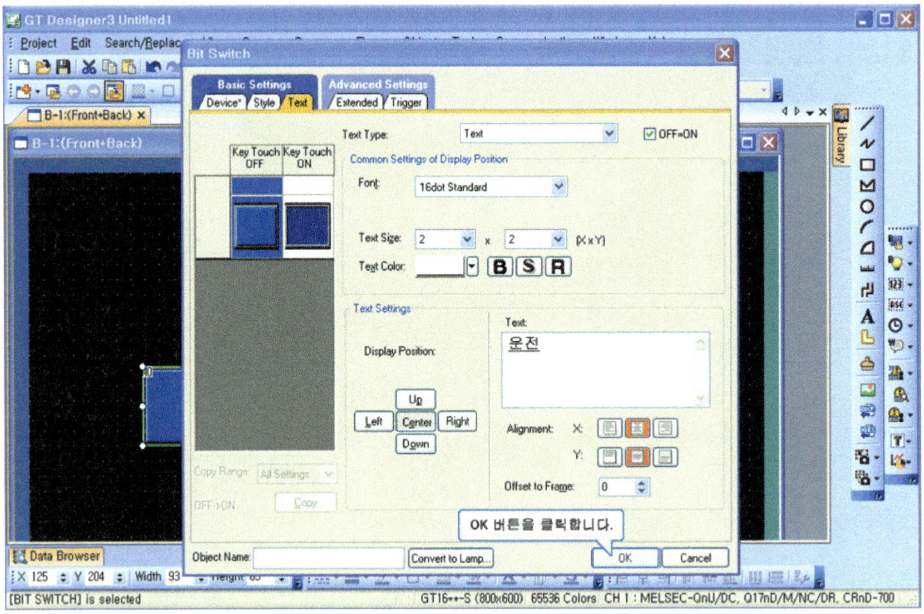

(23) 운전 스위치 만들기 완료한다.

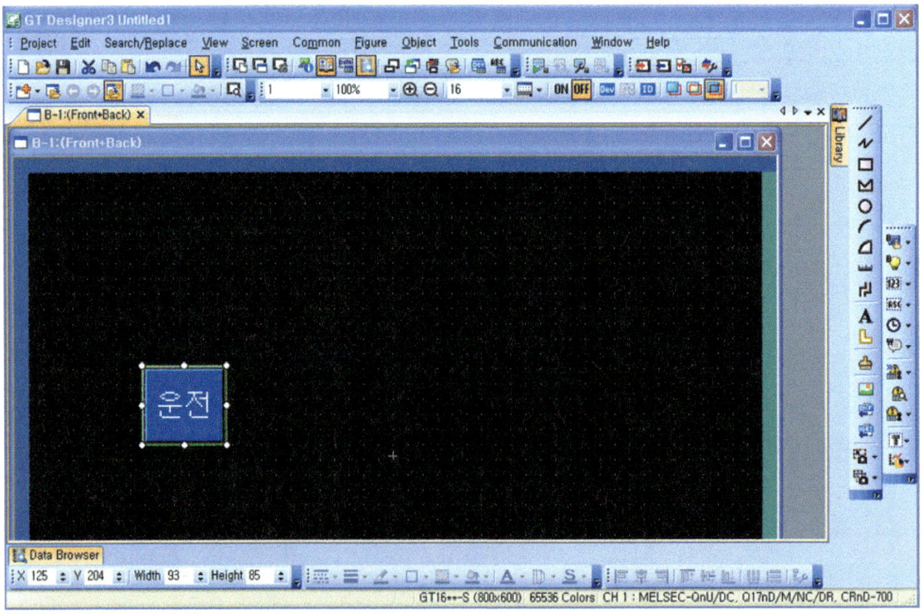

(24) Ctrl 키를 누르면서 운전 스위치를 클릭하고 드래그 앤드 드롭하여 임의의 위치에 정지 스위치를 배치한다.

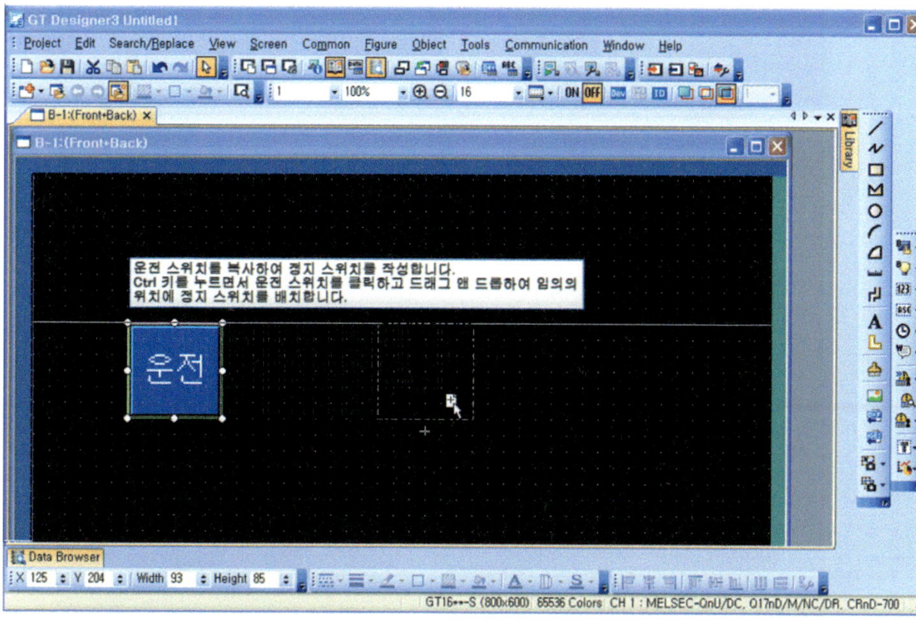

(25) 스위치를 더블 클릭한다.

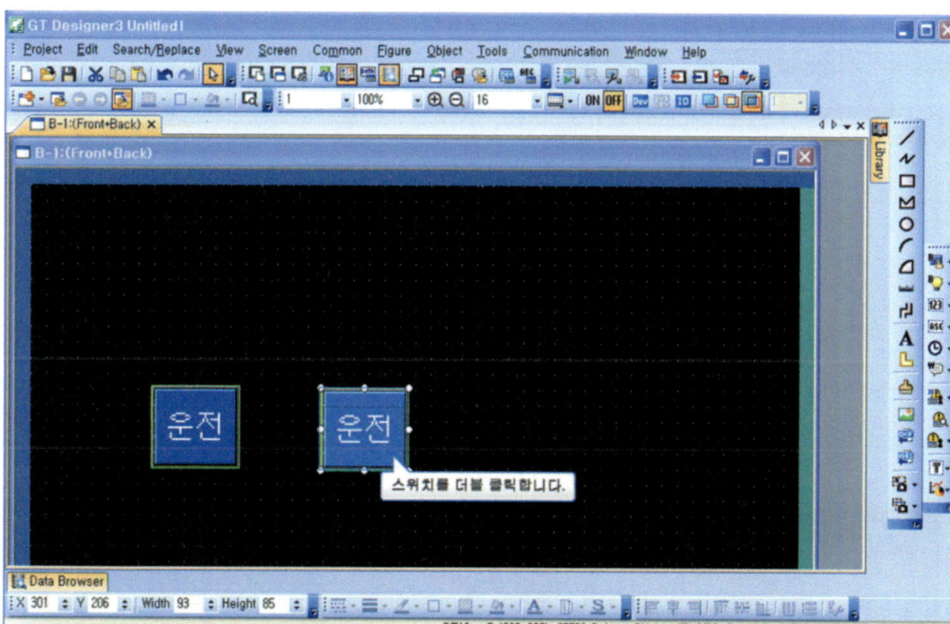

(26) ... 버튼을 클릭한다.

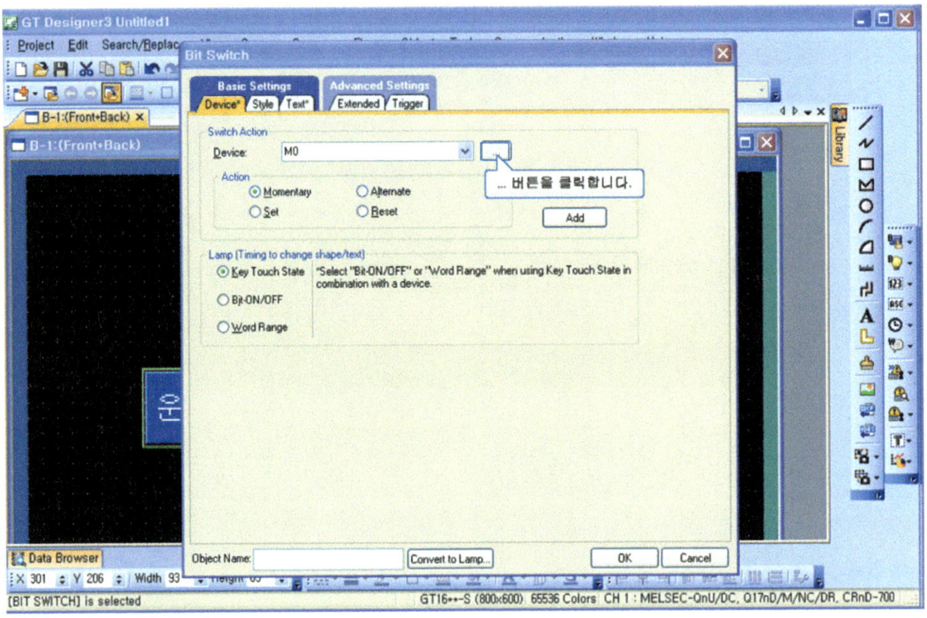

(27) 디바이스 번호 설정용 텍스트 상자를 선택한다.

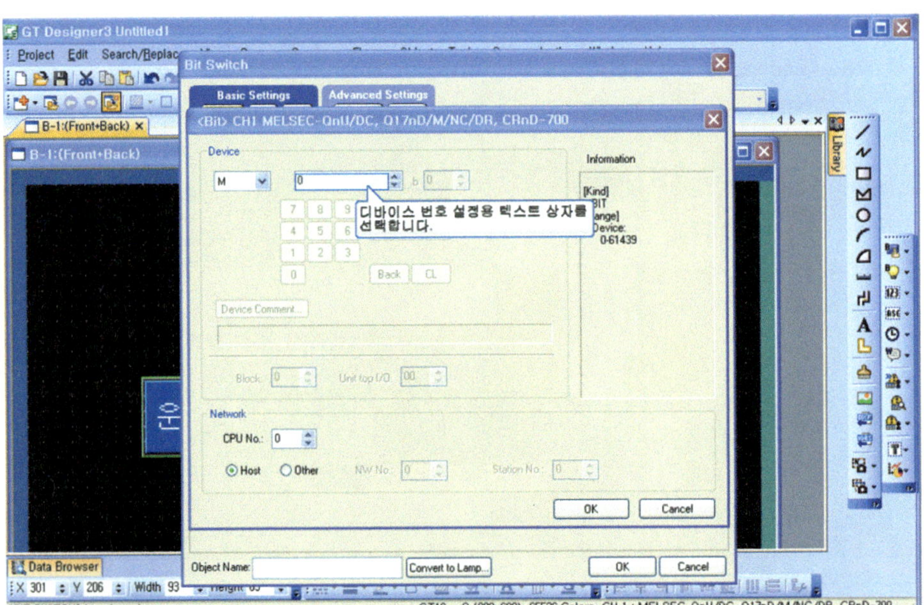

(28) 디바이스 번호 1을 설정하고 OK 버튼을 클릭한다.

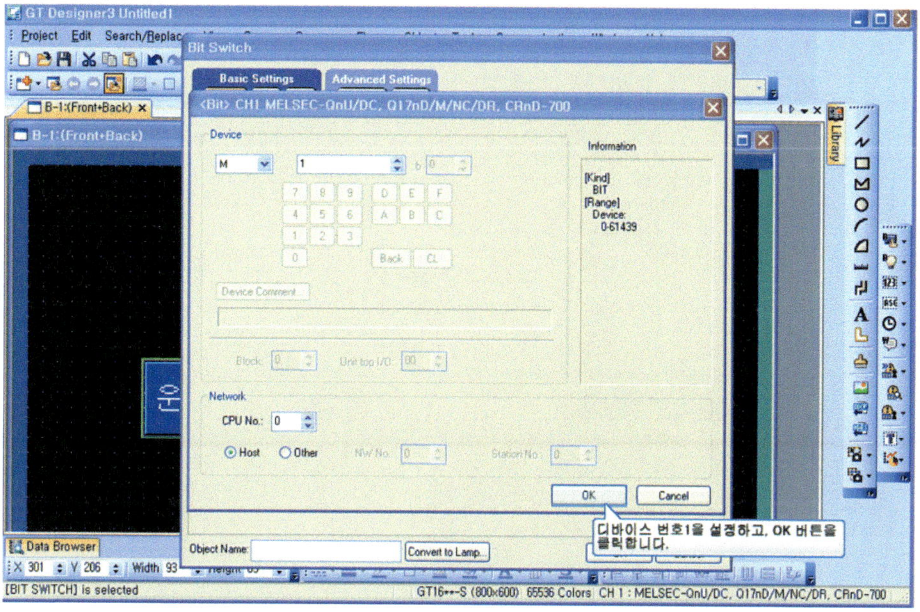

(29) 스타일 탭을 선택한다.

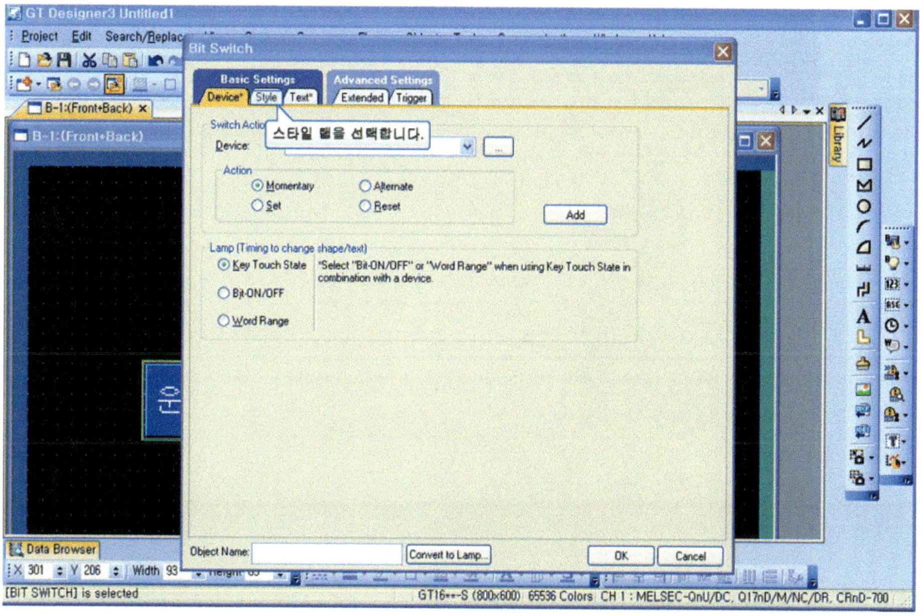

(30) 프레임 색상 버튼을 클릭한다.

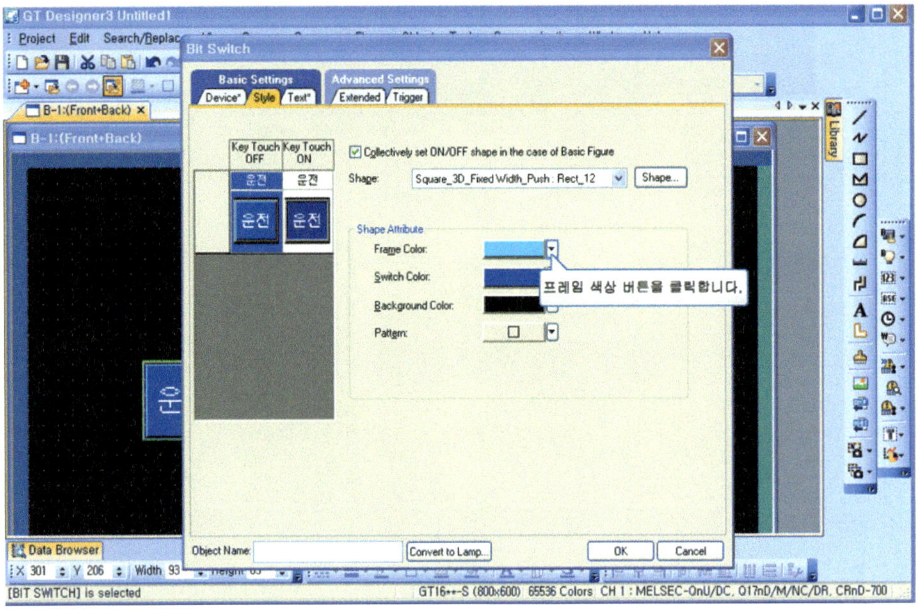

(31) 빨강 버튼을 클릭한다.

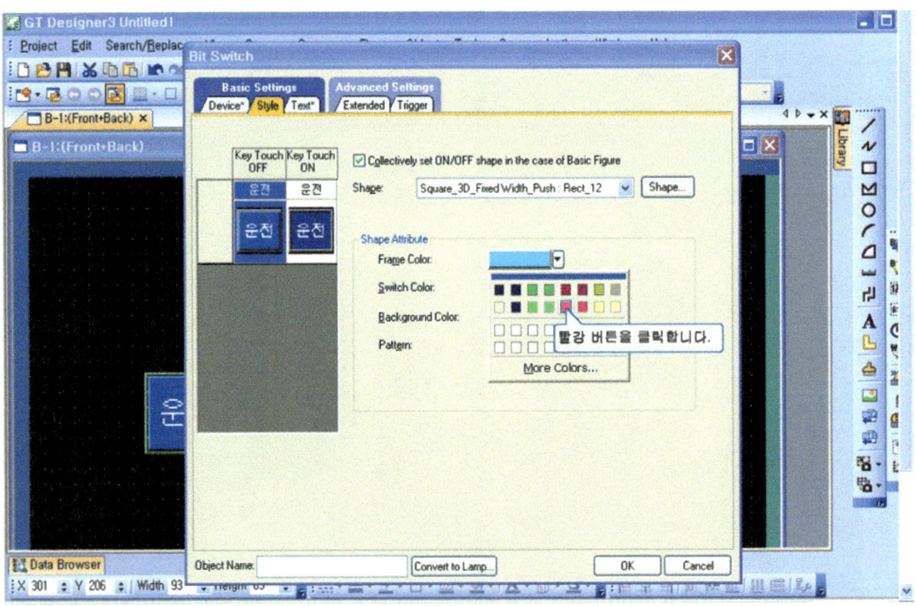

(32) 스위치 색상 버튼을 클릭한다.

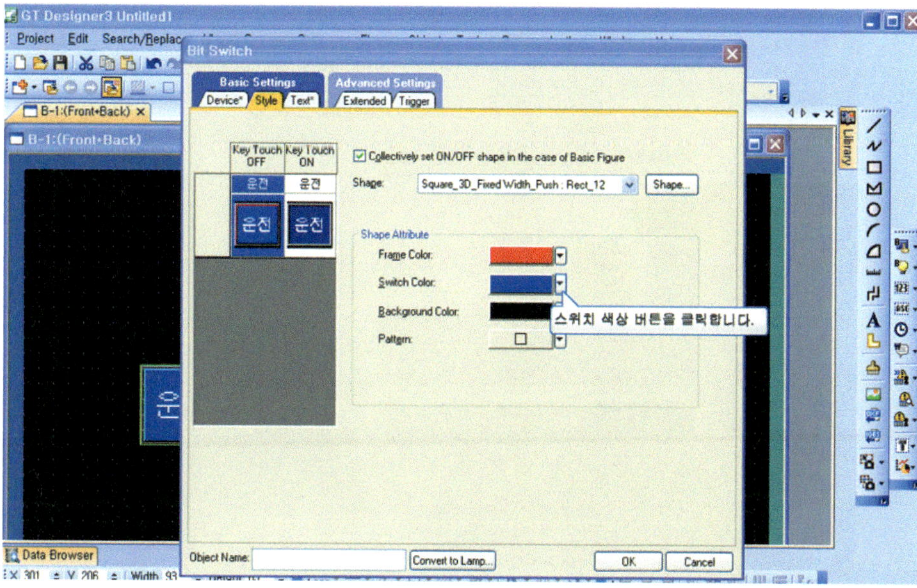

(33) 진한 빨강 버튼을 클릭한다.

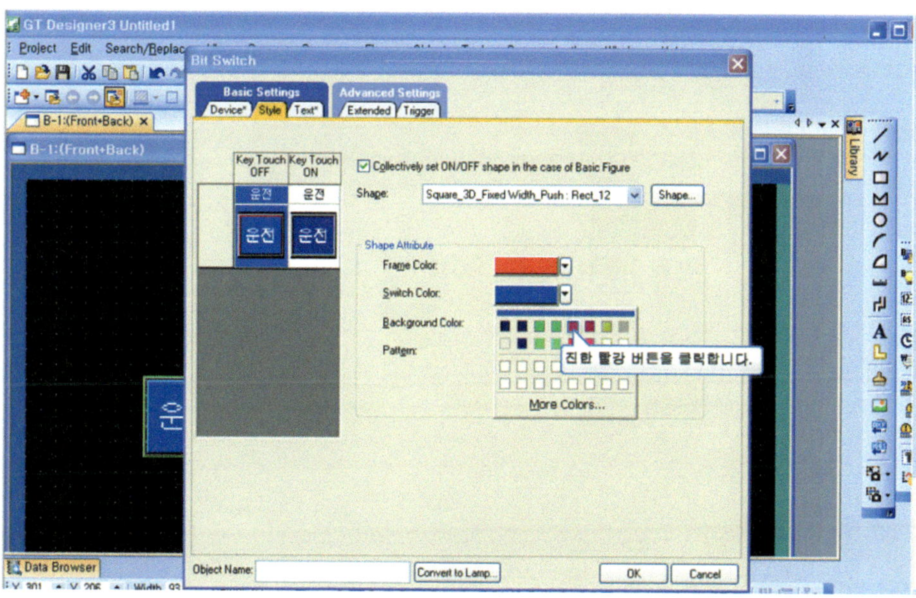

(34) 키 터치 ON을 선택한다.

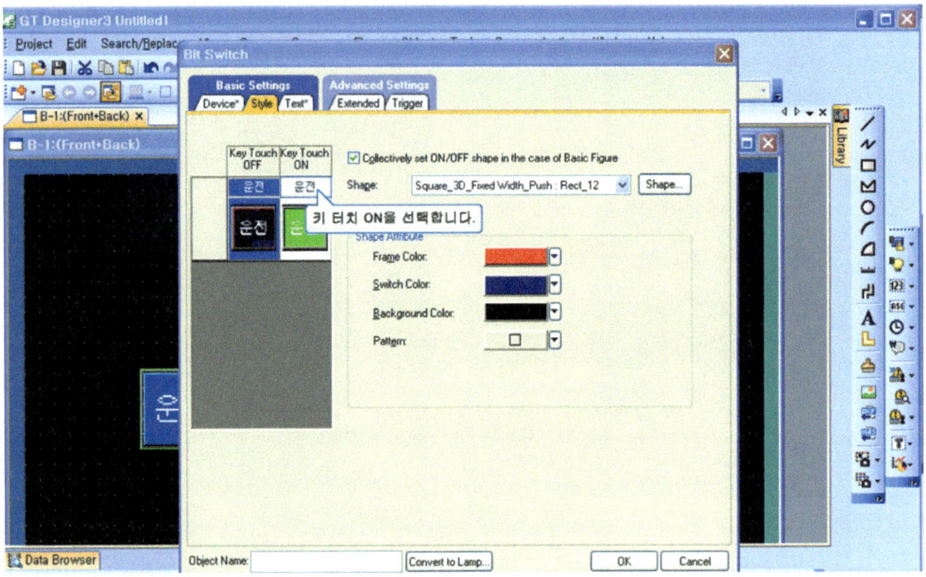

(35) 프레임 색상 버튼을 클릭한다.

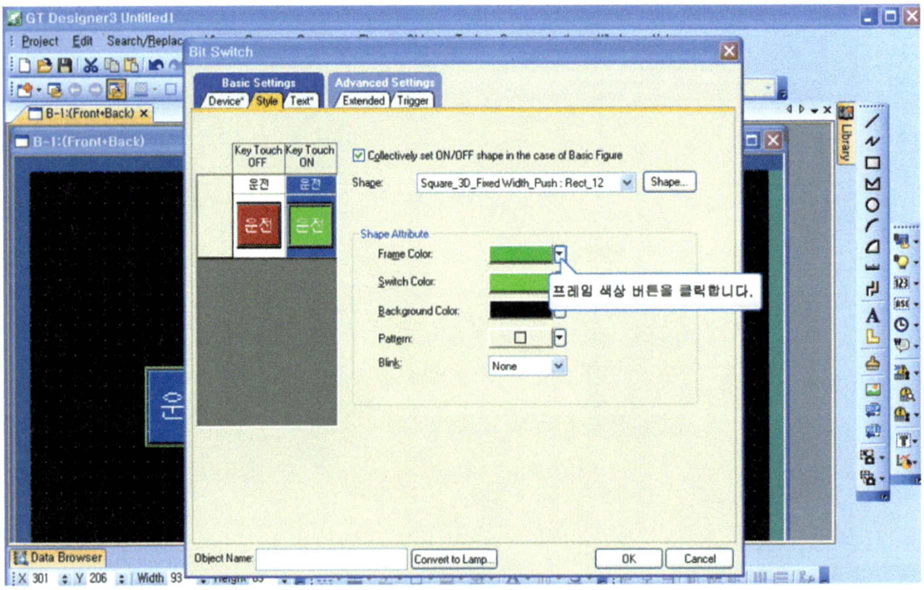

(36) 진한 하늘색 버튼을 클릭한다.

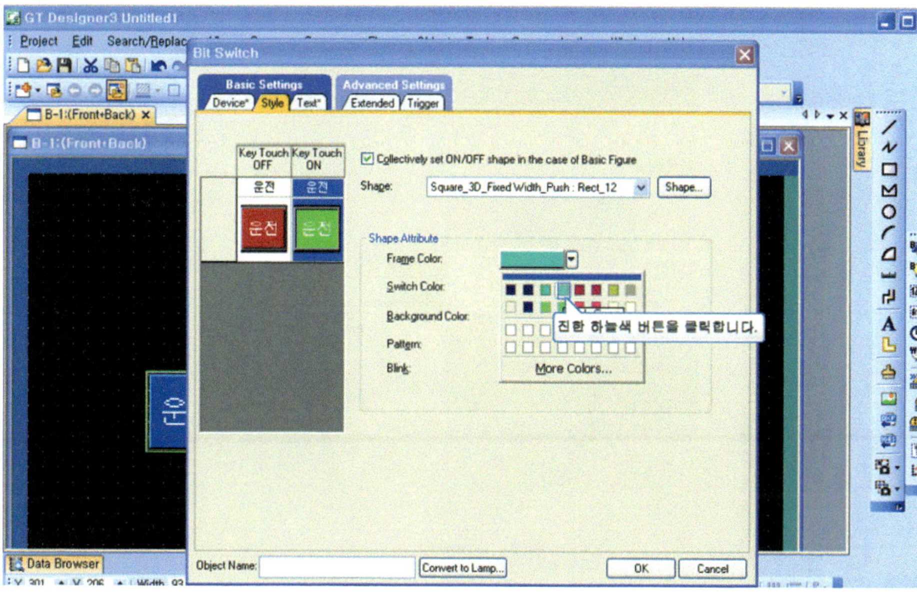

(37) 스위치 색상 버튼을 클릭한다.

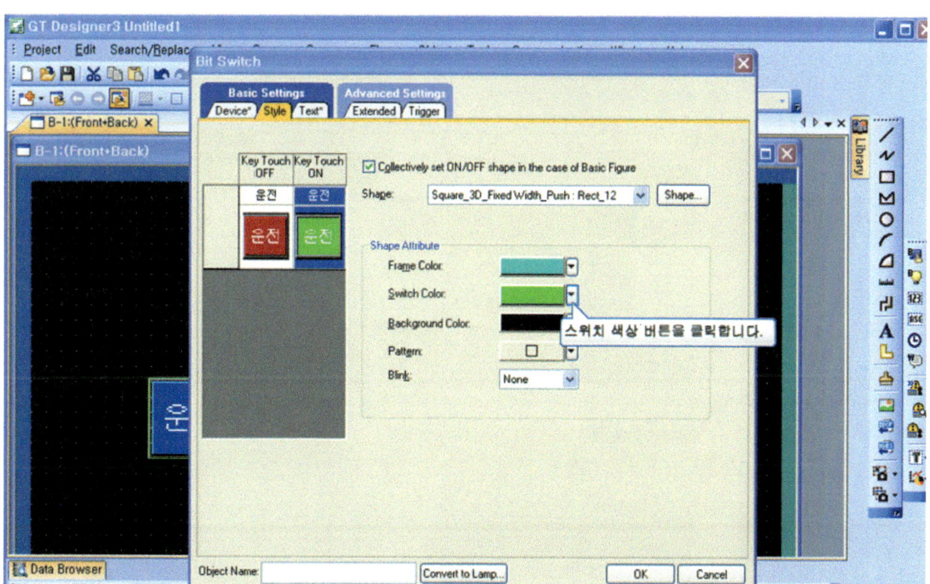

(38) 하늘색 버튼을 클릭한다.

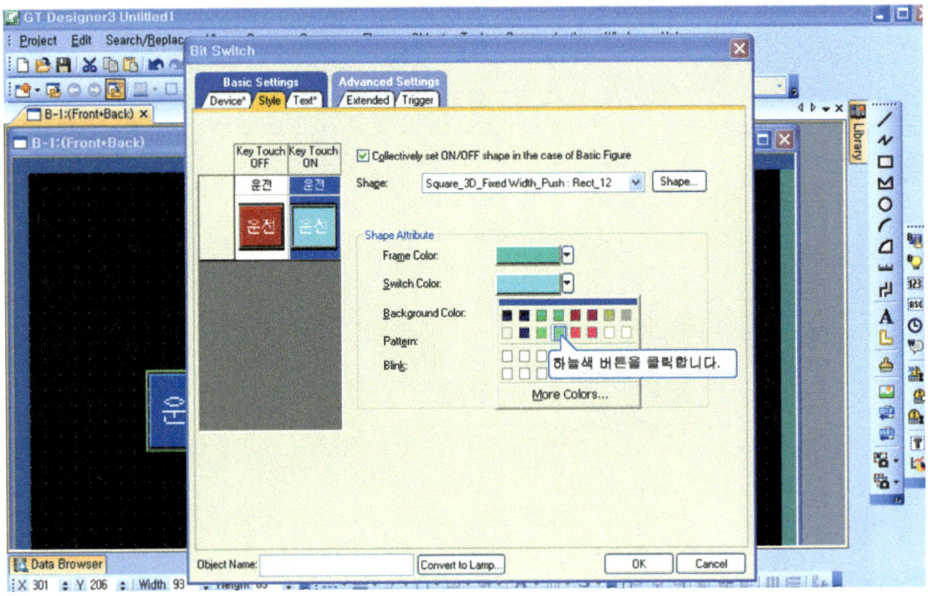

(39) 문자 탭을 선택한다.

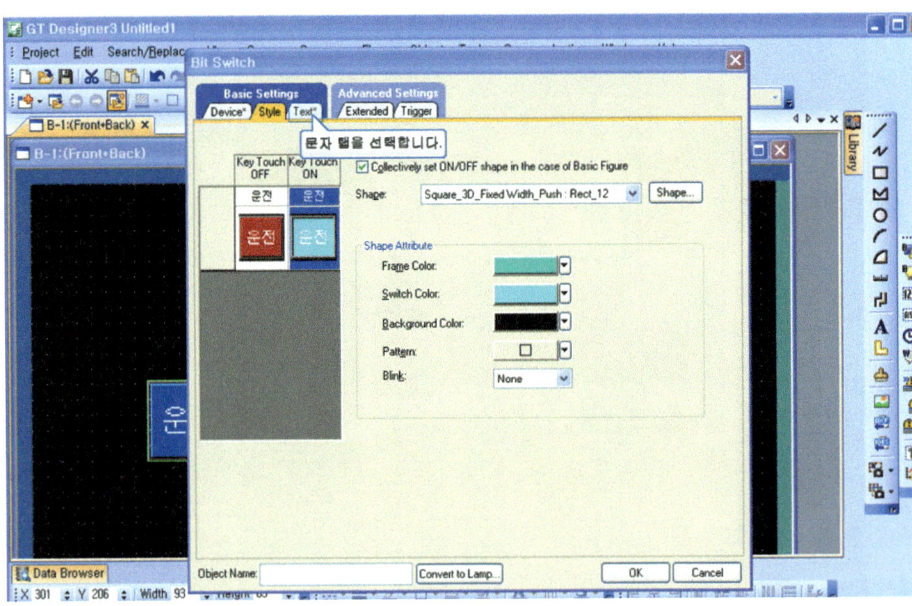

(40) 문자열: 텍스트 상자를 선택한다.

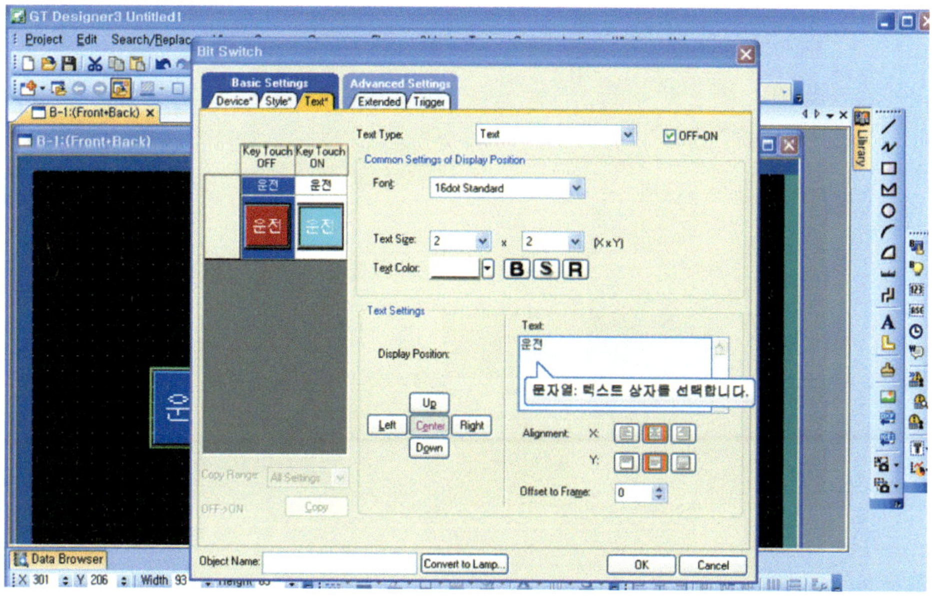

(41) 정지를 입력하고 Enter↵ 키를 누른다.

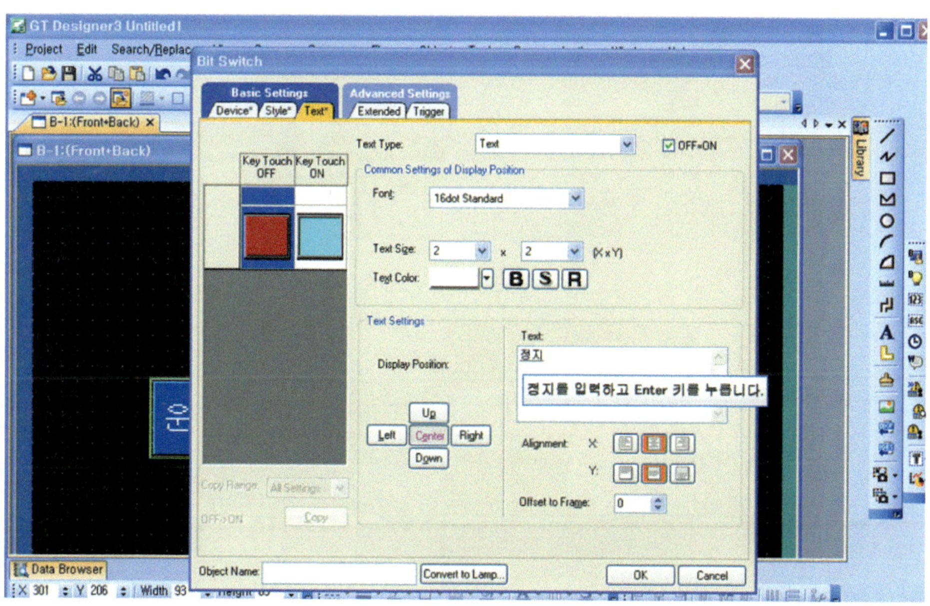

(42) OK 버튼을 클릭한다.

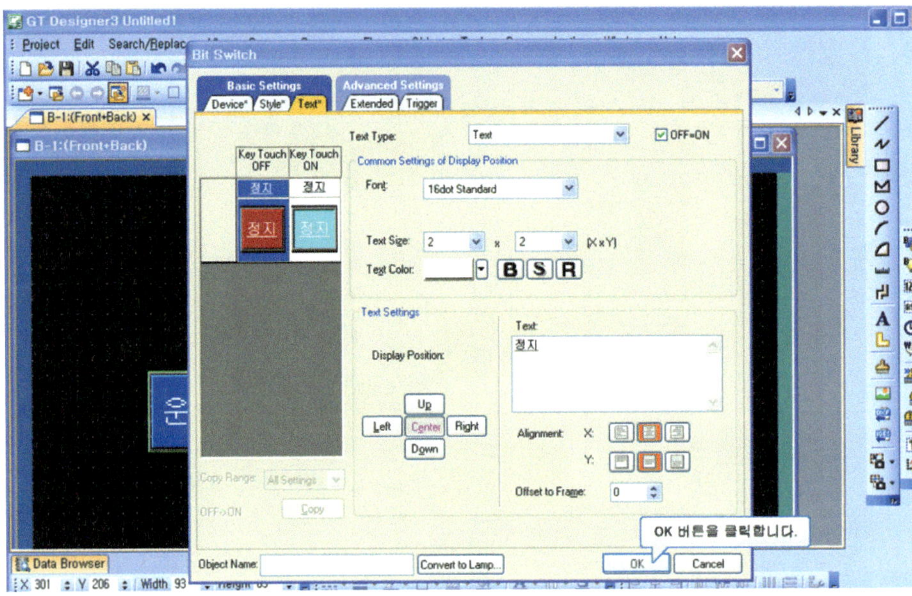

(43) 스위치의 설정을 완료한다.

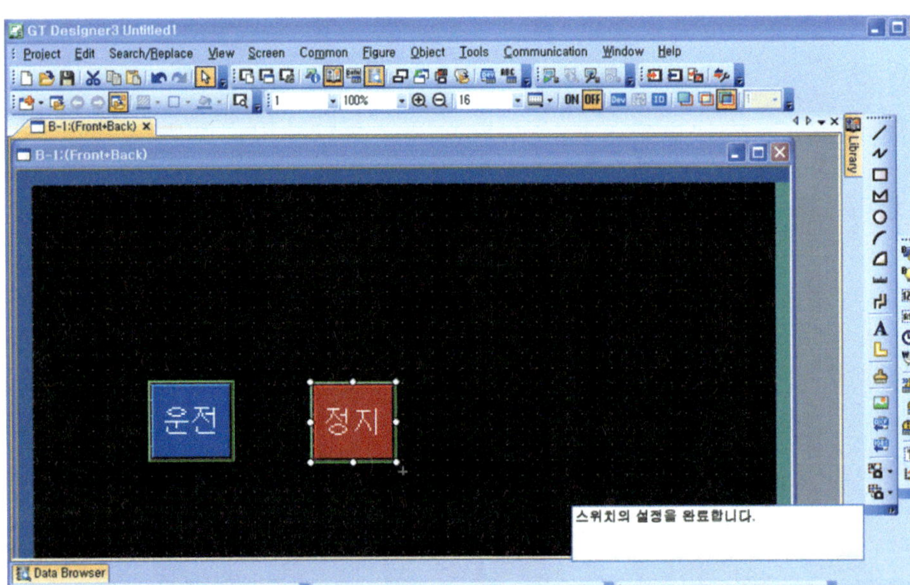

04 GT Designer3 램프 작성

(1) 오브젝트(O) 메뉴를 선택한다.

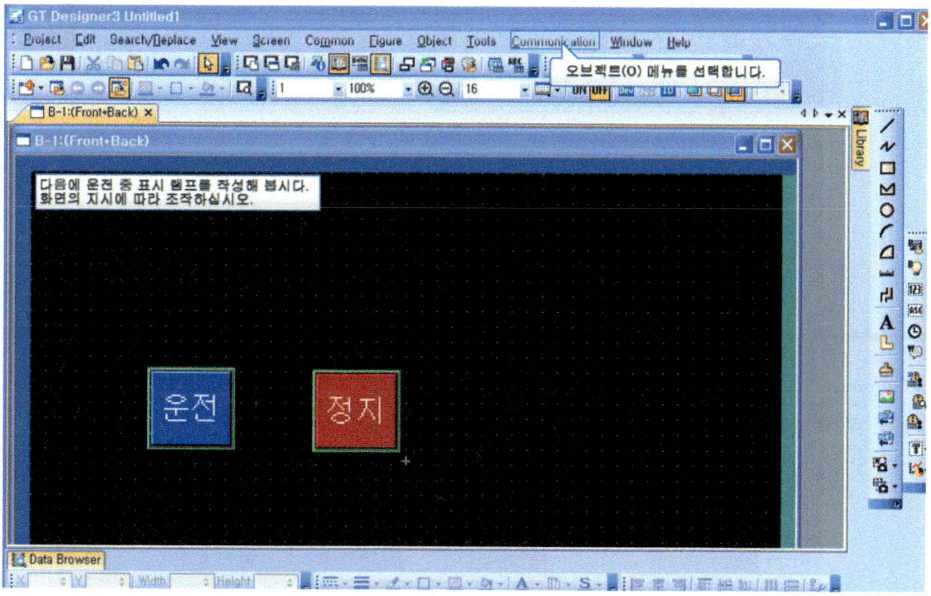

(2) 램프(L) - 비트 램프(B)를 선택한다.

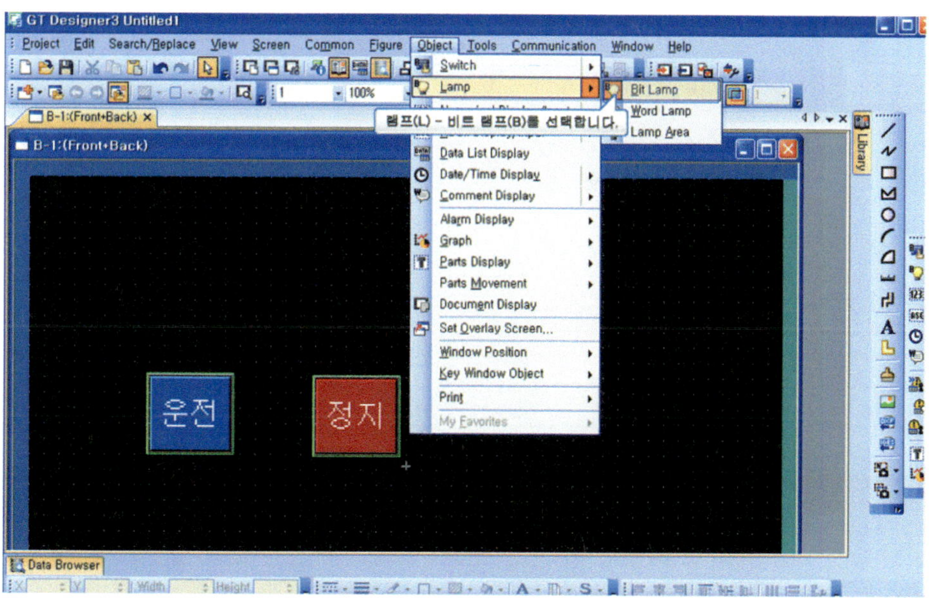

(3) 드래그 앤드 드롭으로 임의의 크기로 램프를 배치한다.

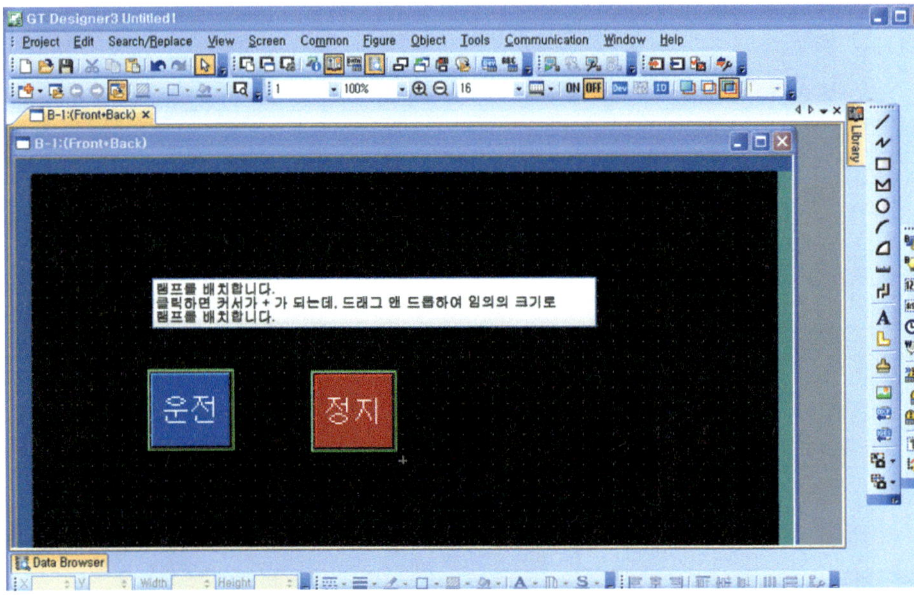

(4) 램프를 더블 클릭한다.

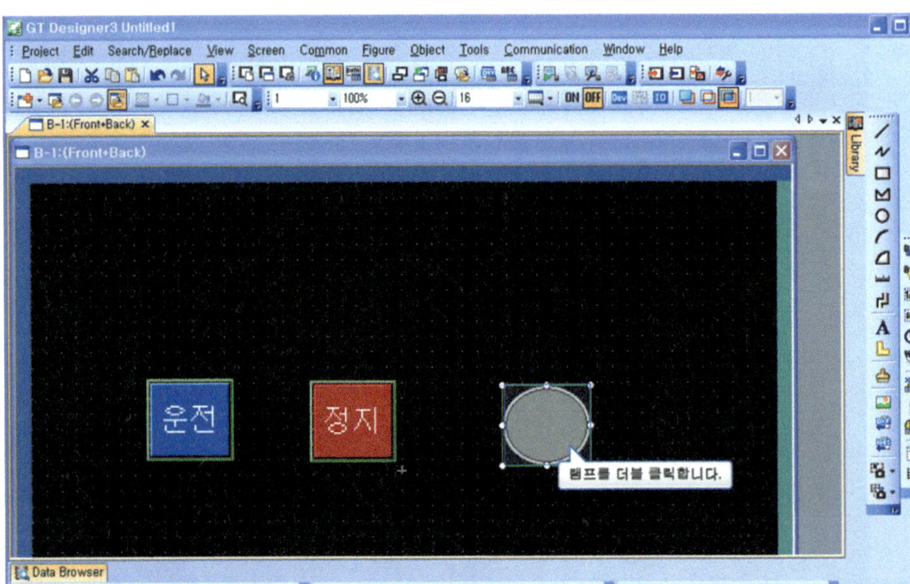

(5) ... 버튼을 클릭한다.

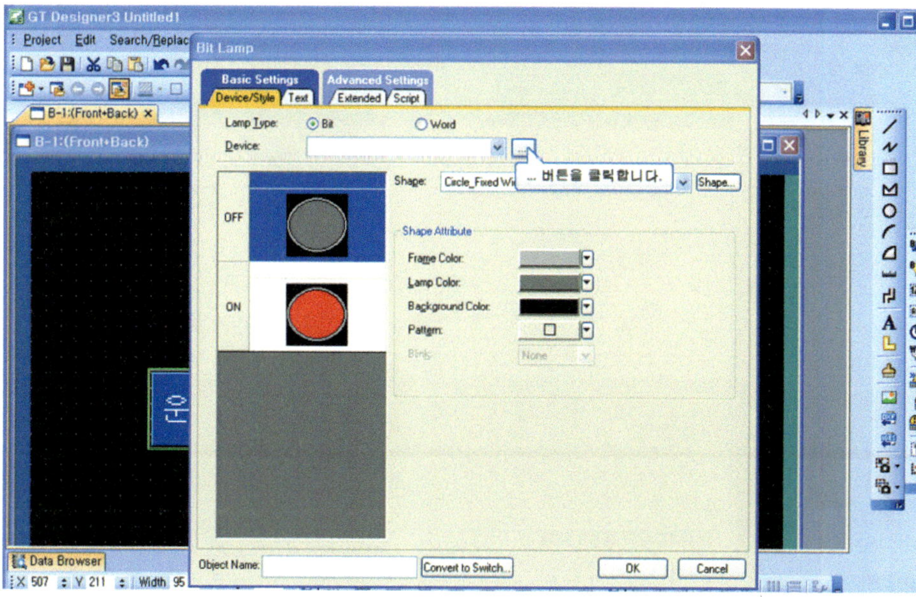

(6) 열기 버튼을 클릭한다.

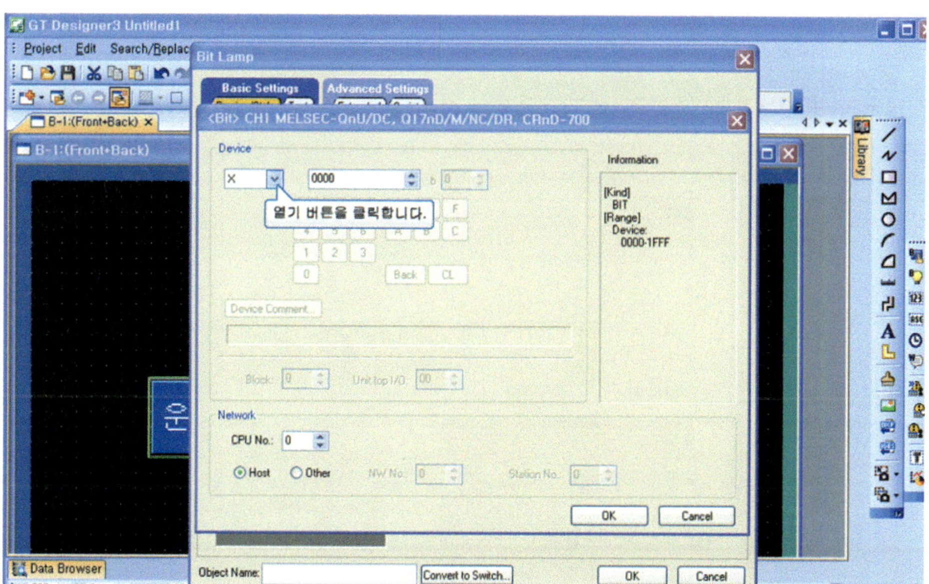

(7) 디바이스 Y를 선택한다.

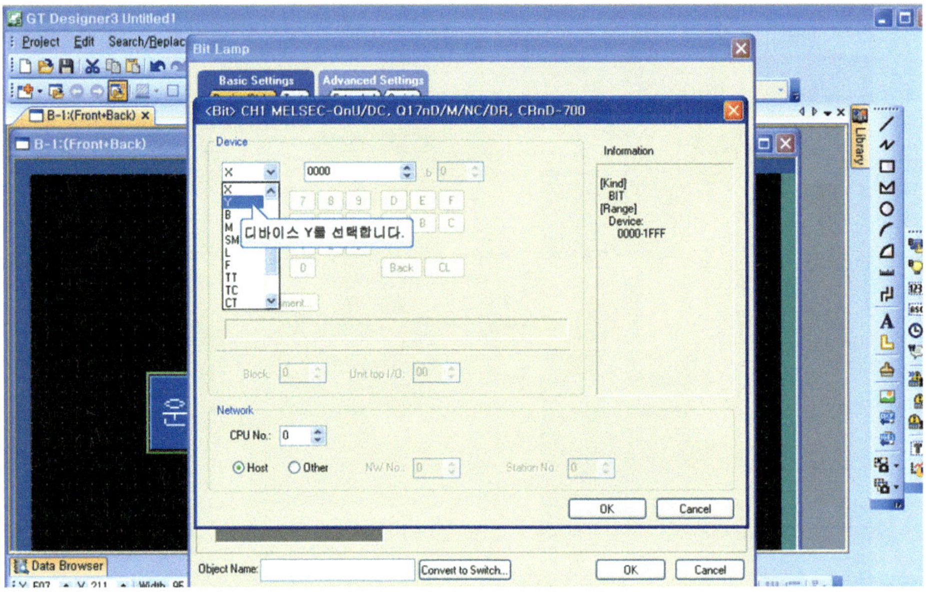

(8) 디바이스 번호 설정용 텍스트 상자를 선택한다.

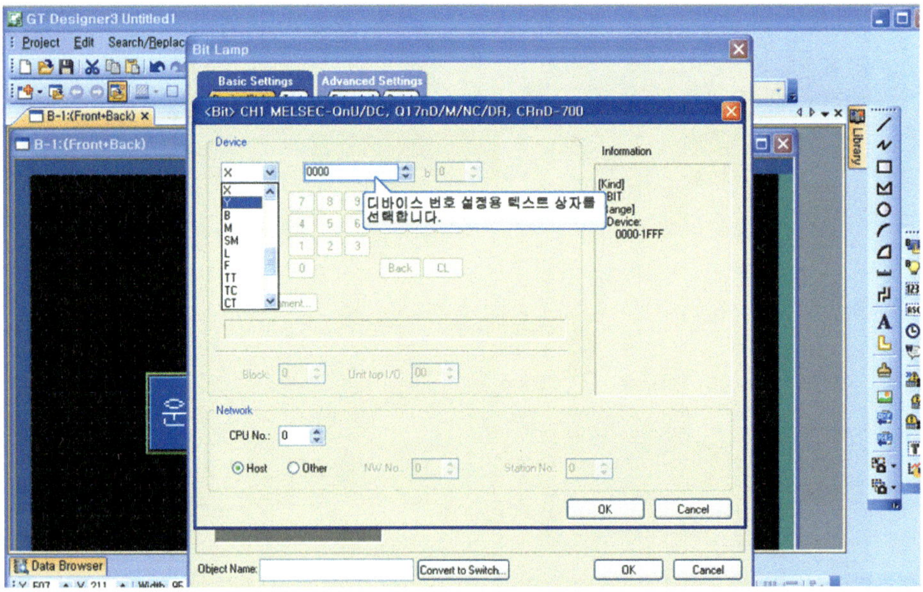

(9) 디바이스 번호 0020을 설정하고, OK버튼을 클릭한다.

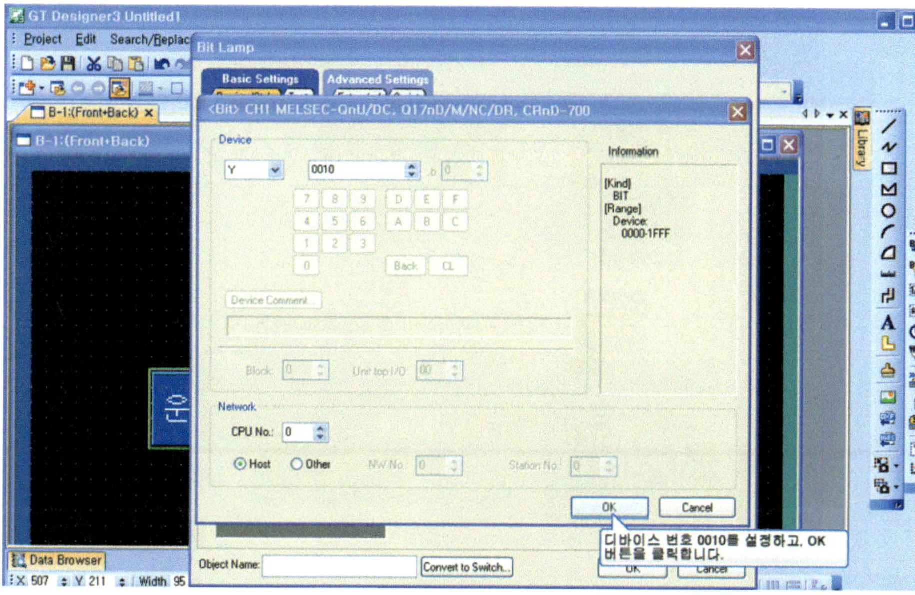

(10) 램프색 버튼을 클릭한다.

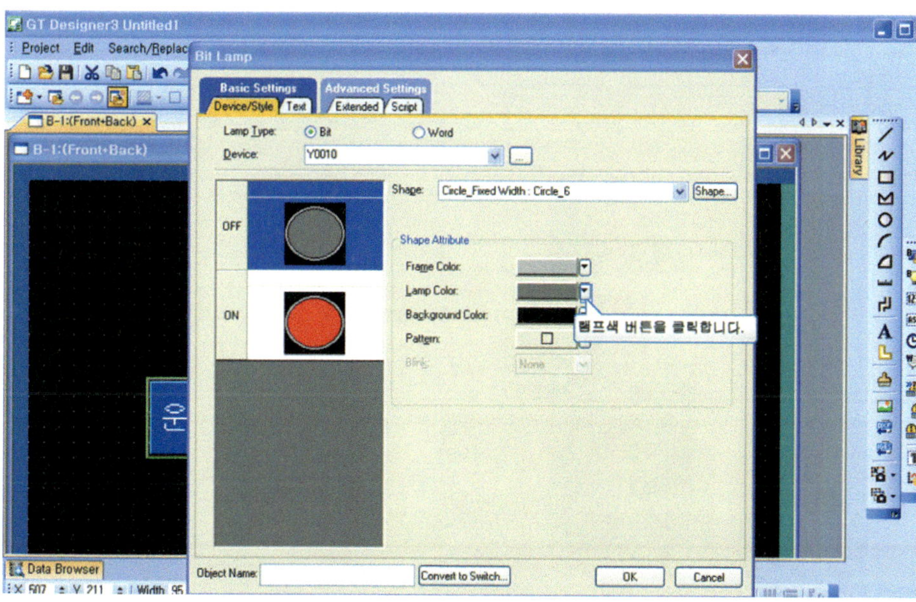

(11) 진한 빨강 버튼을 클릭한다.

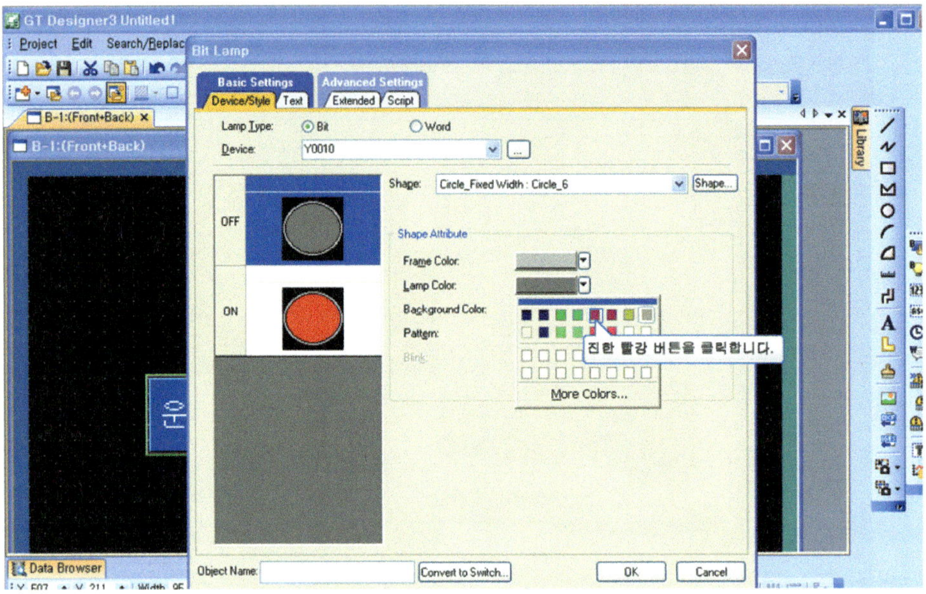

(12) 램프 ON을 선택한다.

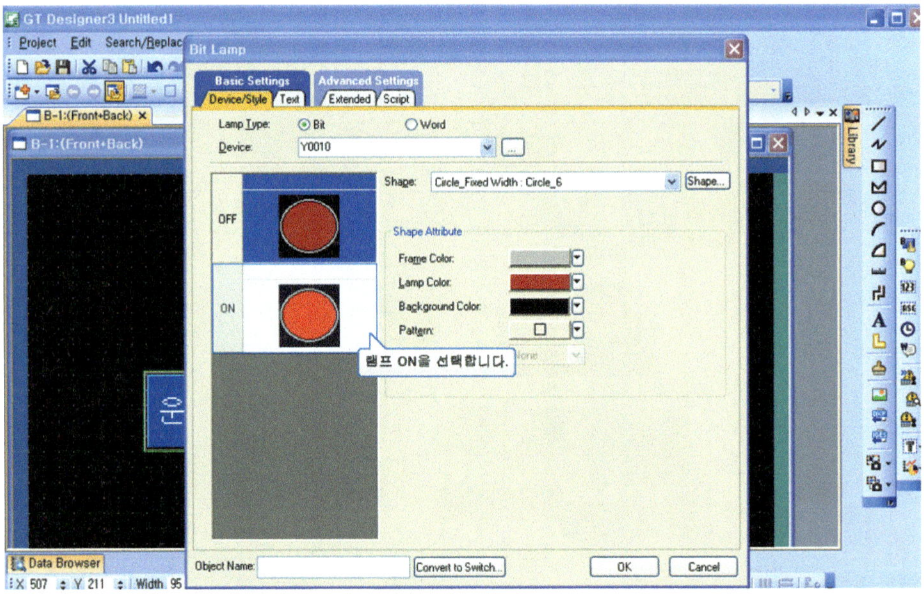

(13) 램프색 버튼을 클릭한다.

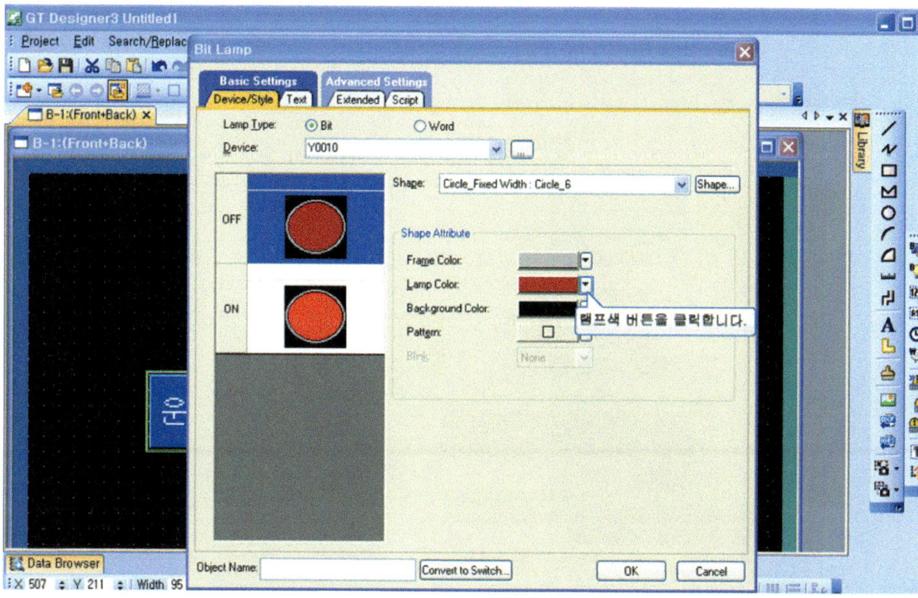

(14) 녹색 버튼을 클릭한다.

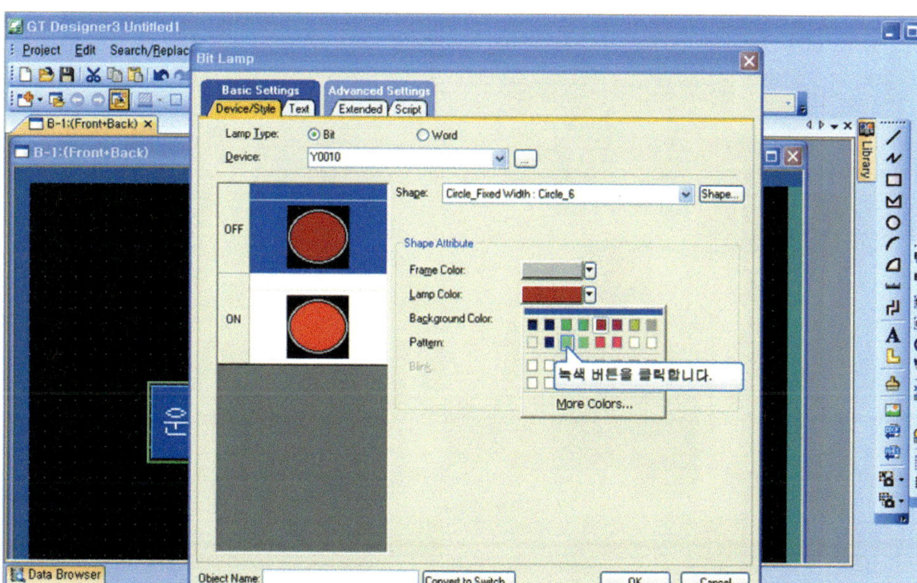

(15) 문자 탭을 선택한다.

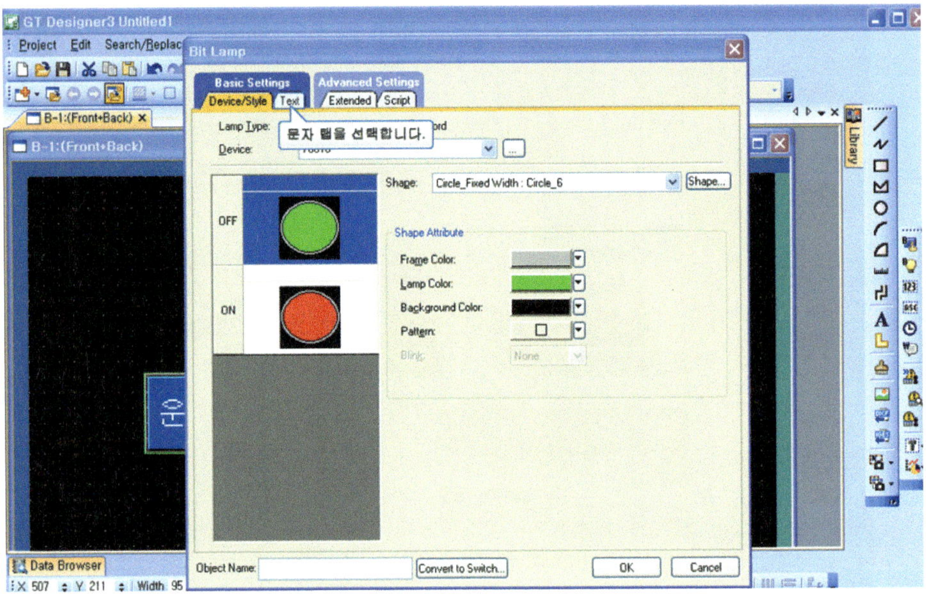

(16) 열기 버튼을 클릭한다.

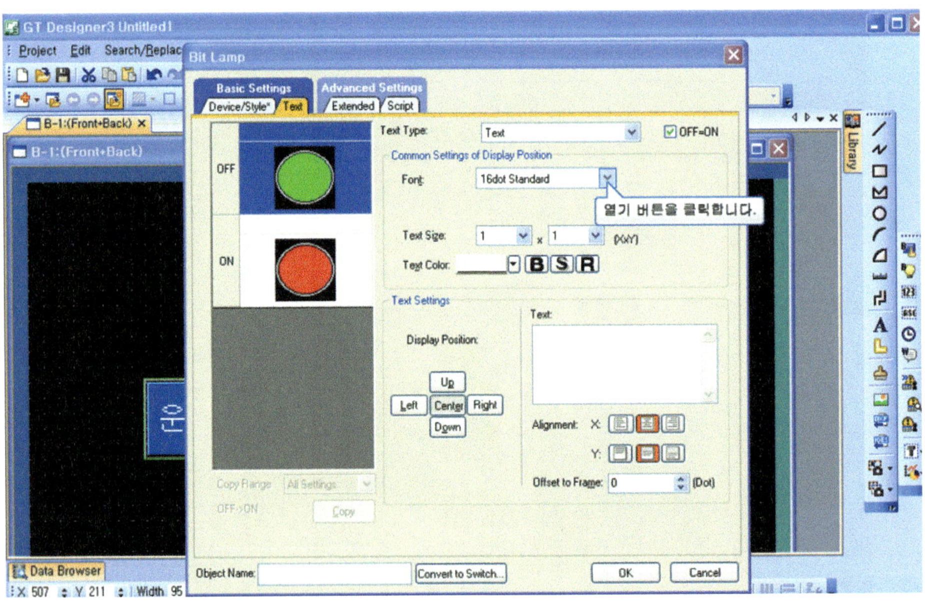

(17) 12 도트 표준을 선택한다.

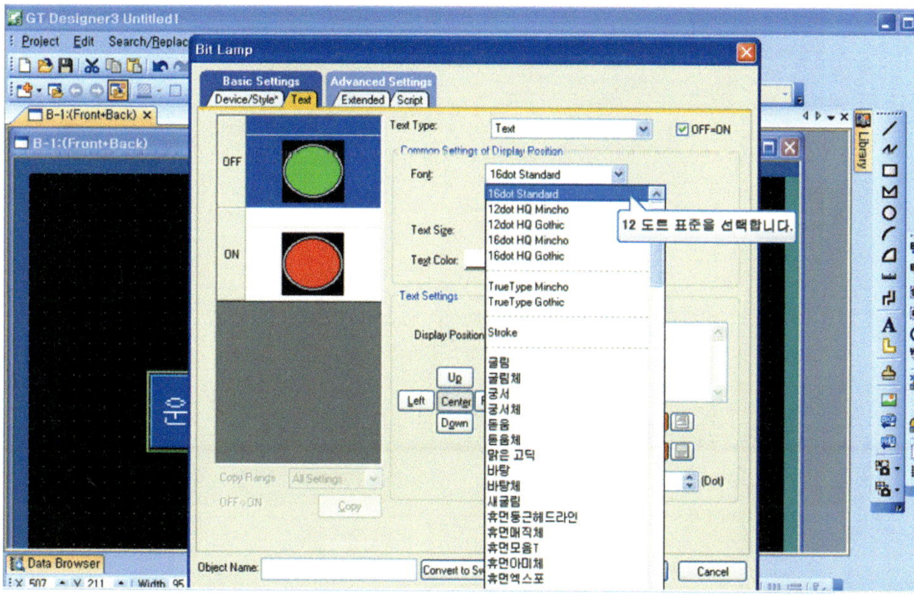

(18) 열기 버튼을 클릭한다.

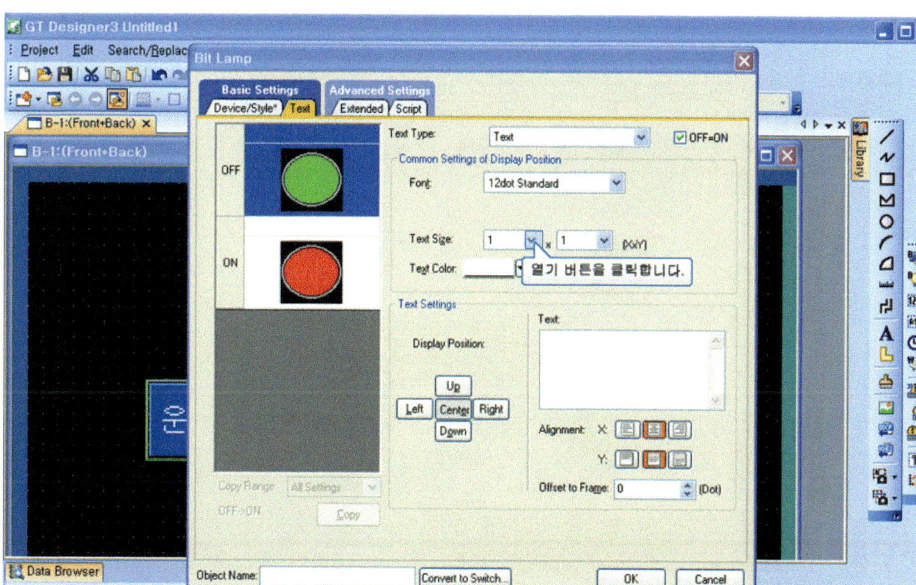

(19) 문자 크기 2를 선택한다.

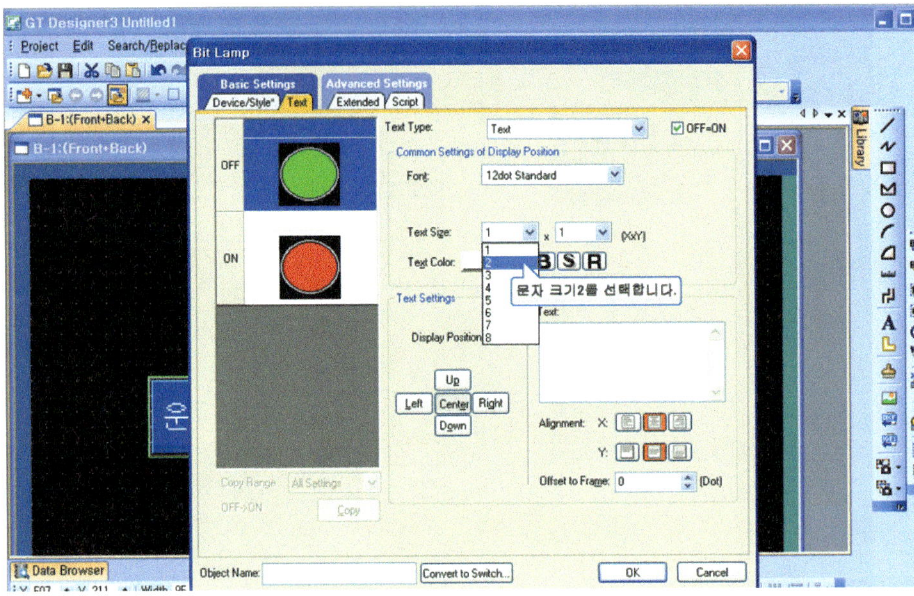

(20) 열기 버튼을 클릭한다.

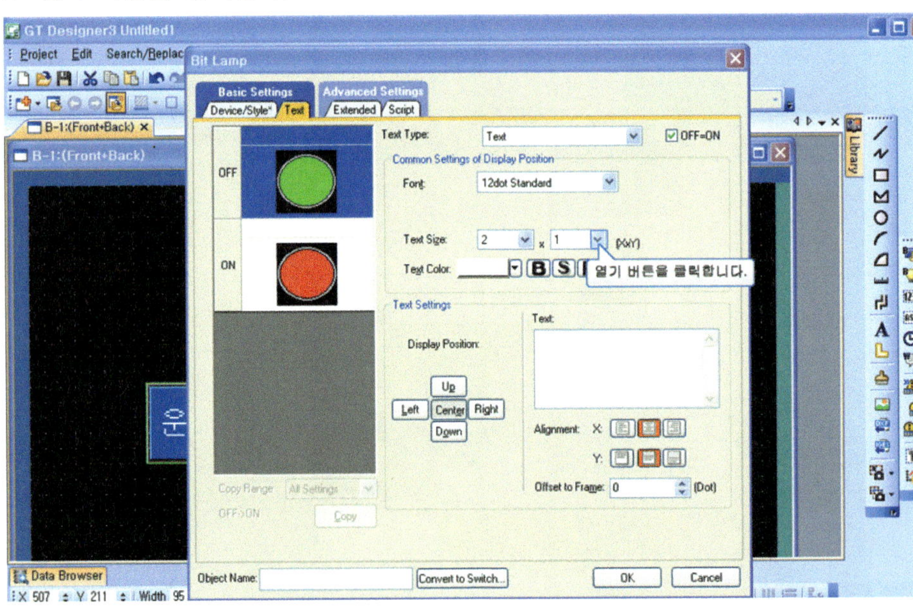

(21) 문자 크기 2를 선택한다.

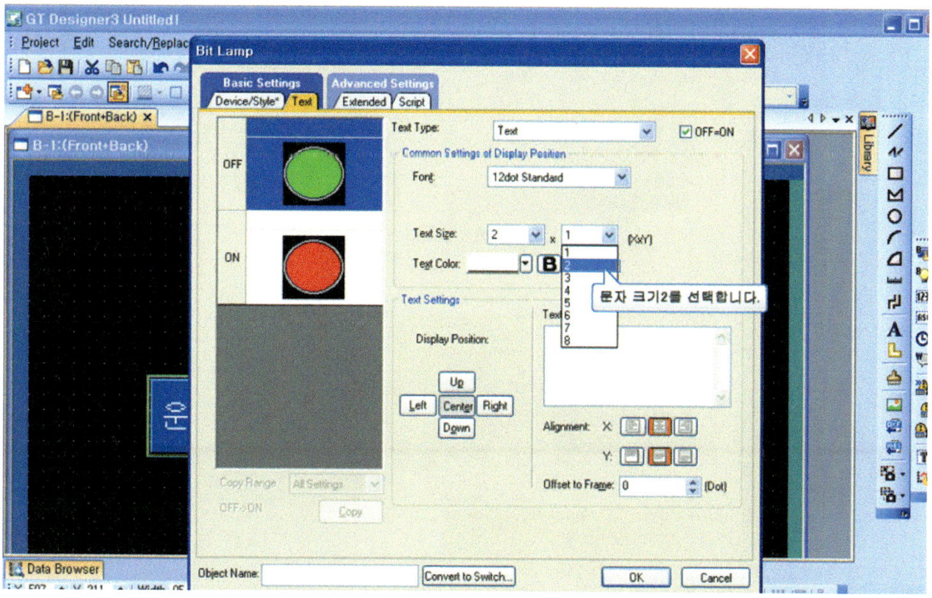

(22) 문자열: 텍스트 상자를 선택한다.

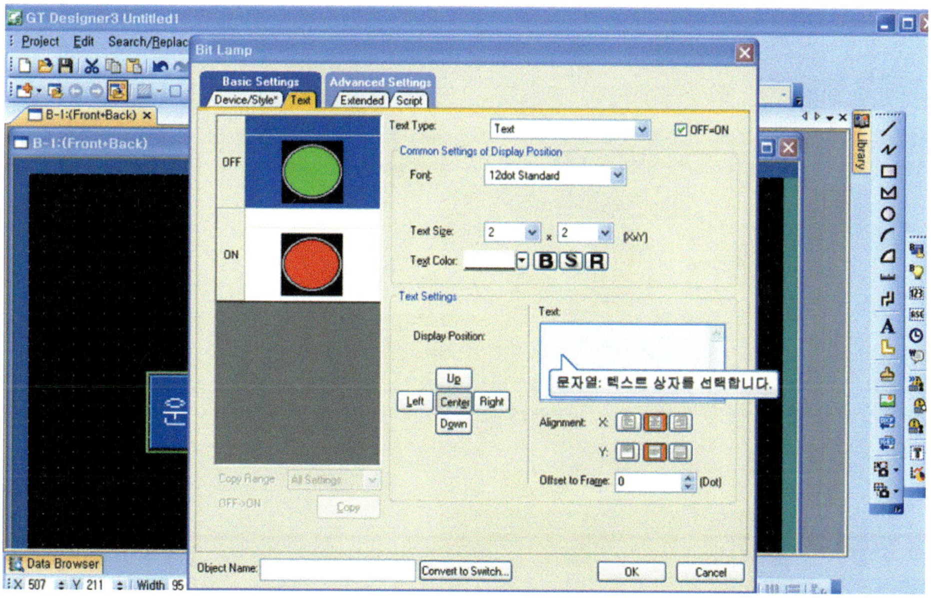

(23) 정지 중을 입력하고, Enter↵ 키를 누른다.

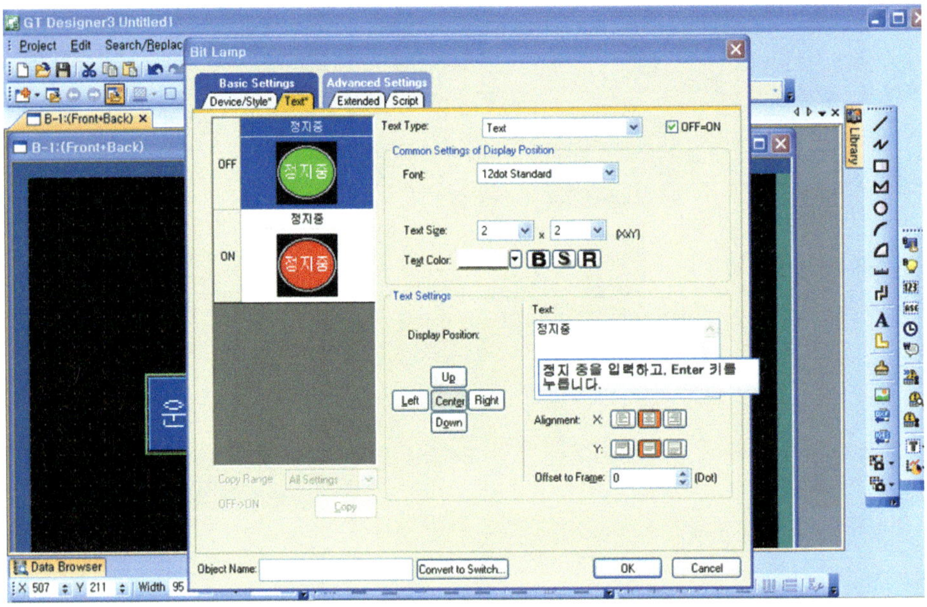

(24) OFF = ON의 체크 상자를 해제한다.

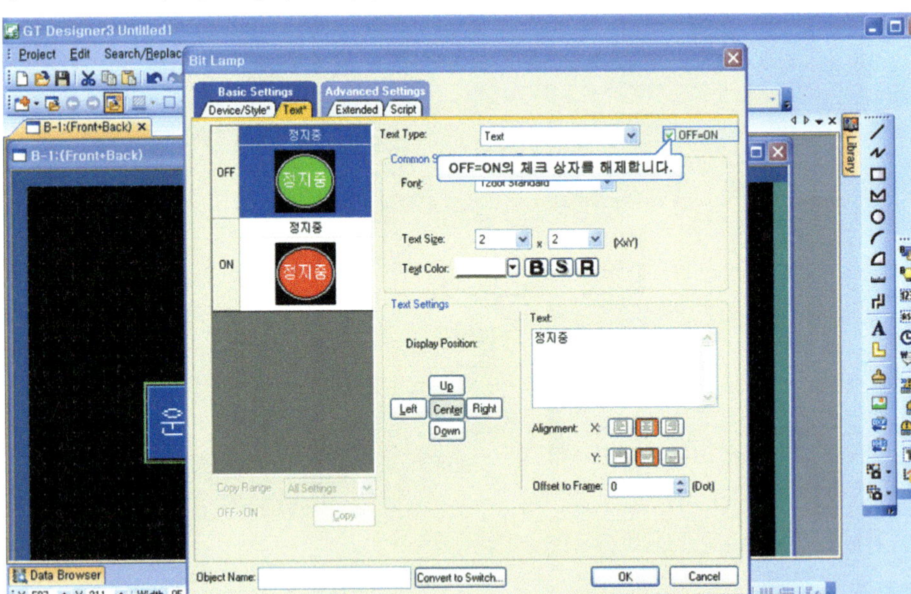

(25) 램프 ON을 선택한다.

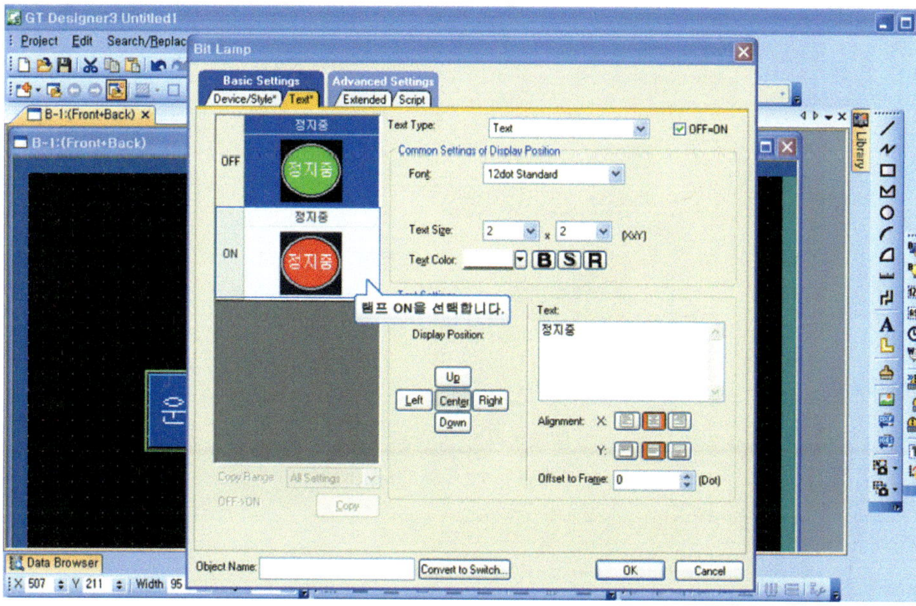

(26) 문자열: 텍스트 상자를 선택한다.

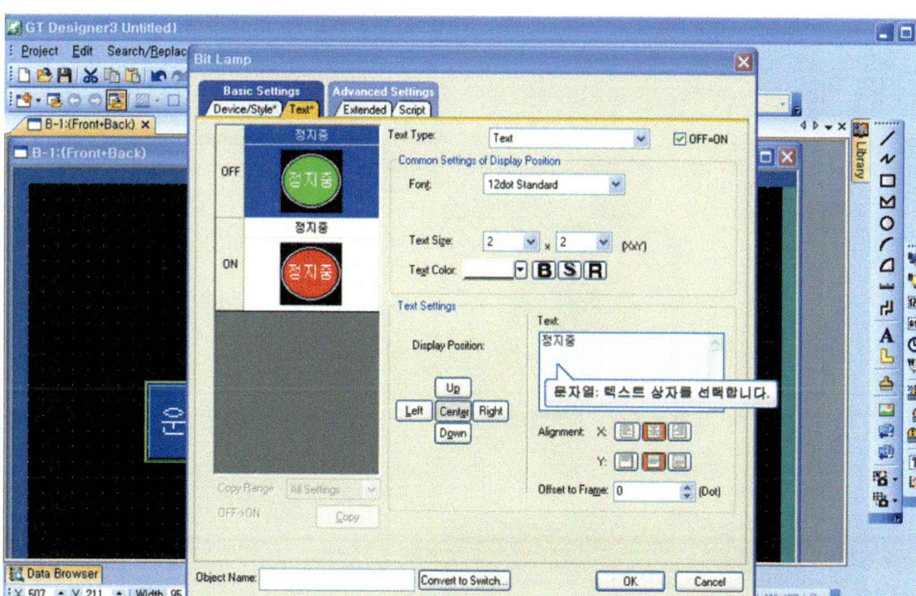

(27) 운전 중을 입력하고, Enter↵ 키를 누른다.

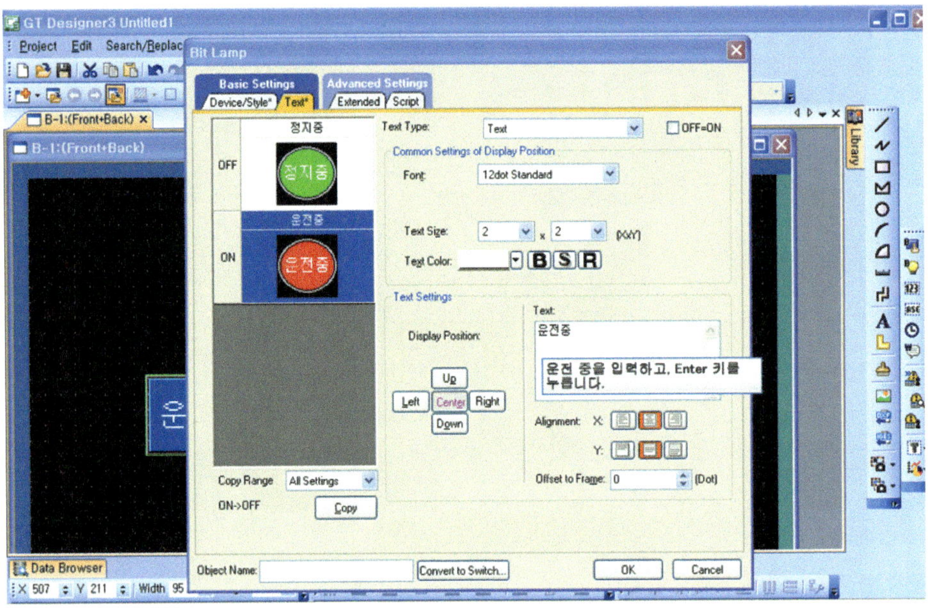

(28) OK 버튼을 클릭한다.

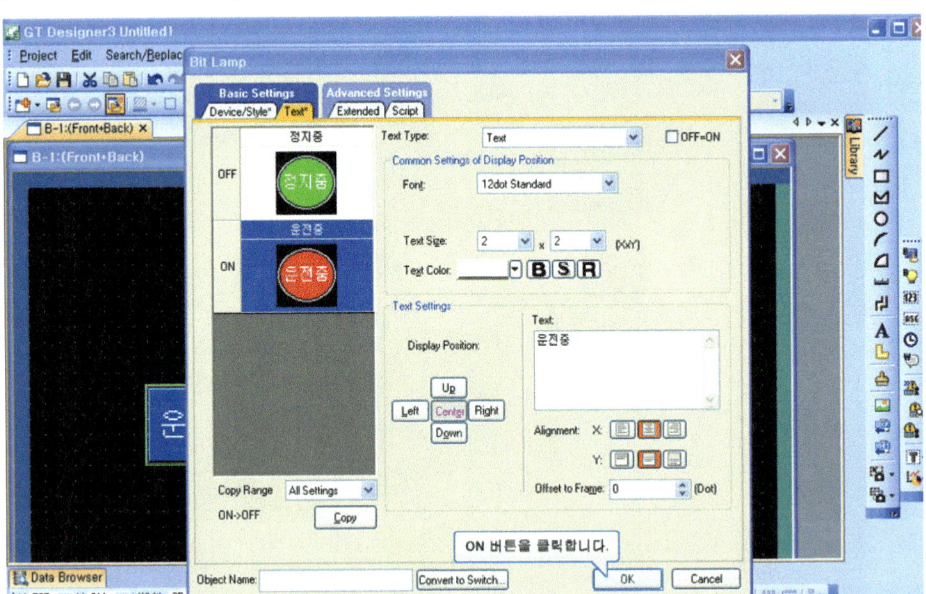

(29) 램프의 설정이 완료되었다.

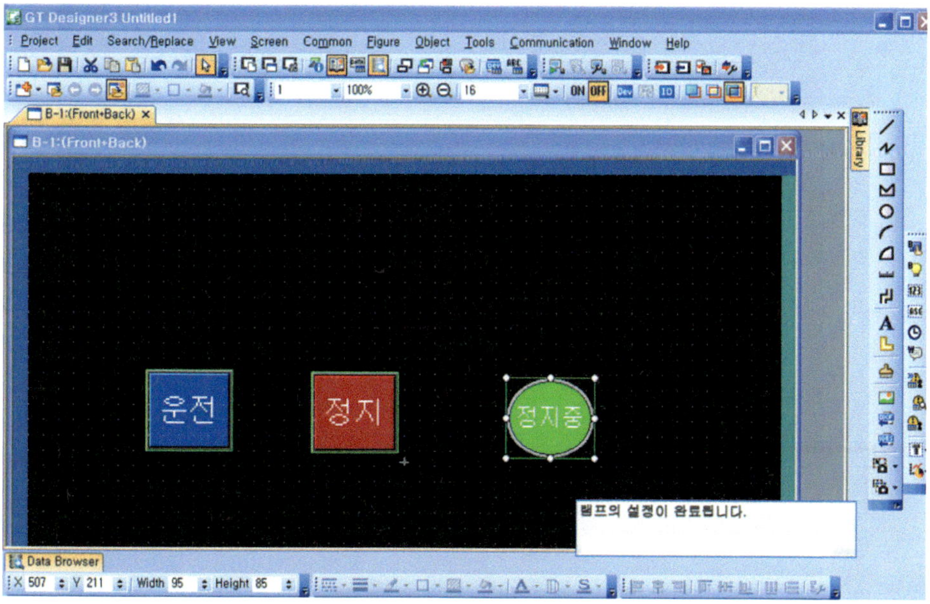

05 GT Designer3 수치 표시 작성

(1) 오브젝트(O) 메뉴를 선택한다.

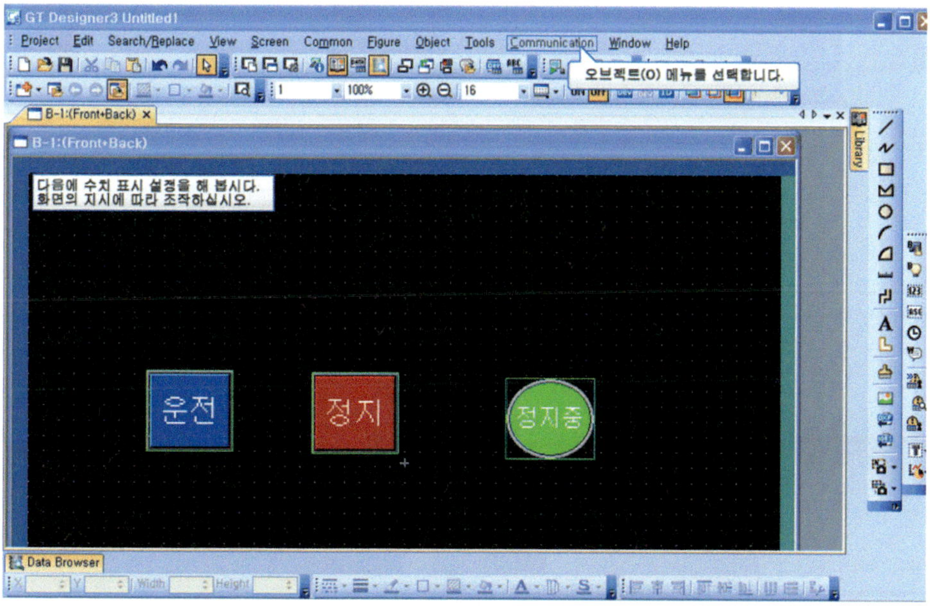

(2) 수치 표시/입력(N) - 수치 표시(N)를 선택한다.

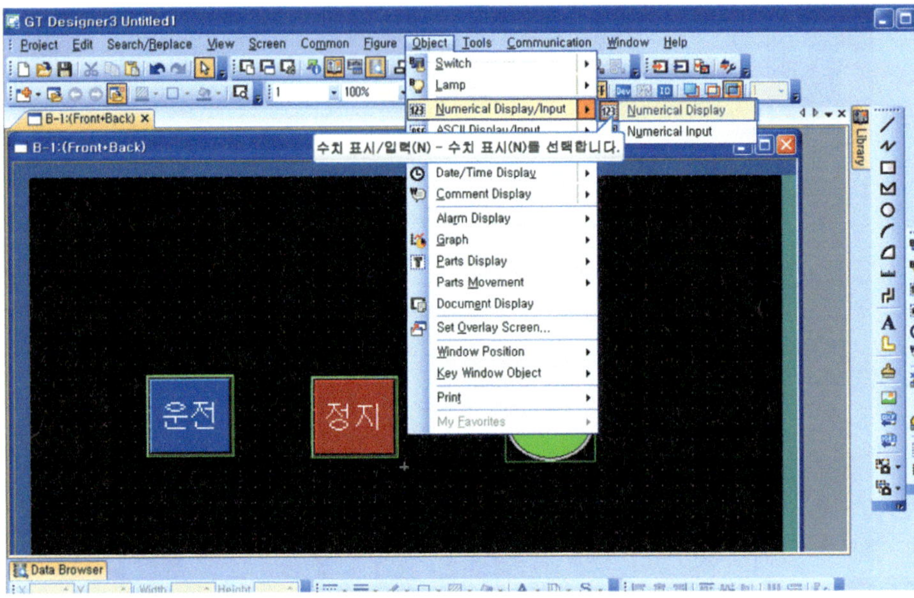

(3) 드래그 앤 드롭하여 임의의 크기로 수치 표시를 배치한다.

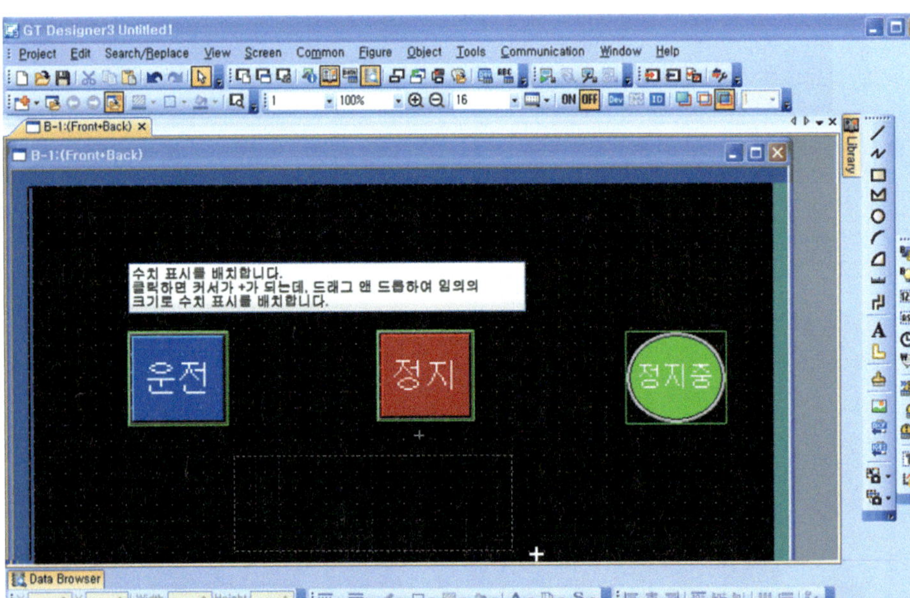

(4) 수치 표시를 더블 클릭한다.

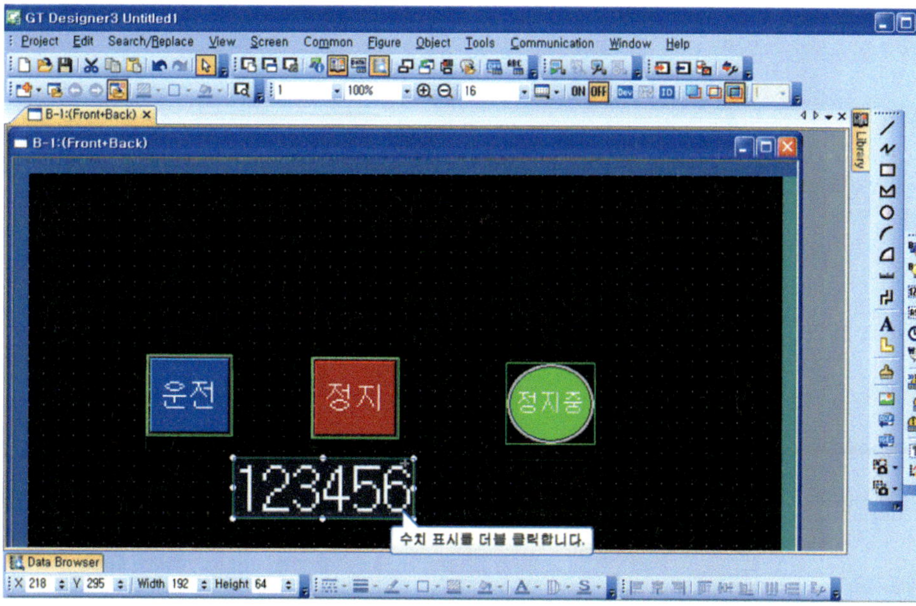

(5) … 버튼을 클릭한다.

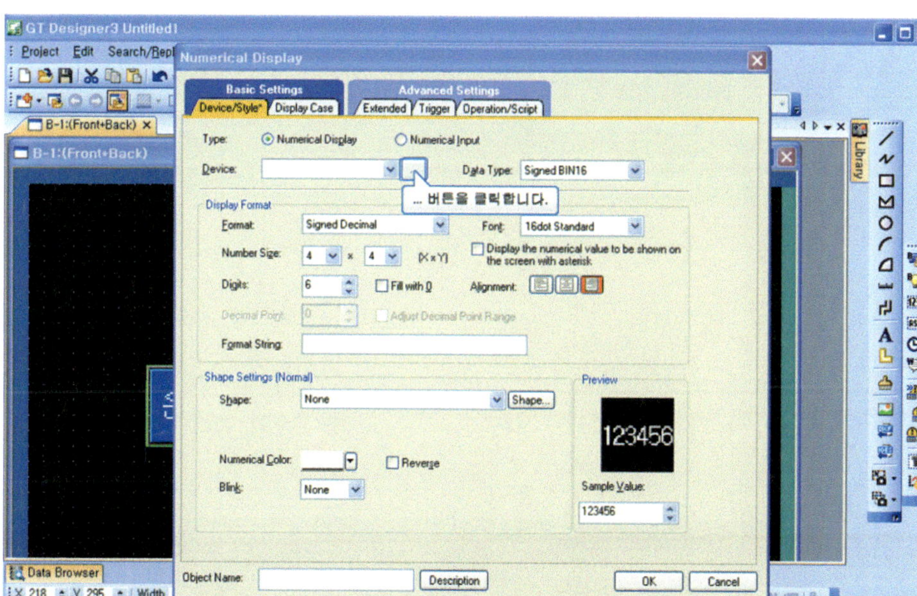

(6) 디바이스 번호 설정용 텍스트 상자를 선택한다.

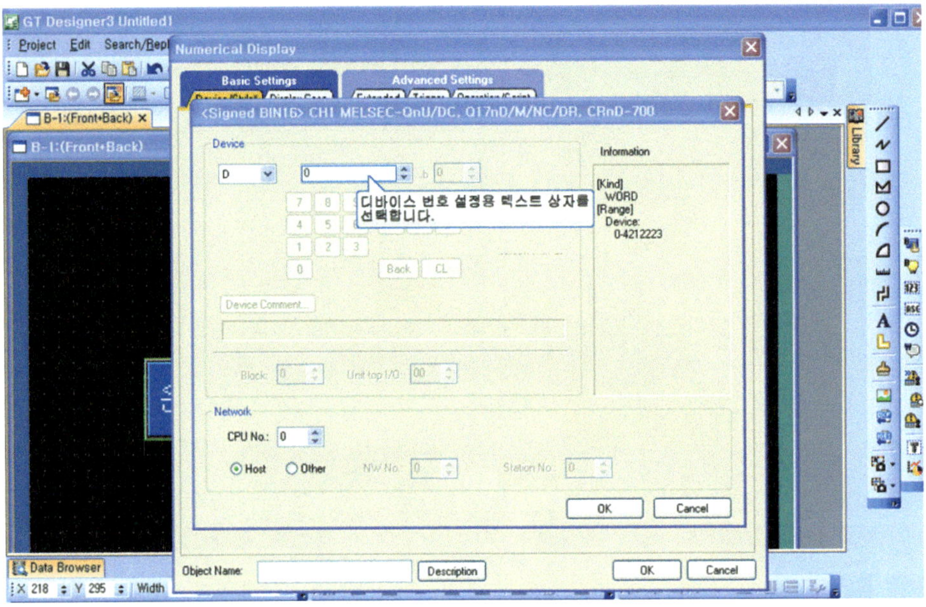

(7) 디바이스 번호 D10을 설정하고, OK 버튼을 클릭한다.

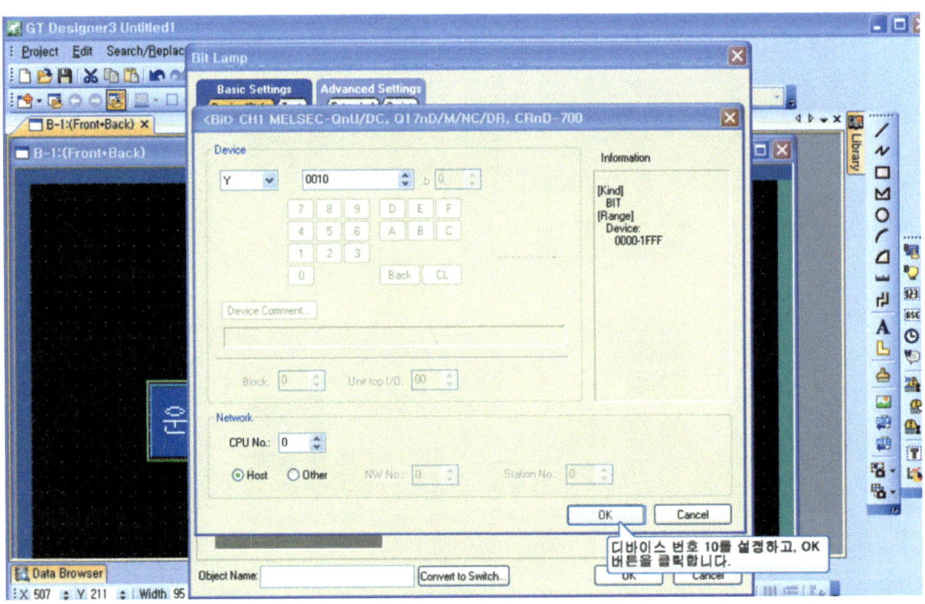

(8) 도형 버튼을 클릭한다.

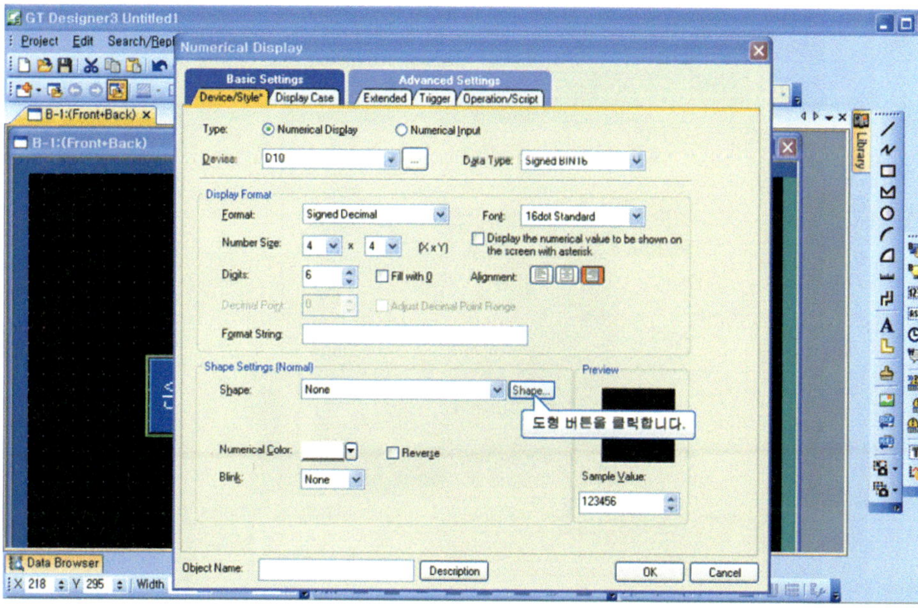

(9) 12 Rect_12를 클릭한다.

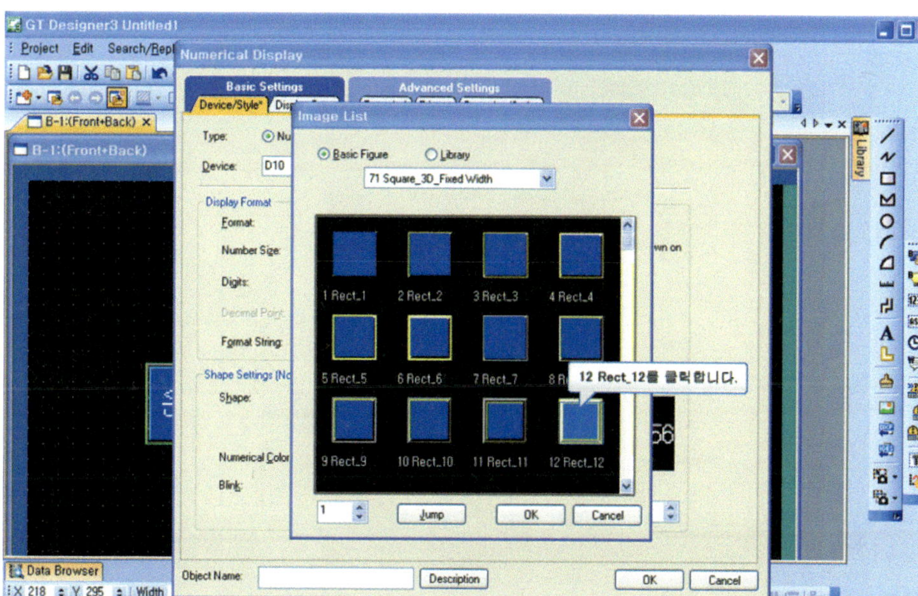

(10) OK 버튼을 클릭한다.

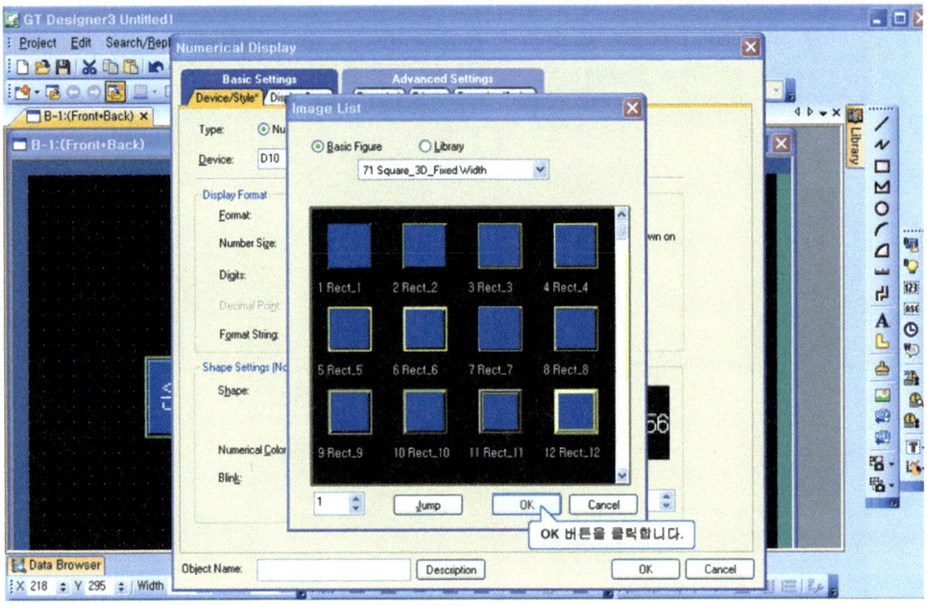

(11) 프레임 색상을 클릭한다.

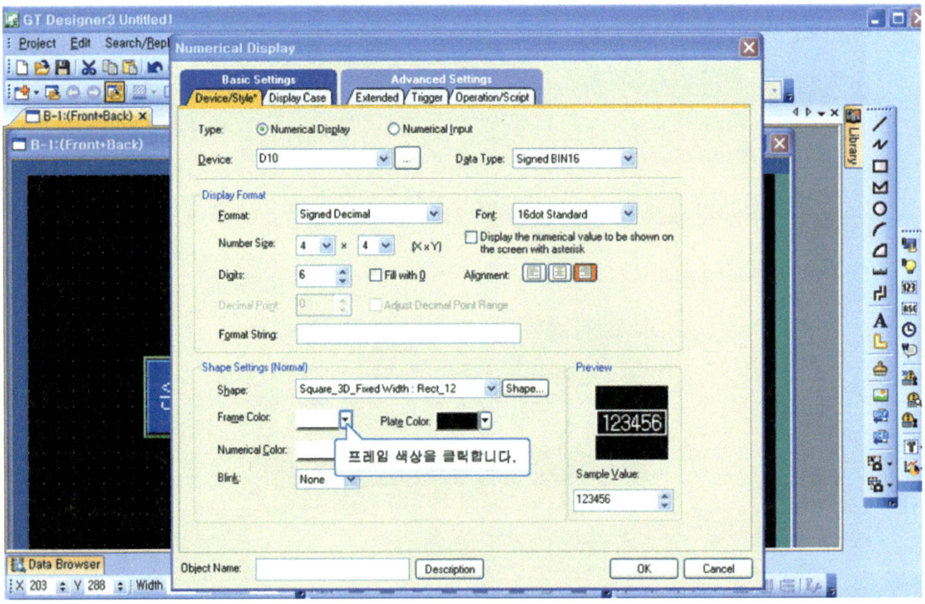

(12) 진한 보라 버튼을 클릭한다.

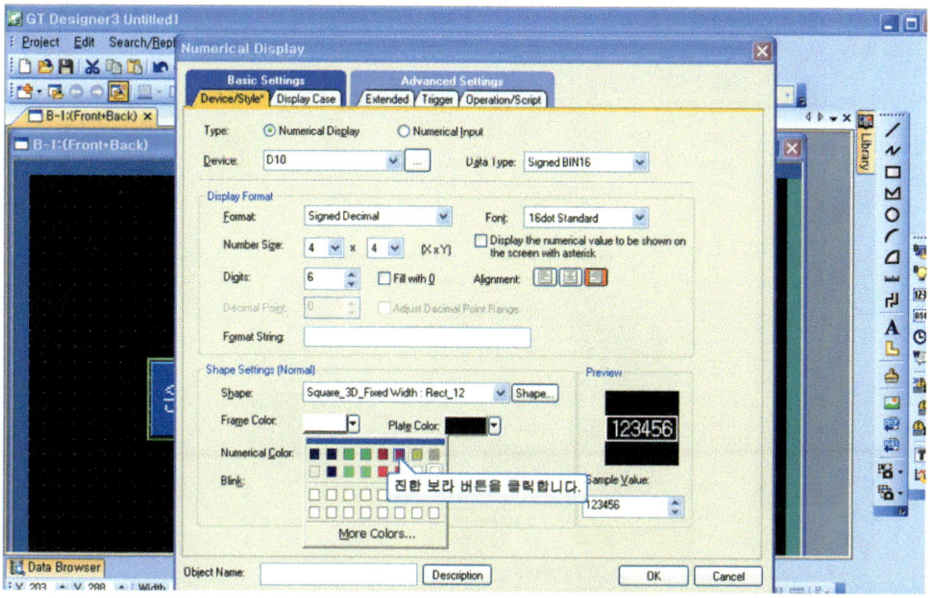

(13) 수치색 버튼을 클릭한다.

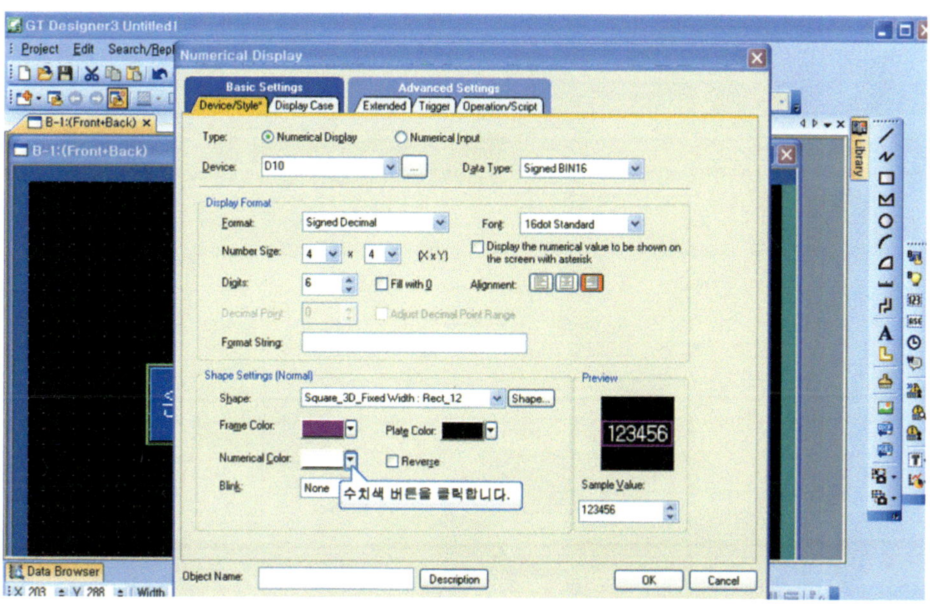

(14) 진한 보라 버튼을 클릭한다.

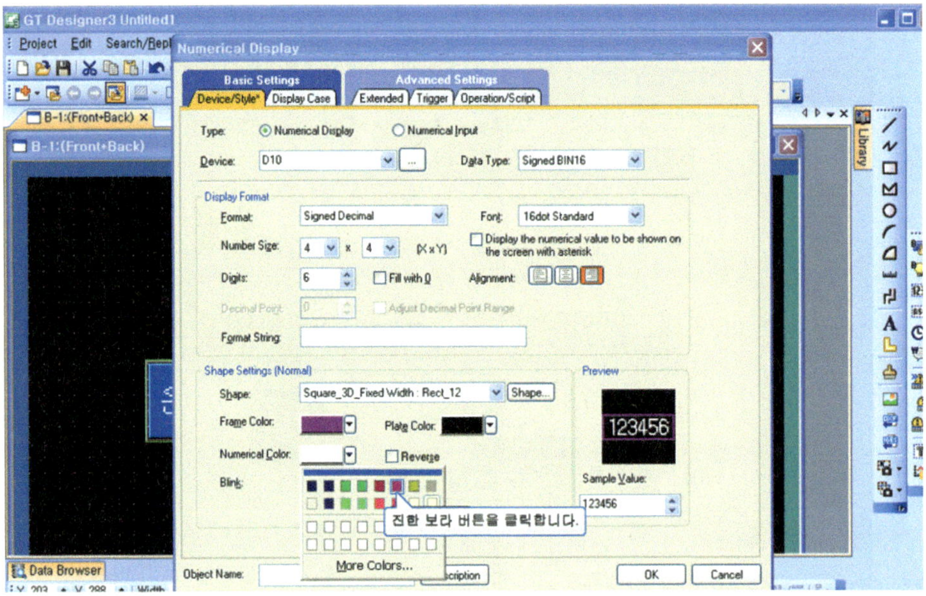

(15) OK 버튼을 클릭한다.

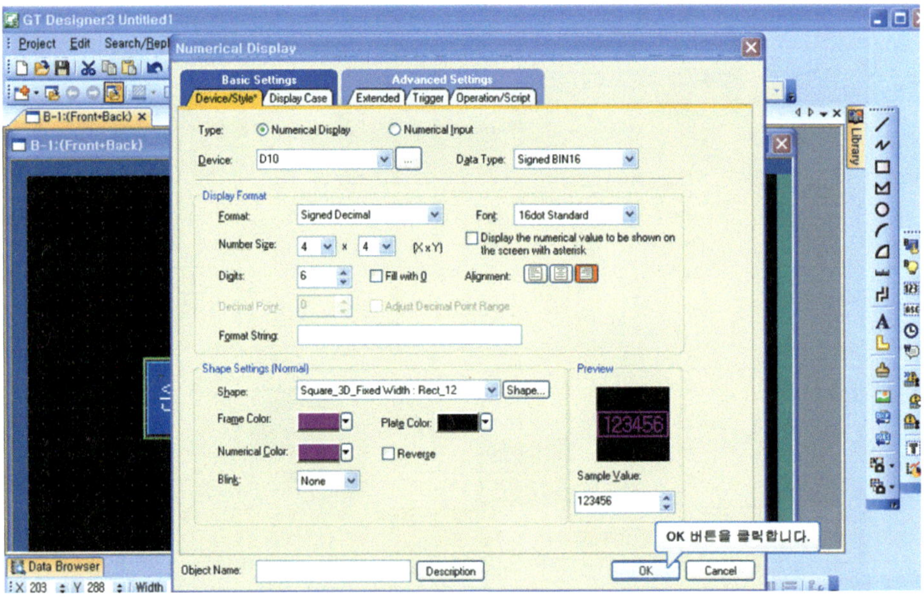

(16) 수치 표시의 설정을 완료한다.

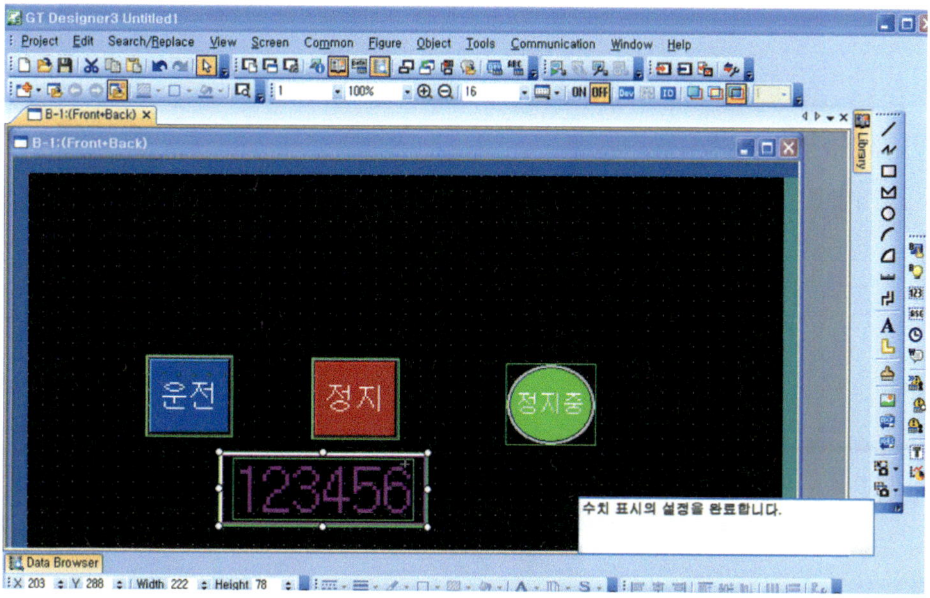

06 GT Designer3 문자열 표시 작성

(1) 도형(F) 메뉴를 선택한다.

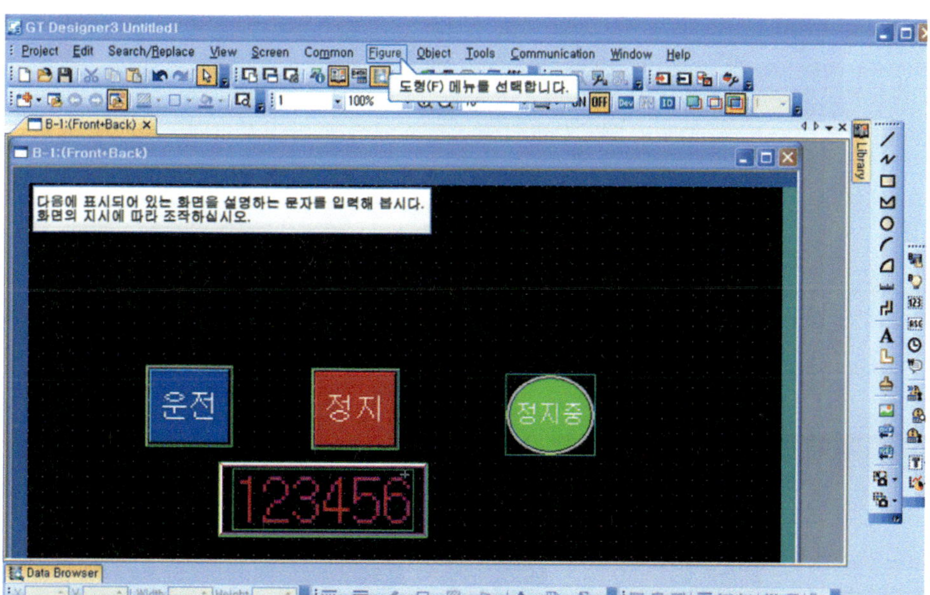

(2) 문자(T)를 선택한다.

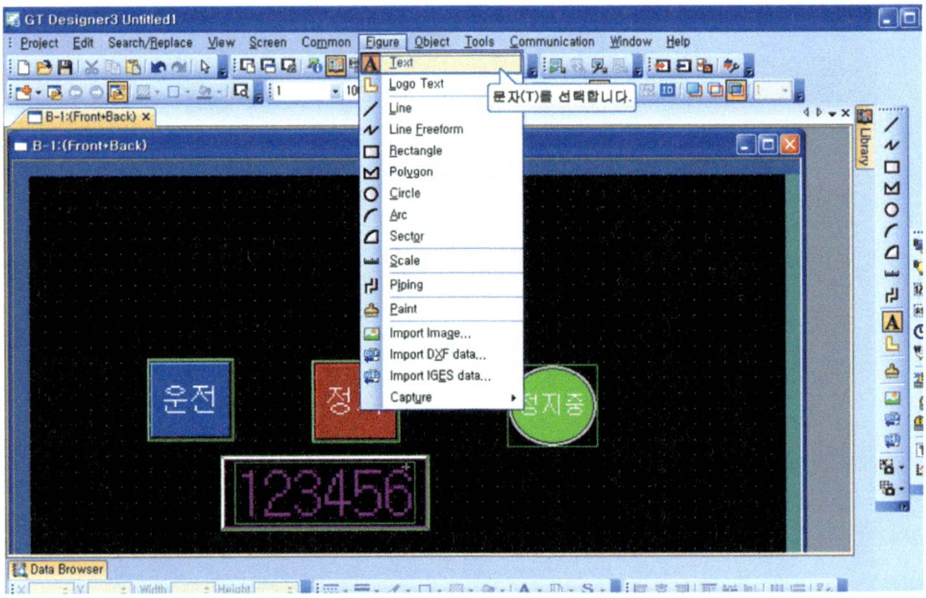

(3) 문자를 작성하는 위치에서 클릭한다.

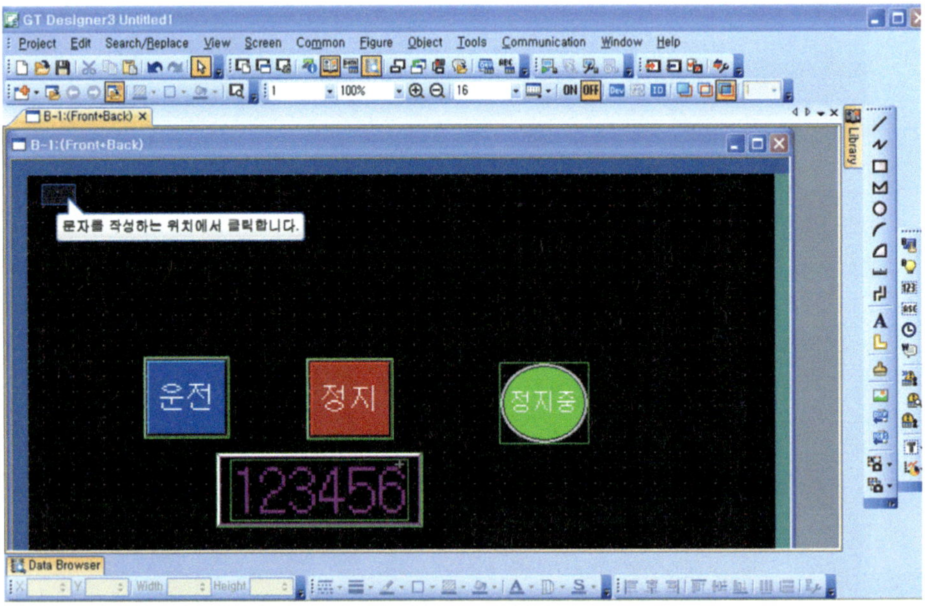

(4) 문자열(X): 텍스트 상자를 선택한다.

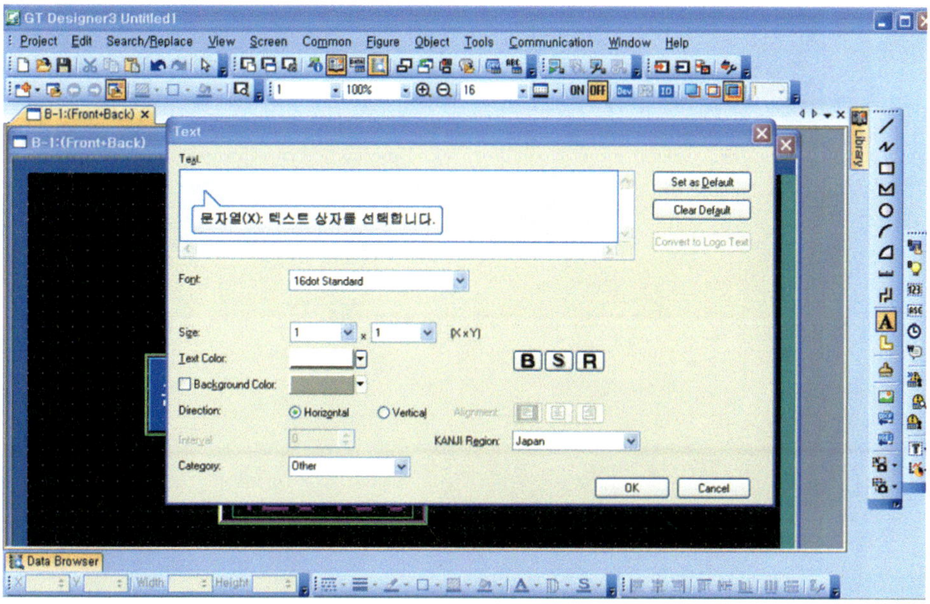

(5) 운전 조작반을 입력하고, Enter↵ 키를 누른다.

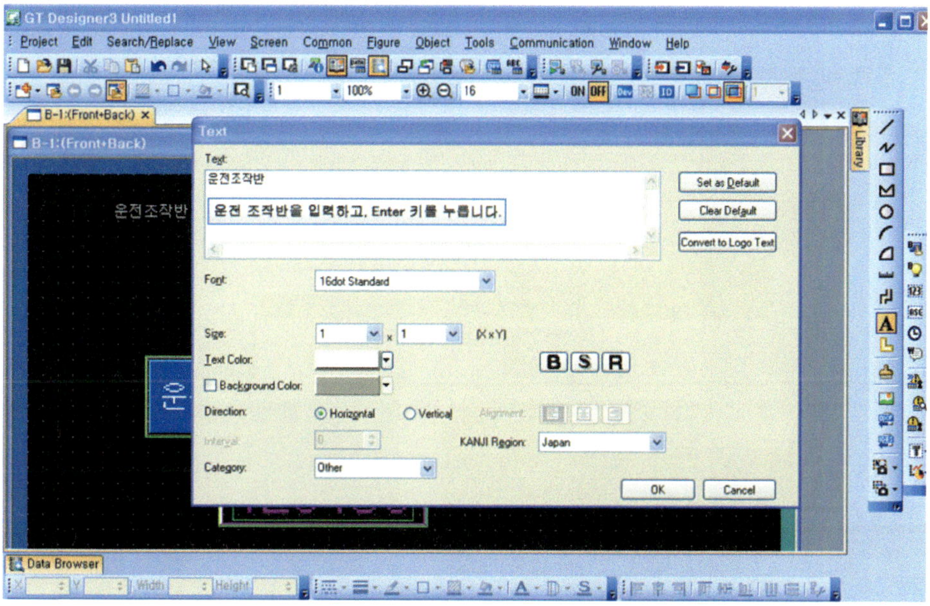

(6) 열기 버튼을 클릭한다.

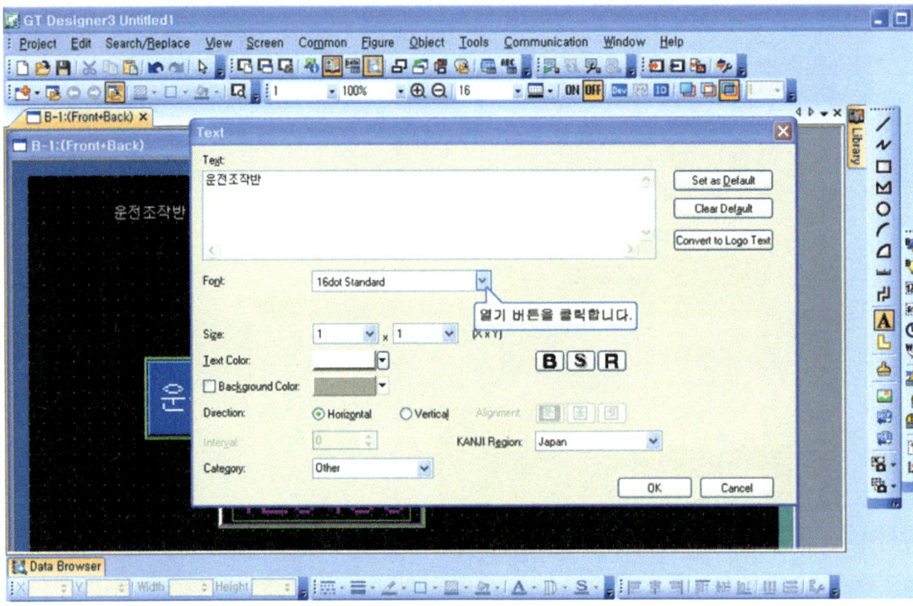

(7) 16 도트 고품위 명조를 선택한다.

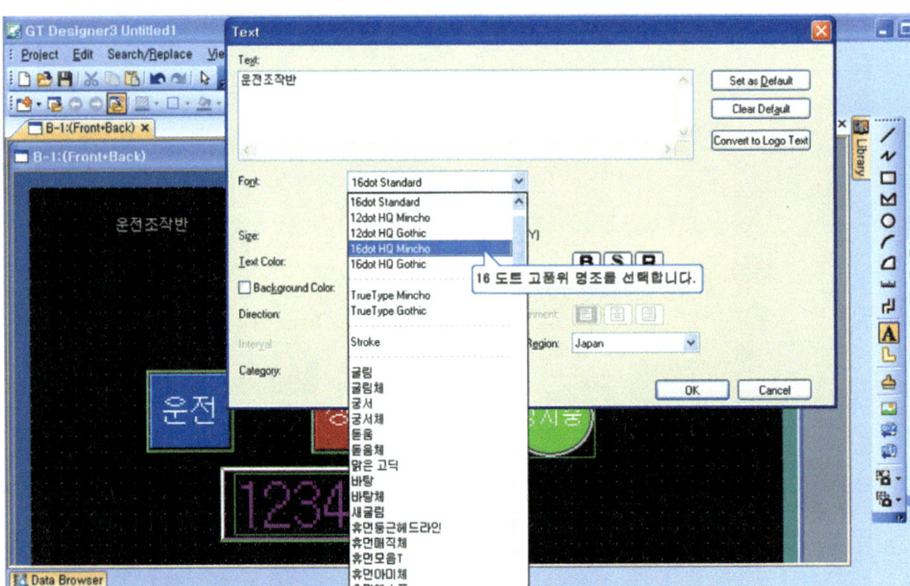

(8) 열기 버튼을 클릭한다.

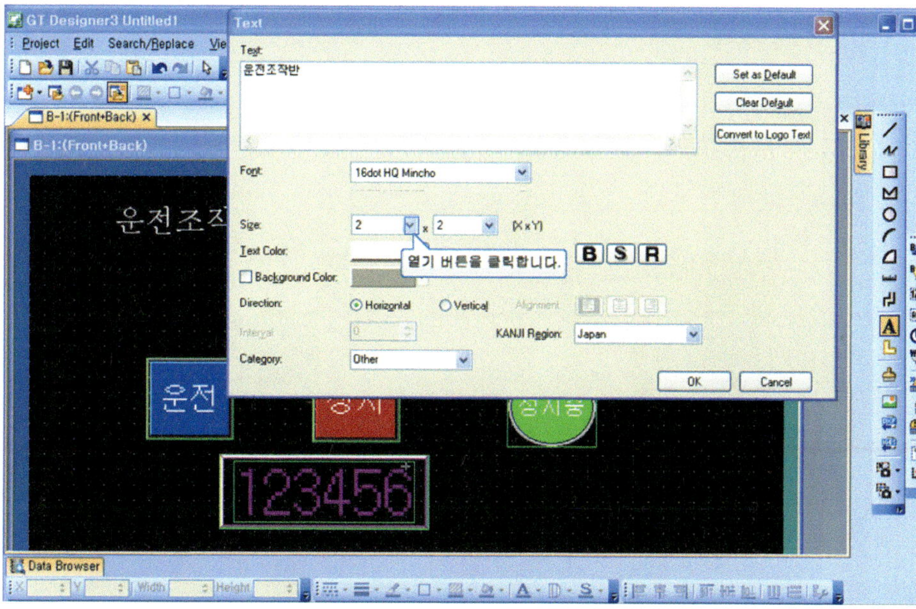

(9) 문자 크기 4를 선택한다.

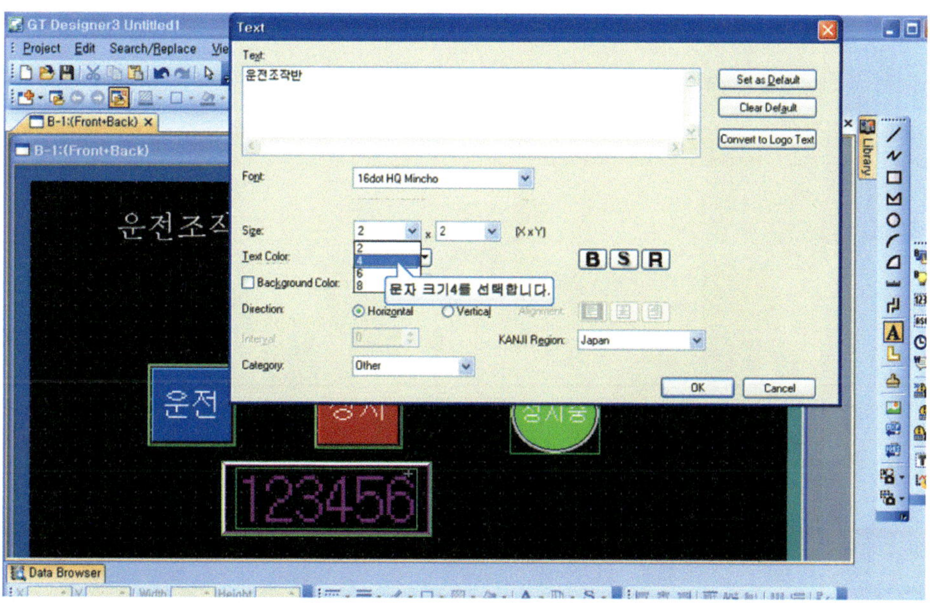

(10) 열기 버튼을 클릭한다.

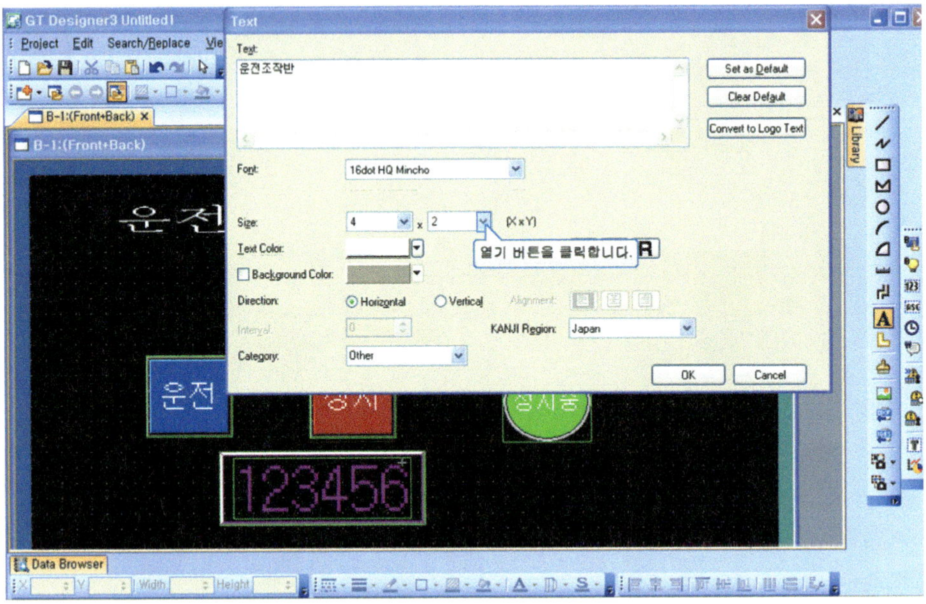

(11) 문자 크기 4를 선택한다.

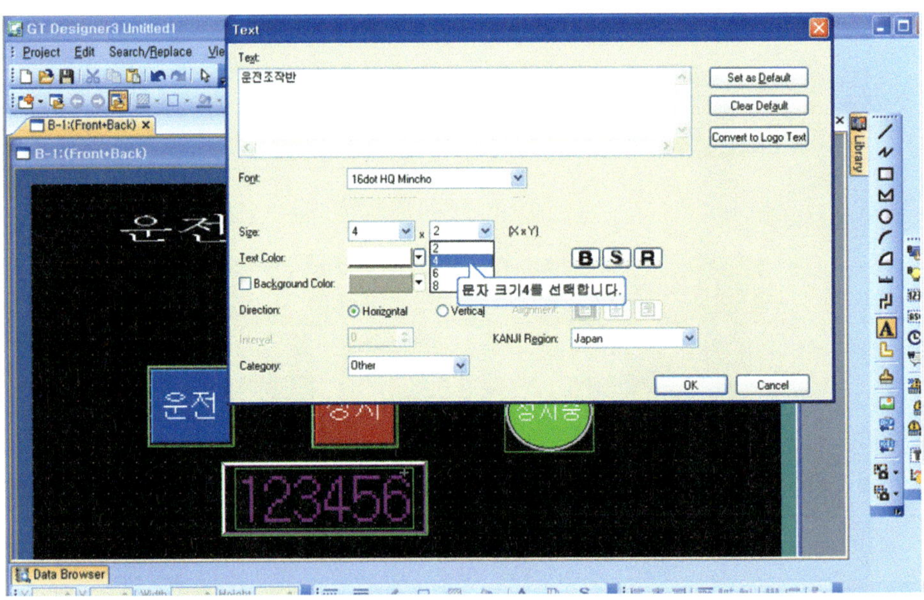

(12) OK 버튼을 클릭한다.

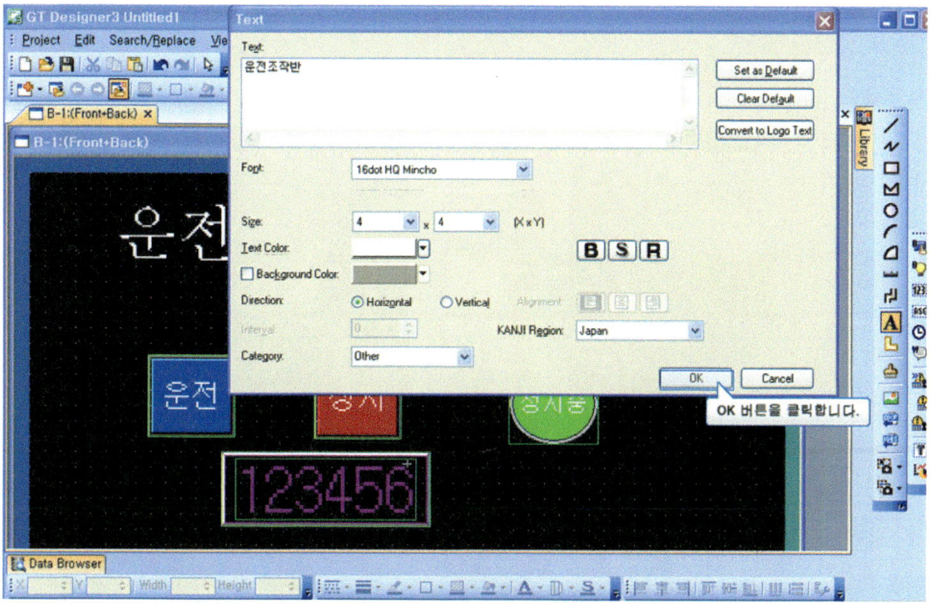

(13) 도형(F) 메뉴를 선택한다.

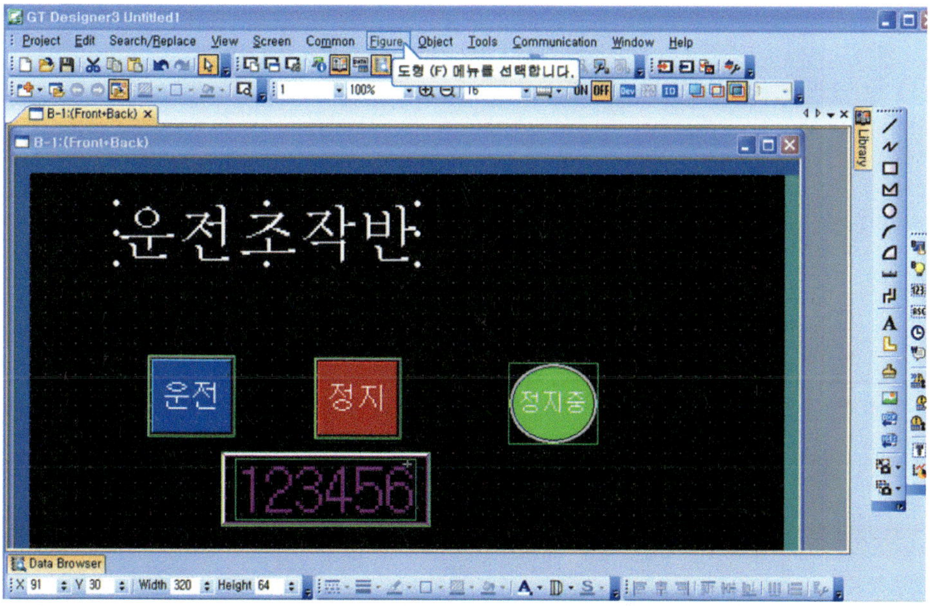

(14) 문자(T)를 선택한다.

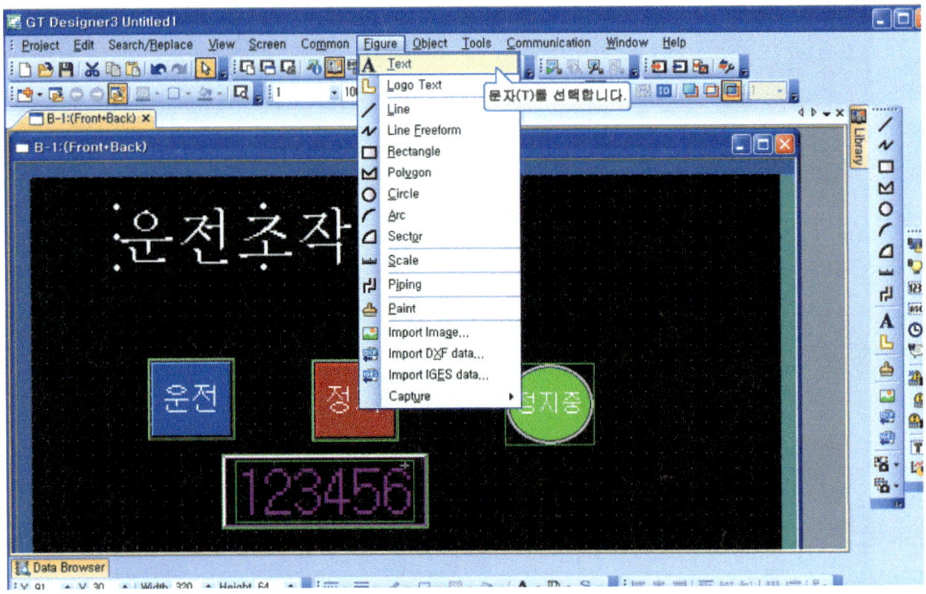

(15) 문자를 작성하는 위치에서 클릭한다.

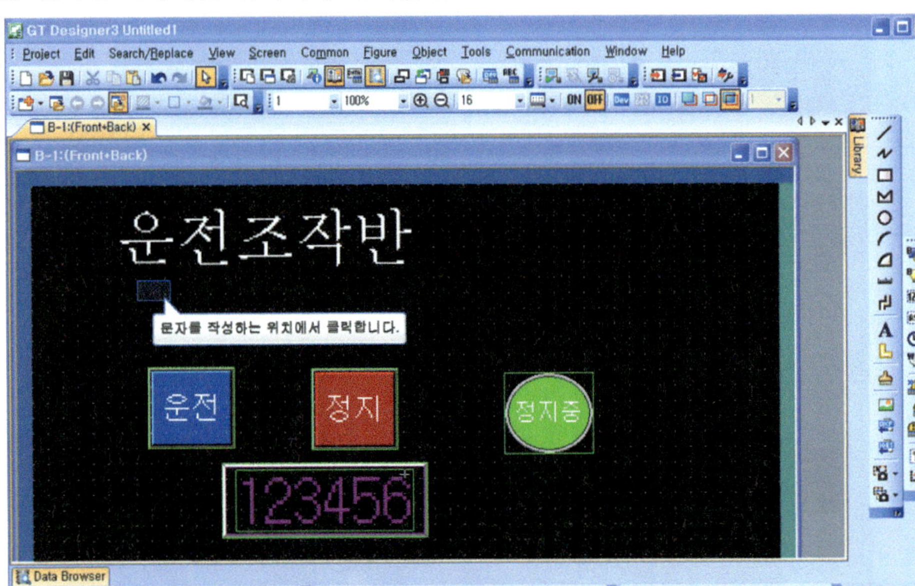

(16) 문자열(X): 텍스트 상자를 선택한다.

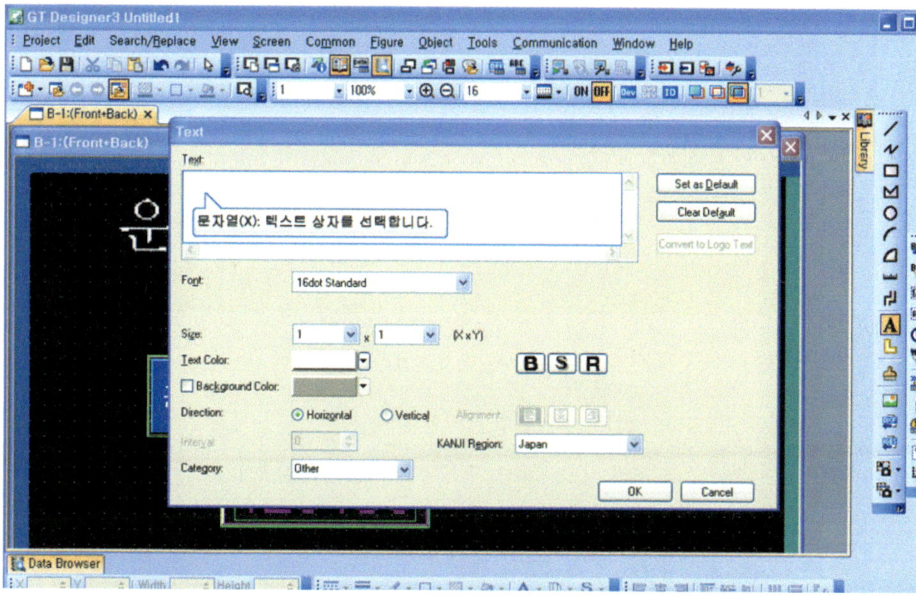

(17) 운전 스위치를 입력하고, Enter↵ 키를 누른다.

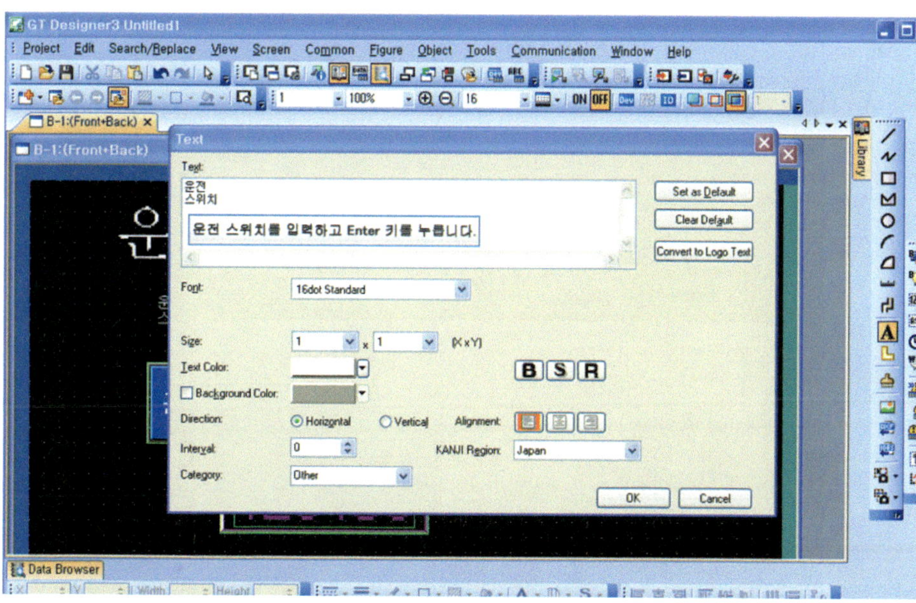

(18) 열기 버튼을 클릭한다.

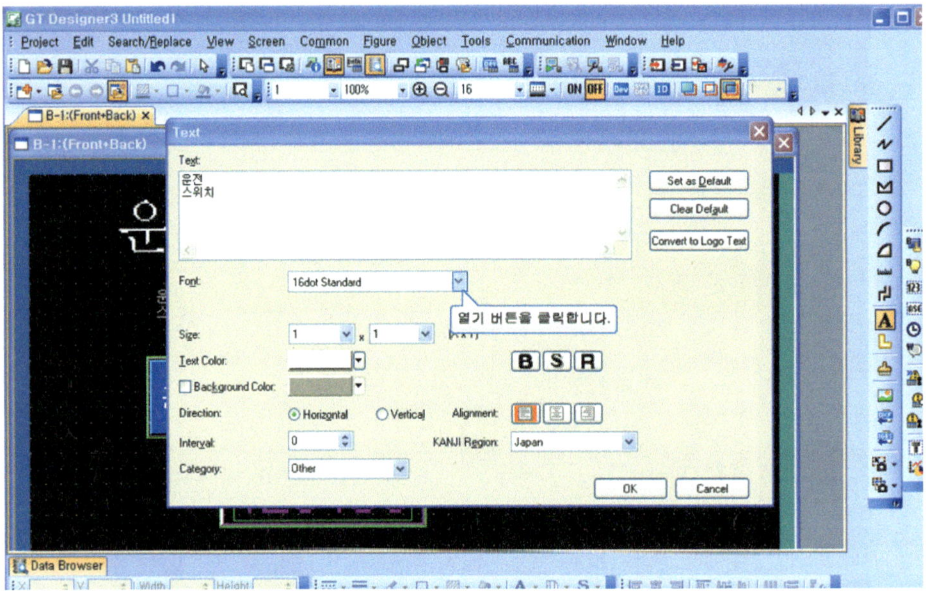

(19) 16도트 고품위 명조를 선택한다.

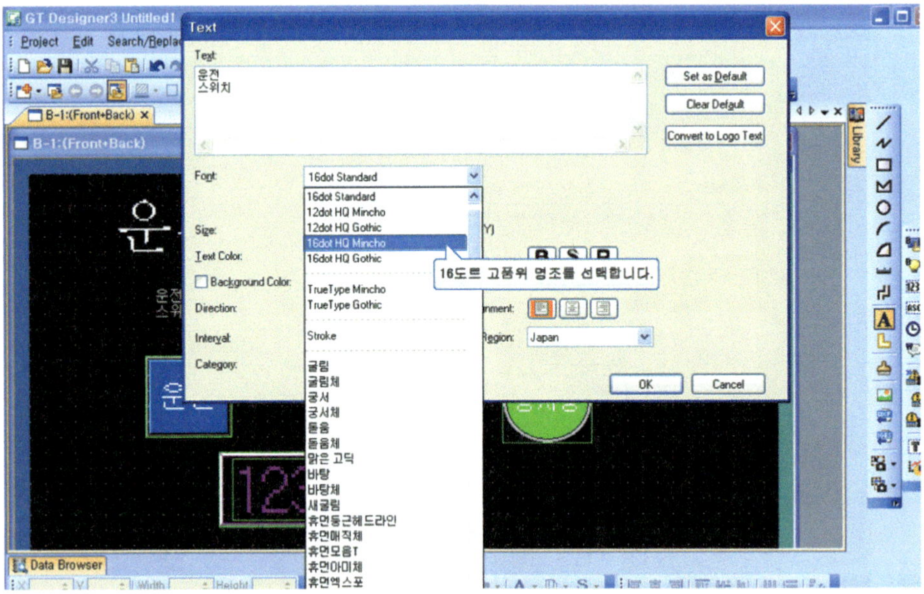

(20) 가운데 정렬을 선택한다.

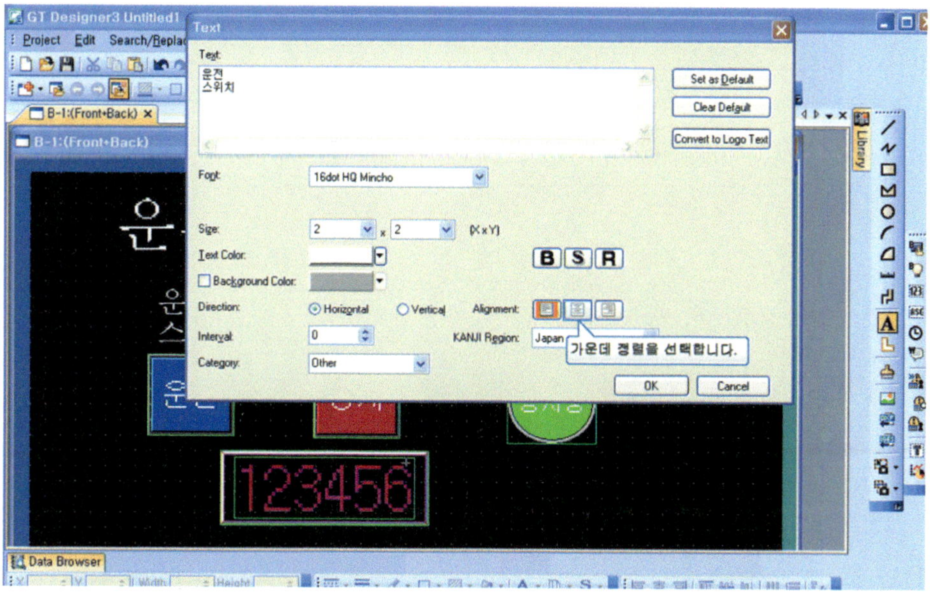

(21) OK 버튼을 클릭한다.

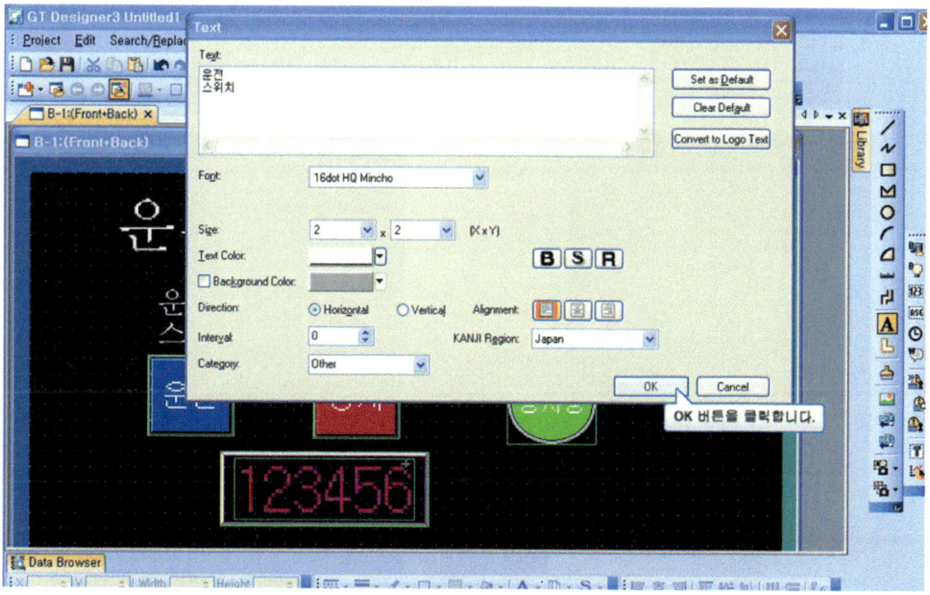

(22) 도형(F) 메뉴를 선택한다.

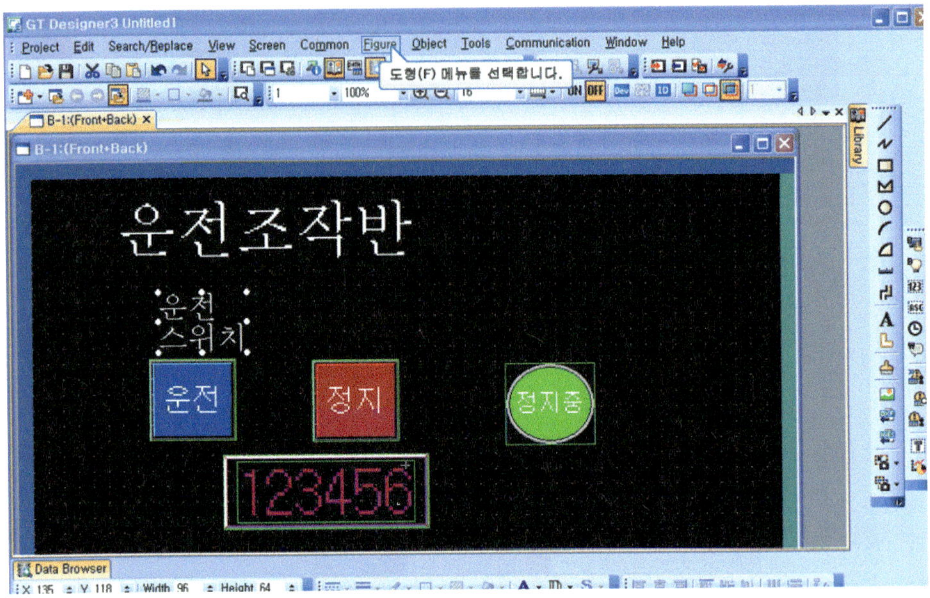

(23) 문자(T)를 선택한다.

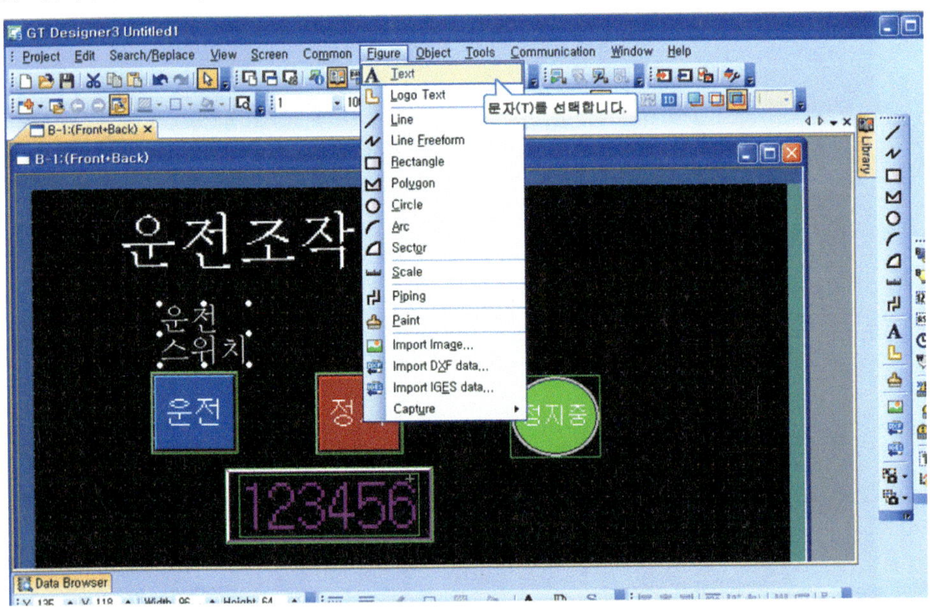

(24) 문자를 작성하는 위치에서 클릭한다.

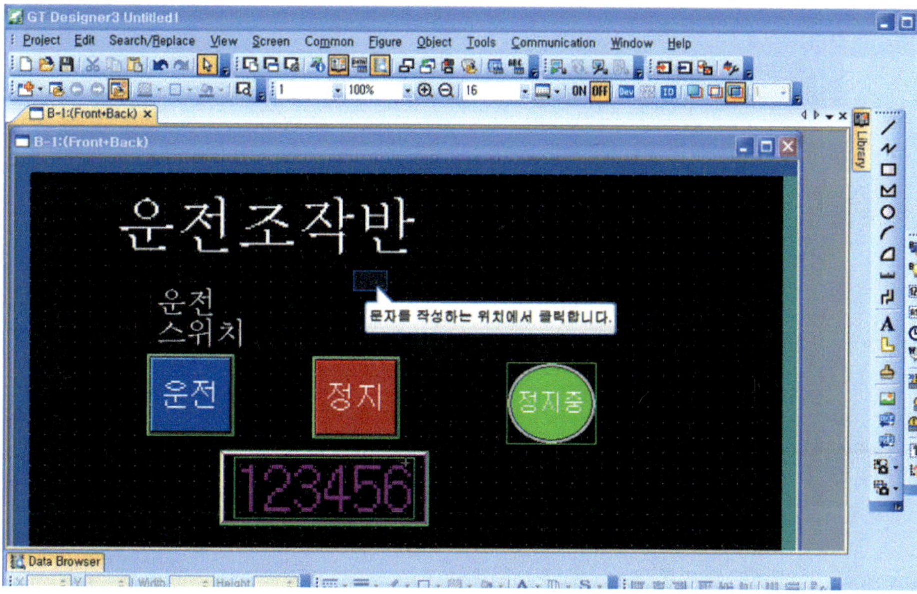

(25) 문자열(X): 텍스트 상자를 선택한다.

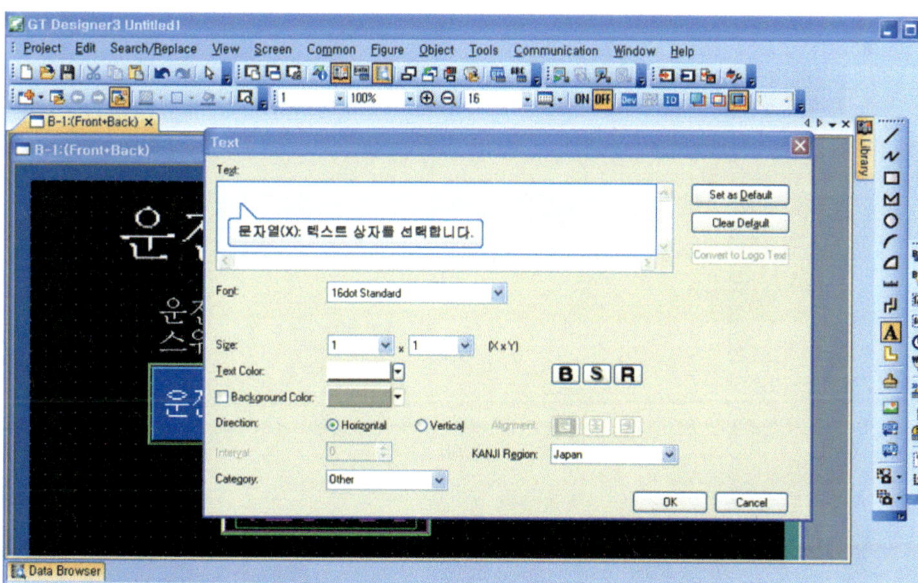

(26) 정지 스위치를 입력하고 [Enter↵] 키를 누른다.

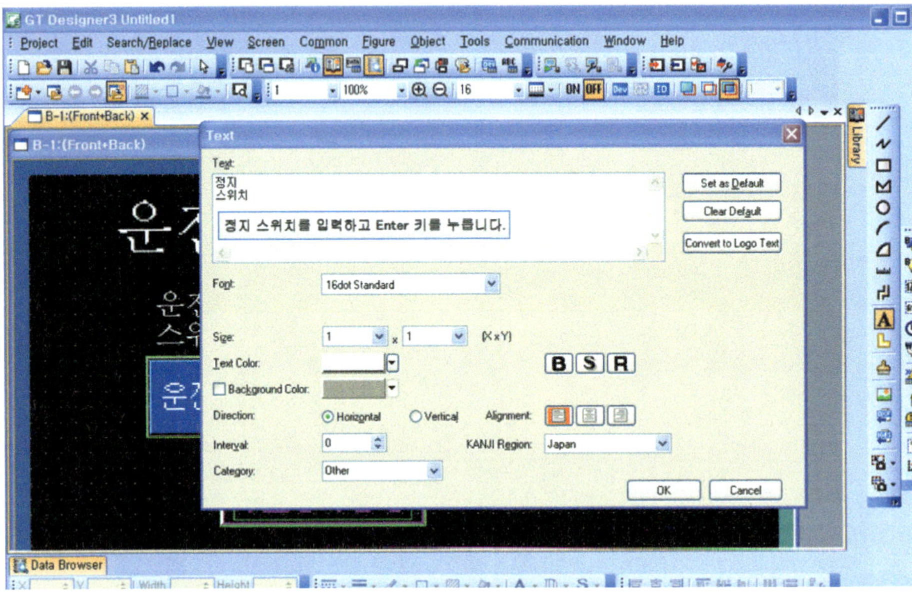

(27) 열기 버튼을 클릭한다.

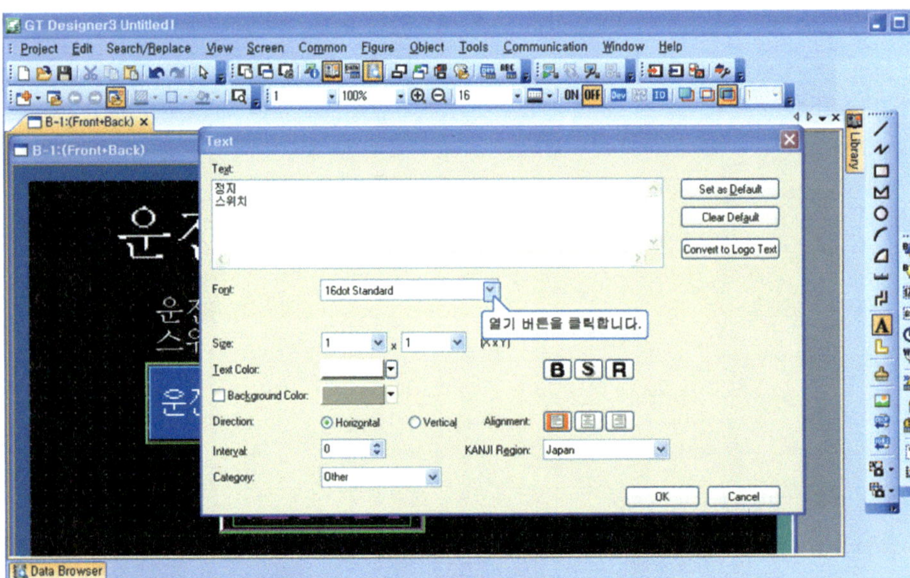

(28) 16도트 고품위 명조를 선택한다.

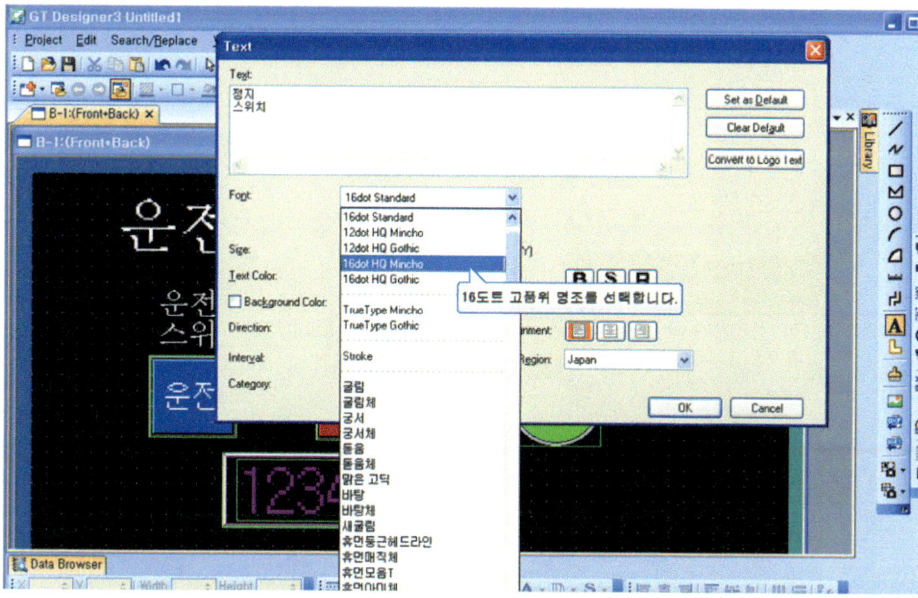

(29) 중앙 정렬을 선택한다.

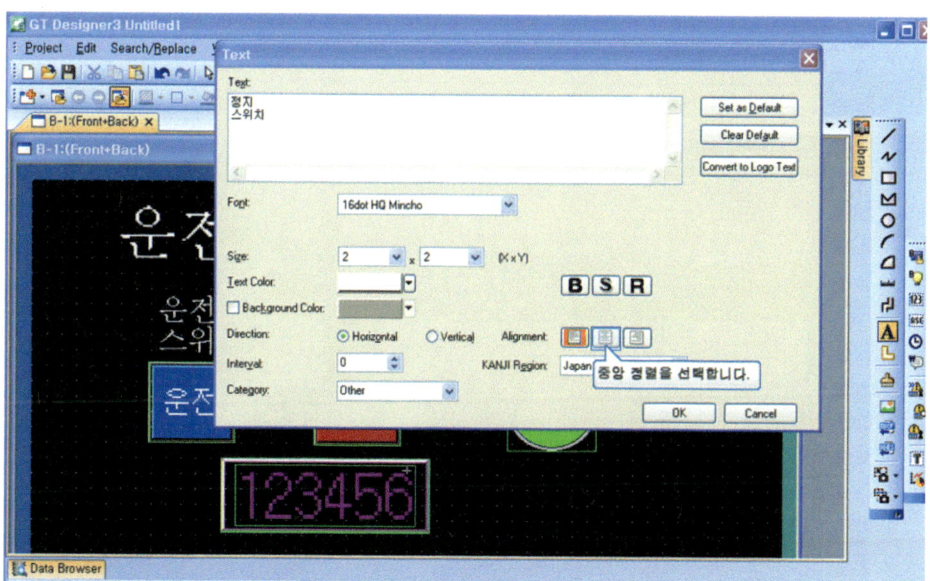

(30) OK 버튼을 클릭한다.

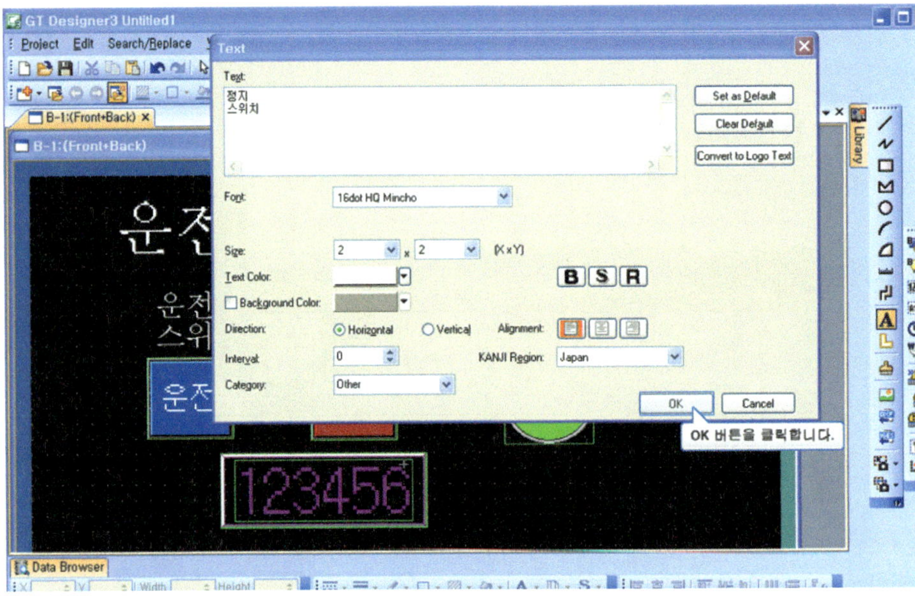

(31) 도형(F) 메뉴를 선택한다.

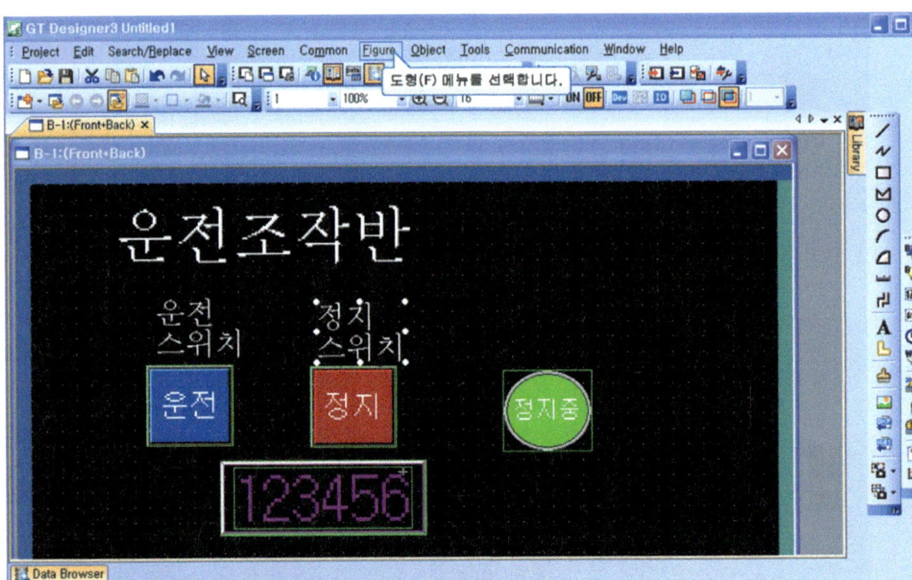

(32) 문자(T)를 선택한다.

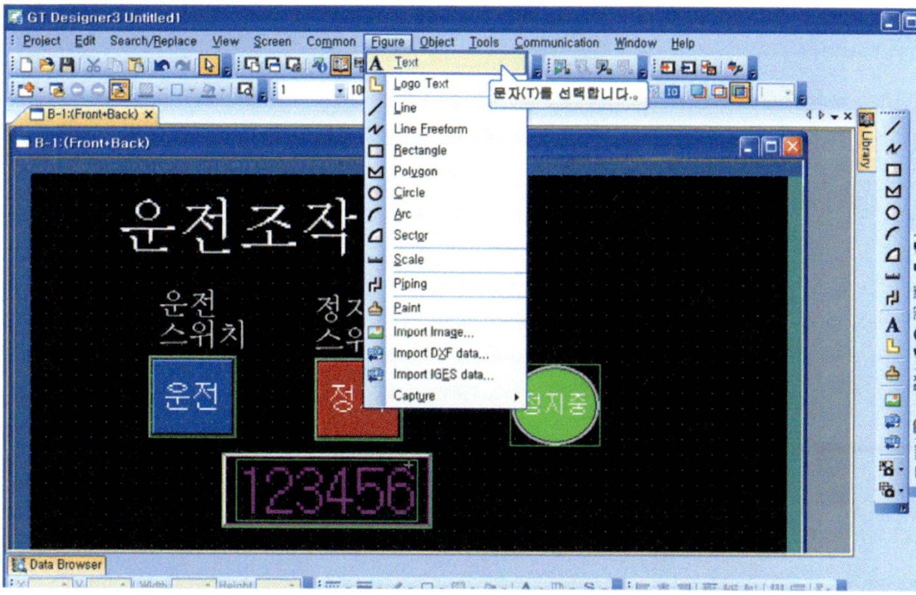

(33) 문자를 작성하는 위치에서 클릭한다.

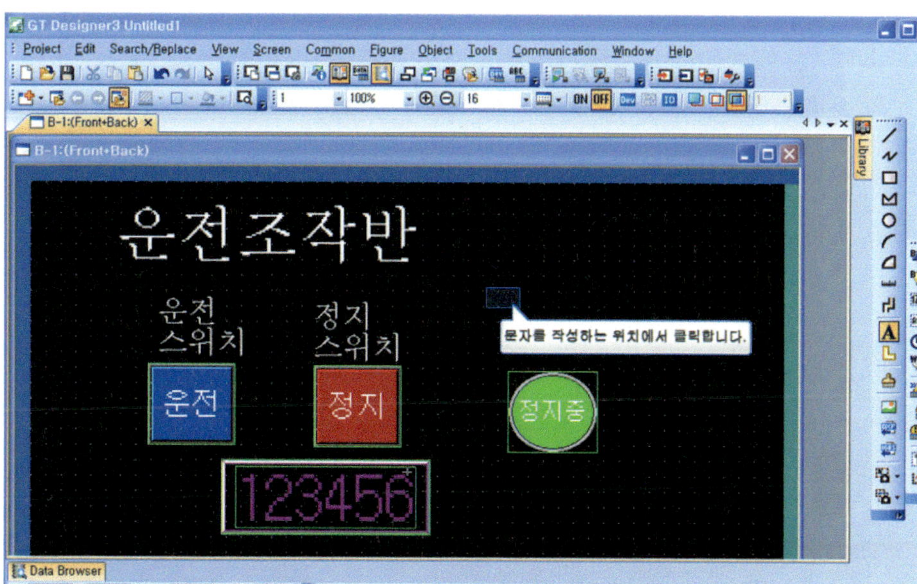

(34) 문자열(X): 텍스트 상자를 선택한다.

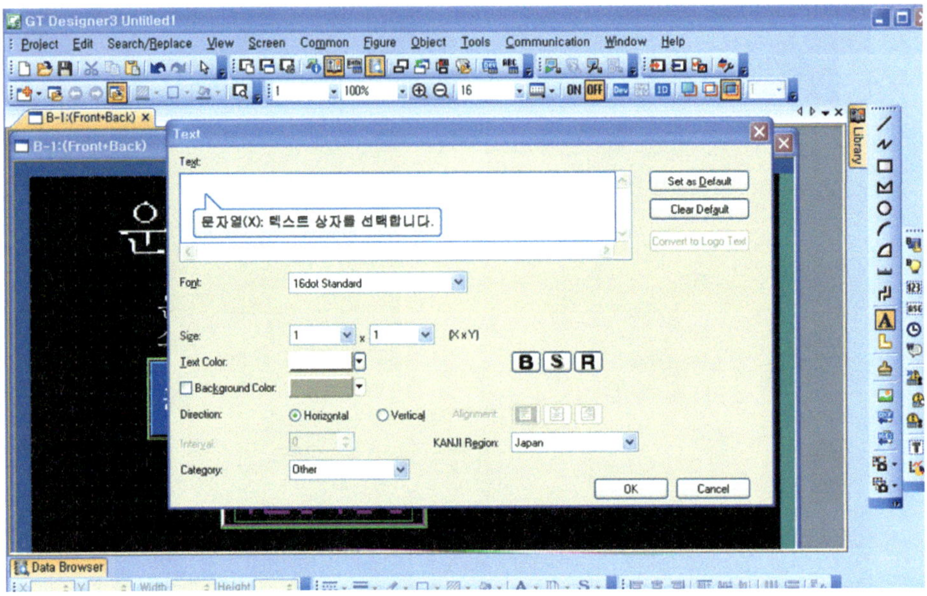

(35) 운전 중 표시 램프를 입력하고, Enter↵ 키를 누른다.

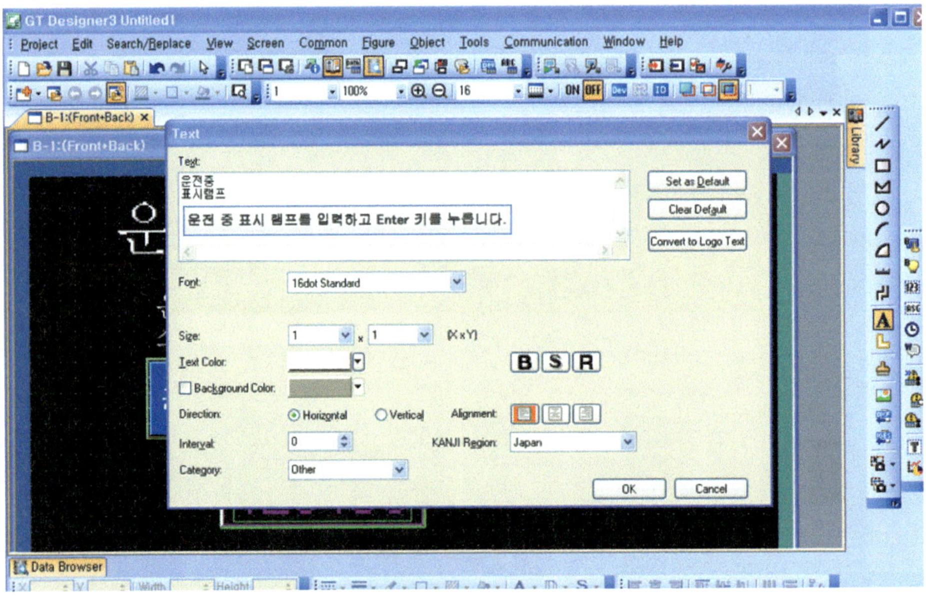

(36) 열기 버튼을 클릭한다.

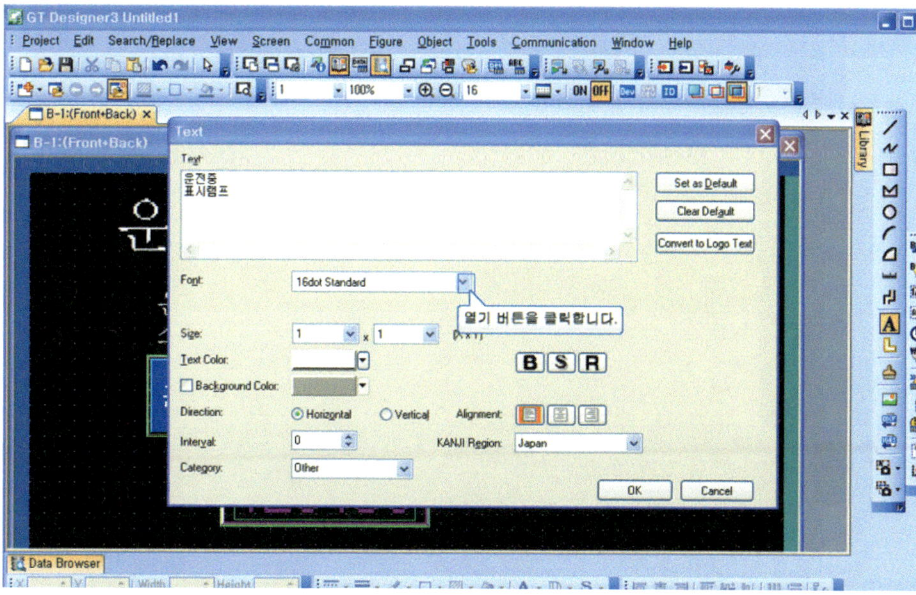

(37) 16도트 고품위 명조를 선택한다.

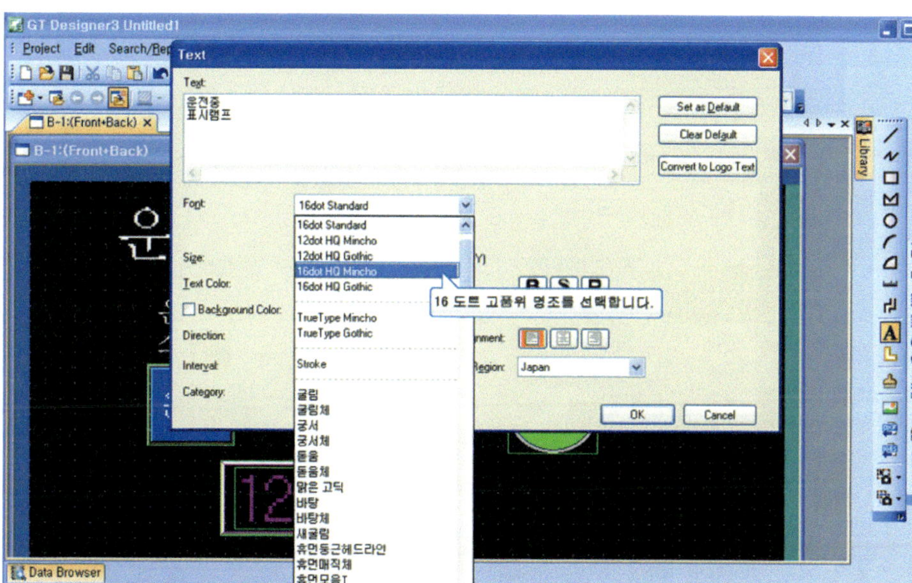

(38) 중앙 정렬을 선택한다.

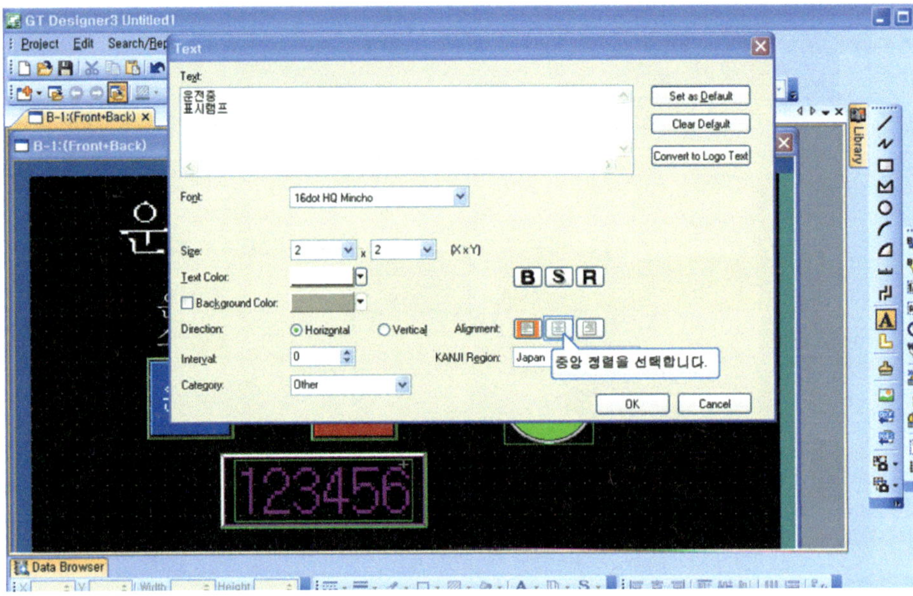

(39) OK 버튼을 클릭한다.

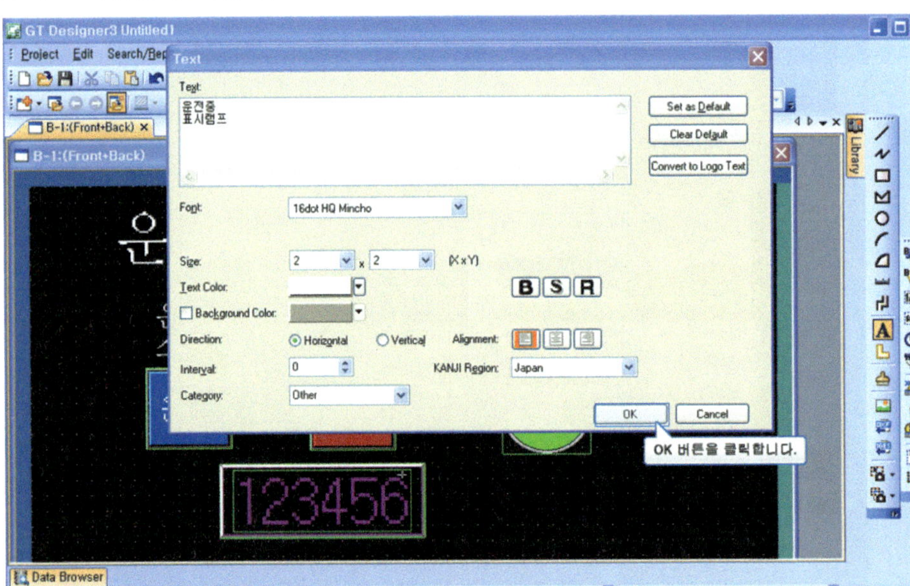

(40) 도형(F) 메뉴를 선택한다.

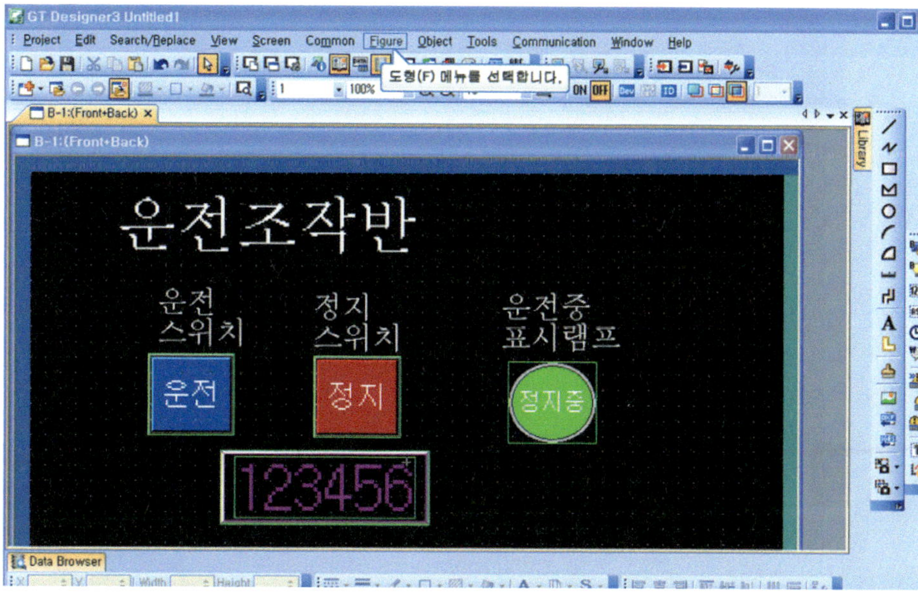

(41) 문자(T)를 선택한다.

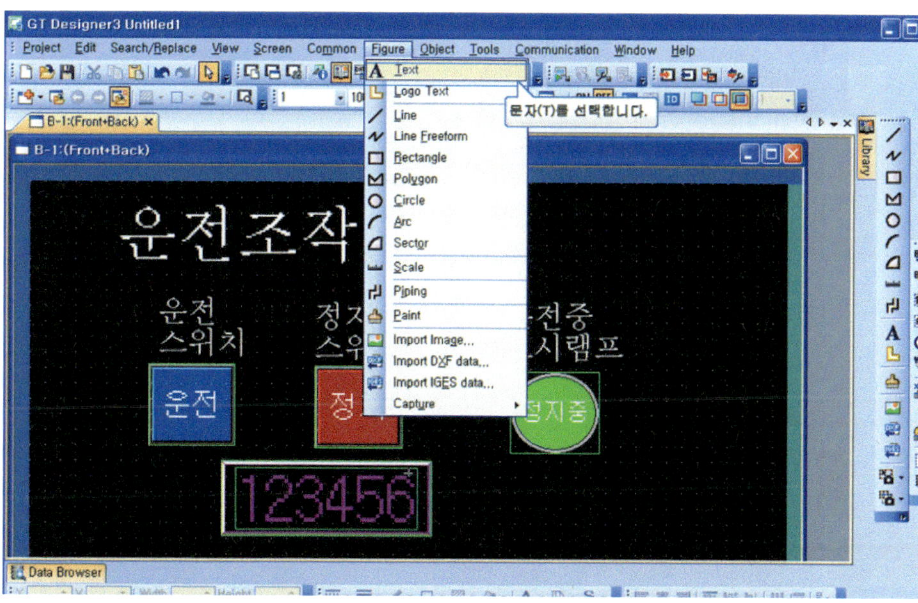

(42) 문자를 작성하는 위치에서 클릭한다.

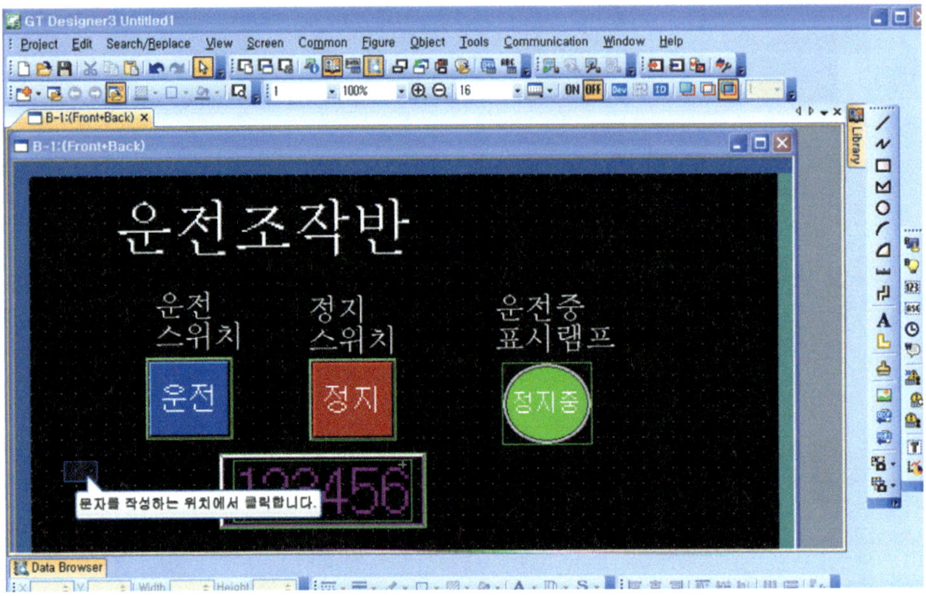

(43) 문자열(X): 텍스트 상자를 선택한다.

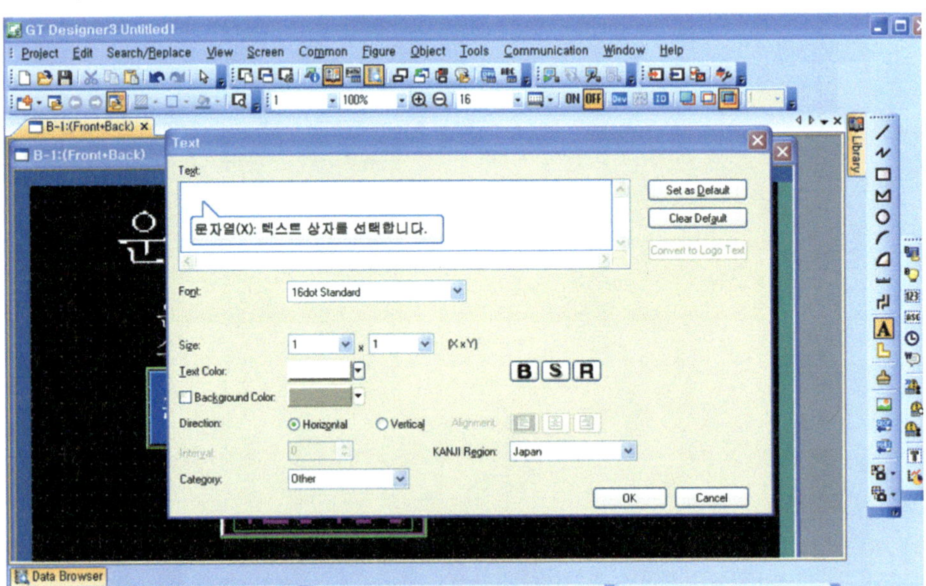

(44) 데이터1 입력하고, Enter↵ 키를 누른다.

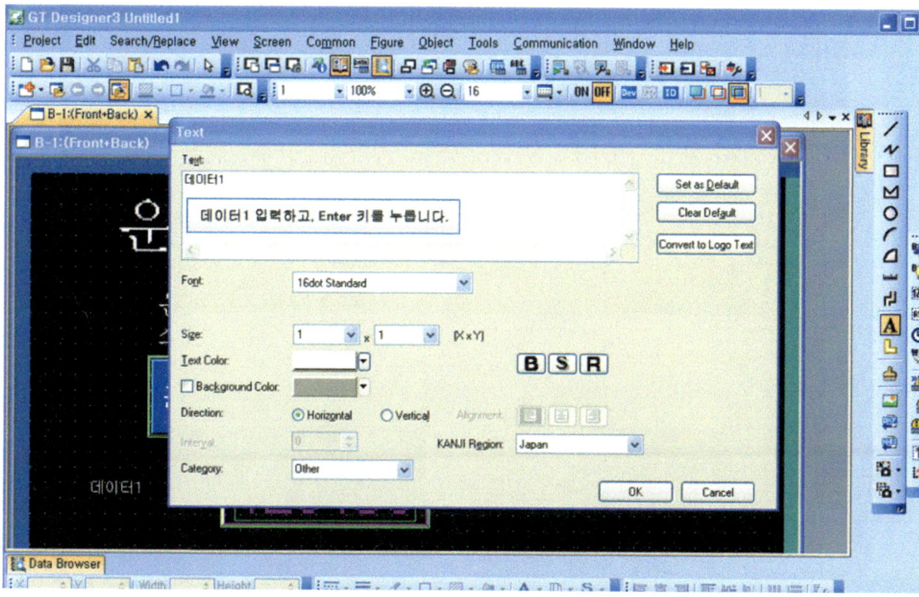

(45) 열기 버튼을 클릭한다.

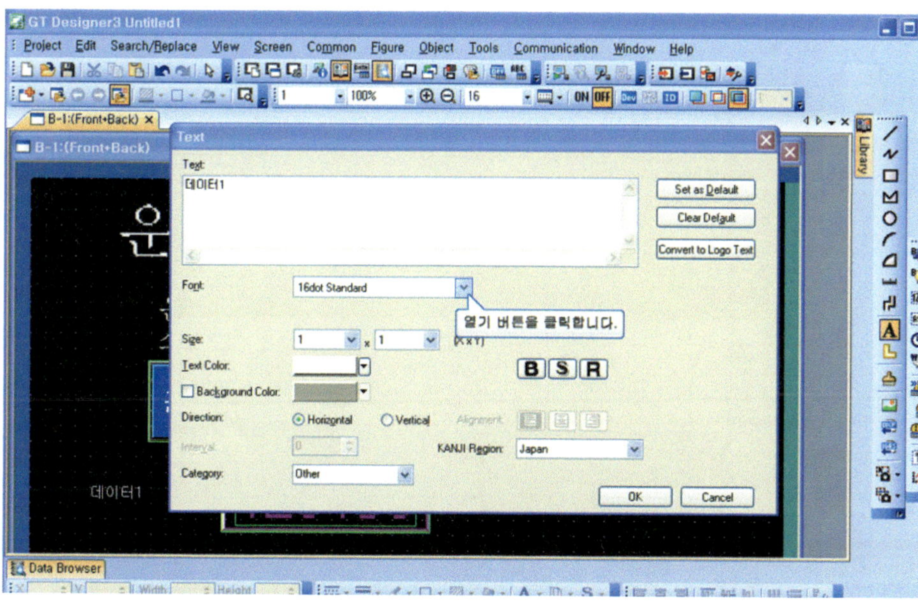

(46) 16도트 고품위 명조를 선택한다.

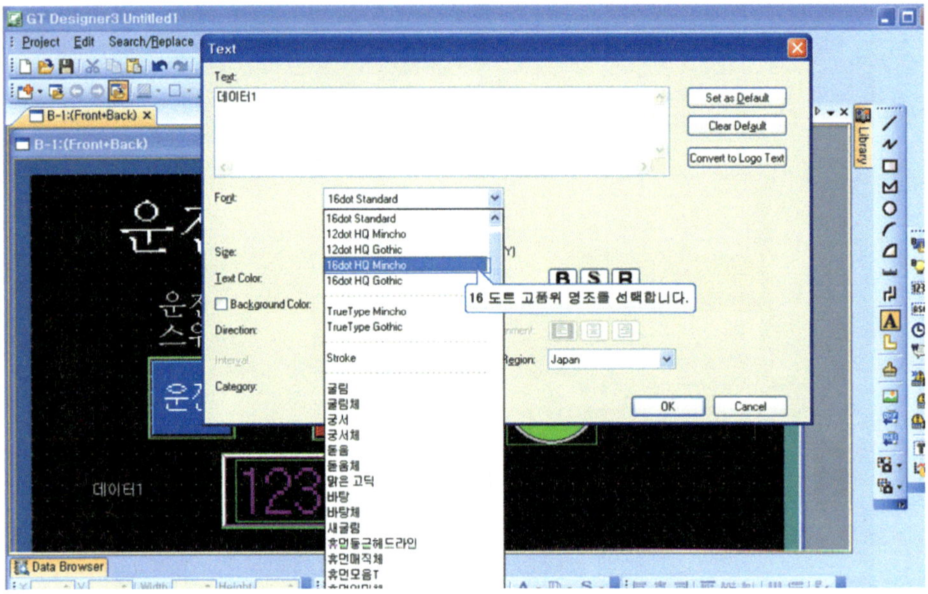

(47) OK 버튼을 클릭한다.

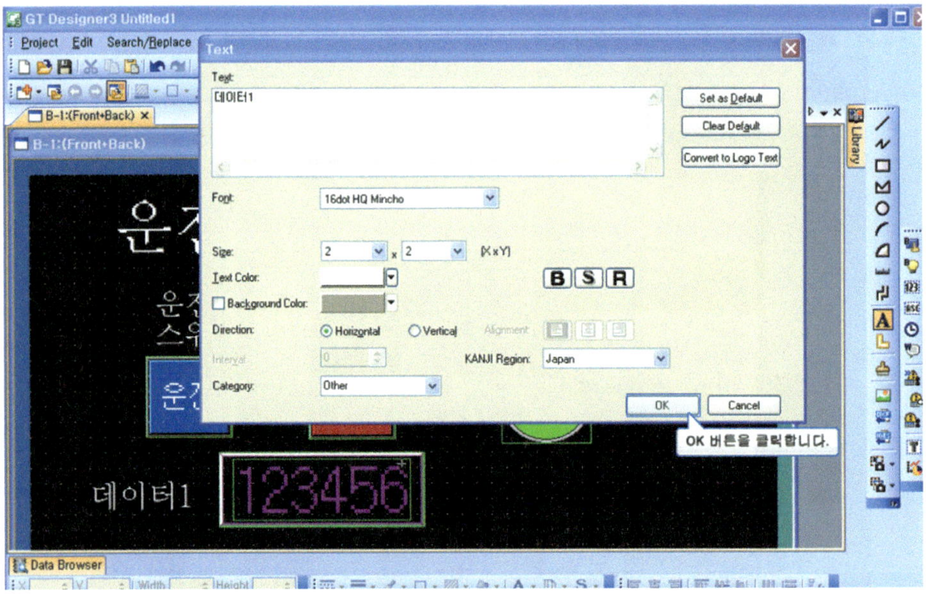

(48) 문자의 입력을 완료한다.

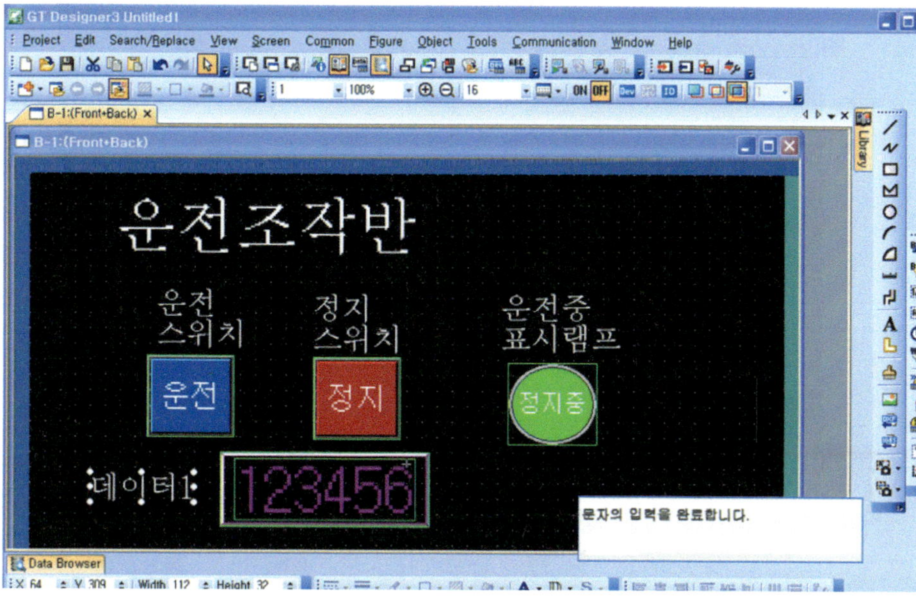

07 GT Designer3 접속 설정

(1) 공통 설정(M) 메뉴를 선택한다.

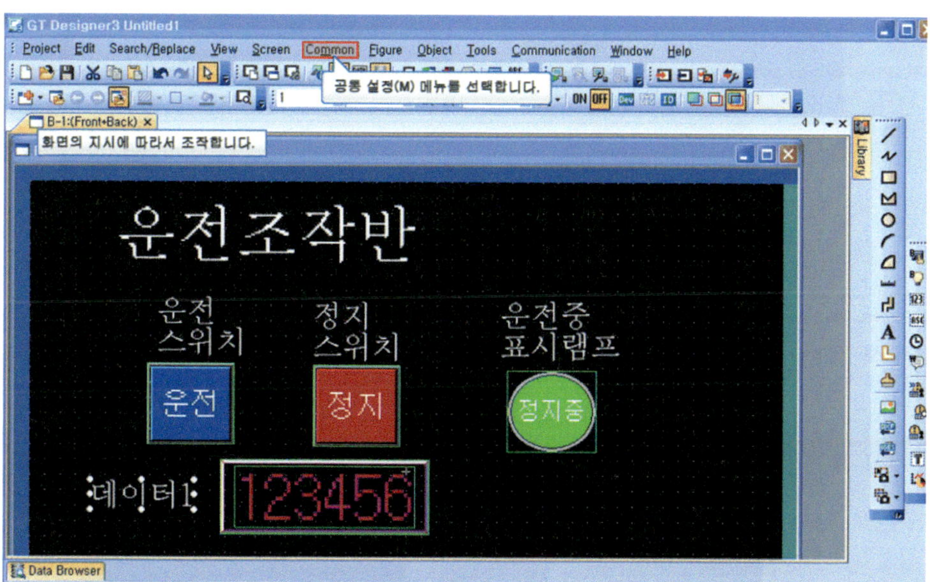

(2) 접속 기기 설정(N)...을 선택한다.

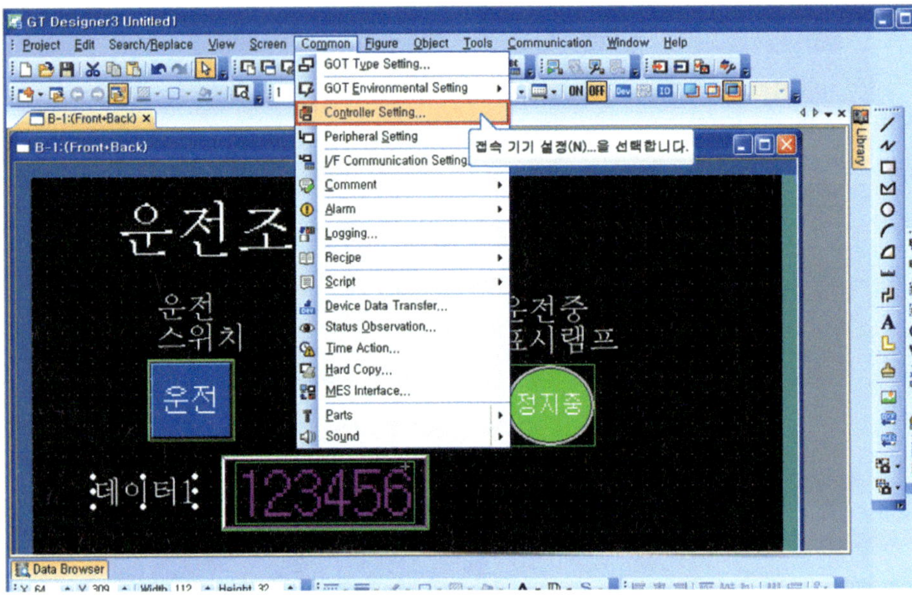

(3) Common ⇒ Controller Setting ⇒ GOT Standard Ethernet Setting을 선택한다.

- IP를 기입한다.

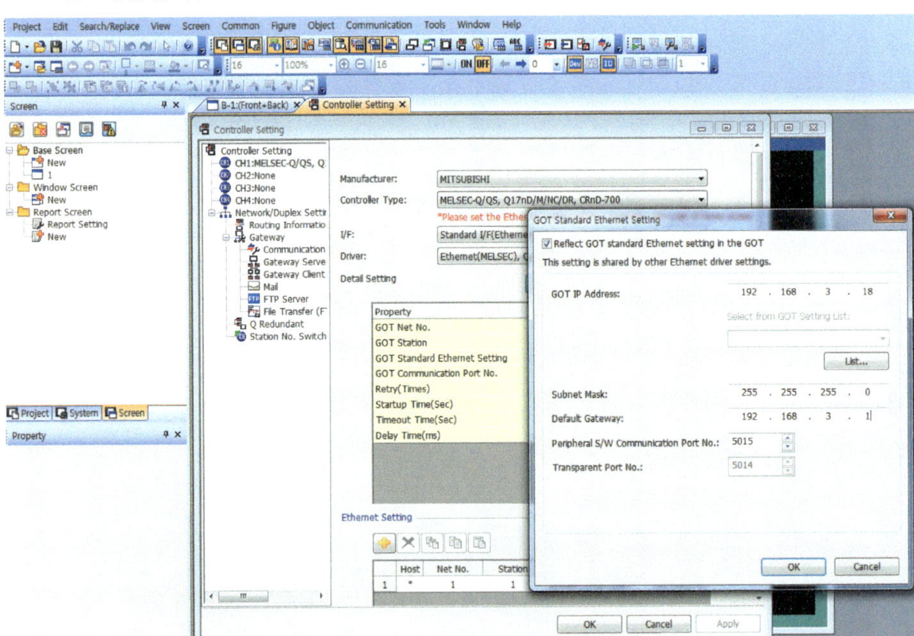

(4) Communication ⇒ Write TO GOT(USB를 Ethernet으로 변경)

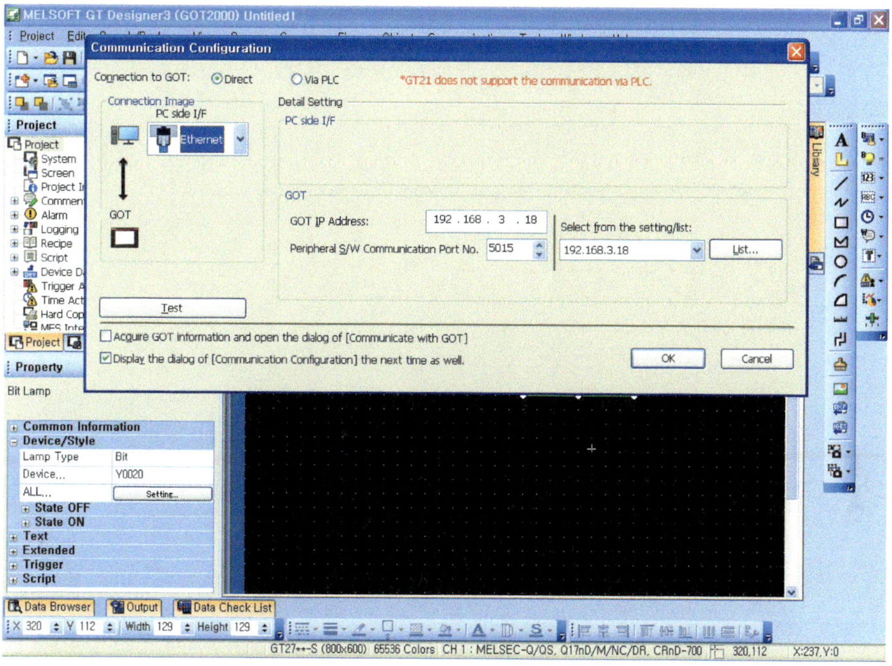

(5) GOT Write

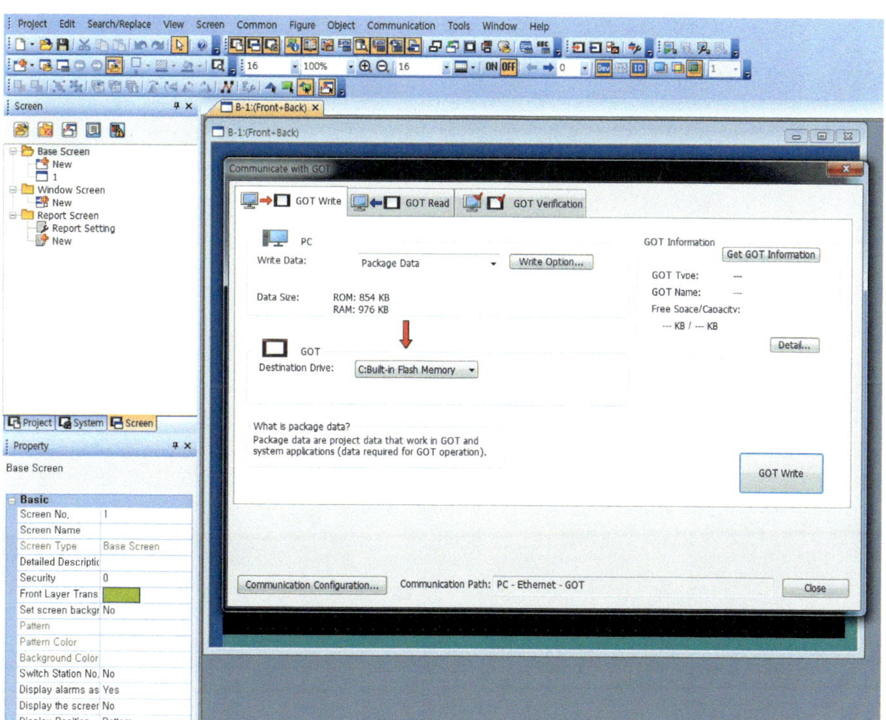

(6) 접속 대상 설정이 완료되었다.

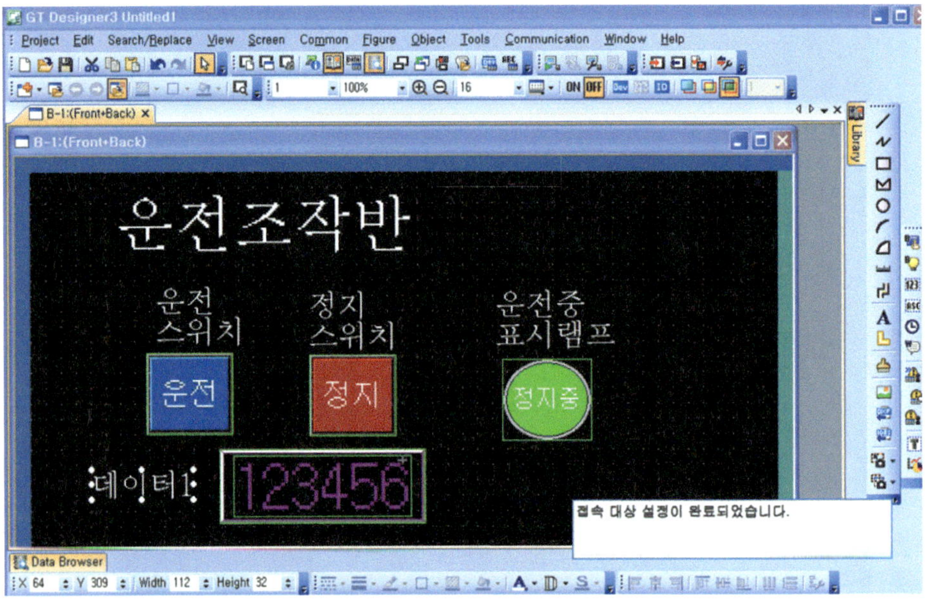

08 GT Designer3 프로젝트 쓰기

(1) 통신(C) 메뉴를 선택한다.

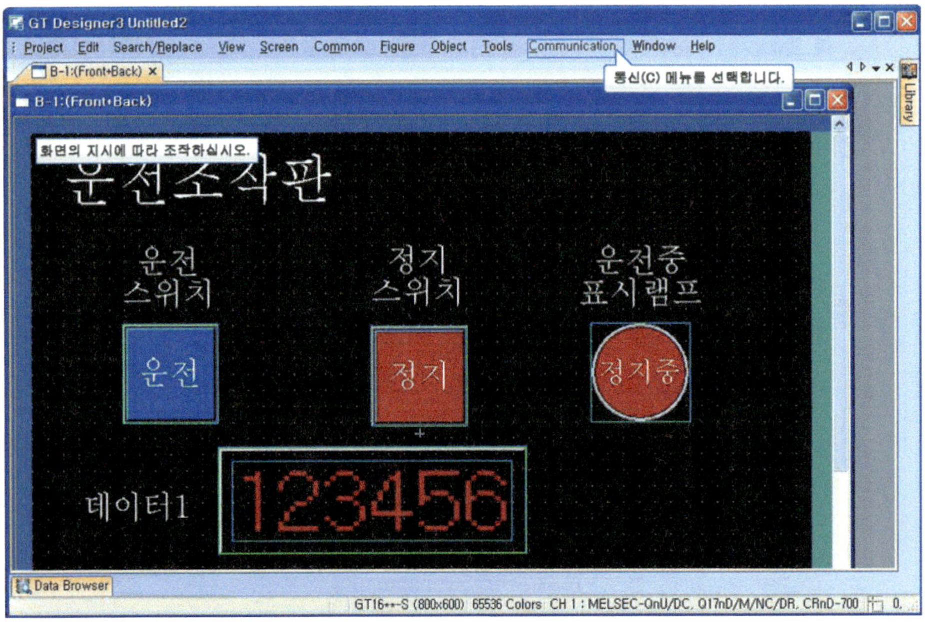

(2) GOT에 쓰기(W)...를 선택한다.

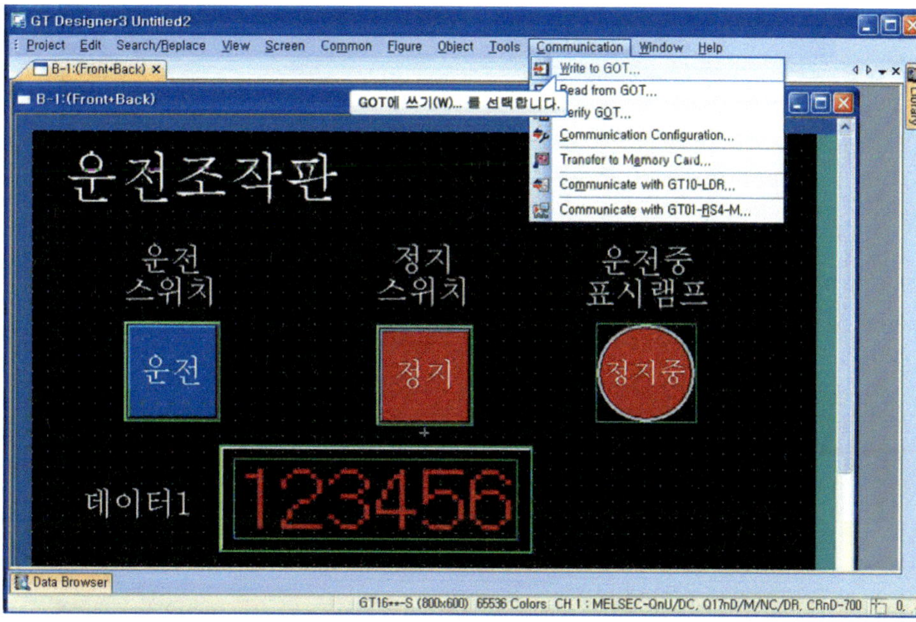

(3) GOT 정보 수집(E) 버튼을 클릭한다.

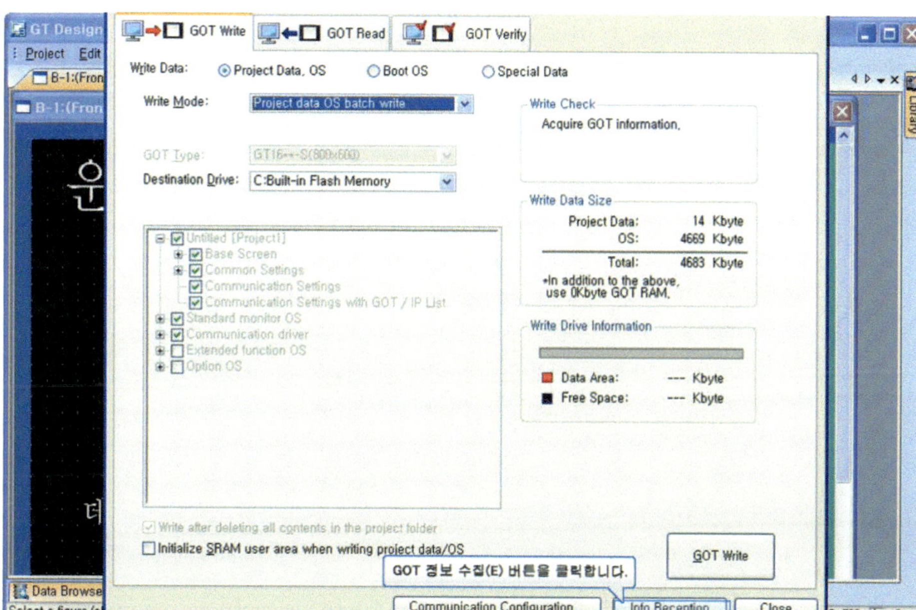

(4) 예(Y) 버튼을 클릭한다.

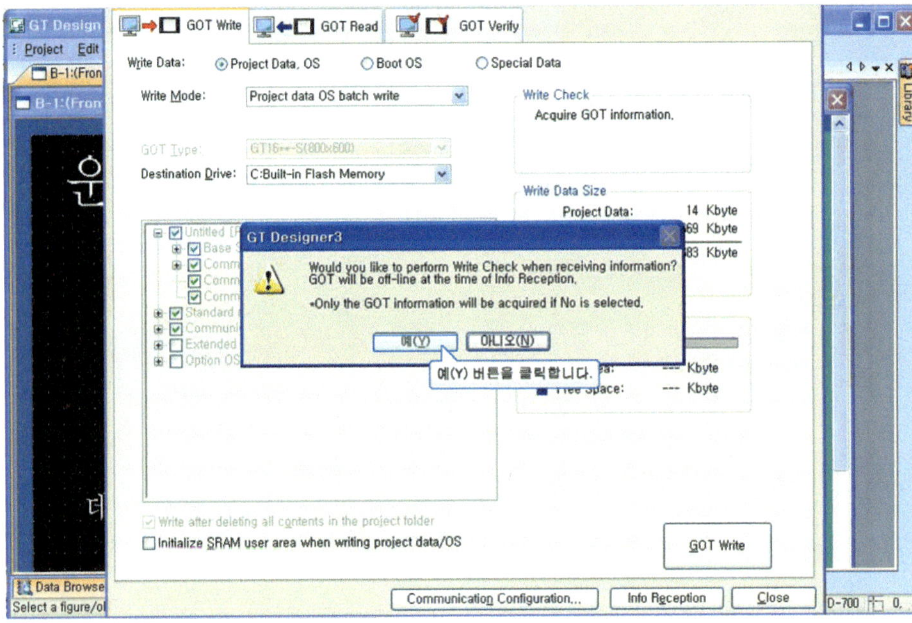

(5) 열기 버튼을 클릭한다.

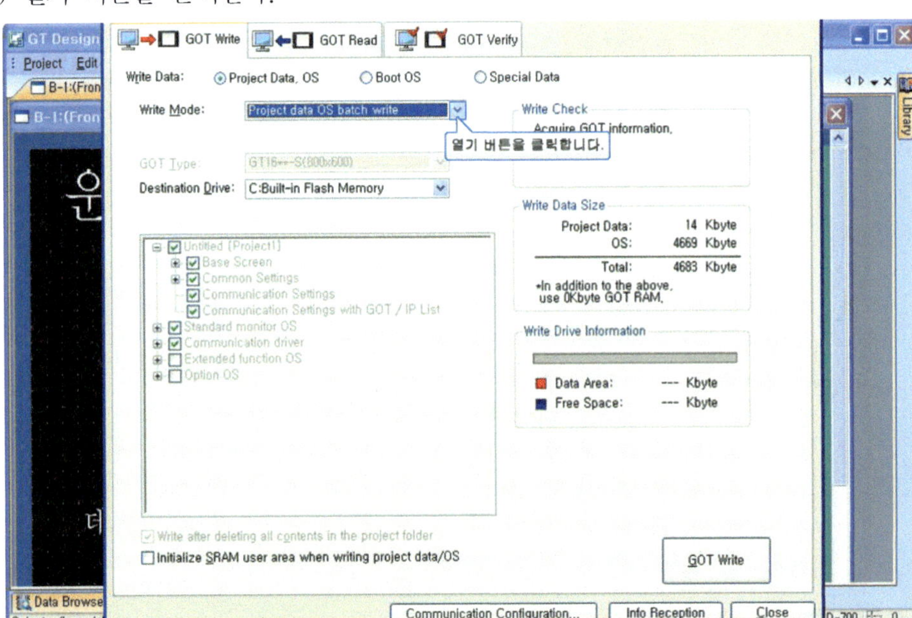

(6) 프로젝트 데이터, OS 일괄 쓰기를 선택한다.

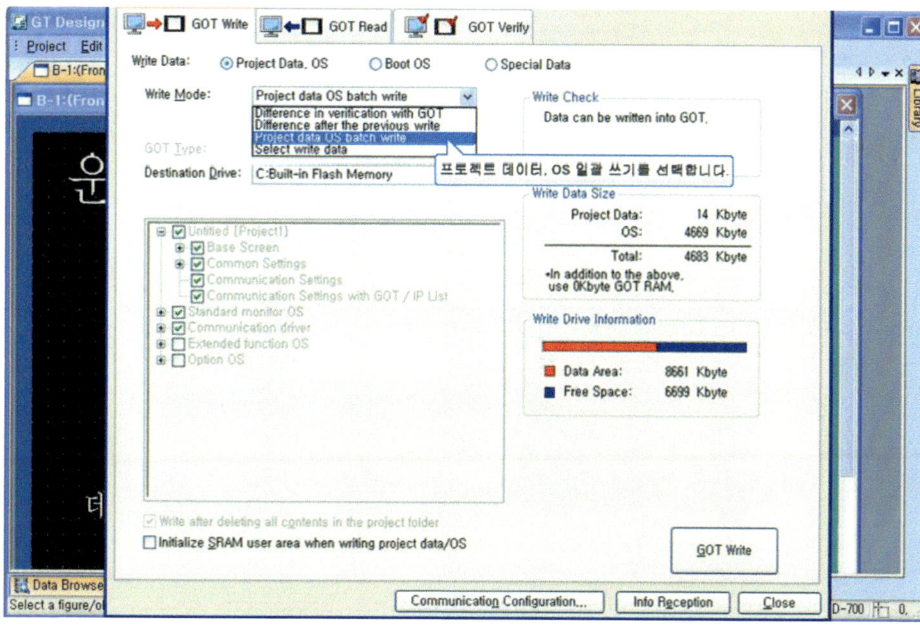

(7) GOT 쓰기(G) 버튼을 클릭한다.

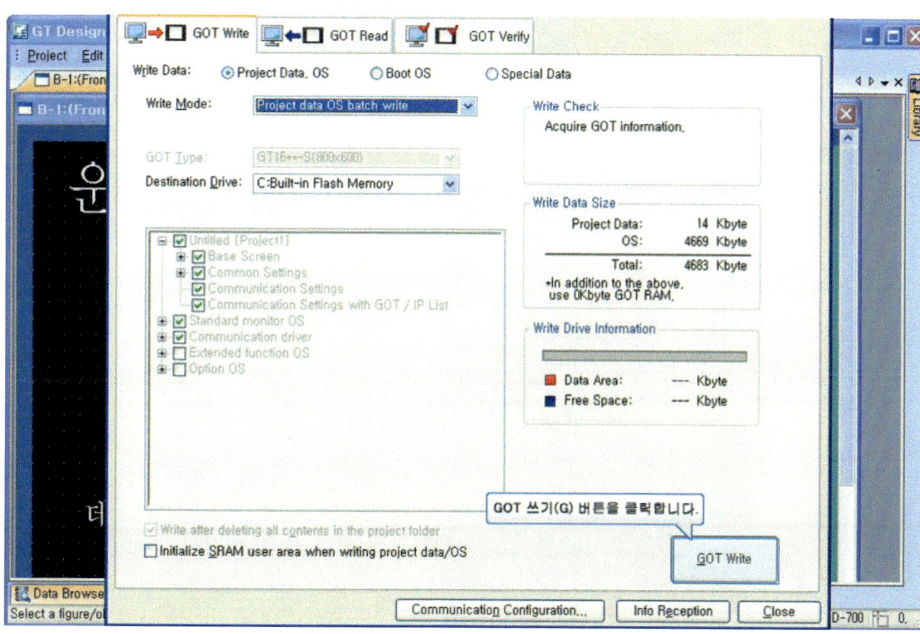

(8) 예(Y) 버튼을 클릭한다.

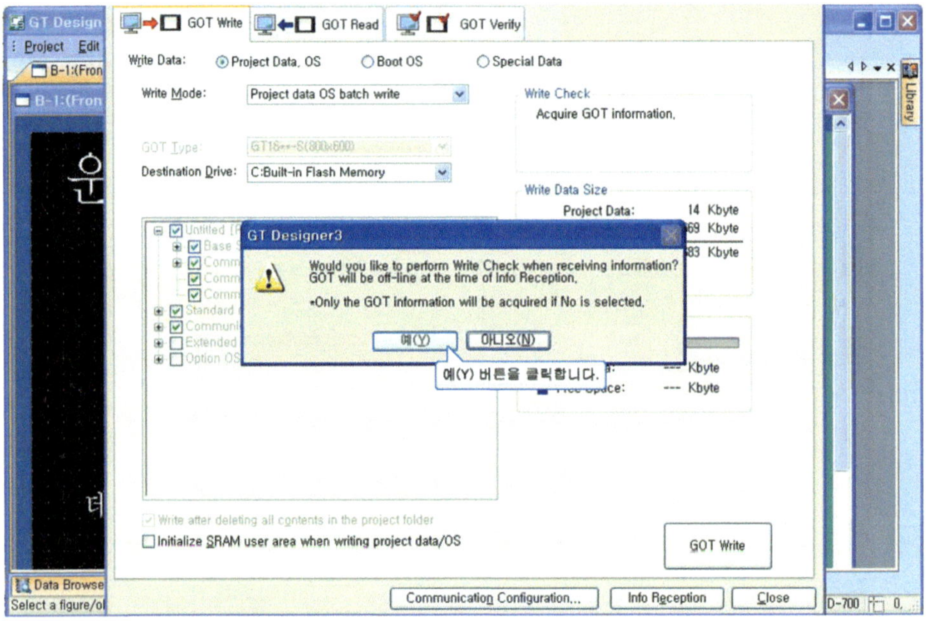

(9) 예(Y) 버튼을 클릭한다.

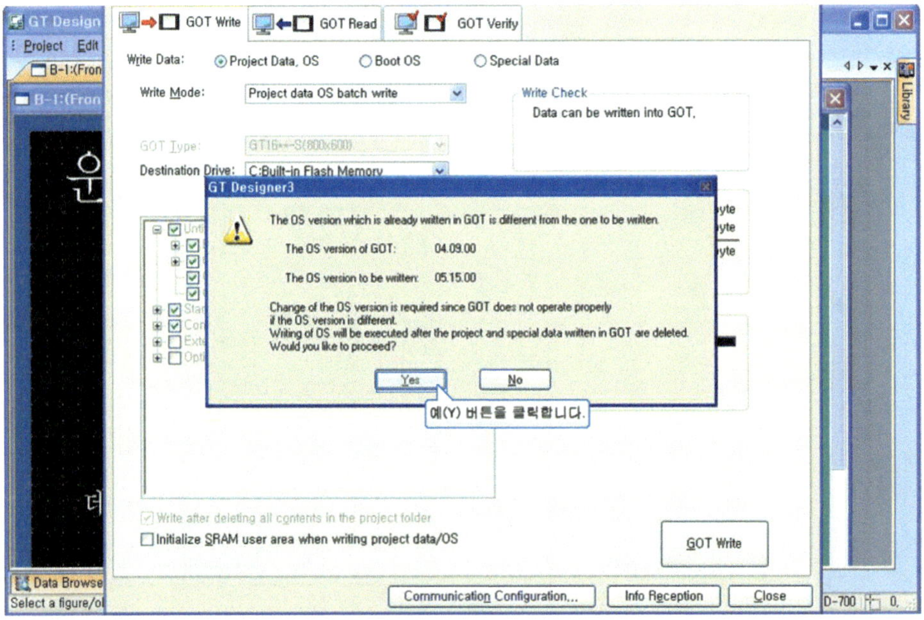

(10) 아래와 같이 터치패널 데이터가 전송되는 것을 확인할 수 있다.

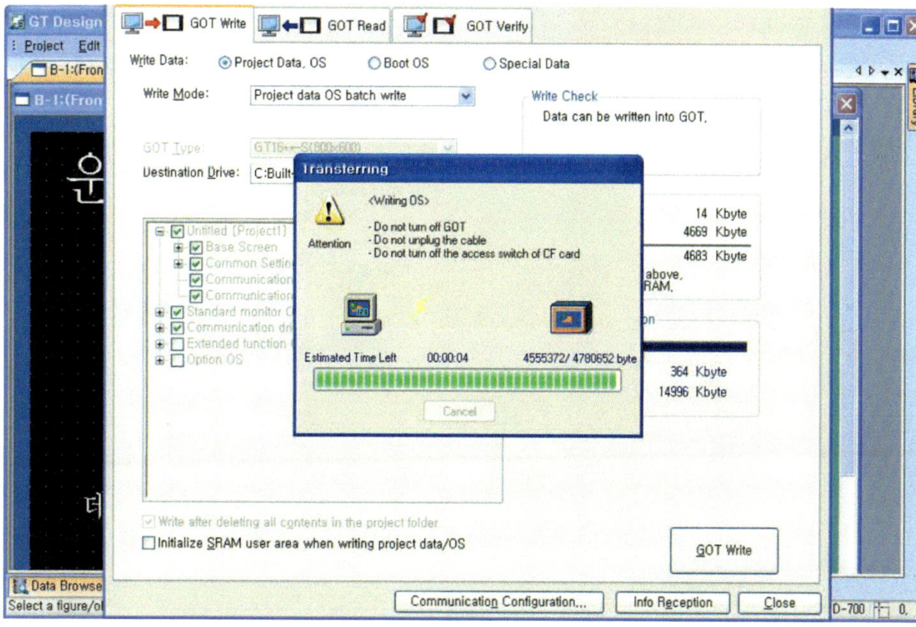

(11) OK 버튼을 클릭한다.

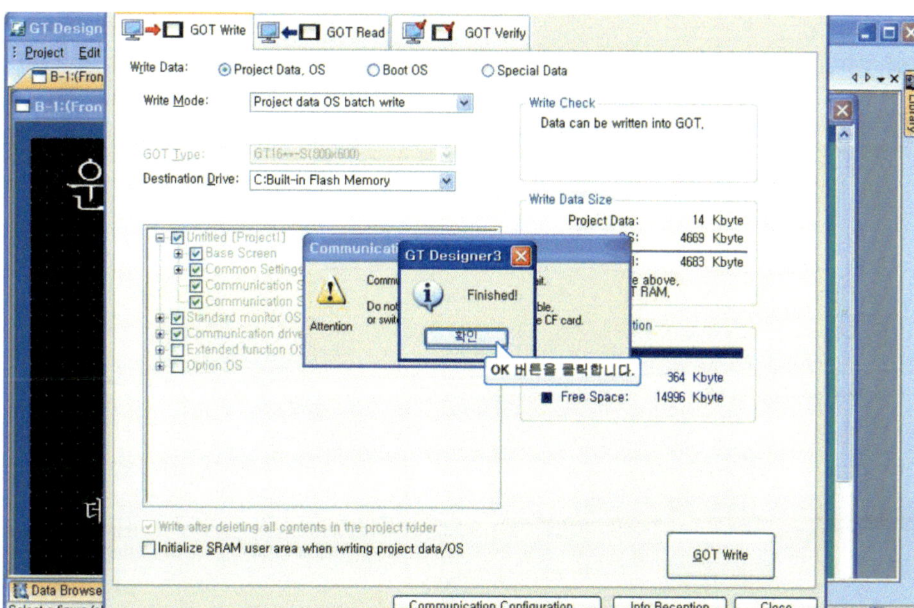

(12) 프로젝트 데이터의 GOT에 대한 쓰기를 완료한다.

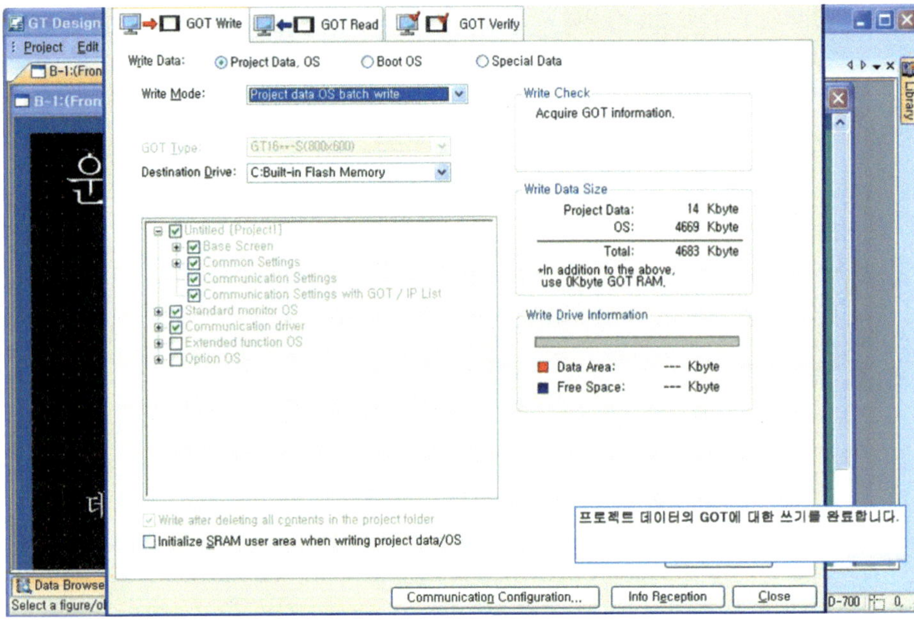

TOP 터치패널

01 통신 확인

(1) 파일(File) ⇒ 새로 만들기(New) ⇒ 새 프로젝트(New Project)

- XTOP Series(XTOP12TS-SA/SD, 800 × 600)설정 후 "NEXT"

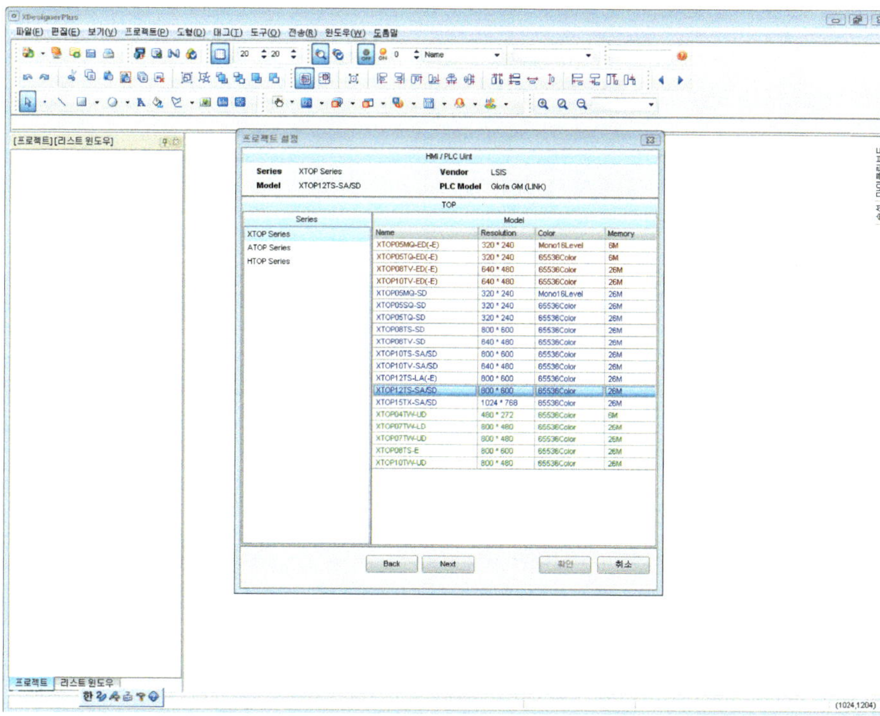

- 프로젝트 설정

PLC Vender(MITSUBISHI), PLC Model(Melsec Q Series: Loader) 설정 후 "NEXT"

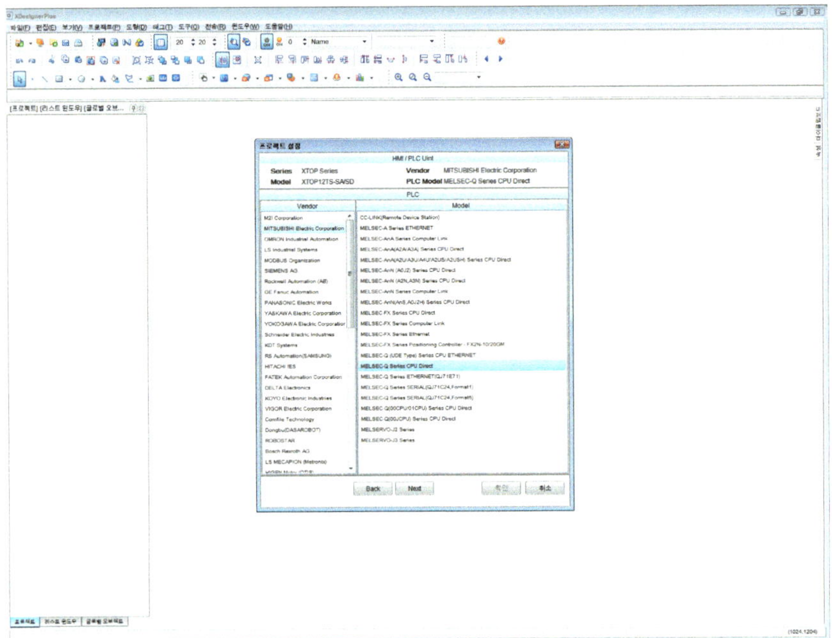

- 설정된 내용 확인 후 "확인"

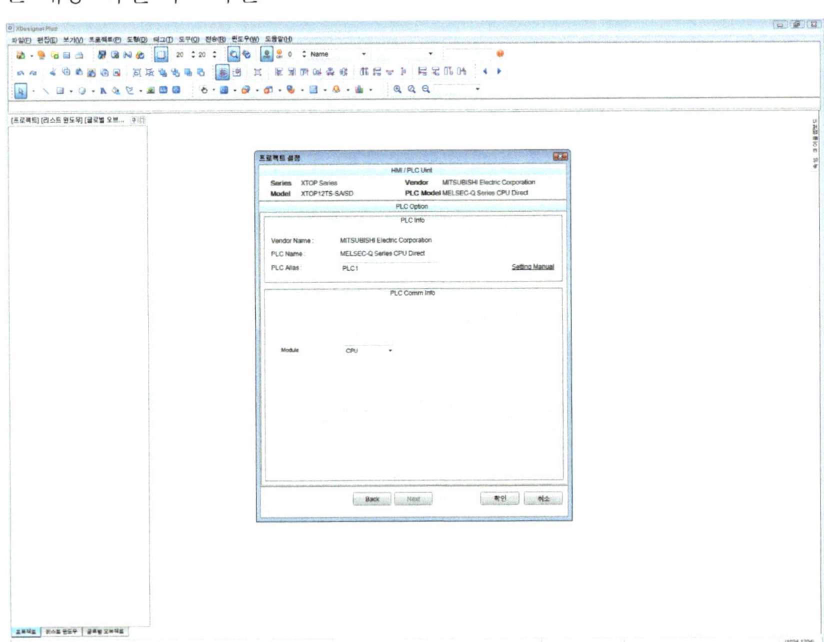

(2) 터치, PC 및 PLC 간 통신확인

① PLC에 아래 프로그램 작성

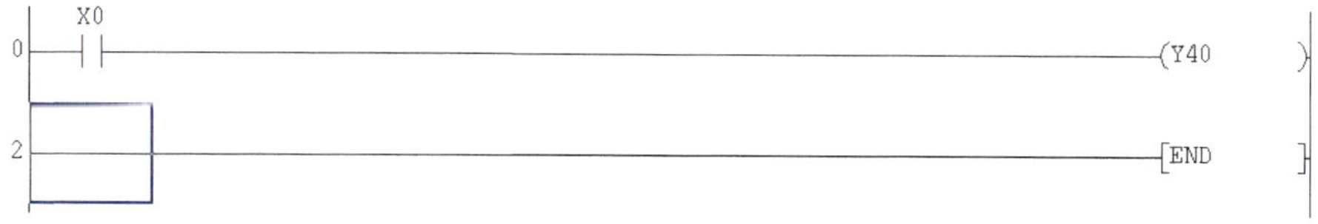

② T · P에 아래 프로그램 작성

- 터치(Touch) ⇒ None Edge(Bitmap) ⇒ 아이콘 선택

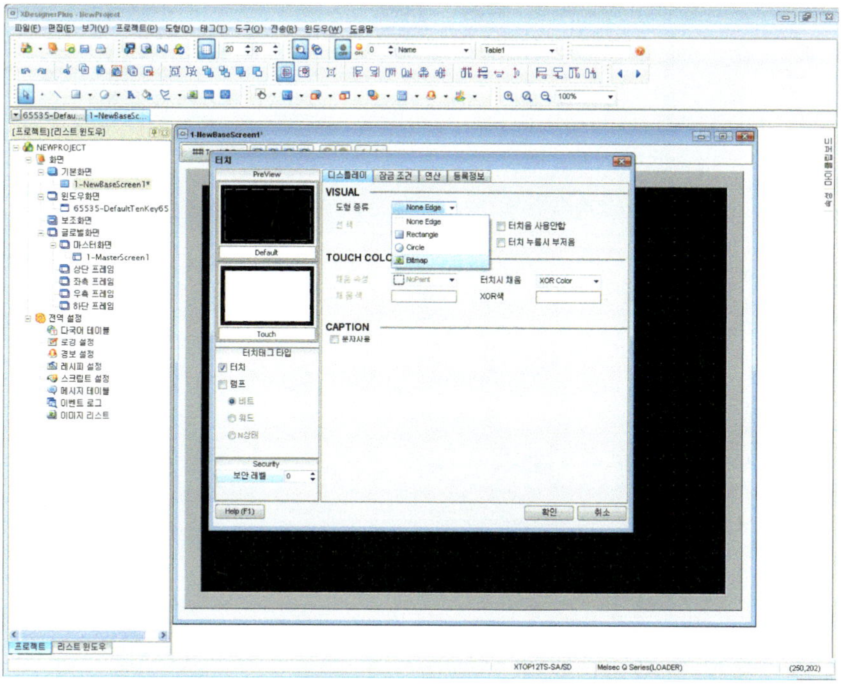

- Circle(Green) ⇒ 버튼 선택 후 ⇒ OK

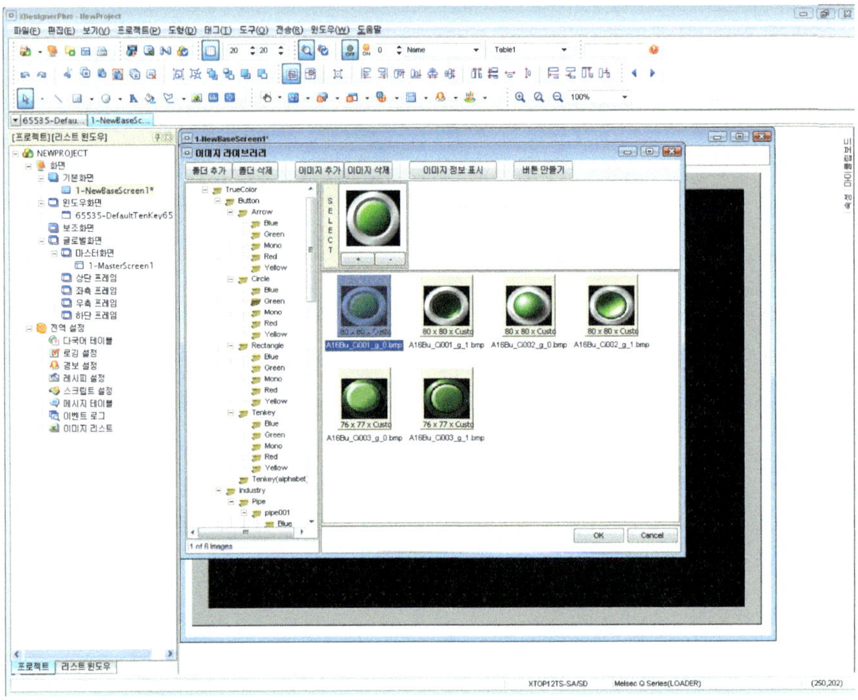

- 연산(Operation) ⇒ ADDRESS(X0), OPERATION(Momentary 체크) ⇒ 추가(Add) ⇒ 확인

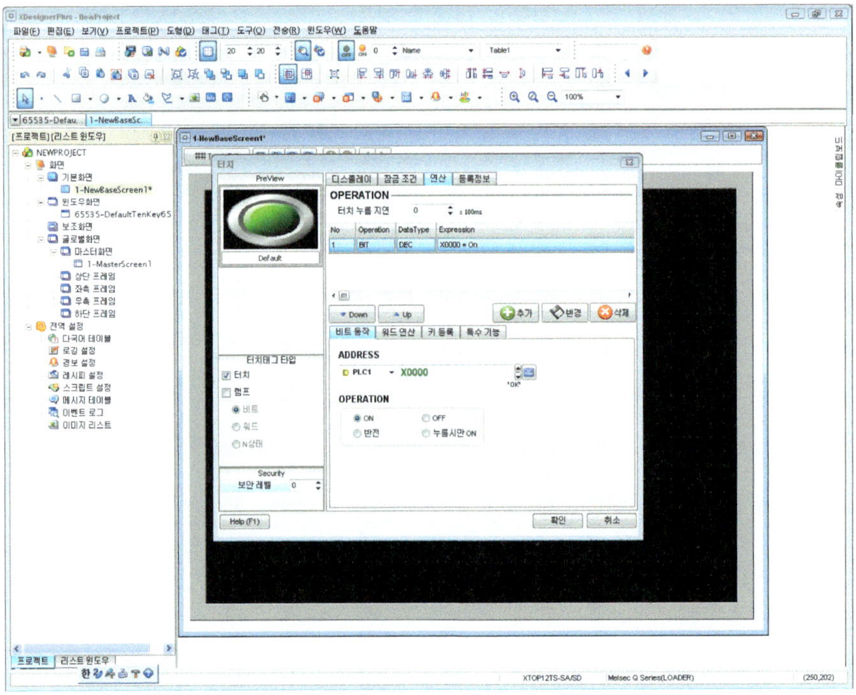

- 터치(Touch) ⇒ 비트램프(Bit Lamp)

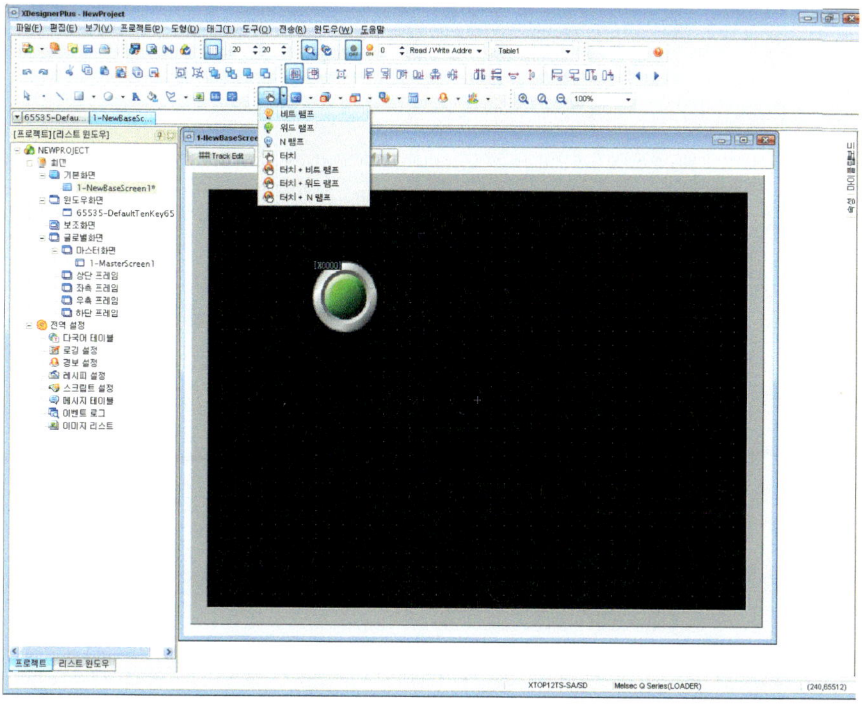

- 도형의 종류(Shape Type) ⇒ Bitmap

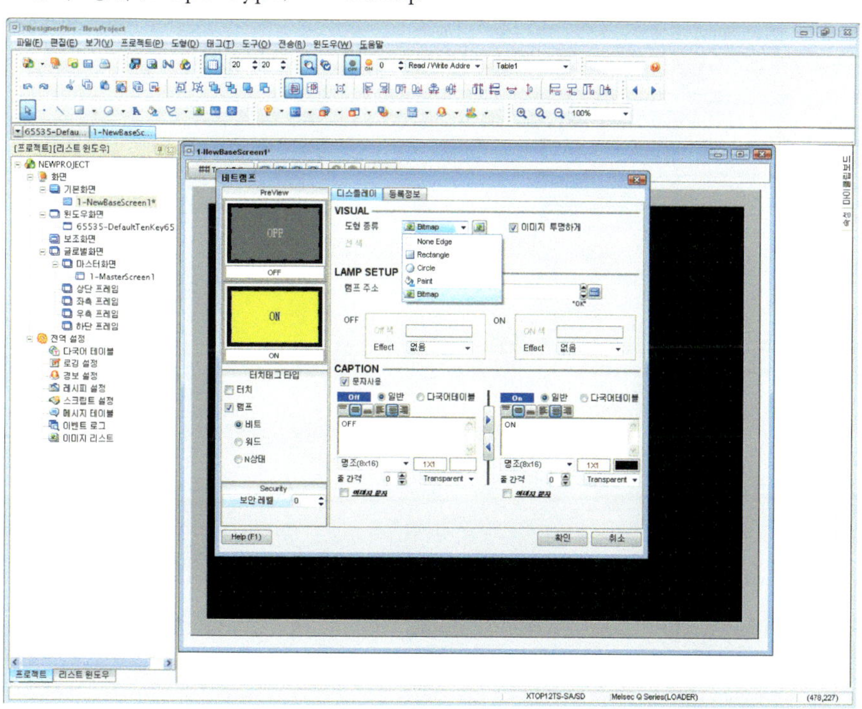

- VISUAL 아이콘 클릭한 후, LAMP ⇒ ETC ⇒ Green ⇒ OK

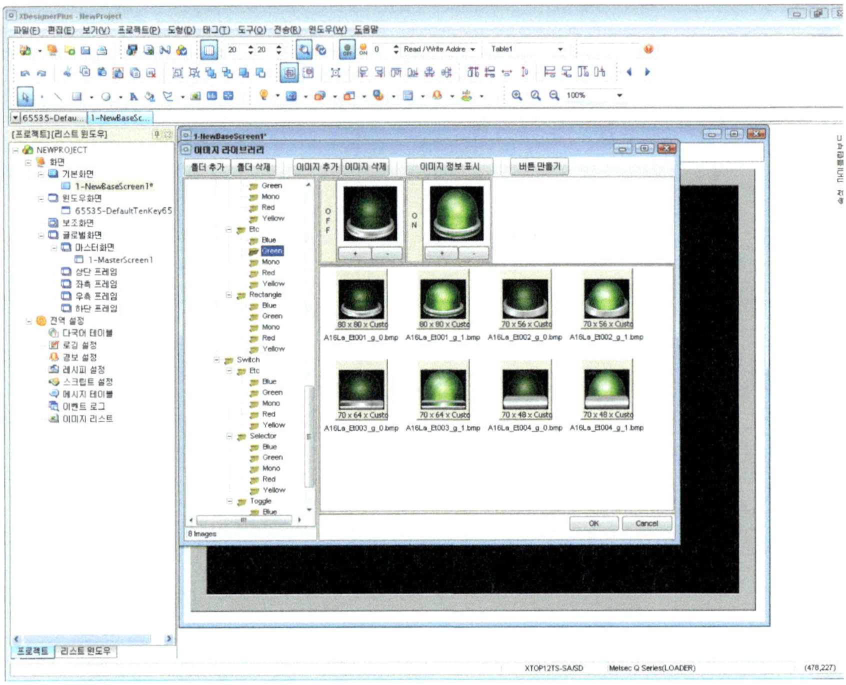

- LAMP SETUP(Y40) ⇒ 작성한 후

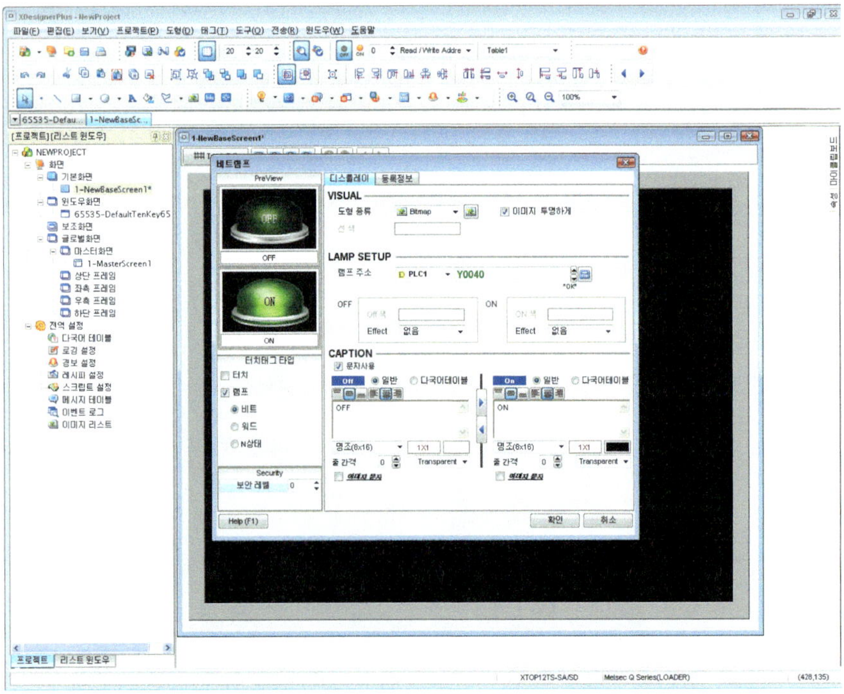

- 확인

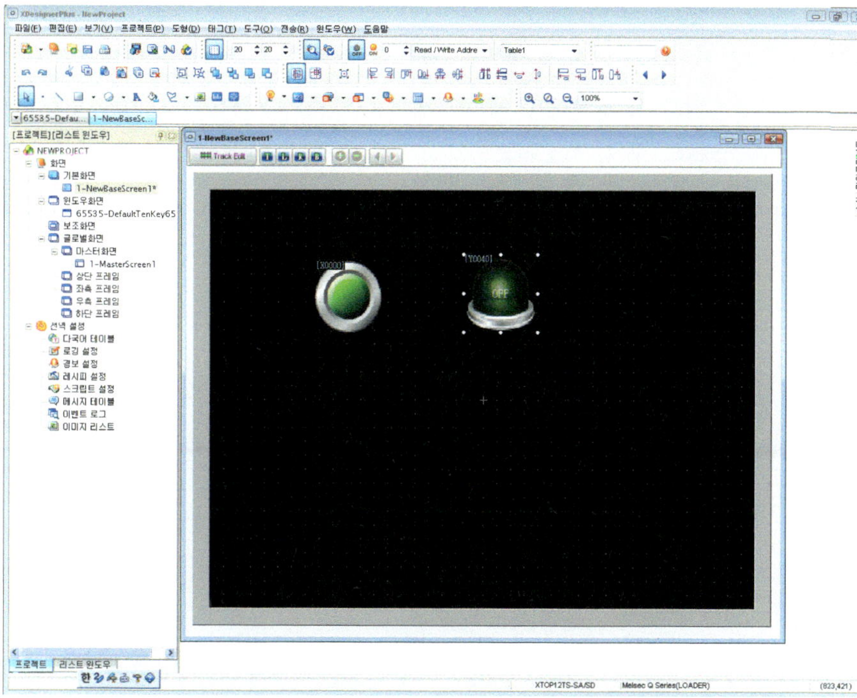

③ T · P 및 PLC 동작으로 통신확인

- Trasmission ⇒ Build And Transfer ⇒ 즉시 전송됨

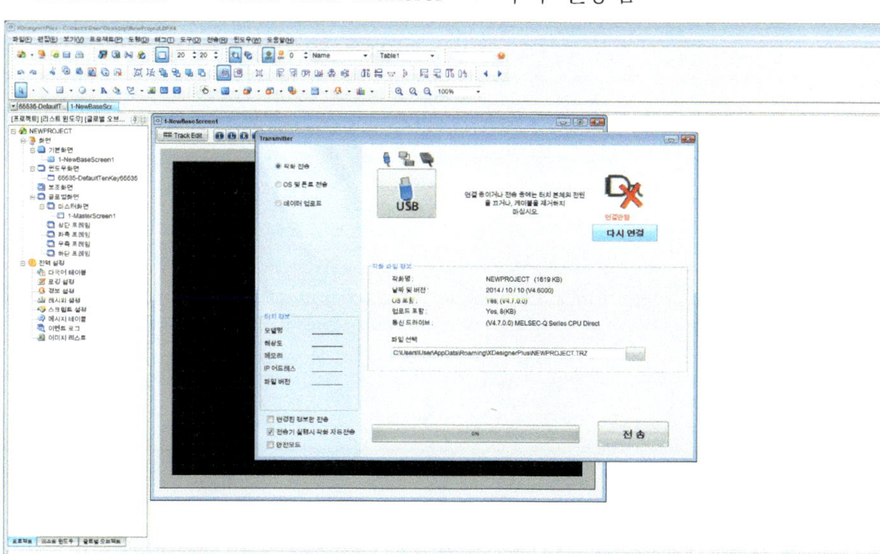

- T · P에 스위치를 ON 하면 램프가 점등이 되는지 확인

02 여러 화면 만들어서 사용하기

(1) 메뉴 화면(1페이지) 작성

- "JU" Project(Text)

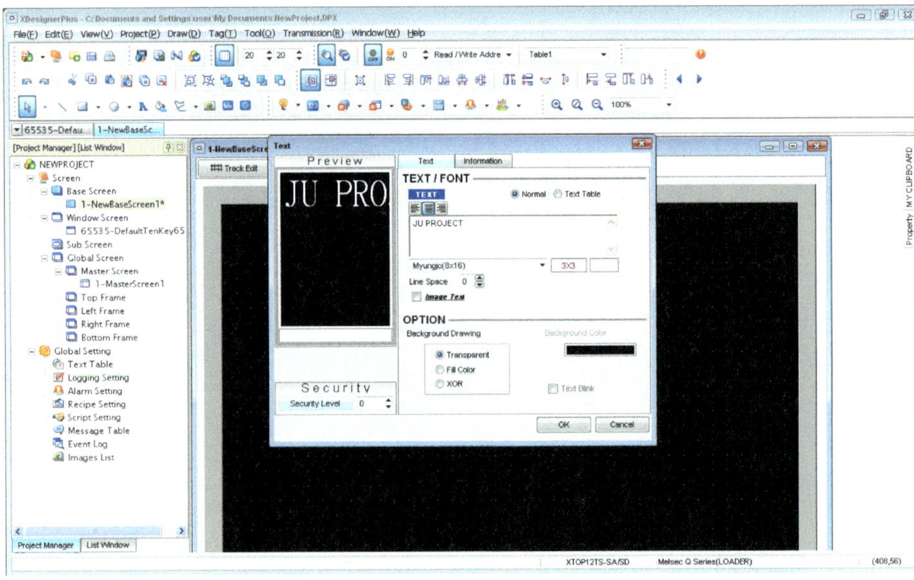

- OK 하면

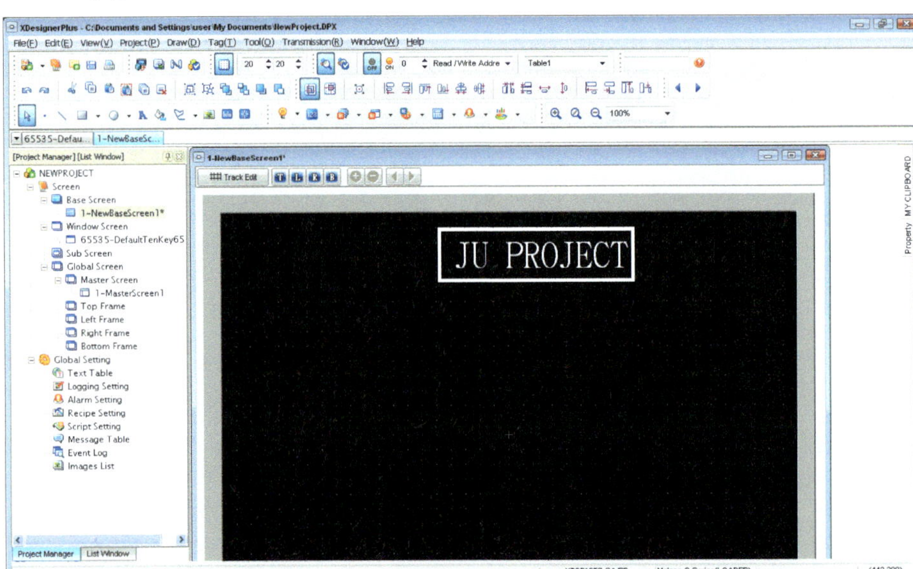

(2) Part1 만들기

- Touch ⇒ Display ⇒ Shape Type(Rectangle) / Fill Style(Solid) / Fill Color(색상선택) / Use Caption(체크) / “PART 1”(Key in)

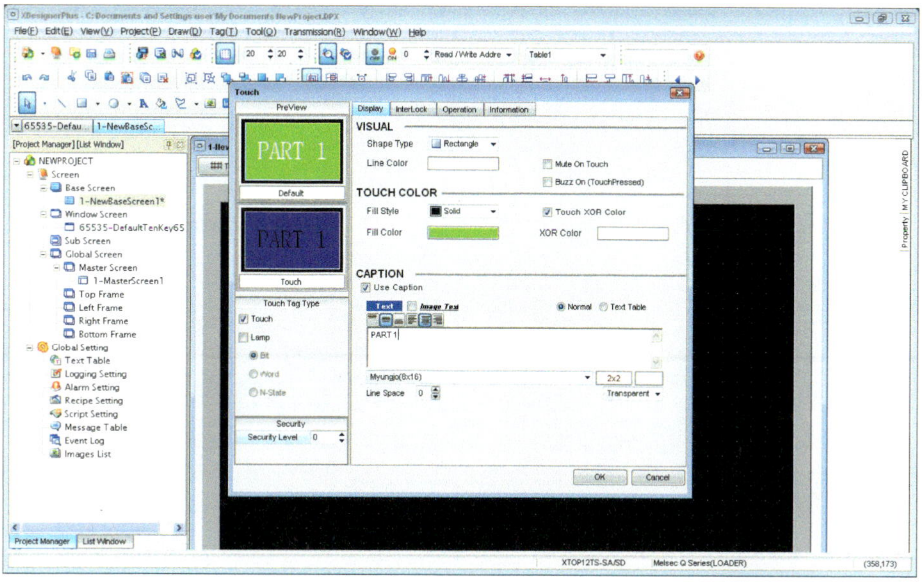

- Operation ⇒ Special function /screen change(screen NO.: 2) ⇒ Add

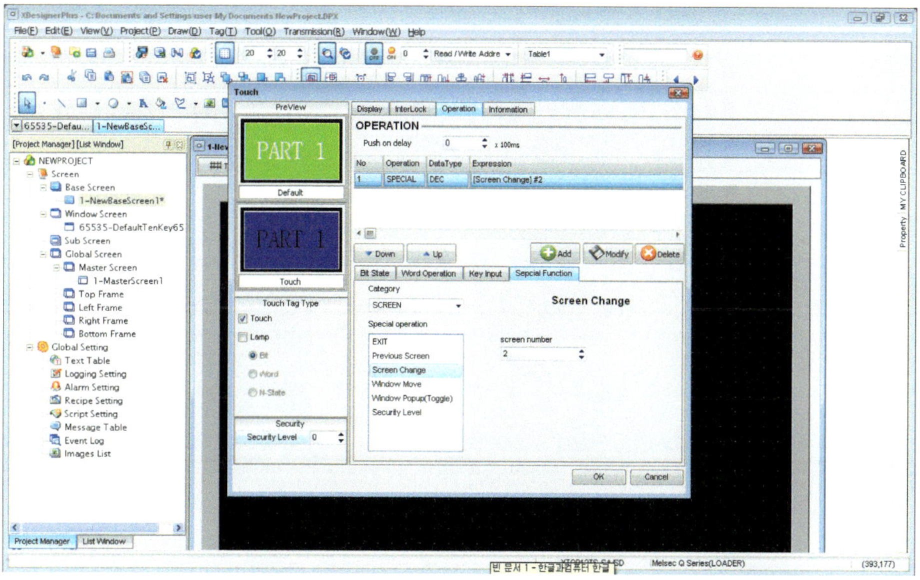

- OK

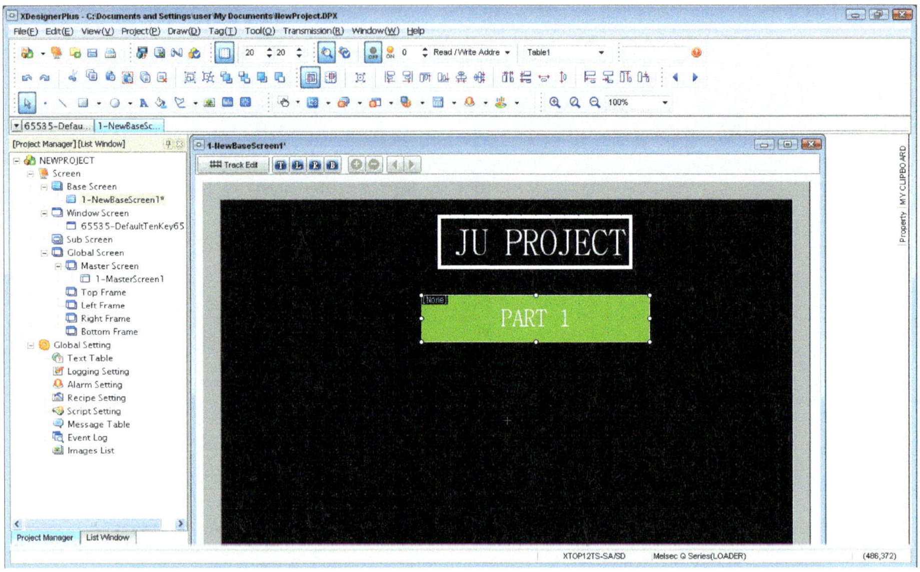

- COPY

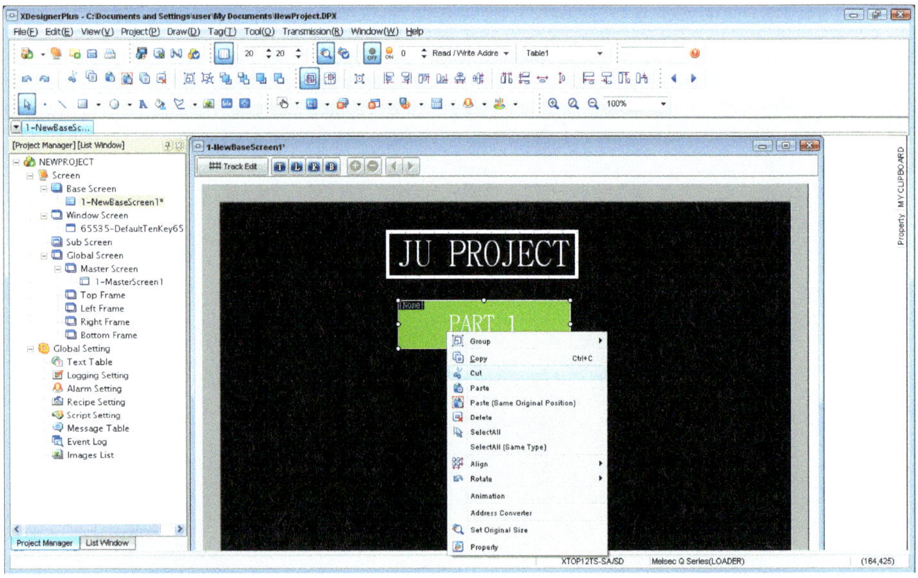

- PASTE

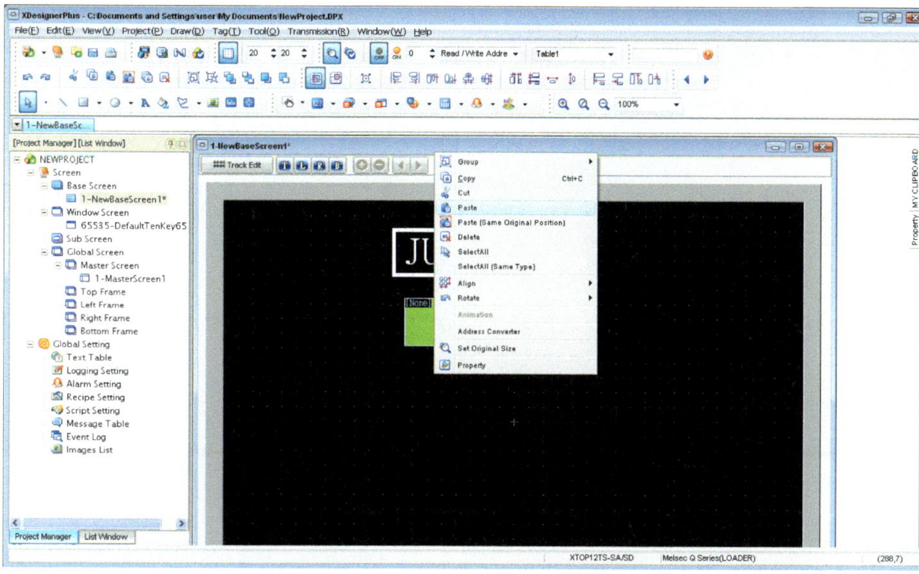

- CAPTION(TEXT: PART1 → PART2)

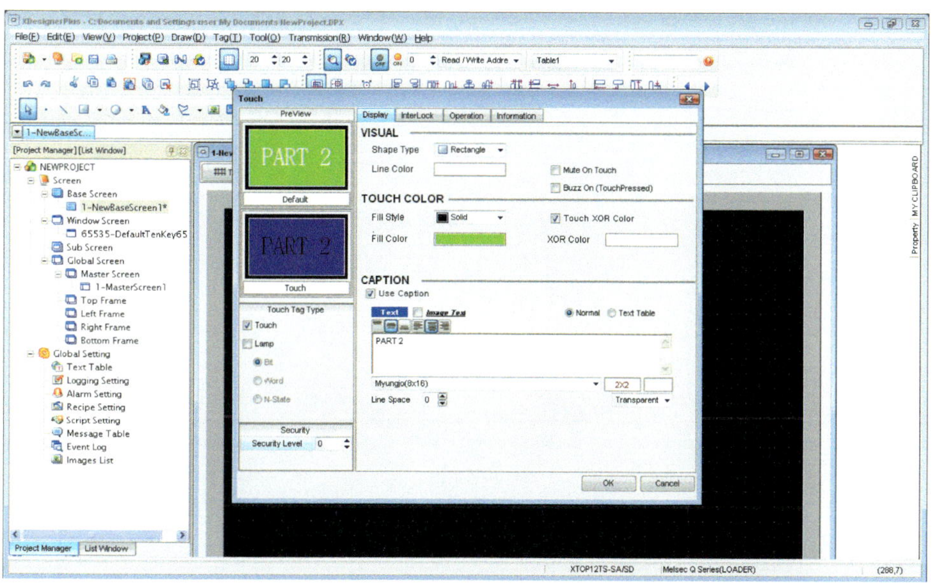

- Operation ⇒ Special function / screen change(screen NO.: 2 → 3) ⇒ Modify

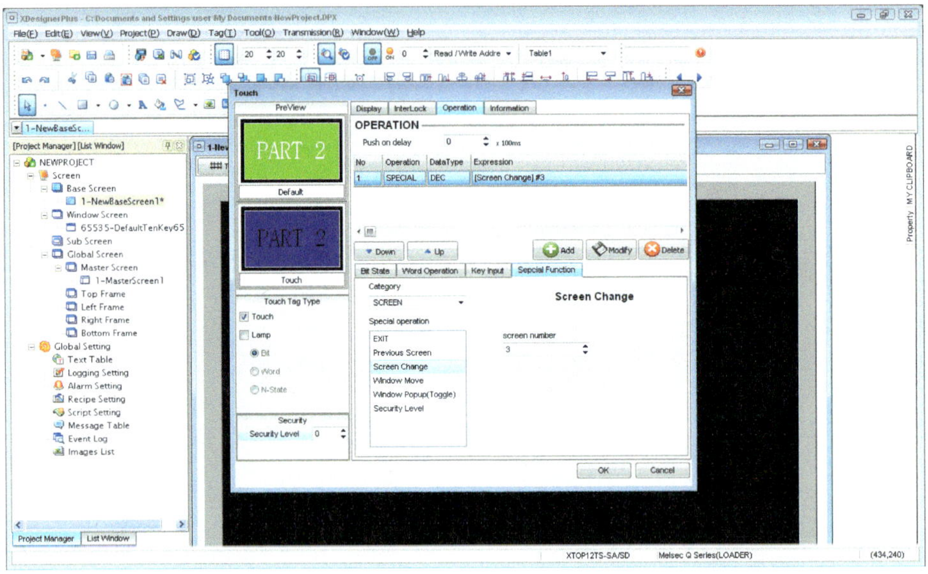

- OK

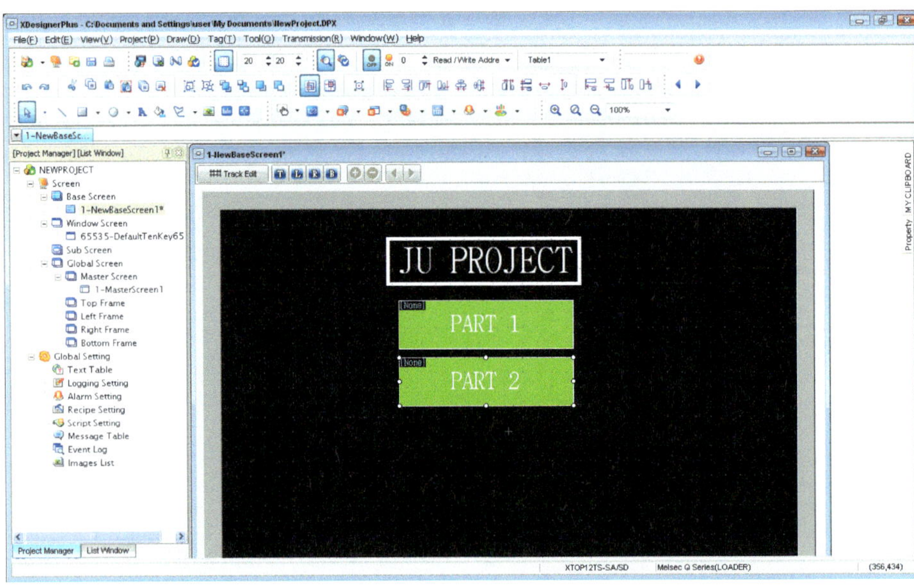

(3) PART 1과 같은 방법으로 PART 2까지 작성

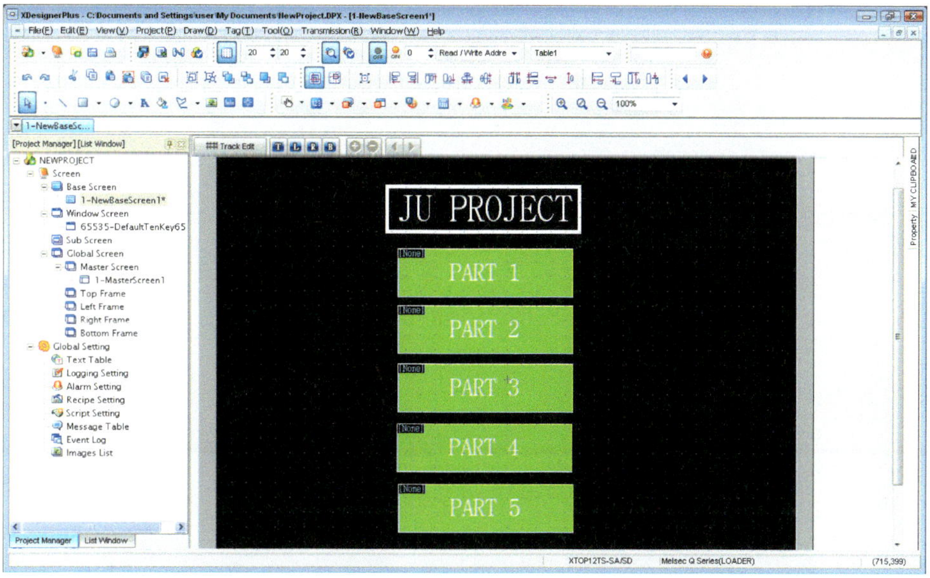

(4) 1페이지를 화면 복사하여 2페이지 만듬

- Screen / Base screen / 1-New Base screen1를 마우스 왼쪽 키 클릭한 후,
- 마우스 오른쪽 키를 클릭하여 메뉴 중 Duplicate를 선택하고 Default Add 체크

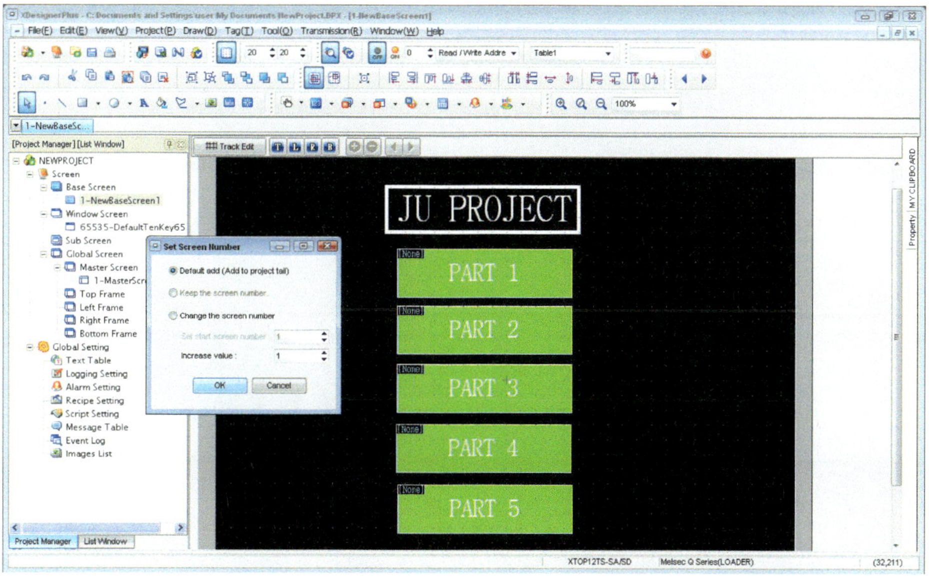

- OK

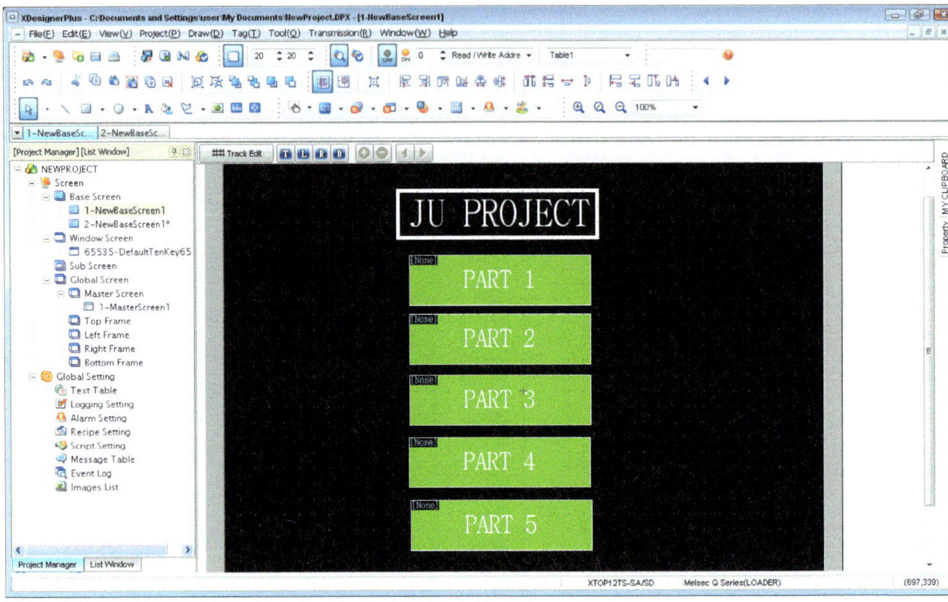

- 2페이지(화면) 내용 전부 지우고 “PART 1”을 TEXT로 작성

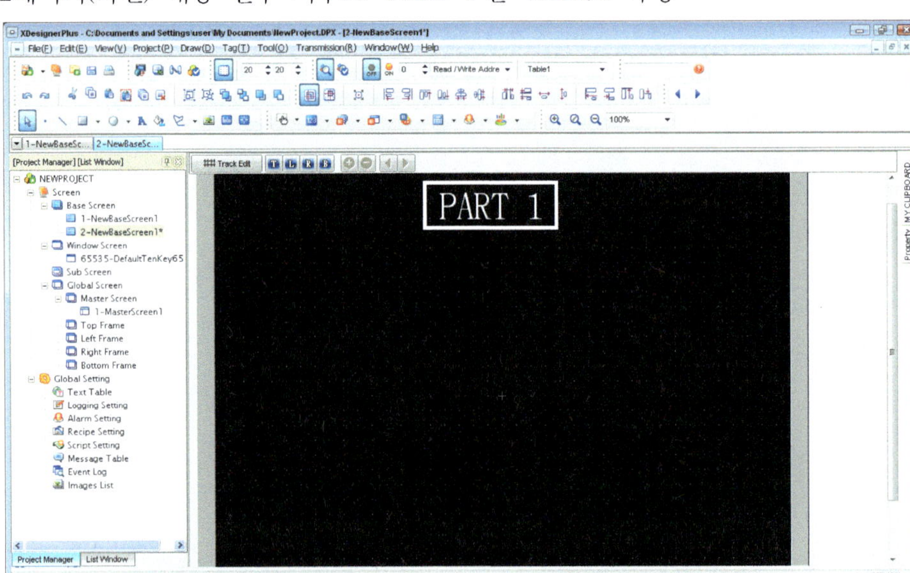

- Touch ⇒ Display ⇒ Shape Type(Circle) / Fill Style(Solid) / Fill Color(색상선택) / Use Caption(체크) / "Main"(Key in)

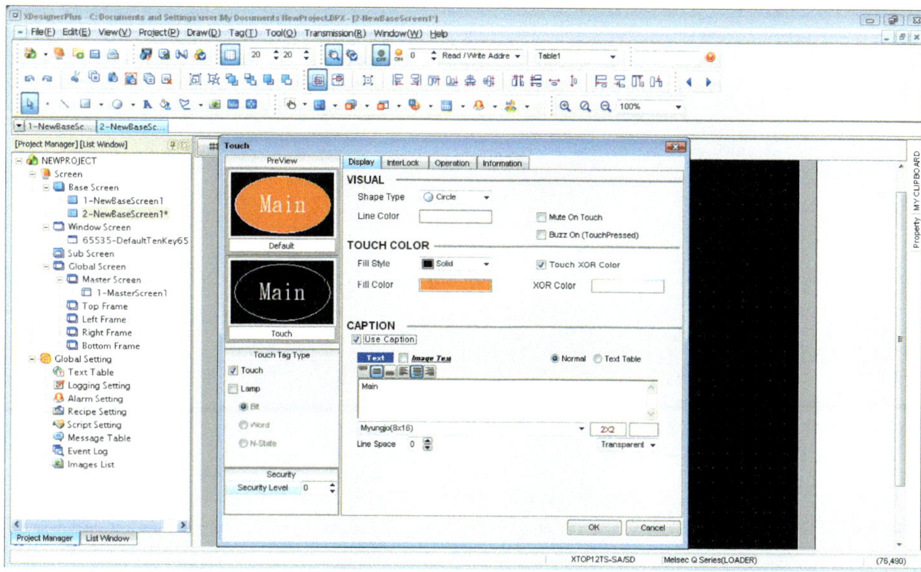

- Operation ⇒ Special function / screen change(screen NO.: 1) ⇒ Add

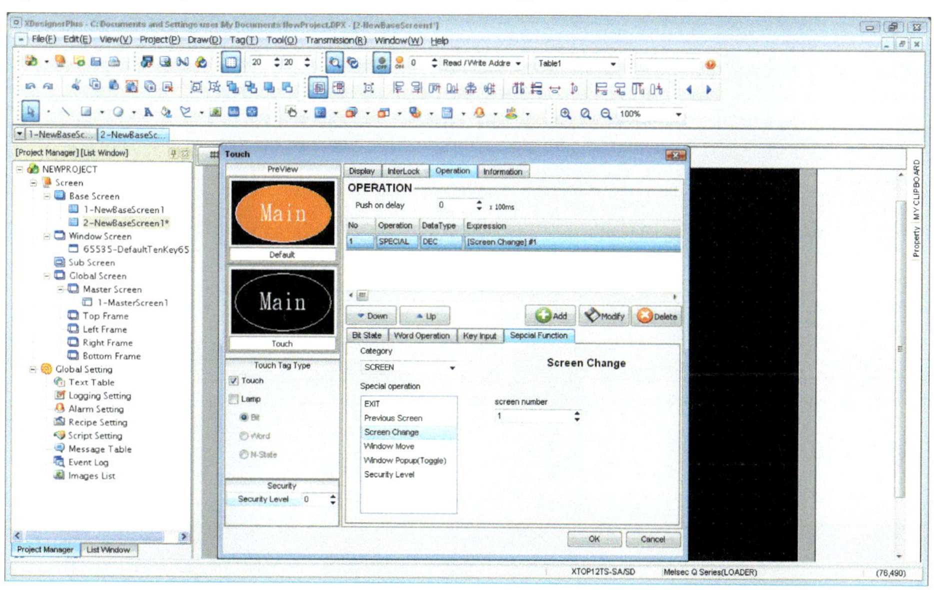

- OK

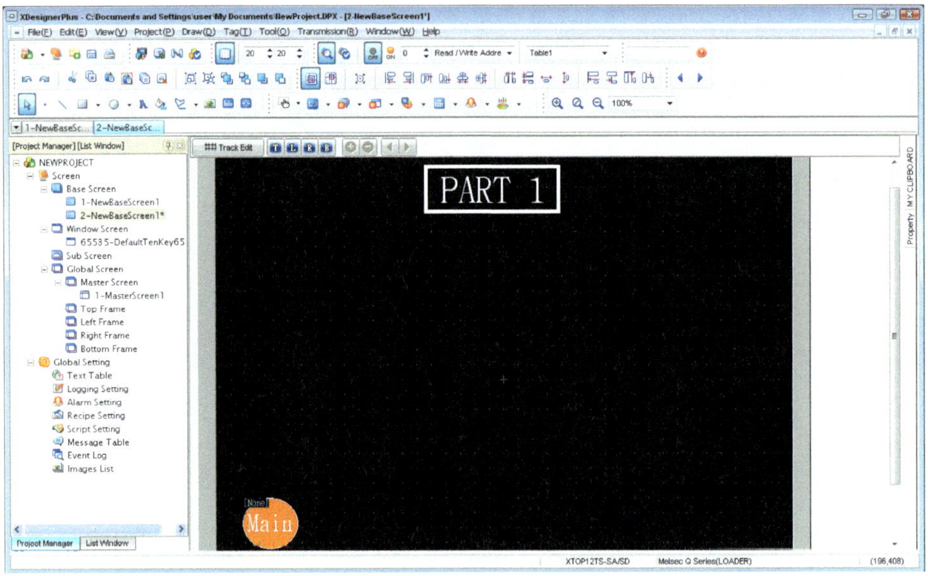

- Touch ⇒ Display ⇒ Shape Type(Rectangle) / Fill Style(Solid) / Fill Color(색상선택) / Use Caption(체크) / "PART 1"(Key in)

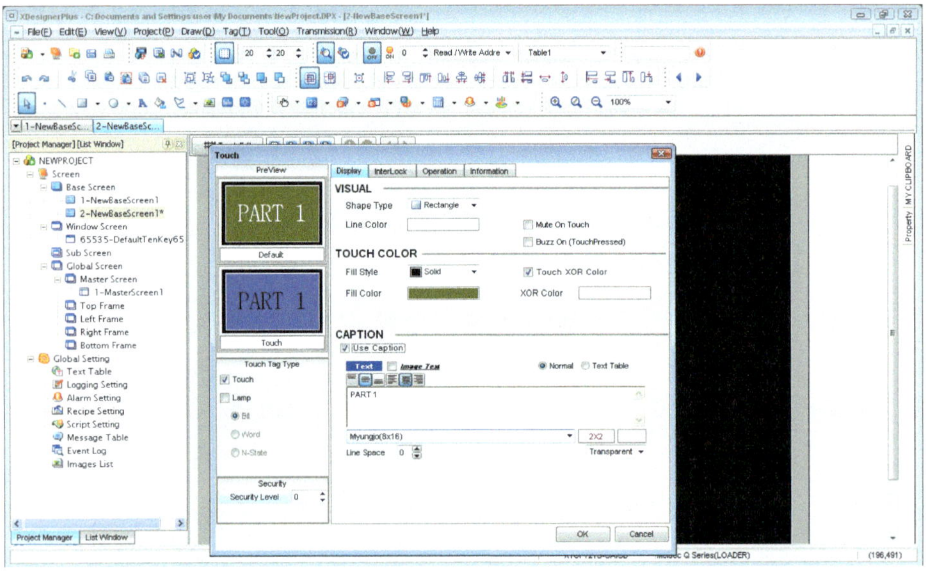

- Operation ⇒ Special function / screen change(screen NO.: 2) ⇒ Add

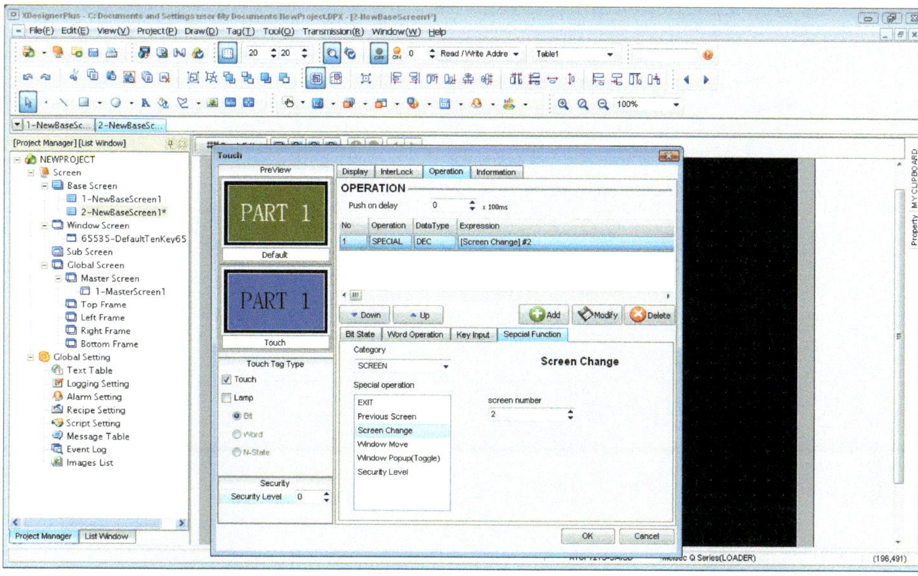

- OK

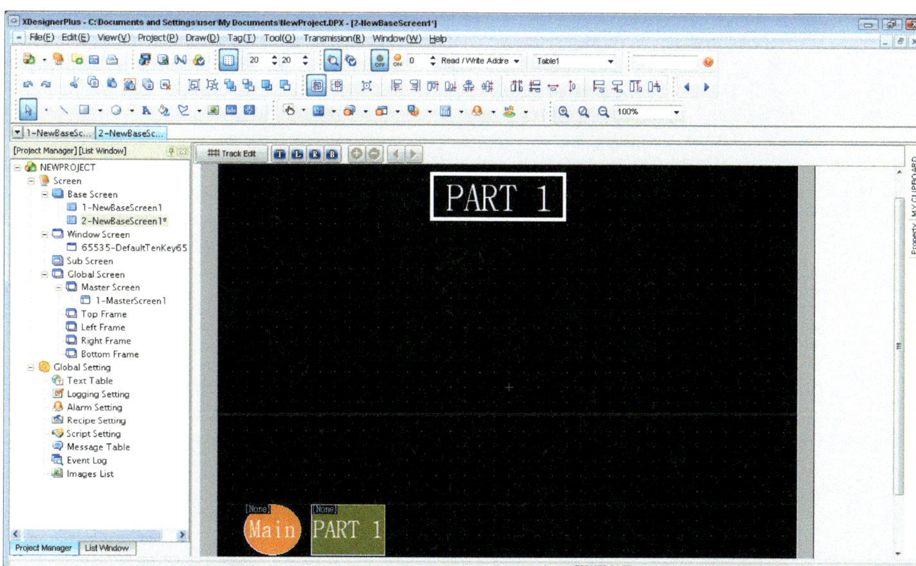

- PART 1을 COPY하여 붙이고, 마우스 왼쪽 키를 클릭하여 메뉴 중에서
- CAPTION(TEXT: PART1 → PART2)

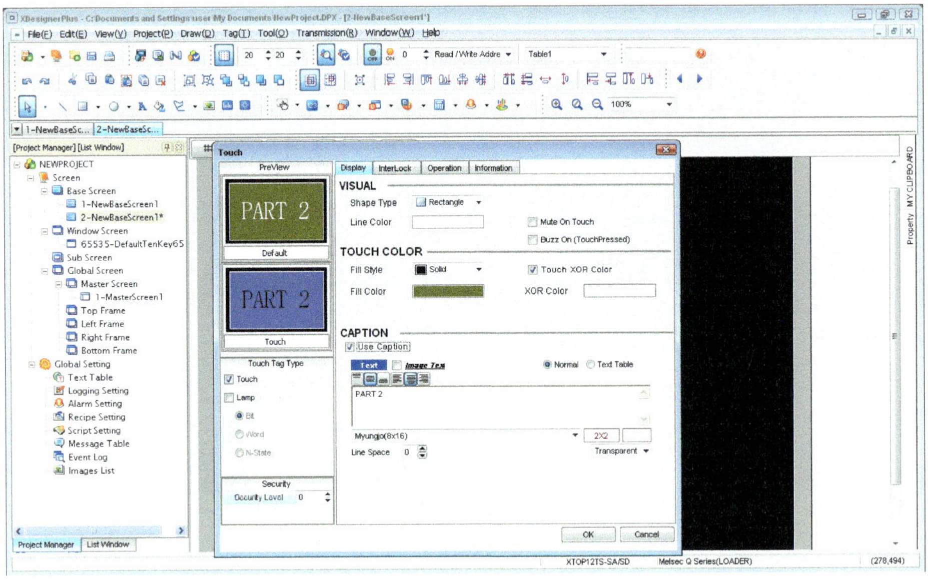

- Operation ⇒ Special function / screen change(screen NO.: 2 → 3) ⇒ Modify

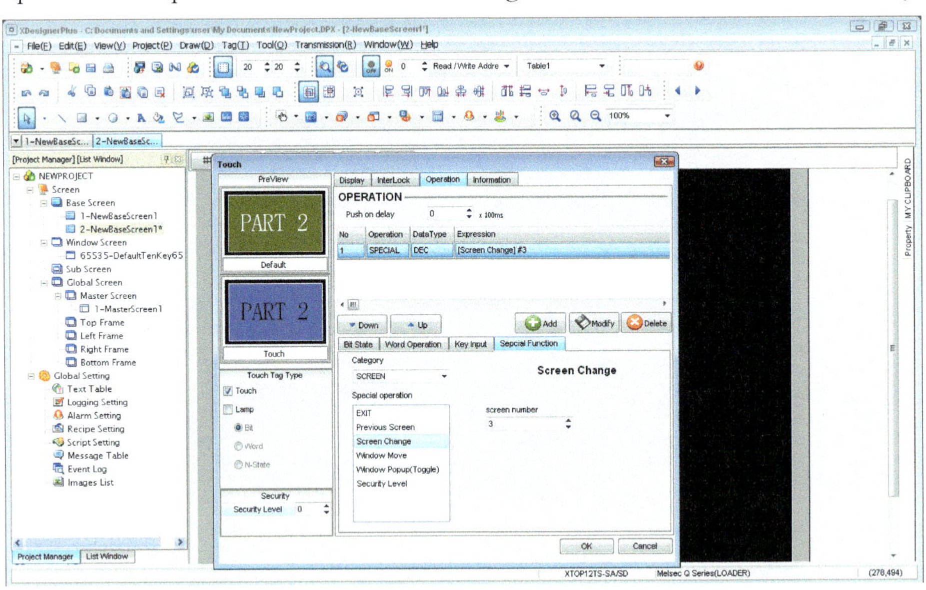

- OK

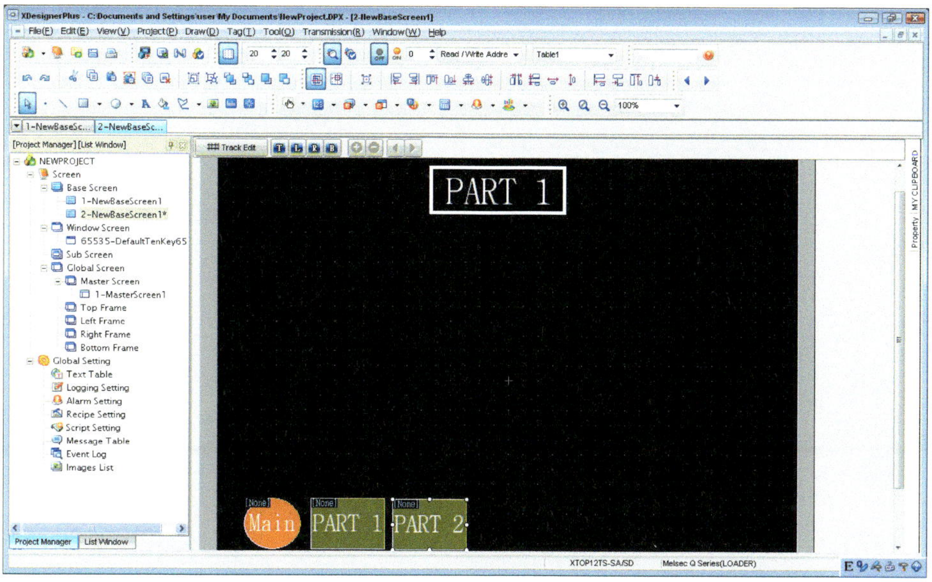

(5) PART 1부터 같은 방법으로 PART 5까지 작성

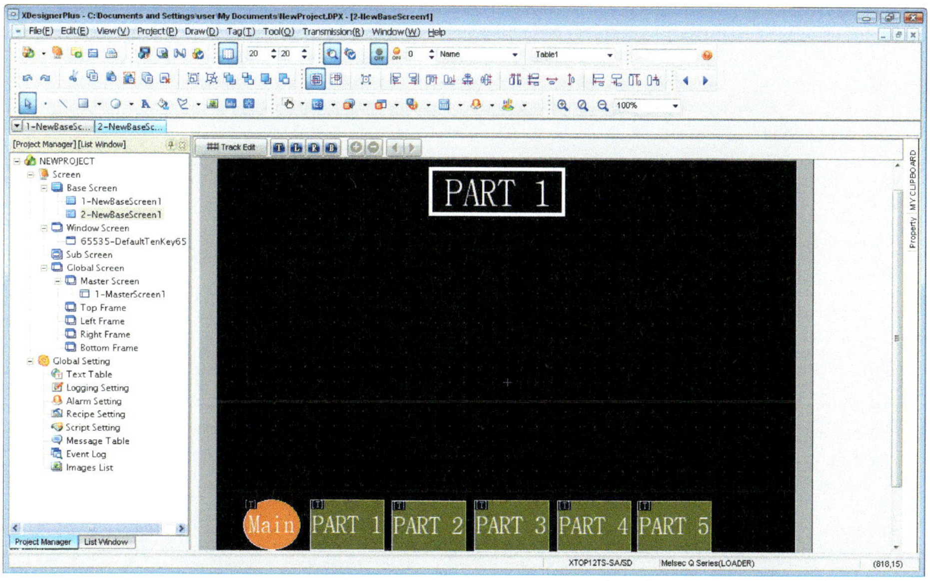

- Rectangle ⇒ Round Rect

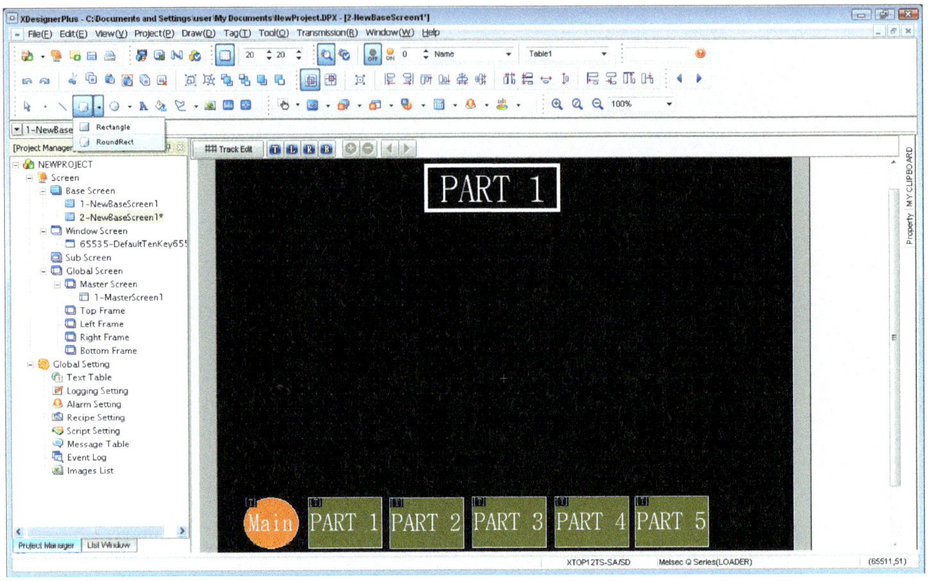

- Shape ⇒ Line Width(1 → 5)

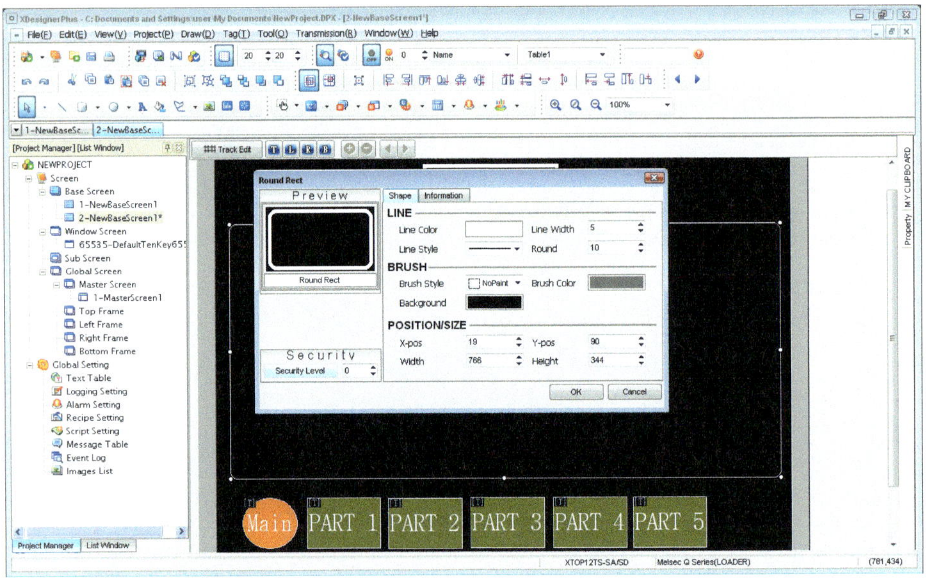

- OK

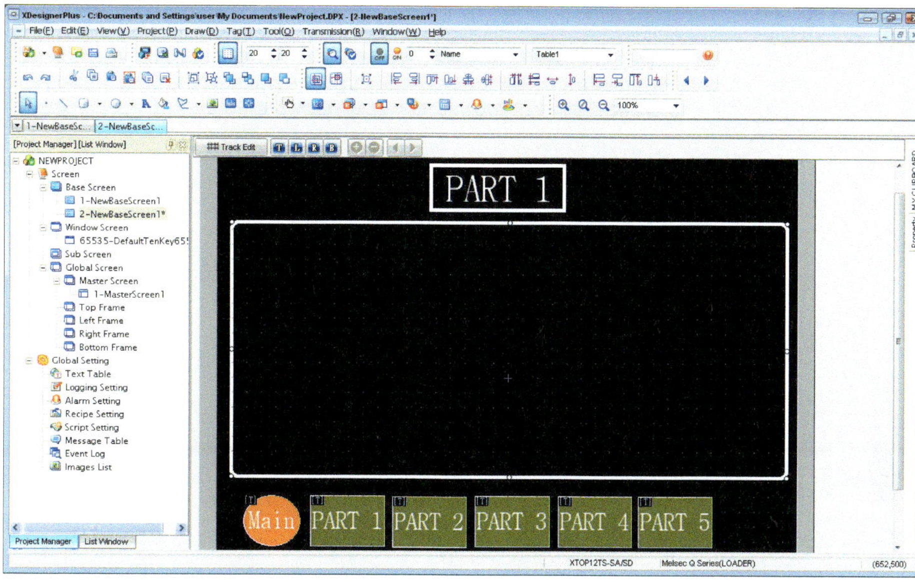

(6) 2-New Base screen1을 화면 복사하여 3-New Base screen1 만듦

- Screen / Base screen / 2-New Base screen1을 마우스 왼쪽 키를 클릭한 후,
- 마우스 오른쪽 키를 클릭하여 메뉴 중 Duplicate를 선택하고 Default Add 체크

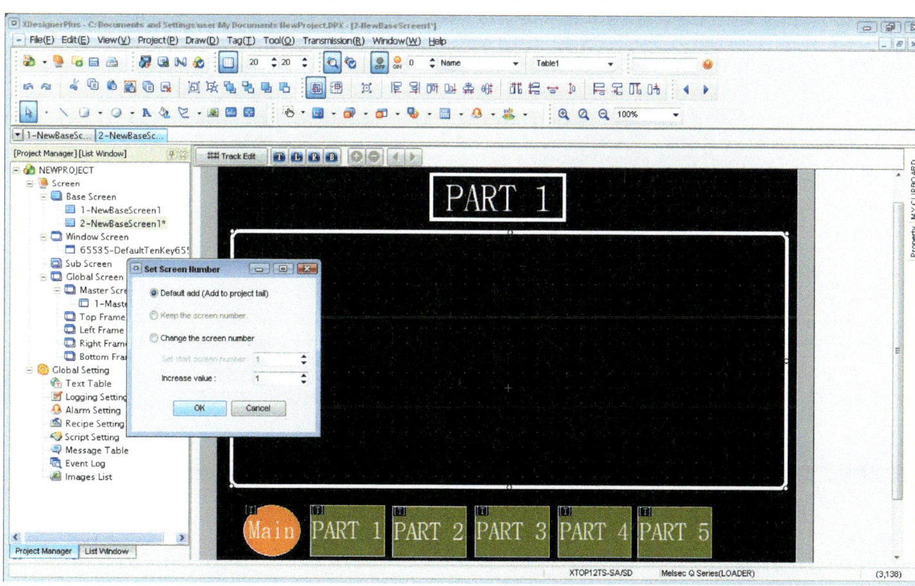

- OK

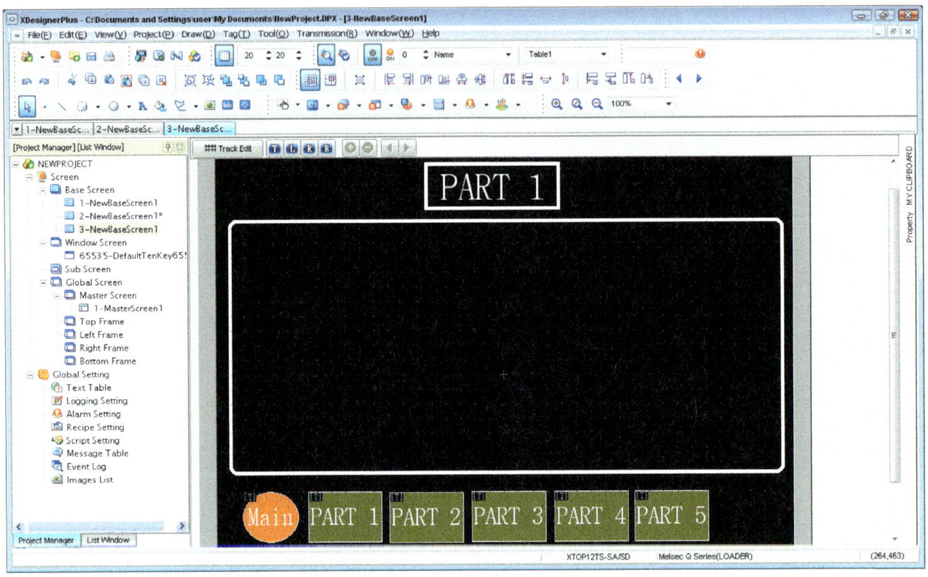

- 3-Base screen1의 TEXT인 “PART 1” → “PART 2” 변경

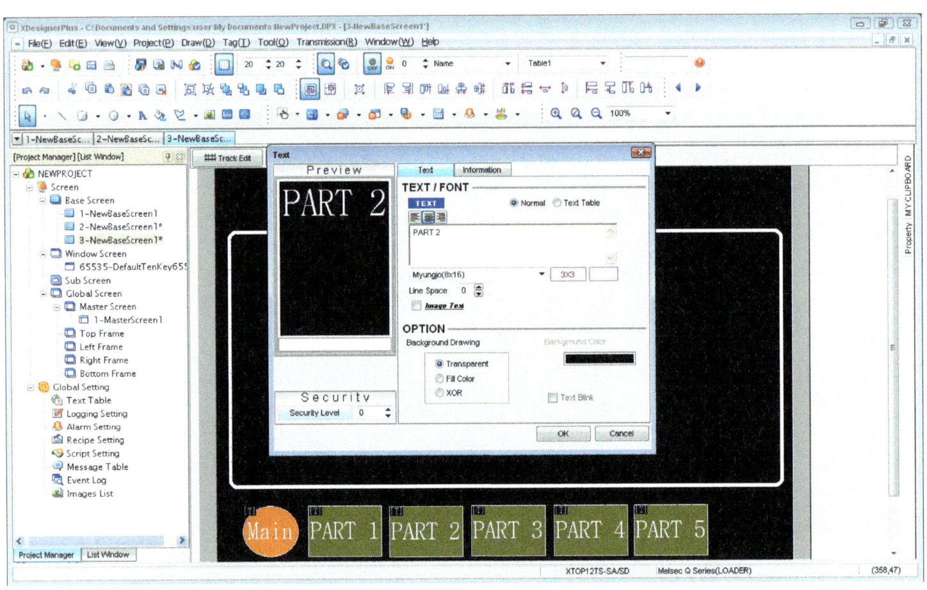

- OK

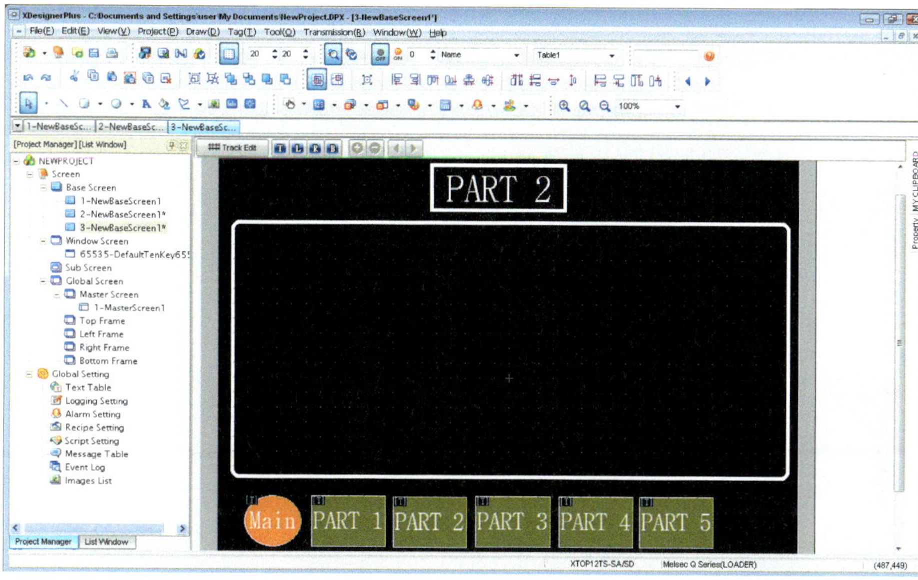

(7) 3-New Base screen1을 화면 복사하여 4-New Base screen1 만듬

- Screen / Base screen / 3-New Base screen1을 마우스 왼쪽 키를 클릭 한 후,
- 마우스 오른쪽 키를 클릭하여 메뉴 중 Duplicate를 선택하고 Default Add 체크

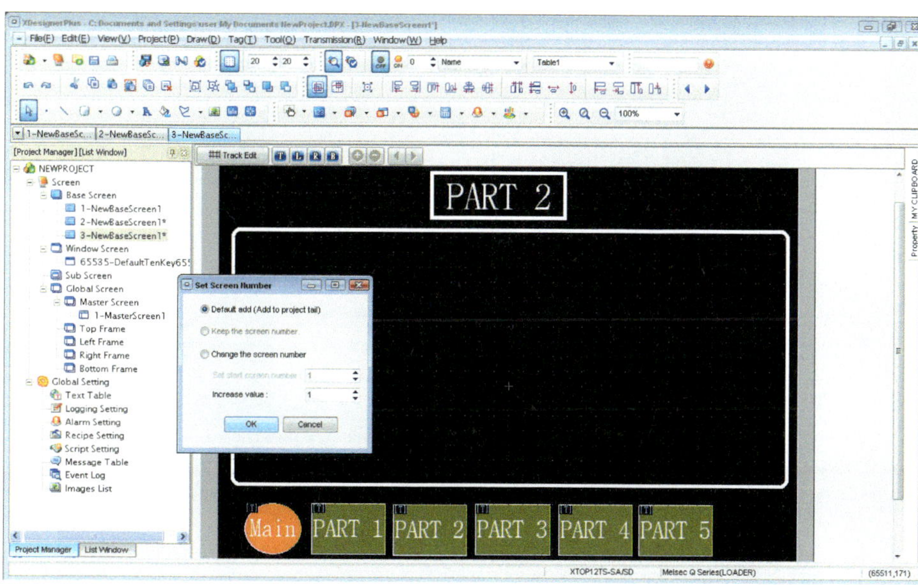

- OK

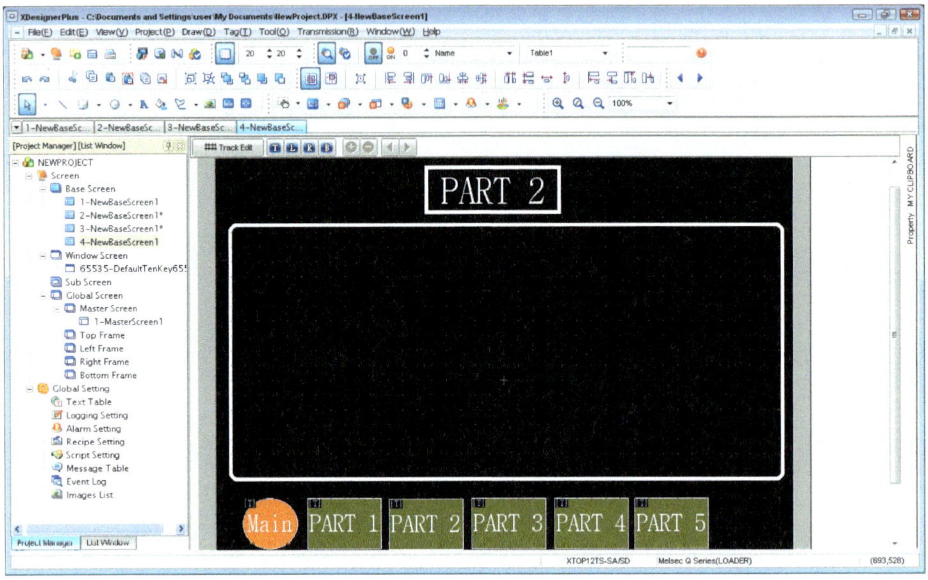

- 4-New Base screen1의 TEXT인 “PART 2” → “PART 3” 변경
  (PART 2를 더블 클릭)

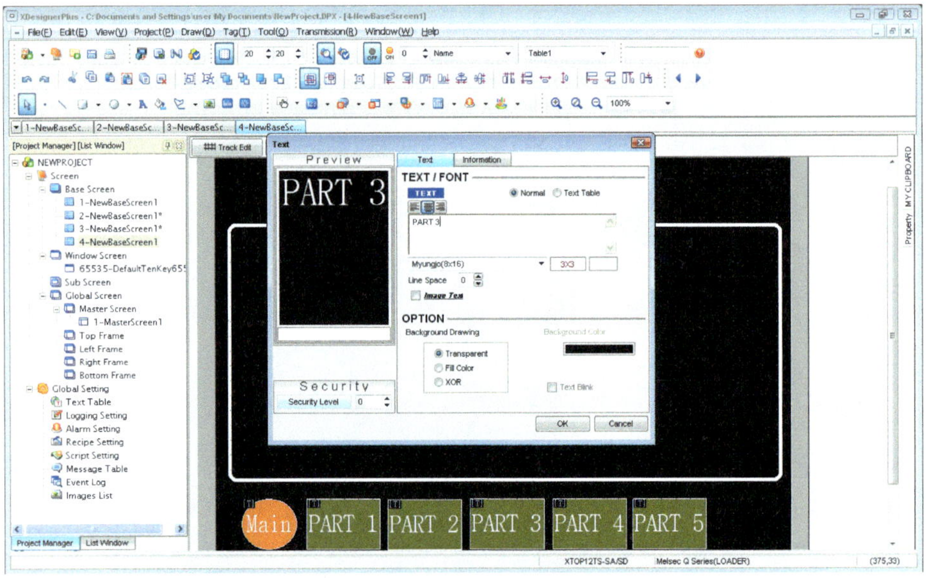

- OK

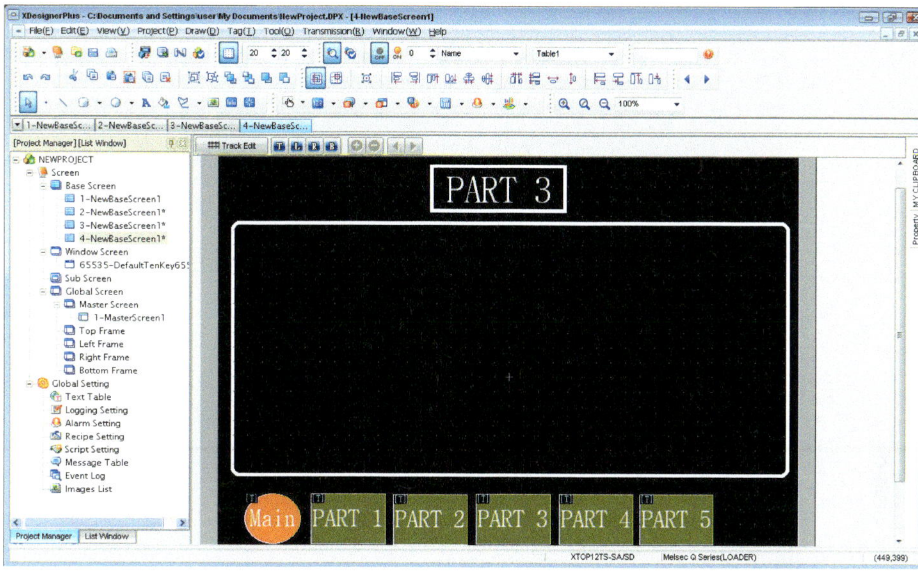

(8) 5-New Base screen1, 6-NewBase screen1을 화면 복사

- TEXT인 PART 4, PART 5로 수정

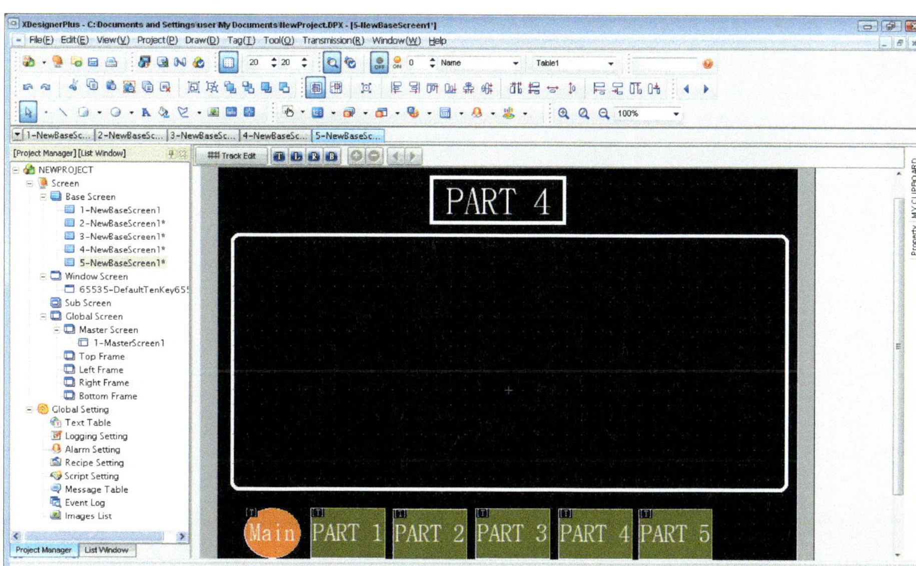

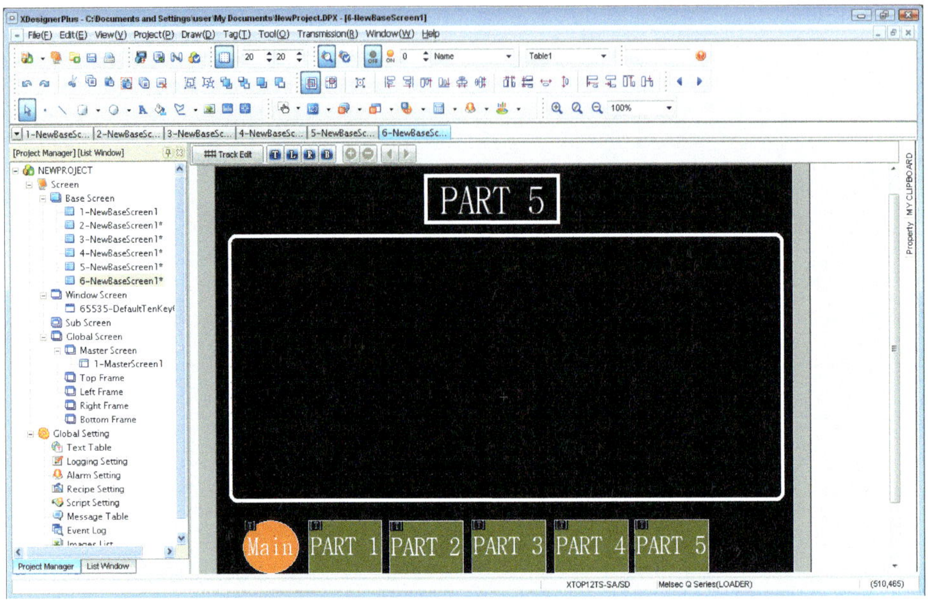

(9) 1-New Base screen1을 바탕화면을 그림 배경으로 변경

- Screen / Base screen / 1-New Base screen1을 마우스 왼쪽 키를 클릭한 후,
- 마우스 오른쪽 키를 클릭하여 메뉴 중 Property를 체크

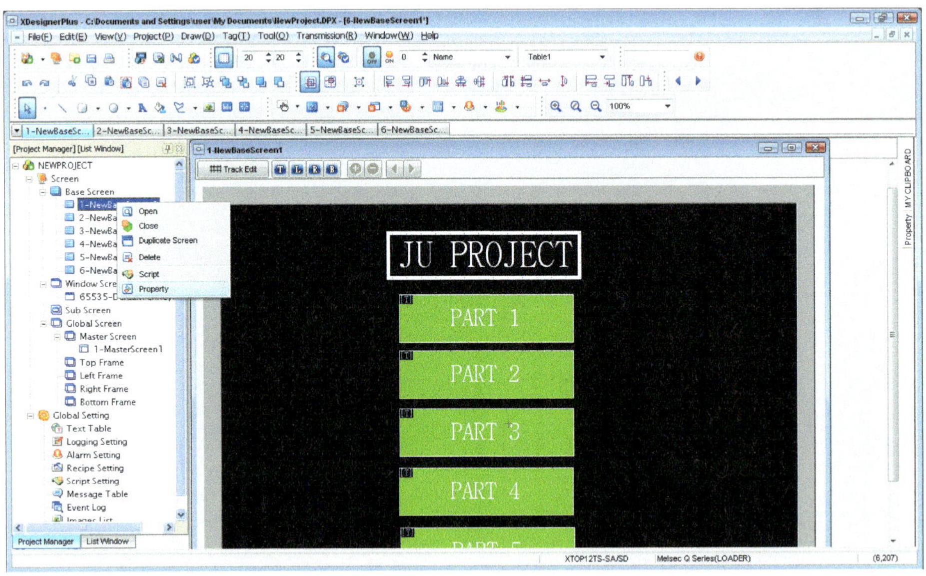

- Background type(Image) / Background Image(Load Image)

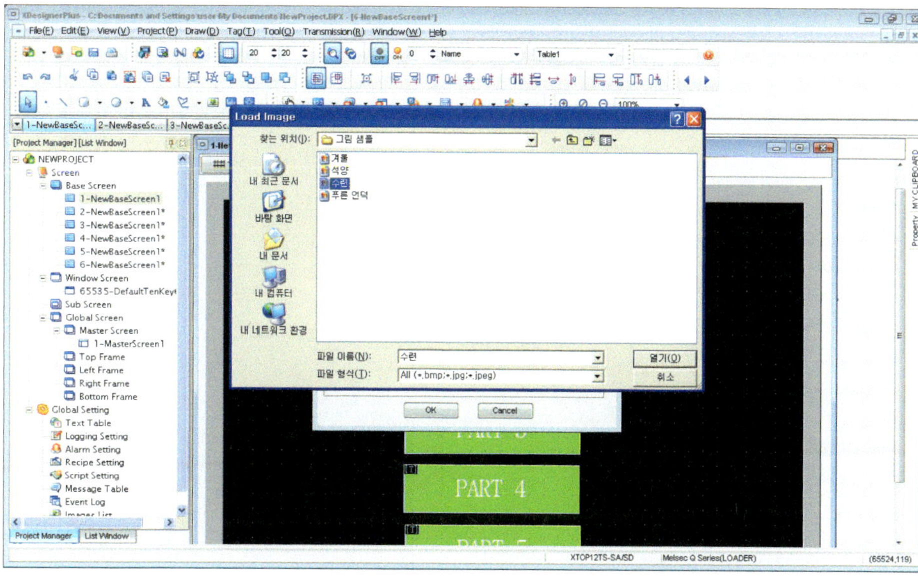

- OK

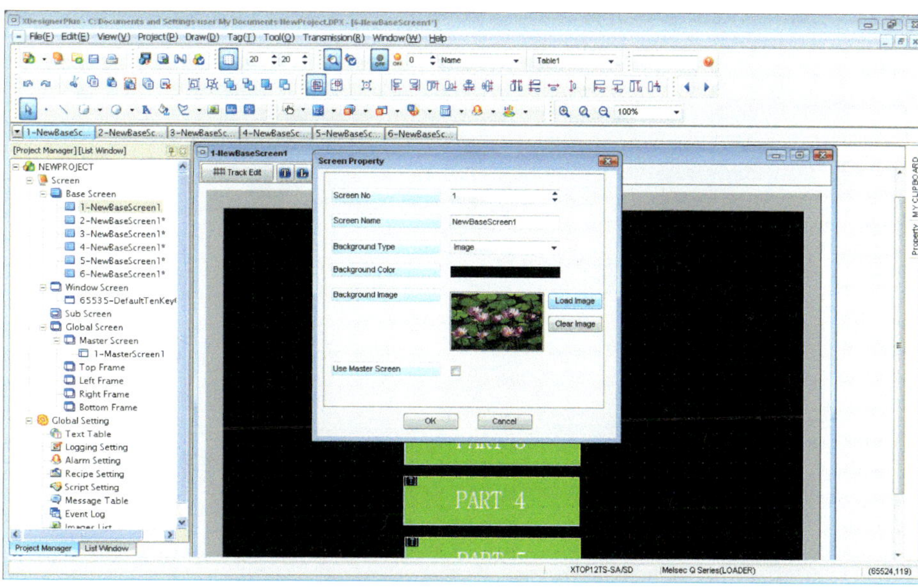

- OK

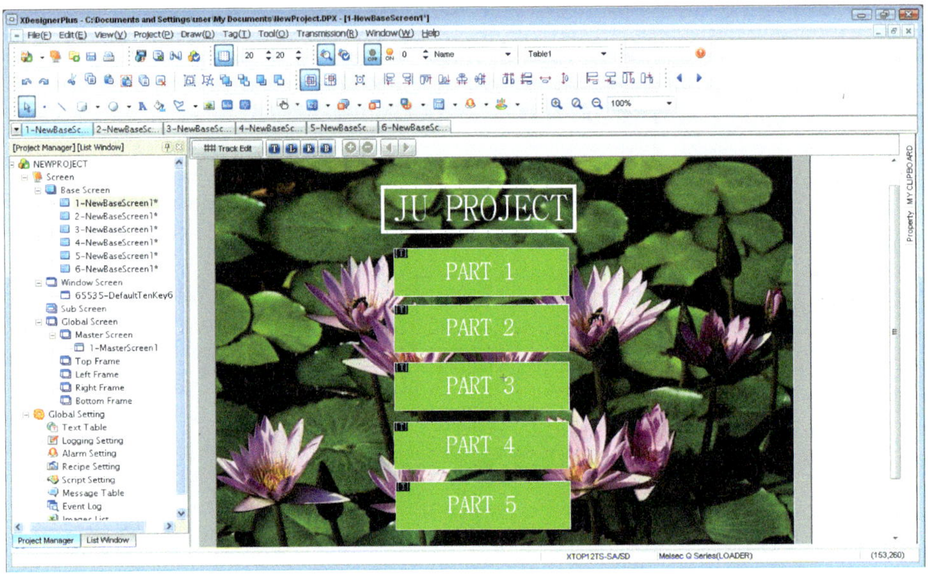

(10) PC에서 T · P 로 작화

- Trasmission ⇒ Build And Transfer ⇒ 즉시 전송됨

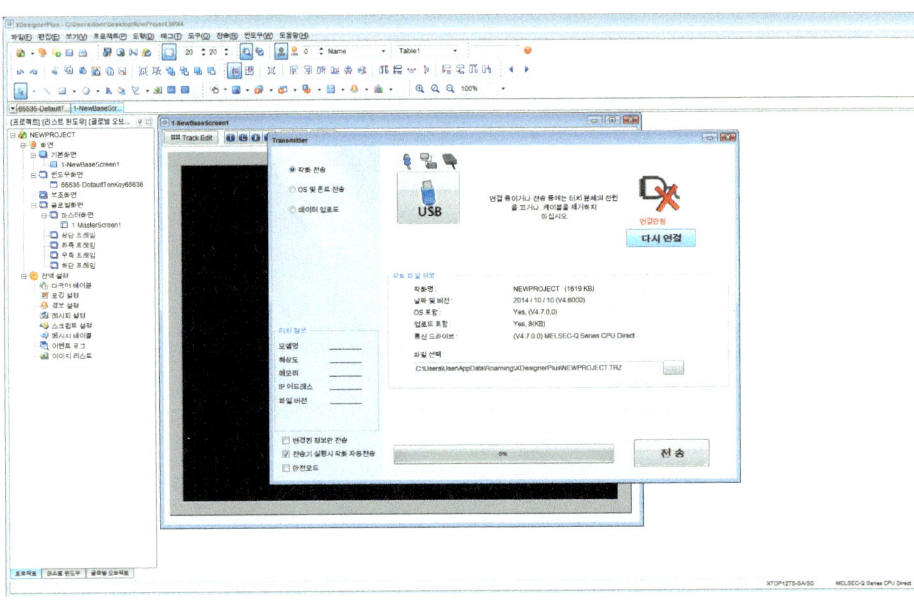

■ T · P에서 Main, PART 1, PART 2, PART 3, PART 4, PART 5를 랜덤하게 선택, 터치하면 화면이 정상적으로 나오는지 확인

Chapter 13

실린더 구동

과제명		과제 내용
예제문제		실린더 구동 : A+, A-, (A+, B+), (A-, B-), (A+, B+, C+), (A-, B-, C-), (B+, C+), (B-, C-), C+, C-
연습문제	문제 1	실린더 구동 : A+, C+, A-, C-
	문제 2	실린더 구동 : A-, B+, A+, B-, 초기조건으로 A+가 되도록 함
	문제 3	실린더 구동 : B+, A+, 3초 정지(램프ON), A-, B-
	문제 4	실린더 구동 : A+, B+, C+, 3초 램프ON, A-, (B-, C-), B+, B-, (램프 1초 간격 점멸)
	문제 5	실린더 구동 : 상하CY.(A+), 흡착ON(C+), 2초 정지, 상하CY.(A-), 좌우CY.(B+), 상하CY.(A+), 흡착OFF(C-), 2초 정지, 상하CY.(A-), 좌우CY.(B-)

솔레노이드 밸브를 사용한 스테퍼방식 프로그램 공식

(1) 양솔레이드 밸브 2개를 사용하는 조건식

① 첫째 릴레이 K_1이 ON 되는 조건식(조건에 따라 변경 가능)

$K_1 = [(\text{start 스위치} \cdot \text{리밋스위치 조건}) \cdot K_{last} + K_1] \cdot \overline{K_2}$

② 첫째와 마지막을 제외한 조건식

$K_n = [(\text{리밋스위치 조건}) \cdot K_{n-1} + K_n] \cdot \overline{K_{n+1}}$

③ 최종릴레이가 ON 되는 조건식(조건에 따라 변경 가능)

$K_{last} = [(\text{리밋스위치 조건}) \cdot K_{last-1} + K_{last} + Reset] \cdot \overline{K_1}$

④ 예시 〈실린더 동작이 A+, A-, B+, B- 인 경우〉

$K_1 = [(\text{start 스위치} \cdot S3) \cdot K_4 + K_1] \cdot \overline{K_2}$

$K_2 = [(S2) \cdot K_1 + K_2] \cdot \overline{K_3}$

$K_3 = [(S1) \cdot K_2 + K_3] \cdot \overline{K_4}$

$K_4 = [(S4) \cdot K_3 + K_4 + Reset] \cdot \overline{K_1}$

(2) 편솔레이드 밸브 2개를 사용하는 조건식

① 첫째 릴레이 K_1이 ON 되는 조건식(조건에 따라 변경 가능)

$K_1 = [(\text{start 스위치} \cdot \text{리밋 스위치 조건}) \cdot K_1] \cdot \overline{K_{last}}$

② 첫째와 마지막을 제외한 조건식

$K_n = [(\text{리밋스위치 조건}) + K_n] \cdot \overline{K_{n-1}}$

③ 최종릴레이가 ON 되는 조건식(조건에 따라 변경 가능)

$K_{last} = [(\text{리밋스위치 조건}) \cdot K_{last-1}]$

④ 예시 〈실린더 동작이 A+, A-, B+, B- 인 경우〉

$K_1 = [(\text{start 스위치} \cdot S3) + K_1] \cdot \overline{K_4}$

$K_2 = [(S2) + K_2] \cdot K_1$

$K_3 = [(S1) + K_3] \cdot K_2$

$K_4 = [(S4) \cdot K_3]$

(3) 양솔 및 편솔레이드 밸브를 혼용 사용하는 조건식

① 양솔레이드 밸브 2개를 사용하는 조건식을 준용하여 작성

비트를 활용하여 프로그램하기

(1) 2개의 D(데이터레지스터), 즉 비트의 0번지 및 1번지 활용

- A실린더(양솔), B실린더(편솔)
- 동작 :

센서위치		X2		X4		X1		X3
동작(출력)	**A+**		**B+**		**A-**		**B-**	
비트위치	D0.0		D1.0		D0.1		D1.1	
출력	Y41		Y43		Y42		-	

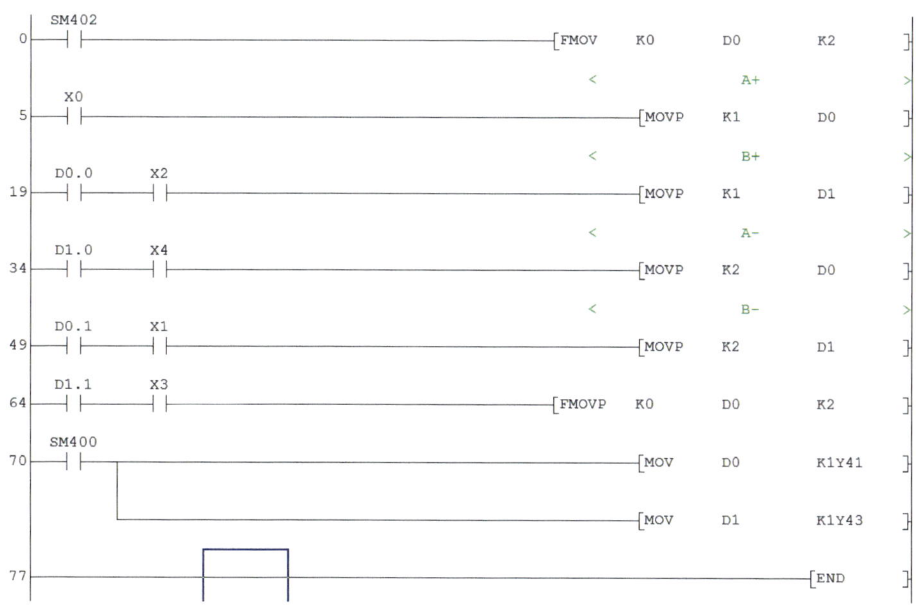

(2) 1개의 D(데이터레지스터)을 활용하여 출력을 순차제어(센서 무시, 제어시간 불규칙적인 경우)

- A실린더(양솔), B실린더(편솔)
- 동작 :

동작(출력)	**A+**		**A-**		**B+**		**B-**	
비트위치	D0.0		D0.1		D0.2		D0.3	
출력	Y41		Y42		Y43		-	

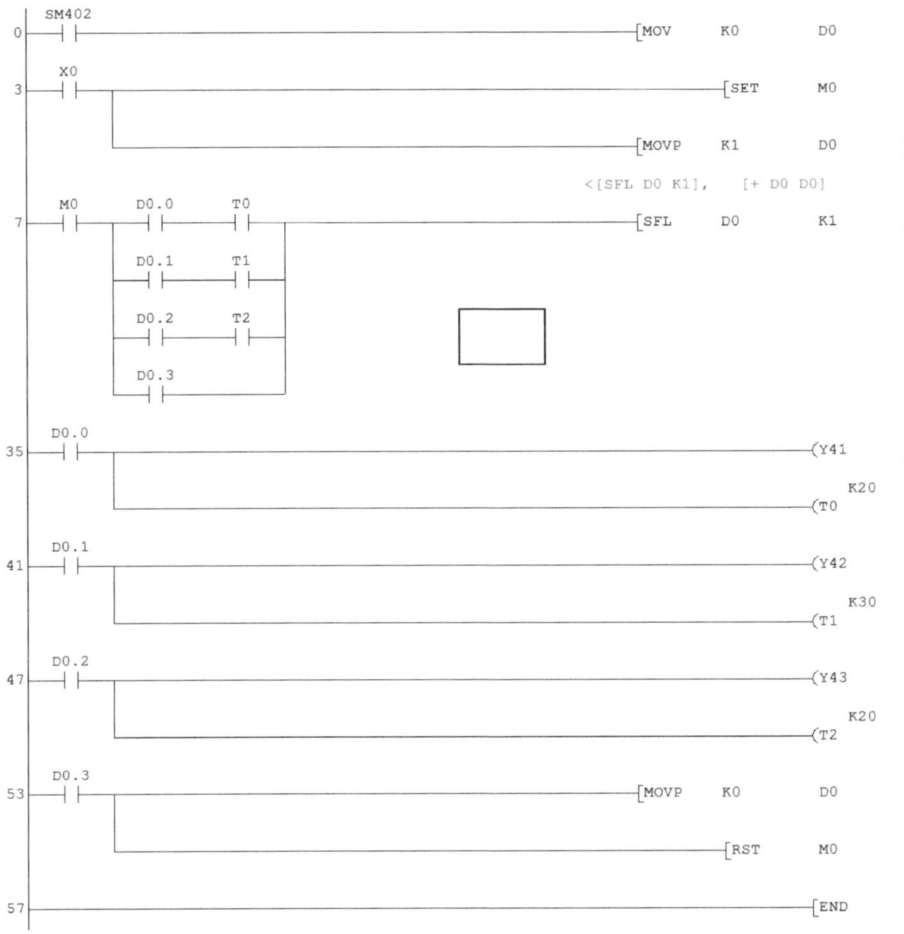

(3) 1개의 D(데이터레지스터)를 활용하여 출력을 순차제어(센서 무시, 1초 간격으로 규칙적인 경우)

- A실린더(양솔), B실린더(편솔)
- 동작 :

동작(출력)	A+		A-		B+		B-	
비트위치	D0.0		D0.1		D0.2		D0.3	
출력	Y41		Y42		Y43		-	

(4) 1개의 D(데이터레지스터)를 활용하여 출력을 무순으로 제어

- A실린더(양솔), B실린더(편솔)
- 동작 :

동작(출력)	B+		A+		A-		B-	
릴레이	M0, M1, M2		M1		M2		M3	
출력	Y43		Y41		Y42		-	

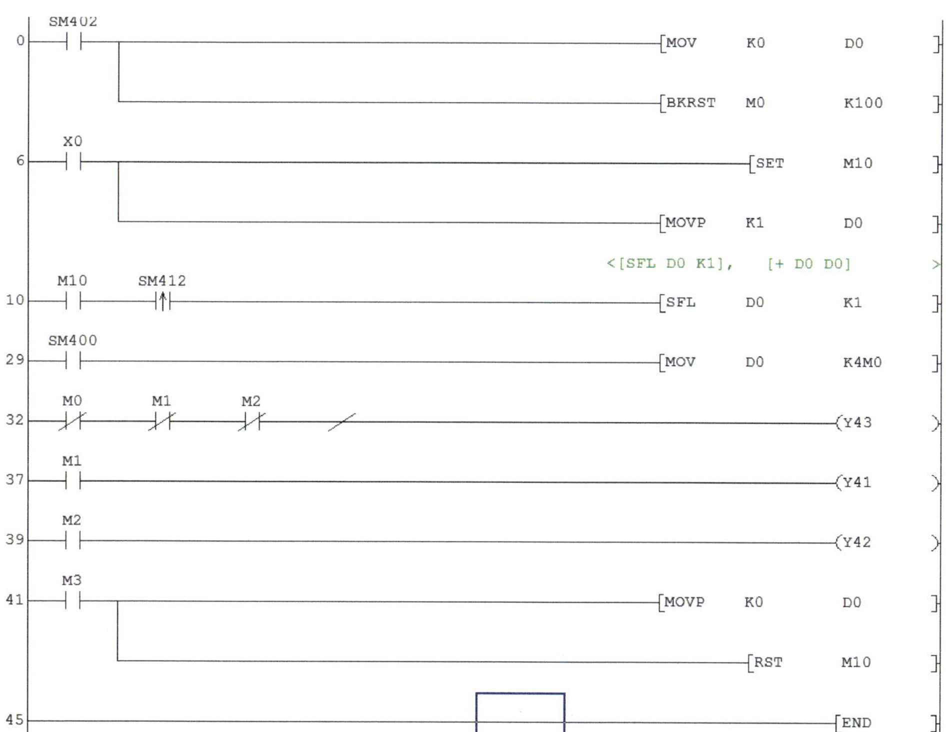

(5) 1개의 비트를 활용하여 양솔 및 편솔 제어(비트를 릴레이 활용하여 핵사값 표시)

- A실린더(양솔), B실린더(편솔)
- 동작 :

센서위치		X2		X4		X1		X3
동작	**A+**		**B+**		**A-**		**B-**	
출력 핵사값	H1		H4		H2+H4=H6		H8	
출력	Y41		Y43		Y42		-	

구분	릴레이 영역								출력 영역							
비트	b0F	b0E	b0D	b0C	b0B	b0A	b9	b8	b7	b6	b5	b4	b3	b2	b1	b0
2진수값	8	4	2	1	8	4	2	1	8	4	2	1	8	4	2	1
릴레이 비트위치	D0.F	D0.E	D0.D	D0.C	D0.B	D0.A	D0.9	D0.8								
동작													B-	B+	A-	A+
출력													-	Y43	Y42	Y41

(6) 1개의 비트를 활용하여 양솔 및 편솔 제어

- A실린더(양솔), B실린더(편솔)
- 동작 :

센서위치		X2		X4		X1		X3
동작	**A+**		**B+**		**A-**		**B-**	
비트위치	D0.0		D0.1		D0.2		D0.3	
출력	Y41		Y43		Y42		-	

- PLC 프로그램 ① : 동작용

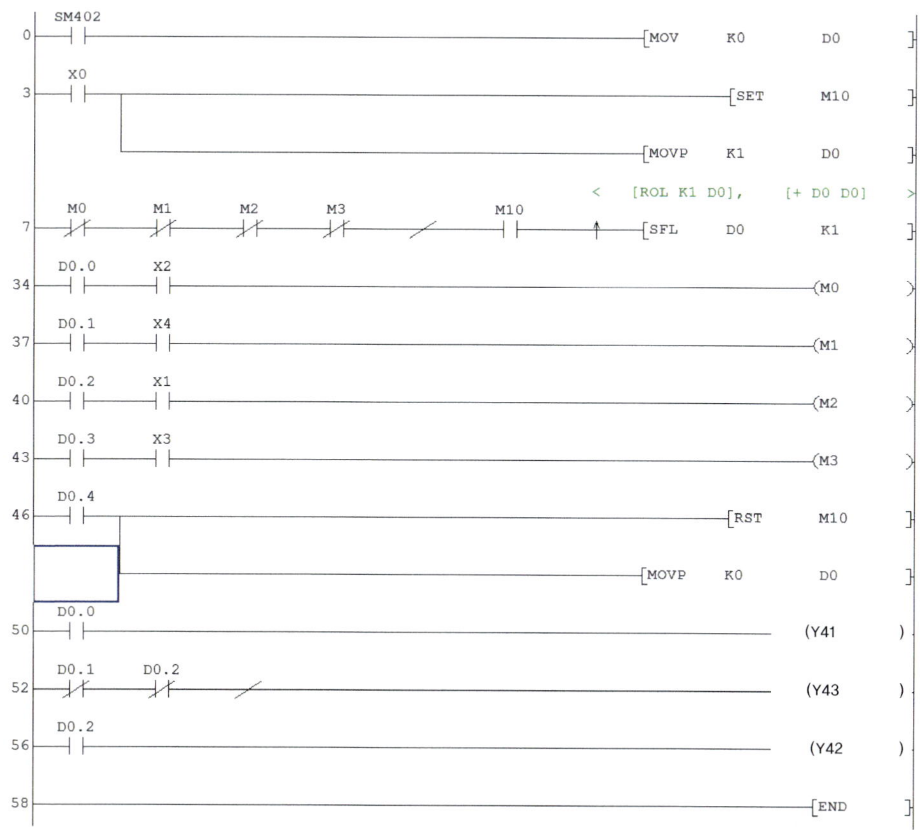

- PLC 프로그램 ② : 타이머활용

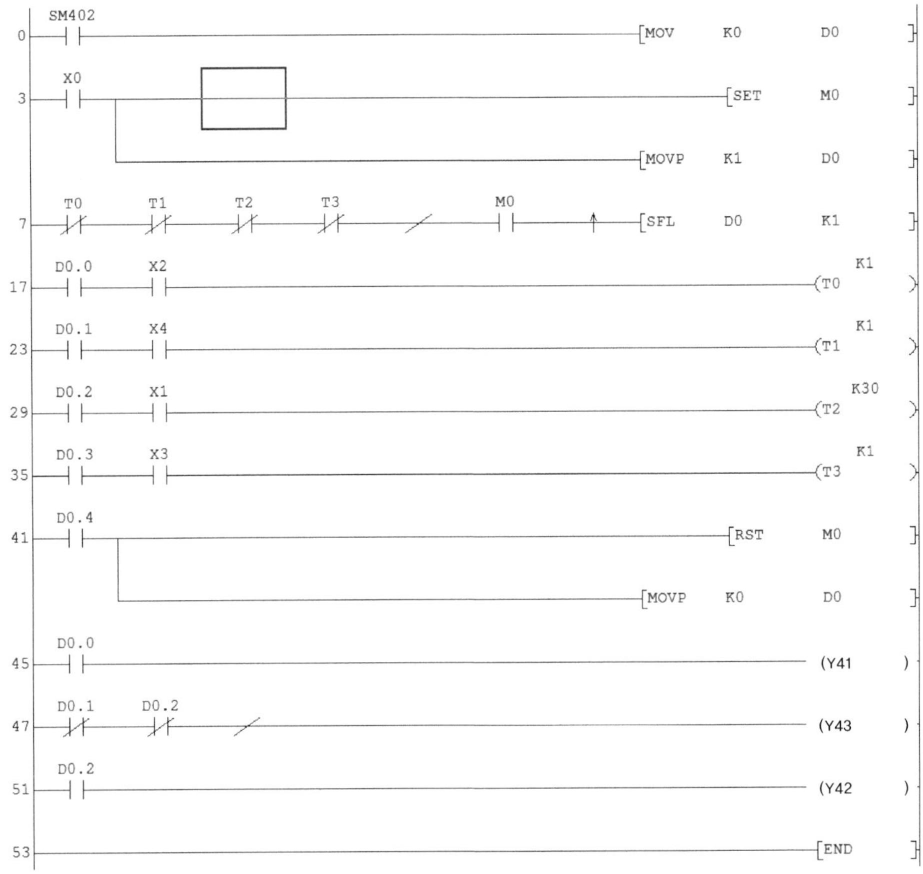

(7) 생산화 산업기사 동작(서보 동작 부분 제외)

- 시작(X0), 일시정지/해지(X10), 비상정지(X11), 연/단속(X20)
- 동작 순서

  공급실린더 전진 ⇛ 드릴가공모터 ON ⇛ 가공실린더 전진 ⇛ 2초 ⇛ 가공실린더 후진 ⇛ 드릴가공모터 OFF ⇛ 공급실린더 후진 ⇛ 분배실린더 전진 ⇛ 분배실린더 후진 ⇛ 컨베어모터 ON(10초 후 OFF)

- 데이터레지스터 할당

비트 위치	D0.0	D0.1	D0.2	D0.3	D0.4	D0.5	D0.6	D0.7	D0.8
동작	공급CY. 전진	가공모터 ON	가공CY. 하강	가공CY. 상승	가공모터 OFF	공급CY. 후진	분배CY. 전진	분배CY. 후진	컨베어 ON
출력	Y41	Y40	Y43	-	-	Y42	Y45	Y46	Y50

- PLC 프로그램

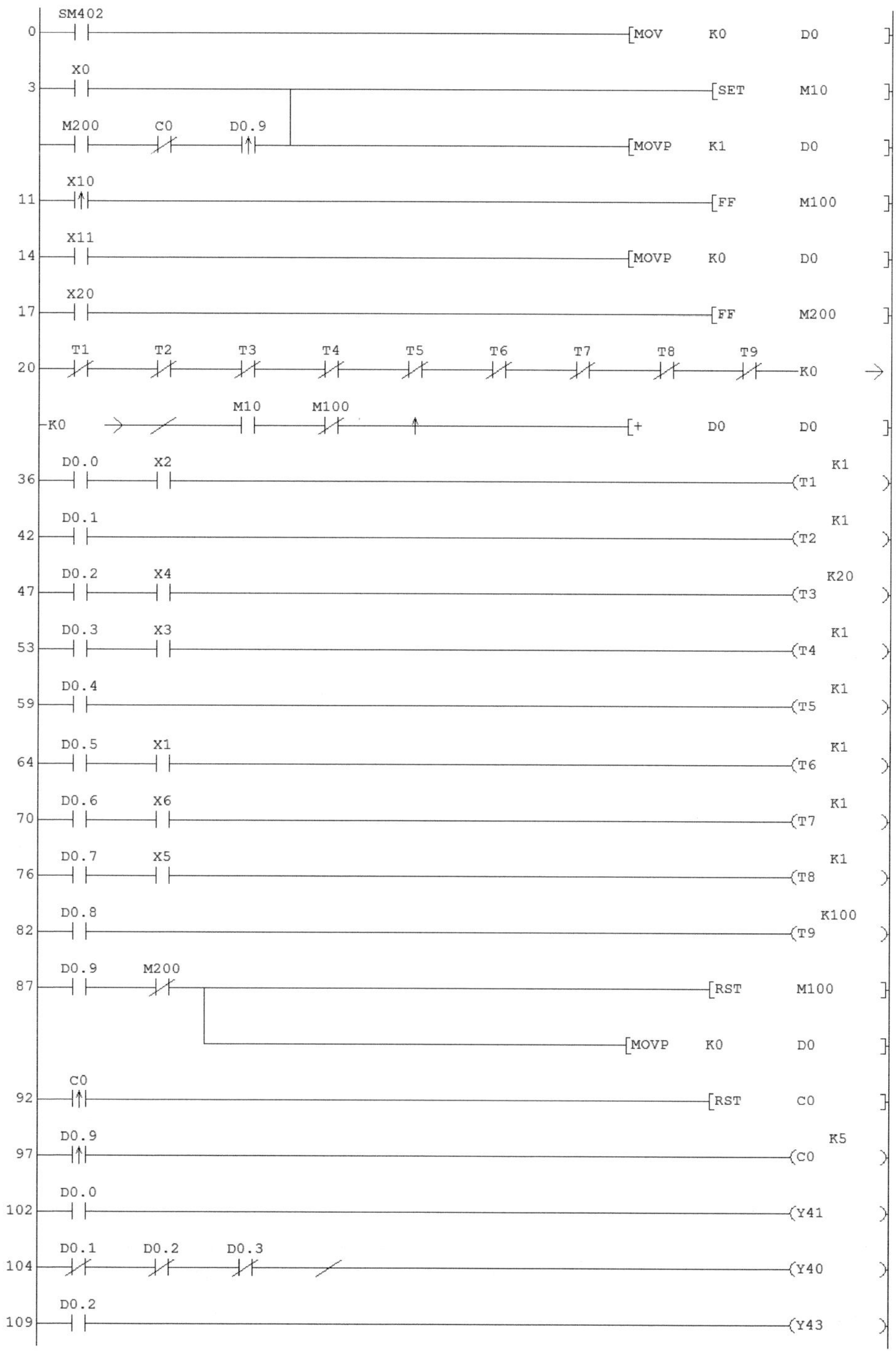
0 SM402 [MOV K0 D0]
3 X0 [SET M10]
M200 C0 D0.9 [MOVP K1 D0]
11 X10 [FF M100]
14 X11 [MOVP K0 D0]
17 X20 [FF M200]
20 T1 T2 T3 T4 T5 T6 T7 T8 T9 K0
K0 M10 M100 [+ D0 D0]
36 D0.0 X2 K1 (T1)
42 D0.1 K1 (T2)
47 D0.2 X4 K20 (T3)
53 D0.3 X3 K1 (T4)
59 D0.4 K1 (T5)
64 D0.5 X1 K1 (T6)
70 D0.6 X6 K1 (T7)
76 D0.7 X5 K1 (T8)
82 D0.8 K100 (T9)
87 D0.9 M200 [RST M100]
[MOVP K0 D0]
92 C0 [RST C0]
97 D0.9 K5 (C0)
102 D0.0 (Y41)
104 D0.1 D0.2 D0.3 (Y40)
109 D0.2 (Y43)

D0.5
X11
111
Y42
D0.6
115
Y45
D0.7
X11
117
Y46
D0.8
121
Y50
123
END

연/습/문/제

(1) 기구배치

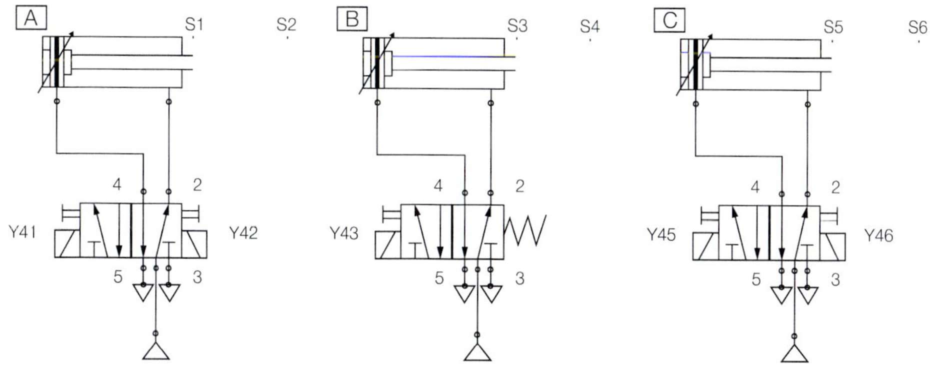

(2) I/O 할당표

입력(INPUT)			출력(OUTPUT)		
디바이스명 (ADDRESS)	설명 (COMMENT)	기기명 (SYMBOL)	디바이스명 (ADDRESS)	설명 (COMMENT)	기기명 (SYMBOL)
X00	시작스위치	PB1	Y40	표시등	LAMP
X01	실린더A 후진센서	S1	Y41	실린더A 전진밸브	A+
X02	실린더A 전진센서	S2	Y42	실린더A 후진밸브	A-
X03	실린더B 후진센서	S3	Y43	실린더B 전진밸브	B+
X04	실린더B 전진센서	S4	Y44		
X05	실린더C 후진센서	S5	Y45	실린더C 전진밸브 또는 흡착 ON	C+
X06	실린더C 전진센서	S6	Y46	실린더C 후진밸브 또는 흡착 OFF	C-
X10	자동/수동스위치	PB2			
X11	비상정지스위치	PB3			
D0	타이머시간입력		D100	동작횟수표시	
D10	카운터횟수입력		D500	문자표시	

(3) 터치 프로그램

시작 버튼(X0), 자동/수동버튼(X10), 비상정지 버튼(X11), 타이머 시간 입력(D0), 연속 동작 횟수 입력(D10), 동작 횟수 표시(D100), 문자 표시(D500), 램프(Y40)

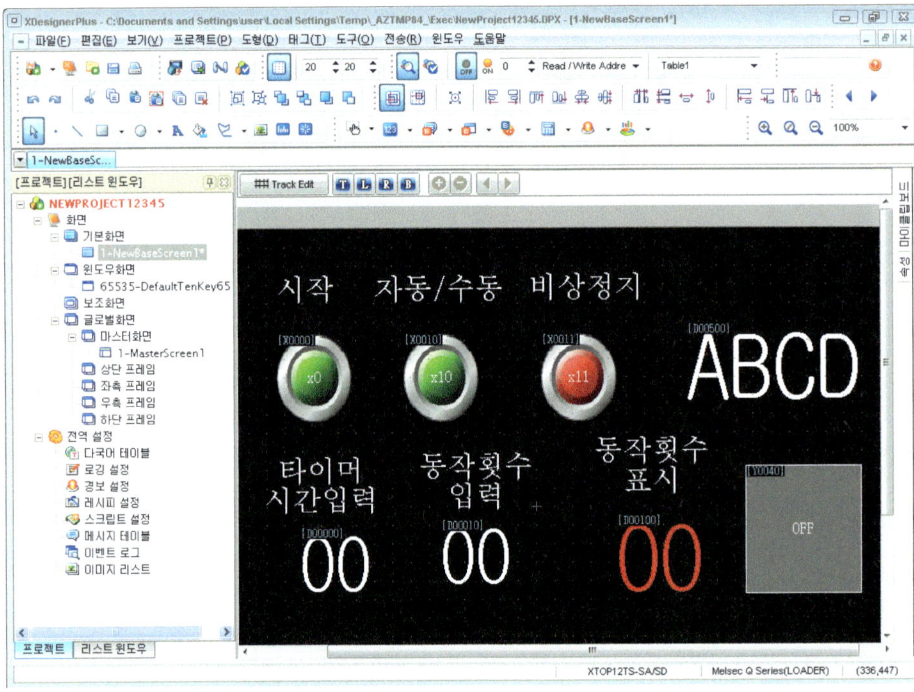

(4) 전기선연결 및 공기압선 연결확인

- 출력 Y40부터 Y4F까지 X10을 ON-OFF 시켜서 1개씩 동작 확인

  (X10: 점검 스위치, X11: REST스위치)

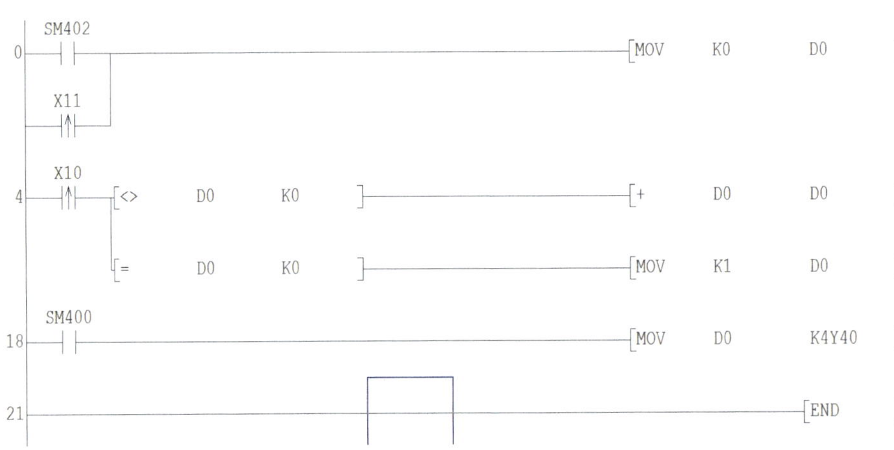

- 출력 Y40부터 Y46까지 X10을 ON-OFF한 후 X11을 ON-OFF 시켜서 1개씩 동작 확인
  (출력번호가 큰 것부터 열거, “M”도 사용가능)

- D0값 2^0부터 2^{15}까지 입력되면 K4Y40에 1, 2, 4, 8 ……이 입력되어 Y40, Y41, Y42, Y43, Y44 ……에 신호가 입력된다.

Y4F	Y4E	Y4D	Y4C	Y4B	Y4A	Y49	Y48	Y47	Y46	Y45	Y44	Y43	Y42	Y41	Y40
32768	16384	8192	4096	2048	1024	512	256	128	64	32	16	8	4	2	1
2^{15}	2^{14}	2^{13}	2^{12}	2^{11}	2^{10}	2^9	2^8	2^7	2^6	2^5	2^4	2^3	2^2	2^1	2^0

예제문제

- SFT(시프트) 명령어를 사용하여 다음을 제어하시오
  제어조건: A+, A−, (A+, B+), (A−, B−), (A+, B+, C+), (A−, B−, C−), (B+, C+), (B−, C−), C+, C−

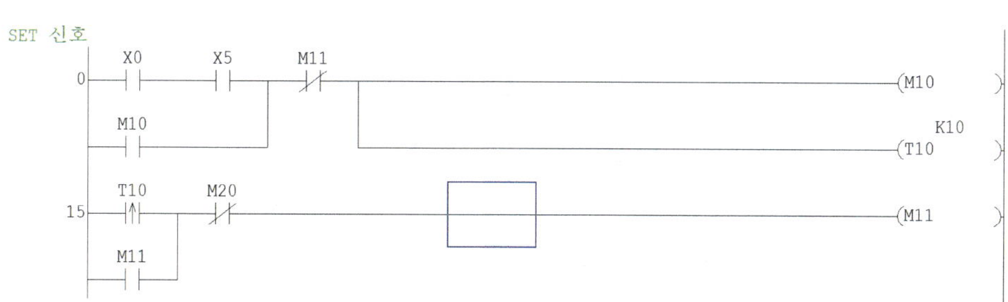

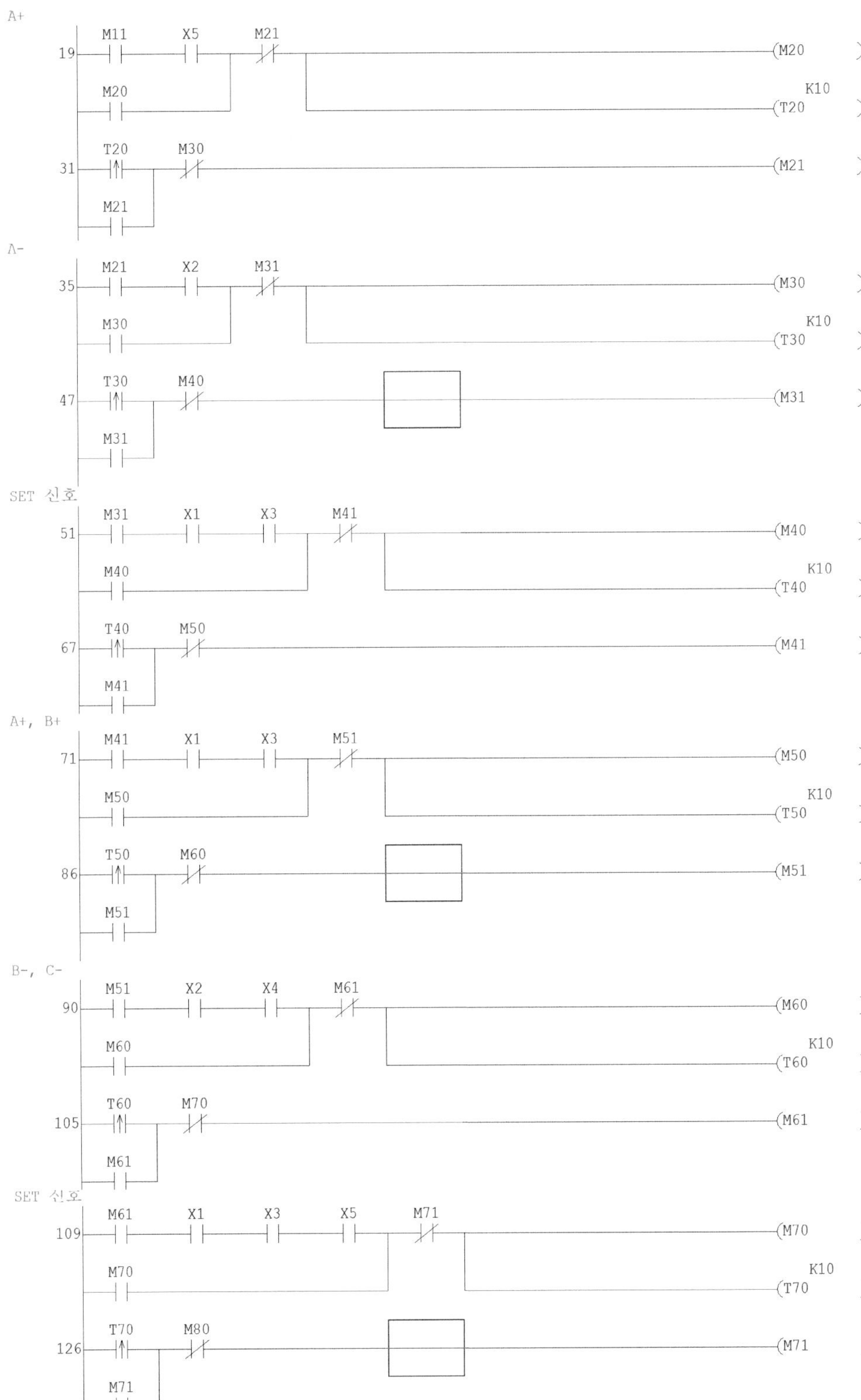
A+
19 M11 X5 M21 (M20)
M20 K10 (T20)
31 T20 M30 (M21)
M21
A-
35 M21 X2 M31 (M30)
M30 K10 (T30)
47 T30 M40 (M31)
M31
SET 신호
51 M31 X1 X3 M41 (M40)
M40 K10 (T40)
67 T40 M50 (M41)
M41
A+, B+
71 M41 X1 X3 M51 (M50)
M50 K10 (T50)
86 T50 M60 (M51)
M51
B-, C-
90 M51 X2 X4 M61 (M60)
M60 K10 (T60)
105 T60 M70 (M61)
M61
SET 신호
109 M61 X1 X3 X5 M71 (M70)
M70 K10 (T70)
126 T70 M80 (M71)
M71

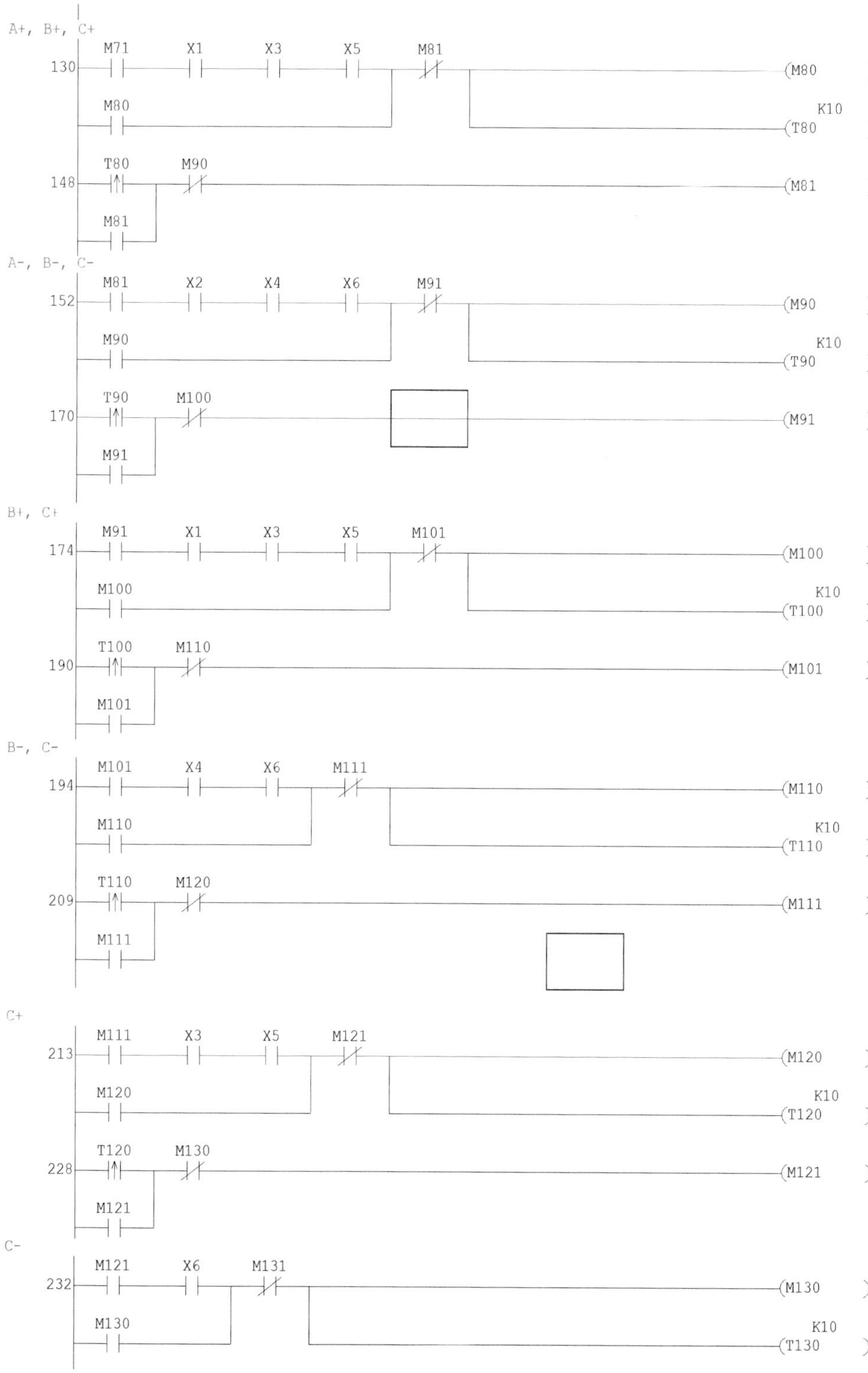
A+, B+, C+
130 M71 X1 X3 X5 M81 (M80)
M80 K10 (T80)
148 T80 M90 (M81)
M81
A-, B-, C-
152 M81 X2 X4 X6 M91 (M90)
M90 K10 (T90)
170 T90 M100 (M91)
M91
B+, C+
174 M91 X1 X3 X5 M101 (M100)
M100 K10 (T100)
190 T100 M110 (M101)
M101
B-, C-
194 M101 X4 X6 M111 (M110)
M110 K10 (T110)
209 T110 M120 (M111)
M111
C+
213 M111 X3 X5 M121 (M120)
M120 K10 (T120)
228 T120 M130 (M121)
M121
C-
232 M121 X6 M131 (M130)
M130 K10 (T130)

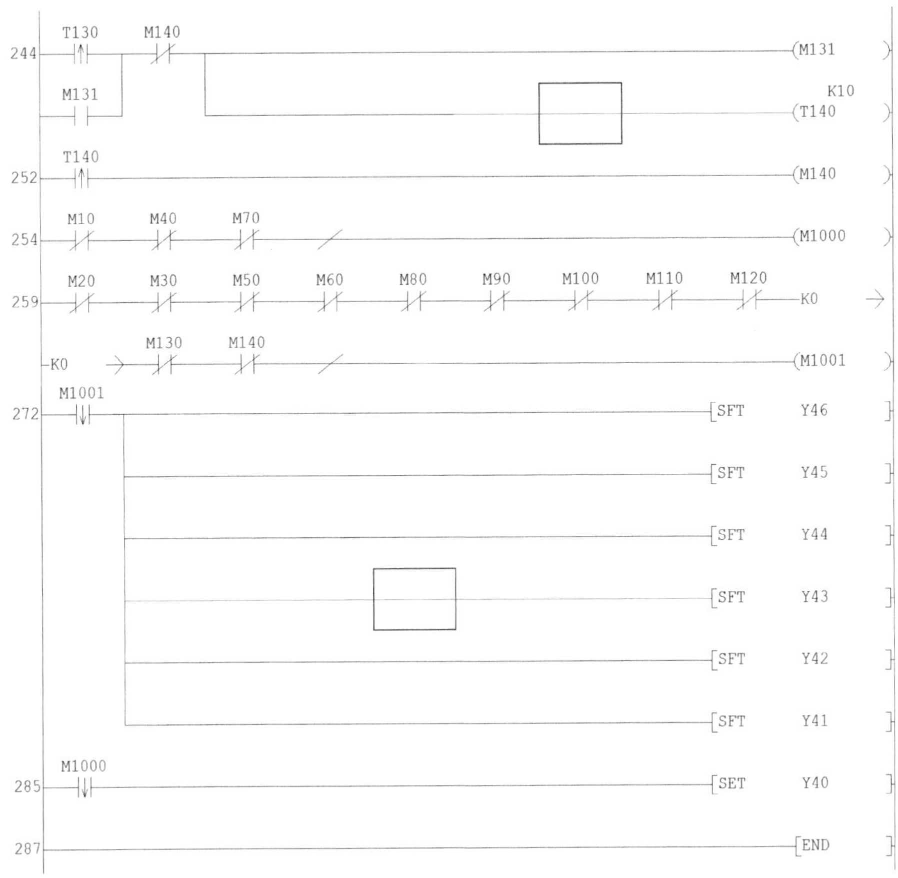

- SET RST 활용 프로그램 작성

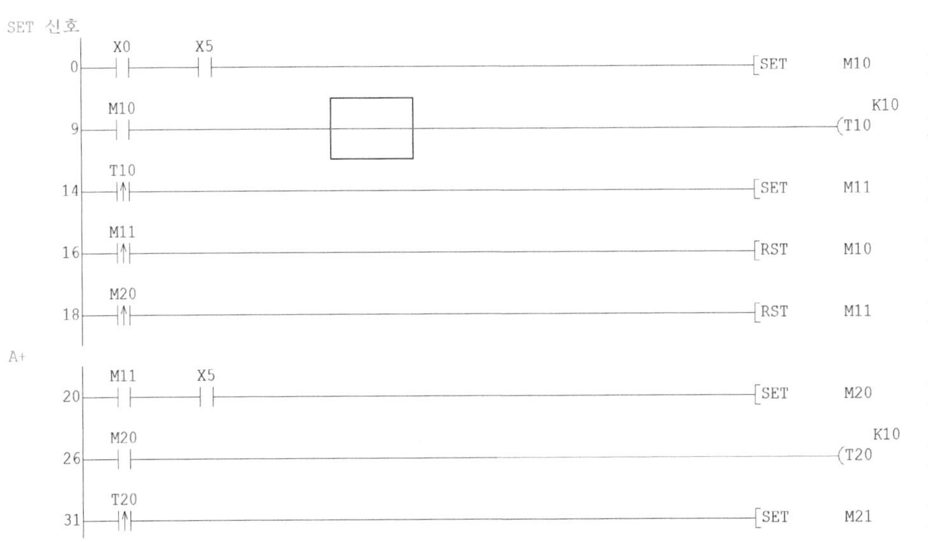

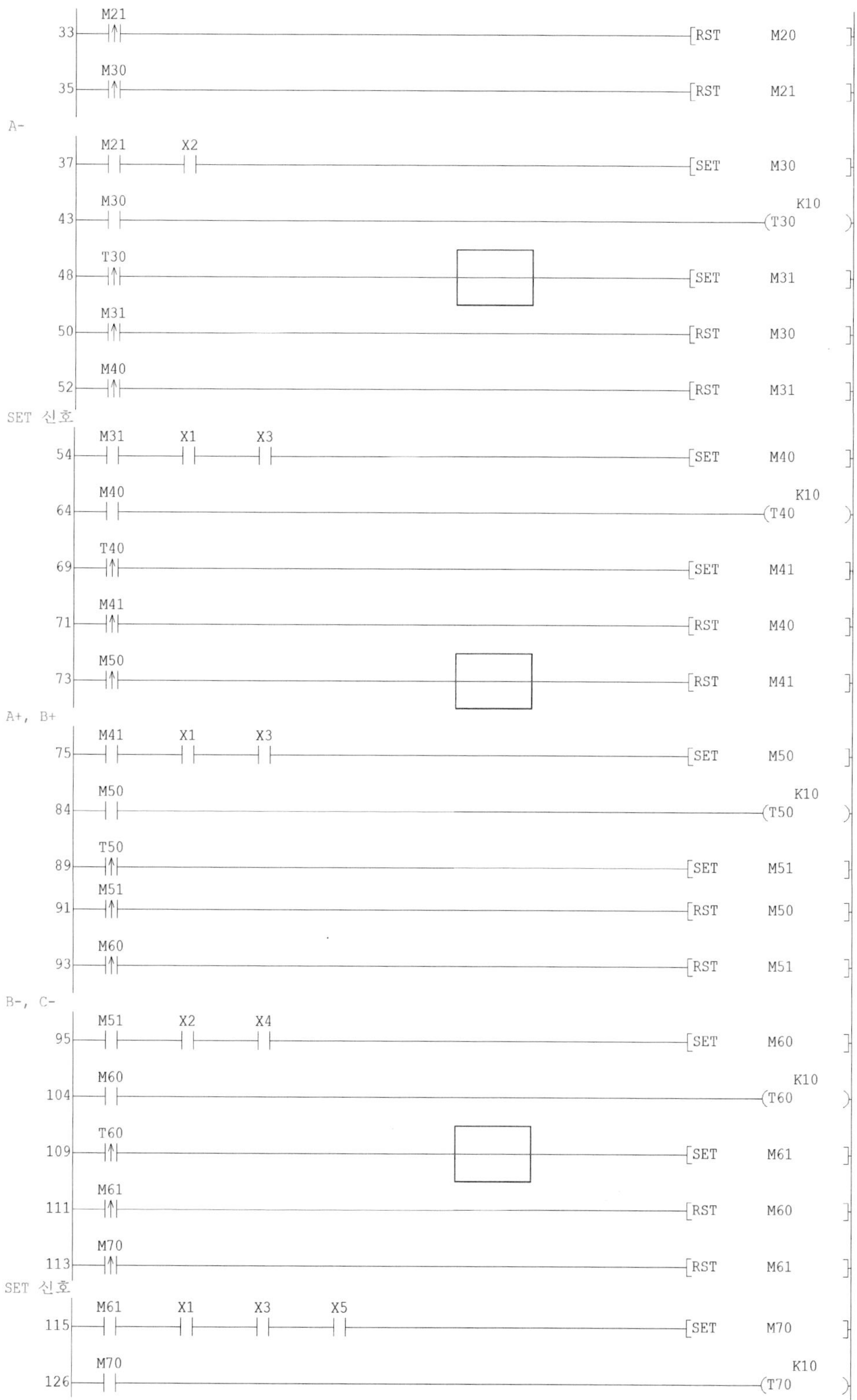
33 M21 [RST M20]
35 M30 [RST M21]
A-
37 M21 X2 [SET M30]
43 M30 K10 (T30)
48 T30 [SET M31]
50 M31 [RST M30]
52 M40 [RST M31]
SET 신호
54 M31 X1 X3 [SET M40]
64 M40 K10 (T40)
69 T40 [SET M41]
71 M41 [RST M40]
73 M50 [RST M41]
A+, B+
75 M41 X1 X3 [SET M50]
84 M50 K10 (T50)
89 T50 [SET M51]
91 M51 [RST M50]
93 M60 [RST M51]
B-, C-
95 M51 X2 X4 [SET M60]
104 M60 K10 (T60)
109 T60 [SET M61]
111 M61 [RST M60]
113 M70 [RST M61]
SET 신호
115 M61 X1 X3 X5 [SET M70]
126 M70 K10 (T70)

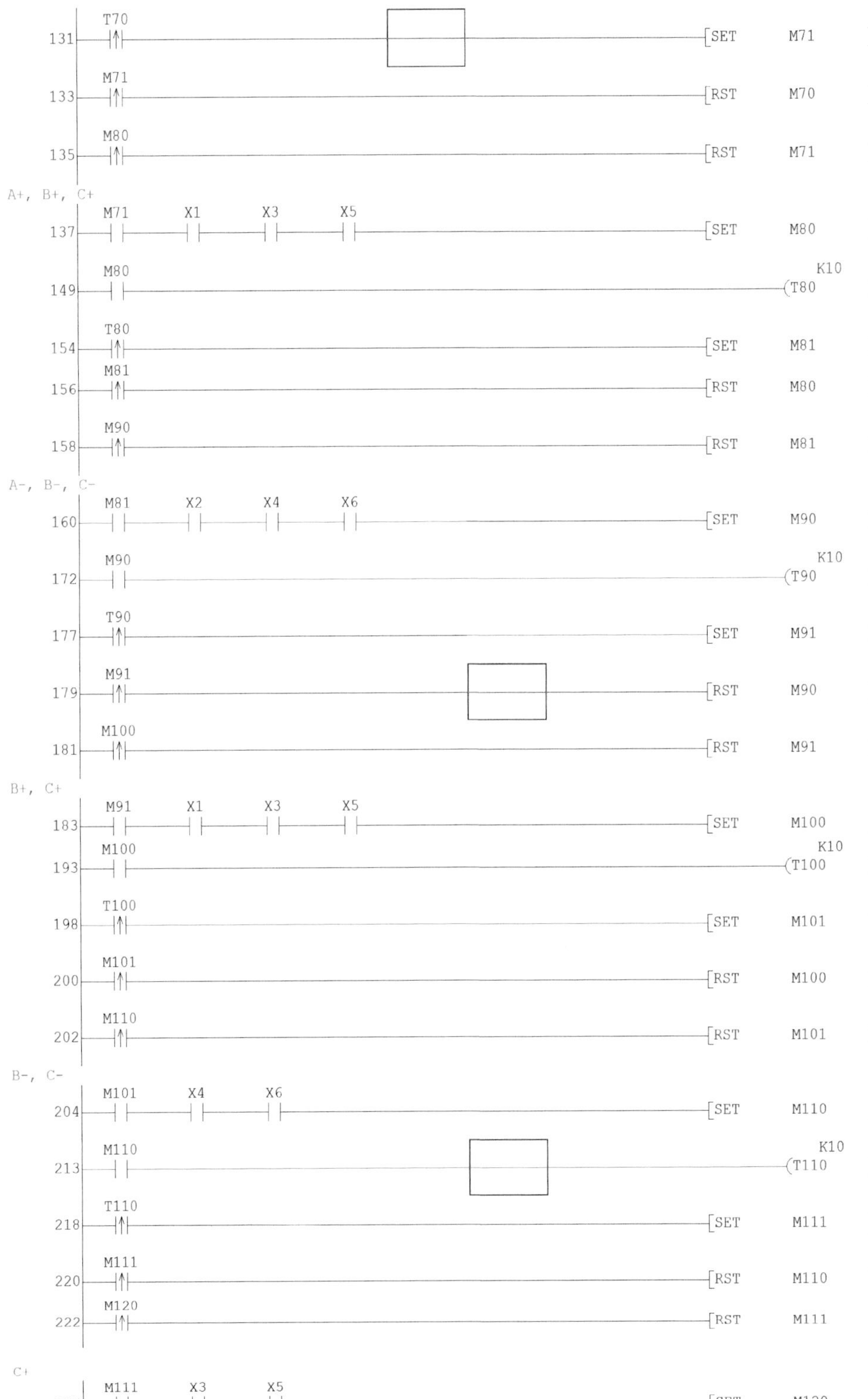
131 T70 SET M71
133 M71 RST M70
135 M80 RST M71
A+, B+, C+
137 M71 X1 X3 X5 SET M80
149 M80 K10 T80
154 T80 SET M81
156 M81 RST M80
158 M90 RST M81
A-, B-, C-
160 M81 X2 X4 X6 SET M90
172 M90 K10 T90
177 T90 SET M91
179 M91 RST M90
181 M100 RST M91
B+, C+
183 M91 X1 X3 X5 SET M100
193 M100 K10 T100
198 T100 SET M101
200 M101 RST M100
202 M110 RST M101
B-, C-
204 M101 X4 X6 SET M110
213 M110 K10 T110
218 T110 SET M111
220 M111 RST M110
222 M120 RST M111
C+
224 M111 X3 X5 SET M120

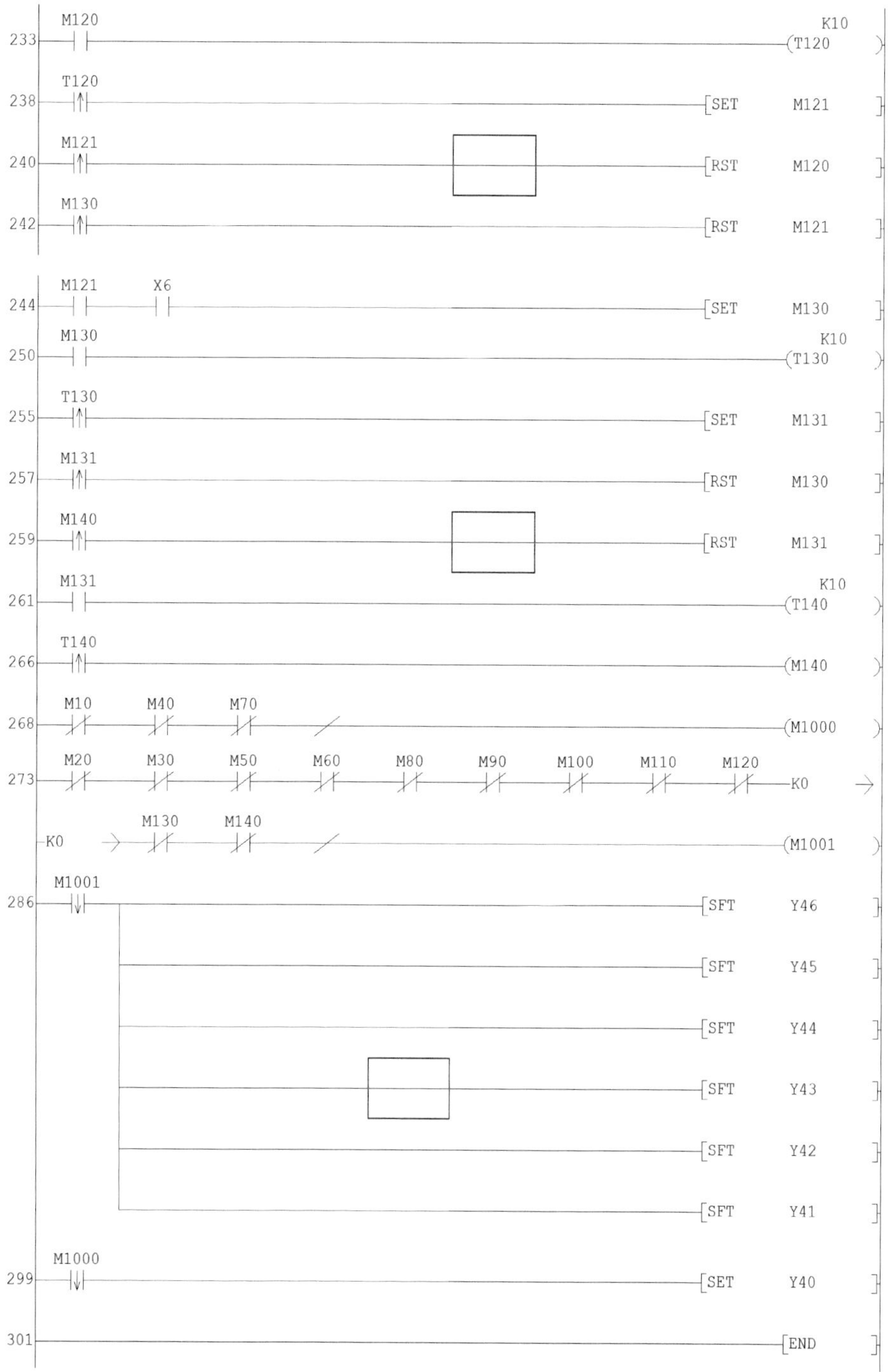
233 M120 K10 T120
238 T120 SET M121
240 M121 RST M120
242 M130 RST M121
244 M121 X6 SET M130
250 M130 K10 T130
255 T130 SET M131
257 M131 RST M130
259 M140 RST M131
261 M131 K10 T140
266 T140 M140
268 M10 M40 M70 M1000
273 M20 M30 M50 M60 M80 M90 M100 M110 M120 K0
K0 M130 M140 M1001
286 M1001 SFT Y46
SFT Y45
SFT Y44
SFT Y43
SFT Y42
SFT Y41
299 M1000 SET Y40
301 END

- 입출력 장비확인 프로그램으로 출력 Y40부터 Y4F까지 X10을 ON-OFF 시켜서 1개씩 동작 확인(X10: 점검 스위치, X11: REST스위치), 동시에 입력 X0부터 X0F까지의 정상 유무를 확인할 수 있다.

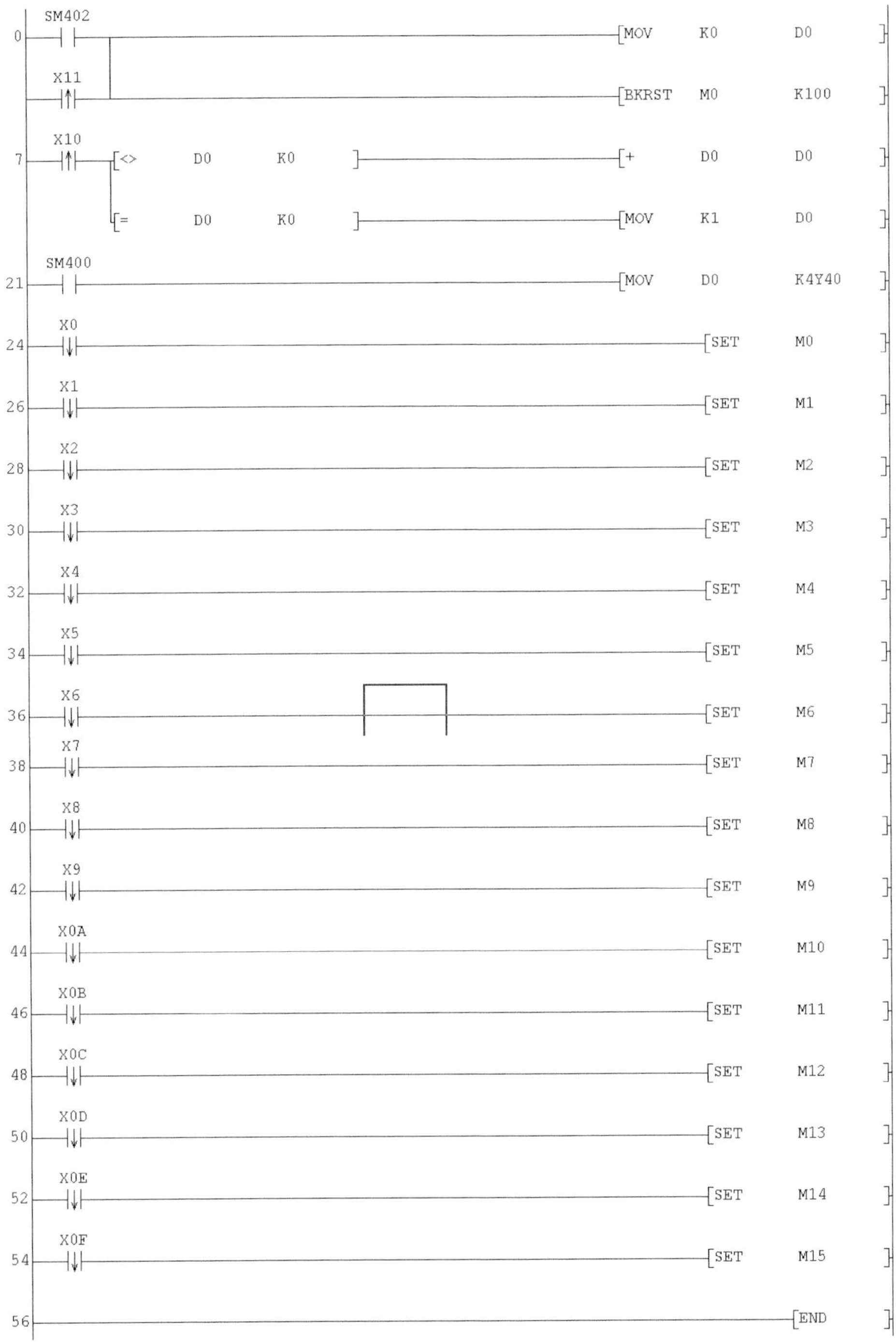

연/습/문/제

Question 1 시작스위치를 ON/OFF하면 동작선도와 같이 동작을 실행

■ 문제풀이(프로그램작성 순서)

① 기본동작 프로그램 설계(동작선도: A+, C+, A−, C−)

입력	리밋 스위치 위치	X5		X2		X6		X1		X5
입력	동작선도		**A+**		**C+**		**A-**		**C-**	
입력	입력 측 릴레이 번호		M1		M2		M3		M4	
출력	출력 I/O		Y41		Y45		Y42		Y46	
출력	출력 측 릴레이 번호		M1		M2		M3		M4	

② 프로그램 작성

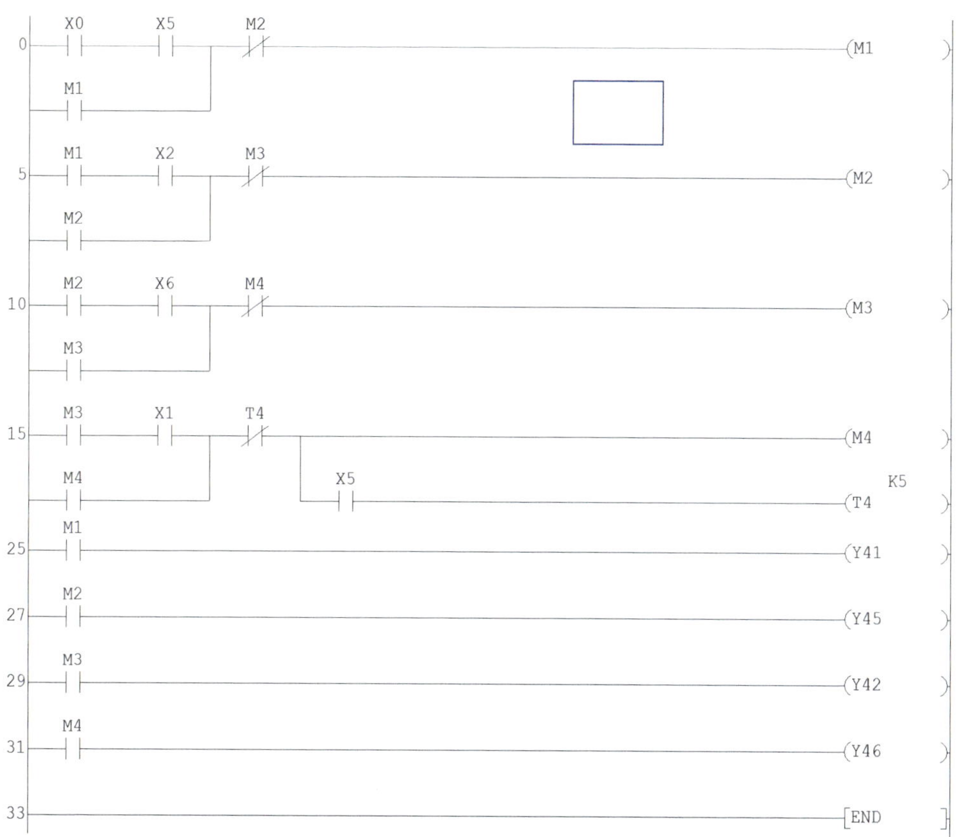

③ 프로그램 작성(비트)

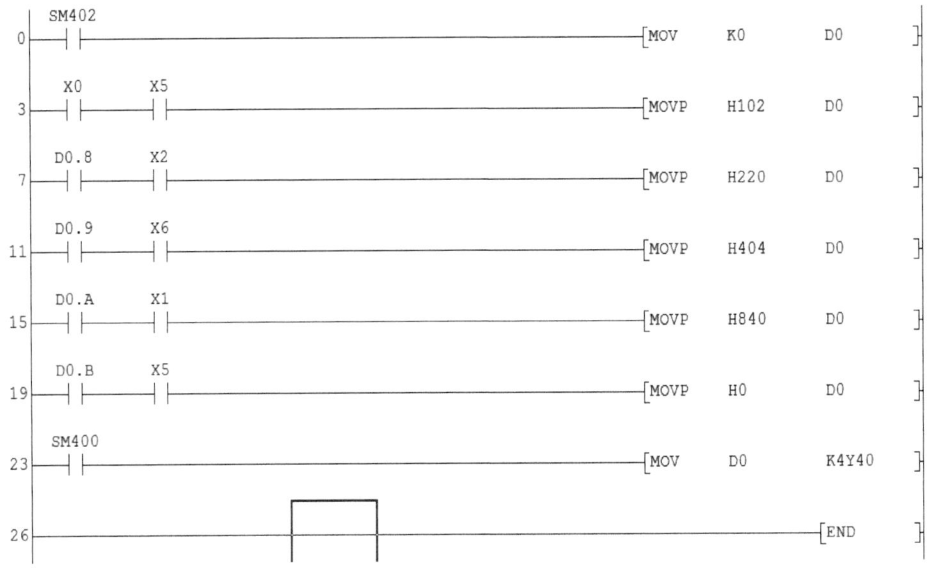

0 SM402 MOV K0 D0
3 X0 X5 MOVP H102 D0
7 D0.8 X2 MOVP H220 D0
11 D0.9 X6 MOVP H404 D0
15 D0.A X1 MOVP H840 D0
19 D0.B X5 MOVP H0 D0
23 SM400 MOV D0 K4Y40
26 END

Question 2 시작스위치를 ON/OFF하면 동작선도와 같이 동작을 실행

■ 문제풀이(프로그램 작성 순서)

① 기본동작 프로그램 설계(동작선도: A−, B+, A+, B−, 초기조건으로 A+가 되도록 함)

② 기본동작 프로그램 설계

<table>
<tr><td rowspan="3">입력</td><td>리밋 스위치 위치</td><td></td><td>X3</td><td></td><td>X1</td><td></td><td>X4</td><td></td><td>X2</td><td></td><td>X3</td></tr>
<tr><td>동작선도</td><td colspan="2">[A+]</td><td colspan="2">A-</td><td colspan="2">B+</td><td colspan="2">A+</td><td colspan="2">B-</td></tr>
<tr><td>입력 측 릴레이 번호</td><td colspan="2">M0</td><td colspan="2">M1</td><td colspan="2">M2</td><td colspan="2">M3</td><td colspan="2">M4</td></tr>
<tr><td rowspan="2">출력</td><td>출력 I/O</td><td colspan="2" rowspan="2">초기 동작</td><td colspan="2">Y42</td><td colspan="2">Y43</td><td colspan="2">Y41</td><td colspan="2">-</td></tr>
<tr><td>출력 측 릴레이 번호</td><td colspan="2">M1</td><td colspan="2">M2, M3</td><td colspan="2">M0, M3</td><td colspan="2">-</td></tr>
</table>

③ 프로그램 작성

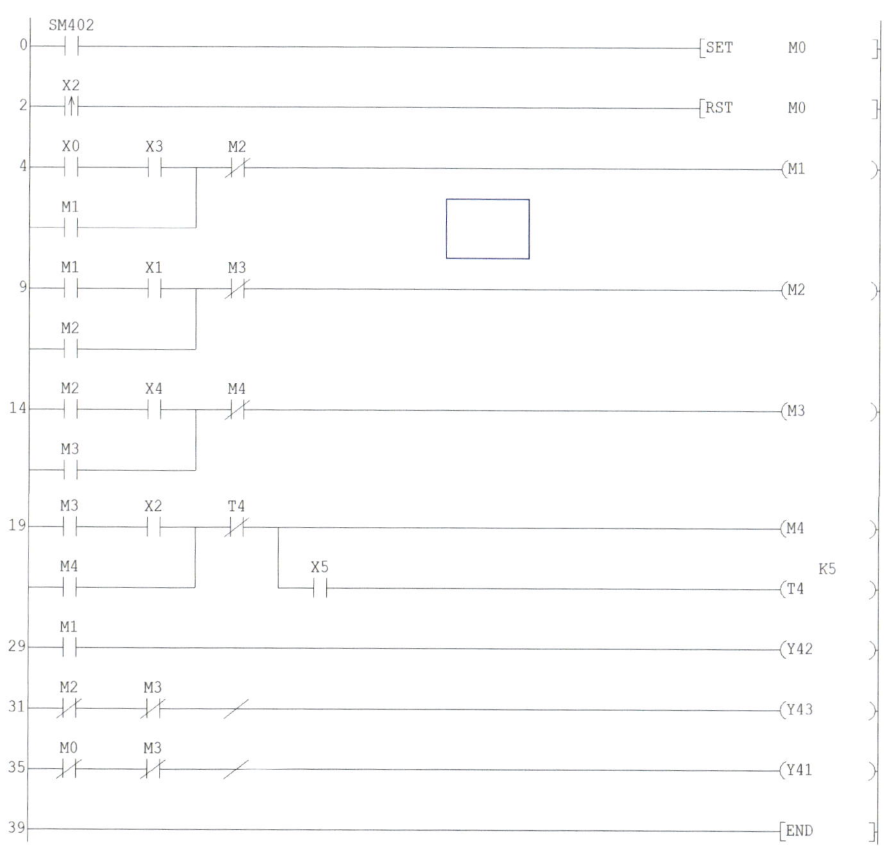

④ 프로그램 작성(비트)

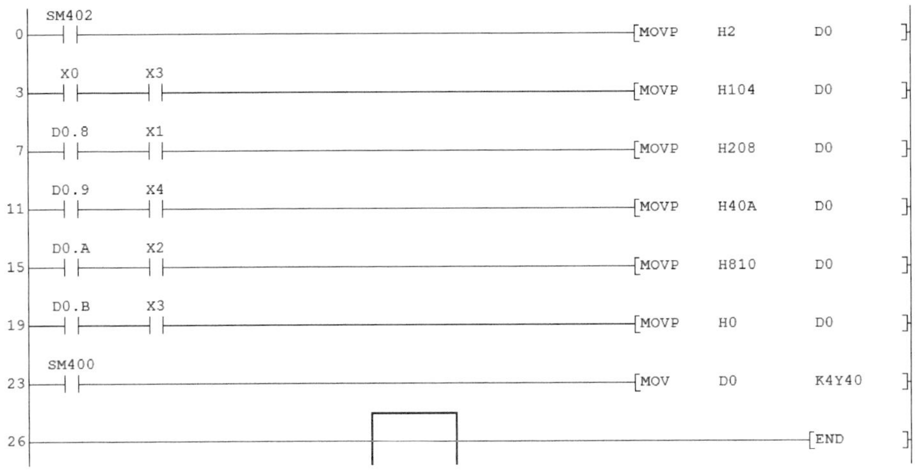

0 SM402 [MOVP H2 D0]
3 X0 X3 [MOVP H104 D0]
7 D0.8 X1 [MOVP H208 D0]
11 D0.9 X4 [MOVP H40A D0]
15 D0.A X2 [MOVP H810 D0]
19 D0.B X3 [MOVP H0 D0]
23 SM400 [MOV D0 K4Y40]
26 [END]

Question 3 수동/자동스위치 및 비상정지 스위치를 활용한 동작

B+, A+, 3초 정지(램프 ON), A–, B–

■ 동작 설명

① 수동/자동스위치(PB2)을 활용하여 수동 선택 후 시작스위치(PB1)를 ON-OFF하면 동작선도와 같이 1행정을 동작한다.

② 자동을 선택 후 시작스위치(PB1)을 ON-OFF 하면 터치에서 입력(D10)한 숫자만큼 행정을 동작한다. 이때 동작된 횟수가 표시(D100)되도록 한다.

③ 비상정지 스위치(PB3)로 ON-OFF 하면 모든 실린더는 후진상태로 정지하며, 동작횟수(D100)도 "0"이 되도록 한다.

④ 터치에 선택된 동작에 따라 "수동" 및 "자동"을 표시하도록 한다.

⑤ 램프는 A실린더가 전진되어 3초(D10 입력)간 정지된 동안 ON 된다.

■ 프로그램 작성 순서

① 기본동작 프로그램 설계(동작선도: B+, A+, 3초 정지(램프 ON), A–, B–)

② 기본프로그램 작성(타이머 및 램프 제외)

③ 타이머 작성 및 램프 설치

④ 카운터 작성 및 비상스위치 작성

⑤ 문자표시 작성

■ 문제풀이

① 기본동작 프로그램 설계

입력	리밋 스위치 위치	X3		X4		X2		X1		X3
	동작선도		**B+**		**A+**		**A-**		**B-**	
	입력 측 릴레이 번호		M1		M2		M3		M4	
출력	출력 I/O		Y43		Y41		Y42		-	
	출력 측 릴레이 번호		M1, M2, M3		M2		M3		-	

② 기본프로그램 작성(타이머 및 램프 제외)

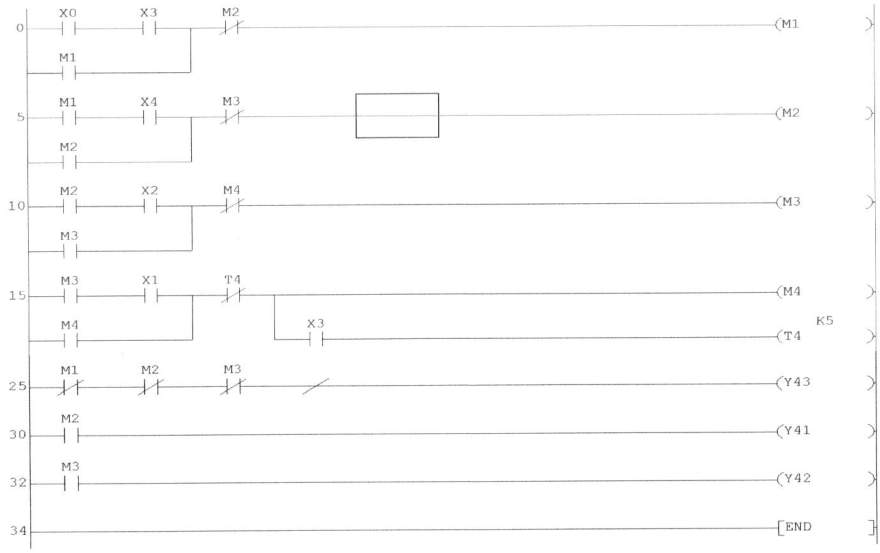

③ 타이머 작성 및 램프 설치

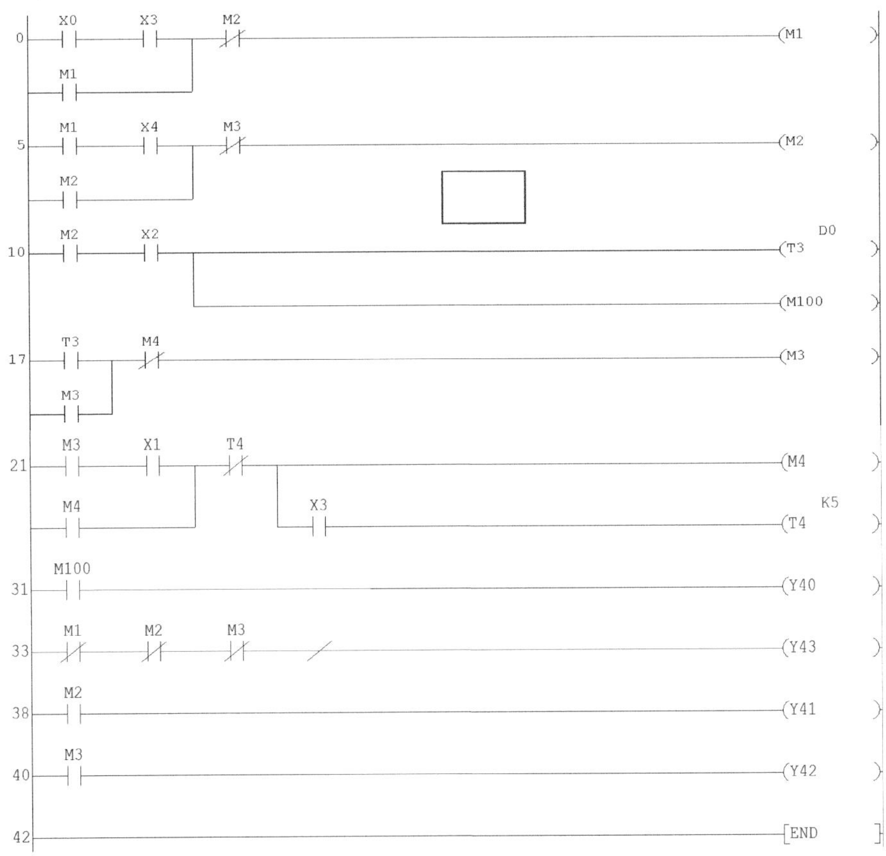

④ 카운터 작성 및 비상스위치 작성

⑤ 문자표시 작성

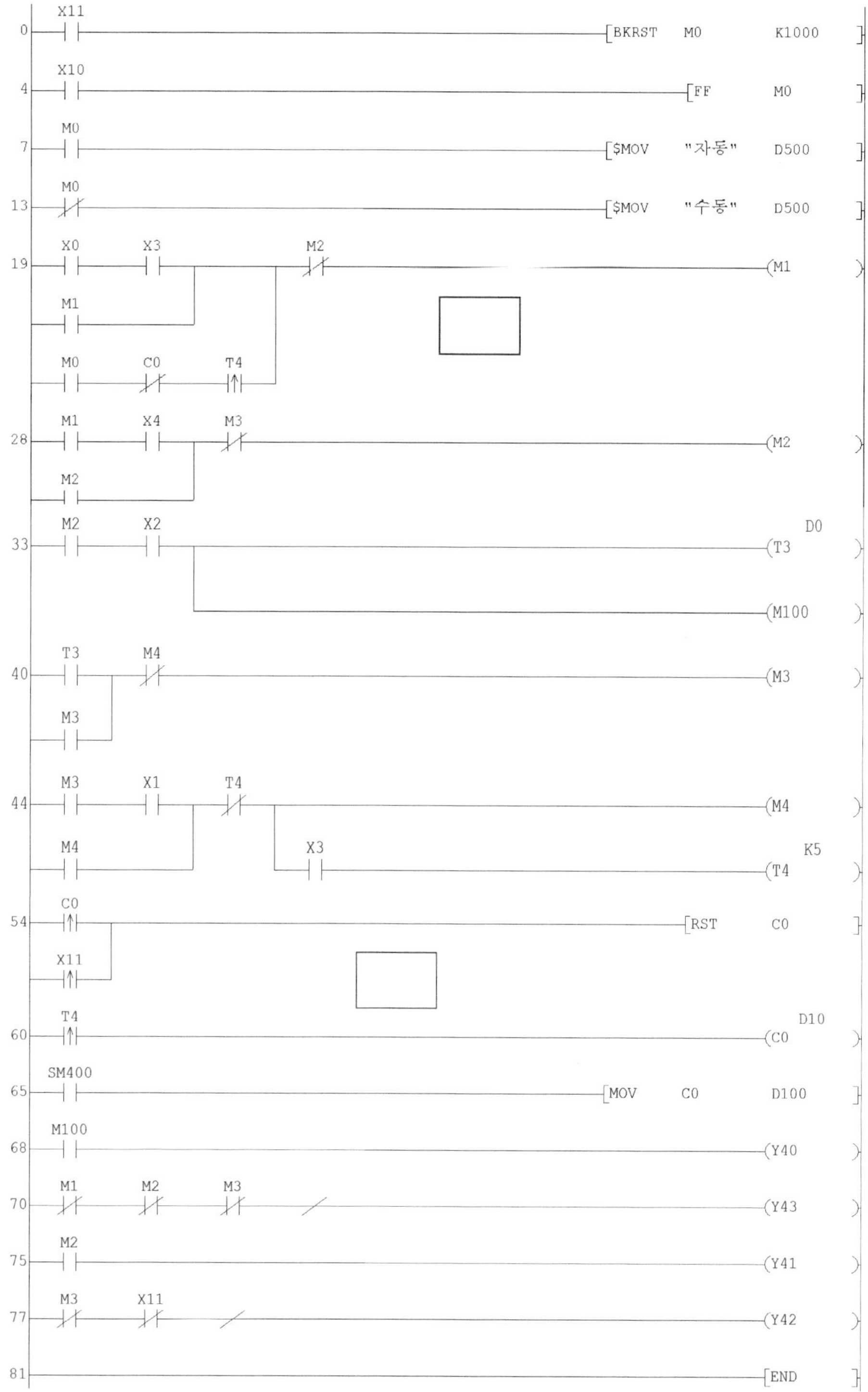

⑥ 프로그램 작성(비트)

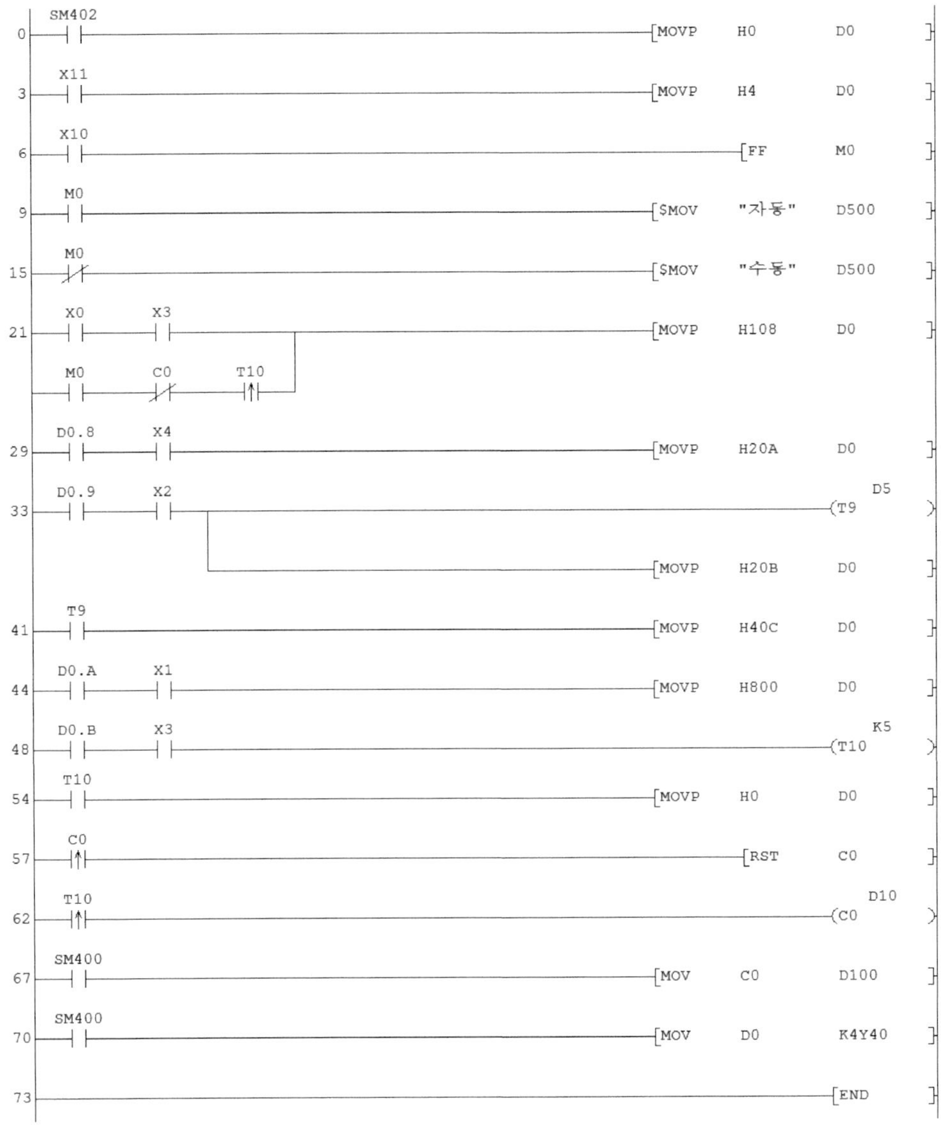
0 SM402 MOVP H0 D0
3 X11 MOVP H4 D0
6 X10 FF M0
9 M0 $MOV "자동" D500
15 M0 $MOV "수동" D500
21 X0 X3 MOVP H108 D0
M0 C0 T10
29 D0.8 X4 MOVP H20A D0
33 D0.9 X2 T9 D5
MOVP H20B D0
41 T9 MOVP H40C D0
44 D0.A X1 MOVP H800 D0
48 D0.B X3 T10 K5
54 T10 MOVP H0 D0
57 C0 RST C0
62 T10 C0 D10
67 SM400 MOV C0 D100
70 SM400 MOV D0 K4Y40
73 END

Question 4 수동/자동스위치 및 비상정지 스위치를 활용한 동작

A+, B+, C+, 3초 램프 ON, A−, (B−, C−), B+, B−, (램프 1초 간격 점멸)

■ 동작 설명

① 수동/자동스위치(PB2)를 활용하여 수동 선택 후 시작스위치(PB1)를 ON-OFF하면 동작선도와 같이 1행정을 동작한다.

② 자동을 선택 후 시작스위치(PB1)를 ON-OFF하면 터치에서 입력(D10)한 숫자만큼 행정을 동작한다. 이때 동작된 횟수가 표시(D100)되도록 한다.

③ 비상정지 스위치(PB3)로 ON-OFF하면 모든 실린더는 후진상태로 정지하며, 동작 횟수(D100)도 "0"이 되도록 한다.

④ 터치에 선택된 동작에 따라 "수동" 및 "자동"을 표시하도록 한다.

⑤ 램프는 C실린더가 전진되어 3초(D0입력)간 정지된 동안 ON 되며, 또한 수동일 때는 1행정 끝에 1초 간격으로 점멸, 자동일 때는 터치에서 입력(D10)한 지정횟수가 끝나면 1초 간격으로 점멸한다.

■ 프로그램작성 순서

① 기본동작 프로그램 설계

[동작선도: A+, B+, C+, 3초 램프 ON, A−, (B−, C−), B+, B−, (램프 1초 간격 점멸)]

② 기본프로그램 작성(타이머 및 램프 제외)

③ 타이머 작성 및 램프 설치, 수동 동작 끝 1초간 램프점멸 작성

④ 카운터 작성 및 비상스위치 작성, 자동 동작 끝 1초간 램프점멸 작성

⑤ 문자표시 작성

■ 문제풀이

① 기본동작 프로그램 설계

입력	리밋 스위치 위치	X3		X2		X4		X6		X1		X3·X5		X4		X3
입력	동작선도		A+		B+		C+		A-		(B-, C-)		B+		B-	
입력	입력 측 릴레이 번호		M1		M2		M3		M4		M5		M6		M7	
출력	출력 I/O		Y41		Y43		Y45		Y42		Y46		-		-	
출력	출력 측 릴레이 번호		M1		M2, M3, M4, M6		M3		M4		M5		-		-	

② 기본프로그램 작성(타이머 및 램프 제외)

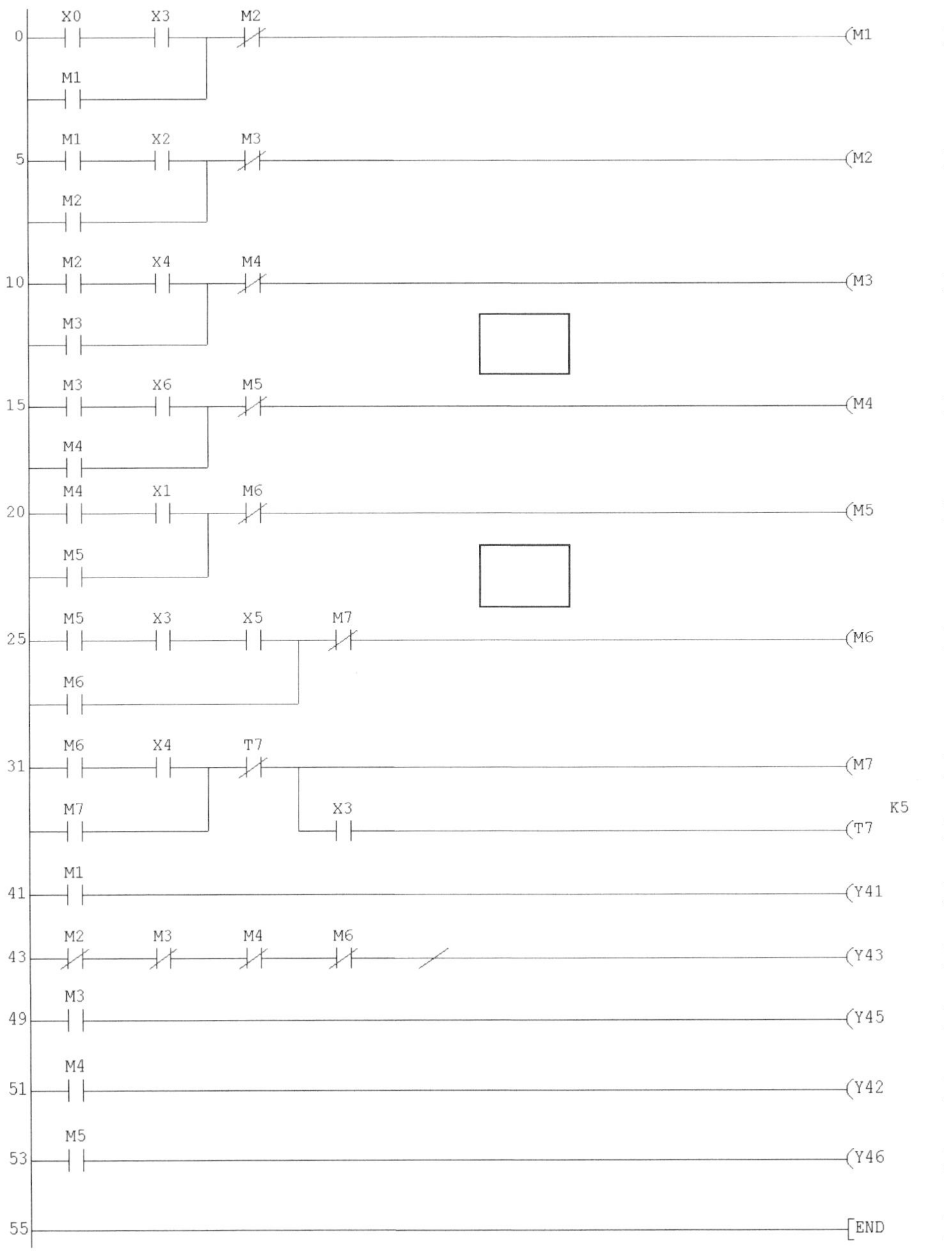

③ 타이머 작성 및 램프 설치, 수동동작 끝 1초간 램프점멸 작성

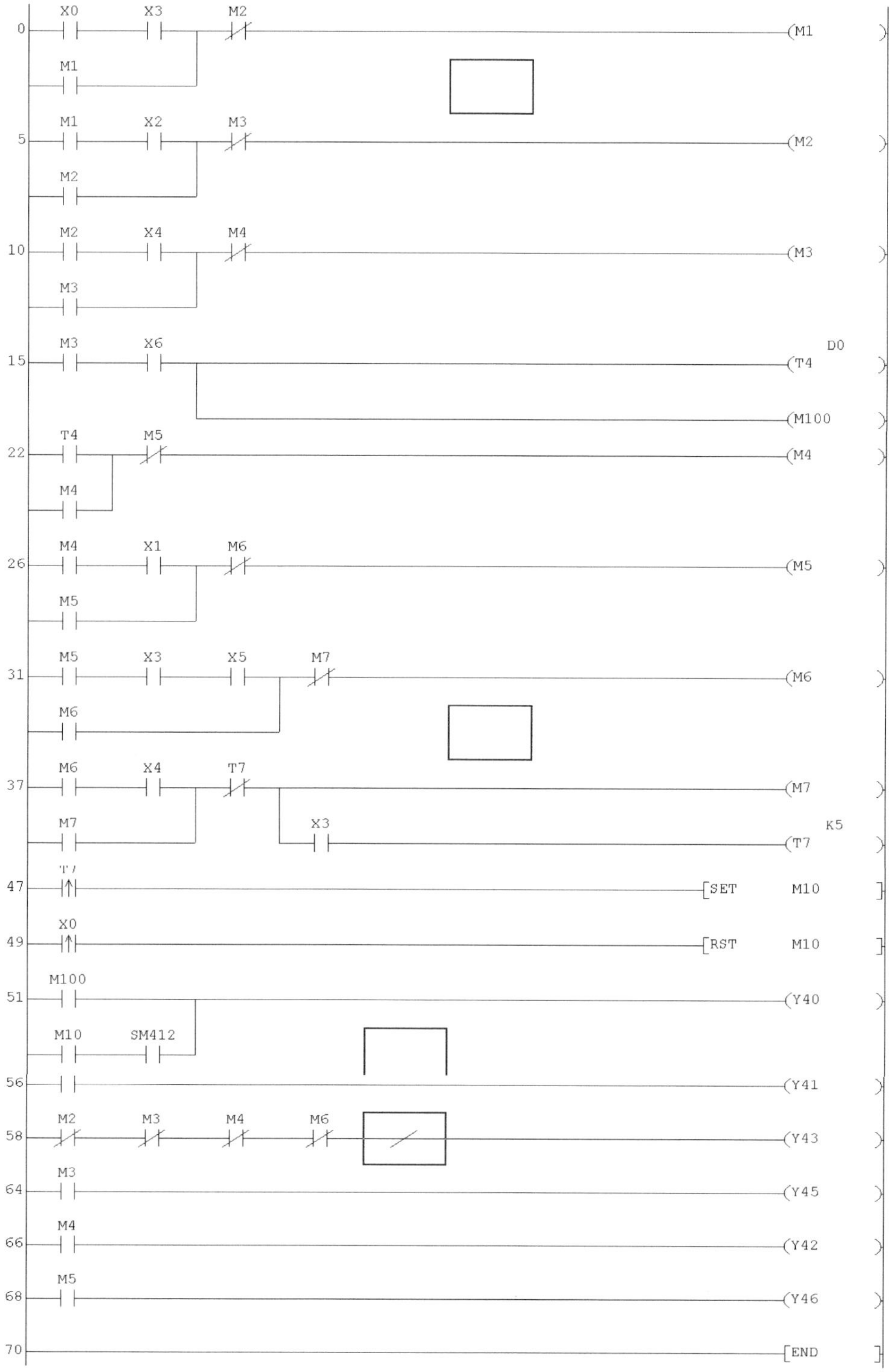

④ 카운터 작성 및 비상스위치 작성, 자동동작 끝 1초간 램프점멸 작성

⑤ 문자표시 작성

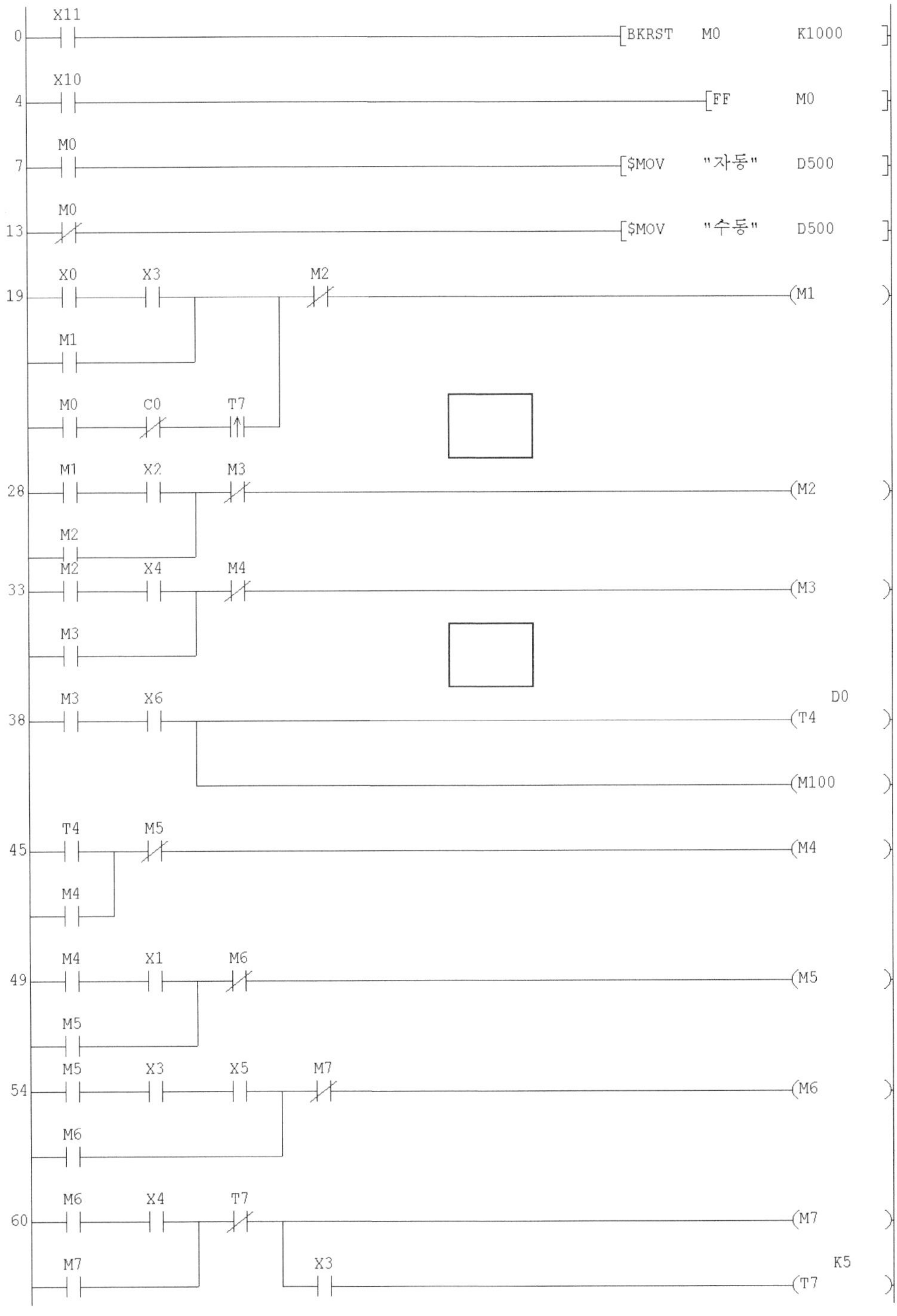

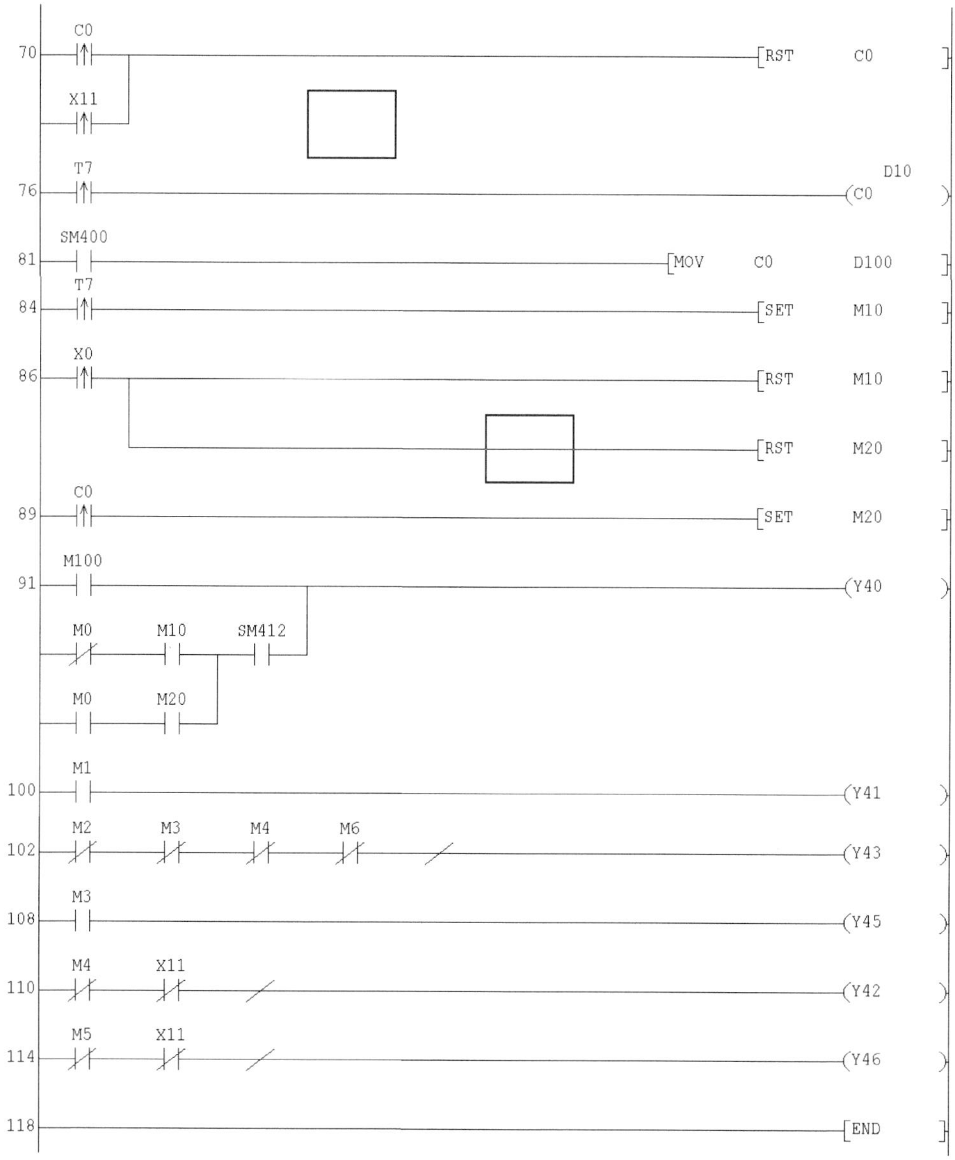
70 C0 X11 RST C0
76 T7 D10 C0
81 SM400 MOV C0 D100
84 T7 SET M10
86 X0 RST M10 RST M20
89 C0 SET M20
91 M100 M0 M10 SM412 M0 M20 Y40
100 M1 Y41
102 M2 M3 M4 M6 Y43
108 M3 Y45
110 M4 X11 Y42
114 M5 X11 Y46
118 END

⑥ 프로그램 작성(비트)

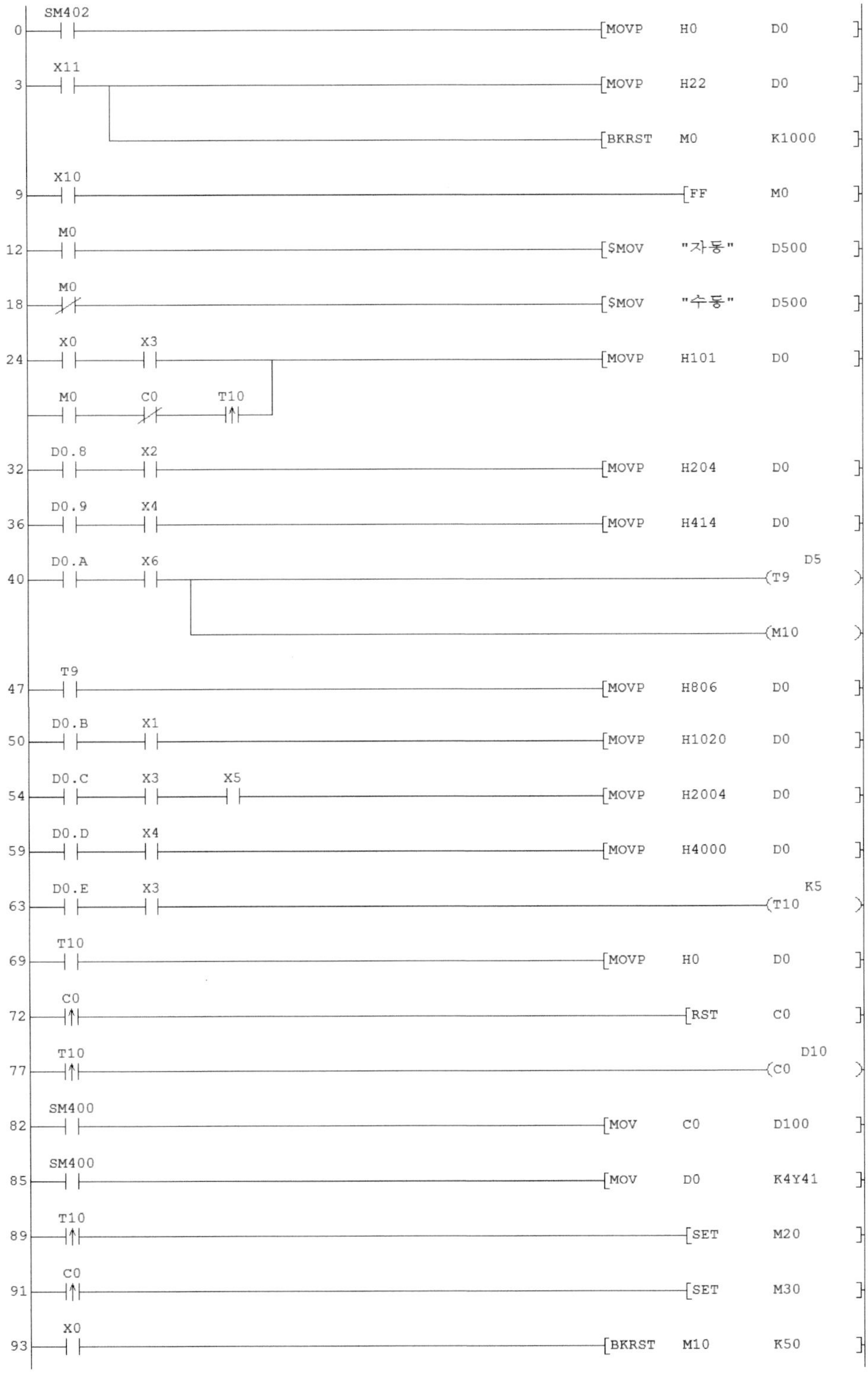
0 SM402 [MOVP H0 D0]
3 X11 [MOVP H22 D0]
[BKRST M0 K1000]
9 X10 [FF M0]
12 M0 [$MOV "자동" D500]
18 M0 [$MOV "수동" D500]
24 X0 X3 [MOVP H101 D0]
M0 C0 T10
32 D0.8 X2 [MOVP H204 D0]
36 D0.9 X4 [MOVP H414 D0]
40 D0.A X6 (T9 D5)
(M10)
47 T9 [MOVP H806 D0]
50 D0.B X1 [MOVP H1020 D0]
54 D0.C X3 X5 [MOVP H2004 D0]
59 D0.D X4 [MOVP H4000 D0]
63 D0.E X3 (T10 K5)
69 T10 [MOVP H0 D0]
72 C0 [RST C0]
77 T10 (C0 D10)
82 SM400 [MOV C0 D100]
85 SM400 [MOV D0 K4Y41]
89 T10 [SET M20]
91 C0 [SET M30]
93 X0 [BKRST M10 K50]

93
X0
BKRST M10 K50
97
M0
M20
SM412
Y40
M0
M30
M10
105
END

Question 5 수동/자동스위치 및 비상정지 스위치를 활용한 동작

상하CY.(A+), 흡착ON(C+), 2초 정지, 상하CY.(A–), 좌우CY.(B+),
상하CY.(A+), 흡착OFF(C–), 2초 정지, 상하CY.(A–), 좌우CY.(B–)

■ 동작설명

① 수동/자동스위치(PB2)을 활용하여 수동 선택 후 시작스위치(PB1)을 ON-OFF하면 동작선도와 같이 1행정을 동작한다.

② 자동을 선택 후 시작스위치(PB1)을 ON-OFF하면 터치에서 입력(D10)한 숫자만큼 행정을 동작하며 1행정 끝마다 3초(D0입력)간 정지하였다가 동작하고, 이때 동작된 횟수가 표시(D100)되도록 한다.

③ 비상정지 스위치(PB3)로 ON-OFF하면 모든 실린더는 후진상태로 정지하며, 흡착은 ON상태가 되며, 동작횟수(D100)도 "0"이 되도록 한다. 또한 램프는 OFF된다.

④ 터치에 선택된 동작에 따라 "수동" 및 "자동"을 표시하도록 한다.

⑤ 램프는 흡착ON 되어 있는 동안 ON되며, 또한 수동일 때는 1행정 끝에 1초 간격으로 점멸, 자동일 때는 터치에서 입력(D10)한 지정횟수가 끝나면 1초 간격으로 점멸한다.

⑥ 흡착ON 및 흡착 OFF동작 신호입력 후 2초 지연 후 다음 동작을 진행한다.

■ 프로그램 작성순서

① 기본동작 프로그램 설계
[동작선도: 상하CY.(A+), 흡착ON(C+), 2초 정지, 상하CY.(A–), 좌우CY.(B+), 상하CY.(A+), 흡착OFF(C–), 2초 정지, 상하CY.(A–), 좌우CY.(B–), (램프 1초 간격 점멸)]

② 기본프로그램 작성(2초 타이머 포함)

③ 수동운전 시 점멸 램프설치

④ 자동운전 시 행정간 정지 시간 삽입, 카운터 작성, 비상스위치 작성

⑤ 자동동작 끝 1초간 램프점멸 설치

⑥ 문자표시 작성

■ 문제풀이

① 기본동작 프로그램 설계

구분	항목																	
입력	리밋 스위치 위치	X3		X2		2초		X1		X4		X2		2초		X1		X3
	동작선도		A+		C+		A-		B+		A+		C-		A-		B-	
	입력 측 릴레이 번호		M1		M2		M3		M4		M5		M6		M7		M8	
출력	출력 I/O		Y41		Y45		Y42		Y43		-		Y46		-		-	
	출력 측 릴레이 번호		M1, M5		M2		M3, M7		M4,M5, M6,M7		-		M6		-		-	

② 기본프로그램 작성(2초 타이머 포함)

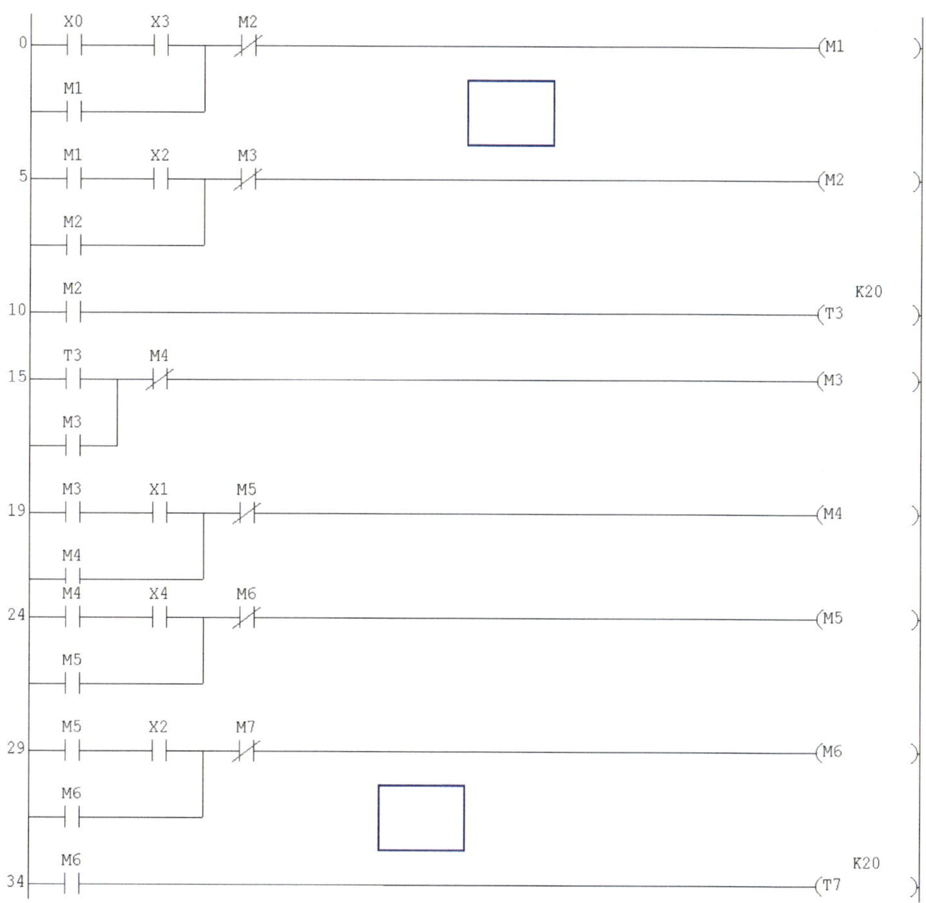

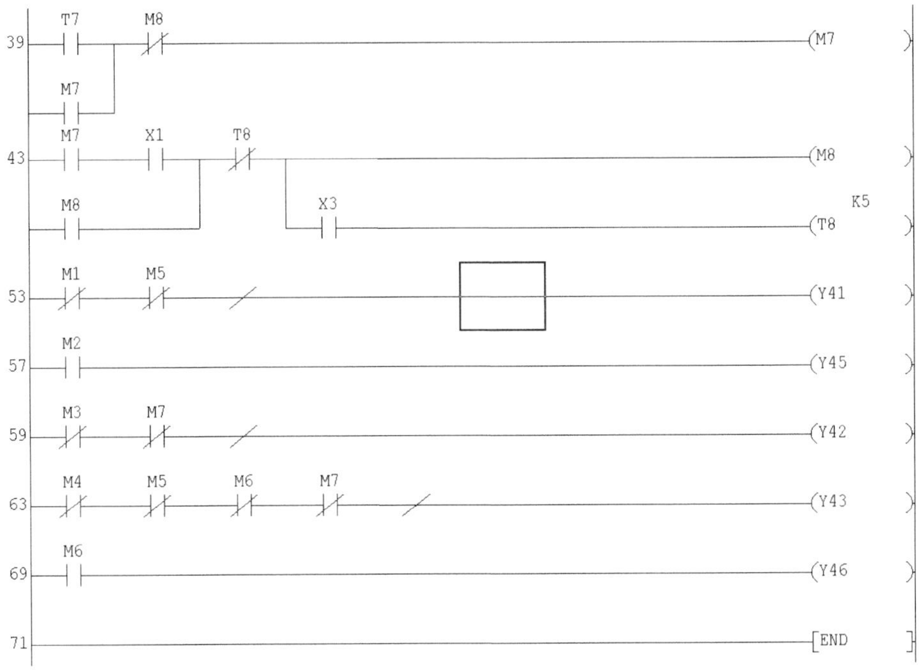

③ 수동운전 시 점멸 램프 설치

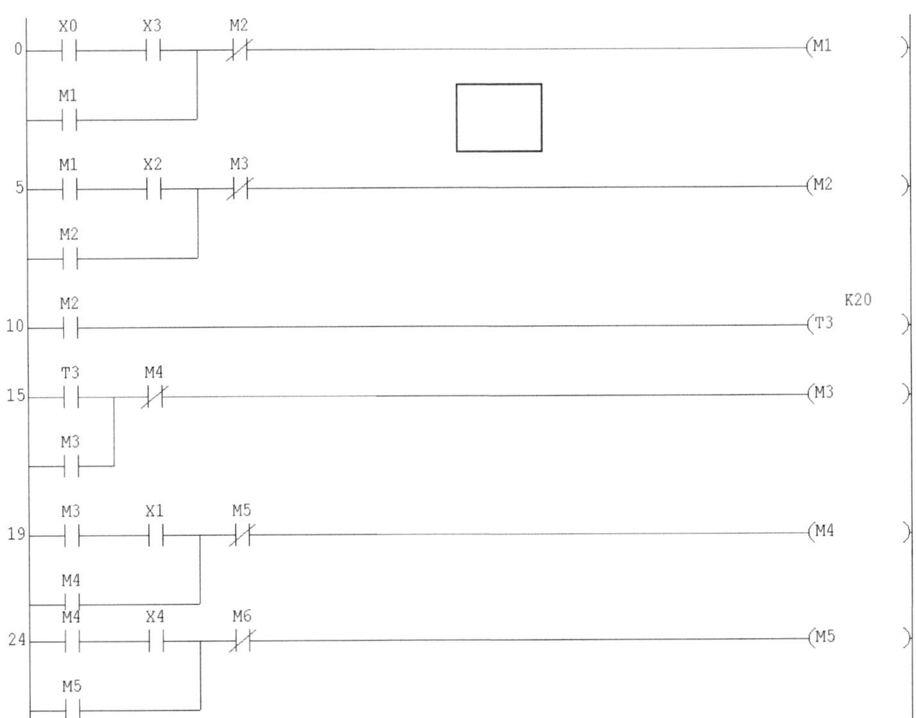

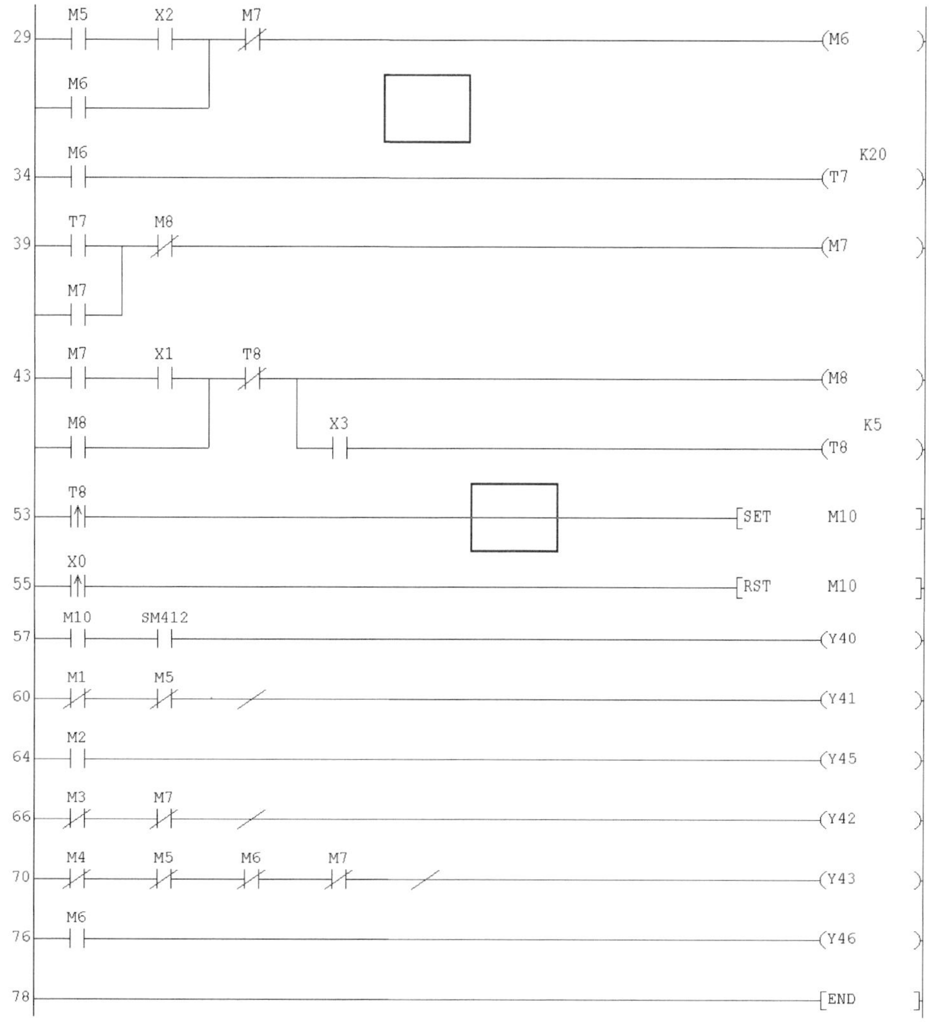

④ 자동운전 시 행정간 정지 시간 삽입, 카운터 작성, 비상스위치 작성

⑤ 자동동작 끝 1초간 램프점멸 설치

⑥ 문자표시 작성

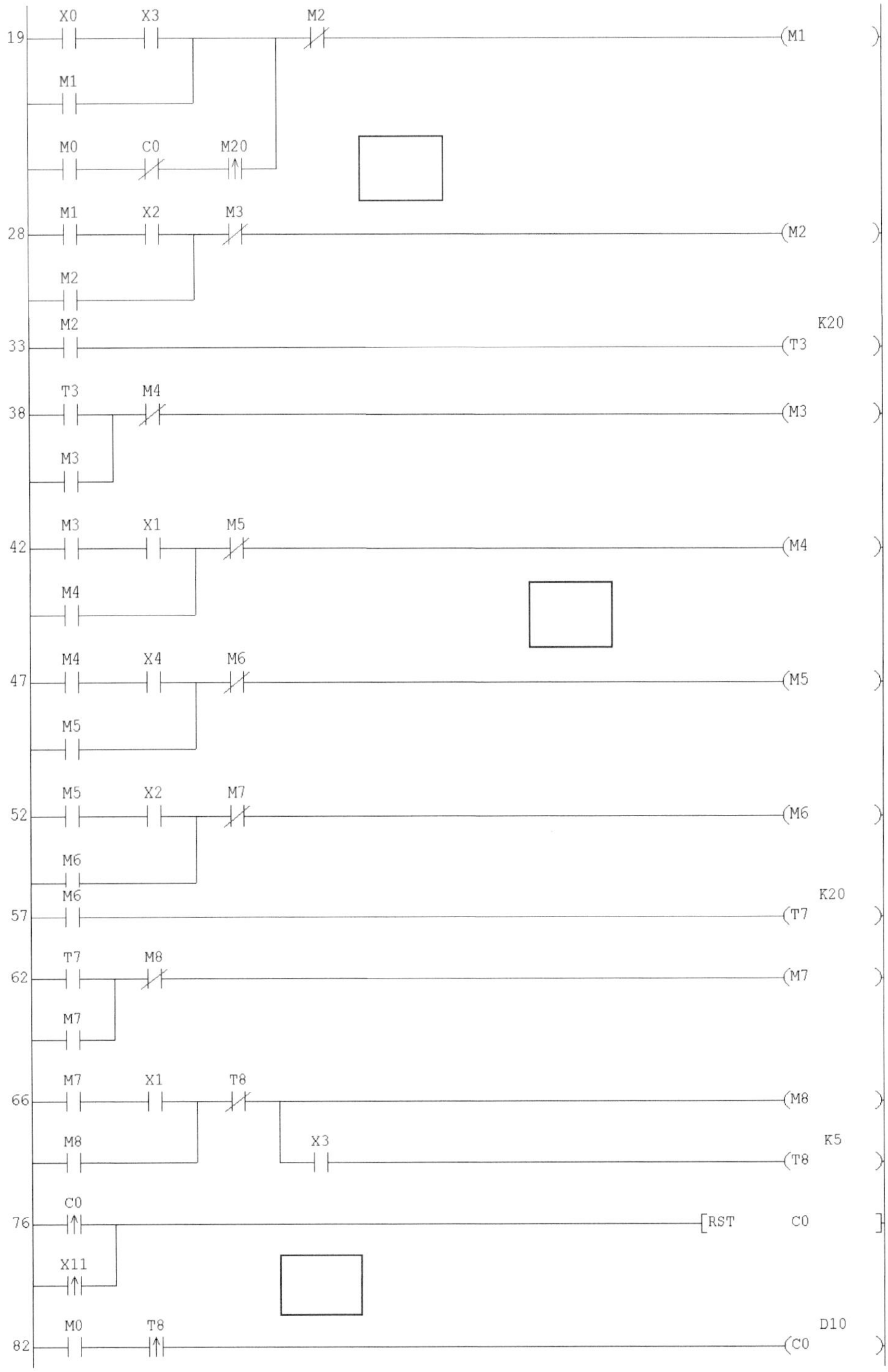
19
X0
X3
M2
M1
M1
M0
C0
M20
28
M1
X2
M3
M2
M2
33
M2
K20
T3
38
T3
M4
M3
M3
42
M3
X1
M5
M4
M4
47
M4
X4
M6
M5
M5
52
M5
X2
M7
M6
M6
57
M6
K20
T7
62
T7
M8
M7
M7
66
M7
X1
T8
M8
M8
X3
K5
T8
76
C0
RST
C0
X11
82
M0
T8
D10
C0

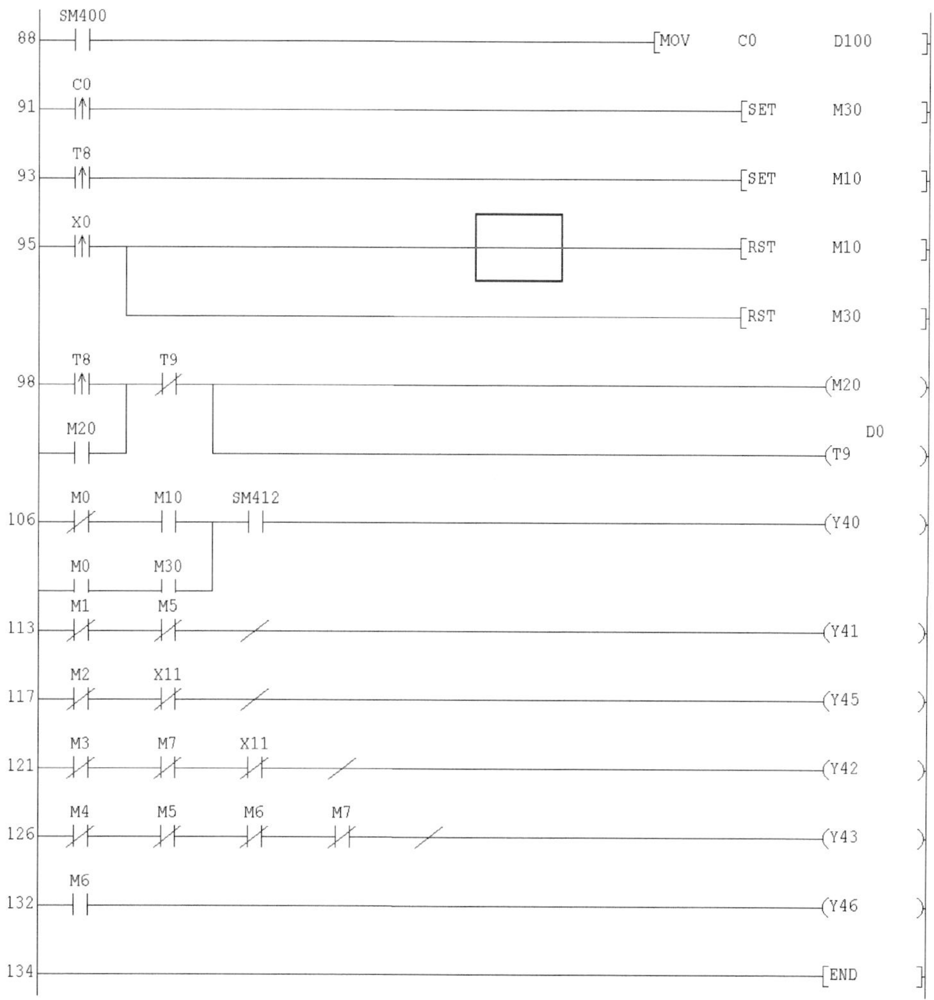
88 SM400 [MOV C0 D100]
91 C0 [SET M30]
93 T8 [SET M10]
95 X0 [RST M10]
[RST M30]
98 T8 T9 (M20)
M20 D0 (T9)
106 M0 M10 SM412 (Y40)
M0 M30
113 M1 M5 (Y41)
117 M2 X11 (Y45)
121 M3 M7 X11 (Y42)
126 M4 M5 M6 M7 (Y43)
132 M6 (Y46)
134 [END]

⑦ 프로그램 작성(비트)

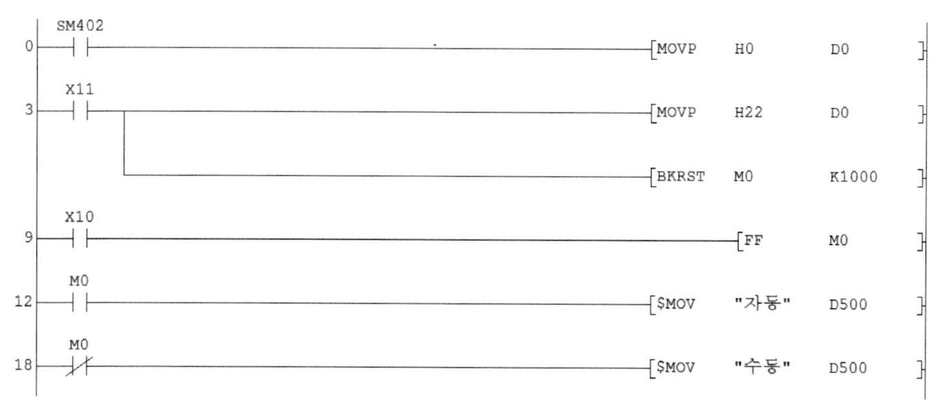
0 SM402 [MOVP H0 D0]
3 X11 [MOVP H22 D0]
[BKRST M0 K1000]
9 X10 [FF M0]
12 M0 [$MOV "자동" D500]
18 M0 [$MOV "수동" D500]

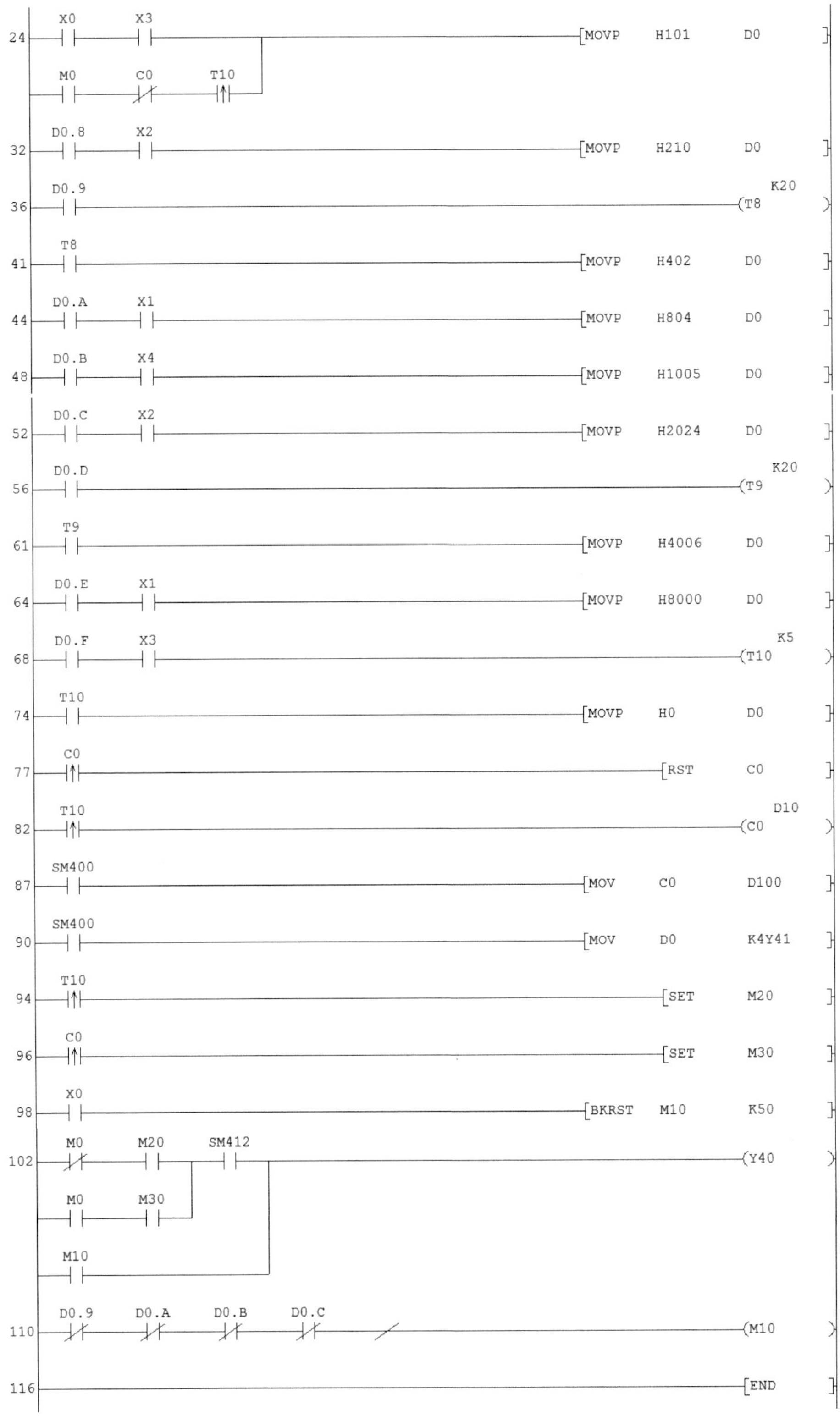
24 X0 X3 MOVP H101 D0
M0 C0 T10
32 D0.8 X2 MOVP H210 D0
36 D0.9 T8 K20
41 T8 MOVP H402 D0
44 D0.A X1 MOVP H804 D0
48 D0.B X4 MOVP H1005 D0
52 D0.C X2 MOVP H2024 D0
56 D0.D T9 K20
61 T9 MOVP H4006 D0
64 D0.E X1 MOVP H8000 D0
68 D0.F X3 T10 K5
74 T10 MOVP H0 D0
77 C0 RST C0
82 T10 C0 D10
87 SM400 MOV C0 D100
90 SM400 MOV D0 K4Y41
94 T10 SET M20
96 C0 SET M30
98 X0 BKRST M10 K50
102 M0 M20 SM412 Y40
M0 M30
M10
110 D0.9 D0.A D0.B D0.C M10
116 END

PART Ⅱ

생산자동화 산업기사 PLC기반제어작업 실기문제풀이

Chapter I

MPS 장비 구성

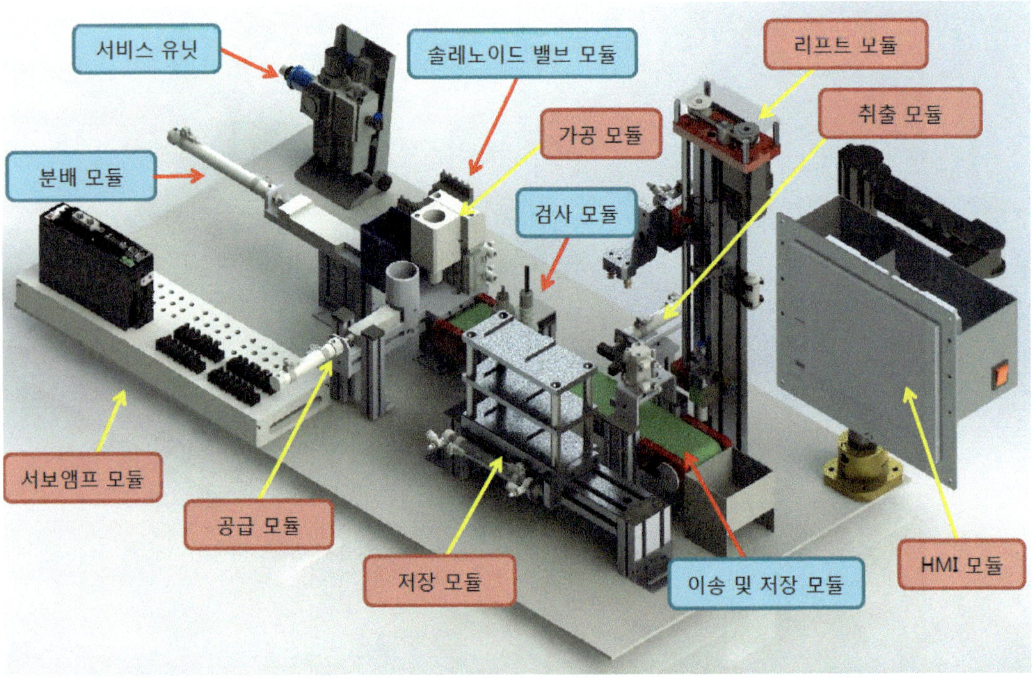

■ SOL. V/V 및 모터 구성

① 공급실린더용 양솔
② 분배실린더용 양솔
③ 가공실린더용 편솔 : 초기상태는 실린더 전진
④ 취출실린더용 양솔
⑤ 스토퍼실린더용 편솔
⑥ 흡착기부착실린더용 양솔
⑦ 흡착컵용 편솔
⑧ 저장실린더용 양솔
⑨ 드릴가공 모터
⑩ 컨베어 모터

Chapter II INPUT OUTPUT 할당표

1 장비별 I/O 할당표

01 QD77MS2 장비(입력 32점, 출력 32점)

입력			출력		
기능	접점	출력 동작 시 확인	기능	접점	동작 번호
Push Button 1	X00	M0	공급실린더 전진 SOL	Y20	1
Push Button 2	X01	M1	공급실린더 후진 SOL	Y21	2
Push Button 3	X02	M2	분배실린더 전진 SOL	Y22	4
공급실린더 후진 센서	X03	M3	분배실린더 후진 SOL	Y23	8
공급실린더 전진 센서	X04	M4	가공실린더 하강 *(편) SOL	Y24	16
분배실린더 후진 센서	X05	M5	취출실린더 전진 SOL	Y25	32
분배실린더 전진 센서	X06	M6	취출실린더 후진 SOL	Y26	64
가공실린더 하강 센서	X07	M7	스토퍼 실린더 하강 *(편) SOL	Y27	128
가공실린더 상승 센서	X08	M8	흡착실린더 전진 SOL	Y28	256
취출실린더 후진 센서	X09	M9	흡착실린더 후진 SOL	Y29	512
취출실린더 전진 센서	X0A	M10	흡착 ON *(편) SOL	Y2A	1024
스토퍼실린더 상승 센서	X0B	M11	저장실린더 전진 SOL	Y2B	2048
스토퍼실린더 하강 센서	X0C	M12	저장실린더 후진 SOL	Y2C	4096
흡착실린더 후진 센서	X0D	M13	드릴가공모터 ON	Y2D	8192
흡착실린더 전진 센서	X0E	M14	컨베이어 모터 ON	Y2E	16384

흡착 센서	X0F	M15	램프1	Y2F	M100
저장실린더 후진 센서	X10	M16	램프2	Y30	M200
저장실린더 전진 센서	X11	M17	램프3	Y31	
공급 검출 센서	X12	M18	램프4	Y32	
분배 검출 센서	X13	M19	램프5	Y33	
용량형 센서(비금속, 금속)	X14	M20			
유도형 센서(금속)	X15	M21			
스토퍼 검출 센서	X16	M22			
토글스위치1	X17	M23			
토글스위치2	X18	M24			

02 QD77MS2 장비, QD75M2 장비(입력 64점, 출력 64점)

입력			출력		
기능	접점	출력 동작 시 확인	기능	접점	동작 번호
Push Button 1	X20	M0	공급실린더 전진 SOL	Y60	1
Push Button 2	X21	M1	공급실린더 후진 SOL	Y61	2
Push Button 3	X22	M2	분배실린더 전진 SOL	Y62	4
공급실린더 후진 센서	X23	M3	분배실린더 후진 SOL	Y63	8
공급실린더 전진 센서	X24	M4	가공실린더 하강 *(편) SOL	Y64	16
분배실린더 후진 센서	X25	M5	취출실린더 전진 SOL	Y65	32
분배실린더 전진 센서	X26	M6	취출실린더 후진 SOL	Y66	64
가공실린더 하강 센서	X27	M7	스토퍼 실린더 하강 *(편) SOL	Y67	128
가공실린더 상승 센서	X28	M8	흡착실린더 전진 SOL	Y68	256
취출실린더 후진 센서	X29	M9	흡착실린더 후진 SOL	Y69	512
취출실린더 전진 센서	X2A	M10	흡착 ON *(편) SOL	Y6A	1024
스토퍼실린더 상승 센서	X2B	M11	저장실린더 전진 SOL	Y6B	2048
스토퍼실린더 하강 센서	X2C	M12	저장실린더 후진 SOL	Y6C	4096
흡착실린더 후진 센서	X2D	M13	드릴가공모터 ON	Y6D	8192
흡착실린더 전진 센서	X2E	M14	컨베이어 모터 ON	Y6E	16384
흡착 센서	X2F	M15	램프1	Y6F	M100
저장실린더 후진 센서	X30	M16	램프2	Y70	M200
저장실린더 전진 센서	X31	M17	램프3	Y71	
공급 검출 센서	X32	M18	램프4	Y72	
분배 검출 센서	X33	M19	램프5	Y73	

용량형 센서(비금속, 금속)	X34	M20			
유도형 센서(금속)	X35	M21			
스토퍼 검출 센서	X36	M22			
토글스위치1	X37	M23			
토글스위치2	X38	M24			

2 위치제어카드별 입출력 할당 디바이스

01 QD77MS2의 입출력 할당 디바이스(선두 I/O : 40)

신호방향 : QD77 → PLC			신호방향 : PLC → QD77		
디바이스번호	신호명칭		디바이스번호	신호명칭	
X40	QD75 준비완료		Y40	PLC Ready	
X41	동기용 플래그		Y41	모든 축의 서보 ON	
X44	1축	M코드 ON	Y44	1축	축 정지
X45	2축		Y45	2축	
X46	3축		Y46	3축	
X47	4축		Y47	4축	
X48	1축	에러검출	Y48	1축	정전JOG기동
X49	2축		Y49	1축	역전JOG기동
X4A	3축		Y4A	2축	정전JOG기동
X4B	4축		Y4B	2축	역전JOG기동
X4C	1축	BUSY	Y4C	3축	정전JOG기동
X4D	2축		Y4D	3축	역전JOG기동
X4E	3축		Y4E	4축	정전JOG기동
X4F	4축		Y4F	4축	역전JOG기동
X50	1축	기동완료	Y50	1축	위치결정 기동
X51	2축		Y51	2축	
X52	3축		Y52	3축	
X53	4축		Y53	4축	
X54	1축	위치결정완료	Y54	1축	실행금지 플래그
X55	2축		Y55	2축	
X56	3축		Y56	3축	
X57	4축		Y57	4축	

02 QD77MS2의 입출력 할당 디바이스(선두 I/O : 80)

신호방향 : QD77 → PLC			신호방향 : PLC → QD77		
디바이스번호	신호명칭		디바이스번호	신호명칭	
X80	QD75 준비완료		Y80	PLC Ready	
X81	동기용 플래그		Y81	모든 축의 서보 ON	
X84	1축	M코드 ON	Y84	1축	축 정지
X85	2축		Y85	2축	
X86	3축		Y86	3축	
X87	4축		Y87	4축	
X88	1축	에러검출	Y88	1축	정전JOG기동
X89	2축		Y89	1축	역전JOG기동
X8A	3축		Y8A	2축	정전JOG기동
X8B	4축		Y8B	2축	역전JOG기동
X8C	1축	BUSY	Y8C	3축	정전JOG기동
X8D	2축		Y8D	3축	역전JOG기동
X8E	3축		Y8E	4축	정전JOG기동
X8F	4축		Y8F	4축	역전JOG기동
X90	1축	기동완료	Y90	1축	위치결정 기동
X91	2축		Y91	2축	
X92	3축		Y92	3축	
X93	4축		Y93	4축	
X94	1축	위치결정완료	Y94	1축	실행금지 플래그
X95	2축		Y95	2축	
X96	3축		Y96	3축	
X97	4축		Y97	4축	

03 QD77MS2의 입출력 할당 디바이스(선두 I/O : A0)

신호방향 : QD77 → PLC			신호방향 : PLC → QD77		
디바이스번호	신호명칭		디바이스번호	신호명칭	
X0C0	QD77 준비완료		Y0C0	PLC Ready	
X0C1	동기용 플래그		Y0C1	모든 축의 서보 ON	
X0C4	1축	M코드 ON	Y0C4	1축	축 정지
X0C5	2축		Y0C5	2축	
X0C6	3축		Y0C6	3축	
X0C7	4축		Y0C7	4축	
X0C8	1축	에러검출	Y0C8	1축	정전JOG기동
X0C9	2축		Y0C9	1축	역전JOG기동
X0CA	3축		Y0CA	2축	정전JOG기동
X0CB	4축		Y0CB	2축	역전JOG기동
X0CC	1축	BUSY	Y0CC	3축	정전JOG기동
X0CD	2축		Y0CD	3축	역전JOG기동
X0CE	3축		Y0CE	4축	정전JOG기동
X0CF	4축		Y0CF	4축	역전JOG기동
X0D0	1축	기동완료	Y0D0	1축	위치결정 기동
X0D1	2축		Y0D1	2축	
X0D2	3축		Y0D2	3축	
X0D3	4축		Y0D3	4축	
X0D4	1축	위치결정완료	Y0D4	1축	실행금지 플래그
X0D5	2축		Y0D5	2축	
X0D6	3축		Y0D6	3축	
X0D7	4축		Y0D7	4축	

04 QD75M2의 입출력 할당 디바이스(선두 I/O : C0)

신호방향 : QD75 → PLC			신호방향 : PLC → QD75		
디바이스번호	신호명칭		디바이스번호	신호명칭	
X0C0	QD75 준비완료		Y0C0	PLC Ready	
X0C1	동기용 플래그		Y0C1	모든 축의 서보 ON	
X0C4	1축	M코드 ON	Y0C4	1축	축 정지
X0C5	2축		Y0C5	2축	
X0C6	3축		Y0C6	3축	
X0C7	4축		Y0C7	4축	
X0C8	1축	에러검출	Y0C8	1축	정전JOG기동
X0C9	2축		Y0C9	1축	역전JOG기동
X0CA	3축		Y0CA	2축	정전JOG기동
X0CB	4축		Y0CB	2축	역전JOG기동
X0CC	1축	BUSY	Y0CC	3축	정전JOG기동
X0CD	2축		Y0CD	3축	역전JOG기동
X0CE	3축		Y0CE	4축	정전JOG기동
X0CF	4축		Y0CF	4축	역전JOG기동
X0D0	1축	기동완료	Y0D0	1축	위치결정 기동
X0D1	2축		Y0D1	2축	
X0D2	3축		Y0D2	3축	
X0D3	4축		Y0D3	4축	
X0D4	1축	위치결정완료	Y0D4	1축	실행금지 플래그
X0D5	2축		Y0D5	2축	
X0D6	3축		Y0D6	3축	
X0D7	4축		Y0D7	4축	

Chapter III Parameter Data 설정

1 GX-Works2를 사용한 QD77MS2의 설정방법

(1) PC에 IP를 설정한다.

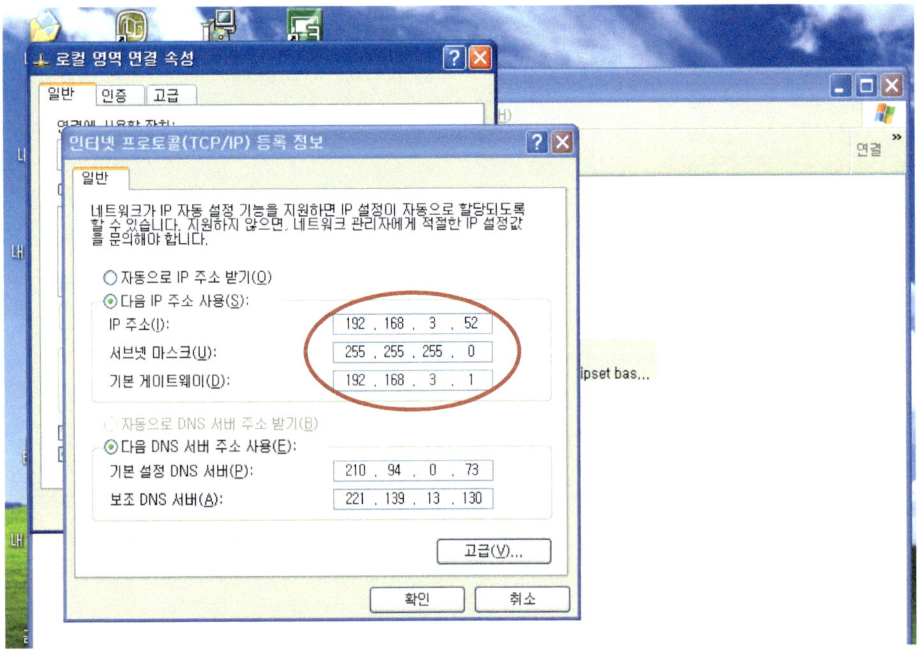

(2) GX Work2 Software를 실행하면 다음 그림과 같이 Main 화면이 나타난다.

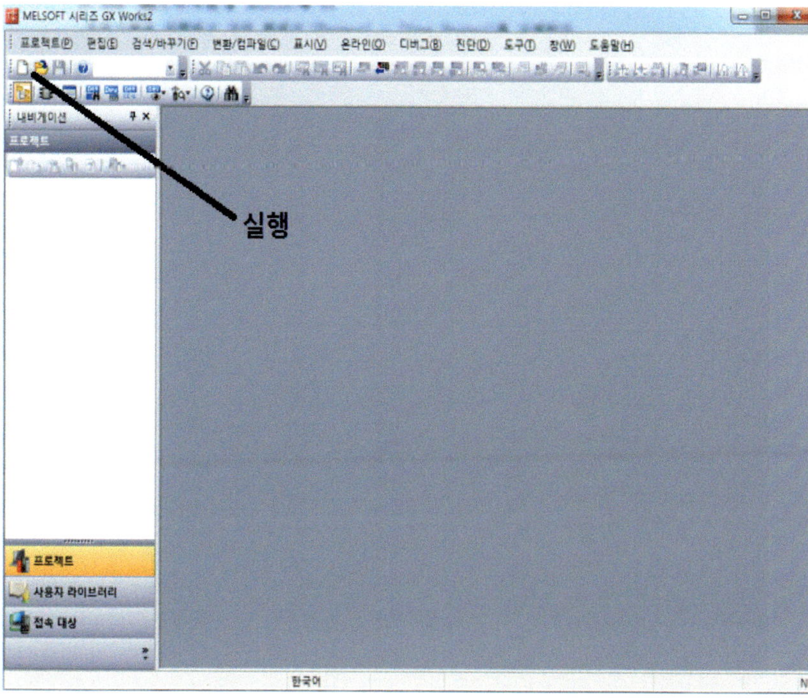

(3) 위 그림에서 새로운 프로젝트 작성을 위해 메뉴의 Project-New Project...를 선택하거나 New Project file 아이콘을 클릭한다.

이때, 다음 그림과 같이 새 프로젝트 대화상자가 나타나며, 그림과 같이 PLC 시리즈와 PLC 타입을 입력한다.

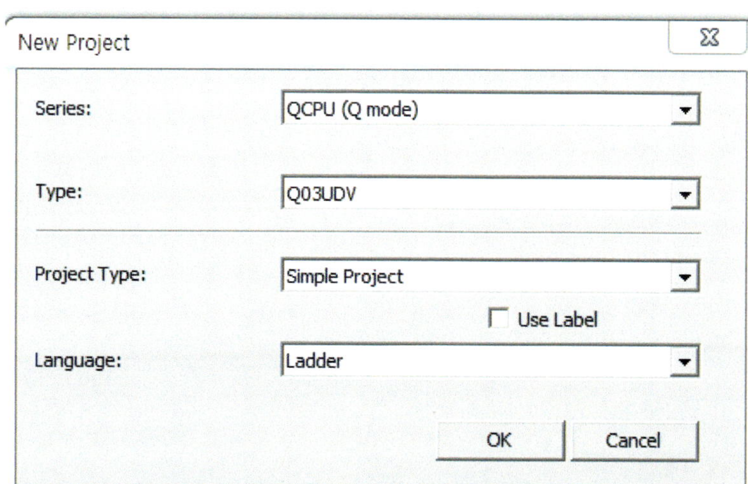

(4) PLC Parameter ⇒ Buit-in Ethernet Port Setting ⇒ IP를 설정 ⇒ End

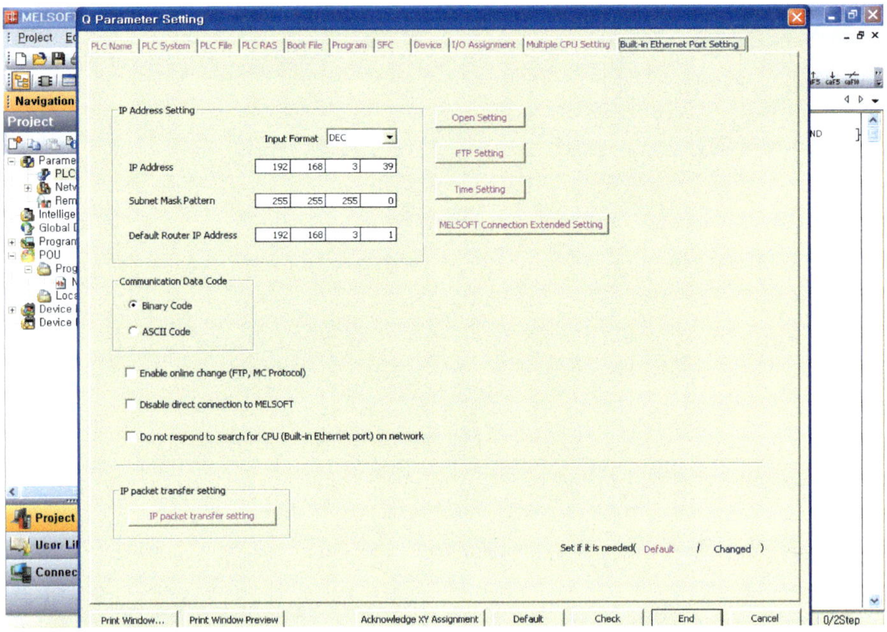

(5) 내비게이션 트리 아래의 접속 대상<1>을 클릭하고 모든 접속대상에 Connection1<2>를 클릭하여 접속 대상 설정 창에서 통신 테스트<3>을 하고 통신이 원활하게 이루어지는지를 확인한다.

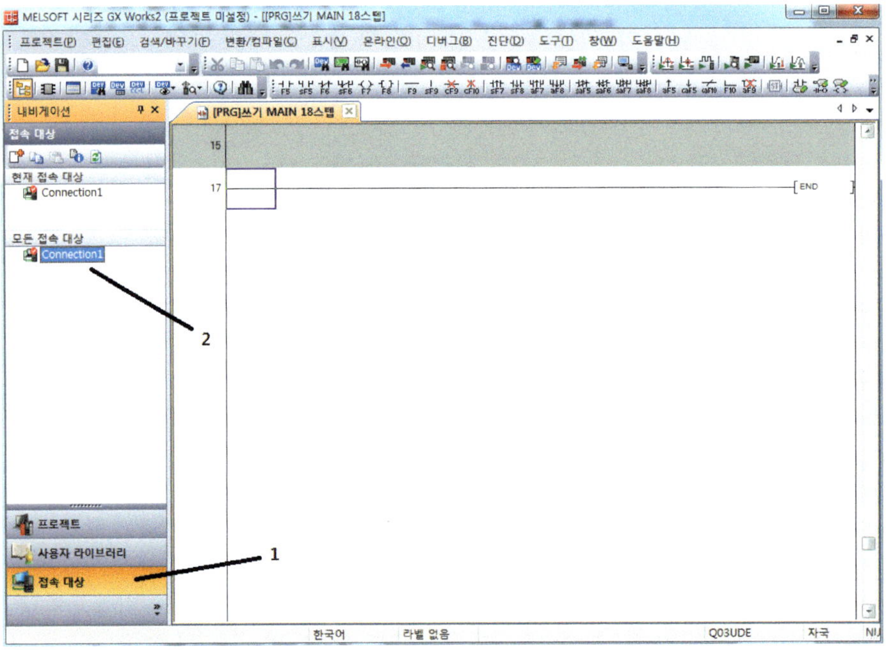

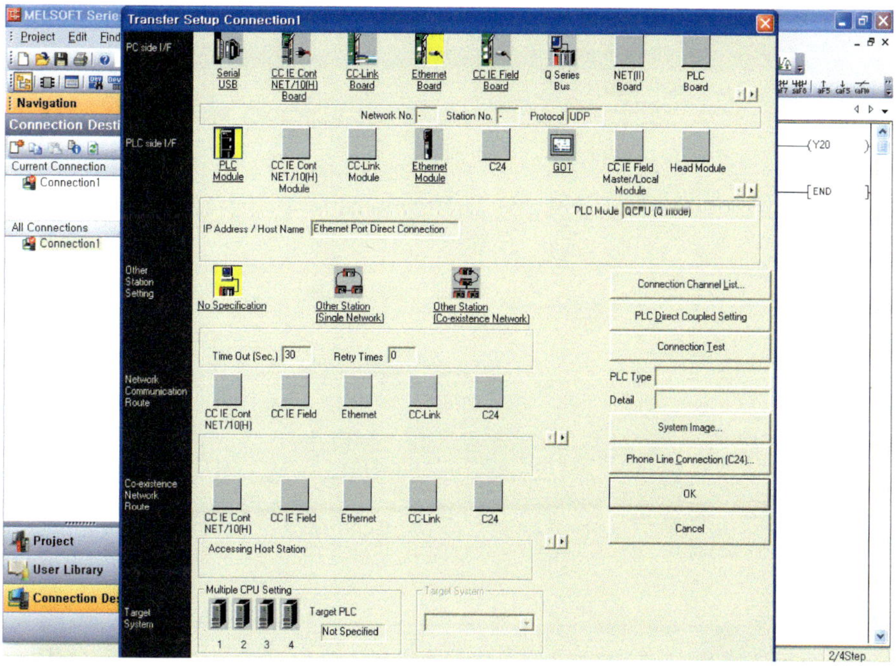

MELSOFT Series
Transfer Setup Connection1
PC side I/F
Serial USB
CC IE Cont NET/10(H) Board
CC-Link Board
Ethernet Board
CC IE Field Board
Q Series Bus
NET(II) Board
PLC Board
Network No.
Station No.
Protocol UDP
PLC side I/F
PLC Module
CC IE Cont NET/10(H) Module
CC-Link Module
Ethernet Module
C24
GOT
CC IE Field Master/Local Module
Head Module
PLC Mode QCPU (Q mode)
IP Address / Host Name
Ethernet Port Direct Connection
Other Station Setting
No Specification
Other Station (Single Network)
Other Station (Co-existence Network)
Time Out (Sec.) 30
Retry Times 0
Network Communication Route
CC IE Cont NET/10(H)
CC IE Field
Ethernet
CC-Link
C24
Co-existence Network Route
Accessing Host Station
Target System
Multiple CPU Setting
Target PLC
Not Specified
Target System
Connection Channel List...
PLC Direct Coupled Setting
Connection Test
PLC Type
Detail
System Image...
Phone Line Connection (C24)...
OK
Cancel
Navigation
Connection Destination
Current Connection
Connection1
All Connections
Project
User Library
Y20
END
2/4Step

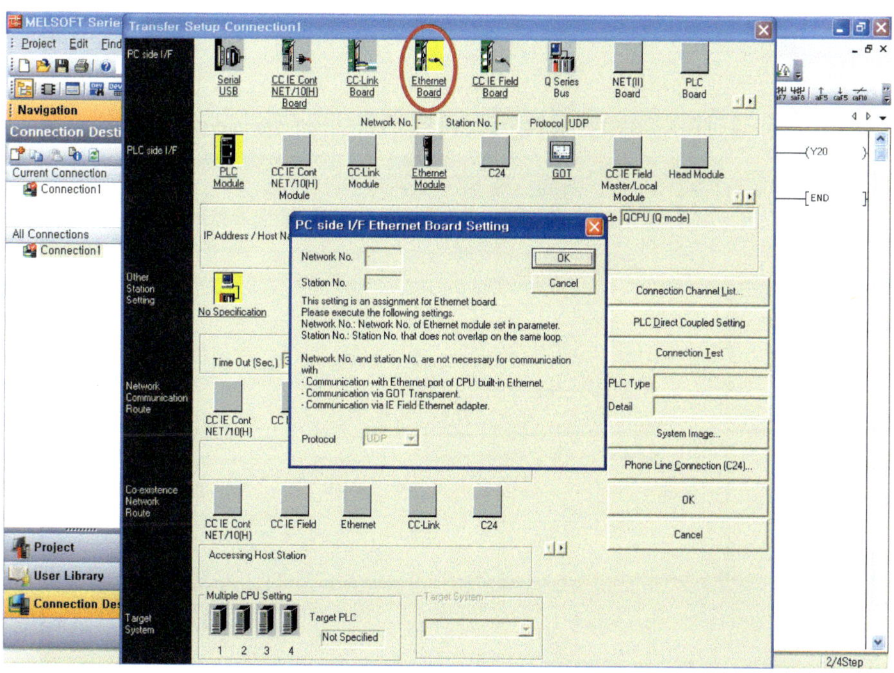

MELSOFT Series
Transfer Setup Connection1
PC side I/F
Serial USB
CC IE Cont NET/10(H) Board
CC-Link Board
Ethernet Board
CC IE Field Board
Q Series Bus
NET(II) Board
PLC Board
Network No.
Station No.
Protocol UDP
PLC side I/F
PLC Module
CC IE Cont NET/10(H) Module
CC-Link Module
Ethernet Module
C24
GOT
CC IE Field Master/Local Module
Head Module
QCPU (Q mode)
PC side I/F Ethernet Board Setting
Network No.
Station No.
OK
Cancel
This setting is an assignment for Ethernet board.
Please execute the following settings.
Network No.: Network No. of Ethernet module set in parameter.
Station No.: Station No. that does not overlap on the same loop.
Network No. and station No. are not necessary for communication with
- Communication with Ethernet port of CPU built-in Ethernet.
- Communication via GOT Transparent.
- Communication via IE Field Ethernet adapter.
Protocol UDP
Connection Channel List...
PLC Direct Coupled Setting
Connection Test
PLC Type
Detail
System Image...
Phone Line Connection (C24)...
OK
Cancel
Accessing Host Station
Multiple CPU Setting
Target PLC
Not Specified
Project
User Library
2/4Step

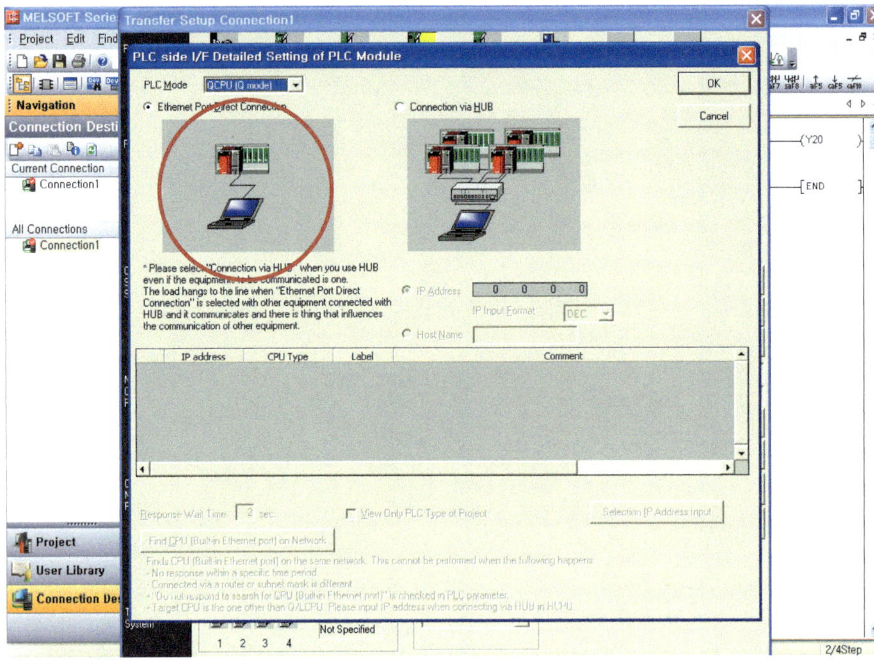

- PC측 1/F 와 PLC 측 1/F 확인을 하여 통신 테스트한다.

(6) 프로젝트의 파라미터⟨1⟩를 클릭하고 PLC 파라미터⟨2⟩를 클릭한다.

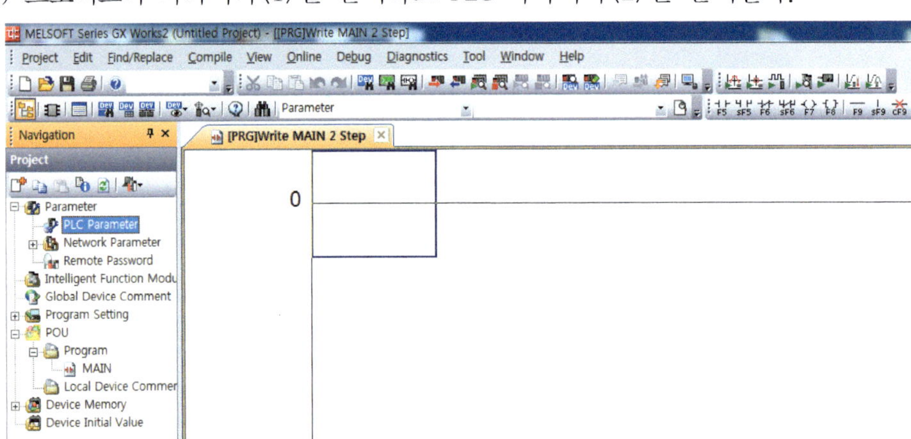

(7) 파라미터 설정 창에서 I/O 할당 설정 클릭〈1〉하고 PLC 데이터 읽기〈2〉를 한 후 설정 종료〈3〉를 한다.

* 입력 32점, 출력 32점 모델일 경우 입력 출력 32점으로 I/O 할당 된다.

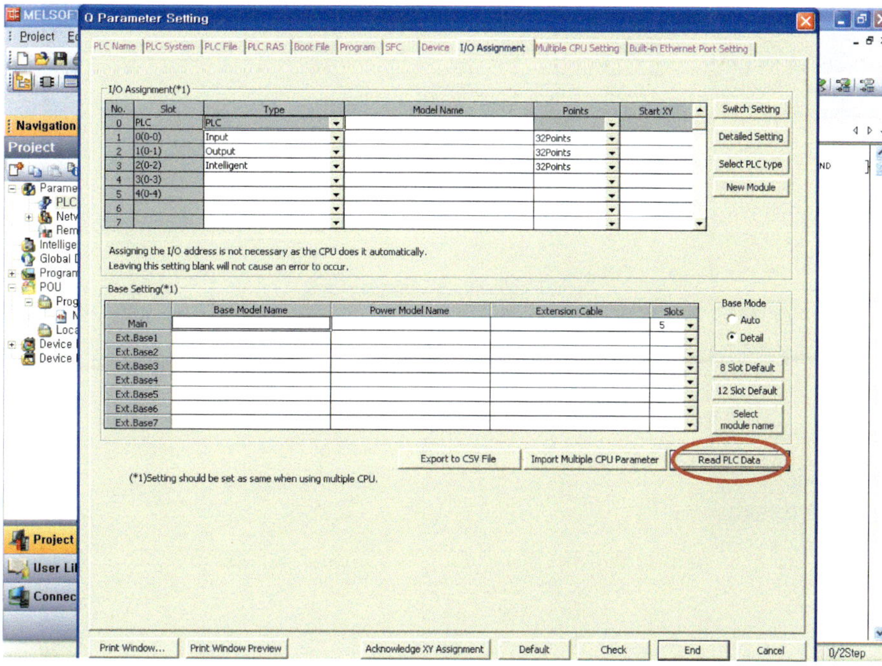

(8) 프로젝트 트리에서 인텔리전트 기능 모듈을 클릭하여 새 모듈을 추가한다.

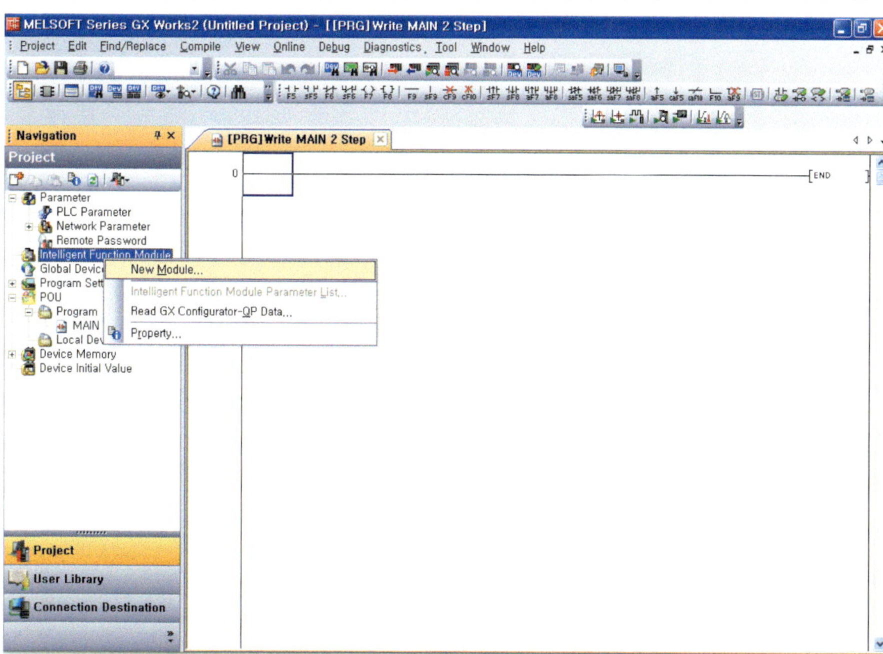

(9) 새 모듈 추가에서 모듈 종별, 모듈 형명을 선택하고 I/O 할당 확인을 클릭한다.

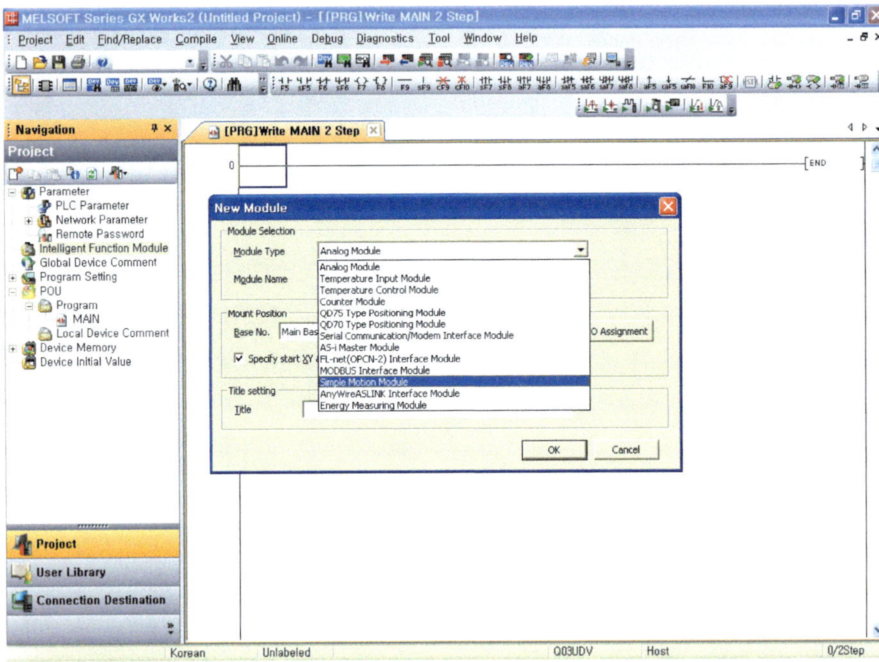

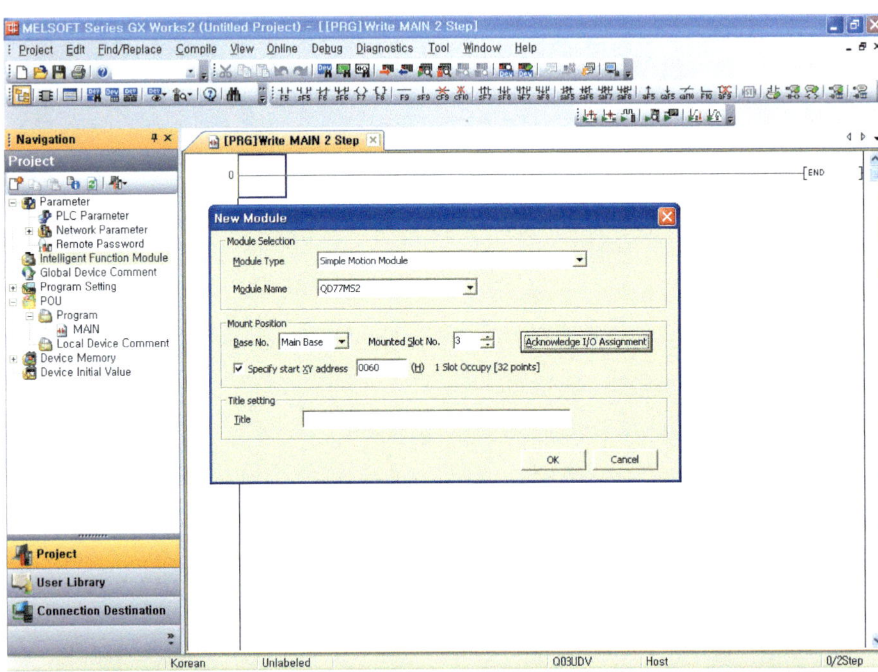

(10) I/O 할당 확인 메시지 창에서 인텔리를 선택하고 설정을 클릭한다.(0A0)

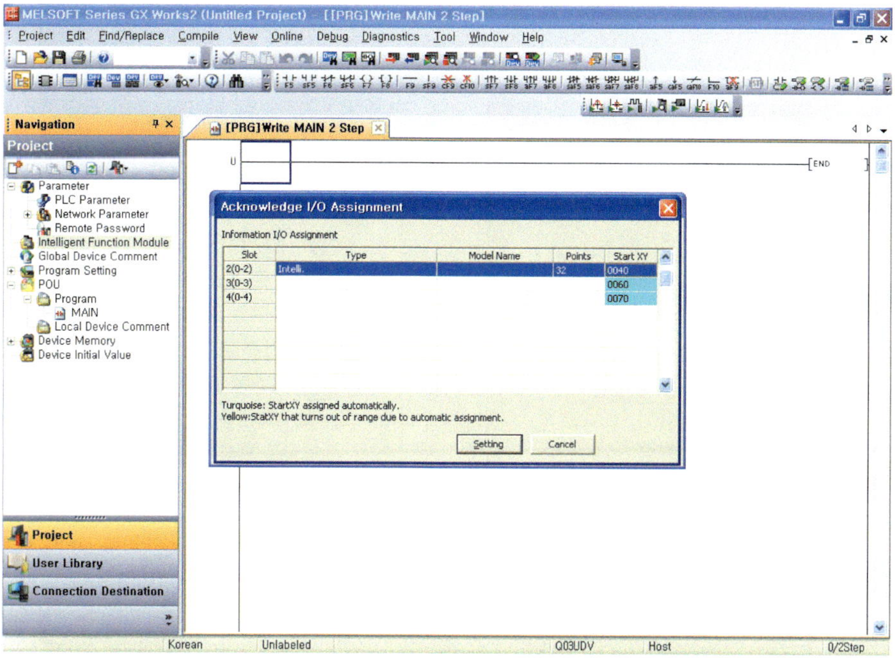

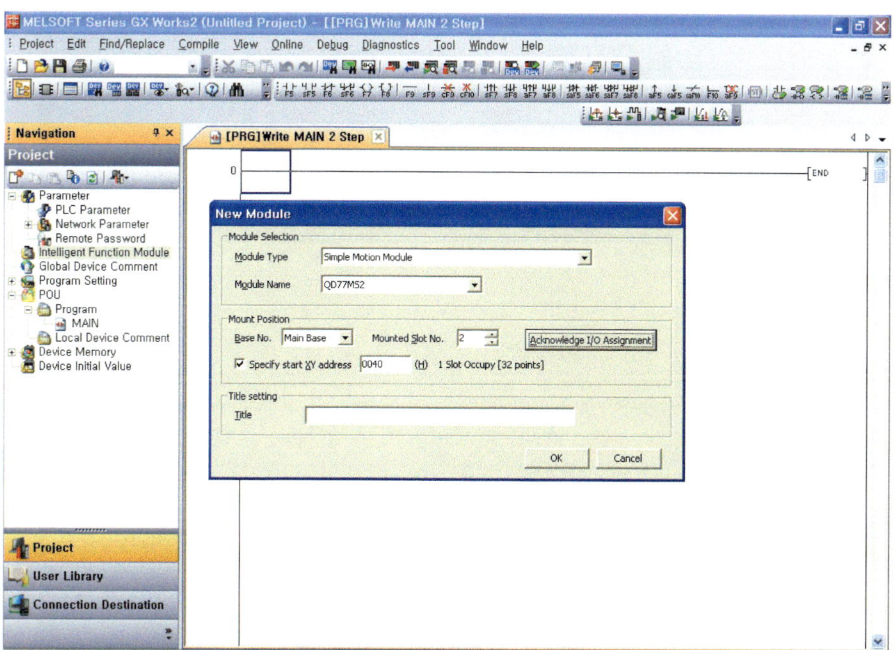

(11) 설정이 끝나면 새 모듈 추가 메시지 창에서 장착 슬롯NO.(S) 4를 확인하고 확인을 클릭한다. 프로젝트 트리에 인텔리전트 기능 모듈 트리 밑에 새로운 모듈이 추가된 것을 확인할 수 있다.

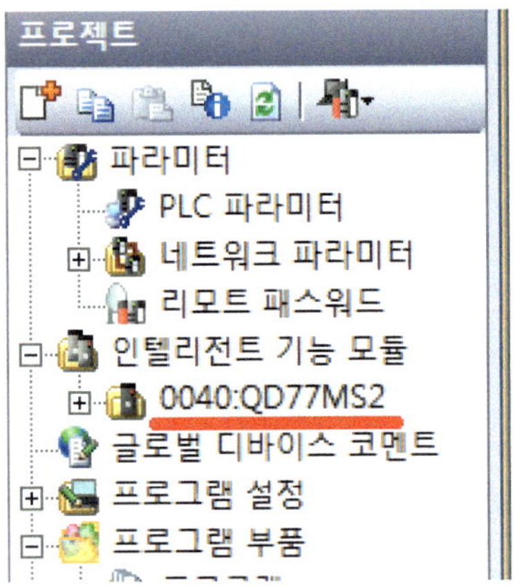

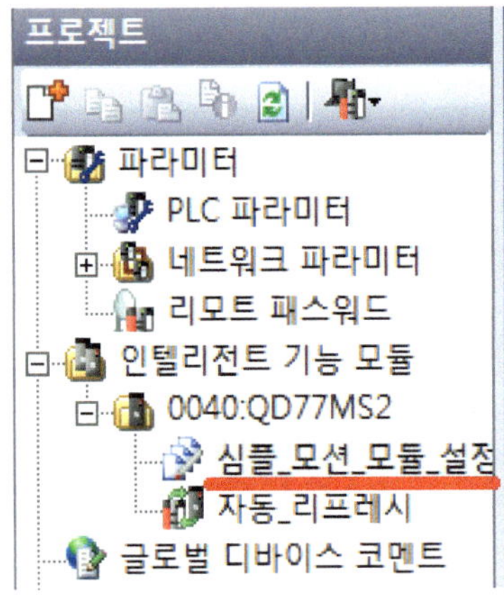

(12) 추가 후 [심플_모션_모듈_설정]을 더블 클릭하면 아래와 같이 화면이 생성되어 - 프로젝트 - 프로젝트 새로 만들기를 선택한다.

새 모듈 추가에서 QD77MS2를 선택 후 선두어드레스 00A0으로 기입 후 확인을 클릭한다.

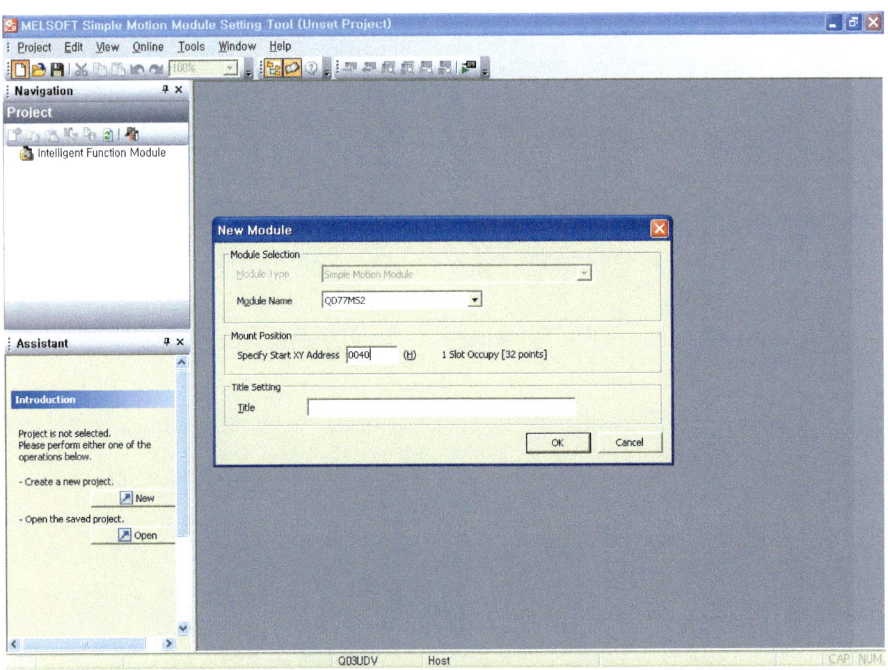

(13) 좌측 프로젝트에서 시스템 구성을 더블클릭하여 아래와 같이 띄우고 축1을 더블클릭하여 확인 버튼을 클릭한다. 축1번이 활성화된다.

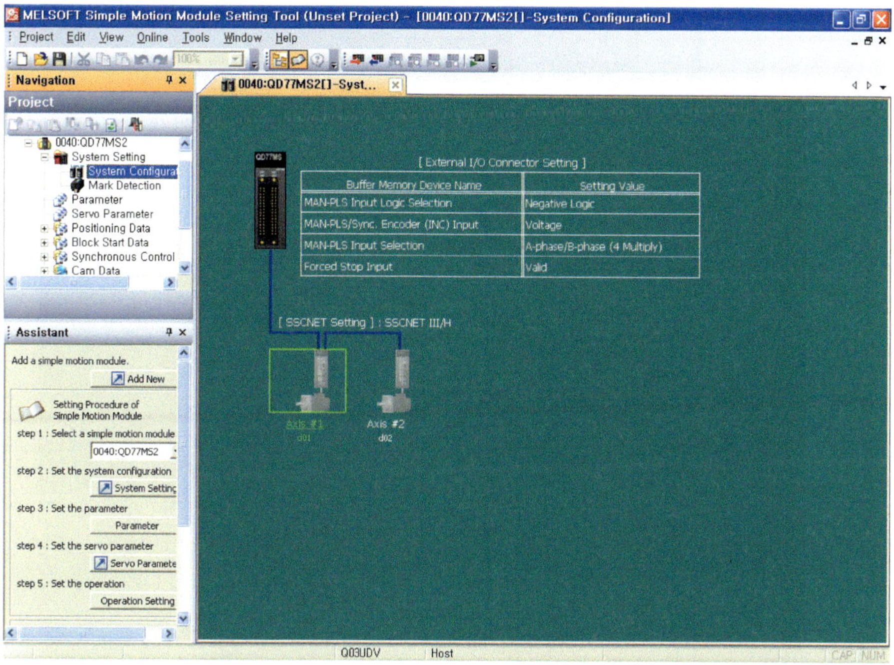

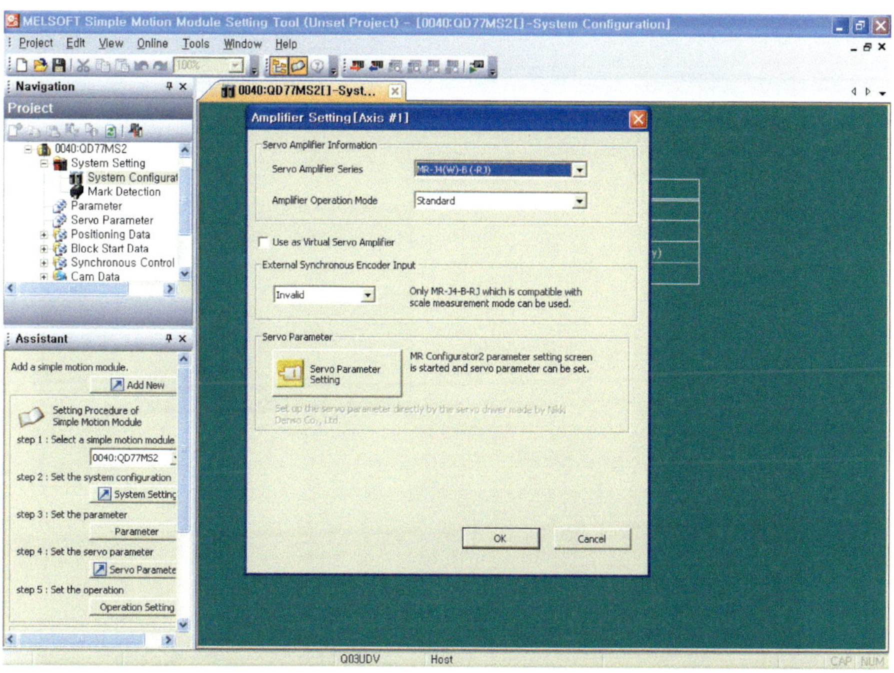

(14) 프로젝트에서 파라미터를 선택한다. 기어비 산출을 위해 기본 파라미터1 산출을 선택한다. 단위설정은 mm로 선택하고 볼스크류 리드는 1회전 당 10mm 이동하기 때문에 10000을 기입한다. 마지막으로 엔코더 분해능이 4194304(2^{22})pls/rev이므로 아래와 같이 작성하여 기본 파라미터 산출을 클릭하면 자동으로 계산되어 나타난다. 확인 버튼으로 적용한다.

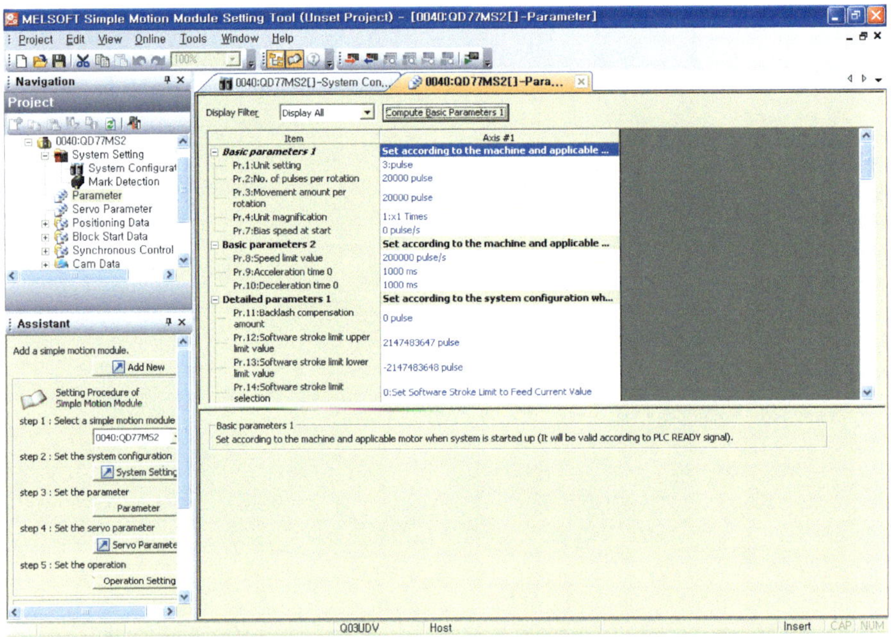

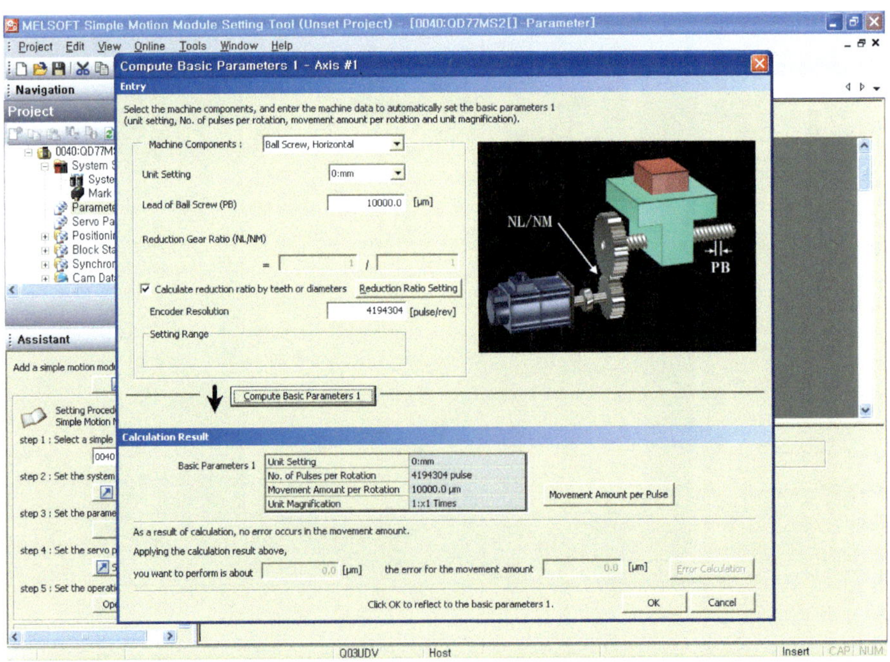

(15) (11)에서 적용한 부분이 아래와 같이 나타난다.

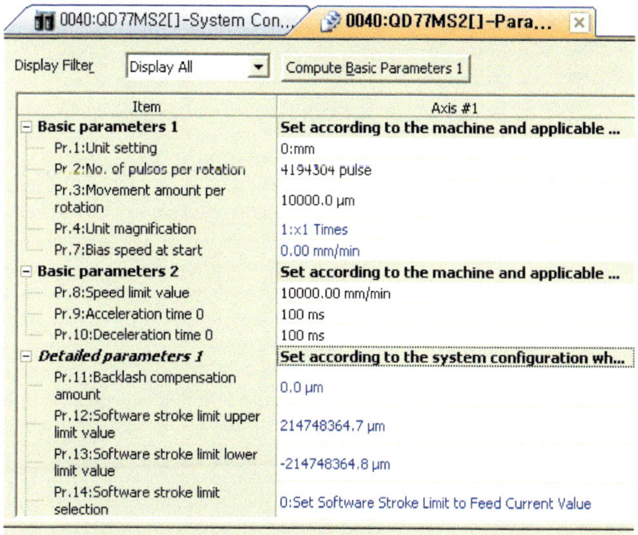

0040:QD77MS2[]-System Con... | 0040:QD77MS2[]-Para...

Display Filter: Display All | Compute Basic Parameters 1

Item	Axis #1
Basic parameters 1	**Set according to the machine and applicable ...**
Pr.1:Unit setting	0:mm
Pr.2:No. of pulses per rotation	4194304 pulse
Pr.3:Movement amount per rotation	10000.0 μm
Pr.4:Unit magnification	1:x1 Times
Pr.7:Bias speed at start	0.00 mm/min
Basic parameters 2	**Set according to the machine and applicable ...**
Pr.8:Speed limit value	10000.00 mm/min
Pr.9:Acceleration time 0	100 ms
Pr.10:Deceleration time 0	100 ms
Detailed parameters 1	**Set according to the system configuration wh...**
Pr.11:Backlash compensation amount	0.0 μm
Pr.12:Software stroke limit upper limit value	214748364.7 μm
Pr.13:Software stroke limit lower limit value	-214748364.8 μm
Pr.14:Software stroke limit selection	0:Set Software Stroke Limit to Feed Current Value

* Speed limit(속도제한 값); 30000mm/min(10000mm/min 설정)

- 속도제한 값 = 정격회전수 × 볼 스크류의 리드

30000mm/min = 3000rev/min × 10mm/rev

* ACC(가속 시간): 100ms

* DEC(감속 시간): 100ms

(16) 조그속도 등

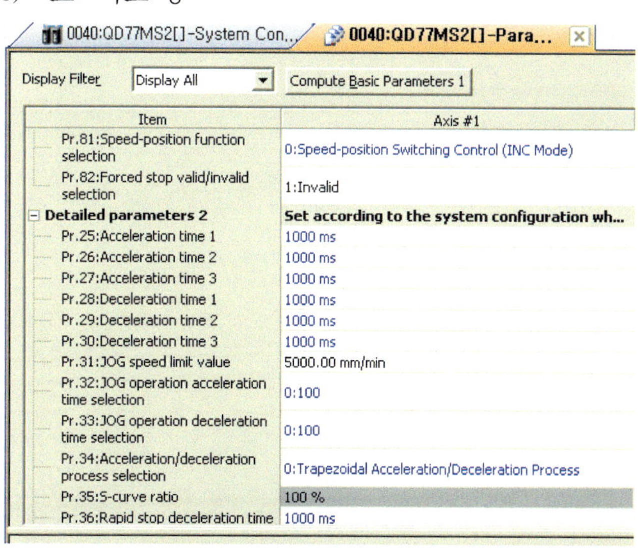

0040:QD77MS2[]-System Con... | 0040:QD77MS2[]-Para...

Display Filter: Display All | Compute Basic Parameters 1

Item	Axis #1
Pr.81:Speed-position function selection	0:Speed-position Switching Control (INC Mode)
Pr.82:Forced stop valid/invalid selection	1:Invalid
Detailed parameters 2	**Set according to the system configuration wh...**
Pr.25:Acceleration time 1	1000 ms
Pr.26:Acceleration time 2	1000 ms
Pr.27:Acceleration time 3	1000 ms
Pr.28:Deceleration time 1	1000 ms
Pr.29:Deceleration time 2	1000 ms
Pr.30:Deceleration time 3	1000 ms
Pr.31:JOG speed limit value	5000.00 mm/min
Pr.32:JOG operation acceleration time selection	0:100
Pr.33:JOG operation deceleration time selection	0:100
Pr.34:Acceleration/deceleration process selection	0:Trapezoidal Acceleration/Deceleration Process
Pr.35:S-curve ratio	100 %
Pr.36:Rapid stop deceleration time	1000 ms

* Pr.82 긴급정지 유효/무효: 1: Invalid

* Pr.31 JOG 속도제한 값: 5000mm/min

(17) 원점에 대해서

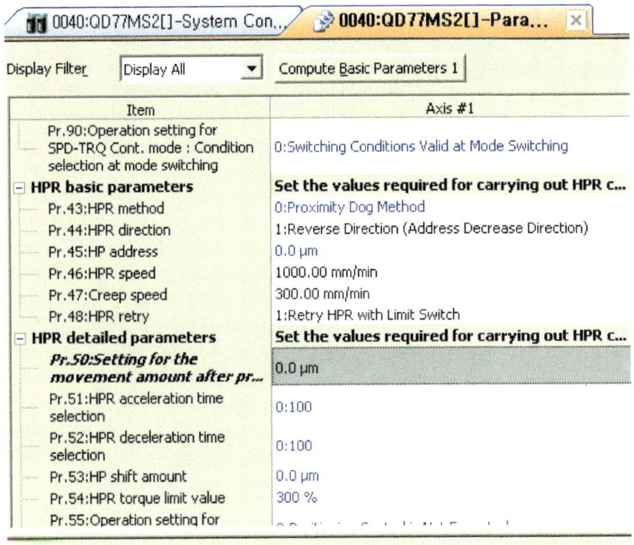

* Pr.44 HPR direction: 1: Reverse Direction
* Pr.46 HPR speed: 1000mm/min
* Pr.47 Creep speed: 300mm/min
* Pr.48 HPR retry: 1: retry HPR with Limit Switch

(18) 서보 파라미터에 관한 부분이다.

* PA04의 기능선택에서 2100을 입력하여 서보앰프의 CN3를 사용하지 않는다.

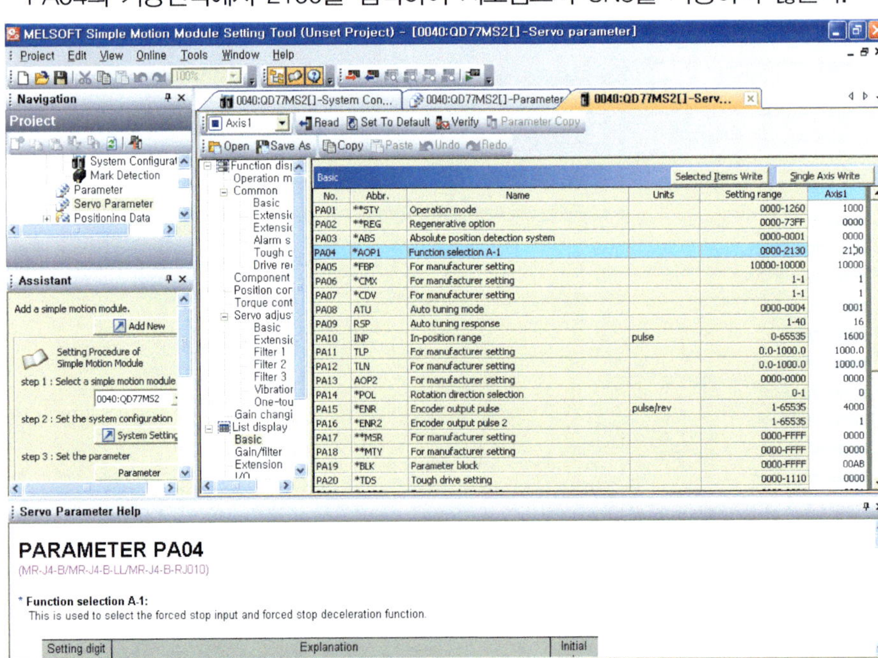

(19) 온라인 - 모듈 쓰기를 클릭하여 해당하는 인텔리전트 모듈의 유효를 체크하고 실행을 하여 모듈에 변경된 파라미터를 쓴다.

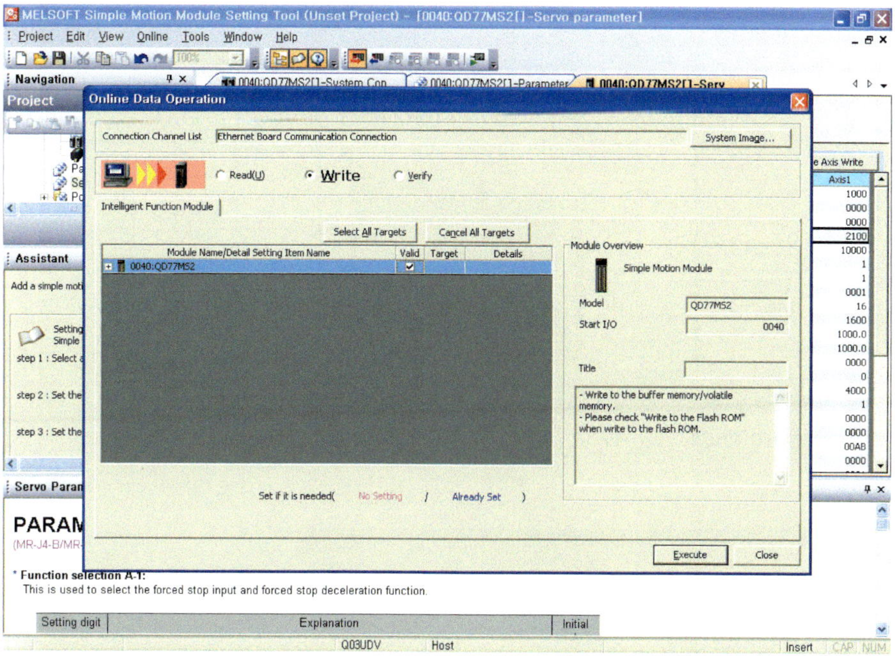

(20) 테스트운전(QD77MS2)

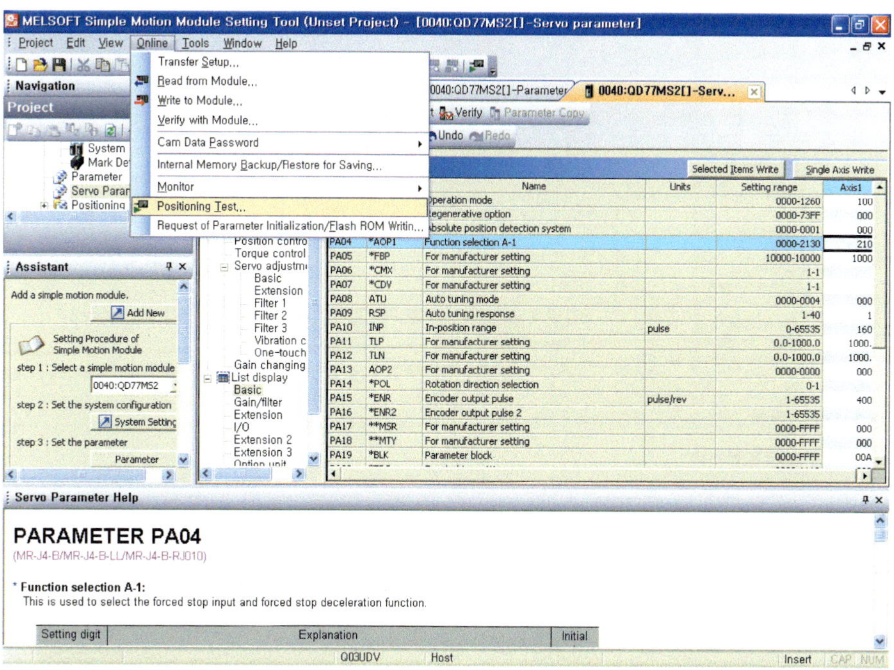

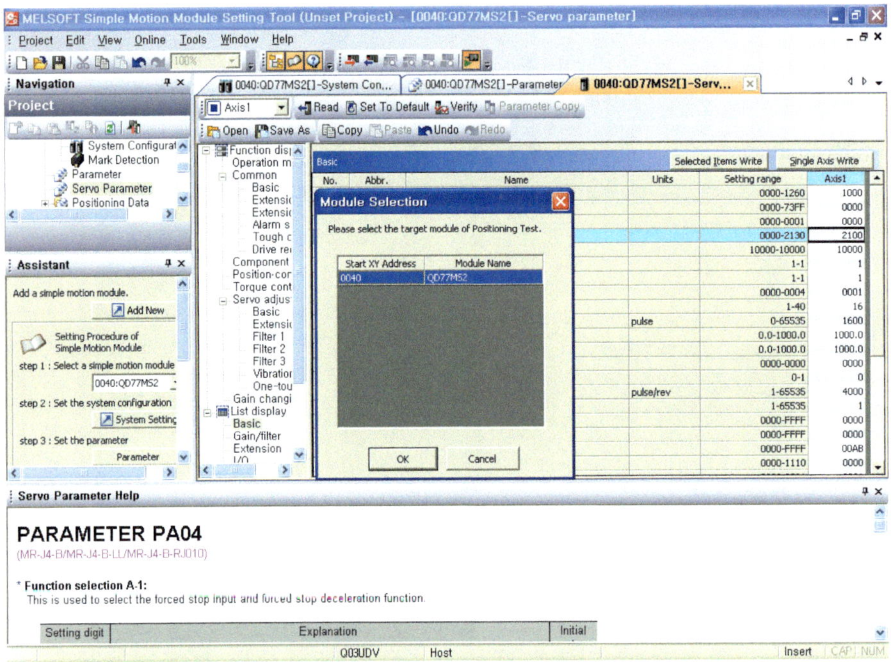

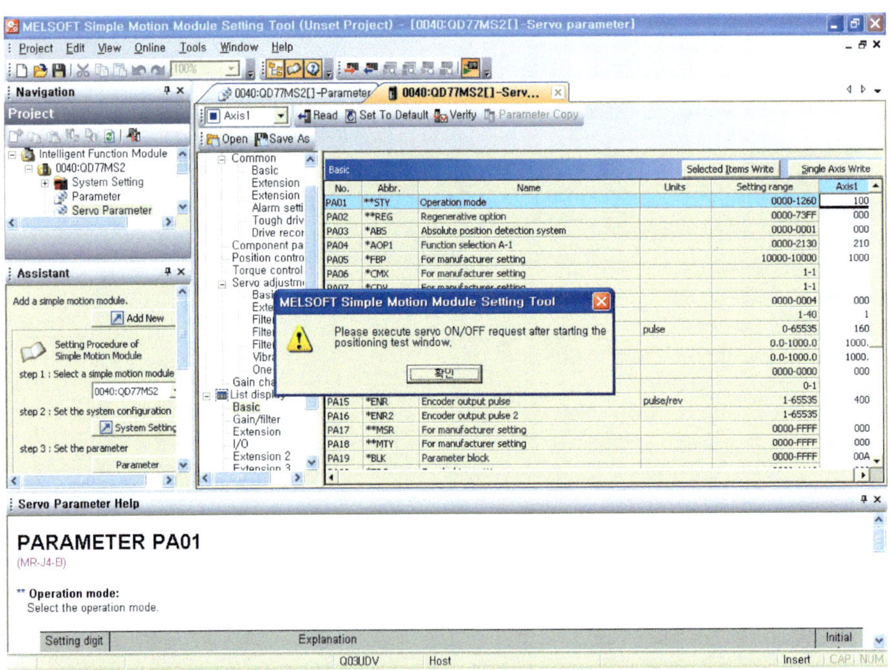

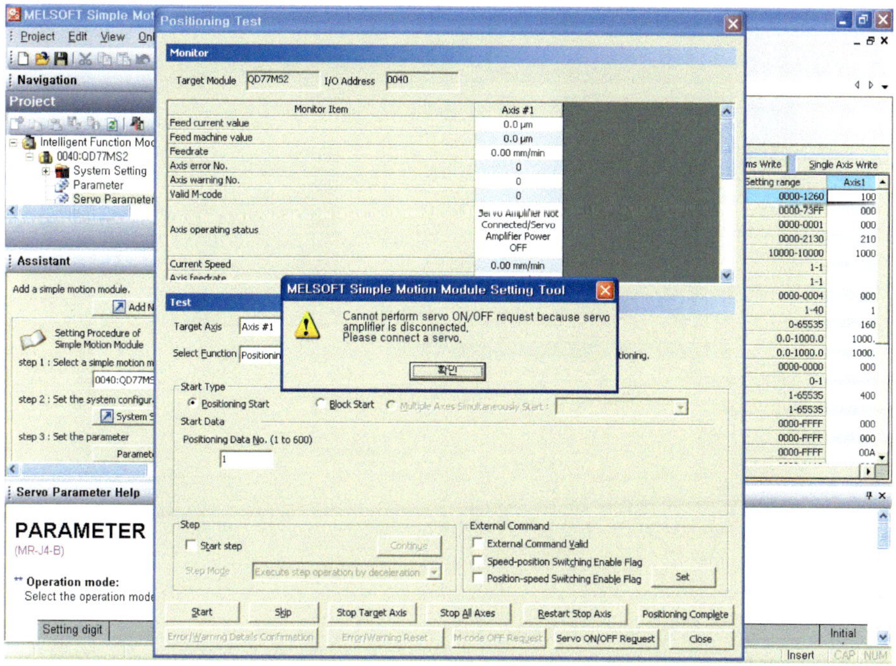

- 모든 축 서보 ON 요구 버튼을 클릭하면 서보의 전원이 인가되는 것을 소리로 확인할 수 있다. 서보 ON이 되면 닫기 버튼을 클릭한다.

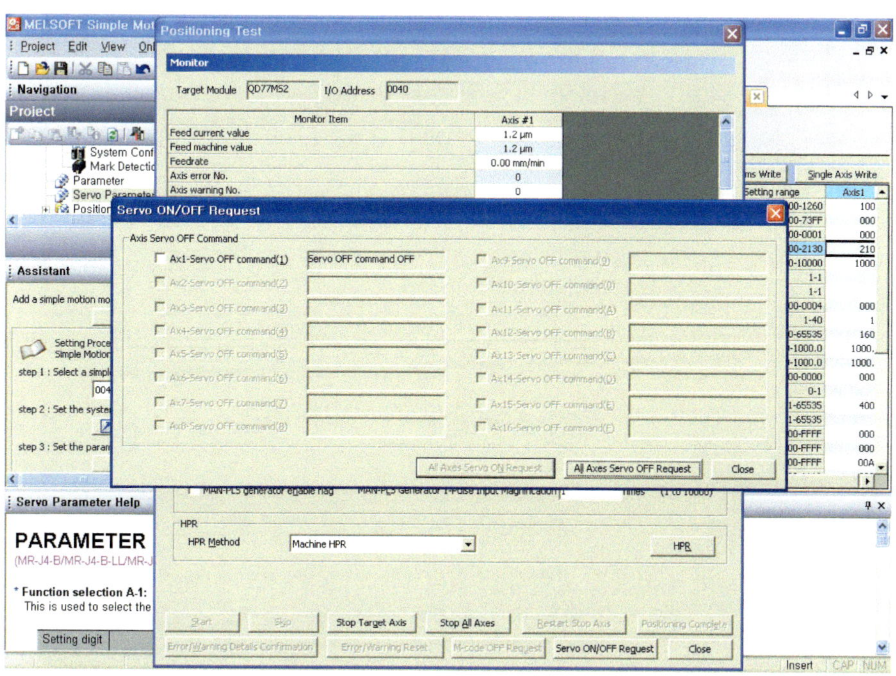

- TOOL 상단에 위치 결정 모듈 테스트 아이콘을 클릭하여 위치 결정 테스트를 할 수 있다.

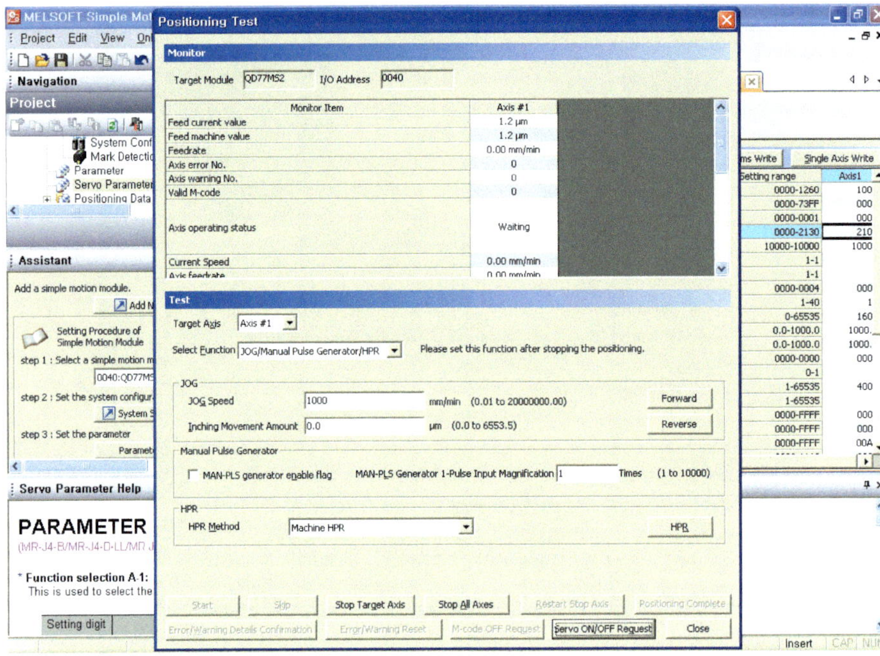

○ 기능 설명

1) JOG 속도 - 조그운전 속도를 조절하는 항목이다.

2) 정운전 - 정운전 스위치를 누르면 서보모터가 정회전으로 회전한다.

3) 역운전 - 역운전 스위치를 누르면 서보모터가 역회전으로 회전한다.

4) 원점 복귀 방법 - 원점복귀 방식을 선택할 수 있다.

5) 원점 복귀 - 원점복귀 스위치를 누르면 서보모터가 원점복귀한다.

(21) 위치데이터값 입력

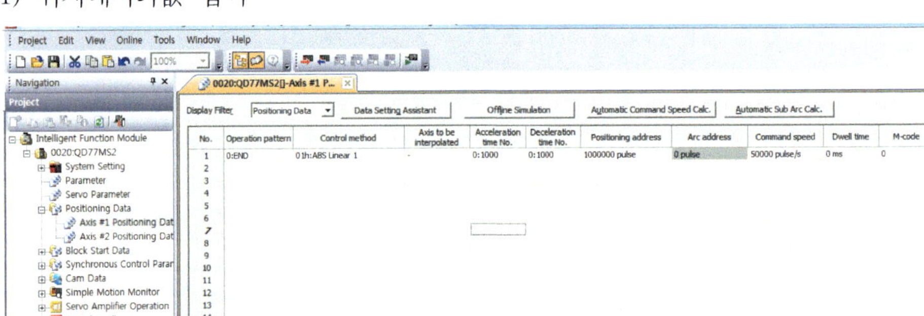

- 조그운전을 통하여 위치값을 판별하고 위치 데이터를 가지고 아래와 같이 위치 데이터를 기록할 수 있다.

2 GX-Works2를 사용한 QD75MS2의 설정방법

① 프로젝트의 파라미터를 클릭하고, PLC파라미터를 클릭한다.

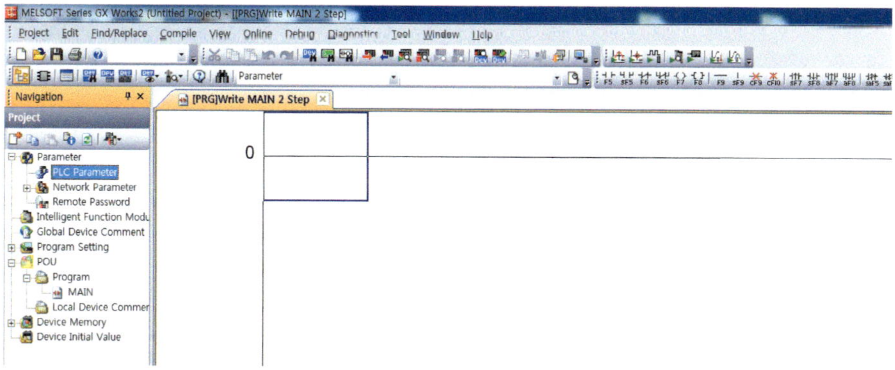

② 파라미터 설정 창에서 I/O 할당 설정 클릭하고, PLC 데이터 읽기를 한 후 설정을 종료한다.

* 입력 64점, 출력 64점 모델일 경우 입력 출력 64점으로 I/O 할당된다.

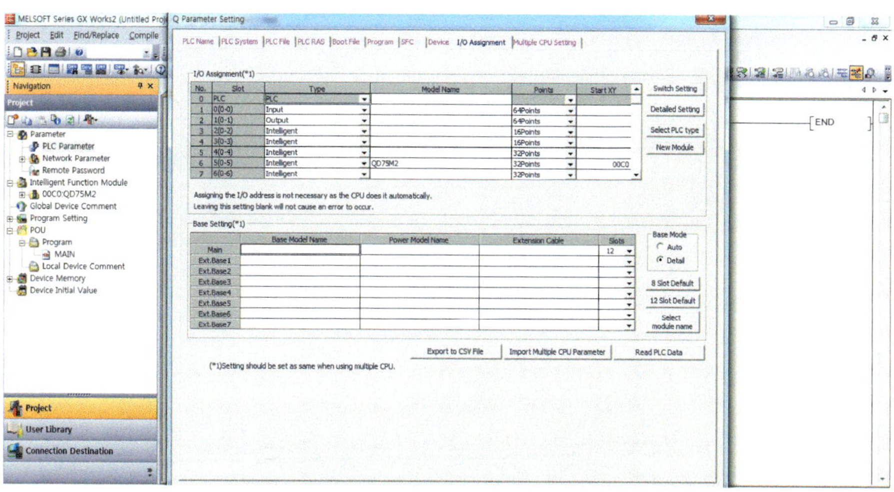

③ 프로젝트 트리에서 인텔리전트 기능 모듈을 클릭하여 새 모듈을 추가한다.

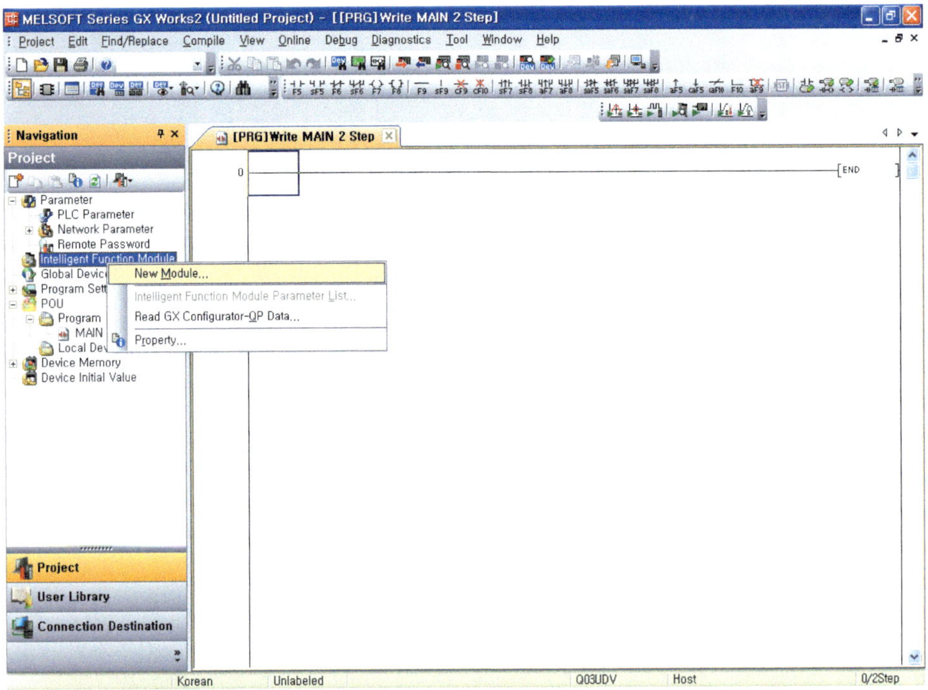

④ 새 모듈 추가에서 모듈 종별, 모듈 형명을 선택하고 I/O 할당 확인한다.

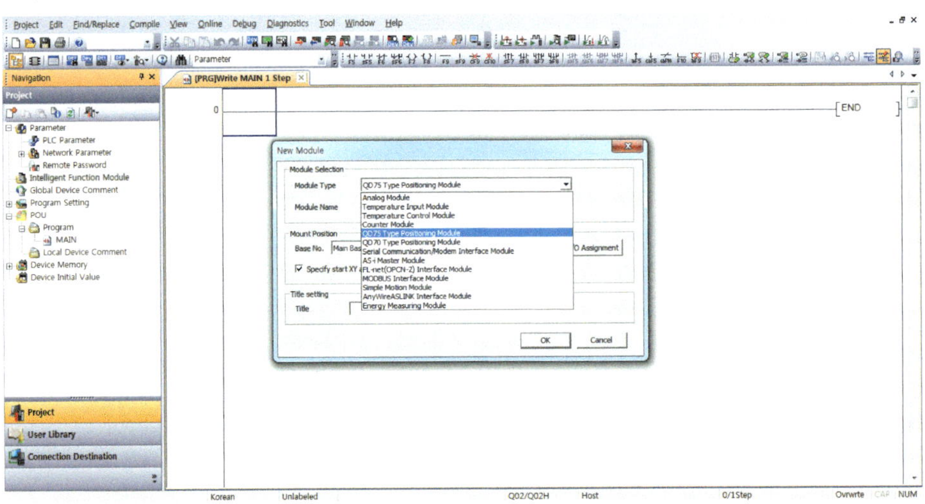

⇒ OK

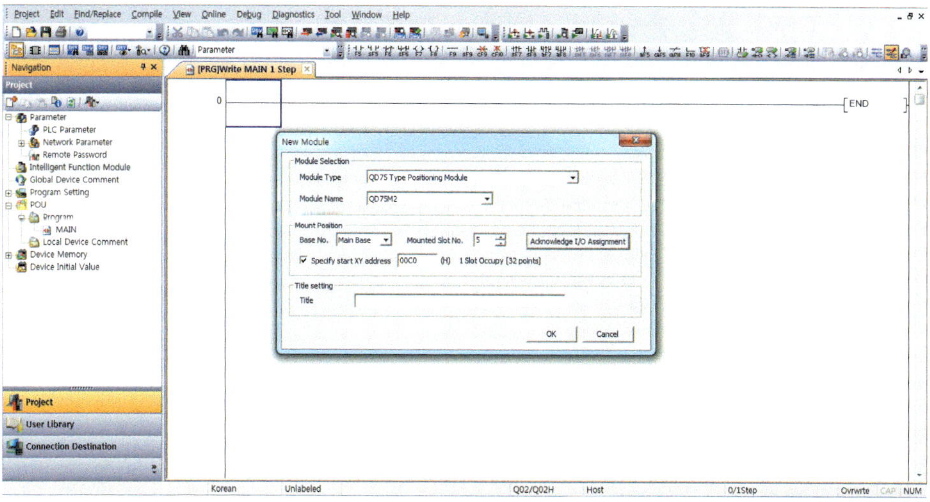

⇒ OK

⑤ I/O 할당 확인 메시지 창에서 인텔리를 선택하고 설정을 클릭한다.

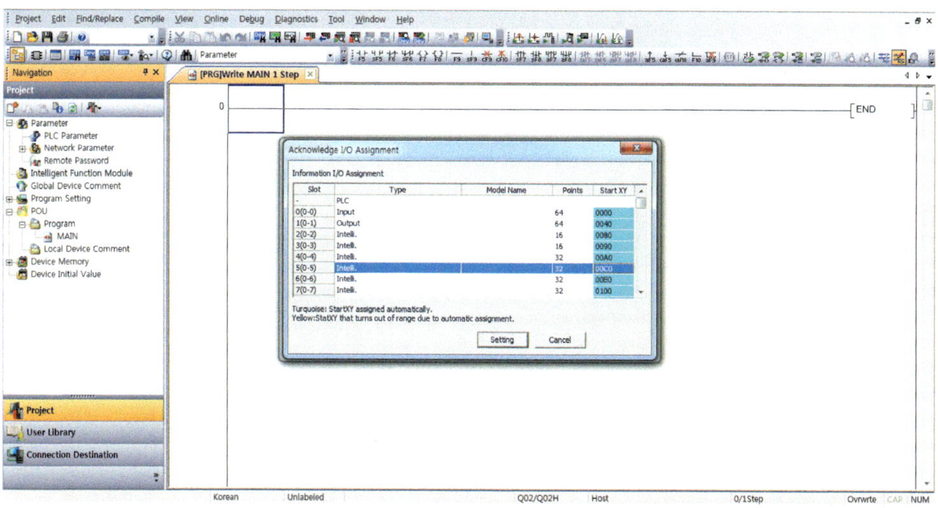

⇒ Setting

⑥ 00C0:QD75M2 폴더 생성을 확인한다.

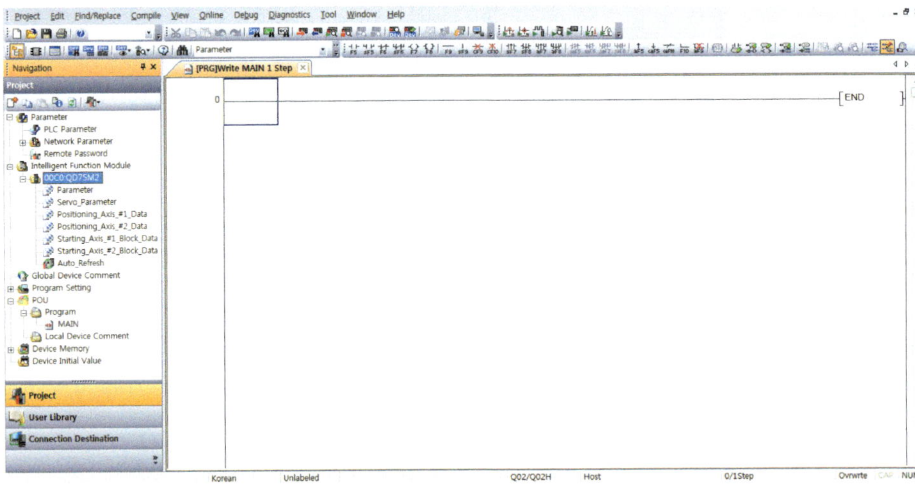

⑦ 파라미터 데이터부터 입력한다.

3 QD75M2의 설정방법

01 Parameter data

① Basic parameter 1(기본 파라미터 1)

- Unit; 0번(mm), 1번(inch), 2번(degree: 회전체), 3번(pulse)
- Pulse per rotating(AP, 서보모터의 분해능값); 131072(2^{17})pulse
- Travel per rotation(AL, 1회전 시 이동 거리: 1lead); 6000㎛
- Unit magnification(AM, 단위 배율); 1:1 time(1배)

  * 전자기어비 = AP/(AL × AM) = 131072/(4000 × 1) = 4096/125
- Bias speed at start(기동 시 바이어스 속도); 0 mm/min

  * 기동 최저속도 설정은 스태핑모터 등을 사용할 때 모터를 부드럽게 기동하기 위해 설정한다.(스태핑모터는 기동 시의 모터회전속도가 낮아지면 부드럽게 기동하지 않는다.) 기동 시 바이어스 속도 유효운전은 위치결정운전, 원점복귀운전, JOG운전이며, 최고속도제한 값보다 적게 설정한다.

② Basic parameter 2(기본 파라미터 2)

- Speed limit(속도제한값); 18000mm/min

  * 속도제한값 = 정격회전수 × 볼스크류의 리드

  18000mm/min = 3000rev/min × 6mm/rev
- ACC(Acceleration) Time #0(가속 시간); 100ms
- DEC(Deceleration) Time #0(감속 시간); 100ms

③ Extended parameter 1(상세 파라미터 1)

- Backlash compensation amount(백래쉬 보정량); 0pls

  * 백래쉬 보정을 할 때는 원점복귀 후 실행한다. 그 범위는 0 ~ 65535(2^{16}−1) 이지만 255 이하로 한다(0 ≤ 백래쉬 보정량/1펄스 당 이송량 ≤ 255).
- SW stroke LMT HIGH(Software stroke limit high, 소프트웨어 스트로크 리밋 상한값); 2147483647um

  * 원점(OP)으로부터 상한 리밋 스위치보다 짧은 거리를 설정하면 그 거리 이내에서 실행되며, 상한 리밋 스위치보다 먼 거리를 설정하면 그 상한값은 유효하지 않다.
- SW stroke LMT LOW(Software stroke limit lower, 소프트웨어 스트로크 리밋 하한값); −2147483648um

  * 원점(OP)으로부터 하한 리밋 스위치보다 짧은 거리를 설정하면 그 거리 이내에서

실행되며, 하한 리밋 스위치보다 먼 거리를 설정하면 그 하한값은 유효하지않다.

· SW stroke LMT selection(Software stroke limit selection, 소프트웨어 스트로크 리밋 선택); 0 Vail for command address

  * "0"으로 설정할 때는 이송현재값에 따른 소프트웨어 스트로크 리밋 값을 설정하고, "1"로 설정할 때는 이송기계값에 따른 소프트웨어 스트로크 리밋 값을 설정한다.

· JOG & MPG stroke limit(JOG & Manual Pulse Generator stroke limit, 조그와 수동펄스 스트로크제한); 0 Vail

· Command in-position(지령인 포지션); 10.0um

  * 위치제어의 자동 감속 시 정지 위치까지의 남은 거리를 점검해서 지정된 거리만큼 전도 신호로 사용된다.

· Torque limit(토크제한); 300%

  * 서보모터 발생 토크 설정 범위인데 범위는 1 ~ 500%이다

· M code ON output(M코드 ON신호 출력); 1 AFTER-mode

  * With-mode는 서보모터를 이동시키면서 M코드를 ON신호가 출력하고(예시 서보모터가 동작 중 용접작업을 할 경우), AFTER-mode는 서보모터를 이동 완료 후 M코드를 ON신호를 출력한다.

  - M코드 활용

    G808(1축)에 M코드 번호가 저장된다.

    M코드 OFF 요구는 G1504(1축)에 "k1"을 입력하면 된다.

    M코드의 사용범위는 0 ~ 65535(2^{16}-1)이다("0"은 M코드 OFF)

· Speed switching mode(속도 전환모드); 0 Change speed from specified address(표준속도 전환)

  * 표준속도전환은 위치결정 데이터를 실행할 때 속도를 변경하고, 전도속도전환은 운전 중인 위치결정 데이터 마지막 부분에서 다음 위치결정 데이터 속도를 변환하는 것이다.

· Interpolation speed mode(보간속도 지정모드); 0 Composite speed(합성속도)

  * 합성속도는 제어대상의 이송속도를 지정하고 각 축의 속도는 QD75가 계산한다.

· Address update in V-control(위치 변경할 때마다 속도제어); 0 No Address update in velocity control

· Lower limit(하한리밋); "0": Negative(b 접점)

  * Negative(b접점) ⇒ FLS, RLS: ON(리밋신호가 ON), DOG, STOP,
CHG(change 단자): OFF

  리밋에 연결방법 선택, 0: Negative(b접점), 1: Positive(a접점)

· Upper limit(상한리밋) ; "0": Negative(b접점)

* 리밋에 연결방법 선택, 0: Negative(b접점), 1: Positive(a접점)

· Stop signal; "0": Negative(b접점)

· External command; "0": Negative(b접점)

· Near-point signal; "0": Negative(b접점)

· MPG(Manual pulse generator input, 수동펄스 발생기 입력); "0": Negative(b접점)

· MPG mode; "0": A-phase/B-phase multiplied by 4 [(A상/B상) × 4]

· Speed-position function selection(속도·위치 기능선택);

"0": Speed-position switching control (INC mode)

④ Extended parameter 2(상세 파라미터 2)

· ACC(Acceleration) Time #1(가속 시간); 1000ms

* 사용범위는 1 ~ 8388608ms

· ACC(Acceleration) Time #2(가속 시간); 1000ms

· ACC(Acceleration) Time #3(가속 시간); 1000ms

· DEC(Deceleration) Time #1(감속 시간); 1000ms

· DEC(Deceleration) Time #2(감속 시간); 1000ms

· DEC(Deceleration) Time #3(감속 시간); 1000ms

· JOG speed limit; 10000mm/min

* 기본 파라미터 2의 속도제한 값 이하로 설정한다. 속도제한 값 이상일 때는 에러발생 (에러코드: 956)

· JOG ACC(Acceleration) Time(가속 시간); "0": 100ms

· JOG DEC(Deceleration) Time(감속 시간); "0": 100ms

· ACC/DEC set(가감속처리); "0" Trapezoid Acceleration mode(사다리꼴 가감속처리)

* 가감속처리에는 사다리꼴(가감속이 직선운동) 및 S자(가감속이 sin커브운동) 가감속처리가 있다.

· S-curve ratio(S자 비율); 100%(s자는 sin 커브 운동 비율 1 ~ 100%)

· Sudden stop DEC time(급정지 감속시간); 1000ms

· Stop group #1 Sudden stop(1정지그룹 급정지, 하드웨어 스트로크 리밋에 의한 정지); "0" Normal stop

* "0"은 통상정지, "1"은 급정지

· Stop group #2 Sudden stop(2정지그룹 급정지, PLC CPU의 에러 발생 PLC ready 신호의 OFF, 테스트 모드 시 이상); "0" Normal stop

· Stop group #3 Sudden stop(3정지그룹 급정지, 외부 정지신호 · PLC CPU 정지신호 · 에러

발생에 의한 정지); "0" Normal stop

- Positioning complete signal(위치결정 완료 신호); 300ms
  * QD75에서 출력된 위치결정 완료 신호(드웰타임 경과 후)의 출력 시간
- Cir·Arc error allowable(원호보간 오차 허용); 10.0ms
- External command function(외부지령 기능); "0" External start
  * "0" 외부위치기동 결정, "1" 외부속도 변경요구, "2" 속도·위치 전환요구, "3" 스킵(운전 중에 위치결정운전)요구
- Restart allowable range when servo OFF → ON(서보가 OFF → ON 되었을 때 허용범위 내에서만 재 시작); "0"

⑤ OPR basic parameter(원점복귀 파라미터)

- OPR method: "0" Zeroing DOG(근점도그, 기계원점복귀)
- OPR direction(원점복귀방향) ; "1"은 역방향(어드레스 감소방향, 왼쪽방향) 설정,
  "0"은 정방향(어드레스 증가방향, 오른쪽 방향)
- OPR address(원점위치); 0um
- OPR(원점) speed(복귀속도); 3000mm/min
- Creep(클립) 속도; 500mm/min
  * 고속이동 시 정지 직전 속도를 감속하는 시간(Z상에서 신호 시작)
  Z상이란 모터가 1회전시마다 감지되는 지점
- OPR(원점) 복귀 리트라이(retry); "0"으로 디폴트 설정,
  "1"은 리밋 스위치에 의한 원점복귀 리트라이를 실시

⑥ OPR Extended basic parameter(상세 원점복귀 파라미터)

- OPR Dwell time; 0ms
- Travel Setting after DOG ON(근접도그 ON후의 이동량 설정); 0um
- OPR ACC(Acceleration) Time(가속 시간); "0" : 1000ms
- OPR DEC(Deceleration) Time(감속 시간); "0" : 1000ms
- OP shift amount(원점 시프트량); 0 um
  * 원점복귀로 정지한 위치에서, 어느 정도 시프트(이동)하는지를 설정.
- OPR Torque limit value(원점복귀 토크 제한값); 300%
- OP shift speed specification(원점 시프트 시 속도 지정); "0" OPR speed
- Dwell time during OPR retry(원점복귀 리트라이 시 드웰타임); 0ms
  * 범위는 0 ~ 65535(ms)

02 Servo parameter

① Servo Basic parameter(서보기본 파라미터)

- Servo series(서보시리즈); 3: MR-J2S-B/MR-J2M-B
  0: MR-H-BN, 1: MR-H-BN4-B, 2: MR-J2-B, 3: MR-J2S-B, 4: MR-J2-Jr
- Amplifier setting(증폭기 세팅); "0" used in incremental system
  * "0" used in incremental system(증분시스템 사용), "1" used in absolute position detection system(절대위치검출시스템 사용)
- Regenerative brake option(회생브레이크 옵션); "0" Not used
- external dynamic brake(외부동력 브레이크); "0" NO
- Motor type(모터타입); "80" Automatic setting
- Motor capacity(모터용량); 10(모터가 100W이므로, 200W는 20)
  * 모터 용량이 100W이면, 0.1(kW) × 100 = 10
- Servo Motor speed(서보모터속도); 3 × 1000rpm/min(모터확인)
- feedback pulse(피드백 펄스); 255: Depending on the motor resolution pulses.(모터의 분해능펄스에 따라)
- Rotation direction(회전방향); "1" (Reverse rotation (CW) with the increase of the positioning address. 시계방향설정)
- Auto tuning(오토튜닝); "1": Auto tuning mode1(오토튜닝모드)
- Servo response(오토튜닝 응답성); 5: Low response (35Hz)

② Servo Regulation parameter(서보 조절 파라미터)

- Load inertia(관성하중); 7.0 Times(배)
  * 사용범위 0 ~ 100 times(배)
- Position loop gain 1(위치루프 게인); 35 rad/s
  * 위치루프의 게인을 설정하고, 부하외란에 대한 위치 응답성을 올릴 때 설정한다. 설정값을 크게 하면 응답성이 향상되지만, 진동이나 소리가 발생하기 쉬워진다. 사용범위는 4 ~ 1000 rad/s
- Speed loop gain 1(속도루프게인); 177rad/s
  * 속도루프의 게인을 설정하고, 저강성의 기계, 백래쉬가 큰 기계 등에서 진동이 발생할 경우에 설정한다. 설정값을 크게 하면 응답성이 향상되지만, 진동이나 소리가 발생하기 쉬워진다. 사용범위는 20 ~ 5000rad/s
- Position loop gain 2(위치루프 게인); 35 rad/s

* 사용범위 1 ~ 500 rad/s

· Speed loop gain 2(속도루프게인); 817rad/s

  * 사용범위 20 ~ 8000 rad/s

· Speed integral compensation(속도 적분보상); 20ms

  * 속도루프의 적분 완화시간을 설정하고, 설정값을 작게 하면 응답성이 향상되지만, 진동이나 소리가 발생하기 쉬워진다. 사용범위 1 ~ 1000 ms

· Notch filter(노치 필터); "0" 사용하지 않음

· Notch depth(노치 깊이); "0" −40DB(깊다)

  * 0 : 깊다 (−40db), 1 : ↑ (−14db), 2 : ↓ (−8db), 3 : 얕다 (−4db)

· Feed forward gain(피드 포워드 게인); 0%

  * 위치제어 시 피드 포워드 게인 계수를 설정하고, 일정 속도로 운전하고 있을 때, 100[%]를 설정하면, 잔류펄스는 발생하지 않는다. 다만 급가감속하면 오버슈트가 커진다.(100% 일 때는 가감속시간의 기준은 1sec 이상) 사용범위는 0 ~ 100%

· In-position range(인포지션 범위); 100PLS

  * 위치결정 완료를 출력하는 범위를 지령펄스 단위로 설정.
    사용범위는 0 ~ 50000 PLS

· Electromagnetic brake sequence(전자 브레이크 시퀀스); 0 ms

  * 전자 브레이크 인터록 신호(MBR)가 OFF가 된 후, 베이스 차단이 될 때까지의 지연시간을 설정한다. 사용범위는 0 ~ 1000 ms

· MON.(Monitor) output(ch1); "0" : 서보모터 회전속도 (±8V/최대회전속도)

  * 아날로그 모니터1에 출력하는 신호를 설정한다.

· MON.(Monitor) output(ch2); "1" : 토크(+8V/최대토크)

  * 아날로그 모니터2에 출력하는 신호를 설정한다.

· <u>Servo forced stop(서보강제정지): 1 Invalid(효력 없음)</u>

· Low acoustic noise mode(저소음 노이즈모드); "0" 2.25kHz

· Serial encoder cable(엔코더케이블 시리즈); "0": 2Line method(2선식)

  * 엔코더 케이블 4선식의 시리즈는
    MR-EKCBL30M-L, MR-EKCBL30M-H, MR-EKCBL40M-H, MR-EKCBL50M-H

· Slight vibration suppression control(미진동 억제제어); "0": Invalid(무효)

· Motor-less operation(무모터 작동); "0": Invalid(무효)

· Electromagnetic brake interlock output(인터록 출력 때 전자 브레이크);
  "0": NO relation to servo motor speed(서보모터 속도와 무관)

· Low pass filter(저주파 통과필터); "0": Automatic control(자동제어)

· Adaptive vibration control(적응진동제어); "0": Invalid(무효)
· Adaptive vibration control sensitivity(적응진동제어 감도); "0": Normal(정상)

③ Servo extended parameter(서보 상세 파라미터)

· Analog monitor 1 offset(아날로그 모니터 1 옵셋); 0mV
  * 사용범위는 -999 ~ 999mV
· Analog monitor 2 offset(아날로그 모니터 2 옵셋); 0mV
  * 사용범위는 -999 ~ 999mV
· Pre-alarm data 1(사전 알람데이터1); "0": Speed
· Pre-alarm data 2(사전 알람데이터2); "0": Speed
· Alarm data sampling time(알람 데이터 샘플시간); "0": 1.77ms
· Zero speed(영속도); 50r/min
  * 영속도 신호(ZSP)의 출력범위를 설정, 설정 범위는 0 ~ 10000r/min 이고, 영속도 신호 검출은 20[r/min]의 히스테리시스 폭을 갖고 있다.
· Error excessive alarm level(오차 과대 알람레벨); 80 × 0.1rev
  * 서보모터 회전량으로 설정. 설정 범위는 0 ~ 200rev
· PI-PID control switch-over(PI-PID제어 바꾸기); "0": Invalid(무효)
· Servo reading character(서보자료 검색); "0": Japanese
· Serial communication baud rate(연속 전송속도); "0": 9600bps
· Serial communication response delay(연속 전송 응답 지연); "0": Invalid(무효)
· Encoder output pulse setting(엔코더 펄스출력 세팅); "0": Output pulse setting(출력펄스 설정)
· PI-PID control switch-over position droop(PI-PID제어 위치 처짐); 0 PLS
  * 설정 범위는 0 ~ 50000 PLS
· Speed differential compensation(속도 격차 보상); 980
  * 설정 범위는 0 ~ 1000
· Encoder output pulses(엔코더출력); 4000
  * 설정 범위는 0 ~ 65535($2^{16}-1$)

④ Servo extended parameter2(서보 상세 파라미터2)

· Position gain 2 shift amount(게인 위치 이동량); "1" 0.75times
  * 게인 시프트 값을 각각 설정하는 데 사용하며, 약간의 진동 억제 제어 선택
· Speed gain 2 shift amount(게인 속도 이동량); "1" 0.75times

· Speed integral compensation shift amount(속도 적분보상 이동량) ; "1": 0.75times

· Slight vibration suppression control selection 2(미세진동 저감제어 선택); 20ms

 * 설정 범위는 0 ~ 1000ms

· voltage compensation(전압보상); 50%

 * 유도 전압 보상 범위를 설정하는 데 사용한다. 설정 범위는 0 ~ 100%

· Gain changing selection(게인 변화 선택); "0": Invalid

 * 게인을 조정할 때 적용되며, 게인 조정 모드는 수동 모드를 사용한다.

· Gain changing condition(게인 조정 조건); 10

 * 설정 범위는 0 ~ 9999

· Gain changing time constant (게인 조정 시간 정수); 1 ms

 * 설정 범위는 0 ~ 100ms

· Load moment of inertia ratio(부하관성 모멘트비); 7.0 times

 * 서보에 부하 관성 모멘트비를 설정하는데 사용한다. 설정 범위는 0 ~ 300배

· Position loop gain 2 changing ratio(위치 루프 게인 2 변경 비율); 100%

 * 사용범위는 10 ~ 200%

· Speed loop gain 2 changing ratio(속도 루프 게인 2 변경 비율); 100%

 * 사용범위는 10 ~200%

· VEL. INTGRL. COMPS.(Speed integral compensation) gain 2 changing ratio(속도 적분 보상 게인 비율을 설정); 100%

 * 사용범위는 50 ~1000%

· Encoder output pulse direction(엔코더 출력 펄스 방향); "0": Advance 90° A with CCW(CCW에서 A상 90° 앞선다)

· Notch filter frequency(노치 필터 주파수); "0": Invalid(무효)

· Notch depth(노치 깊이); "0": Deep (-40db)

 * 사용범위는 0: Deep (-40db), 1: (-14db), 2: (-8db), 3: Shallow (-4db)

02-1 Positioning data 입력(10개 위치)

※ PLC를 Run 상태를 Stop 상태로 하고

- 1축 내용을 2축에 복사: Edit → Axis copy(Axis#1), copy ----Axis#2
- online → Connection setup → module에서 I/O입력(C0: 위치제어카드 위치확인)
- online → writ to module → 전부 "v" → 확인
- Tools → Intelligent function Utility → Start(Start I/O NO, Module type 입력: positioning module, module model name: QD75M2) → Auto refresh

- 파라미터 데이터(위치데이터 입력)

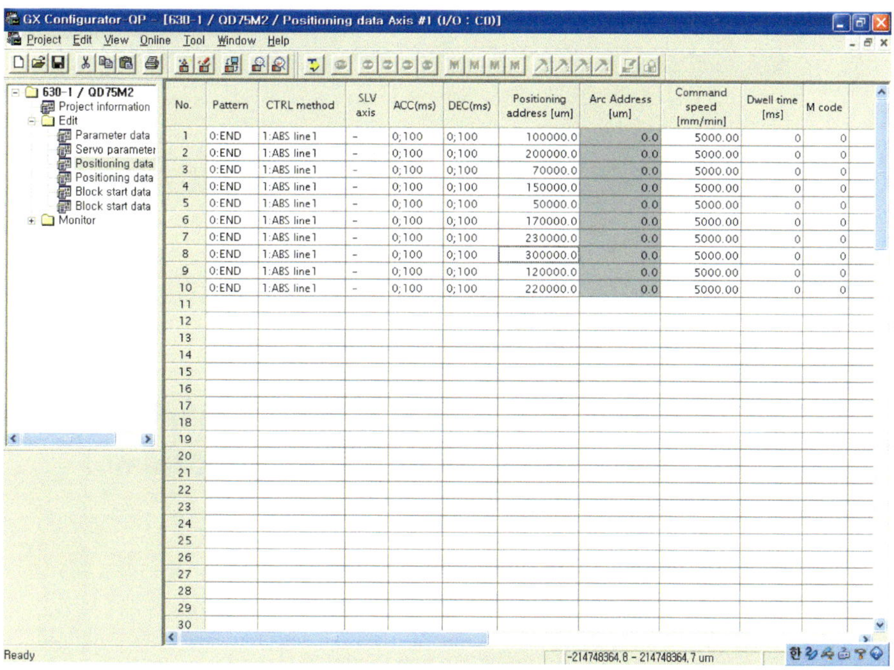

No.	Pattern	CTRL method	SLV axis	ACC(ms)	DEC(ms)	Positioning address [um]	Arc Address [um]	Command speed [mm/min]	Dwell time [ms]	M code
1	0:END	1:ABS line1	-	0;100	0;100	100000.0	0.0	5000.00	0	0
2	0:END	1:ABS line1	-	0;100	0;100	200000.0	0.0	5000.00	0	0
3	0:END	1:ABS line1	-	0;100	0;100	70000.0	0.0	5000.00	0	0
4	0:END	1:ABS line1	-	0;100	0;100	150000.0	0.0	5000.00	0	0
5	0:END	1:ABS line1	-	0;100	0;100	50000.0	0.0	5000.00	0	0
6	0:END	1:ABS line1	-	0;100	0;100	170000.0	0.0	5000.00	0	0
7	0:END	1:ABS line1	-	0;100	0;100	230000.0	0.0	5000.00	0	0
8	0:END	1:ABS line1	-	0;100	0;100	300000.0	0.0	5000.00	0	0
9	0:END	1:ABS line1	-	0;100	0;100	120000.0	0.0	5000.00	0	0
10	0:END	1:ABS line1	-	0;100	0;100	220000.0	0.0	5000.00	0	0

- Pattern(스피드 방식) : End(한 동작만 속도제어), Cont(연속운전동작), Locus(속도를 이어서 증가동작)
- PLC에 쓰기
  - * 앰프는 Ab 표시(공장 출하 값)
  - * PLC 및 앰프를 OFF후 ON(필히 할 것)
  - * 앰프가 b1으로 변경됨(확인)

02-2

02-2 테스트 운전

① PLC 쓰기

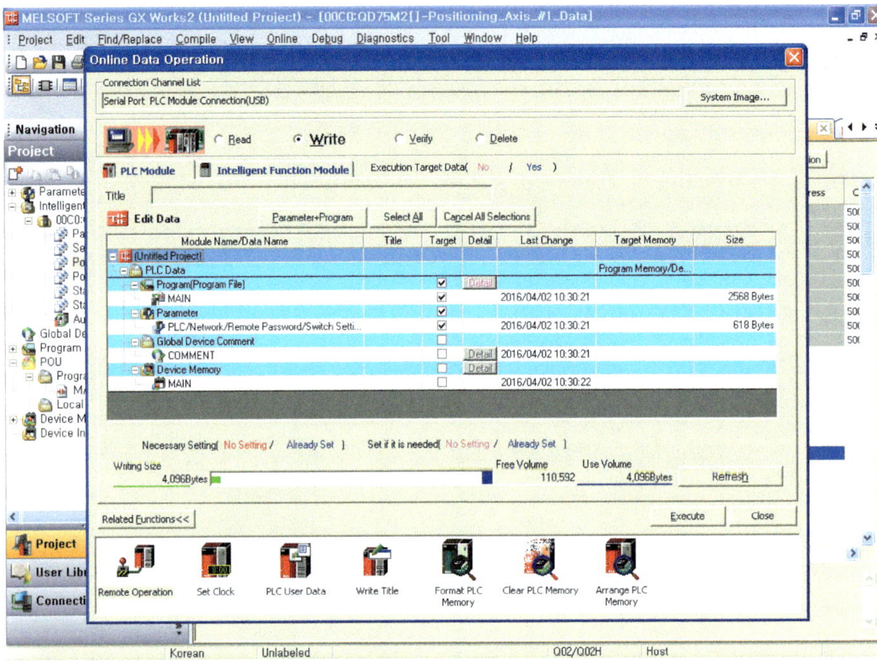

- 서보 체크 확인

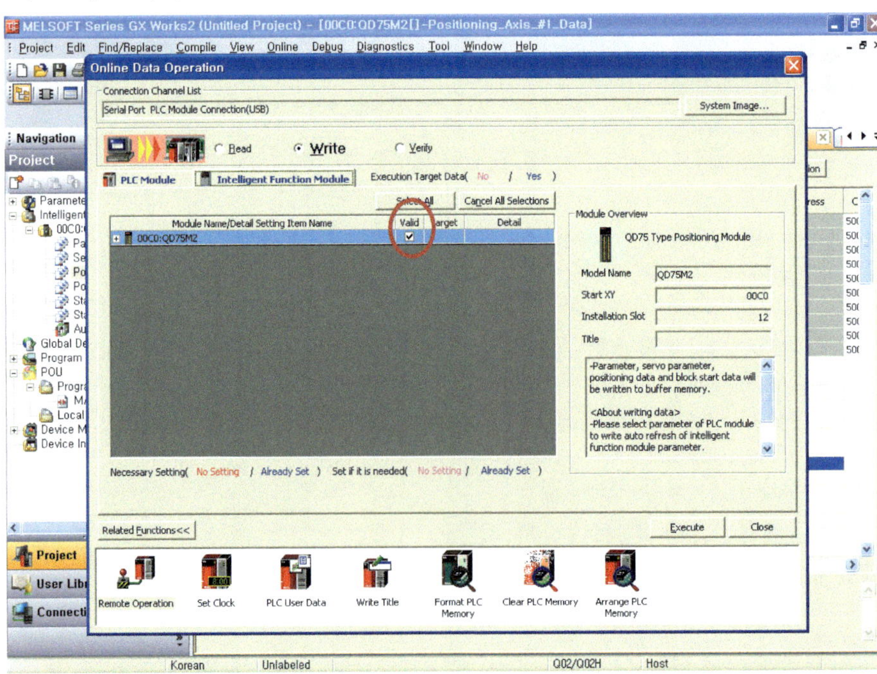

- 테스트 운전

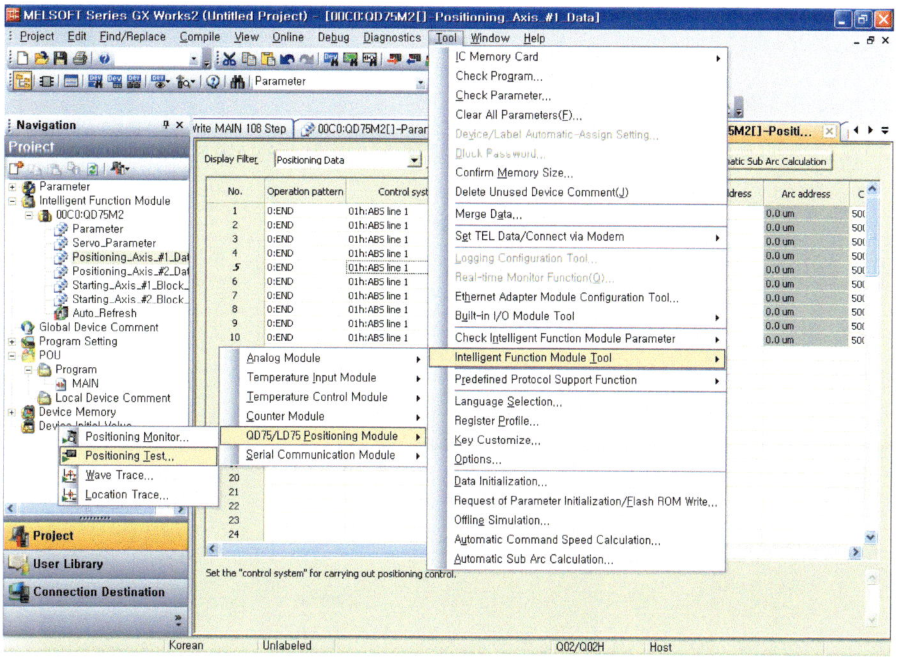

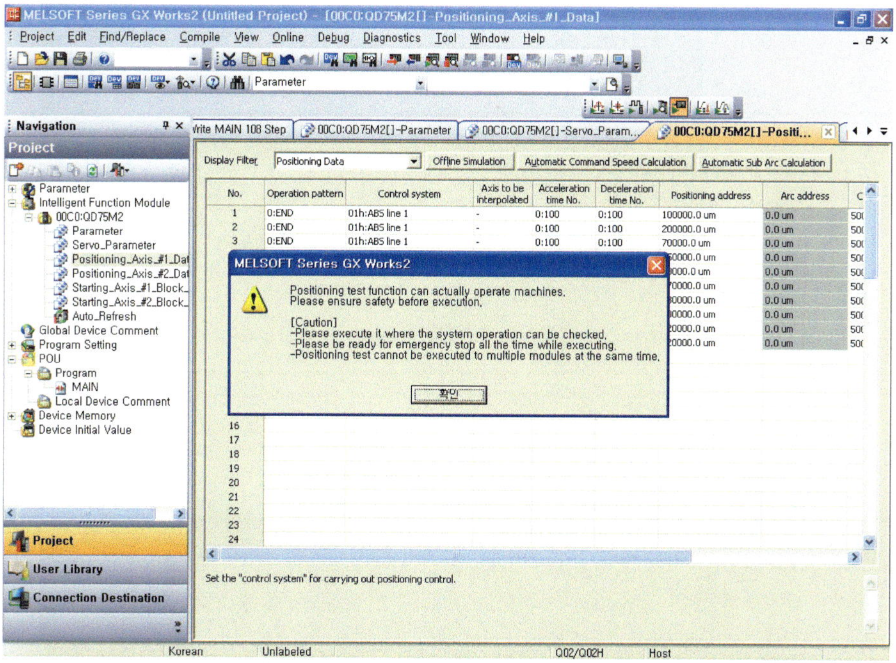

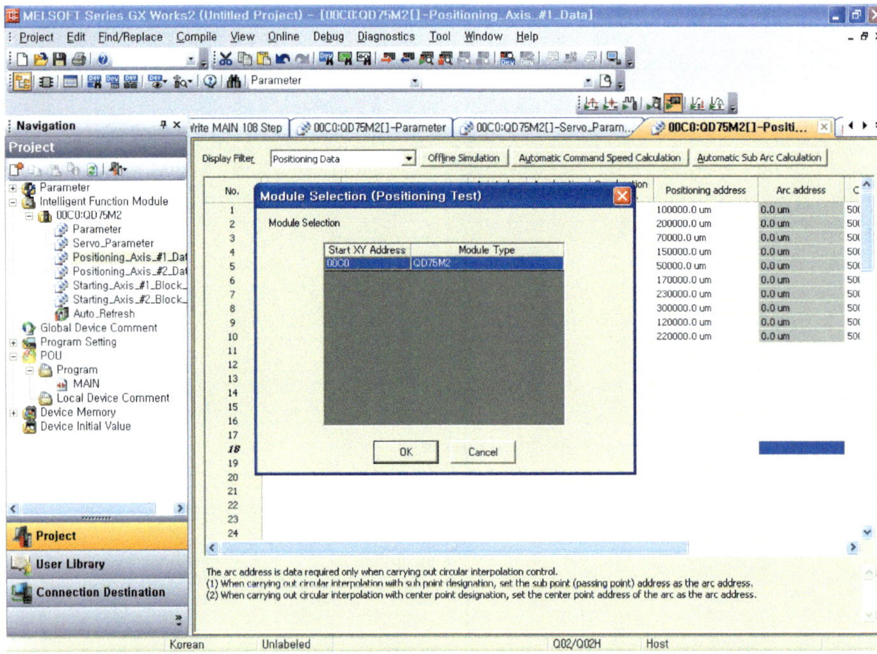

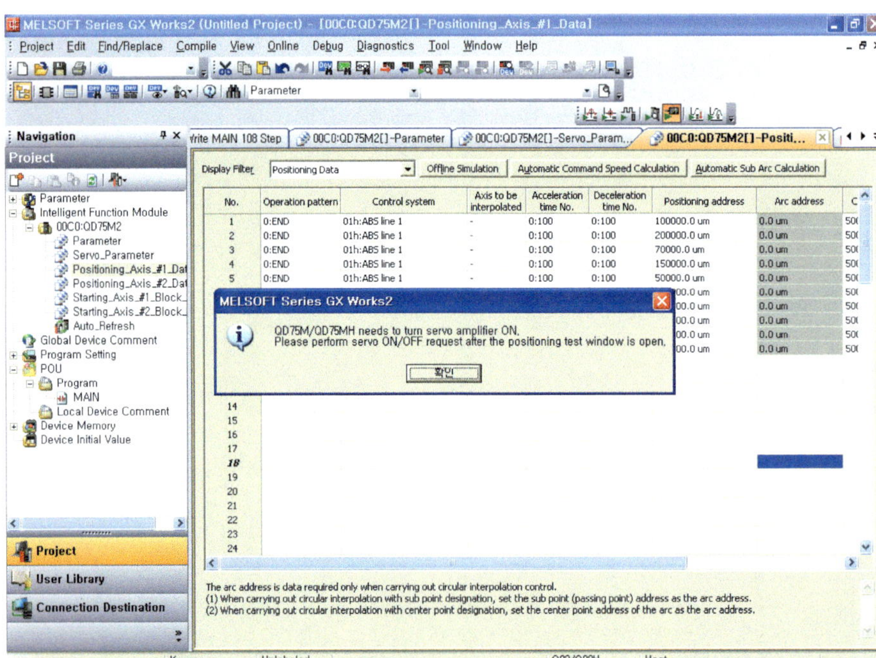

- 원점이동 및 좌우 조그운전

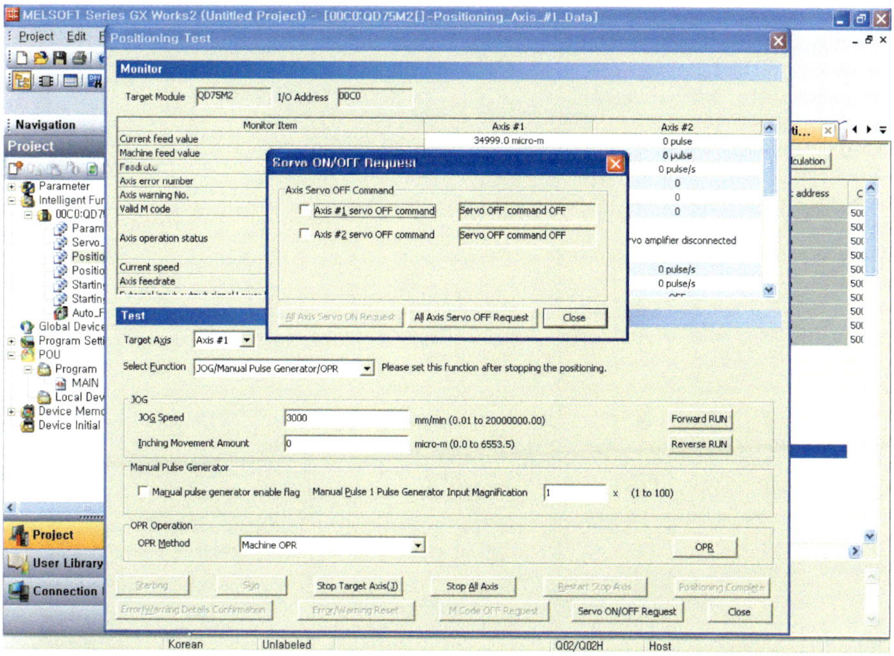

1번 위치로 이동(데이터 번호를 변경하여 테스트)

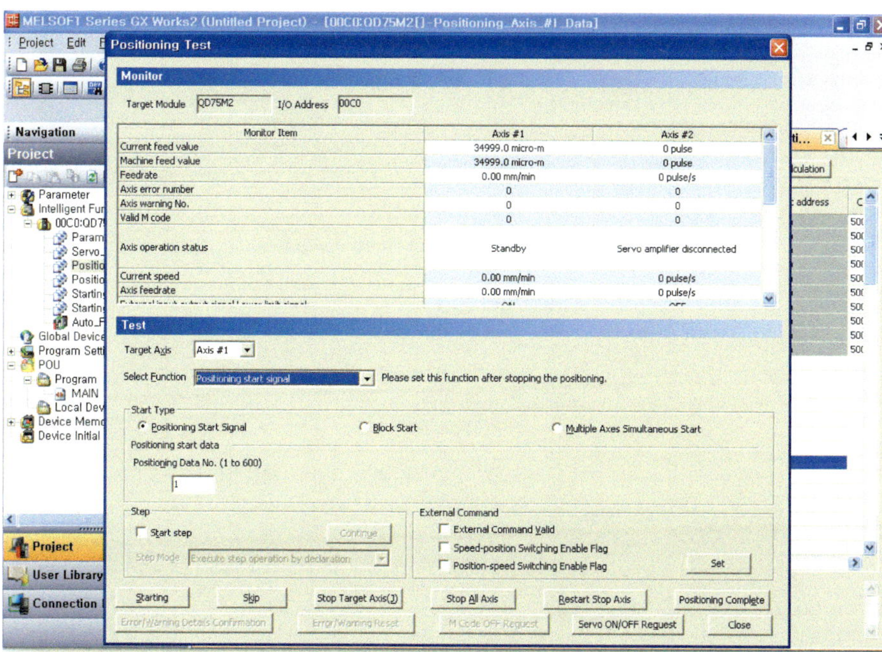

03 버퍼메모리

버퍼메모리 어드레스				항목	설정범위	초기값
축1	축2	축3	축4			
27	177	327	477	M코드 ON신호 출력 타이밍	0: WITH 모드 1: AFTER 모드	0
62	212	362	512	외부지령 기능 선택	0: 외부 위치 결정 기동 1: 외부 속도 변경 요구 2: 속도·위치/위치·속도 제어 전환 요구 3: 스킵 요구	0
800 801	900 901	1000 1001	1100 1101	이송 현재값	현재 지령하고 있는 어드레스가 저장된다. 현재 위치의 어드레스가 저장된다. 단위[degree] 일 때는 0 ~ 359.99999의 링 어드레스로 된다. - 갱신의 타이밍: 1.8ms - 원점복귀 완료시는 원점 어드레스가 저장된다. - 현재값 변경 기능에 따라 현재값이 변경된 경우, 변경된 값이 저장된다.	0
802 803	902 903	1002 1003	1102 1103	이송 기계값	기계 좌표에 따른 현재위치의 어드레스가 저장된다. 현재값 변경 기능에서 전송 기계값은 변경되지 않는다. 속도제어시는 파라미터에 관계없이 갱신된다. 치수이송 실행 시작 시에는 0으로 클리어 되지 않는다. 단위[degree]일 때는 0 ~ 359.99999의 링 어드레스로는 되지 않는다. - 기계좌표: 기계적으로 정해진 고유의 좌표 - 갱신의 타이밍: 56.8ms	0
804 805	904 905	1004 1005	1104 1105	이송 속도	운전 중의 워크 속도가 저장된다. - 보간 운전 시에는 다음과 같이 저장된다. 기준축: 합성속도 또는 기준축 속도(상세 파라미터 1의 "보간속도 지정방법"에서 설정) 보간축: 0 - 갱신타이밍: 56.8m	0
806	906	1006	1106	축 에러 번호	축 에러 검출 시, 에러 내용에 해당하는 에러코드가 저장된다. - 항상 최신의 에러코드가 저장된다 (새로운 축 에러가 발생했을 때, 에러코드는 덮어쓴다.) - "축 에러 리셋"(축 제어 데이터)을 ON하면 축 에러 번호는 클리어 된다(0으로 된다.)	0
807	907	1007	1107	축 경고 번호	축 경고 검출 시, 경고 내용에 해당하는 경고코드가 저장된다. - 항상 최신의 경고코드가 저장된다. (새로운 축 경고가 발생했을 때, 경고코드는 덮어쓴다.) - "축 에러 리셋"(축 제어 데이터)을 ON하면 축 에러 번호는 클리어 된다(0으로 된다.)	0
808	908	1008	1108	유효 M코드	현재 유효한(현재 운전 중인 위치결정 데이터에 설정된) M코드가 저장된다. - 갱신의 타이밍: M코드 ON 신호 ON시 PLC Ready 신호(Y0) OFF시에 0이 저장됨	0

<table>
<tr><th colspan="4">버퍼메모리 어드레스</th><th rowspan="2">항목</th><th rowspan="2" colspan="4">설정범위</th><th rowspan="2">초기값</th></tr>
<tr><th>축1</th><th>축2</th><th>축3</th><th>축4</th></tr>
<tr><td>1500</td><td>1600</td><td>1700</td><td>1800</td><td>위치결정 기동 번호</td><td colspan="4">- 위치결정을 실행하는 기동 번호를 설정한다.
1 ~ 600: 위치결정 데이터No.지정
9001: 기계 원점 복귀
9003: 현재값 변경
7000 ~ 7004: 블록 기동 지정
9002: 고속 원점 복귀
9004: 복수 축 동시 기동</td><td>0</td></tr>
<tr><td>1502</td><td>1602</td><td>1702</td><td>1802</td><td>축 에러 리셋</td><td colspan="4">- 축 에러 산출, 축 에러 번호, 축 경고 검출 및 축 경고 번호를 클리어 한다.
- 축 동작 상태가 에러 발생 중인 경우 에러를 클리어 하여 "대기중"의 상태로 만든다.
0: 축 에러 리셋 요구 수신 완료(QD75가 셋)
1: 축 에러 리세트 요구(시퀀스 프로그램에서 셋)</td><td>0</td></tr>
<tr><td>1503</td><td>1603</td><td>1703</td><td>1803</td><td>재기동 명령</td><td colspan="4">- 축 동작 상태가 정지 중일 때에 "1"을 설정하면 정지 위치에서 정지한 위치결정 데이터의 종점으로 위치결정을 실시한다.
0: 재기동 명령 수신 완료(QD75가 셋)
1: 재기동 명령(시퀀스 프로그램에서 셋)</td><td>0</td></tr>
<tr><td>1504</td><td>1604</td><td>1704</td><td>1804</td><td>M코드 OFF 요구</td><td colspan="4">- M코드 ON신호를 OFF한다.
0: M코드 OFF요구 수신완료(QD5가 셋)
1: M코드 OFF요구(시퀀스 프로그램에서 셋)</td><td>0</td></tr>
<tr><td>1505</td><td>1605</td><td>1705</td><td>1805</td><td>외부 지령 유효</td><td colspan="4">- 외부 지령을 유효하게 할지를 설정한다.
0: 외부지령 무효
1: 외부지령 유효</td><td>0</td></tr>
<tr><td rowspan="2">1506
1507</td><td rowspan="2">1606
1607</td><td rowspan="2">1706
1707</td><td rowspan="2">1806
1807</td><td rowspan="2">현재값 변경값</td><td colspan="4">- 기동번호 9003을 사용하여 전송 현재값을 변경할 경우에 변경 후의 전송 현재값을 설정한다.</td><td rowspan="2">0</td></tr>
<tr><td>−2147483648
+2147483647
X10^{-1} μm</td><td>−2147483648
+2147483647
X10^{-5} inch</td><td>0 ~ 359.99999
X10^{-5}
degree</td><td>−2147483648
+2147483647
pulse</td></tr>
<tr><td rowspan="2">1514
1515</td><td rowspan="2">1614
1615</td><td rowspan="2">1714
1715</td><td rowspan="2">1814
1815</td><td rowspan="2">속도 변경값</td><td colspan="4">- 속도를 변경할 경우, 변경 후의 속도를 설정한다.
0을 설정한 경우는 정지한다.</td><td rowspan="2">0</td></tr>
<tr><td>0 ~ 2000000000
X10^{-2}
mm/min</td><td>0 ~ 2000000000
X10^{-3}
inch/min</td><td>0 ~ 2000000000
X10^{-3}
degree/min</td><td>0 ~ 1000000
pulse/s</td></tr>
<tr><td>1516</td><td>1616</td><td>1716</td><td>1816</td><td>속도 변경 요구</td><td colspan="4">- 속도 변경을 할 경우, 속도 변경값 설정 후에 1을 설정한다.
0: 속도 변경 요구 수신완료(QD75가 셋)
1: 속도 변경 요구(시퀀스 프로그램에서 셋)</td><td>0</td></tr>
<tr><td rowspan="2">1517</td><td rowspan="2">1617</td><td rowspan="2">1717</td><td rowspan="2">1817</td><td rowspan="2">인칭 이동량</td><td colspan="4">- 인칭 운전의 이동량을 설정한다.
설정이 0인 경우, JOG 운전으로 된다.</td><td rowspan="2">0</td></tr>
<tr><td>0 ~ 65535
X10^{-1}μm</td><td>0 ~ 65535
X10^{-5}inch</td><td>0 ~ 65535
X10^{-5} degree</td><td>0 ~ 65535
pulse</td></tr>
</table>

<table>
<tr><th colspan="4">버퍼메모리 어드레스</th><th rowspan="2">항목</th><th rowspan="2" colspan="4">설정범위</th><th rowspan="2">초기값</th></tr>
<tr><th>축1</th><th>축2</th><th>축3</th><th>축4</th></tr>
<tr><td rowspan="2">1518
1519</td><td rowspan="2">1618
1619</td><td rowspan="2">1718
1719</td><td rowspan="2">1818
1819</td><td rowspan="2">JOG속도</td><td colspan="4">- JOG 운전 시의 JOG 속도를 저장한다.
- JOG 운전 중의 속도를 변경할 경우, 변경 후의 속도를 저장한다.</td><td rowspan="2">0</td></tr>
<tr><td>0 ~ 2000000000
$X10^{-2}$
mm/min</td><td>0 ~ 2000000000
$X10^{-3}$
inch/min</td><td>0 ~ 2000000000
$X10^{-3}$
degree/min</td><td>0 ~ 1000000
pulse/s</td></tr>
<tr><td>1528</td><td>1628</td><td>1728</td><td>1828</td><td>속도 · 위치
전환
허가 플래그</td><td colspan="4">- 외부 지령 기능 선택을 속도 · 위치/위치 · 속도 전환 요구로 설정한 경우, 외부에서의 제어 전환 신호(외부지령 신호 CHG)에 의한 전환의 허가/금지를 설정한다.
0: 금지
1: 허가</td><td>0</td></tr>
<tr><td colspan="4">1900</td><td>플래시ROM
기독 플러그</td><td colspan="4">- 버퍼 메모리의 내용을 플래시 ROM에 기록한다.
플래시 ROM에 대한 기록은 PLC Ready 신호(Y0)이 OFF시에 실행한다.
0: 플래시 ROM 기록 완료(QD75가 셋)
1: 플래시 ROM 기록 요구(시퀀스 프로그램에서 셋)</td><td>0</td></tr>
<tr><td rowspan="2">2004
2005</td><td rowspan="2">8004
8005</td><td rowspan="2">14004
14005</td><td rowspan="2">2004
2005</td><td rowspan="2">지령 속도</td><td colspan="4">-1: 지령속도의 설정을 생략(카렌트 속도)</td><td rowspan="2">0</td></tr>
<tr><td>0 ~ 2000000000
$X10^{-2}$
mm/min</td><td>0 ~ 2000000000
$X10^{-3}$
inch/min</td><td>0 ~ 2000000000
$X10^{-3}$
degree/min</td><td>0 ~ 1000000
pulse/s</td></tr>
<tr><td>2006
2007</td><td>8006
8007</td><td>14006
14007</td><td>2006
2007</td><td>위치 결정
어드레스/
이동량</td><td colspan="4">- 위치 결정의 어드레스 또는 이동량을 설정한다.
- 제어 방식과 단위에 따라 설정 범위는 달라진다.</td><td>0</td></tr>
<tr><td>2008
2009</td><td>8008
8009</td><td>14008
14009</td><td>2008
2009</td><td>원호 어드레스</td><td colspan="4">- 제어 방식이 ABS 방식 원호 보간의 경우, 보조점/중심점의 어드레스를 설정한다.
- 제어방식이 INC 방식 원호 보간의 경우, 기점에서 보조점/중심점까지의 거리를 설정한다.</td><td>0</td></tr>
</table>

04 에러코드

에러구분	에러코드	에러명	내용	에러발생시 동작	조치방법
치명적 에러	001	FALT	하드웨어 이상	시스템이 정지한다.	- 노이즈 등의 영향이 없는지 체크한다. - 하드웨어 이상 유무를 체크한다.
공통	002	PGA 클럭 이상			
	101	운전 중 PLC Ready Off	운전 중에 PLC Ready 신호(Y0)가 Off했다.	상세 파라미터2의 급정지 선택(정지그룹2)의 설정(감속정지/급정지)으로 정지한다. 수동펄스 운전 시에는 감속정지만.	- PLC Ready신호(Y0)를 On/Off하는 시퀀스 프로그램을 다시 고친다. - 축 에러 리셋으로 에러를 해제한다.
	102	드라이브 모듈 Ready Off	운전 중에 드라이브 모듈 Ready신호가 OFF했다.	즉시 정지한다.	드라이브모듈의 전원상태, 드라이브 모듈과의 배선 및 커넥터의 접속 상태를 확인하고, 축 에러 리셋으로 에러를 해제한다.
	103	운전 중 테스트 모드이상	PC와 CPU 모듈간의 통신을 할 수 없다.		케이블을 접속하는 PC측의 I/F에 이상이 없는지 확인한다.
	104	하드웨어 스트로크 리밋(+)	하드웨어 스트로크 리밋 상한 신호가 입력되었다.	상세 파라미터2의 급정지 선택(정지그룹2)의 설정(감속정지/급정지)으로 정지한다. (단, 수동펄스 운전 시에는 감속정지만)	수동제어운전에 의해, 상한리밋신호가 입력되지 않은 위치로 이동 후, 축 에러 리셋을 한다.
	105	하드웨어 스트로크 리밋(-)	하드웨어 스트로크 리밋 하한 신호가 입력되었다.		수동제어운전에 의해, 하한리밋신호가 입력되지 않은 위치로 이동 후, 축 에러 리셋을 한다.
	106	기동 시 정지신호 ON	정지신호가 ON인 상태에서 기동요구가 있었다.	위치결정 기동을 하지 않는다.	정지지령(QD75로 출력신호/외부입력)의 ON/OFF를 확인하고, ON한 정지지령을 OFF한다. - QD75로 출력신호… 축1: YC4, 축2: YC5, 축3: YC6, 축4: YC7 - 외부입력… 외부기기접속용 커넥터: 정지신호(STOP)정지 지령의 상태확인 후, 축 에러 리셋을 하고 에러 해제 후 기동신호를 ON한다.
	107	BUSY 중 PLC Ready On → Off	BUSY 신호가 ON인 상태에서 PLC Ready 신호를 On → Off	- QD75 준비 완료 신호(X80)가 OFF한다. - 다음 위치결정기동을 하지 않는다.	
원점 복귀	201	원점 기동	원점복귀 Retry 무효를 설정 시, 원점 복귀완료 플래그 ON인 상태에서 접도그식 원점 복귀 기동을 했다.	원점복귀기동을 하지 않는다.	- 원점복귀 Re-Try기능을 유효(설정값: 1)로 한다. - 수동제어운전에 의해, 현재위치(원점상)에서 이동시켜 원점복귀를 한다.
	203	도그 검출 타이밍 이상	근접도그식 원점복귀에서, 클리프 속도의 감속 중에 근접도그 신호가 OFF했다.	상세 파라미터2의 급정지 선택(정지그룹3)의 설정(감속정지/급정지)로 정지한다. (단, 수동펄스 운전 시에는 감속정지만)	- 원점복귀 속도를 늦춘다. - 도그신호 입력시간을 연장한다.

에러구분	에러구분	에러명	내용	에러발생시 동작	조치방법
원점복귀	204	영점검출 타이밍이상	스토퍼 정지식2 원점복귀에서, 원점복귀속도에서 클리프속도로 감속 중에 영점신호가 Off했다.	상세 파라미터2의 급정지 선택(정지그룹3)의 설정(감속정지/급정지)으로 정지한다. (단, 수동펄스 운전 시에는 감속정지만)	- 원점복귀속도를 늦춘다. - 외부에서의 영점신호는, 클리프 속도에서의 이동 중에 입력한다.
	205	드웰타임 이상	스토퍼 정지식1 원점복귀에서, 원점복귀속도에서 클리프속도로 감속 중에 드웰타임이 경과했다.		- 원점복귀속도를 늦춘다. - 원점복귀 드웰타임을 연장한다.
	206	카운트식 이동량 이상	카운트식1, 2 원점복귀에서 파라미터「근접도그 ON 후의 이동량 설정」이 원점복귀속도에서 감속 정지까지에 필요한 거리보다도 작다.	원점복귀기동을 하지 않는다.	- 속도제한값, 원점복귀속도, 감속 시간에 의해 이동거리의 산출을 하고 감속거리 이상이 되도록 근접도그 ON후의 이동량을 설정한다. - 원점복귀 속도를 늦춘다. - 근접도그 ON후의 이동량이 많아지도록, 근접도그위치를 조정한다.
	207	원점복귀요구 ON	고속원점복귀기동(위치결정기동 NO.9002)시 원점복귀요구 플래그가 ON되어있다.	고속원점복귀가 기동되지 않는다.	기계원점복귀 (위치결정기동 No.9001)를 실행한다.
	209	원점복귀재 기동 불가	원점복귀를 정지신호로 정지시킨 후, 재기동요구를 ON했다.	재기동을 하지 않는다.	다시 기계원점복귀 (위치결정기동 No.9001)를 기동한다.
	213	ABS 전송 타임아웃	절대위치 복원명령으로 서보앰프와 정상으로 통신할 수 없었다.	절대위치복원을 하지 않는다.	- 배선을 검토한다. - 시퀀스 프로그램을 검토한다.
	214	abs 전송 SUM			- 배선을 다시 고친다. - 시퀀스 프로그램을 다시 고친다.
JOG 인칭	300	JOG속도 범위 외	JOG 시동 시에 JOG속도가 설정 범위 외로 되어있다.	JOG 기동 시 설정 범위 외일 때 JOG운전을 하지 않는다.	JOG 속도를 설정 범위 내로 한다.
	301	인칭이동량 에러	인칭 이동량이 JOG속도제한 값을 초과하고 있다.	인칭기동 시에 인칭 이동량이 JOG속도 제한값을 초과할 때 인칭운전을 하지 않는다.	인칭 이동량을 적게 한다.
위치결정운전	500	조건데이터 No.부정	특수기동에 의한 블록 기동 시에서, 조건데이터를 사용하는 것 (조건기동, 웨이트 기동, 동시기동, FOR(조건))을 기동했을 때, 조건데이터 No.가 설정범위 외로 되어있다. (1 ≤ 조건데이터No. ≤ 10)	운전을 종료한다.	조건데이터 No.를 다시 고친다.
	501	동시기동전 에러	〈블럭 기동의 동시기동일 경우〉 동시기동을 할 상대축이 축BUSY였다.	기동시: 운전하지 않는다. 운전중: 운전을 종료한다.	조건연산자를 정상화한다.
			〈복수 축 동시기동 제어의 경우〉 - 동시기동을 하는 상대축이 축 BUSY였다. - 기동축의 동시기동 대상 축 기동 데이터 No가 설정 범위 외였다.		동시기동대상 축 기동 데이터 No.를 정상화한다.

에러구분	에러코드	에러명	내용	에러발생시 동작	조치방법
위치결정운전	502	데이터 No.부정	- 실행하고자 한 위치결정 데이터 No.가 1 ~ 600, 7000 ~ 7004, 9001 ~ 9004이외였다. - JUMP 내상의 시성이 현재 실행 중이었다. - JUMP 대상의 지정이 1 ~ 600 이외였다.	위치결정 데이터 실행을 시키지 않는다.	위치결정 기동번호, 위치결정기동 데이터(블록 기동 시), 위치결정 데이터(JUMP 명령 시)를 정상화한다.
	503	지령속도 없음	- 위치결정 기동 시, 최초로 실행하는 위치결정데이터의 지령속도로 커런트 속도 (−1)를 설정했다. - 속도제어로 커런트 속도를 설정했다. - 속도·위치전환 제어로 커런트 속도를 설정했다.	기동 시 운전기동을 하지 않는다.	위치결정데이터를 정상화 한다.
	504	직선 이동량 범위 외	- 파라미터「보간속도지정 방법」이「합성속도」의 설정으로 직선 보간을 할 때 위치결정 데이터마다의 각 축 이동량이 1073741824(230)를 초과한다. - 단위「degree」에서 소프트웨 어 스트로크 리밋 상한 ≠ 소프트웨어 스트로크 리밋 하한의 설정에서, inc명령으로 위치결정 어드레스가 (−)360.00000 이하 또는 360.00000 이상이다.	기동 시: 운전하지 않는다. 운전 시: 즉시 정지한다.	위치결정 어드레스를 다시 고친다.
	506	원호 오차 초과	중심점 지정의 원호보간을 할 때, 기점중심점의 반경과 종점중심점의 반경의 차가 파라미터「원호보간 오차 허용범위」를 초과한다.	기동 시: 중심점지정에 의한 원호보간제어를 실행하지 않는다. 운전 중: 즉시 정지한다.	원호보간 오차허용범위의 값을 수정한다. - 중심점 어드레스(위치결정 어드레스) - 종점 어드레스
	507	소프트 웨어 스트로크 리밋 (+)	- 소프트웨어 스트로크 리밋 상한을 초과한 위치에서 위치결정을 했다. 위치결정어드레스, 현재값의 변경값이 소프트웨어 스트로크 리밋 상한을 초과한다. - 보조점지정의 원호보간에서, 보조점이 소프트웨어 스트로크 리밋 상한을 초과한다.	운전기동 시: 운전 기동시키지 않는다. 현재값 변경 해석시: 현재값을 변경하지 않는다. 운전중 : - 위치제어시(속도·위치전환제어, 위치·속도전환제어의 속도제어중을 포함)의 위치결정 어드레스가 소프트웨어 스트로크 리밋 범위 외의 데이터로 제어가 전환된 시점에 즉시 정지한다. - 속도제어시(속도·위치전환제어, 위치·속도전환제어의 속도제어중 을 포함), 수동제어시의 이송현재값 또는 이송기계값이 소프트웨어 스트로크 리밋범위 외로 된 시점부터 상세 파라미터2의 급정지선택(정지그룹3)의 설정(감속정지만)으로 정지한다.	운전기동 시: - 이송현재값을 수동제어운전에서 소프트웨어스트로크 리밋 범위 내로 한다. - 위치결정 어드레스를 수정한다. (보조점지정원호보간시에는 원호어드레스도 체크한다.) 현재값변경 : 현재값 변경값을 소프트웨어 스트로크 리밋 범위 내로 한다. 운전 중: 위치결정 어드레스를 수정한다. (위치결정 어드레스, 원호어드레스는 "Da6, Da7" 참조)
	508	소프트 웨어 스트로크 리밋 (-)	- 소프트웨어 스트로크 리밋 상한을 초과한 위치에서 위치결정을 했다. 위치결정어드레스, 현재값의 변경값이 소프트웨어 스트로크 리밋 하한을 초과한다. - 보조점지정의 원호보간에서, 보조점이 소프트웨어 스트로크 리밋 하한을 초과한다.		

에러구분	에러코드	에러명	내용	에러발생시 동작	조치방법
위치결정운전	514	현재값 변경 범위 외	단위「degree」시, 현재값을 변경하는 어드레스가 0 ~ 359.99999의 범위 외로 되어 있다.	현재값 변경을 하지 않는다.	현재값 변경값을 설정 범위 내로 한다
	515	연속·연속궤적 제어불가	- 제어방식이 현재값 변경의 위치결정데이터로 운전패턴「연속궤적제어」의 위치결정 데이터의 다음 데이터에서 제어방식에「현재값 변경」을 설정했다.		- 현재값 변경을 지정 시, 연속궤적 제어를 지정하지 않는다. - 연속궤적제어의 다음 위치결정 데이터에서 현재값 변경을 지정하지 않는다.
	516	연속·연속궤적 제어불가	- 속도제어, 속도·위치전환, 위치·속도전환 제어, 치수이동 등 연속궤적 제어를 할 수 없는 제어방식으로 연속궤적제어를 설정했다. - 속도제어, 속도·위치전환, 위치·속도전환제어, 치수이동 등의 앞 데이터가 연속궤적제어로 되어있다. - 속도제어, 위치·속도전환 제어에서 연속 위치결정 제어를 지정했다.	기동 시 운전하지 않는다.	- 연속궤적제어의 다음 위치결정 데이터에서 속도제어, 치수이송, 속도·위치전환제어, 위치·속도 전환 제어를 지정하지 않는다. - 연속궤적제어의 운전패턴에서 치수이송, 속도제어 속도·위치 전환 제어, 위치·속도전환제어를 하지 않는다. - 연속위치결정제어의 운전패턴에서 속도제어, 위치·속도전환제어를 하지 않는다.
	518	운전패턴 범위 외	- 운전패턴의 설정값이 2로 되어 있다. - ABS1, INC1 이외에 제어방식에 관해, 목표위치 변경요구가 있었다. - 연속궤적제어시에 목표위치 변경을 했다. - 변경어드레스가 소프트웨어 스트로크 리밋 범위 외로 된다. - 정지감속 중에 목표위치를 변경했다.	기동 시: 운전하지 않는다. 운전 중: 상세 파라미터2의 급정지선택(정지그룹3)의 설정(감속정지/급정지)으로 정지한다. (단, 수동펄스 운전 시에는 감속정지만 해당)	운전패턴을 수정한다.
	519	상대 축 BUSY보간	상대 축 운전 중에 보간기동을 했다.		제어방식을 수정한다. ("Da.2"참조)
	520	단위그룹 불일치	파라미터「보간속도지정방법」「합성속도」의 설정에서 기준축과 보간축의 단위가 다르다.		위치결정데이터의 수정 또는 보간 상태 축의 파라미터 「단위설정」을 변경한다.
	521	보간기술 명령 부정	- 보간운전에 필요한 축수가 모듈에 존재하지 않는다. - 2축보간에서 보간대상축의 설정이 자축 또는 존재하지 않는 축으로 되어 있다.	기동 시: 운전하지 않는다. 운전 중: 상세 파라미터2의 급정지선택(정지그룹3)의 설정(감속정지/급정지)으로 정지한다. (단, 수동펄스 운전 시에는 감속정지만 해당)	- 제어방식을 수정한다. ("Da.2" 참조) - 보간대상축을 수정한다. ("Da.3" 참조)
	522	지령속도 설정에러	지령속도가 설정범위 외로 되어 있다. 직선보간, 원호보간: 기준축이 설정범위 외이다. 속도제어보간: 기준축, 보간축 중 하나가 속도범위 외이다.		지령속도를 수정한다. ("Da.8"참조)

에러구분	에러코드	에러명	내용	에러발생시 동작	조치방법
위치결정운동	523	보간모드 에러	- 속도제어의 보간제어, 4축 직선 보간제어에서 기준축의 파라미터 「보간속도지정방법」에 합성속도를 지정해서 기동을 했다. - 원호보간제어에서 기준축의 파라미터 「보간속도지정방법」에 기준축 속도를 지정해서 기동을 했다.	기동 시: 운전하지 않는다. 운전 중: 상세 파라미터2의 급정지선택 (정지그룹3) 의 설정(감속정지/급정지)으로 정지한다. (단, 수동펄스 운전 시에는 감속정지만 해당)	「보간속도 지정방법」을 재설정한다.
	524	제어방식 설정에러	- 제어방식의 설정값이 범위 외로 되어있다. - 연속위치결정제어, 연속궤적제어에서 연속 실행할 경우에 제어 축 수가 앞 데이터와 다르다. - 무배선모드에서 원점복귀, 고속원점복귀, 속도·위치 및 위치·속도전환 제어를 했다. - 데이터 No.600의 제어방식에 NOP명령을 설정했다.		제어방식 또는 파라미터를 수정한다.
	525	보조점 설정에러	보조점지정의 원호보간에서 아래의 어느 쪽에 해당 - 기점 = 보조점 - 종점 = 보조점 - 기점, 종점, 보조점이 일식선상에 있다. - 보조점,중심점이 −2147483648 ~ 2147483647의 범위 외이다.	기동 시: 운전하지 않는다. 운전 중: 즉시 정지한다.	보조점 어드레스 (원호 어드레스)를 수정한다.
	526	종점 설정에러	- 보조점지정의 원호보간에서 기점 = 종점으로 되어있다. - 종점어드레스가 −2147483648 ~ 2147483647의 범위 외이다.		
	527	중심점 설정에러	중심점 지정의 원호에서 아래 중 하나에 해당 - 기점 = 중심점 - 중심점 어드레스가 −2147483648 ~ 2147483647의 범위 외이다.	기동 시: 운전하지 않는다. 운전 중: 즉시 정지한다.	중심점 어드레스(원호 어드레스)를 수정한다.
	530	어드레스 범위 외	- 속도·위치, 위치·속도전환제어에서 위치결정 어드레스의 설정값이 올바르지 않은 값으로 되어있다. - ABS1, ABS2, ABS3, ABS4에서 위치결정 어드레스의 설정값이 0 ~ 359.99999 [degree]의 범위 외로 되어있다.	기동 시: 운전하지 않는다. 운전 중: 상세 파라미터2의 급정지 선택 (정지그룹3) 의 설정(감속정지/급정지)으로 정지한다. (단, 수동펄스 운전 시에는 감속정지만 해당)	위치결정 어드레스를 수정한다.
	532	동시 기동불가	동시기동의 대상 축 중에서 본 에러 외 에러가 발생한 축이 있다.		에러이력에서 해당 에러 외 에러가 발생한 축을 확인하고, 에러요인을 제거한다. 블록기동데이터, 위치결정 데이터를 수정한다.

에러구분	에러코드	에러명	내용	에러발생시 동작	조치방법
위치결정운전	533	조건 데이터 에러	- 조건대상의 설정값이 미설정이나 범위 외 - 조건연산자의 설정값이 미설정이나 범위 외 - 조건연산자나 비트연산자에서, 파라미터1이 32 이상으로 되어있다. - 설정한 조건대상에 대해 사용할 수 없는 조건연산자를 설정했다. - 조건연산자가 범위연산자에서 파라미터1 〉 파라미터2로 되어있다.	운전을 종료한다.	블록기동 데이터를 정상화한다.
	534	특수기동 명령 에러	동시기동의 상대 축 지정이 자축을 포함, 해당하는 특수기동명령이 없다.		특수기동데이터의 명령코드를 수정한다.("Da.13" 참조)
	535	원호보간 불가	단위[degree]의 축에서 원호 보간을 했다.	기동시 운전하지 않는다.	제어방식을 수정한다. ("Da.2" 참조)
	536	M코드ON 신호 ON기동	M코드 ON신호가 (X84 ~ X87)가 ON일 때 위치결정기동을 했다.		M 코드 ON신호를 OFF후 기동을 건다.
	537	PLC Ready Off 기동	PLC Ready(Y80)가 Off일 때 위치결정 기동을 했다.		PLC Ready 신호(Y80)를 ON/OFF 하고 있는 PLC프로그램을 확인한 다음, PLC Ready ON 후에 기동
	538	준비완료 Off	QD75준비완료(X80)가 OFF일 때 위치결정 기동을 했다.		QD75 준비완료 ON을 확인 후, 기동을 한다.
	543	기동 번호 범위 외	- 위치결정기동 시, 축 제어데이터의「위치결정기동번호」의 설정값이 1 ~ 600, 7000 ~ 7004, 9000 ~ 9004 이외로 되어있다. - 선독기동 시, 축 제어데이터의「위치결정기동번호」의 설정값이 1 ~ 600 이외로 되어있다.		위치결정 기동번호를 정상화한다.
	544	반경범위 외	원호의 반경이 536870912를 초과한다.	기동 시: 운전하지 않는다. 운전 중: 즉시 정지한다.	위치결정 데이터를 수정한다.
	545	제어방식 Loop설정 에러	제어방식「LOOP」에 0이 설정되어있다.	운전을 종료한다.	LOOP에 1 ~ 65535를 설정한다.
	546	degree시 ABS 방향 설정 부정	단위 [degree]시의 ABS 방향설정값이 - 설정 범위 외로 설정되어있다. - 소프트웨어 스트로크 리밋 유효시에 0 이외를 설정했다.	기동 시: 운전하지 않는다. 운전 중: 감속 정지한다.(단, 속위치결정제어, 연속궤적제어의 경우, 운전 중에 설정변경을 해도 기동시의 설정대로 운전 속행)	- degree시 ABS방향설정을 설정 범위 내로 설정한다. - 소프트웨어 스트로크 리밋 유효시에는「0」을 설정한다. - 소프트웨어 스트로크 리밋 를 무효로 한다. (소프트웨어 스트로크 리밋 상한값 = 소프트웨어 스트로크 하한값으로 하면 무료로 된다.)

에러구분	에러코드	에러명	내용	에러발생시 동작	조치방법
I/F	800	유지에러	CPU 모듈의 파라미터「에러 정지시의 출력」에서 QD75에 대한 설정이「유지」로 되어 있다.	기동 시: 운전하지 않는다. 운전 중: 상세 파라미터2의 급정지 선택(정지그룹3)의 설정(감속정지/급정지)으로 정지한다. (단, 수동펄스 운전 시에는 감속정지만 해당)	CPU모듈의 파라미터「에러정지시의 출력」의 설정을「클리어」로 한다.
	801	플래시ROM 쓰기에러	플래시ROM에 기록할 수 없다.	기동 시: 운전하지 않는다.	플래시ROM 기록수명 예상
	802	플래시ROM SUM 체크에러	플래시ROM에 기록 도중에 전원이 OFF가 되었다.		공장출하시의 파라미터로 되돌린다.
	803	PLC CPU에러	PLC CPU가 에러가 되었다.	기동 시: 운전하지 않는다. 운전 중: 상세 파라미터2의 급정지 선택(정지그룹3)의 설정(감속정지/급정지)으로 정지한다. (단, 수동펄스 운전 시에는 감속정지만 해당)	Q CPU 사용자 매뉴얼 참조
	804	전용명령 파라미터 에러	전용명령에서 사용한 파라미터의 값이 잘못되어 있다.		해당하는 전송명령의 파라미터를 다시 고친다.
	805	플래시ROM 기록횟수 에러	시퀀스 프로그램 상에서 연속 25회를 초과한 플래시M기록을 했다.	기동 시: 운전하지 않는다.	시퀀스 프로그램을 다시 고쳐 보고, 연속해서 플래시ROM에 기록하지 않도록 한다. ("Md.19"로 플래시ROM 기록횟수 모니터 가능) (정상적인 사용방법으로 이 에러가 발생했을 경우에는, 에러리셋 또는, 전원의 OFF→ON/PLC CPU의 리셋으로 기록가능)
	806	전용명령 I/F	PLC CPU와 QD75의 I/F에 부정합이 발생했다.		고장
파라미터	900	단위 설정 범위 외	기본 파라미터1「단위설정」의 설정 범위가 설정 범위 외로 되어있다.	QD75 준비완료 신호(X80)가 ON하지 않는다.	설정을 설정 범위 내로 하고, PLC Ready신호(Y80)를 OFF→ON 한다.
	901	1회전 펄스 수 범위 외	기본 파라미터1「1회전 당 펄스 수」의 설정 범위가 설정 범위 외로 되어있다.		
	902	1회전 이동량 범위 외	기본 파라미터1「1회전 당 이동량」의 설정 범위가 설정 범위 외로 되어있다.		
	903	단위배율 범위 외	기본 파라미터1「단위배율」의 설정 범위가 설정 범위 외로 되어있다.	QD75 준비완료 신호(X80)가 ON하지 않는다.	설정을 설정 범위 내로 하고, PLC Ready신호(Y80) OFF→ON 한다.

에러구분	에러코드	에러명	내용	에러발생시 동작	조치방법
파라미터	904	펄스출력 모드 에러	기본 파라미터1 「펄스출력모드」의 설정 범위가 설정 범위 외로 되어있다.	QD75 준비완료 신호(X80)가 ON하지 않는다.	설정을 설정 범위 내로 하고, PLC Ready신호(Y80) OFF→ON 한다.
	905	회전방향 설정 에러	기본 파라미터1 「회전방향설정」의 설정 범위가 설정 범위 외로 되어있다.		
	906	바이어스 속도 범위 외	- 기본 파라미터1 「기동 시 바이어스속도」의 설정 범위가 설정 범위 외로 되어있다. - 바이어스속도가 속도제한값을 초과한다.		바이어스속도를 속도제한값 이하로 한다. 설정을 설정 범위 내로 하고, PLC Ready(Y80)를 OFF→ON 한다.
	910	속도제한값 범위 외	- 기본 파라미터2 「속도제한값」의 설정 범위가 설정 범위 외로 되어있다. - 속도제한값을 주파수 환산한 값이 모듈의 최고출력주파수를 초과한다. - 속도제한값이 원점복귀속도보다 작다.	전원투입 시 또는, PLC Ready신호(Y80) OFF→ON시: QD75 준비완료 신호(X80)가 ON하지 않는다. 기동시: 운전을 하지 않는다.	- 주파수 환산값이 모듈의 최고 출력 주파수 「최대출력펄스」를 초과하지 않도록 한다. - 원점복귀 속도이상의 값을 설정한다. - 설정을 설정 범위 내로 하고, PLC Ready신호(Y80)를 OFF→ON한다.
	911	가속시간0 범위 외	기본 파라미터2 「가속시간 0」의 설정 범위가 설정 범위 외로 되어있다.		설정을 설정 범위 내로 하고, PLC Ready신호(Y80)를 OFF→ON 한다.
	912	감속시간0 시간범위 외	기본 파라미터2 「감속시간 0」의 설정 범위가 설정 범위 외로 되어있다.	전원 투입 시 또는, PLC ready 신호(Y80) OFF→ON시: QD75 준비완료 신호(X80)가 ON 하지 않는다. 기동시: 운전을 하지 않는다.	설정을 설정 범위 내로 하고, PLC Ready신호(Y80)를 OFF→ON한다.
	920	백래시 보정량 에러	1펄스 당 이동량에서 펄스수로 환산한 값이 256펄스 이상 되어있다.	QD75 준비완료 신호(X80)가 ON하지 않는다.	1펄스 당 이동량에서 펄스수로 환산한 값이 256펄스 미만이 되도록 한다.
	921	소프트웨어 스트로크 리밋상한	- 단위 「degree」의 경우에 상세 파라미터 「소프트웨어 스트로크 리밋 상한값」의 설정값이 설정 범위 외로 되어있다. - 단위 「degree」의 경우에 소프트웨어 스트로크 리밋 상한값 〈 소프트웨어 스트로크 리밋 하한값으로 되어있다.		- 설정을 설정 범위 내로 한다. - 단위 「degree」이외일 경우, 하한값 〈 상한값이 되도록 설정한다.

에러구분	에러코드	에러명	내용	에러발생시 동작	조치방법
파라미터	922	소프트웨어 스트로크 리밋하한	- 단위「degree」의 경우에 상세 파라미터「소프트웨어 스트로크 리밋 하한값」의 설정값이 설정 범위 외로 되어있다. - 단위「degree」의 경우에 소프트웨어 스트로크 리밋 상한값 〈 소프트웨어 스트로크 리밋하한값으로 되어있다.	QD75 준비완료 신호(X80)가 ON 하지 않는다.	- 설정을 설정 범위 내로 한다. - 단위「degree」이외일 경우, 하한값 〈 상한값이 되도록 설정한다.
	923	소프트웨어 스트로크 리밋선택	상세 파라미터1「소프트웨어 스트로크 리밋선택」의 설정 범위가 설정 범위 외로 되어있다.		설정을 설정 범위 내로 하고, PLC Ready신호(Y80)를 OFF → ON한다.
	924	소프트웨어 스트로크 리밋유효/무효설정	상세 파라미터1「소프트웨어 스트로크 리밋 유효/무효설정」의 설정 범위가 설정 범위 외로 되어있다.		
	925	지령 인포지션 범위	상세 파라미터1「지령 인포지션 범위」의 설정 범위가 설정 범위 외로 되어있다.		
	926	토크제한 설정값 부정	상세 파라미터1「토크제한 설정값」의 설정 범위가 설정 범위 외로 되어있다.	QD75 준비완료 신호(X80)가 ON 하지 않는다.	설정을 설정 범위 내로 하고, PLC Ready신호(Y80)를 OFF → ON 한다.
	927	M코드 ON 타이밍 에러	상세 파라미터1「M코드 ON신호 타이밍」의 설정 범위가 설정 범위 외로 되어있다.		
	928	속도전환모드 에러	상세 파라미터1「속도전환모드」의 설정 범위가 설정 범위 외로 되어있다.		
	929	보간속도지정 방법	상세 파라미터1「보간속도지정방법」의 설정 범위가 설정 범위 외로 되어있다.		
	930	현재값 갱신요구 에러	상세 파라미터1「속도제한시의 이송 현재값」의 설정 범위가 설정 범위 외로 되어있다.		
	932	수동펄스 입력 모드에러	상세 파라미터1「수동펄스입력선택」의 설정값이 설정 범위 외로 되어있다.		
	935	속도위치기능 선택에러	상세 파라미터1「속도·위치기능선택」이 2로 설정되어 있어서 아래의 세 가지 조건을 만족시키지 않는다. ① 단위가「degree」 ② 소프트웨어 스트로크 리밋이 무효 ③ 이송 현재값 갱신있음		속도·위치전환제어(ABS모드)는 왼쪽의 ①~③의 조건을 만족시키도록 한다. 속도·위치전환제어(ABS모드)를 실시하지 않을 경우에는, 속도·위치기능 선택에 0을 설정하고 PLC Ready 신호(Y80)를 OFF → ON한다.

에러구분	에러코드	에러명	내용	에러발생시 동작	조치방법
파라미터	950	가속시간1 설정에러	상세 파라미터2「가속시간1」의 설정 범위가 설정 범위 외로 되어있다.	기동 시: 기동하지 않는다. 운전 중: 상세 파라미터2의 급정지 선택(정지그룹3)의 설정(감속정지/급정지)으로 정지한다. (단, 수동펄스 운전 시에는 감속정지만 해당)	설정을 설정 범위 내로 하고, PLC Ready신호(Y80)를 OFF → ON한다.
	951	가속시간2 설정에러	상세 파라미터2「가속시간2」의 설정 범위가 설정 범위 외로 되어있다.		
	952	가속시간3 설정에러	상세 파라미터2「가속시간3」의 설정 범위가 설정 범위 외로 되어있다.		
	953	감속시간1 설정에러	상세 파라미터2「감속시간1」의 설정 범위가 설정 범위 외로 되어있다.		
	954	감속시간2 설정 에러	상세 파라미터2「감속시간2」의 설정 범위가 설정 범위 외로 되어있다.	기동 시: 운전하지 않는다. 운전중: 상세 파라미터2의 급정지선택(정지그룹3)의 설정(감속정지/급정지)으로 정지한다. (단, 수동펄스 운전 시에는 감속정지만 해당)	설정을 설정 범위 내로 하고, PLC Ready 신호(Y0)를 OFF → ON한다.
	955	감속시간2 설정 에러	상세 파라미터2「감속시간3」의 설정 범위가 설정 범위 외로 되어있다.		
	956	JOG 속도제한값 에러	- 상세 파라미터2「JOG속도제한값」의 설정 범위가 설정 범위 외로 되어있다. - 상세 파라미터2「JOG속도제한값」의 설정값이 속도제한값을 초과한다.		- 설정을 설정 범위 내로 하고, PLC Ready 신호(Y0)를 OFF → ON한다. - 설정을 속도제한값 이하의 값으로 한다.
	957	JOG 가속시간선택 설정에러	상세 파라미터2「JOG가속시간선택」의 설정 범위가 설정 범위 외로 되어있다.		설정을 설정 범위 내로 하고, PLC Ready 신호(Y80)를 OFF → ON한다.
	958	JOG 감속시간선택 설정에러	상세 파라미터2「JOG감속시간선택」의 설정 범위가 설정 범위 외로 되어있다.		
	959	가감속 처리선택 설정 에러	상세 파라미터2「가감속처리선택」의 설정 범위가 설정 범위 외로 되어있다.		
	960	S자 비율 설정 에러	상세 파라미터2 「S자 비율」의 설정 범위가 설정 범위 외로 되어있다.		
	961	급정지 감속시간 부정	상세 파라미터2「급정지 감속시간」 의 설정 범위가 설정 범위 외로 되어있다.		
	962	정지그룹1 급정지 선택 에러	상세 파라미터2「정지그룹1 급정지선택」의 설정 범위가 설정 범위 외로 되어있다.		
	963	정지그룹2 급정지 선택 에러	상세 파라미터2 「정지그룹2 급정지선택」의 설정 범위가 설정 범위 외로 되어있다.		
	964	정지그룹3 급정지 선택 에러	상세 파라미터2「정지그룹3 급정지선택」의 설정 범위가 설정 범위 외로 되어있다.		
	966	원호보간 오차 허용범위 외	상세 파라미터2「원호보간 오차 허용범위」의 설정 범위가 설정 범위 외로 되어있다.		

에러구분	에러코드	에러명	내용	에러발생시 동작	조치방법
파라미터	967	외부지령기능 선택에러	상세 파라미터2 「외부지령 기능선택」의 설정 범위가 설정 범위 외로 되어있다.	기동 시: 운전하지 않는다. 운전 중: 상세 파라미터2의 급정지선택 (정지그룹3)의 설정 (감속정지/급정지)으로 정지한다. (단, 수동펄스 운전 시에는 감속정지만 해당)	설정을 설정 범위 내로 하고, PLC Ready(Y80)를 OFF → ON 한다.
	980	원점복귀방식 에러	원점복귀 기본 파라미터 「원점복귀방식」의 설정 범위가 설정 범위 외로 되어있다.	QD75 준비완료신호 (X80)가 ON하지 않는다.	설정을 설정 범위 내로 하고, PLC Ready(Y80)를 OFF → ON 한다.
	981	원점복귀방향 에러	원점복귀 기본 파라미터 「원점복귀방향」의 설정 범위가 설정 범위 외로 되어있다.		
	982	원점 어드레스 설정 에러	원점복귀 기본 파라미터 「원점어드레스」의 설정 범위가 설정 범위 외로 되어있다.		
	983	원점복귀속도 에러	- 원점복귀 기본 파라미터 「원점복귀속도」의 설정 범위가 설정 범위 외로 되어있다. - 원점복귀 기본 파라미터 「원점복귀속도」의 설정값이 기동시 바이어스속도보다 작다.		- 설정을 설정 범위 내로 한다. - 기동시 바이어스속도 이상의 값으로 한다.
	984	클리프 속도 에러	- 원점복귀 기본 파라미터 「클리프속도」의 설정 범위가 설정 범위 외로 되어있다. - 원점복귀 기본 파라미터 「클리프속도」의 설정값이 원점복귀속도보다 크다. - 원점복귀 기본 파라미터 「클리프속도」의 설정값이 기동시 바이어스속도보다 작다.		- 설정을 설정 범위 내로 한다. - 원점복귀속도 이하의 값으로 한다. - 기동시 바이어스속도 이상의 값으로 한다.
	985	원점복귀 리트라이 에러	원점복귀 기본 파라미터 「원점복귀 리트라이」의 설정 범위가 설정 범위 외로 되어있다.		설정을 설정 범위 내로 하고, PLC Ready(Y80)를 OFF → ON 한다.
	990	원점복귀 드웰타임 에러	원점복귀 상세 파라미터 「원점복귀 드웰타임」의 설정 범위가 설정 범위 외로 되어있다.		
	991	근접도그ON 이동량 설정에러	원점복귀 상세 파라미터 「근접도그 ON 후의 이동량 설정」의 설정 범위가 설정 범위 외로 되어있다.		

<table>
<tr><th>에러구분</th><th>에러코드</th><th>에러명</th><th>내용</th><th>에러발생시 동작</th><th>조치방법</th></tr>
<tr><td rowspan="5">파라미터</td><td>992</td><td>원점복귀 가속시간 선택에러</td><td>원점복귀 상세 파라미터 「원점복귀 가속시간선택」의 설정 범위가 설정 범위 외로 되어 있다.</td><td rowspan="5">QD75 준비완료 신호(X80)가 ON하지 않는다.</td><td rowspan="5">설정을 설정 범위 내로 하고, PLC Ready(Y80)를 OFF → ON 한다.</td></tr>
<tr><td>993</td><td>원점복귀 감속시간 선택에러</td><td>원점복귀 상세 파라미터 「원점복귀 감속시간선택」의 설정 범위가 설정 범위 외로 되어 있다.</td></tr>
<tr><td>995</td><td>원점복귀 토크제한값 에러</td><td>- 원점복귀 상세 파라미터 「원점복귀 토크제한값」의 설정 범위가 설정 범위 외로 되어 있다.
- 원점복귀 상세 파라미터 「원점복귀 토크제한값」이 상세 파라미터 「토크제한설정값을」 초과한다.</td></tr>
<tr><td>996</td><td>편차카운터 클리어신호 출력시간 설정에러</td><td>원점복귀 상세 파라미터 「편차카운터 클리어 신호출력시간」의 설정 범위가 설정 범위 외로 되어있다.</td></tr>
<tr><td>997</td><td>원점시프트 시속도 지정에러</td><td>원점복귀 상세 파라미터 「원점시프트 시속도 지정」의 설정 범위가 설정 범위 외로 되어있다.</td></tr>
</table>

Chapter IV

MPS 장비확인 프로그램

1 QD77MS2 입출력확인 (입력 32점, 출력 32점)

: 동작 시 I/O 할당표 참조(입력 32점, 출력 32점)

- 출력확인: X0을 누를 때마다 Y20부터 순서대로 동작됨.
- 리셋 S/W: X01
- 입력확인: M0부터 동작유무로 확인(I/O할당표 참조)

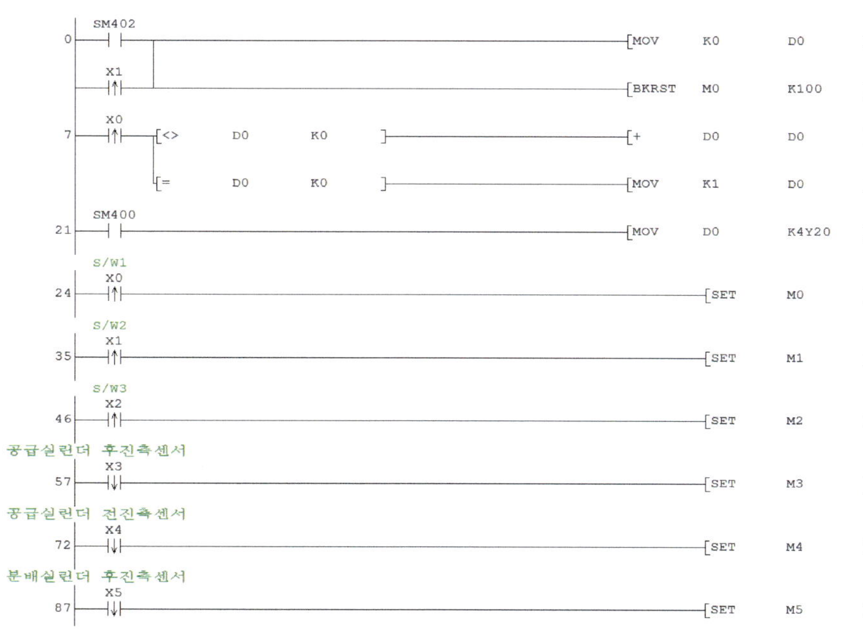

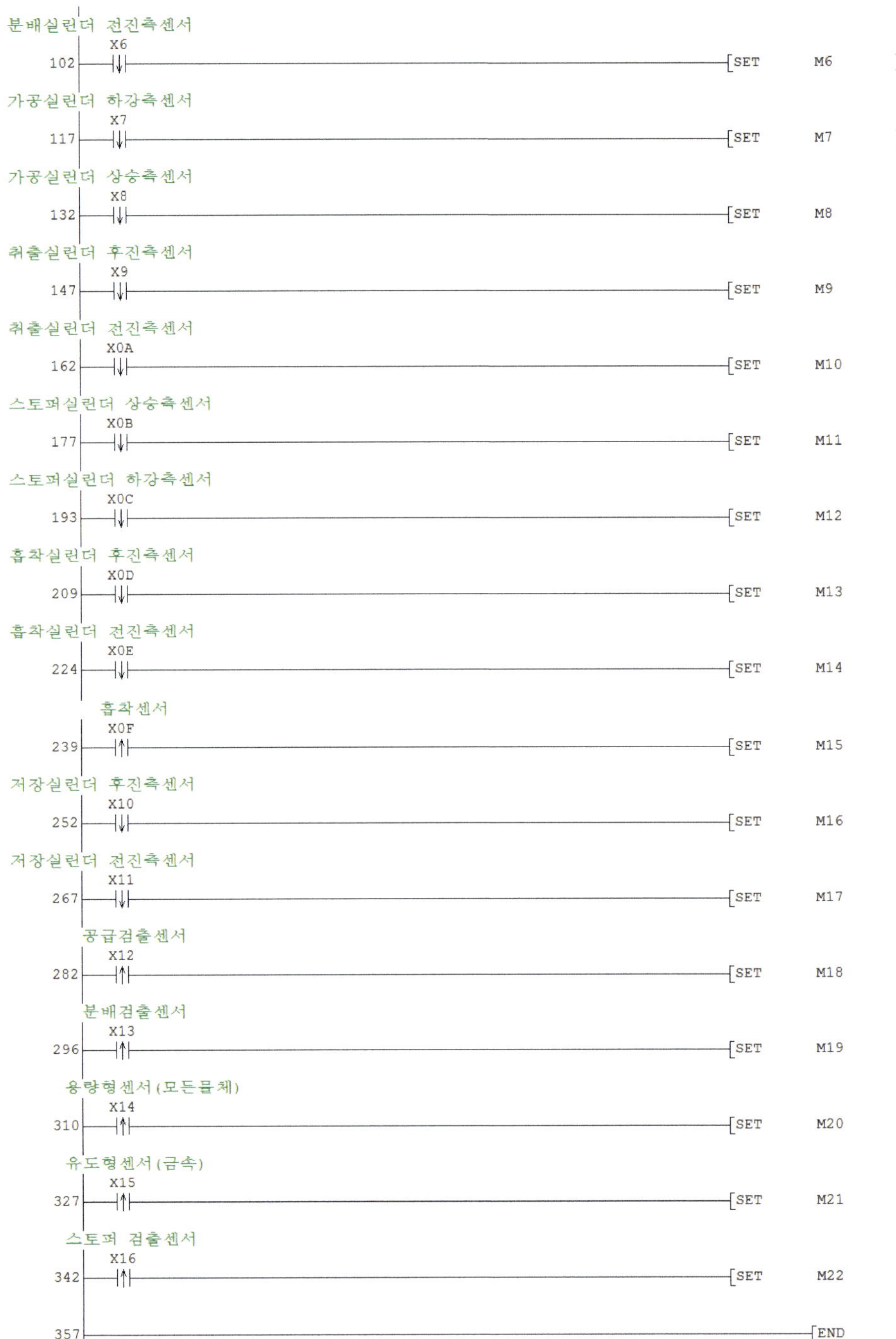

분배실린더 전진측센서
X6
102
SET M6
가공실린더 하강측센서
X7
117
SET M7
가공실린더 상승측센서
X8
132
SET M8
취출실린더 후진측센서
X9
147
SET M9
취출실린더 전진측센서
X0A
162
SET M10
스토퍼실린더 상승측센서
X0B
177
SET M11
스토퍼실린더 하강측센서
X0C
193
SET M12
흡착실린더 후진측센서
X0D
209
SET M13
흡착실린더 전진측센서
X0E
224
SET M14
흡착센서
X0F
239
SET M15
저장실린더 후진측센서
X10
252
SET M16
저장실린더 전진측센서
X11
267
SET M17
공급검출센서
X12
282
SET M18
분배검출센서
X13
296
SET M19
용량형센서(모든물체)
X14
310
SET M20
유도형센서(금속)
X15
327
SET M21
스토퍼 검출센서
X16
342
SET M22
357
END

2 QD77MS2 입출력확인, QD75M2 입출력확인(입력 64점, 출력 64점)

: 동작 시 I/O 할당표 참조(입력 64점, 출력 64점)

- 출력확인: X20을 누를 때마다 Y60부터 순서대로 동작됨.
- 리셋 S/W: X21
- 입력확인: M0부터 동작유무로 확인(I/O할당표 참조)

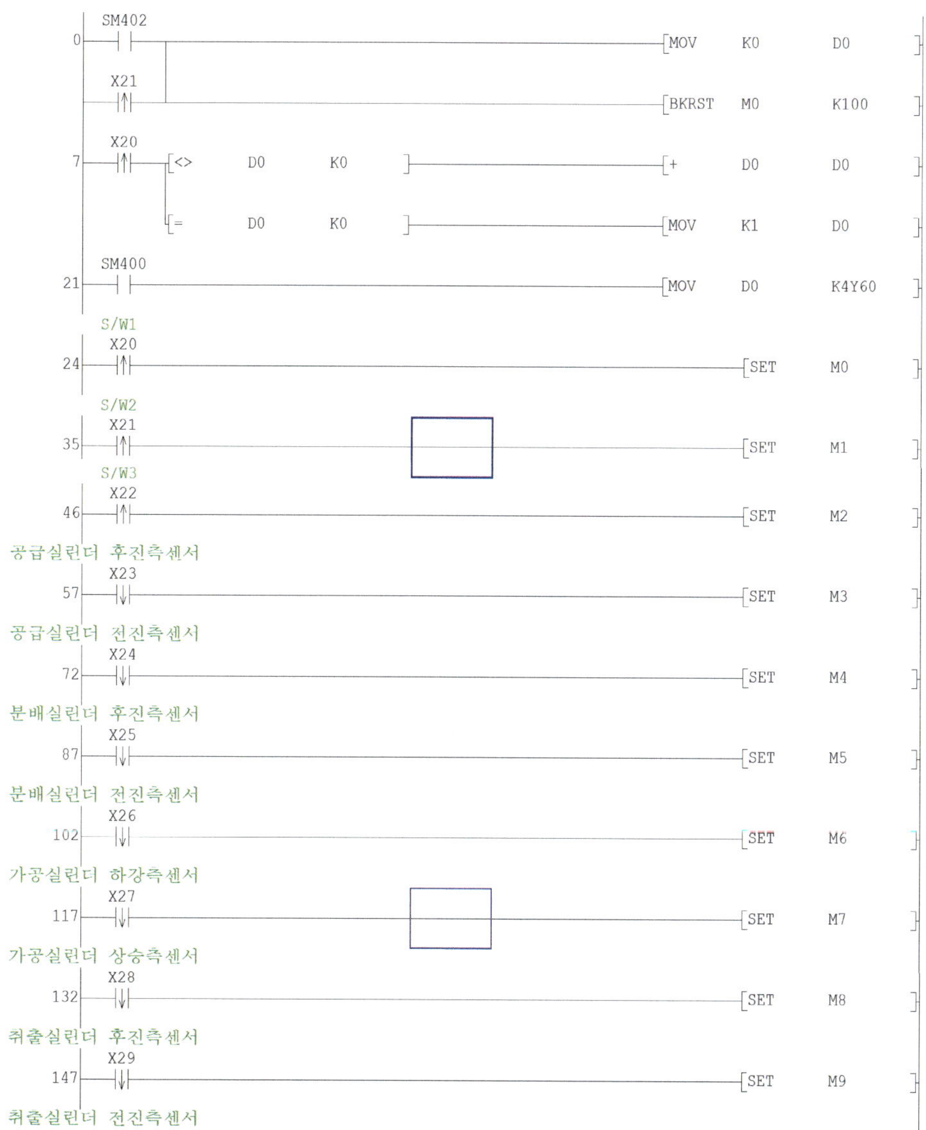

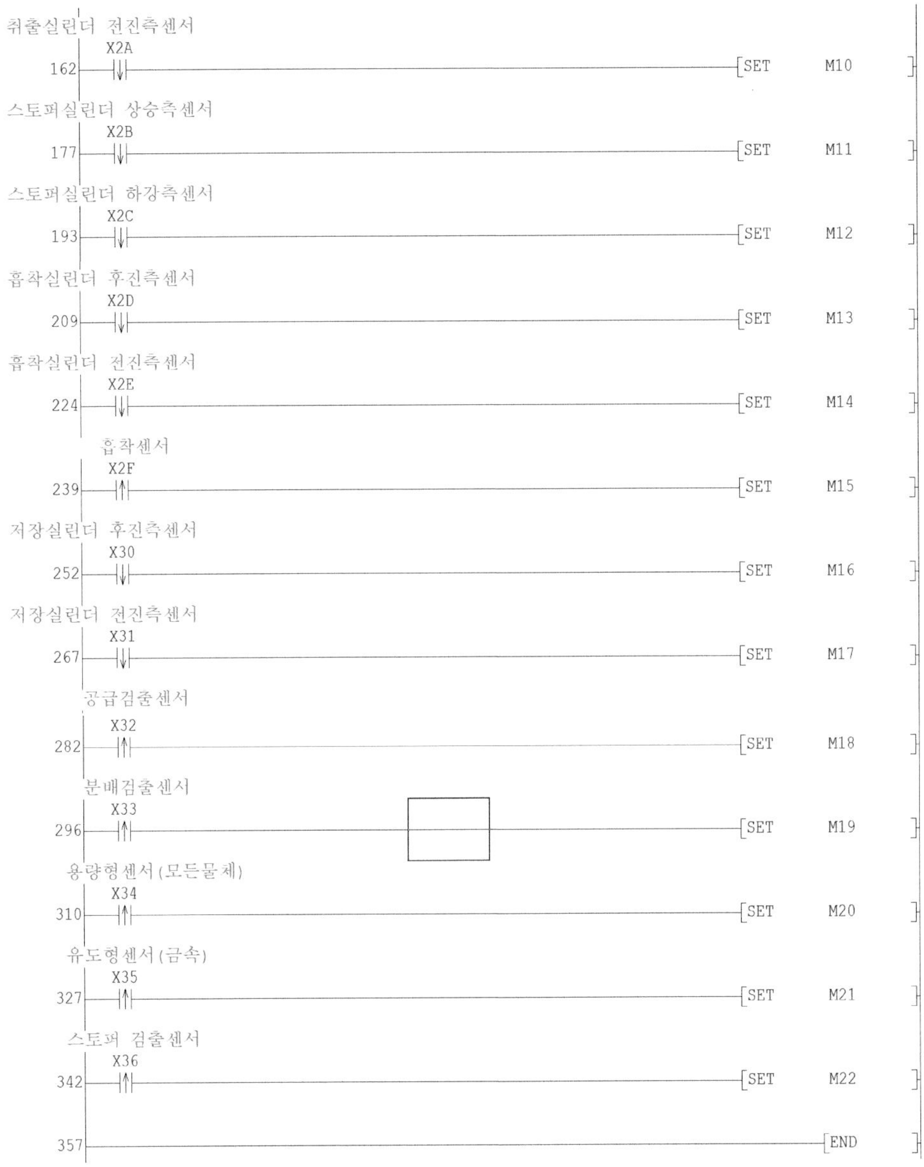
취출실린더 전진측센서
X2A
162
SET M10
스토퍼실린더 상승측센서
X2B
177
SET M11
스토퍼실린더 하강측센서
X2C
193
SET M12
흡착실린더 후진측센서
X2D
209
SET M13
흡착실린더 전진측센서
X2E
224
SET M14
흡착센서
X2F
239
SET M15
저장실린더 후진측센서
X30
252
SET M16
저장실린더 전진측센서
X31
267
SET M17
공급검출센서
X32
282
SET M18
분배검출센서
X33
296
SET M19
용량형센서(모든물체)
X34
310
SET M20
유도형센서(금속)
X35
327
SET M21
스토퍼 검출센서
X36
342
SET M22
357
END

Chapter

V 비트를 활용 제어하기

1 작업물이 없는 경우 제어하기

■ 동작

공급실린더 전진 ⇛ 드릴가공모터 ON ⇛ 가공실린더 전진 ⇛ 2초 ⇛ 가공실린더 후진 ⇛ 드릴가공모터 OFF ⇛ 공급실린더 후진 ⇛ 분배실린더 전진 ⇛ 분배실린더 후진 ⇛ 컨베어모터 ON ⇛ 스토퍼실린더 하강 ⇛ 컨베어모터 OFF ⇛ 스토퍼실린더 상승

01 QD77MS2(입력 32점, 출력 32점) 활용

- 데이터레지스터 할당(QD77MS2 입출력할당 참조)

비트 위치	D0.0	D0.1	D0.2	D0.3	D0.4	D0.5	D0.6	D0.7	D1.0	D2.0
동작	공급CY. 전진	가공모터 ON	가공CY. 하강	가공CY. 상승	가공모터 OFF	공급CY. 후진	분배CY. 전진	분배CY. 후진	컨베어 ON	스토퍼CY. 하강
출력	Y20	Y2D	Y24	-	-	Y21	Y22	Y23	Y2E	Y27

- 시작버튼(X0)

- PLC 프로그램

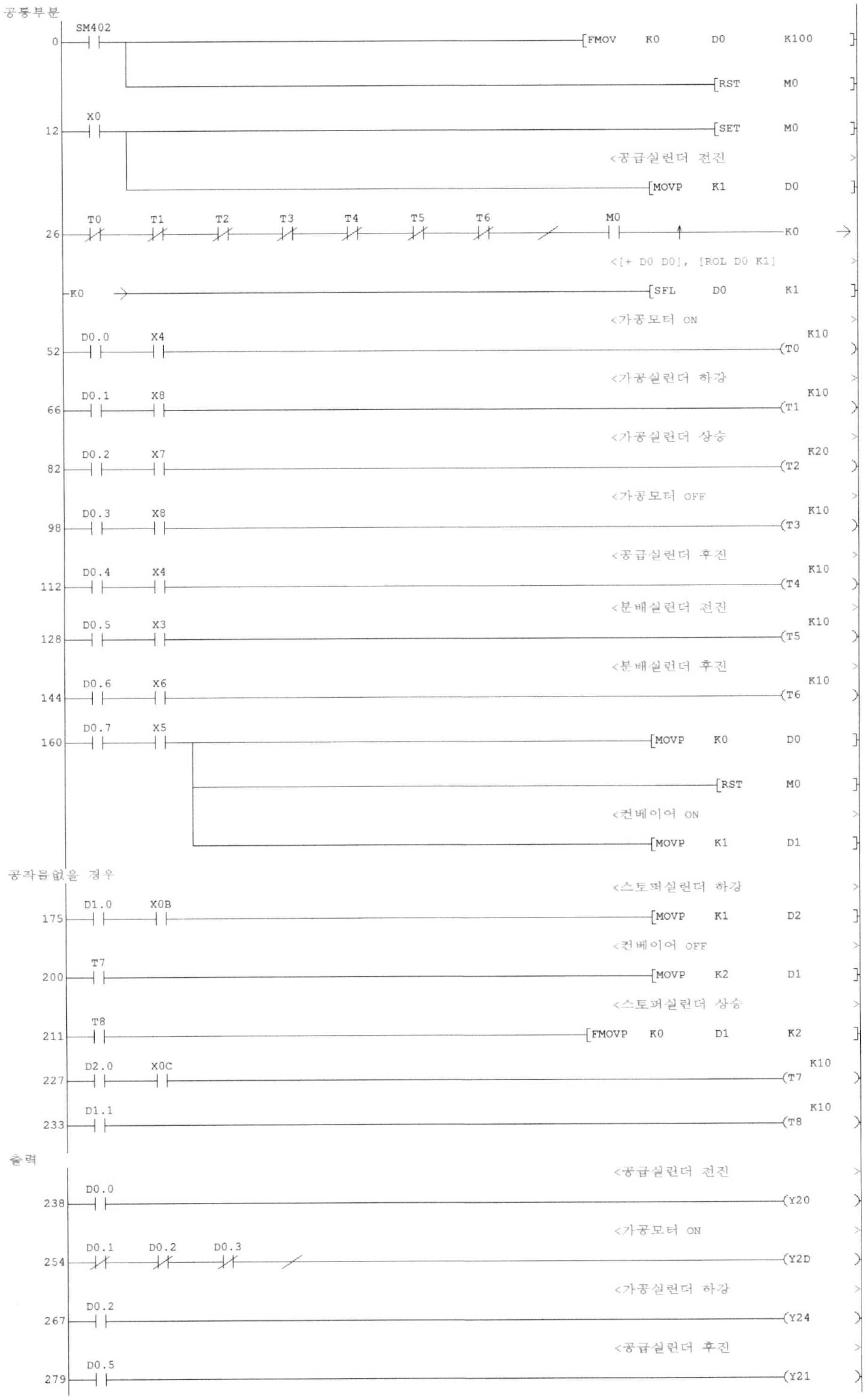
공통부분
SM402
[FMOV K0 D0 K100]
[RST M0]
X0
[SET M0]
<공급실린더 전진>
[MOVP K1 D0]
T0 T1 T2 T3 T4 T5 T6 M0
K0
<[+ D0 D0], [ROL D0 K1]>
K0
[SFL D0 K1]
<가공모터 ON>
D0.0 X4 (T0 K10)
<가공실린더 하강>
D0.1 X8 (T1 K10)
<가공실린더 상승>
D0.2 X7 (T2 K20)
<가공모터 OFF>
D0.3 X8 (T3 K10)
<공급실린더 후진>
D0.4 X4 (T4 K10)
<분배실린더 전진>
D0.5 X3 (T5 K10)
<분배실린더 후진>
D0.6 X6 (T6 K10)
D0.7 X5
[MOVP K0 D0]
[RST M0]
<컨베이어 ON>
[MOVP K1 D1]
공작물없을 경우
<스토퍼실린더 하강>
D1.0 X0B [MOVP K1 D2]
<컨베이어 OFF>
T7 [MOVP K2 D1]
<스토퍼실린더 상승>
T8 [FMOVP K0 D1 K2]
D2.0 X0C (T7 K10)
D1.1 (T8 K10)
출력
<공급실린더 전진>
D0.0 (Y20)
<가공모터 ON>
D0.1 D0.2 D0.3 (Y2D)
<가공실린더 하강>
D0.2 (Y24)
<공급실린더 후진>
D0.5 (Y21)

02 QD75M2(입력 64점, 출력 64점) 활용

- 데이터레지스터 할당(QD75M2 입출력할당 참조)

비트 위치	D0.0	D0.1	D0.2	D0.3	D0.4	D0.5	D0.6	D0.7	D1.0	D2.0
동작	공급CY. 전진	가공모터 ON	가공CY. 하강	가공CY. 상승	가공모터 OFF	공급CY. 후진	분배CY. 전진	분배CY. 후진	컨베어 ON	스토퍼CY. 하강
출력	Y60	Y6D	Y64	-	-	Y61	Y62	Y63	Y6E	Y67

- 시작버튼(X20)

- PLC 프로그램

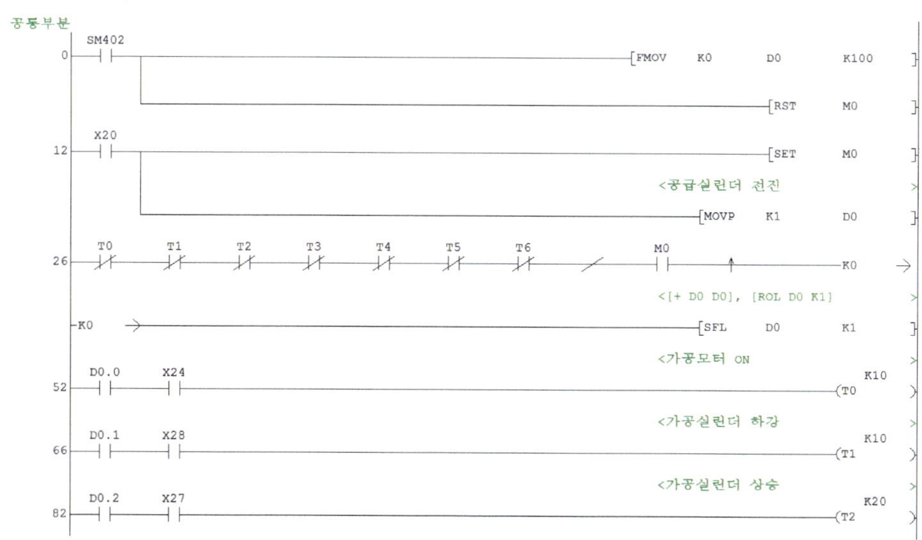

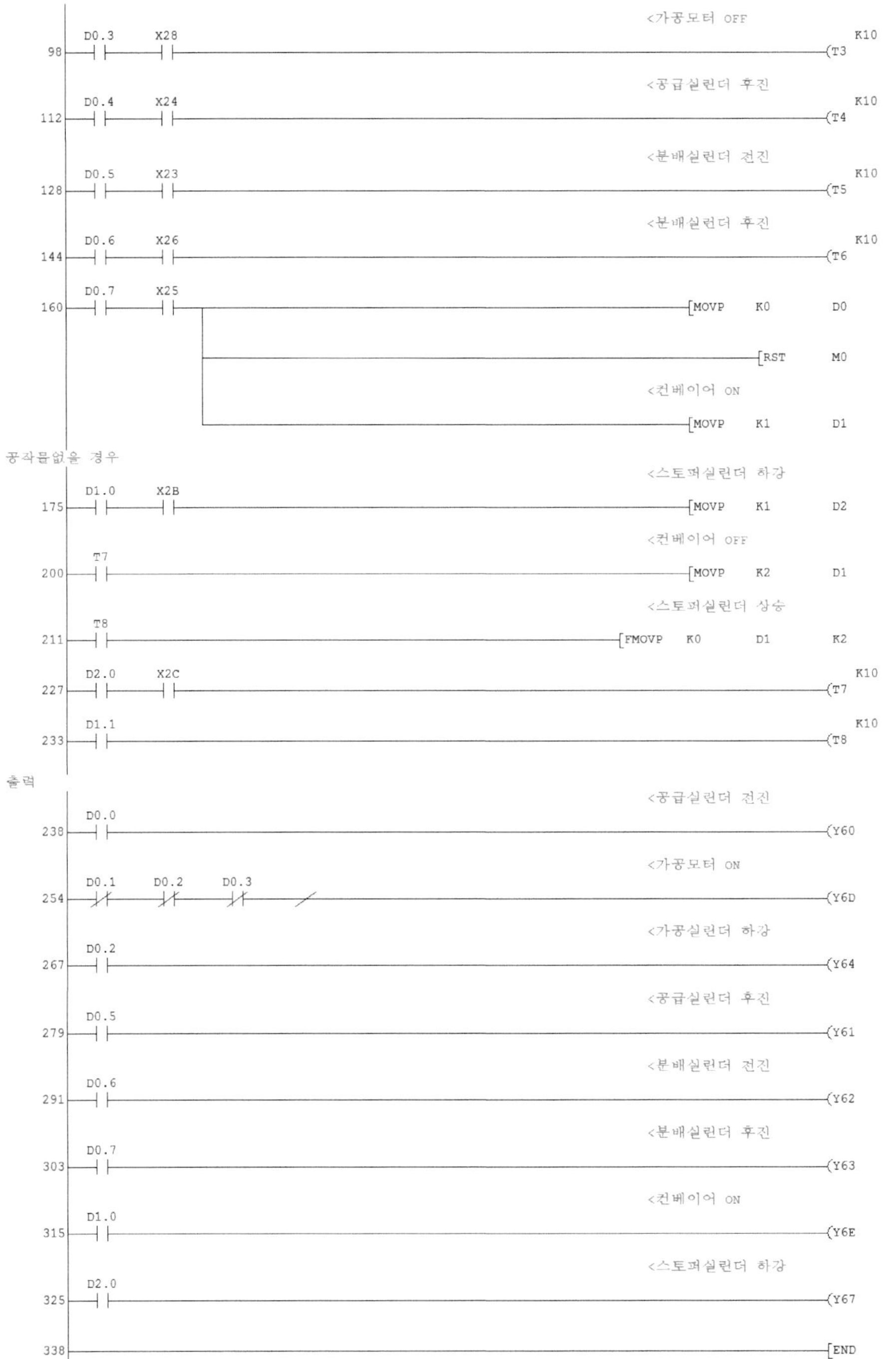
<가공모터 OFF>
98 D0.3 X28 (T3 K10)
<공급실린더 후진>
112 D0.4 X24 (T4 K10)
<분배실린더 전진>
128 D0.5 X23 (T5 K10)
<분배실린더 후진>
144 D0.6 X26 (T6 K10)
160 D0.7 X25 [MOVP K0 D0]
[RST M0]
<컨베이어 ON>
[MOVP K1 D1]
공작물없을 경우
<스토퍼실린더 하강>
175 D1.0 X2B [MOVP K1 D2]
<컨베이어 OFF>
200 T7 [MOVP K2 D1]
<스토퍼실린더 상승>
211 T8 [FMOVP K0 D1 K2]
227 D2.0 X2C (T7 K10)
233 D1.1 (T8 K10)
출력
<공급실린더 전진>
238 D0.0 (Y60)
<가공모터 ON>
254 D0.1 D0.2 D0.3 (Y6D)
<가공실린더 하강>
267 D0.2 (Y64)
<공급실린더 후진>
279 D0.5 (Y61)
<분배실린더 전진>
291 D0.6 (Y62)
<분배실린더 후진>
303 D0.7 (Y63)
<컨베이어 ON>
315 D1.0 (Y6E)
<스토퍼실린더 하강>
325 D2.0 (Y67)
338 [END]

2 작업물이 있는 경우 제어하기

■ 동작

공급실린더 전진 ⇛ 드릴가공모터 ON ⇛ 가공실린더 전진 ⇛ 2초 ⇛ 가공실린더 후진 ⇛ 드릴가공모터 OFF ⇛ 공급실린더 후진 ⇛ 분배실린더 전진 ⇛ 분배실린더 후진 ⇛ 컨베어모터 ON ⇛ 검출 ⇛ 취출실린더 전진(금속경우) ⇛ 취출실린더 후진 ⇛ 스토퍼실린더 하강 ⇛ 컨베어모터 OFF ⇛ 검출센서⇛ 2초 ⇛ 스토퍼실린더 상승

01 QD77MS2(입력 32점, 출력 32점) 활용

- 데이터레지스터 할당(QD77MS2 입출력할당 참조)

비트 위치	D0.0	D0.1	D0.2	D0.3	D0.4	D0.5	D0.6	D0.7	D1.0	D2.0
동작	공급CY. 전진	가공모터 ON	가공CY. 하강	가공CY. 상승	가공모터 OFF	공급CY. 후진	분배CY. 전진	분배CY. 후진	컨베어 ON	스토퍼CY. 하강
출력	Y20	Y2D	Y24	-	-	Y21	Y22	Y23	Y2E	Y27

- 시작버튼(X0)

- PLC 프로그램

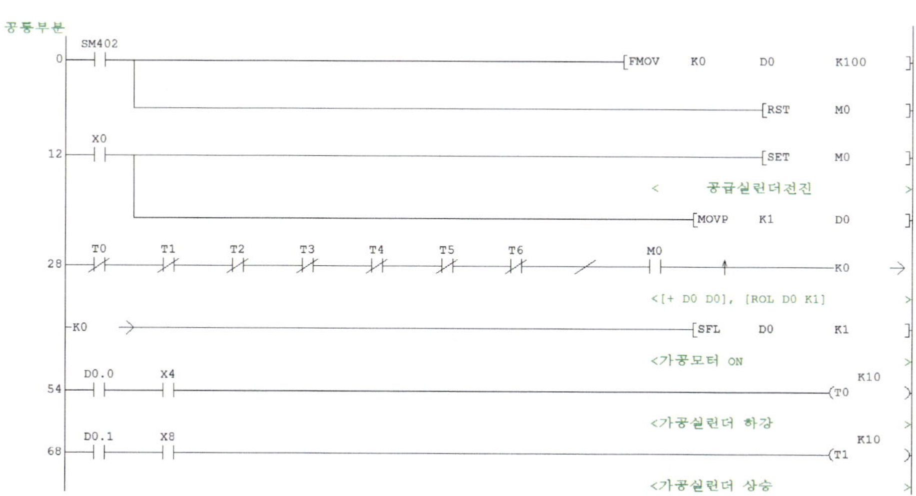

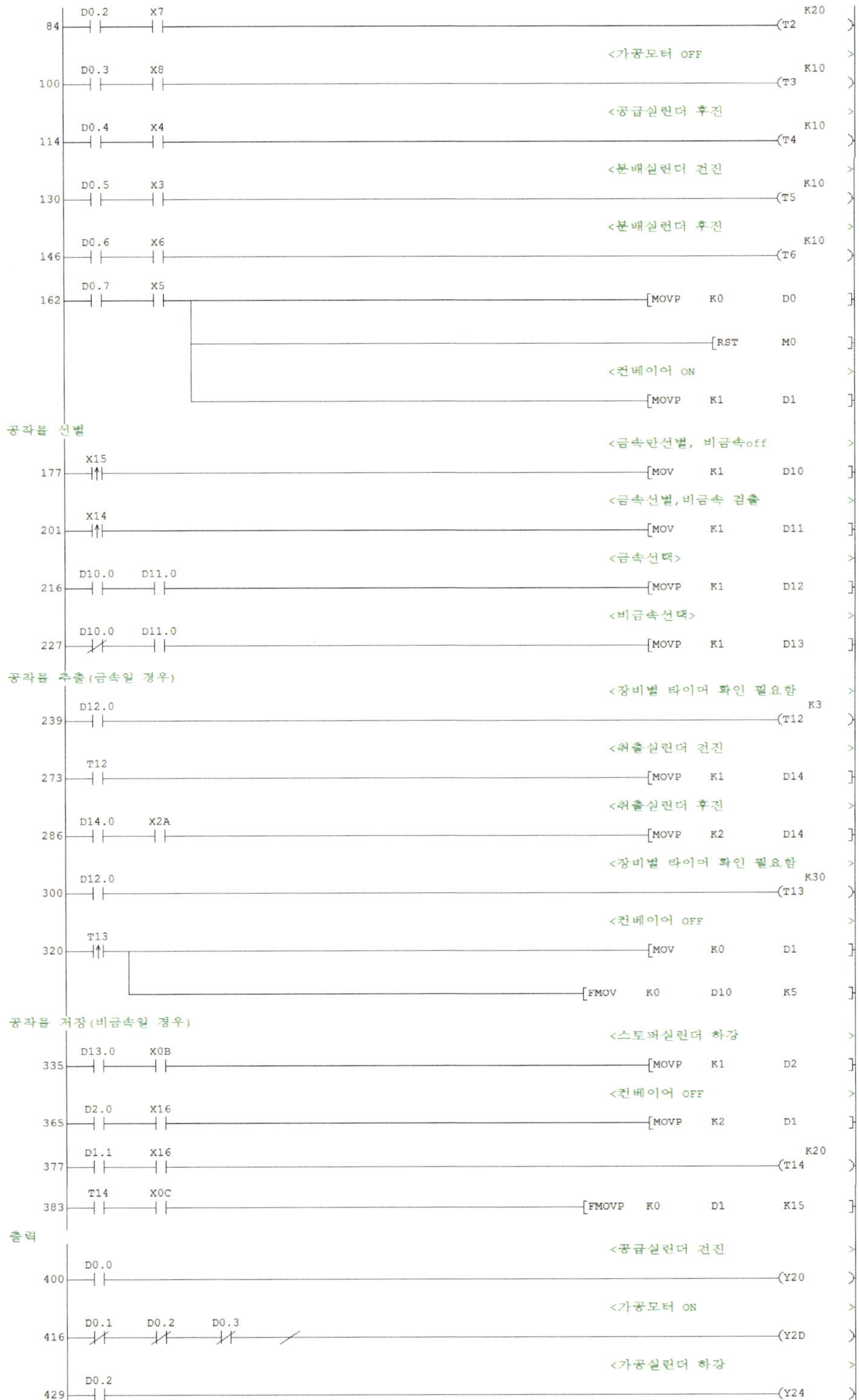

84 D0.2 X7 K20 T2
<가공모터 OFF
100 D0.3 X8 K10 T3
<공급실린더 후진
114 D0.4 X4 K10 T4
<분배실린더 전진
130 D0.5 X3 K10 T5
<분배실린더 후진
146 D0.6 X6 K10 T6
162 D0.7 X5 MOVP K0 D0
RST M0
<컨베이어 ON
MOVP K1 D1
공작물 선별
<금속만선별, 비금속off
177 X15 MOV K1 D10
<금속선별,비금속 검출
201 X14 MOV K1 D11
<금속선택>
216 D10.0 D11.0 MOVP K1 D12
<비금속선택>
227 D10.0 D11.0 MOVP K1 D13
공작물 추출(금속일 경우)
<장비별 타이머 확인 필요함
239 D12.0 K3 T12
<취출실린더 전진
273 T12 MOVP K1 D14
<취출실린더 후진
286 D14.0 X2A MOVP K2 D14
<장비별 타이머 확인 필요함
300 D12.0 K30 T13
<컨베이어 OFF
320 T13 MOV K0 D1
FMOV K0 D10 K5
공작물 저장(비금속일 경우)
<스토퍼실린더 하강
335 D13.0 X0B MOVP K1 D2
<컨베이어 OFF
365 D2.0 X16 MOVP K2 D1
377 D1.1 X16 K20 T14
383 T14 X0C FMOVP K0 D1 K15
출력
<공급실린더 전진
400 D0.0 Y20
<가공모터 ON
416 D0.1 D0.2 D0.3 Y2D
<가공실린더 하강
429 D0.2 Y24

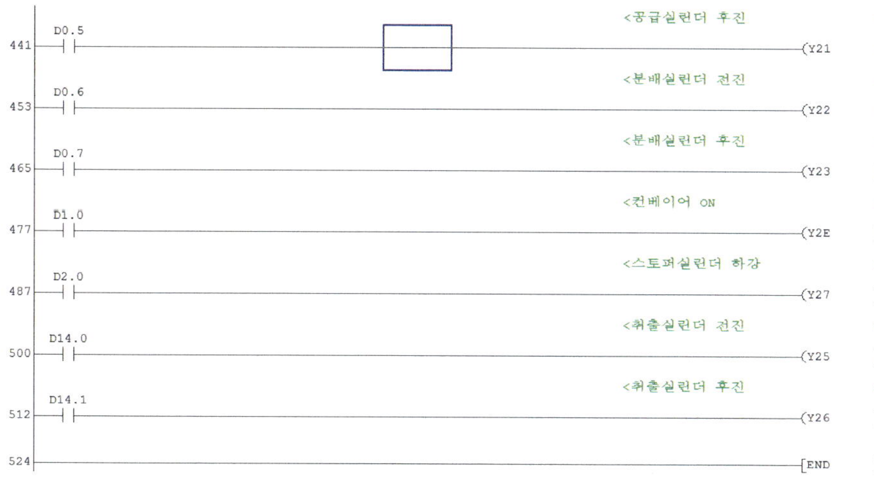

02 QD77MS2 및 QD75M2(입력 64점, 출력 64점) 활용

- 데이터레지스터 할당(QD75MS2, QD75M2 입출력할당 참조)

비트 위치	D0.0	D0.1	D0.2	D0.3	D0.4	D0.5	D0.6	D0.7	D1.0	D2.0
동작	공급CY. 전진	가공모터 ON	가공CY. 하강	가공CY. 상승	가공모터 OFF	공급CY. 후진	분배CY. 전진	분배CY. 후진	컨베이어 ON	스토퍼CY. 하강
출력	Y60	Y6D	Y64	-	-	Y61	Y62	Y63	Y6E	Y67

- 시작버튼(X20)

- PLC 프로그램

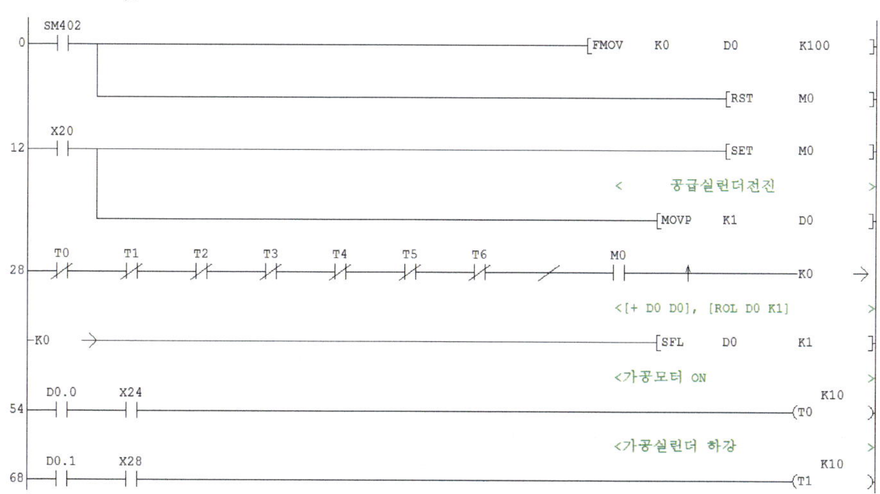

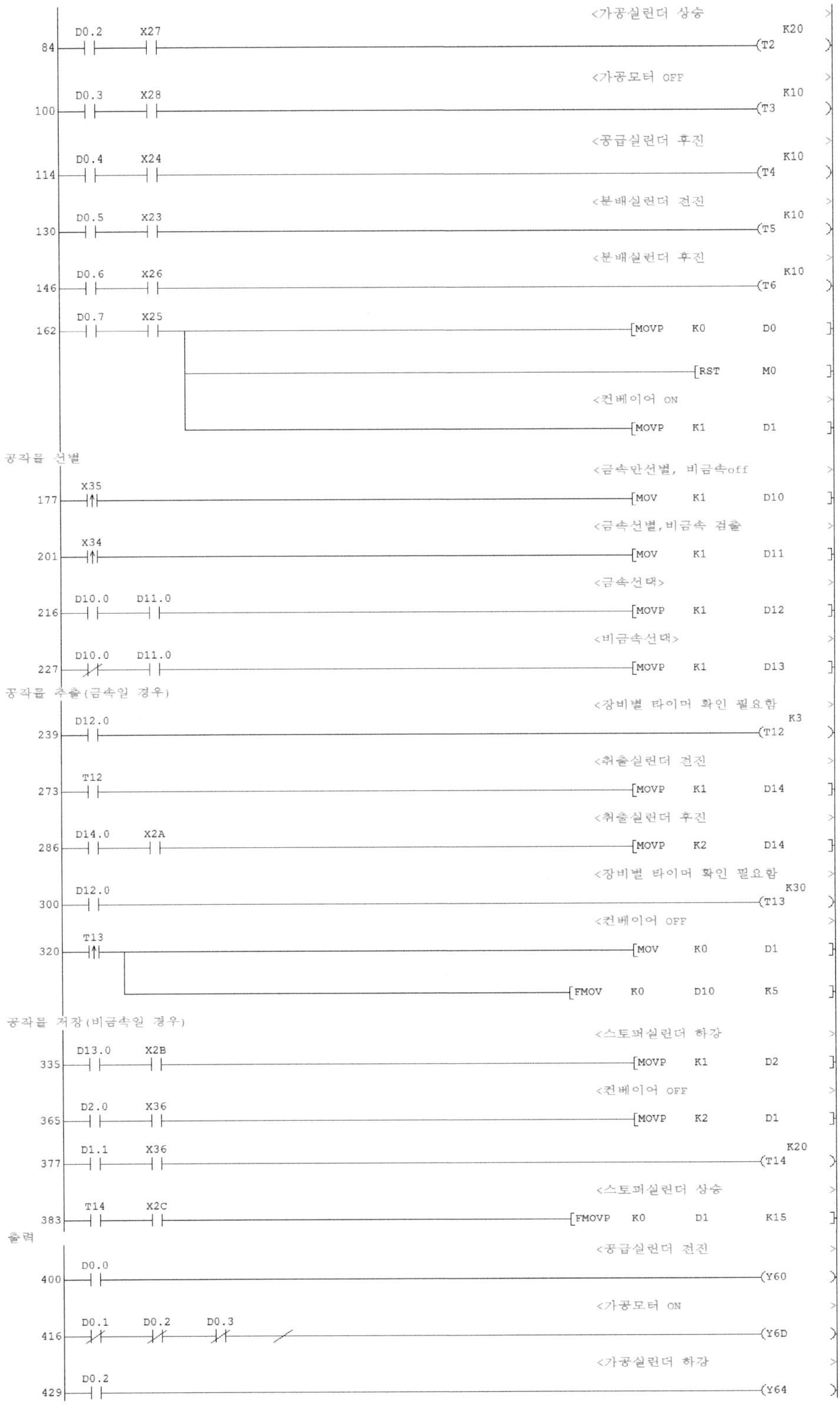

<가공실린더 상승
84 D0.2 X27 K20 T2
<가공모터 OFF
100 D0.3 X28 K10 T3
<공급실린더 후진
114 D0.4 X24 K10 T4
<분배실린더 전진
130 D0.5 X23 K10 T5
<분배실린더 후진
146 D0.6 X26 K10 T6
162 D0.7 X25 MOVP K0 D0
RST M0
<컨베이어 ON
MOVP K1 D1
공작물 선별
<금속만선별, 비금속off
177 X35 MOV K1 D10
<금속선별,비금속 검출
201 X34 MOV K1 D11
<금속선택>
216 D10.0 D11.0 MOVP K1 D12
<비금속선택>
227 D10.0 D11.0 MOVP K1 D13
공작물 추출(금속일 경우)
<장비별 타이머 확인 필요함
239 D12.0 K3 T12
<취출실린더 전진
273 T12 MOVP K1 D14
<취출실린더 후진
286 D14.0 X2A MOVP K2 D14
<장비별 타이머 확인 필요함
300 D12.0 K30 T13
<컨베이어 OFF
320 T13 MOV K0 D1
FMOV K0 D10 K5
공작물 저장(비금속일 경우)
<스토퍼실린더 하강
335 D13.0 X2B MOVP K1 D2
<컨베이어 OFF
365 D2.0 X36 MOVP K2 D1
377 D1.1 X36 K20 T14
<스토퍼실린더 상승
383 T14 X2C FMOVP K0 D1 K15
출력
<공급실린더 전진
400 D0.0 Y60
<가공모터 ON
416 D0.1 D0.2 D0.3 Y6D
<가공실린더 하강
429 D0.2 Y64

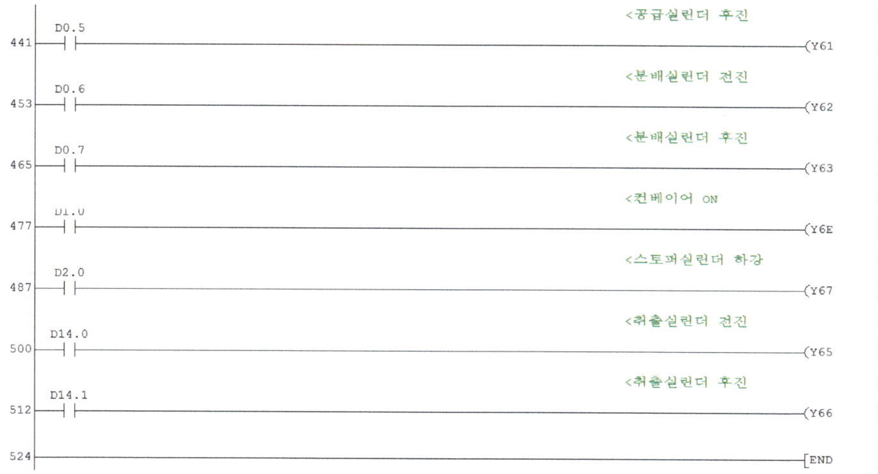

3 금속 작업물 취출, 비금속 작업물 스토퍼 앞까지 이동

■ 동작(금속 취출, 비금속 창고 저장)

1단계 : 공급실린더 전진 ⇒ 드릴가공모터 ON ⇒ 가공실린더 전진 ⇒ 2초 ⇒ 가공실린더 후진 ⇒ 드릴가공모터 OFF ⇒ 공급실린더 후진 ⇒ 분배실린더 전진 ⇒ 분배실린더 후진

2단계 : ⇒ 컨베어모터 ON ⇒ 컨베어모터 OFF(5초 후 정지, 스토퍼하강과 동시, 취출실린더 전진 시 정지)

3단계 : 검출(금속) ⇒ 취출실린더 전진, 후진(컨베어 정지)

4단계 : ⇒ 스토퍼실린더 하강(컨베어 정지) ⇒ 스토퍼실린더 5초 후 상승

01 QD77MS2(입력 32점, 출력 32점) 활용

- 데이터레지스터 할당(QD77MS2 입출력할당 참조)

비트 위치	D0.0	D0.1	D0.2	D0.3	D0.4	D0.5	D0.6	D0.7	D1.0	-
동작	공급CY. 전진	가공모터 ON	가공CY. 하강	가공CY. 상승	가공모터 OFF	공급CY. 후진	분배CY. 전진	분배CY. 후진	컨베어 ON	스토퍼CY. 하강
출력	Y20	Y2D	Y24	-	-	Y21	Y22	Y23	Y2E	Y27

- 시작버튼(X0)

- PLC 프로그램

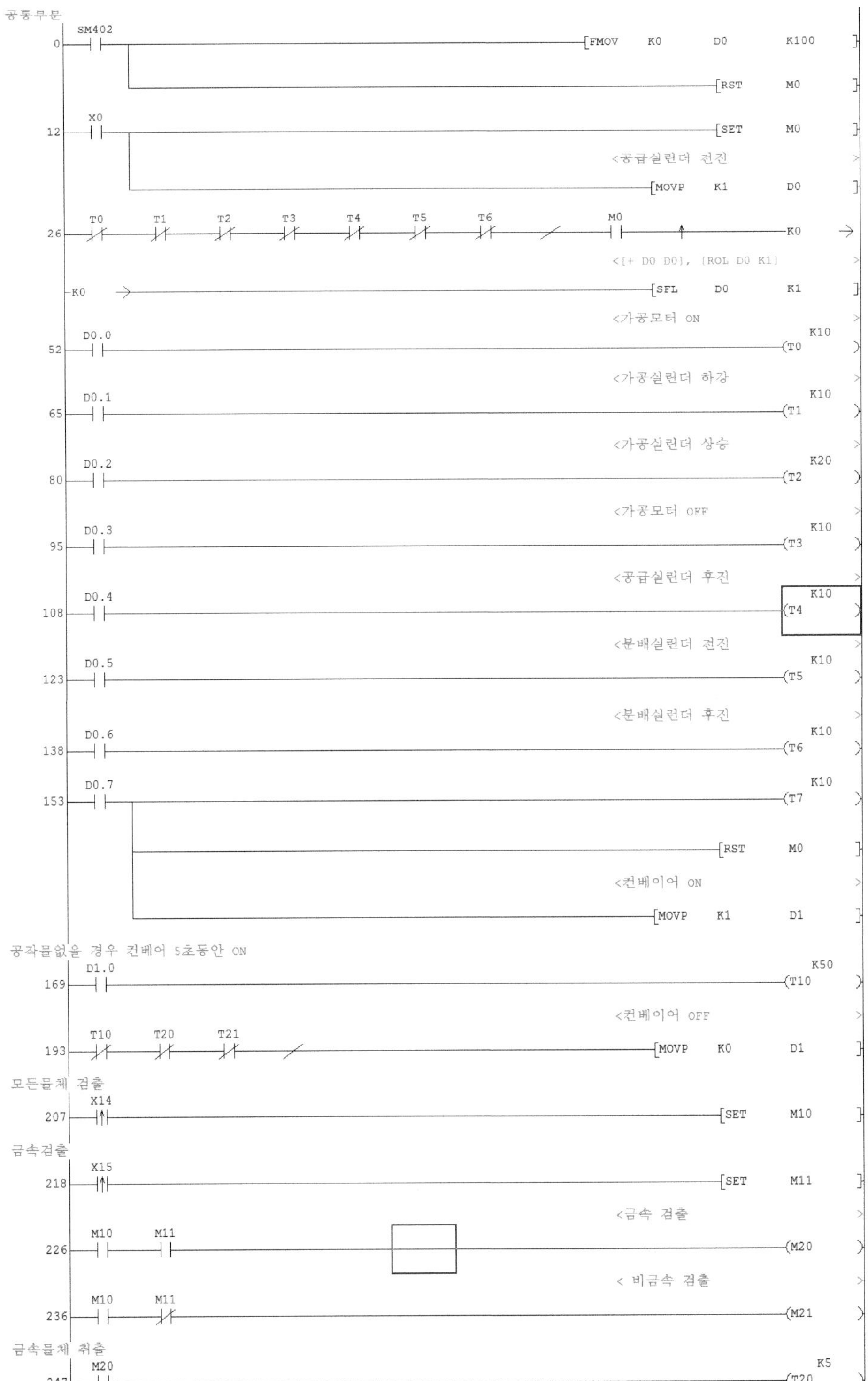
공통부분
0 SM402 [FMOV K0 D0 K100]
[RST M0]
12 X0 [SET M0]
<공급실린더 전진
[MOVP K1 D0]
26 T0 T1 T2 T3 T4 T5 T6 M0 K0
<[+ D0 D0], [ROL D0 K1]
K0 [SFL D0 K1]
<가공모터 ON
52 D0.0 K10 (T0)
<가공실린더 하강
65 D0.1 K10 (T1)
<가공실린더 상승
80 D0.2 K20 (T2)
<가공모터 OFF
95 D0.3 K10 (T3)
<공급실린더 후진
108 D0.4 K10 (T4)
<분배실린더 전진
123 D0.5 K10 (T5)
<분배실린더 후진
138 D0.6 K10 (T6)
153 D0.7 K10 (T7)
[RST M0]
<컨베이어 ON
[MOVP K1 D1]
공작물없을 경우 컨베이어 5초동안 ON
169 D1.0 K50 (T10)
<컨베이어 OFF
193 T10 T20 T21 [MOVP K0 D1]
모든물체 검출
207 X14 [SET M10]
금속검출
218 X15 [SET M11]
<금속 검출
226 M10 M11 (M20)
< 비금속 검출
236 M10 M11 (M21)
금속물체 취출
247 M20 K5 (T20)

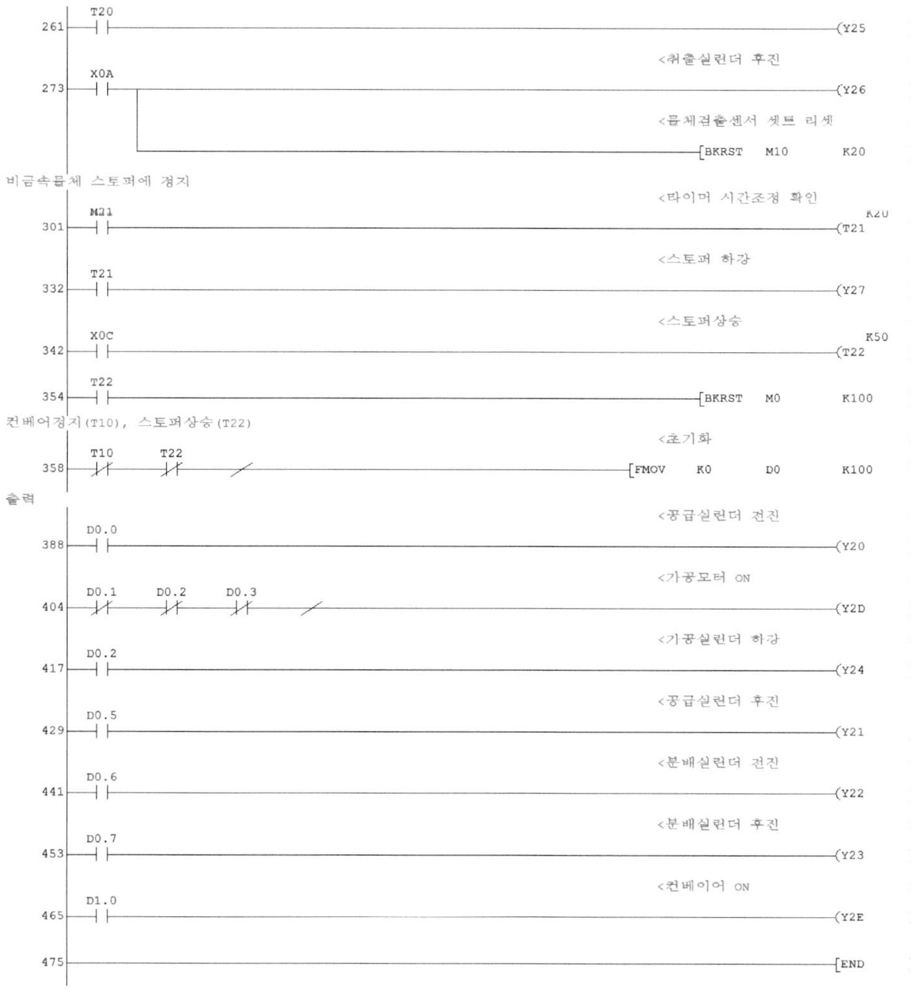

261 T20 (Y25)
<취출실린더 후진
273 X0A (Y26)
<물체검출센서 셋트 리셋
[BKRST M10 K20]
비금속물체 스토퍼에 경지
<타이머 시간조정 확인
301 M21 K20 (T21)
<스토퍼 하강
332 T21 (Y27)
<스토퍼상승
342 X0C K50 (T22)
354 T22 [BKRST M0 K100]
컨베어경지(T10), 스토퍼상승(T22)
<초기화
358 T10 T22 [FMOV K0 D0 K100]
출력
<공급실린더 전진
388 D0.0 (Y20)
<가공모터 ON
404 D0.1 D0.2 D0.3 (Y2D)
<가공실린더 하강
417 D0.2 (Y24)
<공급실린더 후진
429 D0.5 (Y21)
<분배실린더 전진
441 D0.6 (Y22)
<분배실린더 후진
453 D0.7 (Y23)
<컨베이어 ON
465 D1.0 (Y2E)
475 [END]

4 서보활용 창고에 공작물(비금속) 저장하기

① 조그운전 및 서보정지, 서보정지해제
② "①" 포함하는 서보동작(비금속을 스토퍼 앞에 위치에 놓고 시작)

원점 위치 이동(서보), 창고 짝수열 또는 홀수열 위치이동 ⇛ 흡착위치 이동(서보), M코드 ⑩번 실행(흡착 ON) ⇛ 창고 1층 위치이동(서보), M코드①번 실행(흡착실린더 전진→1초→흡착 OFF→2초→흡착실린더 후진) ⇛ 원점위치 이동(서보)

* D42 값 변경 : 1층(K1), 2층(K11), 3층(K21)

01 QD77MS2(입력 32점, 출력 32점) 활용

- 데이터레지스터 할당(QD77MS2 입출력할당 참조)
- 시작버튼(X0), 서보정지(M1000), 서보정지해제(M1001)
- 조그운전버튼 : 서보상승(X1), 서보하강(X2)

비트 위치	D32	D200.0	D200.1	D42	D100	D20.0	D20.1	D21.0	D21.1
동작	원점복귀	홀수열	짝수열	층 위치	M코드 검출	흡착 ON	흡착 OFF	흡착CY. 전진	흡착CY. 후진
출력	-	Y2B	Y2C	1층 : K1 2층 : K11 3층 : K21	K10:흡착위치 K1 : 1층 K2 : 2층 K3 : 3층	Y2A	-	Y28	Y29

- Servo Positioning data
· 흡착 위치 및 층별 높이를 공작물을 포함해서 수동운전으로 측정한다.
· 공작물 높이는 15mm로 설정됨,
· 공작물 높이가 20mm인 경우는 포지션 위치를 아래 표에서 각 위치별로 -5mm로 설정함 (예: 1번 위치 137000㎛을 132000㎛로 변경)
· 테스트운전을 통해서 컨베이어벨트 위에 공작물을 놓고 높이를 측정하여 보정한다.

No.	Pattern	CTRL methode	SLV axis	Acc (ms)	DEC (ms)	Positioning address [μm]	Arc address [μm]	Command speed [mm/min]	Dwell time [ms]	M code	설명
1	CONT	1:ABS linel	-	0:100	0:100	137000.0	0	3000.0	0	10	흡착위치
2	CONT	1:ABS linel	-	0:100	0:100	130000.0	0	3000.0	0	1	1층
3	END	1:ABS linel	-	0:100	0:100	0.0	0	3000.0	0	0	원점
4											
5											
6											
7											
8											
9											
10											
11	CONT	1:ABS linel	-	0:100	0:100	137000.0	0	3000.0	0	10	흡착위치
12	CONT	1:ABS linel	-	0:100	0:100	70000.0	0	3000.0	0	2	2층
13	END	1:ABS linel	-	0:100	0:100	0.0	0	3000.0	0	0	원점
14											
15											
16											
17											
18											
19											
20											
21	CONT	1:ABS linel	-	0:100	0:100	137000.0	0	3000.0	0	10	흡착위치
22	CONT	1:ABS linel	-	0:100	0:100	10000.0	0	3000.0	0	2	3층
23	END	1:ABS linel	-	0:100	0:100	0.0	0	3000.0	0	0	원점
24											

No.	Pattern	CTRL method	SLV axis	ACC(ms)	DEC(ms)	Positioning address [um]	Arc Address [um]	Command speed [mm/min]	Dwell time [ms]	M code
1	1:CONT	1:ABS line1	-	0;100	0;100	137000.0	0.0	3000.00	0	10
2	1:CONT	1:ABS line1	-	0;100	0;100	130000.0	0.0	3000.00	0	1
3	0:END	1:ABS line1	-	0;100	0;100	0.0	0.0	3000.00	0	0
4										
5										
6										
7										
8										
9										
10										
11	1:CONT	1:ABS line1	-	0;100	0;100	137000.0	0.0	3000.00	0	10
12	1:CONT	1:ABS line1	-	0;100	0;100	70000.0	0.0	3000.00	0	2
13	0:END	1:ABS line1	-	0;100	0;100	0.0	0.0	3000.00	0	0
14										
15										
16										
17										
18										
19										
20										
21	1:CONT	1:ABS line1	-	0;100	0;100	137000.0	0.0	3000.00	0	10
22	1:CONT	1:ABS line1	-	0;100	0;100	10000.0	0.0	3000.00	0	3
23	0:END	1:ABS line1	-	0;100	0;100	0.0	0.0	3000.00	0	0
24										

02 QD77MS2(입력 32점, 출력 32점), (선두 I/O : 40)

① 조그운전 및 서보정지, 서보정지해제

- PLC 프로그램

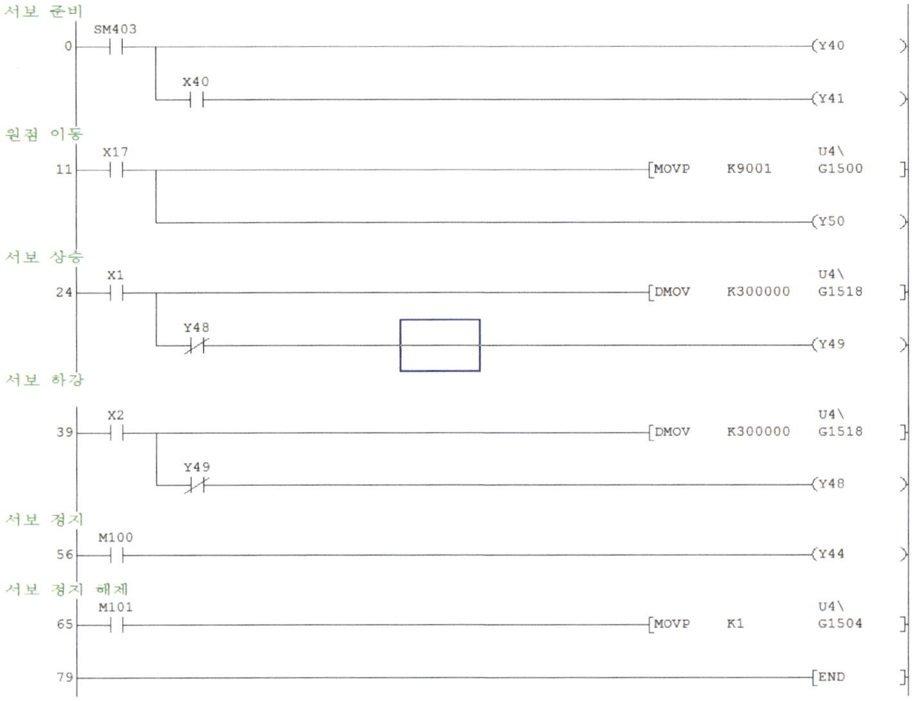

② "①" 포함하는 서보동작(비금속을 스토퍼 앞에 위치에 놓고 시작)

- PLC 프로그램

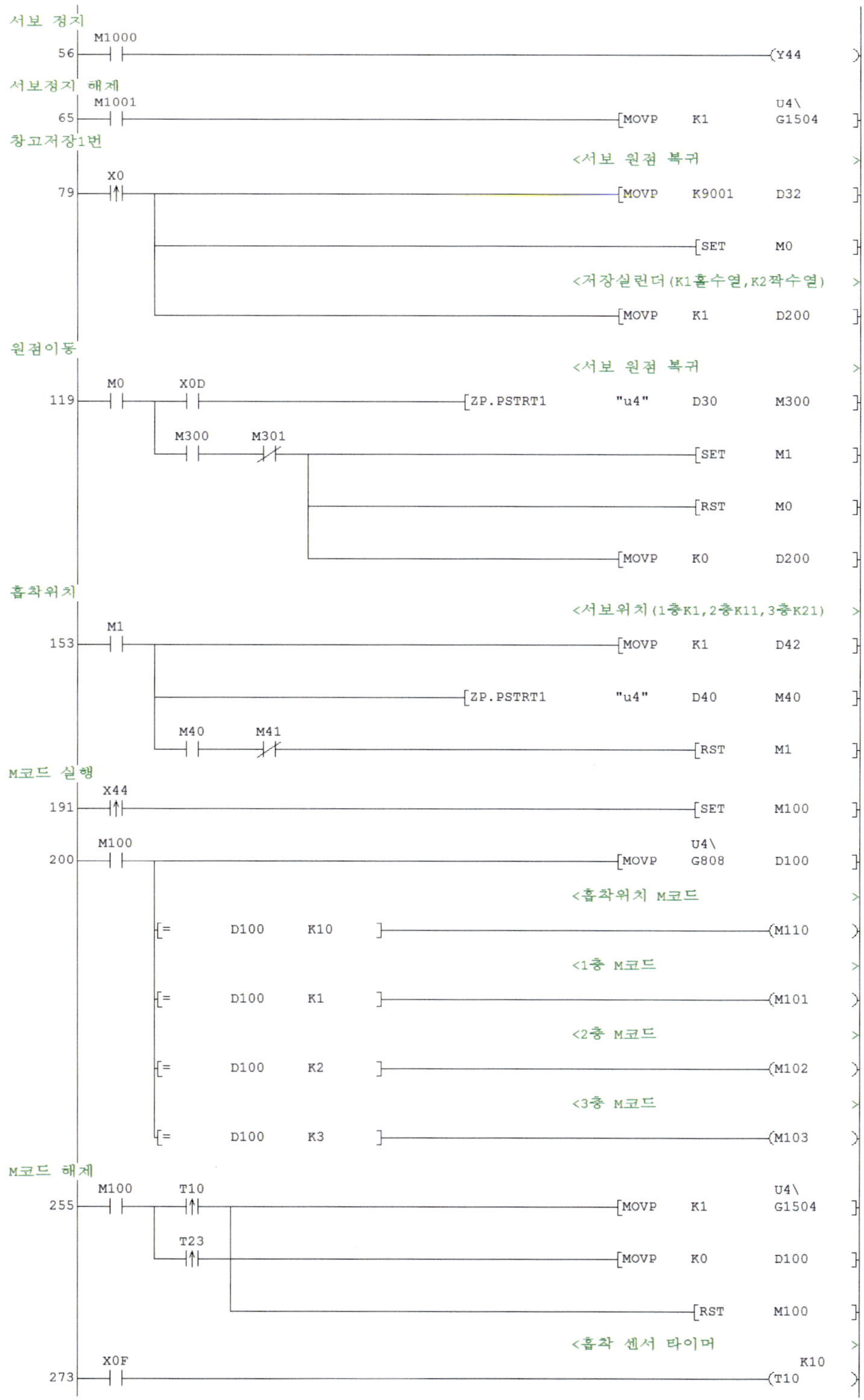
서보 정지
56 M1000 (Y44)
서보정지 해제
65 M1001 [MOVP K1 U4\G1504]
창고저장1번
<서보 원점 복귀>
79 X0 [MOVP K9001 D32]
[SET M0]
<저장실린더(K1홀수열,K2짝수열)>
[MOVP K1 D200]
원점이동
<서보 원점 복귀>
119 M0 X0D [ZP.PSTRT1 "u4" D30 M300]
M300 M301 [SET M1]
[RST M0]
[MOVP K0 D200]
흡착위치
<서보위치(1층K1,2층K11,3층K21)>
153 M1 [MOVP K1 D42]
[ZP.PSTRT1 "u4" D40 M40]
M40 M41 [RST M1]
M코드 실행
191 X44 [SET M100]
200 M100 [MOVP U4\G808 D100]
<흡착위치 M코드>
[= D100 K10] (M110)
<1층 M코드>
[= D100 K1] (M101)
<2층 M코드>
[= D100 K2] (M102)
<3층 M코드>
[= D100 K3] (M103)
M코드 해제
255 M100 T10 [MOVP K1 U4\G1504]
T23 [MOVP K0 D100]
[RST M100]
<흡착 센서 타이머>
273 X0F K10 (T10)

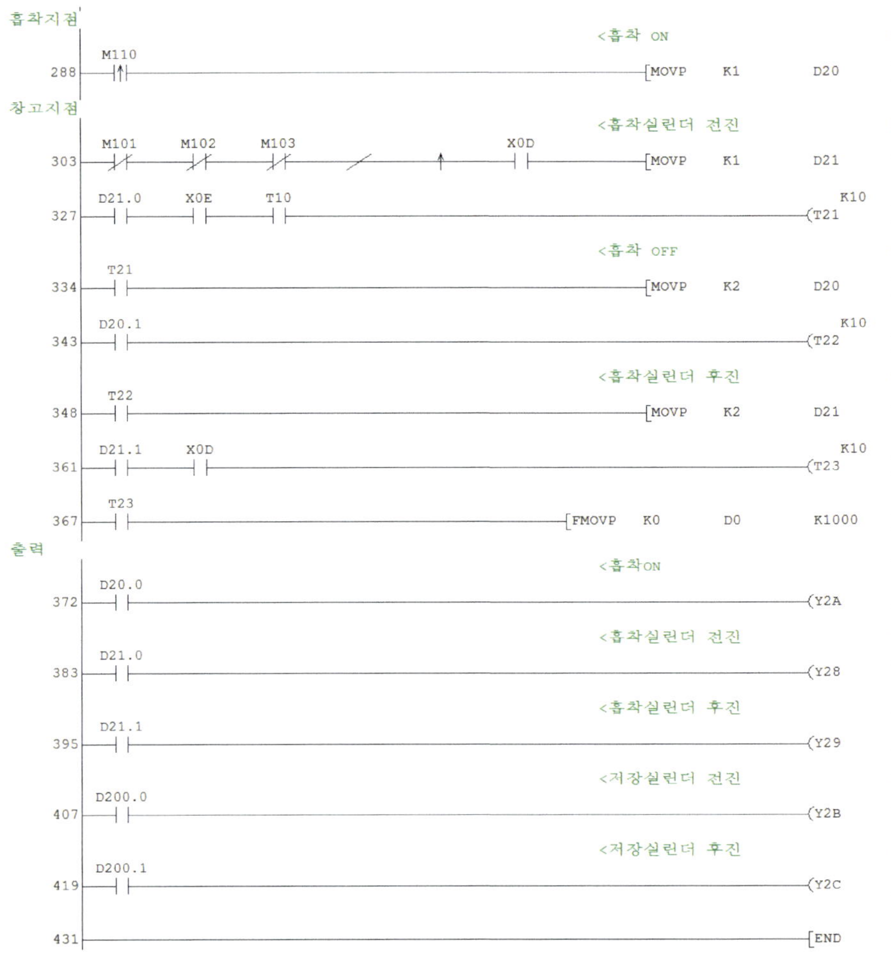

03 QD77MS2 및 QD75M2(입력 64점, 출력 64점) 활용

- 데이터레지스터 할당(QD77MS2, QD75M2 입출력할당 참조)
- 시작버튼(X20)

비트 위치	D32	D200.0	D200.1	D42	D100	D20.0	D20.1	D21.0	D21.1
동작	원점복귀	홀수열	짝수열	층 위치	M코드 검출	흡착 ON	흡착 OFF	흡착CY. 전진	흡착CY. 후진
출력	-	Y6B	Y6C	1층 : K1 2층 : K11 3층 : K21	K10 : 흡착위치 K1 : 1층 K2 : 2층 K3 : 3층	Y6A	-	Y68	Y69

- Servo Positioning data
- · 흡착 위치 및 층별 높이를 공작물을 포함해서 수동운전으로 측정한다.
- · 공작물 높이는 15mm로 설정됨
- · 공작물 높이가 20mm인 경우는 포지션 위치를 아래 표에서 각 위치별로 -5mm로 설정함(예: 1번 위치 137000㎛을 132000㎛로 변경)
- · 테스트운전을 통해서 컨베이어벨트 위에 공작물을 놓고 높이를 측정하여 보정한다.

No.	Pattern	CTRL methode	SLV axis	Acc (ms)	DEC (ms)	Positioning address [μm]	Arc address [μm]	Command speed [mm/min]	Dwell time [ms]	M code	설명
1	CONT	1:ABS linel	-	0:100	0:100	137000.0	0	3000.0	0	10	흡착위치
2	CONT	1:ABS linel	-	0:100	0:100	130000.0	0	3000.0	0	1	1층
3	END	1:ABS linel	-	0:100	0:100	0.0	0	3000.0	0	0	원점
4											
5											
6											
7											
8											
9											
10											
11	CONT	1:ABS linel	-	0:100	0:100	137000.0	0	3000.0	0	10	흡착위치
12	CONT	1:ABS linel	-	0:100	0:100	70000.0	0	3000.0	0	2	2층
13	END	1:ABS linel	-	0:100	0:100	0.0	0	3000.0	0	0	원점
14											
15											
16											
17											
18											
19											
20											
21	CONT	1:ABS linel	-	0:100	0:100	137000.0	0	3000.0	0	10	흡착위치
22	CONT	1:ABS linel	-	0:100	0:100	10000.0	0	3000.0	0	2	3층
23	END	1:ABS linel	-	0:100	0:100	0.0	0	3000.0	0	0	원점
24											

No.	Pattern	CTRL method	SLV axis	ACC(ms)	DEC(ms)	Positioning address [um]	Arc Address [um]	Command speed [mm/min]	Dwell time [ms]	M code
1	1:CONT	1:ABS line1	-	0;100	0;100	137000.0	0.0	3000.00	0	10
2	1:CONT	1:ABS line1	-	0;100	0;100	130000.0	0.0	3000.00	0	1
3	0:END	1:ABS line1	-	0;100	0;100	0.0	0.0	3000.00	0	0
4										
5										
6										
7										
8										
9										
10										
11	1:CONT	1:ABS line1	-	0;100	0;100	137000.0	0.0	3000.00	0	10
12	1:CONT	1:ABS line1	-	0;100	0;100	70000.0	0.0	3000.00	0	2
13	0:END	1:ABS line1	-	0;100	0;100	0.0	0.0	3000.00	0	0
14										
15										
16										
17										
18										
19										
20										
21	1:CONT	1:ABS line1	-	0;100	0;100	137000.0	0.0	3000.00	0	10
22	1:CONT	1:ABS line1	-	0;100	0;100	10000.0	0.0	3000.00	0	3
23	0:END	1:ABS line1	-	0;100	0;100	0.0	0.0	3000.00	0	0
24										

04 QD77MS2(입력 64점, 출력 64점), (서보 선두I/O :80)

① 조그운전 및 서보정지, 서보정지해제

- PLC 프로그램

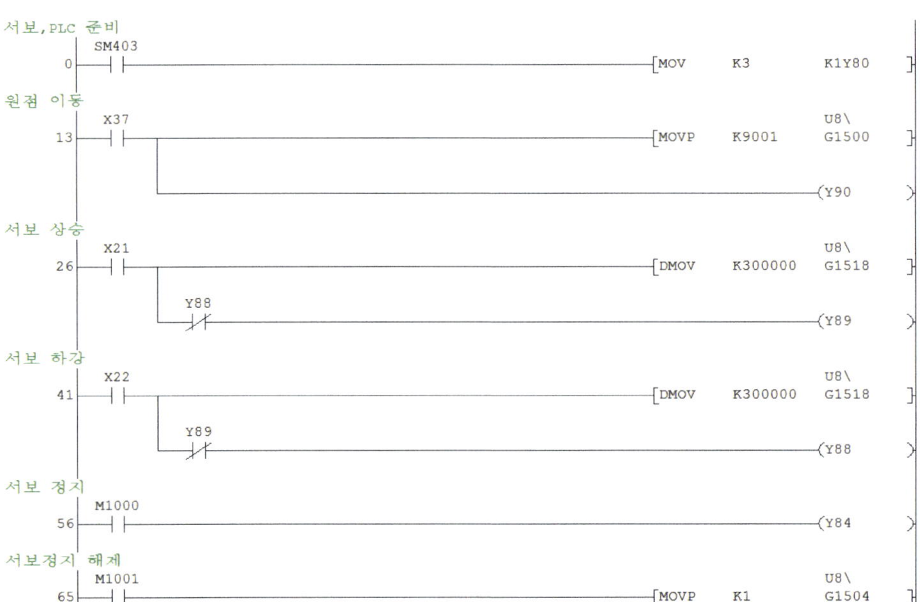

② "①" 포함하는 서보동작(비금속을 스토퍼 앞의 위치에 놓고 시작)

- PLC 프로그램

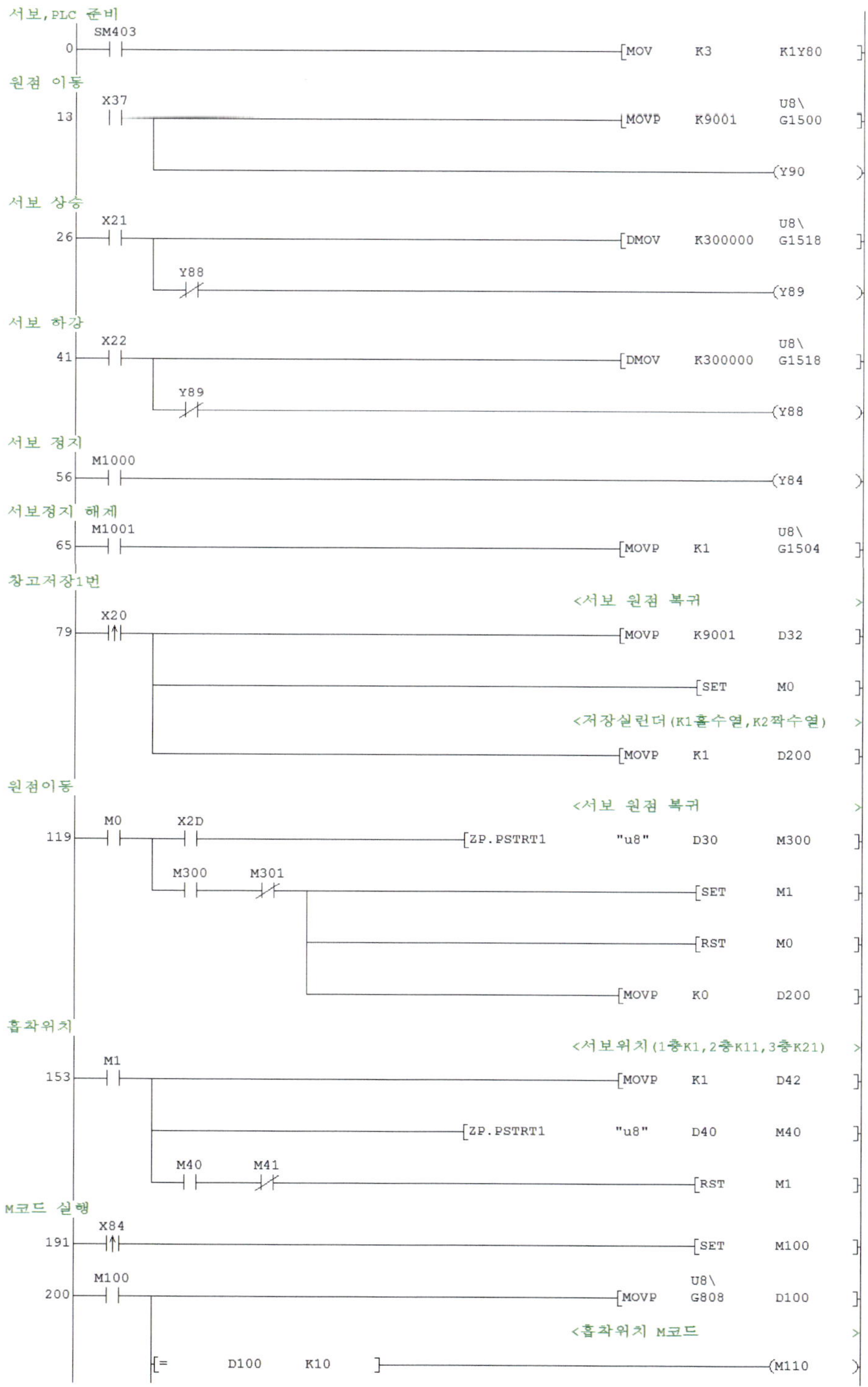

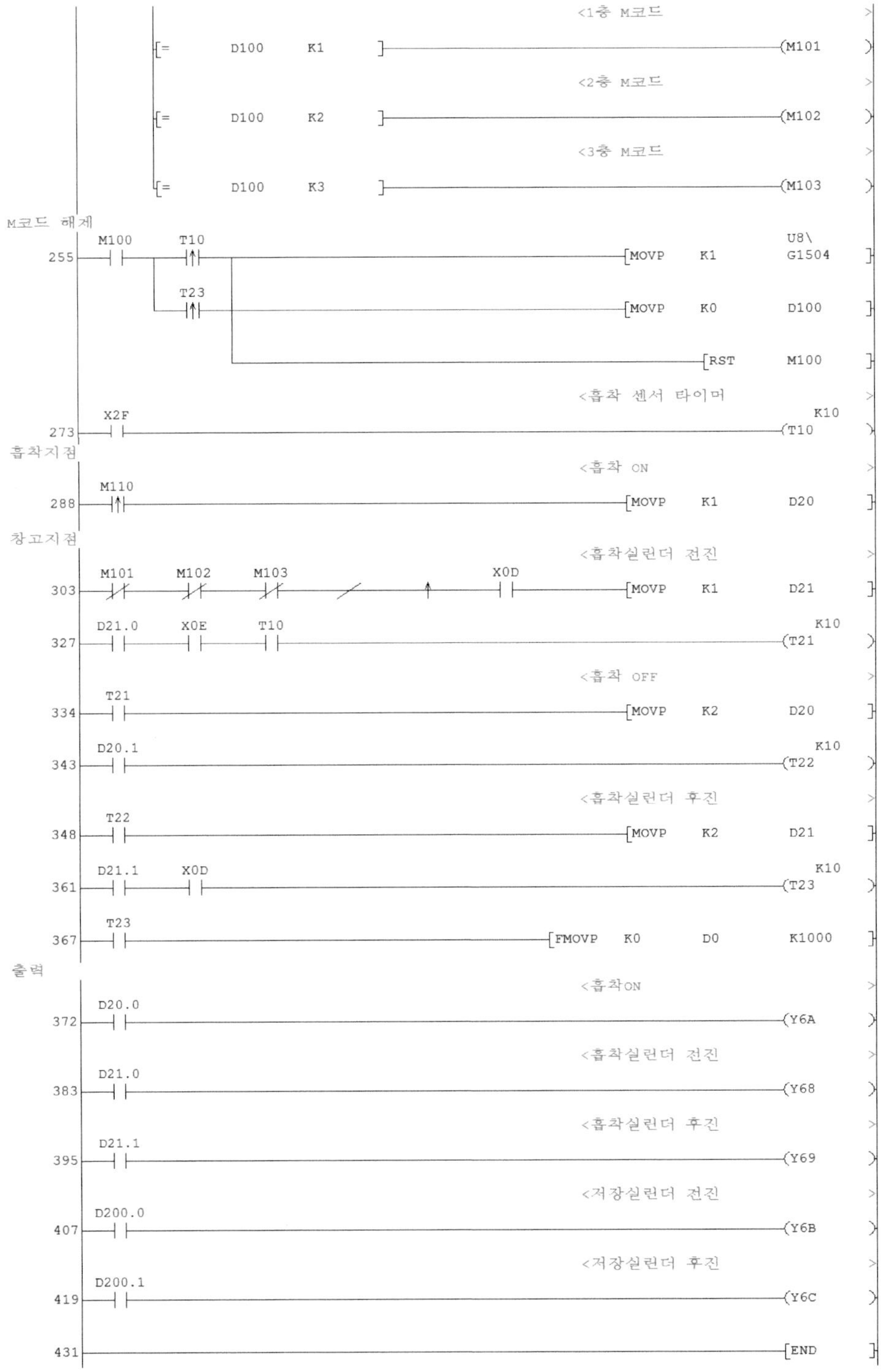

<1층 M코드
[= D100 K1]
(M101)
<2층 M코드
[= D100 K2]
(M102)
<3층 M코드
[= D100 K3]
(M103)
M코드 해제
255
M100
T10
[MOVP K1 U8\ G1504]
T23
[MOVP K0 D100]
[RST M100]
<흡착 센서 타이머
273
X2F
K10
(T10)
흡착지점
<흡착 ON
288
M110
[MOVP K1 D20]
창고지점
<흡착실린더 전진
303
M101
M102
M103
X0D
[MOVP K1 D21]
327
D21.0
X0E
T10
K10
(T21)
<흡착 OFF
334
T21
[MOVP K2 D20]
343
D20.1
K10
(T22)
<흡착실린더 후진
348
T22
[MOVP K2 D21]
361
D21.1
X0D
K10
(T23)
367
T23
[FMOVP K0 D0 K1000]
출력
<흡착ON
372
D20.0
(Y6A)
<흡착실린더 전진
383
D21.0
(Y68)
<흡착실린더 후진
395
D21.1
(Y69)
<저장실린더 전진
407
D200.0
(Y6B)
<저장실린더 후진
419
D200.1
(Y6C)
431
[END]

- PLC 프로그램(QD75M2), (서보 선두I/O: C0)

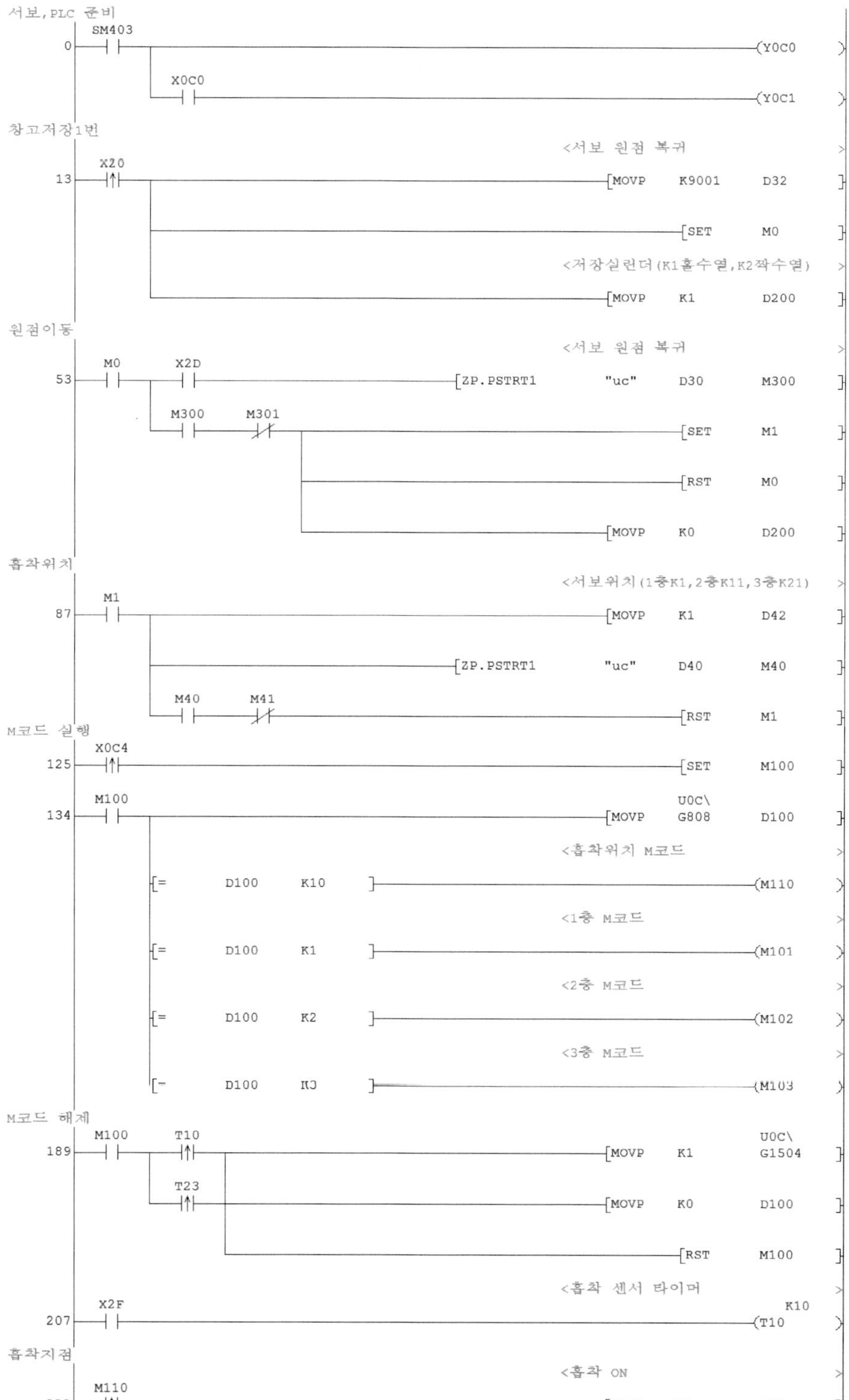

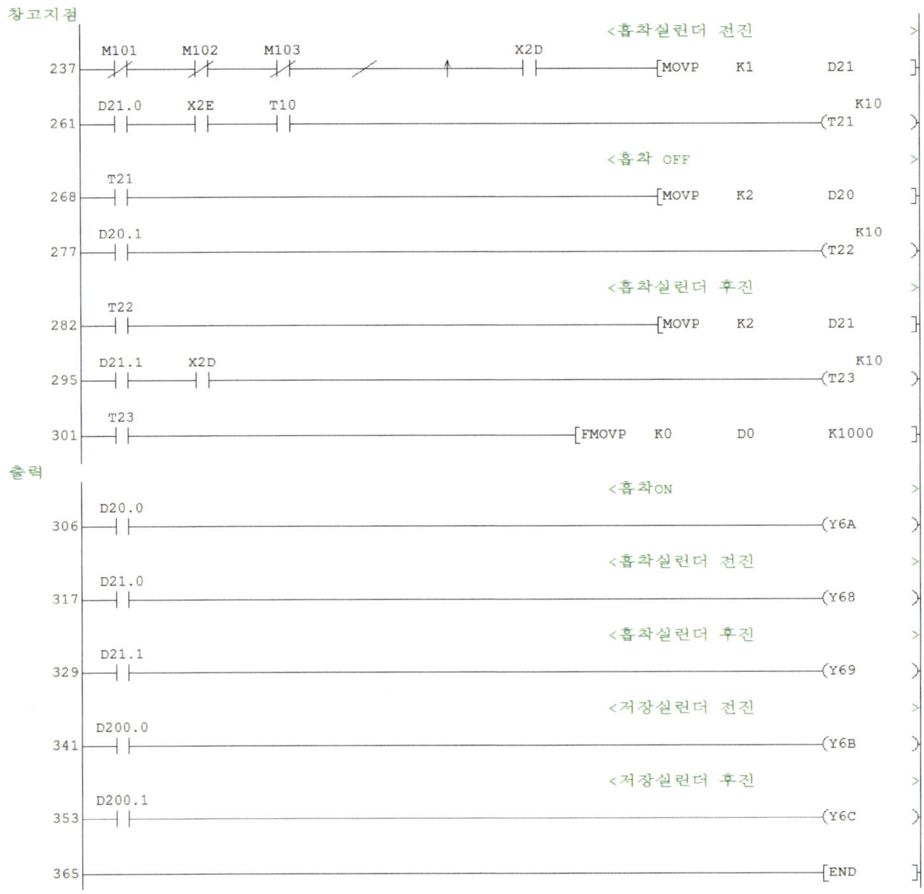

5 MPS장비 공작물 창고에 넣기 및 꺼내기

01 QD77MS2(입력64점, 출력64점, 서보선두I/O:80), QD77MS2(입력32점, 출력32점, 서보선두I/O:40) 활용

① JOG 운전 및 컨베이어 스토퍼 앞에서 1, 2, 3층 창고에 입고

② 1층 창고에서 3층으로 적재

- 터치

M1(상승), M2(하강), M0(원점), M10(3층), M11(2층), M12(1층), M13(1층 ⇒ 3층)

D5(현재위치표시)

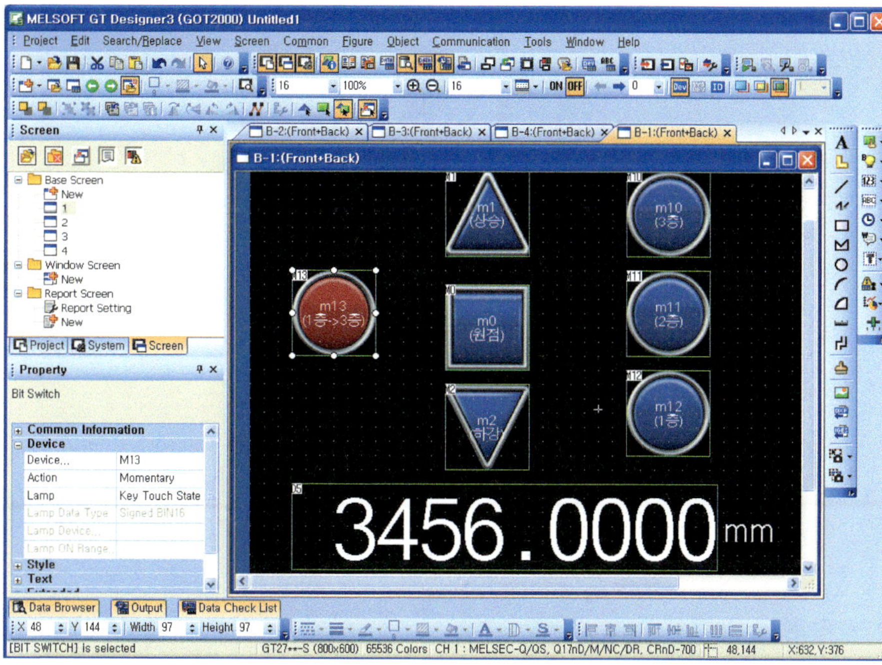

- 위치 데이터 값

No.	Axis to be interpolated	Acceleration time No.	Deceleration time No.	Positioning address	Arc address	Command speed	Dwell time	M-code
1	-	0:100	0:100	0.0 μm	0.0 μm	2000.00 mm/min	0 ms	0
2	-	0:100	0:100	116000.0 μm	0.0 μm	2000.00 mm/min	0 ms	1
3	-	0:100	0:100	-5000.0 μm	0.0 μm	2000.00 mm/min	0 ms	2
4	-	0:100	0:100	0.0 μm	0.0 μm	2000.00 mm/min	0 ms	0
5								
6								
7								
8								
9								
10								
11	-	0:100	0:100	0.0 μm	0.0 μm	2000.00 mm/min	0 ms	0
12	-	0:100	0:100	116000.0 μm	0.0 μm	2000.00 mm/min	0 ms	1
13	-	0:100	0:100	50000.0 μm	0.0 μm	2000.00 mm/min	0 ms	2
14	-	0:100	0:100	0.0 μm	0.0 μm	2000.00 mm/min	0 ms	0
15								
16								
17								
18								
19								
20								
21	-	0:100	0:100	0.0 μm	0.0 μm	2000.00 mm/min	0 ms	0
22	-	0:100	0:100	116000.0 μm	0.0 μm	2000.00 mm/min	0 ms	1
23	-	0:100	0:100	107000.0 μm	0.0 μm	2000.00 mm/min	0 ms	2
24	-	0:100	0:100	0.0 μm	0.0 μm	2000.00 mm/min	0 ms	0
25								
26								
27								
28								
29								
30								
31	-	0:100	0:100	0.0 μm	0.0 μm	2000.00 mm/min	0 ms	0
32	-	0:100	0:100	107000.0 μm	0.0 μm	2000.00 mm/min	0 ms	11
33	-	0:100	0:100	111000.0 μm	0.0 μm	2000.00 mm/min	0 ms	12
34	-	0:100	0:100	107000.0 μm	0.0 μm	2000.00 mm/min	0 ms	13
35	-	0:100	0:100	-5000.0 μm	0.0 μm	2000.00 mm/min	0 ms	14
36	-	0:100	0:100	0.0 μm	0.0 μm	2000.00 mm/min	0 ms	0
37								

- PLC 프로그램(QD77MS2) (서보 선두I/O : 80)

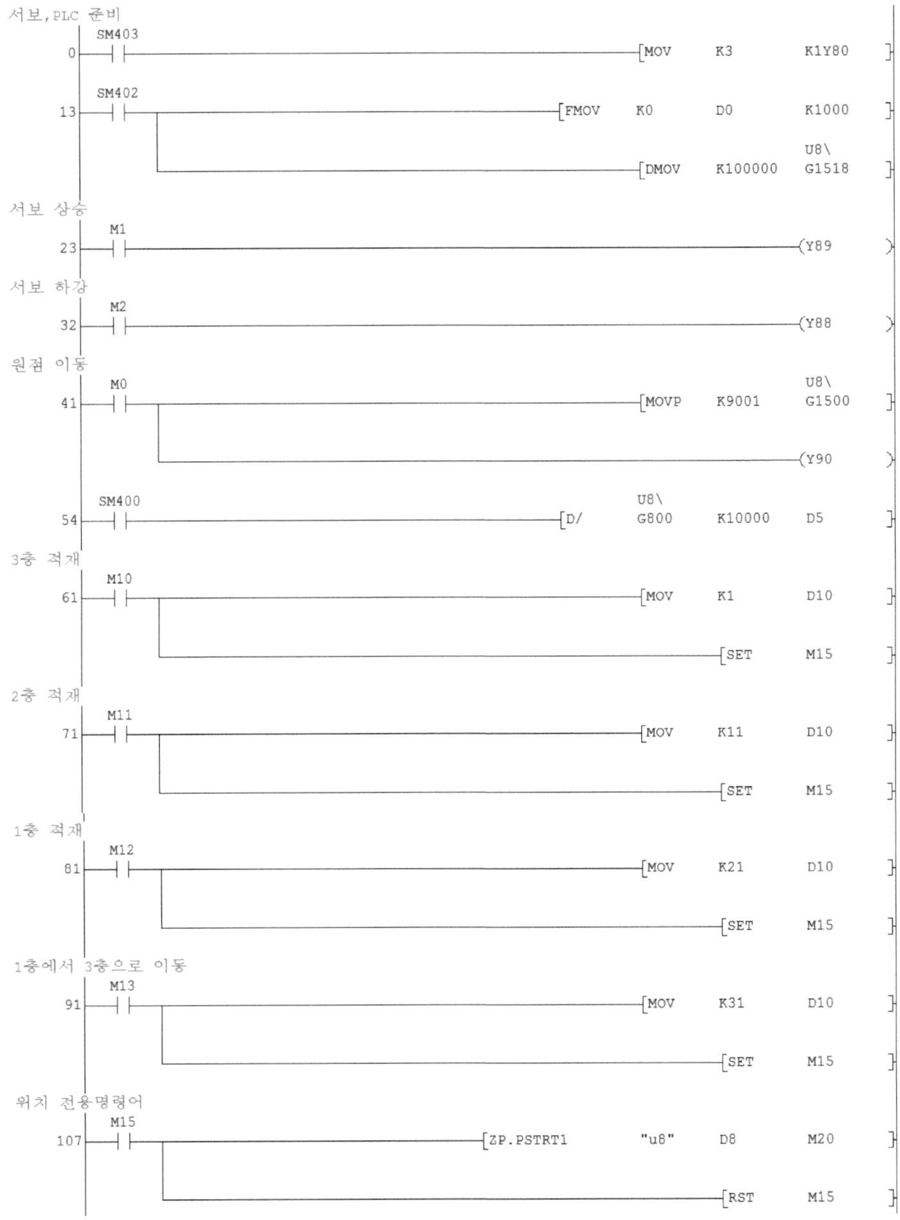

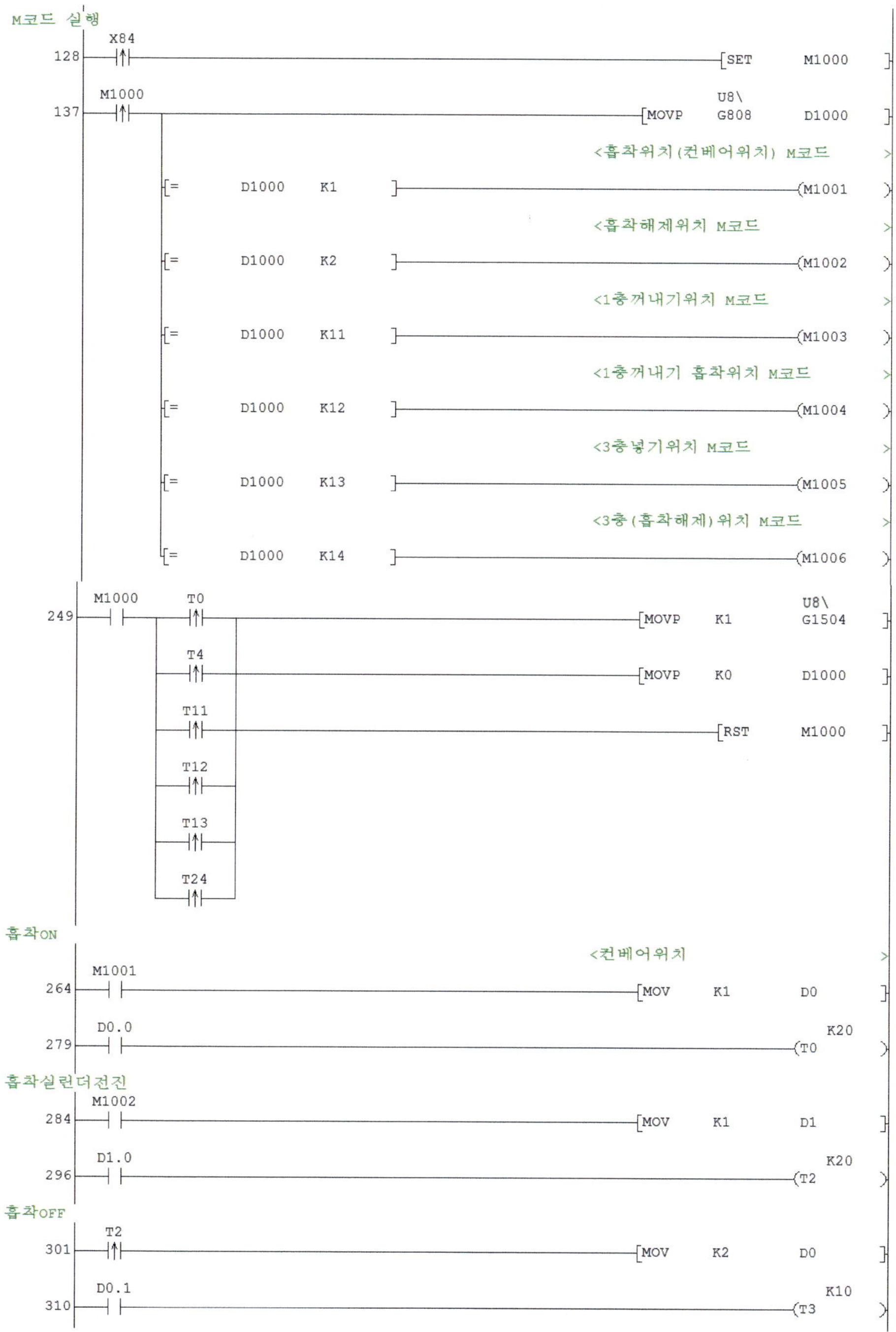
M코드 실행
128 X84 [SET M1000]
137 M1000 [MOVP U8\ G808 D1000]
<흡착위치(컨베어위치) M코드
[= D1000 K1] (M1001)
<흡착해제위치 M코드
[= D1000 K2] (M1002)
<1층꺼내기위치 M코드
[= D1000 K11] (M1003)
<1층꺼내기 흡착위치 M코드
[= D1000 K12] (M1004)
<3층넣기위치 M코드
[= D1000 K13] (M1005)
<3층(흡착해제)위치 M코드
[= D1000 K14] (M1006)
249 M1000 T0 [MOVP K1 U8\ G1504]
T4 [MOVP K0 D1000]
T11 [RST M1000]
T12
T13
T24
흡착ON
<컨베어위치
264 M1001 [MOV K1 D0]
279 D0.0 K20 (T0)
흡착실린더전진
284 M1002 [MOV K1 D1]
296 D1.0 K20 (T2)
흡착OFF
301 T2 [MOV K2 D0]
310 D0.1 K10 (T3)

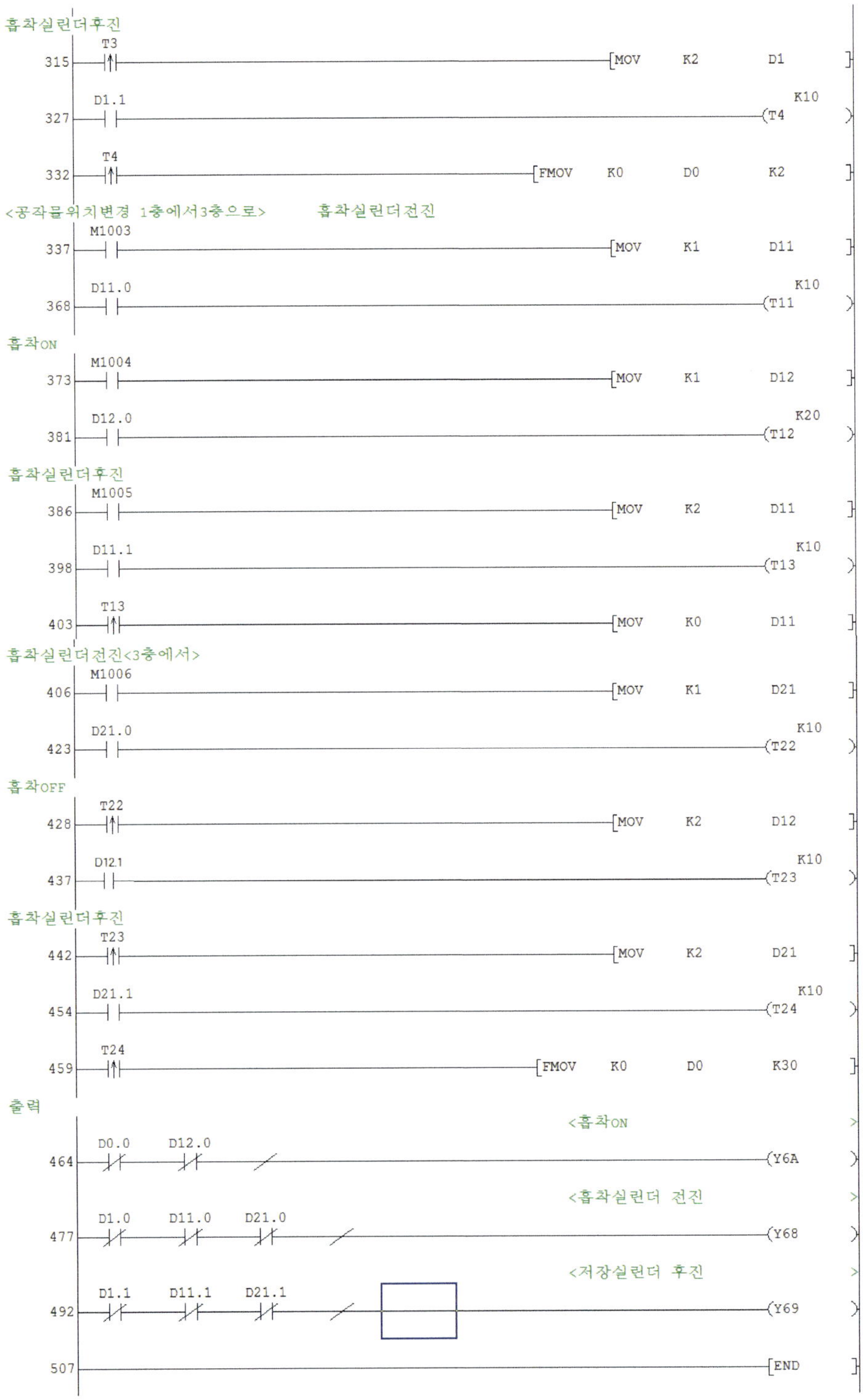
흡착실린더후진
T3
315 [MOV K2 D1]
D1.1
327 K10 (T4)
T4
332 [FMOV K0 D0 K2]
<공작물위치변경 1층에서3층으로> 흡착실린더전진
M1003
337 [MOV K1 D11]
D11.0
368 K10 (T11)
흡착ON
M1004
373 [MOV K1 D12]
D12.0
381 K20 (T12)
흡착실린더후진
M1005
386 [MOV K2 D11]
D11.1
398 K10 (T13)
T13
403 [MOV K0 D11]
흡착실린더전진<3층에서>
M1006
406 [MOV K1 D21]
D21.0
423 K10 (T22)
흡착OFF
T22
428 [MOV K2 D12]
D12.1
437 K10 (T23)
흡착실린더후진
T23
442 [MOV K2 D21]
D21.1
454 K10 (T24)
T24
459 [FMOV K0 D0 K30]
출력
<흡착ON>
D0.0 D12.0
464 (Y6A)
<흡착실린더 전진>
D1.0 D11.0 D21.0
477 (Y68)
<저장실린더 후진>
D1.1 D11.1 D21.1
492 (Y69)
507 [END]

- PLC 프로그램(QD77MS2) (서보 선두I/O : 40)

```
서보,PLC 준비
      SM403
 0 ---| |-------------------------------------[MOV     K3        K1Y40   ]
      SM402
13 ---| |-------------------------[FMOV   K0      D0        K1000   ]
            |                                                 U4\
            +-------------------------------[DMOV    K100000   G1518   ]
서보 상승
      M1
23 ---| |-----------------------------------------------------(Y49     )
서보 하강
      M2
32 ---| |---[    ]--------------------------------------------(Y48     )
원점 이동
      M0                                                      U4\
41 ---| |-------------------------------------[MOVP    K9001     G1500   ]
            |
            +-------------------------------------------------(Y50     )
      SM400                               U4\
54 ---| |-------------------------[D/     G800     K10000    D5      ]
3층 적재
      M10
61 ---| |-------------------------------------[MOV     K1        D10     ]
            |
            +-----------------------------------------[SET    M15     ]
2층 적재
      M11
71 ---| |-------------------------------------[MOV     K11       D10     ]
            |
            +-----------------------------------------[SET    M15     ]
1층 적재
      M12
81 ---| |-------------------------------------[MOV     K21       D10     ]
            |
            +-----------------------------------------[SET    M15     ]
1층에서 3층으로 이동
      M13
91 ---| |-------------------------------------[MOV     K31       D10     ]
            |
            +-----------------------------------------[SET    M15     ]
위치 전용명령어
      M15
107 --| |-----------------------[ZP.PSTRT1    "u4"     D8       M20     ]
            |
            +-----------------------------------------[RST    M15     ]

M코드 실행
      X44
128 --|↑|-----------------------------------------[SET    M1000   ]
      M1000                                           U4\
137 --|↑|-------------------------------------[MOVP    G808     D1000   ]
            |                      <흡착위치(컨베어위치) M코드            >
            +-[=   D1000   K1   ]-------------------------------(M1001   )
            |                      <흡착해제위치 M코드                    >
            +-[=   D1000   K2   ]-------------------------------(M1002   )
            |                      <1층꺼내기위치 M코드                   >
            +-[=   D1000   K11  ]-------------------------------(M1003   )
            |                      <1층꺼내기 흡착위치 M코드              >
            +-[=   D1000   K12  ]-------------------------------(M1004   )
            |                      <3층넣기위치 M코드                     >
            +-[=   D1000   K13  ]-------------------------------(M1005   )
            |                      <3층(흡착해제)위치 M코드               >
            +-[=   D1000   K14  ]-------------------------------(M1006   )
```

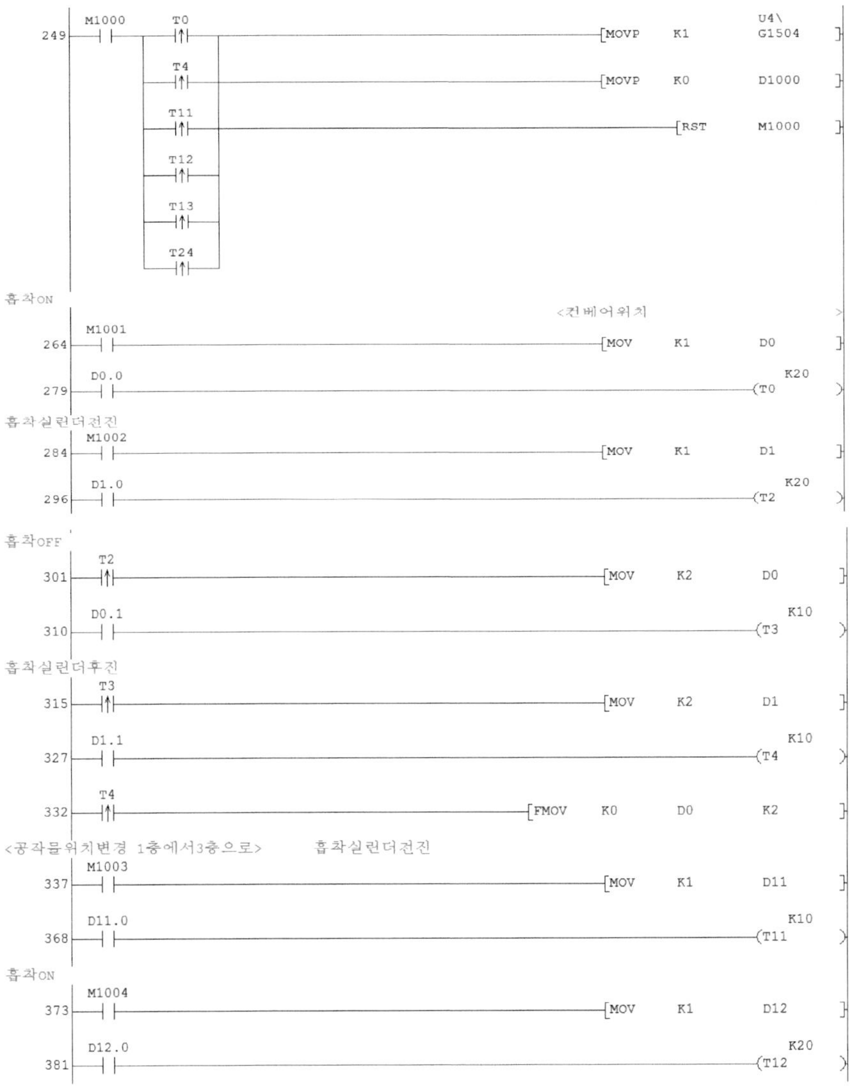
249 M1000 T0 MOVP K1 U4\G1504
T4 MOVP K0 D1000
T11 RST M1000
T12
T13
T24
흡착ON
<컨베어위치>
264 M1001 MOV K1 D0
279 D0.0 T0 K20
흡착실린더전진
284 M1002 MOV K1 D1
296 D1.0 T2 K20
흡착OFF
301 T2 MOV K2 D0
310 D0.1 T3 K10
흡착실린더후진
315 T3 MOV K2 D1
327 D1.1 T4 K10
332 T4 FMOV K0 D0 K2
<공작물위치변경 1층에서3층으로>
흡착실린더전진
337 M1003 MOV K1 D11
368 D11.0 T11 K10
흡착ON
373 M1004 MOV K1 D12
381 D12.0 T12 K20

381 D12.0 T12 K20
흡착실린더후진
386 M1005 MOV K2 D11
398 D11.1 T13 K10
403 T13 MOV K0 D11
흡착실린더전진<3층에서>
406 M1006 MOV K1 D21
423 D21.0 T22 K10
흡착OFF
428 T22 MOV K2 D12
437 D121 T23 K10

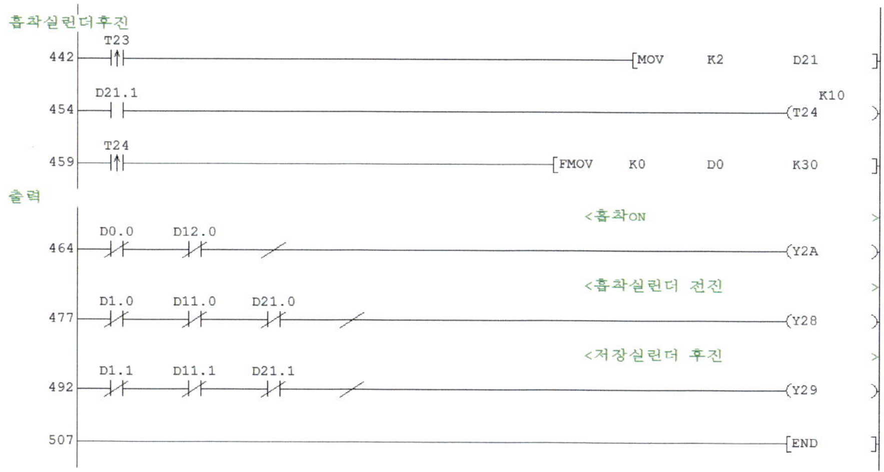

02 QD77MS2(입력32점, 출력32점, 서보선두I/O:40) 활용

- 버튼활용

① JOG 운전 및 컨베어 스토퍼앞에서 1,2,3층 창고에 입고

② 1층 창고에서 3층으로 적재

· 버튼 : M1(상승), M2(하강), M0(원점), M10(3층), M11(2층), M12(1층), M13(1층=>3층)

- 층별 번호 입력

① 층별 번호 입력(D50) 후 적재(M50)버튼 ON

② 꺼낼 층 번호 입력(D51), 적재될 층 번호 입력(D52) 후 이동(M51)버튼 ON

- 터치

M1(상승), M2(하강), M0(원점), M10(3층), M11(2층), M12(1층), M13(1층=>3층)
D5(현재위치표시), 층별 번호 입력(D50), 적재버튼(M50), 꺼낼 층 번호입력(D51), 적재될 층 번호입력(D52), 이동버튼(M51)

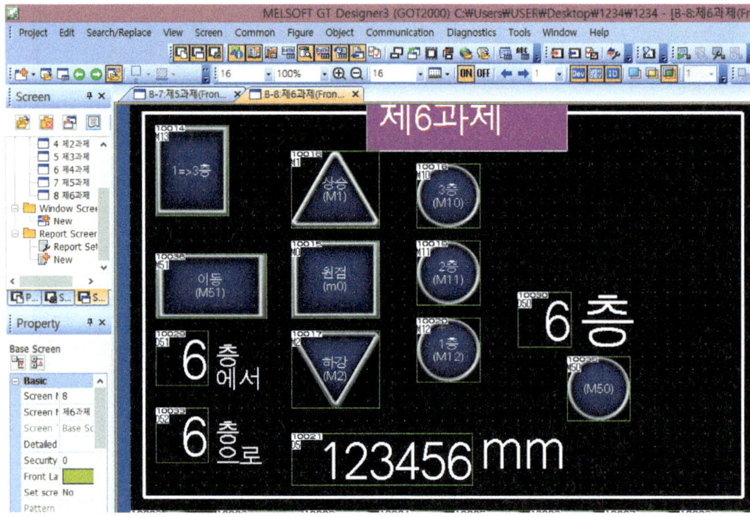

- 위치데이터 값

No.	Operation pattern	Control method	Axis to be interpolated	Acceleration time No.	Deceleration time No.	Positioning address	Arc address	Command speed	Dwell time	M-code
1	1:CONT	01h:ABS Linear 1	-	0:100	0:100	0.0 µm	0.0 µm	2000.00 mm/min	0 ms	0
2	1:CONT	01h:ABS Linear 1	-	0:100	0:100	125000.0 µm	0.0 µm	2000.00 mm/min	0 ms	1
3	1:CONT	01h:ABS Linear 1	-	0:100	0:100	3000.0 µm	0.0 µm	2000.00 mm/min	0 ms	2
4	0:END	01h:ABS Linear 1	-	0:100	0:100	0.0 µm	0.0 µm	2000.00 mm/min	0 ms	0
5										
6										
7										
8										
9										
10										
11	1:CONT	01h:ABS Linear 1	-	0:100	0:100	0.0 µm	0.0 µm	2000.00 mm/min	0 ms	0
12	1:CONT	01h:ABS Linear 1	-	0:100	0:100	125000.0 µm	0.0 µm	2000.00 mm/min	0 ms	1
13	1:CONT	01h:ABS Linear 1	-	0:100	0:100	58000.0 µm	0.0 µm	2000.00 mm/min	0 ms	2
14	0:END	01h:ABS Linear 1	-	0:100	0:100	0.0 µm	0.0 µm	2000.00 mm/min	0 ms	0
15										
16										
17										
18										
19										
20										
21	1:CONT	01h:ABS Linear 1	-	0:100	0:100	0.0 µm	0.0 µm	2000.00 mm/min	0 ms	0
22	1:CONT	01h:ABS Linear 1	-	0:100	0:100	125000.0 µm	0.0 µm	2000.00 mm/min	0 ms	1
23	1:CONT	01h:ABS Linear 1	-	0:100	0:100	115000.0 µm	0.0 µm	2000.00 mm/min	0 ms	2
24	0:END	01h:ABS Linear 1	-	0:100	0:100	0.0 µm	0.0 µm	2000.00 mm/min	0 ms	0
25										
26										
27										
28										
29										
30										
31	1:CONT	01h:ABS Linear 1	-	0:100	0:100	0.0 µm	0.0 µm	2000.00 mm/min	0 ms	0
32	1:CONT	01h:ABS Linear 1	-	0:100	0:100	115000.0 µm	0.0 µm	2000.00 mm/min	0 ms	11
33	1:CONT	01h:ABS Linear 1	-	0:100	0:100	119000.0 µm	0.0 µm	2000.00 mm/min	0 ms	12
34	1:CONT	01h:ABS Linear 1	-	0:100	0:100	115000.0 µm	0.0 µm	2000.00 mm/min	0 ms	13
35	1:CONT	01h:ABS Linear 1	-	0:100	0:100	3000.0 µm	0.0 µm	2000.00 mm/min	0 ms	14
36	0:END	01h:ABS Linear 1	-	0:100	0:100	0.0 µm	0.0 µm	2000.00 mm/min	0 ms	0
37										
38										
39										
40										
41	1:CONT	01h:ABS Linear 1	-	0:100	0:100	0.0 µm	0.0 µm	2000.00 mm/min	0 ms	0
42	1:CONT	01h:ABS Linear 1	-	0:100	0:100	115000.0 µm	0.0 µm	2000.00 mm/min	0 ms	11
43	1:CONT	01h:ABS Linear 1	-	0:100	0:100	119000.0 µm	0.0 µm	2000.00 mm/min	0 ms	12
44	1:CONT	01h:ABS Linear 1	-	0:100	0:100	115000.0 µm	0.0 µm	2000.00 mm/min	0 ms	13
45	1:CONT	01h:ABS Linear 1	-	0:100	0:100	58000.0 µm	0.0 µm	2000.00 mm/min	0 ms	14
46	0:END	01h:ABS Linear 1	-	0:100	0:100	0.0 µm	0.0 µm	2000.00 mm/min	0 ms	0
47										

51	1:CONT	01h:ABS Linear 1	-	0:100	0:100	0.0 µm	0.0 µm	2000.00 mm/min	0 ms	0
52	1:CONT	01h:ABS Linear 1	-	0:100	0:100	58000.0 µm	0.0 µm	2000.00 mm/min	0 ms	11
53	1:CONT	01h:ABS Linear 1	-	0:100	0:100	62000.0 µm	0.0 µm	2000.00 mm/min	0 ms	12
54	1:CONT	01h:ABS Linear 1	-	0:100	0:100	58000.0 µm	0.0 µm	2000.00 mm/min	0 ms	13
55	1:CONT	01h:ABS Linear 1	-	0:100	0:100	115000.0 µm	0.0 µm	2000.00 mm/min	0 ms	14
56	0:END	01h:ABS Linear 1	-	0:100	0:100	0.0 µm	0.0 µm	2000.00 mm/min	0 ms	0
61	1:CONT	01h:ABS Linear 1	-	0:100	0:100	0.0 µm	0.0 µm	2000.00 mm/min	0 ms	0
62	1:CONT	01h:ABS Linear 1	-	0:100	0:100	58000.0 µm	0.0 µm	2000.00 mm/min	0 ms	11
63	1:CONT	01h:ABS Linear 1	-	0:100	0:100	62000.0 µm	0.0 µm	2000.00 mm/min	0 ms	12
64	1:CONT	01h:ABS Linear 1	-	0:100	0:100	58000.0 µm	0.0 µm	2000.00 mm/min	0 ms	13
65	1:CONT	01h:ABS Linear 1	-	0:100	0:100	3000.0 µm	0.0 µm	2000.00 mm/min	0 ms	14
66	0:END	01h:ABS Linear 1	-	0:100	0:100	0.0 µm	0.0 µm	2000.00 mm/min	0 ms	0
71	1:CONT	01h:ABS Linear 1	-	0:100	0:100	0.0 µm	0.0 µm	2000.00 mm/min	0 ms	0
72	1:CONT	01h:ABS Linear 1	-	0:100	0:100	3000.0 µm	0.0 µm	2000.00 mm/min	0 ms	11
73	1:CONT	01h:ABS Linear 1	-	0:100	0:100	7000.0 µm	0.0 µm	2000.00 mm/min	0 ms	12
74	1:CONT	01h:ABS Linear 1	-	0:100	0:100	3000.0 µm	0.0 µm	2000.00 mm/min	0 ms	13
75	1:CONT	01h:ABS Linear 1	-	0:100	0:100	115000.0 µm	0.0 µm	2000.00 mm/min	0 ms	14
76	0:END	01h:ABS Linear 1	-	0:100	0:100	0.0 µm	0.0 µm	2000.00 mm/min	0 ms	0
81	1:CONT	01h:ABS Linear 1	-	0:100	0:100	0.0 µm	0.0 µm	2000.00 mm/min	0 ms	0
82	1:CONT	01h:ABS Linear 1	-	0:100	0:100	3000.0 µm	0.0 µm	2000.00 mm/min	0 ms	11
83	1:CONT	01h:ABS Linear 1	-	0:100	0:100	7000.0 µm	0.0 µm	2000.00 mm/min	0 ms	12
84	1:CONT	01h:ABS Linear 1	-	0:100	0:100	3000.0 µm	0.0 µm	2000.00 mm/min	0 ms	13
85	1:CONT	01h:ABS Linear 1	-	0:100	0:100	58000.0 µm	0.0 µm	2000.00 mm/min	0 ms	14
86	0:END	01h:ABS Linear 1	-	0:100	0:100	0.0 µm	0.0 µm	2000.00 mm/min	0 ms	0

- PLC 프로그램(QD77MS2) (서보 선두I/O : 40)

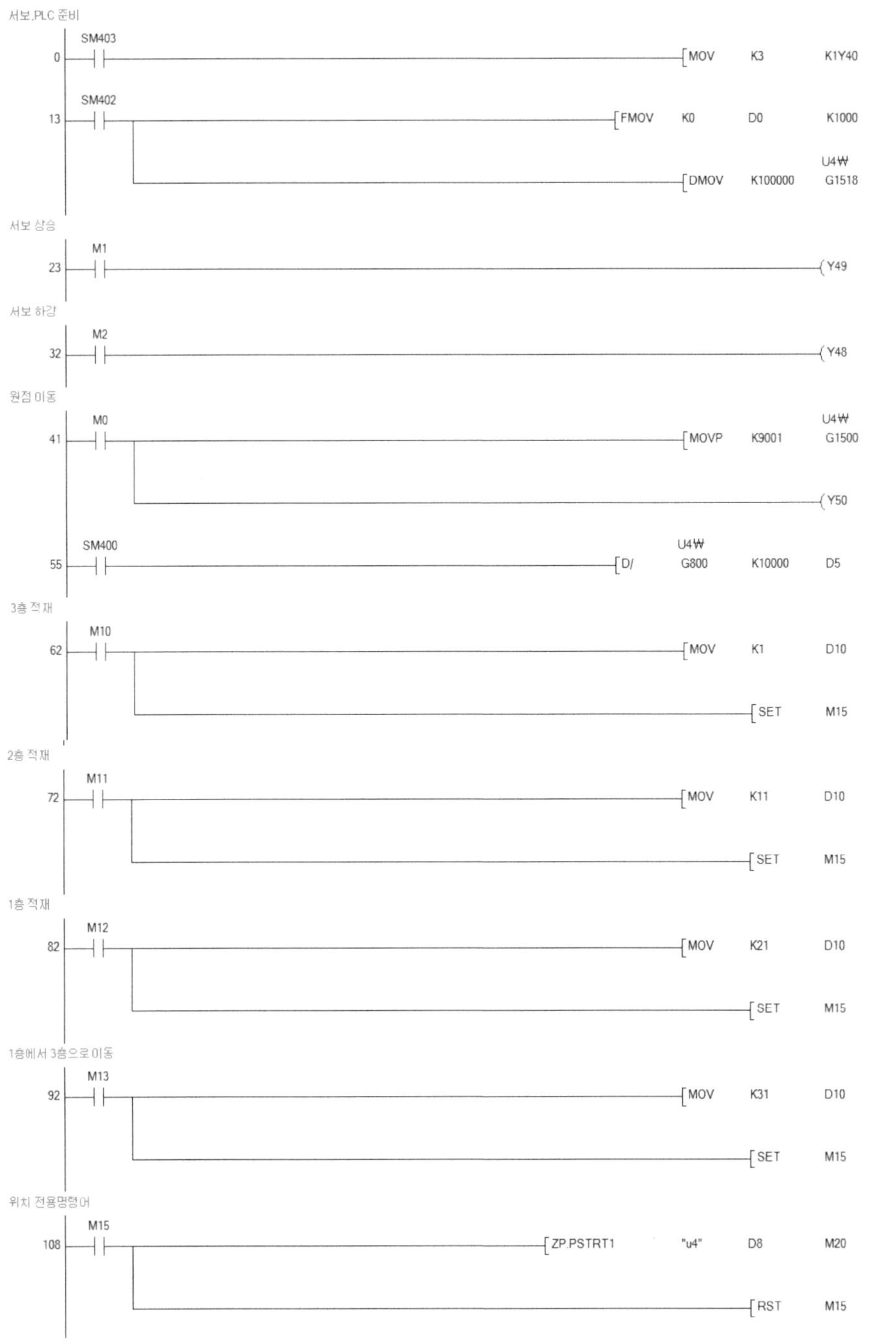

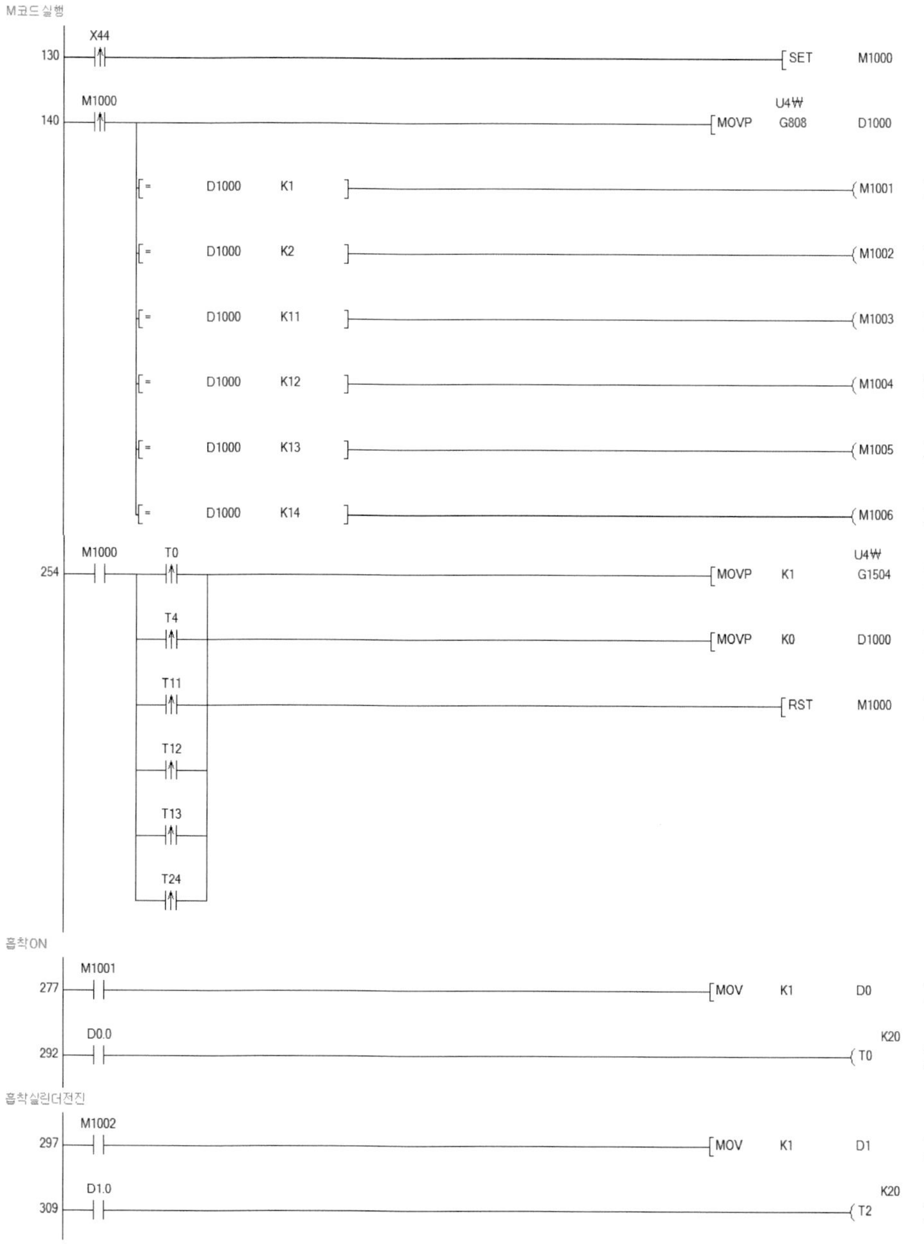
M코드실행
130
X44
SET M1000
140
M1000
MOVP U4\G808 D1000
= D1000 K1 M1001
= D1000 K2 M1002
= D1000 K11 M1003
= D1000 K12 M1004
= D1000 K13 M1005
= D1000 K14 M1006
254
M1000
T0
MOVP K1 U4\G1504
T4
MOVP K0 D1000
T11
RST M1000
T12
T13
T24
흡착ON
277
M1001
MOV K1 D0
292
D0.0
K20
T0
흡착실린더전진
297
M1002
MOV K1 D1
309
D1.0
K20
T2

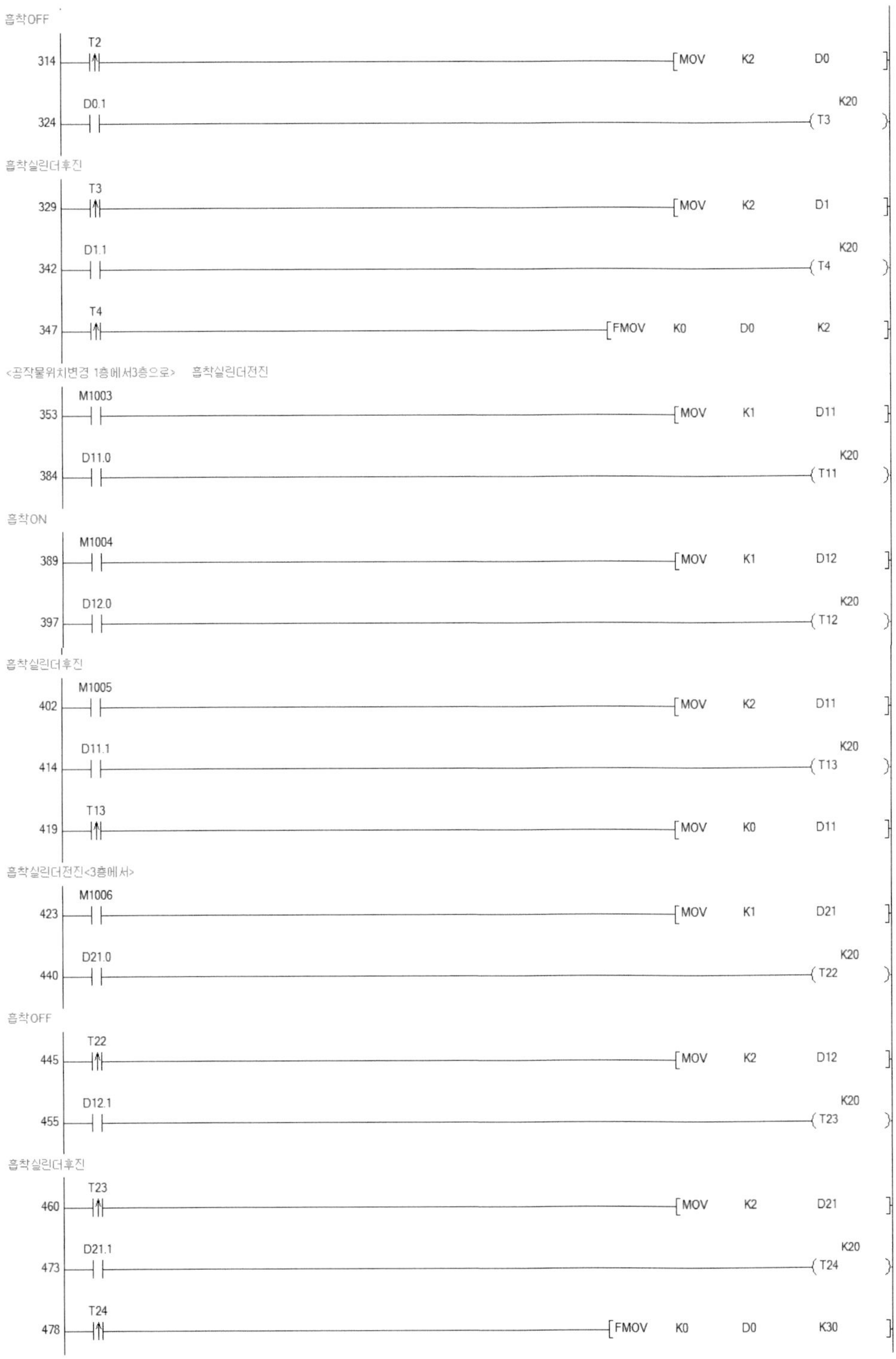

흡착OFF
314 T2 MOV K2 D0
324 D0.1 K20 T3
흡착실린더후진
329 T3 MOV K2 D1
342 D1.1 K20 T4
347 T4 FMOV K0 D0 K2
<공작물위치변경 1층에서3층으로> 흡착실린더전진
353 M1003 MOV K1 D11
384 D11.0 K20 T11
흡착ON
389 M1004 MOV K1 D12
397 D12.0 K20 T12
흡착실린더후진
402 M1005 MOV K2 D11
414 D11.1 K20 T13
419 T13 MOV K0 D11
흡착실린더전진<3층에서>
423 M1006 MOV K1 D21
440 D21.0 K20 T22
흡착OFF
445 T22 MOV K2 D12
455 D12.1 K20 T23
흡착실린더후진
460 T23 MOV K2 D21
473 D21.1 K20 T24
478 T24 FMOV K0 D0 K30

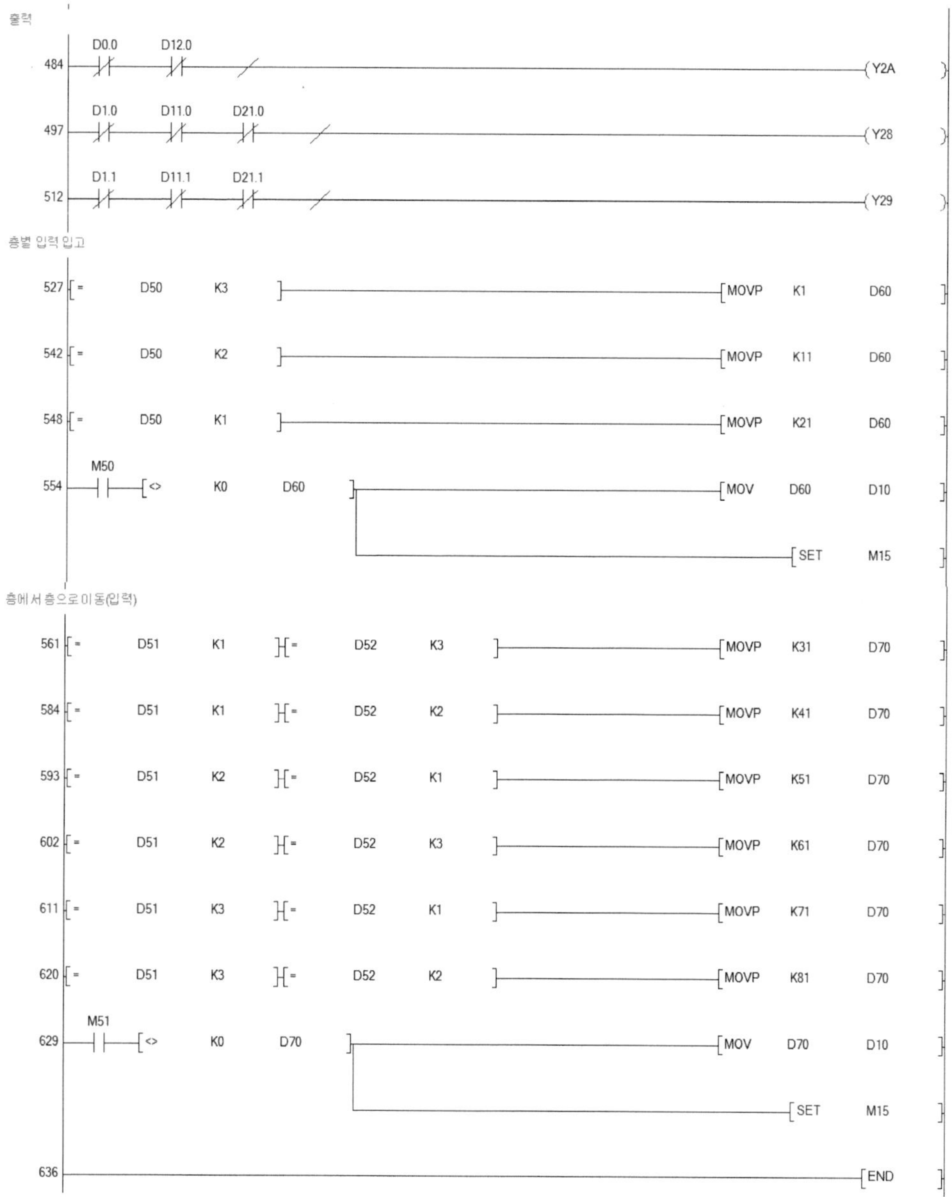
출력
484 D0.0 D12.0 Y2A
497 D1.0 D11.0 D21.0 Y28
512 D1.1 D11.1 D21.1 Y29
층별 입력 입고
527 = D50 K3 MOVP K1 D60
542 = D50 K2 MOVP K11 D60
548 = D50 K1 MOVP K21 D60
554 M50 <> K0 D60 MOV D60 D10
SET M15
층에서 층으로 이동(입력)
561 = D51 K1 = D52 K3 MOVP K31 D70
584 = D51 K1 = D52 K2 MOVP K41 D70
593 = D51 K2 = D52 K1 MOVP K51 D70
602 = D51 K2 = D52 K3 MOVP K61 D70
611 = D51 K3 = D52 K1 MOVP K71 D70
620 = D51 K3 = D52 K2 MOVP K81 D70
629 M51 <> K0 D70 MOV D70 D10
SET M15
636 END

6 MPS 장비동작을 위한 단계적 예습문제〈센서 없이 동작 표현〉

01 QD77MS2(입력 64점, 출력 64점), (서보I/O : X80, Y80)

○ 터치 화면작성

- 상승(M21), 하강(M22), 원점(M20), 운전(M25), 입고(M26), 출고(M28), (현재속도(D200), 현재위치(D100), 물품종류(D500), 창고층표시(D300), 서보운전표시램프(M27)

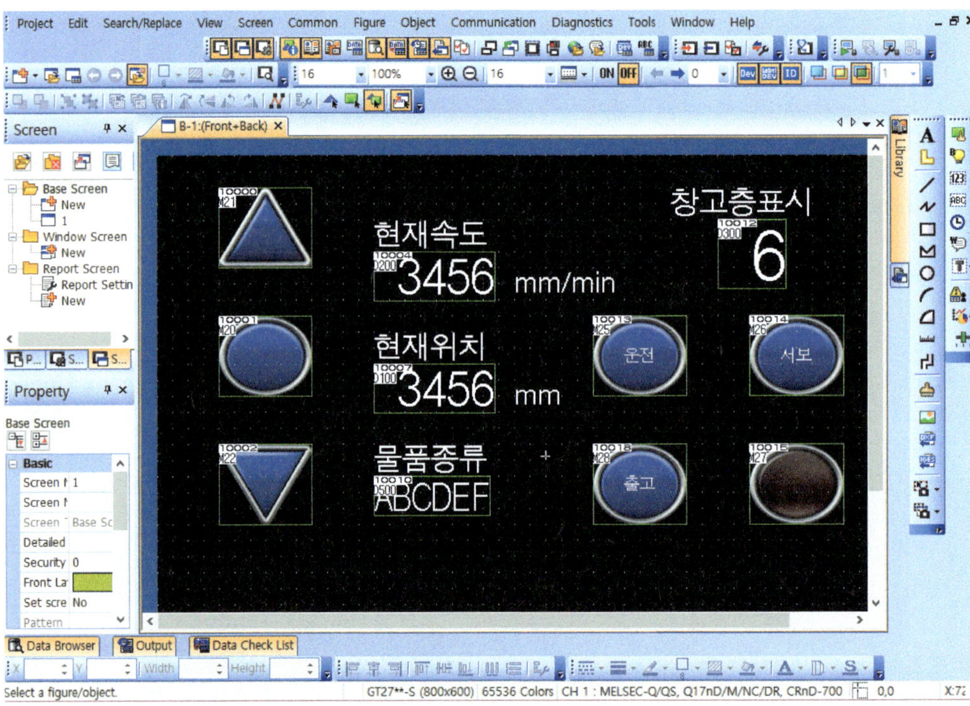

① 드릴가공모터 제외한 운전

- 시작(X20), 일시정지(X21), 스텝동작선택(X22), 스텝스위치(X37)

  공급실린더전진 ⇒ 가공실린더전진 ⇒ 5초 램프ON ⇒ 가공실린더후진 ⇒ 공급실린더후진 ⇒ 분배실린더전진 ⇒ 분배실린더후진

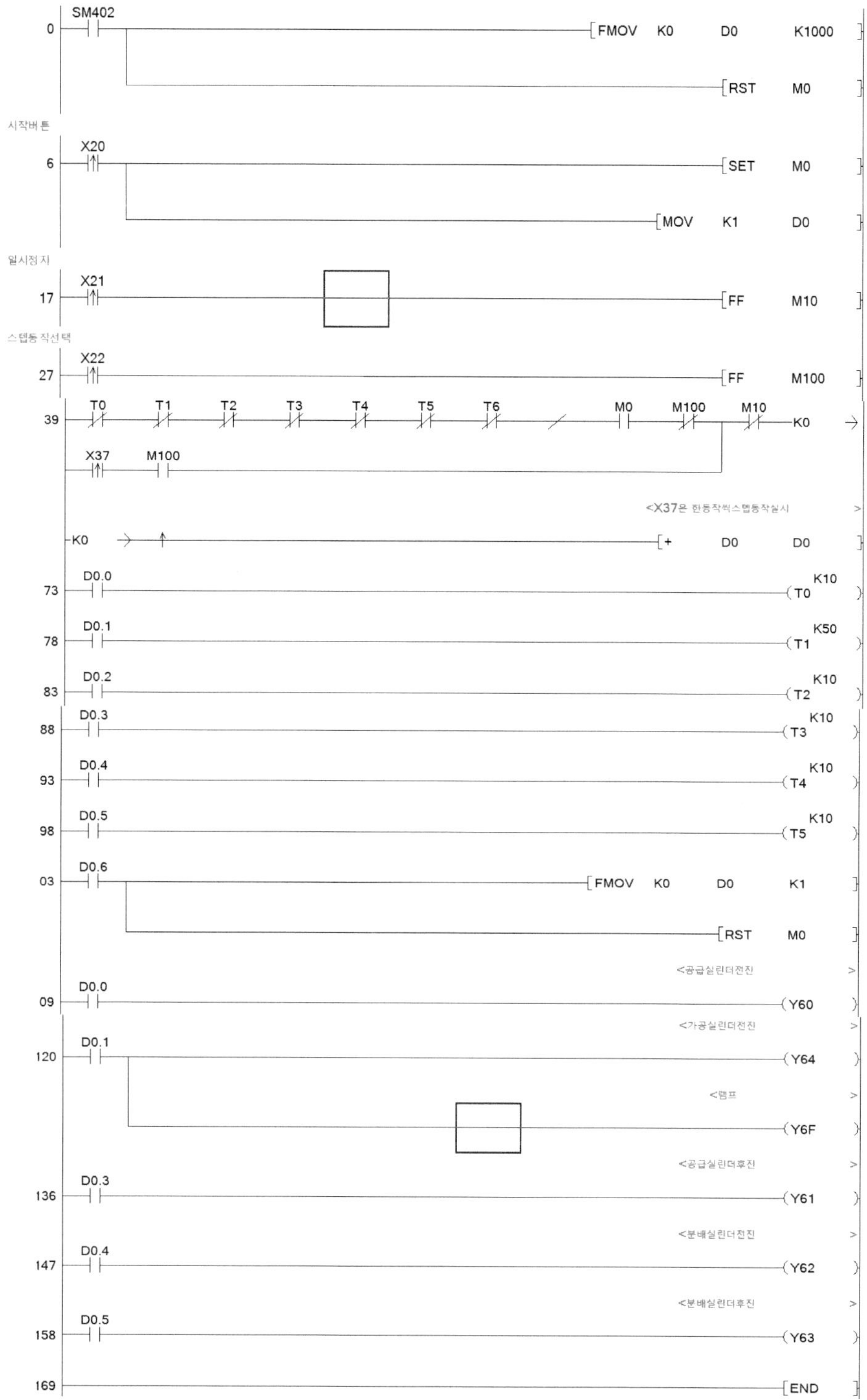
SM402
0
FMOV K0 D0 K1000
RST M0
시작버튼
X20
6
SET M0
MOV K1 D0
일시정지
X21
17
FF M10
스텝동작선택
X22
27
FF M100
39
T0 T1 T2 T3 T4 T5 T6 M0 M100 M10
K0
X37 M100
<X37은 한동작씩스텝동작실시>
K0
+ D0 D0
73
D0.0
K10
T0
78
D0.1
K50
T1
83
D0.2
K10
T2
88
D0.3
K10
T3
93
D0.4
K10
T4
98
D0.5
K10
T5
03
D0.6
FMOV K0 D0 K1
RST M0
<공급실린더전진>
09
D0.0
Y60
<가공실린더전진>
120
D0.1
Y64
<램프>
Y6F
<공급실린더후진>
136
D0.3
Y61
<분배실린더전진>
147
D0.4
Y62
<분배실린더후진>
158
D0.5
Y63
169
END

② 드릴가공모터 포함한 운전

- 시작(X20), 일시정지(X21), 스텝동작선택(X22), 스텝스위치(X37)
  공급실린더전진 ⇒ 드릴가공모터ON ⇒ 가공실린더전진 ⇒ 2초 ⇒ 가공실린더후진 ⇒ 드릴가공모터OFF ⇒ 공급실린더후진 ⇒ 분배실린더전진 ⇒ 분배실린더후진

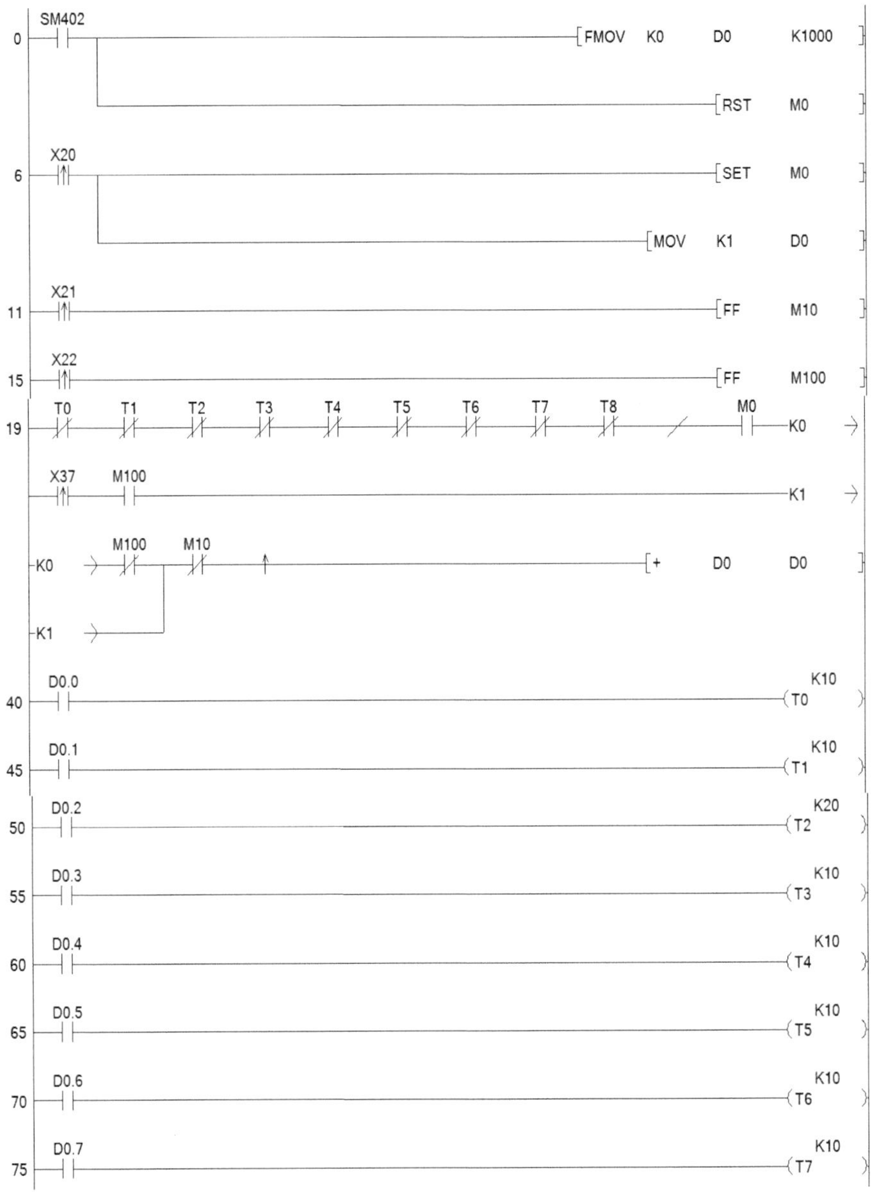

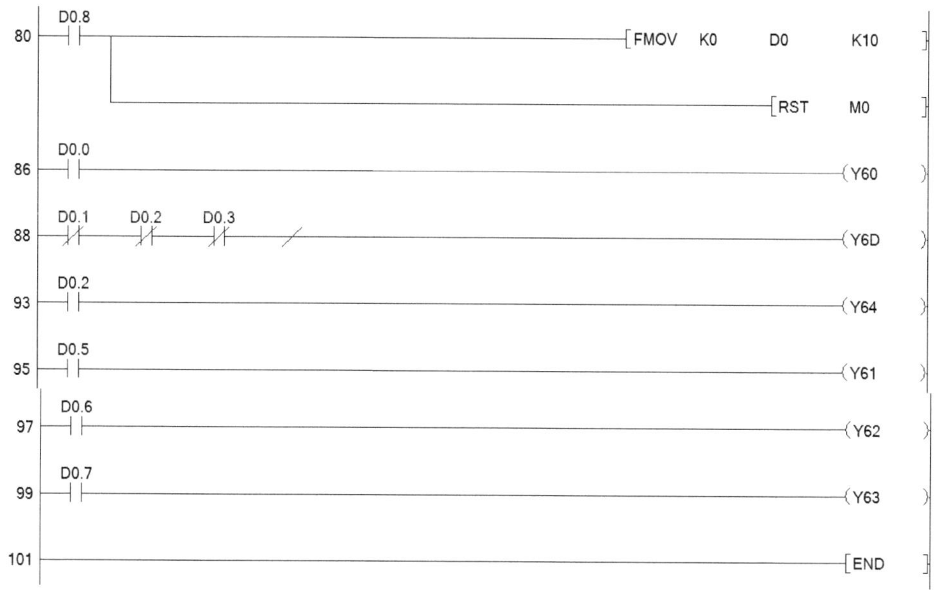

③ 컨베어운전까지

- 시작(X20), 일시정지(X21), 스텝동작선택(X22), 스텝스위치(X37)

  공급실린더전진 ⇒ 드릴가공모터ON ⇒ 가공실린더전진 ⇒ 2초 ⇒ 가공실린더후진 ⇒ 드릴가공모터OFF ⇒ 공급실린더후진 ⇒ 분배실린더전진 ⇒ 분배실린더후진 ⇒ 컨베어운전(10초)

* ②프로그램에 아래 프로그램 추가

④ 금속취출 비금속배출 동작

* ③프로그램에 아래 프로그램 추가

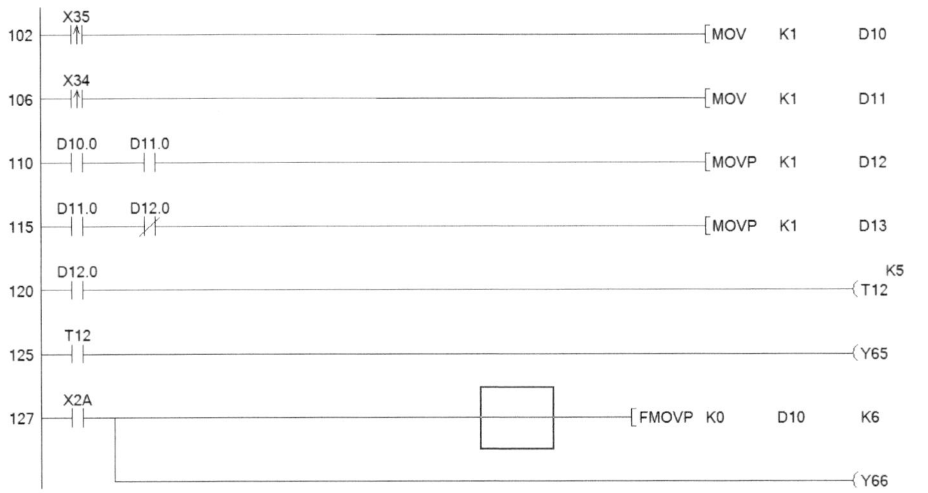

⑤ 금속배출 비금속스토퍼정지 동작

* ③프로그램에 아래 프로그램 추가

⑥ 금속취출 비금속스토퍼정지 동작

* ③프로그램에 아래 프로그램 추가

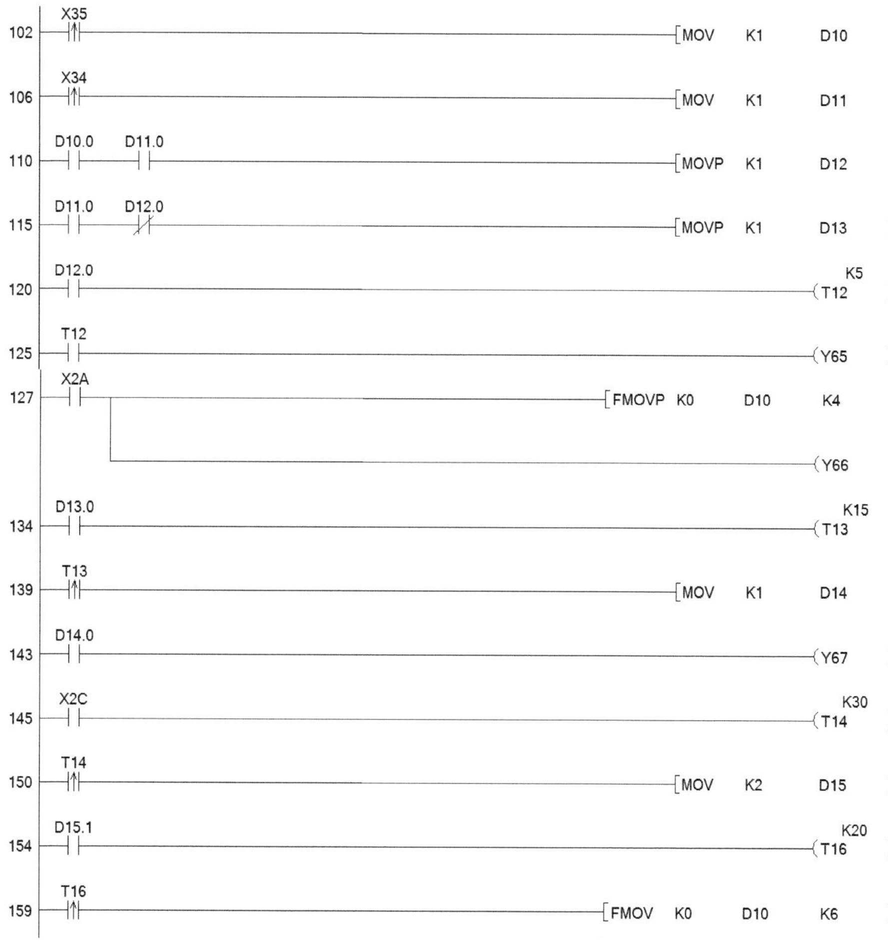

⑦ 비금속배출 금속스토퍼정지 동작

* ③프로그램에 아래 프로그램 추가

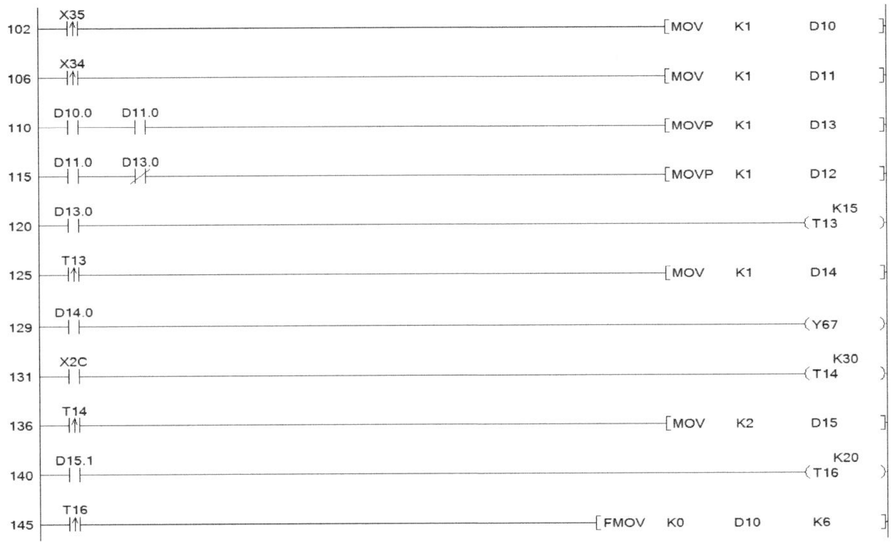

⑧ 비금속취출 금속스토퍼정지 동작

* ③프로그램에 아래 프로그램 추가

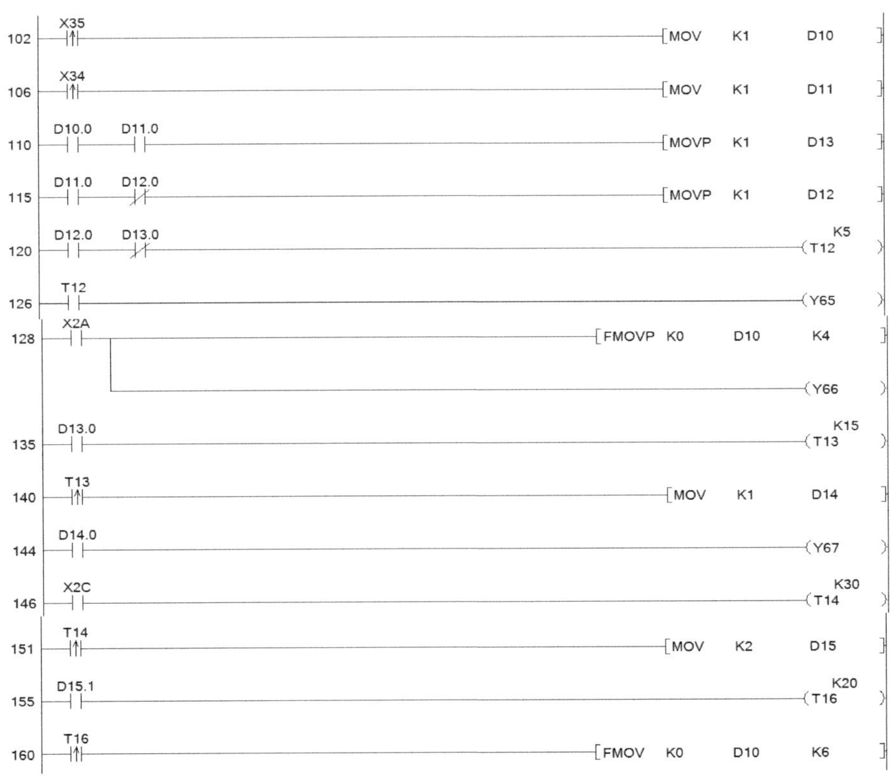

⑨ 금속배출 비금속스토퍼정지 동작(연속)

* ⑤프로그램에 아래 프로그램 추가(수정)

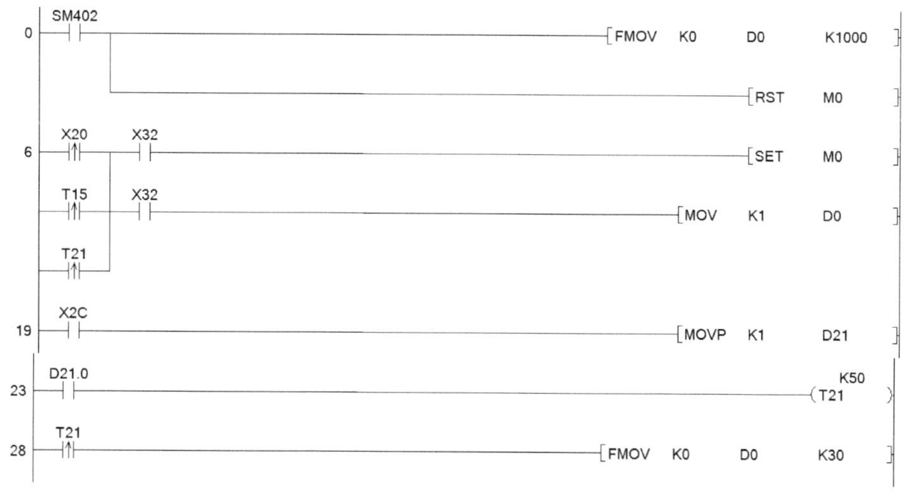

⑩ 금속취출 비금속스토퍼정지 동작(연속)

* ⑥프로그램에 아래 프로그램 추가(수정)

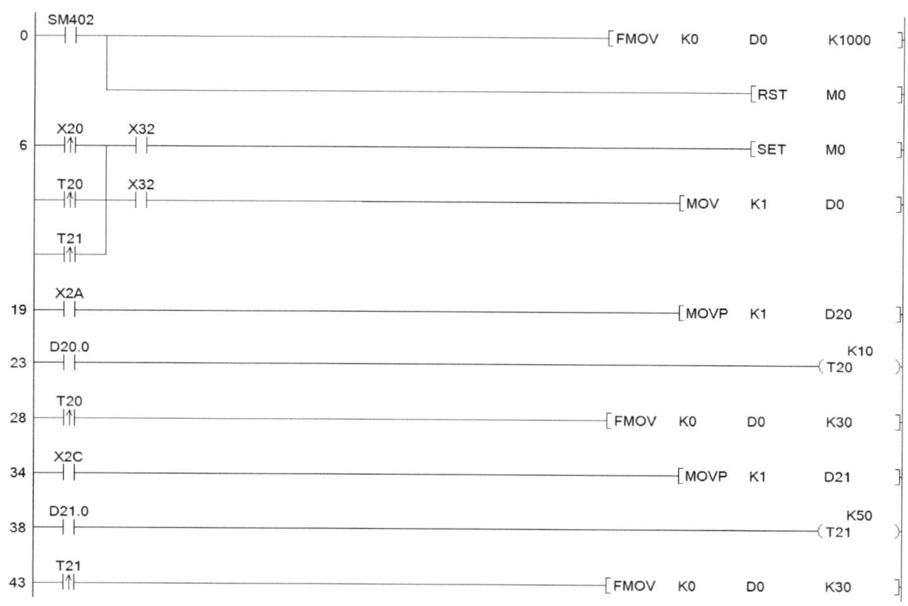

⑪ 입출고 프로그램

- 입고 : 흡착(M30), 창고에 넣고 흡착해제(M31)
- 출고 : 흡착(M40), 흡착용하강(M41), 흡착후상승후 실린더후진(M42), 흡착해제(M43)

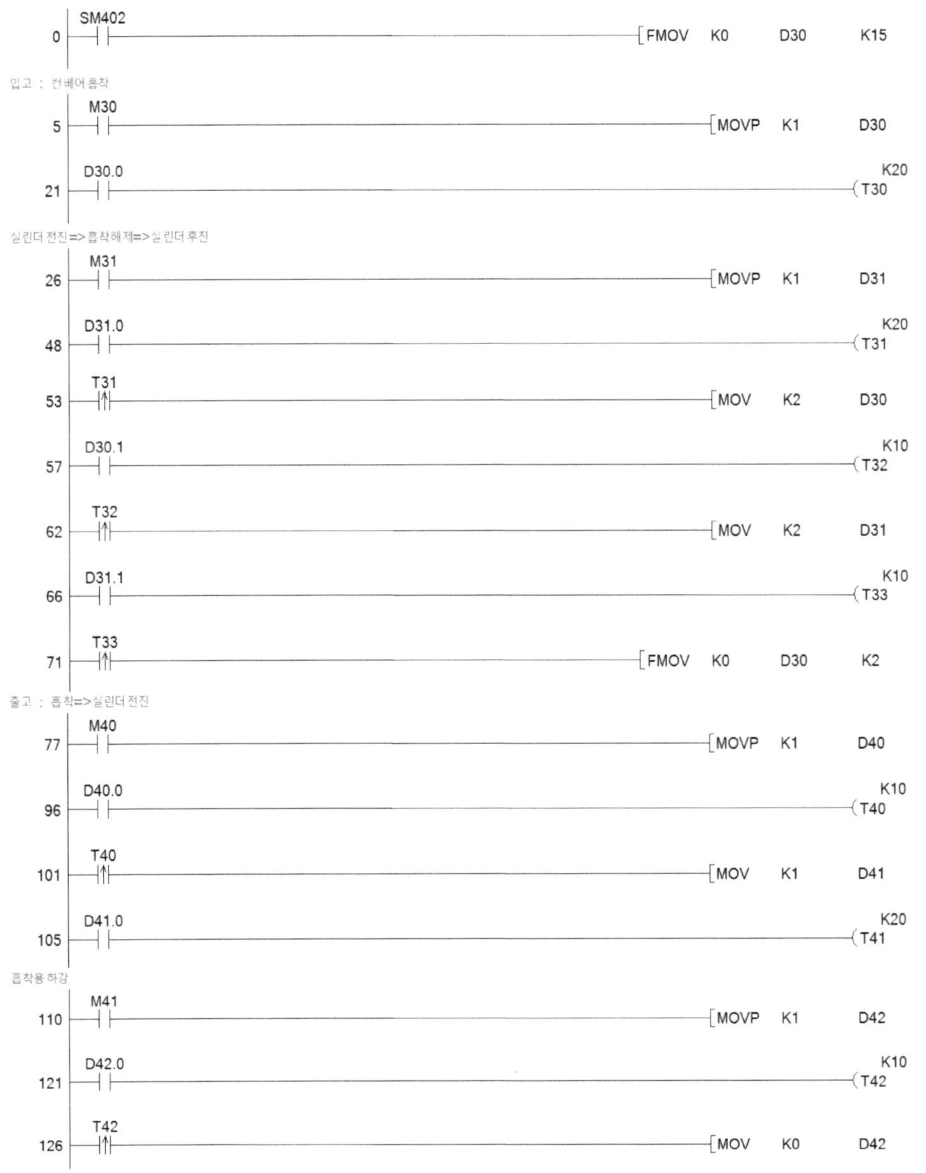

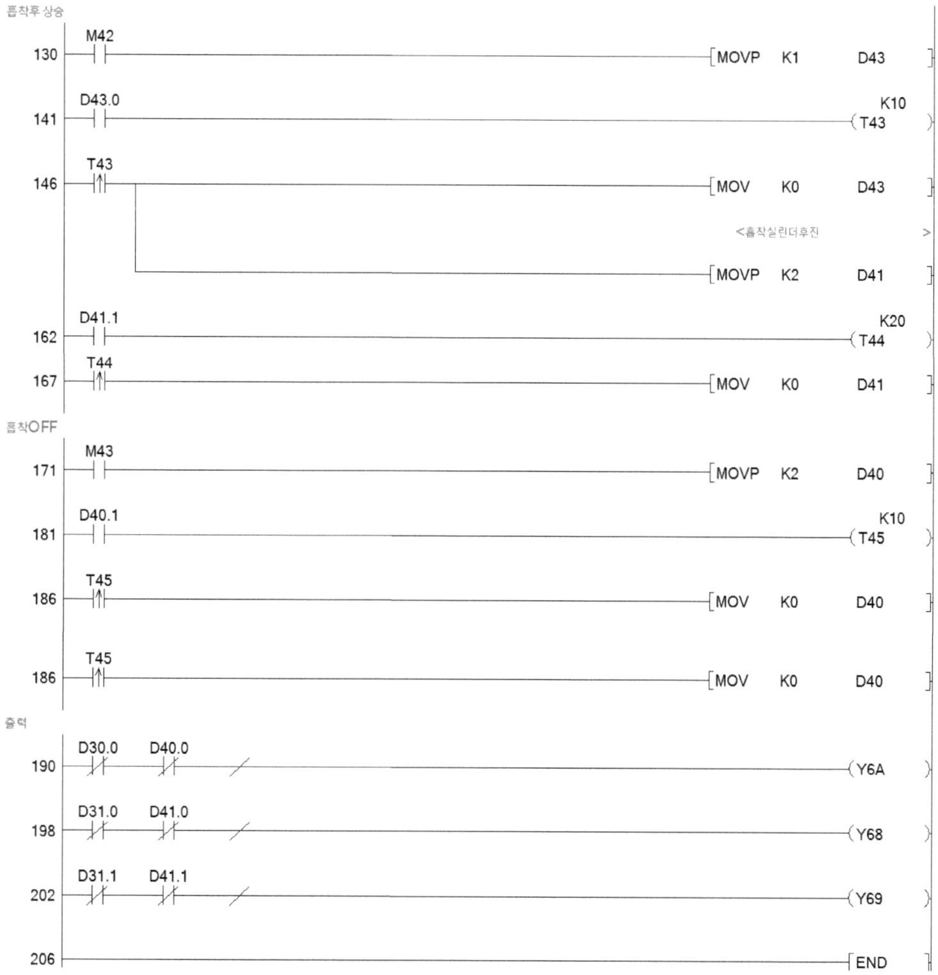

⑫ 조그운전 및 M코드운전 프로그램(3층에 입고)

- 상승(M21), 하강(M22), 원점(M20), 운전(M25), 입고(M26), 서보운전램프(M27)
- 원점(0mm), 컨베어위치(100mm), 1층(80mm), 2층(60mm), 3층(40mm)
- 속도(1000mm/min)

No.	Operation pattern	Control method	Axis to be interpolated	Acceleration time No.	Deceleration time No.	Positioning address	Arc address	Command speed	Dwell time	M-code
1	1:CONT	01h:ABS Linear 1	-	0:100	0:100	100000.0 μm	0.0 μm	1000.00 mm/min	0 ms	30
2	1:CONT	01h:ABS Linear 1	-	0:100	0:100	40000.0 μm	0.0 μm	1000.00 mm/min	0 ms	31
3	0:END	01h:ABS Linear 1	-	0:100	0:100	0.0 μm	0.0 μm	1000.00 mm/min	0 ms	0

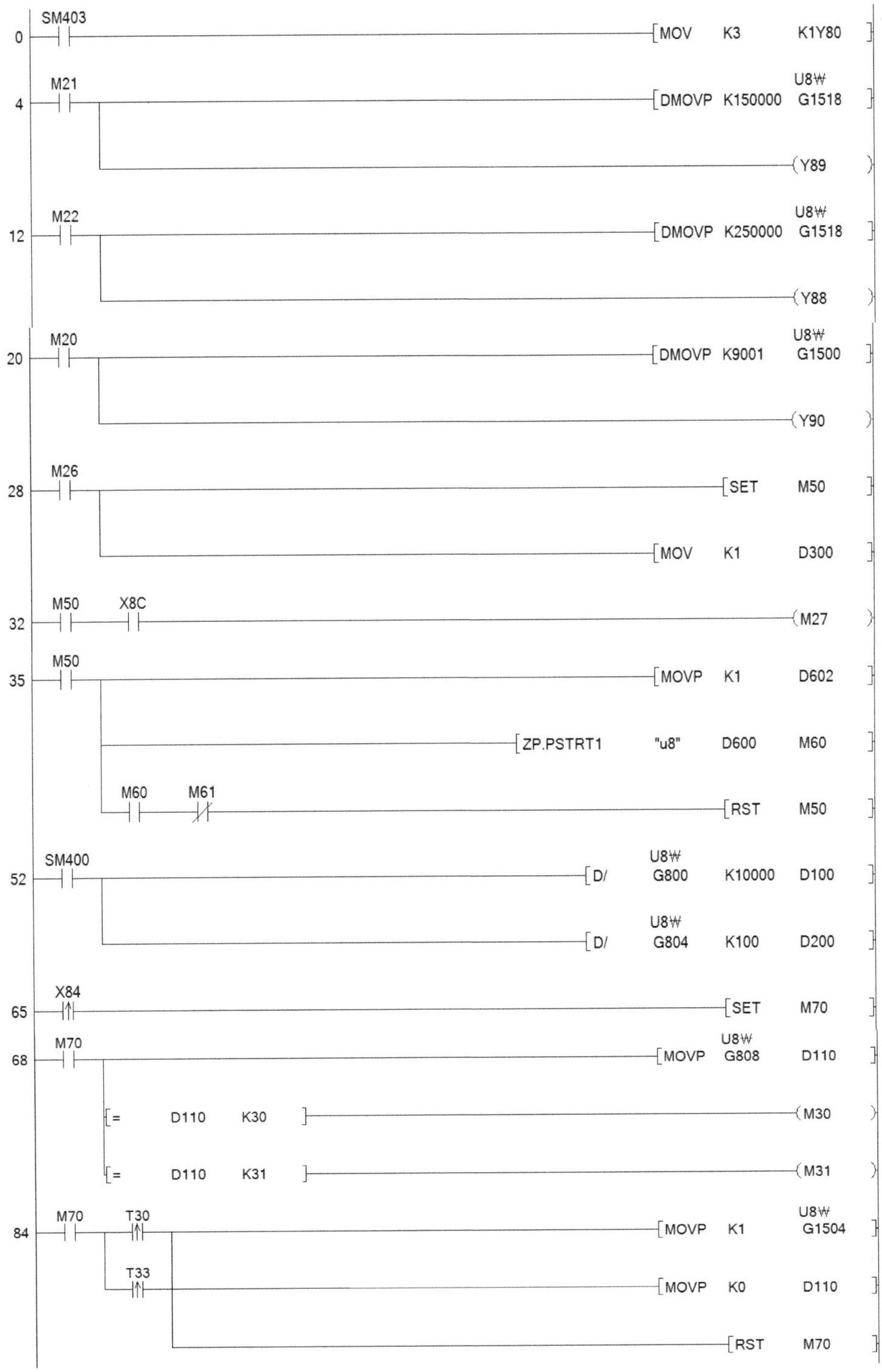
0 SM403 [MOV K3 K1Y80]
4 M21 [DMOVP K150000 U8₩ G1518]
(Y89)
12 M22 [DMOVP K250000 U8₩ G1518]
(Y88)
20 M20 [DMOVP K9001 U8₩ G1500]
(Y90)
28 M26 [SET M50]
[MOV K1 D300]
32 M50 X8C (M27)
35 M50 [MOVP K1 D602]
[ZP.PSTRT1 "u8" D600 M60]
M60 M61 [RST M50]
52 SM400 [D/ U8₩ G800 K10000 D100]
[D/ U8₩ G804 K100 D200]
65 X84 [SET M70]
68 M70 [MOVP U8₩ G808 D110]
[= D110 K30] (M30)
[= D110 K31] (M31)
84 M70 T30 [MOVP K1 U8₩ G1504]
T33 [MOVP K0 D110]
[RST M70]

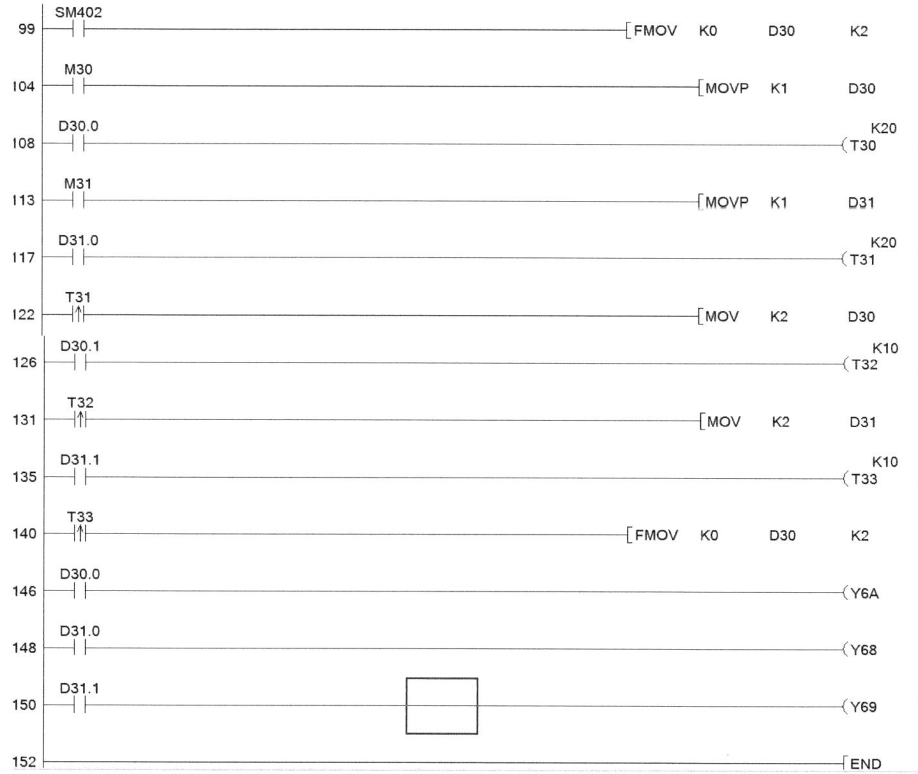

⑬ 조그운전 및 M코드운전 프로그램(3층입고) 연속운전

- 상승(M21), 하강(M22), 원점(M20), 운전(M25), 입고(M26), 서보운전램프(M27)

* ⑪프로그램에 아래 프로그램 추가(수정)

- 원점(0mm), 컨베어위치(120mm : 장비에서 확인), 1층(80mm), 2층(60mm), 3층(40mm)
- 속도(1000mm/min)

No.	Operation pattern	Control method	Axis to be interpolated	Acceleration time No.	Deceleration time No.	Positioning address	Arc address	Command speed	Dwell time	M-code
1	1:CONT	01h:ABS Linear 1	-	0:100	0:100	120000.0 μm	0.0 μm	1000.00 mm/min	0 ms	30
2	1:CONT	01h:ABS Linear 1	-	0:100	0:100	40000.0 μm	0.0 μm	1000.00 mm/min	0 ms	31
3	0:END	01h:ABS Linear 1	-	0:100	0:100	0.0 μm	0.0 μm	1000.00 mm/min	0 ms	0
4										

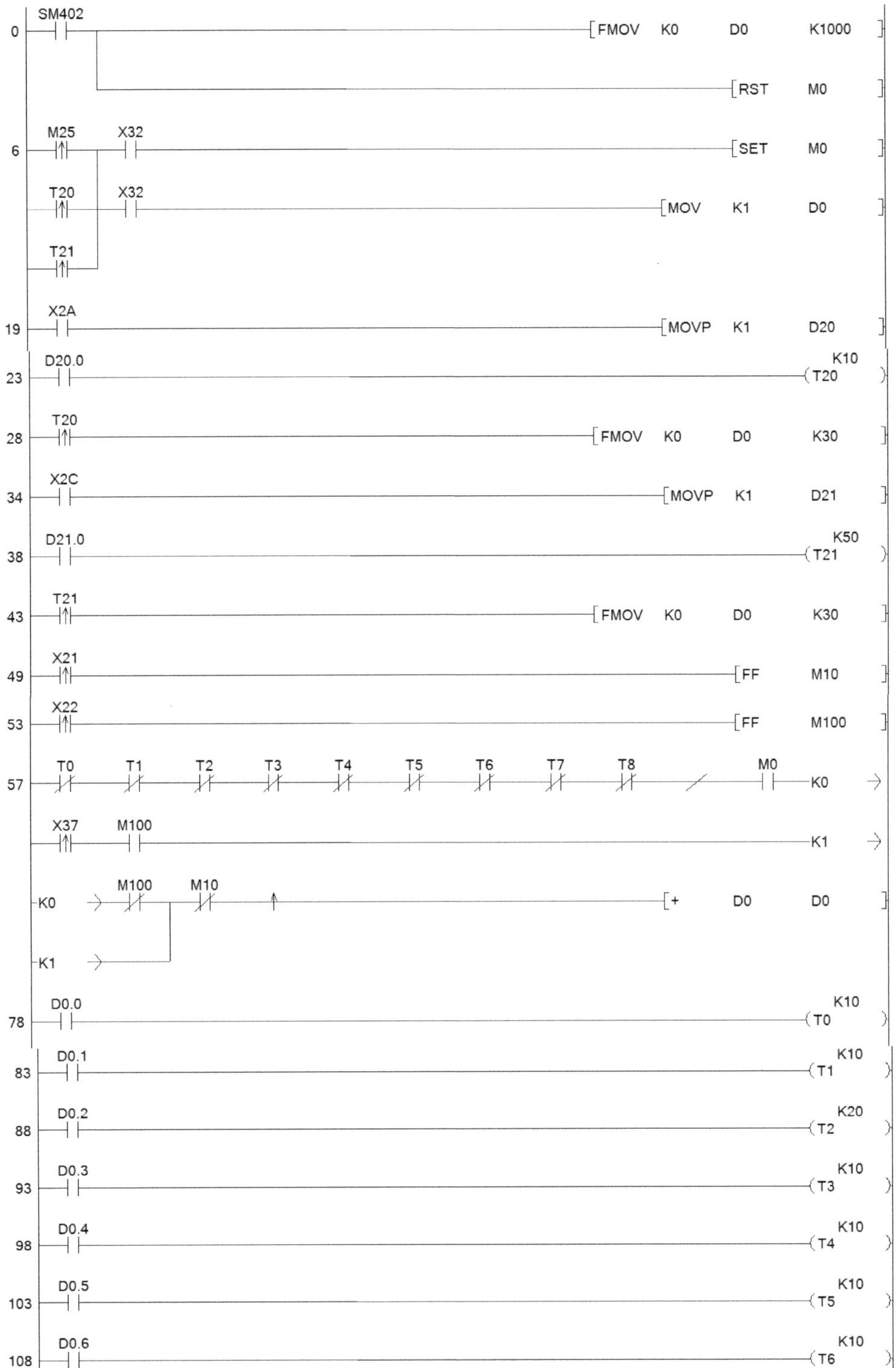
0 SM402 FMOV K0 D0 K1000
RST M0
6 M25 X32 SET M0
T20 X32 MOV K1 D0
T21
19 X2A MOVP K1 D20
23 D20.0 K10 T20
28 T20 FMOV K0 D0 K30
34 X2C MOVP K1 D21
38 D21.0 K50 T21
43 T21 FMOV K0 D0 K30
49 X21 FF M10
53 X22 FF M100
57 T0 T1 T2 T3 T4 T5 T6 T7 T8 M0 K0
X37 M100 K1
K0 M100 M10 + D0 D0
K1
78 D0.0 K10 T0
83 D0.1 K10 T1
88 D0.2 K20 T2
93 D0.3 K10 T3
98 D0.4 K10 T4
103 D0.5 K10 T5
108 D0.6 K10 T6

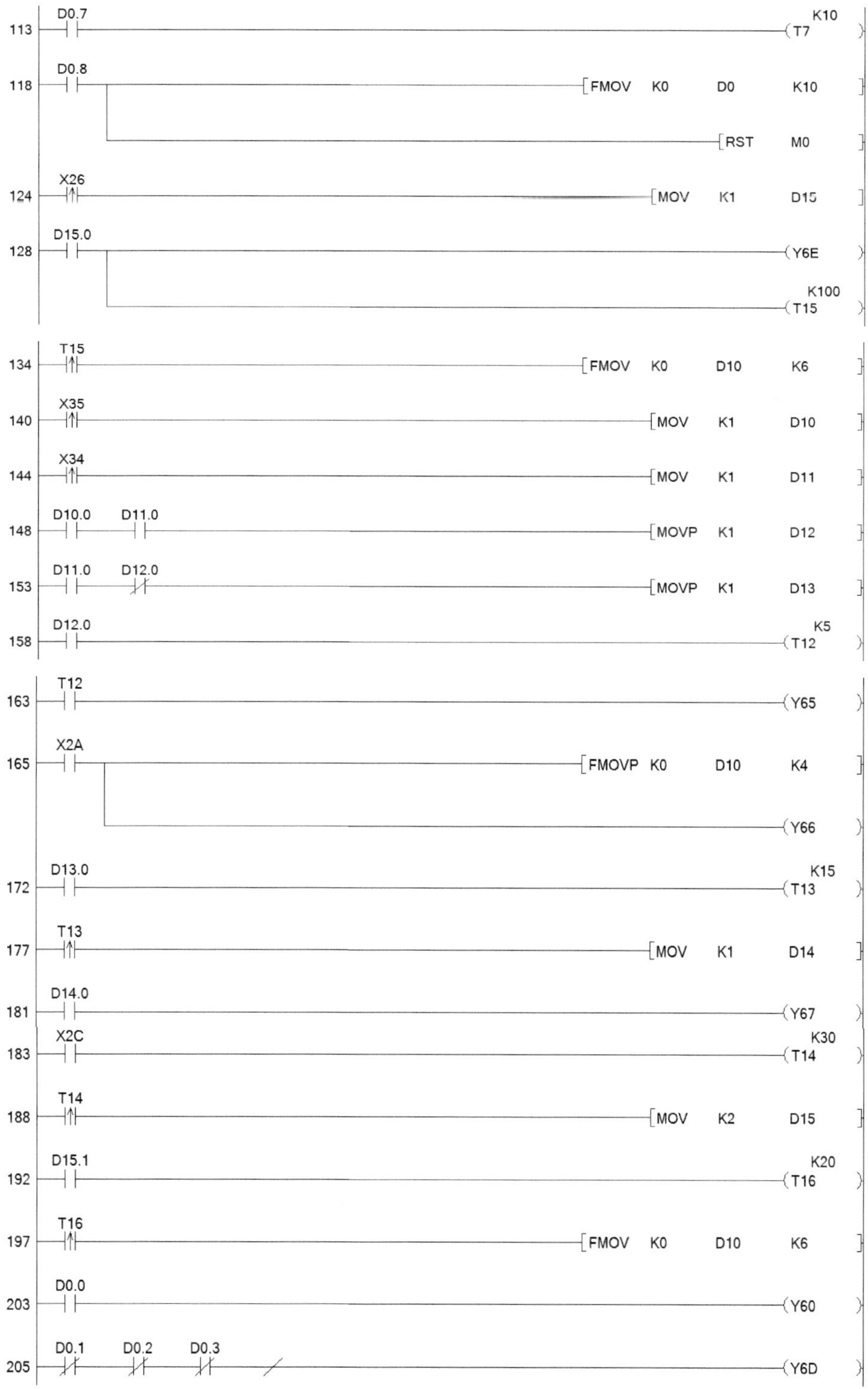
113 D0.7 K10 T7
118 D0.8 FMOV K0 D0 K10
RST M0
124 X26 MOV K1 D15
128 D15.0 Y6E
K100 T15
134 T15 FMOV K0 D10 K6
140 X35 MOV K1 D10
144 X34 MOV K1 D11
148 D10.0 D11.0 MOVP K1 D12
153 D11.0 D12.0 MOVP K1 D13
158 D12.0 K5 T12
163 T12 Y65
165 X2A FMOVP K0 D10 K4
Y66
172 D13.0 K15 T13
177 T13 MOV K1 D14
181 D14.0 Y67
183 X2C K30 T14
188 T14 MOV K2 D15
192 D15.1 K20 T16
197 T16 FMOV K0 D10 K6
203 D0.0 Y60
205 D0.1 D0.2 D0.3 Y6D

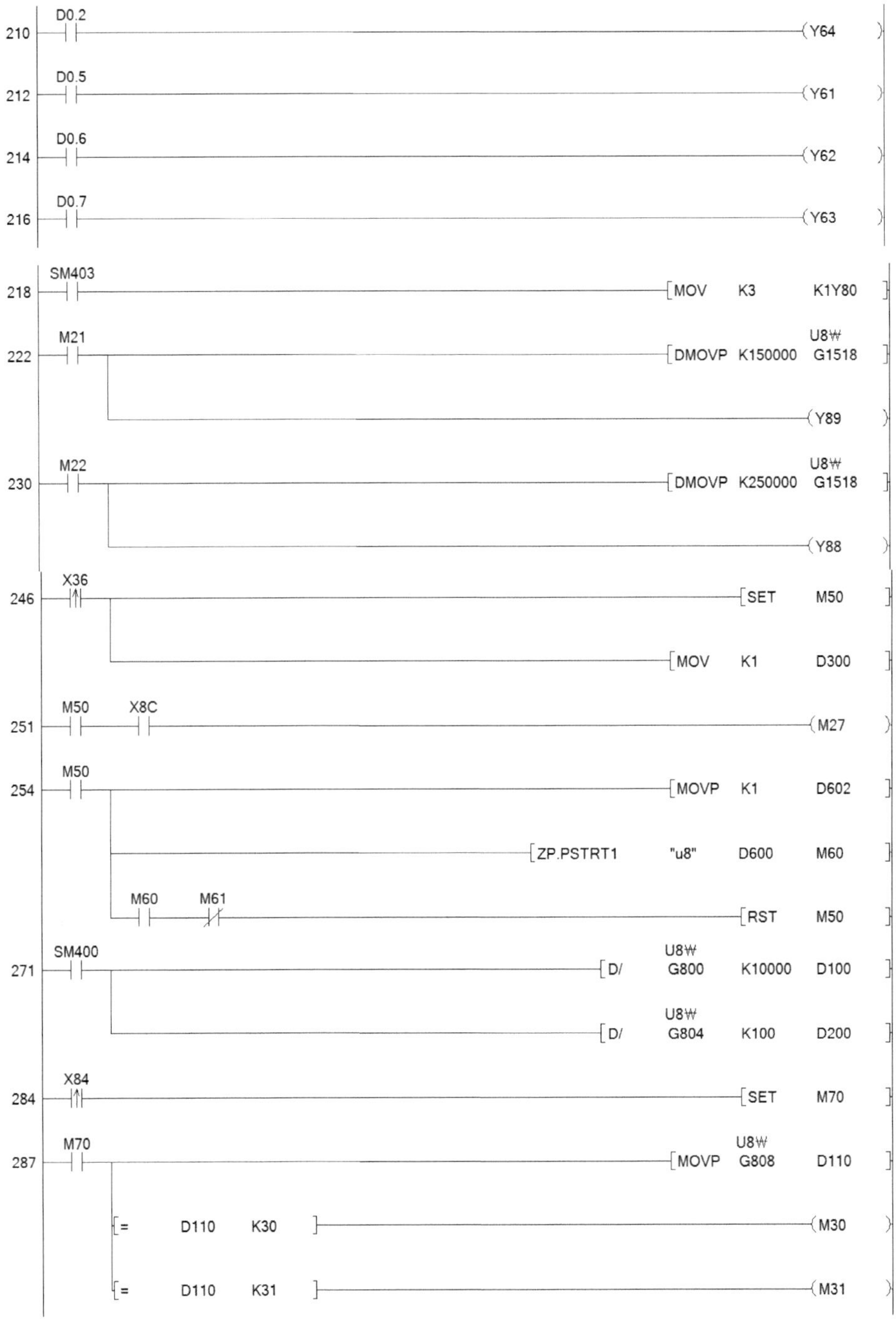
210 D0.2 Y64
212 D0.5 Y61
214 D0.6 Y62
216 D0.7 Y63
218 SM403 MOV K3 K1Y80
222 M21 DMOVP K150000 U8₩ G1518
Y89
230 M22 DMOVP K250000 U8₩ G1518
Y88
246 X36 SET M50
MOV K1 D300
251 M50 X8C M27
254 M50 MOVP K1 D602
ZP.PSTRT1 "u8" D600 M60
M60 M61 RST M50
271 SM400 D/ U8₩ G800 K10000 D100
D/ U8₩ G804 K100 D200
284 X84 SET M70
287 M70 MOVP U8₩ G808 D110
= D110 K30 M30
= D110 K31 M31

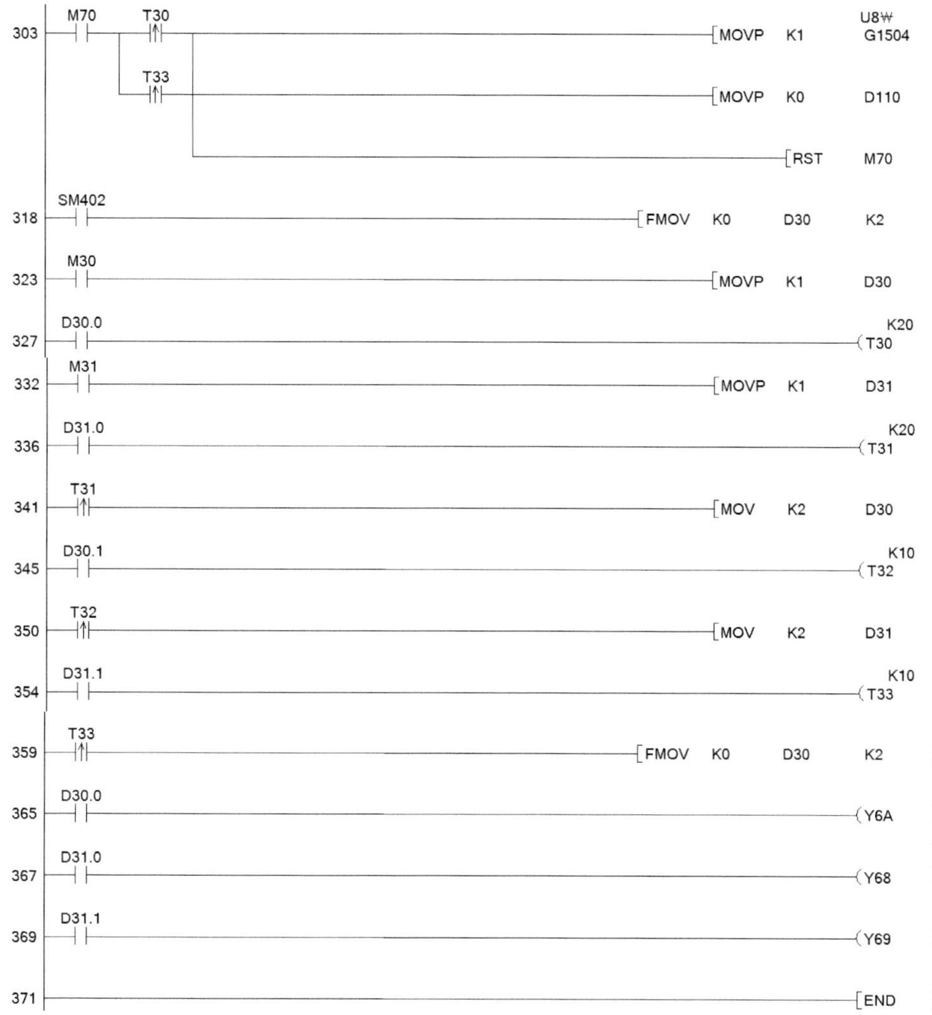
303 M70 T30 MOVP K1 U8₩ G1504
T33 MOVP K0 D110
RST M70
318 SM402 FMOV K0 D30 K2
323 M30 MOVP K1 D30
327 D30.0 K20 T30
332 M31 MOVP K1 D31
336 D31.0 K20 T31
341 T31 MOV K2 D30
345 D30.1 K10 T32
350 T32 MOV K2 D31
354 D31.1 K10 T33
359 T33 FMOV K0 D30 K2
365 D30.0 Y6A
367 D31.0 Y68
369 D31.1 Y69
371 END

⑭ 조그운전 및 M코드운전 프로그램(3층에서 출고해서 컨베어 위에 놓으면 배출, 컨베어 3초 ON)

- 상승(M21), 하강(M22), 원점(M20), 운전(M25), 입고(M26), 출고(M28), 서보운전램프(M27)
- 원점(0mm), 컨베어위치(100mm), 1층(80mm), 2층(60mm), 3층(40mm)
- 속도(1000mm/min), 원점속도(3000mm/min)

No.	Operation pattern	Control method	Axis to be interpolated	Acceleration time No.	Deceleration time No.	Positioning address	Arc address	Command speed	Dwell time	M-code
1	1:CONT	01h:ABS Linear 1	-	0:100	0:100	35000.0 μm	0.0 μm	1000.00 mm/min	0 ms	40
2	1:CONT	01h:ABS Linear 1	-	0:100	0:100	40000.0 μm	0.0 μm	1000.00 mm/min	0 ms	41
3	1:CONT	01h:ABS Linear 1	-	0:100	0:100	35000.0 μm	0.0 μm	1000.00 mm/min	0 ms	42
4	1:CONT	01h:ABS Linear 1	-	0:100	0:100	100000.0 μm	0.0 μm	1000.00 mm/min	0 ms	43
5	0:END	01h:ABS Linear 1	-	0:100	0:100	0.0 μm	0.0 μm	3000.00 mm/min	0 ms	0

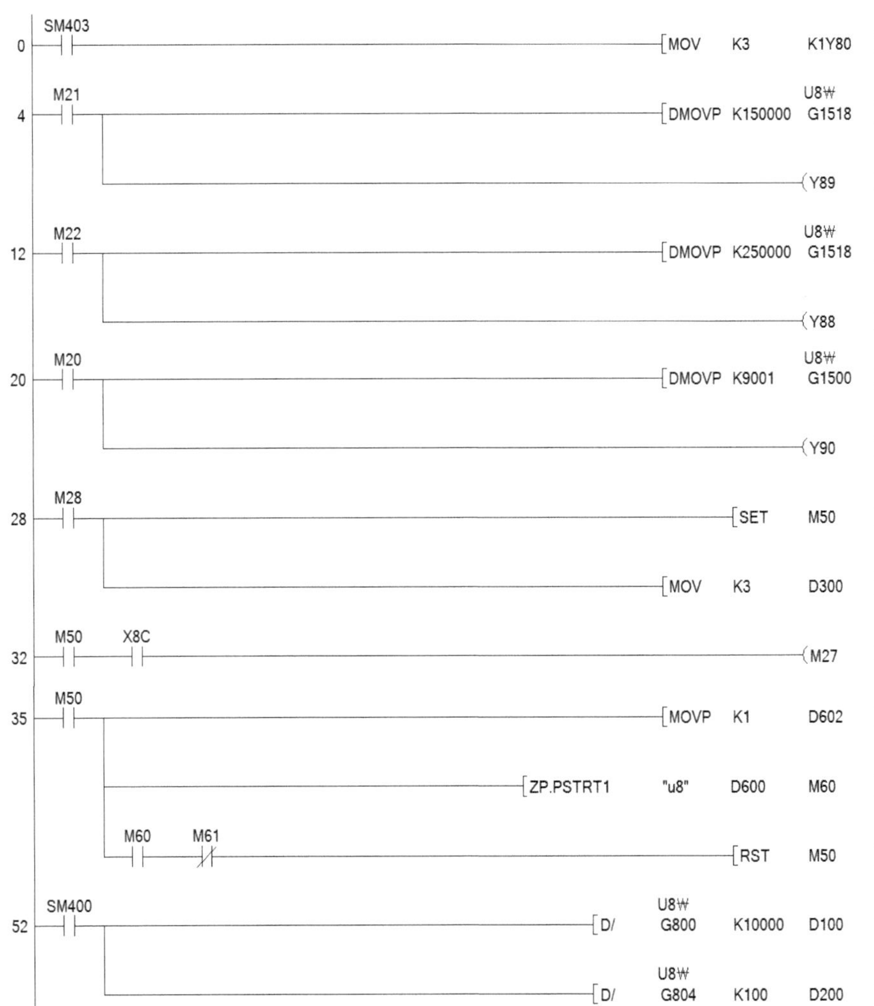

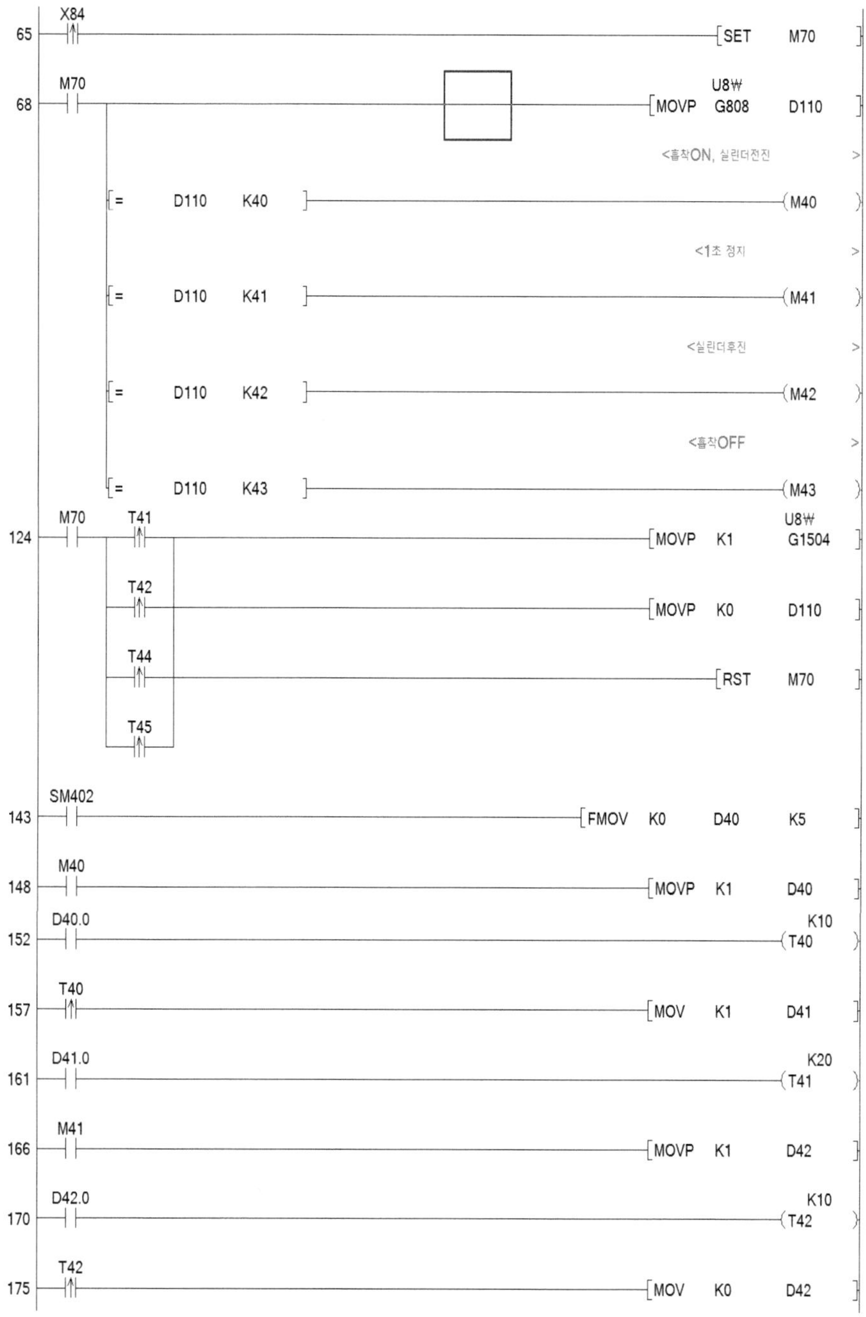
65 X84 SET M70
68 M70 U8₩ MOVP G808 D110
<흡착ON, 실린더전진 >
= D110 K40 M40
<1초 정지 >
= D110 K41 M41
<실린더후진 >
= D110 K42 M42
<흡착OFF >
= D110 K43 M43
124 M70 T41 U8₩ MOVP K1 G1504
T42 MOVP K0 D110
T44 RST M70
T45
143 SM402 FMOV K0 D40 K5
148 M40 MOVP K1 D40
152 D40.0 K10 T40
157 T40 MOV K1 D41
161 D41.0 K20 T41
166 M41 MOVP K1 D42
170 D42.0 K10 T42
175 T42 MOV K0 D42

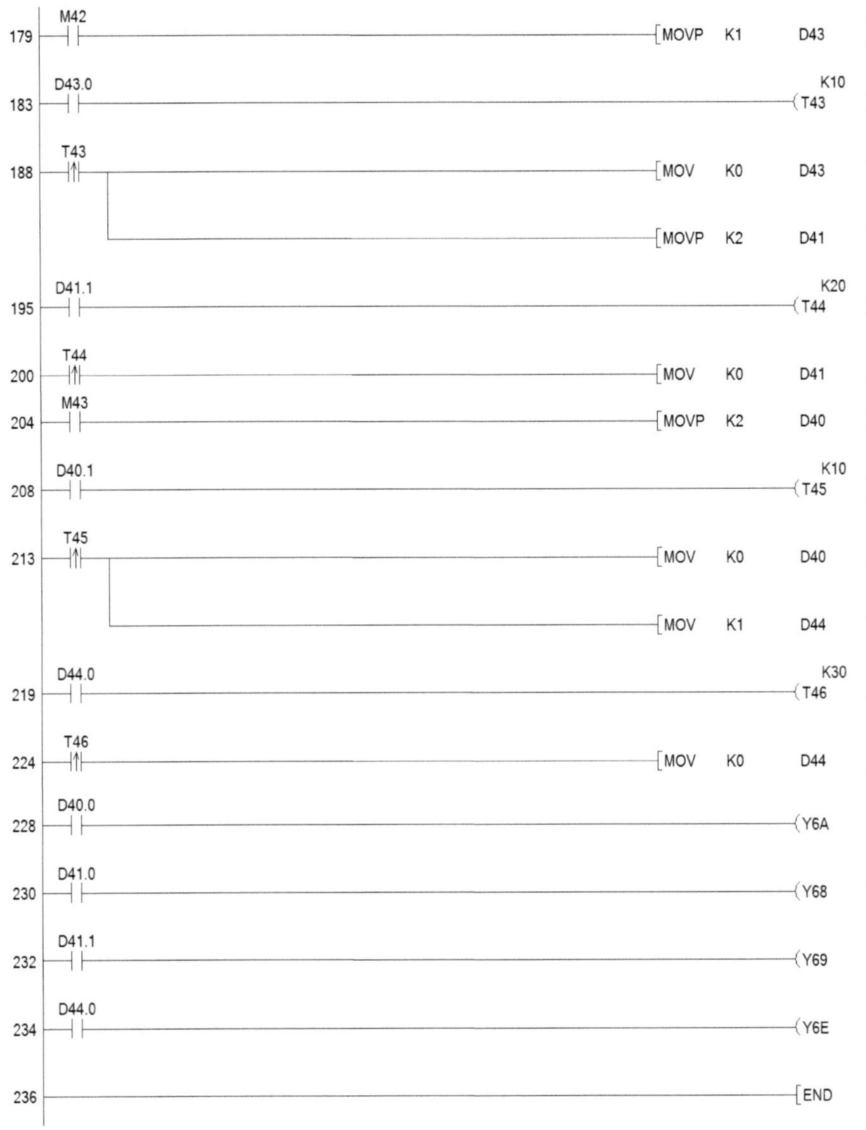
179 M42 MOVP K1 D43
183 D43.0 K10 T43
188 T43 MOV K0 D43
MOVP K2 D41
195 D41.1 K20 T44
200 T44 MOV K0 D41
204 M43 MOVP K2 D40
208 D40.1 K10 T45
213 T45 MOV K0 D40
MOV K1 D44
219 D44.0 K30 T46
224 T46 MOV K0 D44
228 D40.0 Y6A
230 D41.0 Y68
232 D41.1 Y69
234 D44.0 Y6E
236 END

Chapter VI

실기 문제 풀이

1 QD75M2(입력 64점, 출력 64점) 활용

Question 실기문제 1

01 초기동작

터치 구성도를 참조하여 [수동 운전] 터치화면을 구성하고, 구성된 각 버튼을 아래의 조건과 같이 동작하도록 시스템을 구성하시오.

① 실린더의 각 버튼은 [수동 운전] 중 동작이 가능해야 하고, 또한 각 실린더의 상태를 나타낼 수 있어야 한다.(예: 공급실린더 전진 버튼을 터치할 경우, 실린더가 전진하며 완료되면 전진 버튼의 LAMP가 ON된다.)

② 리프트모터는 저속 선택 시 1000mm/min의 속도로 기동하고, 고속 선택 시 3000mm/min의 속도로 기동한다.

③ 리프트모터 상승 및 하강버튼은 서보모터의 조그운전 기능을 이용하며, 상한 리밋센서와 하한 리밋센서에 리프트가 감지될 경우, 서보 모터는 정지한다.

- 터치(화면1)

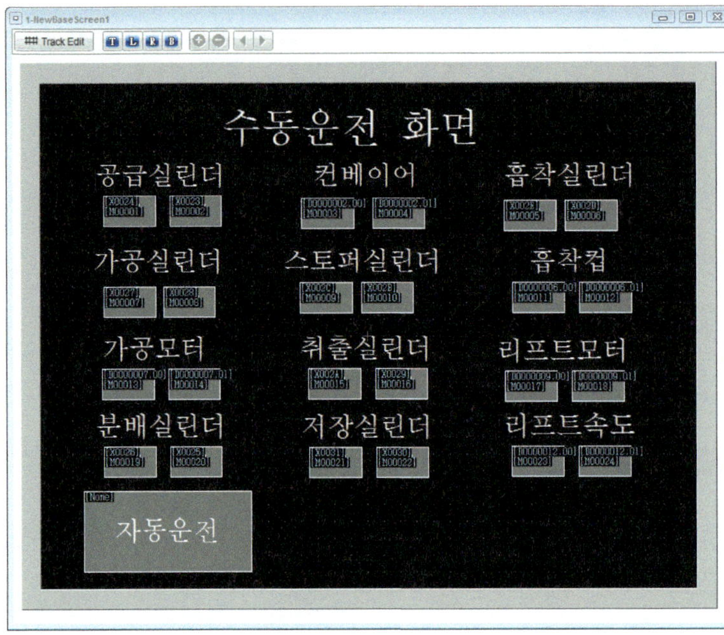

- 터치(화면1) I/O 할당표

공급실린더		컨베이어		흡착실린더	
전진	후진	ON	OFF	전진	후진
스위치:M1 램프:X24 I/0할당:D0.0	스위치:M2 램프:X23 I/0할당:D0.1	스위치:M3 램프:D2.0 I/0할당:D2.0	스위치:M4 램프:D2.1 I/0할당:D2.1	스위치:M5 램프:X2E I/0할당:D3.0	스위치:M6 램프:X2D I/0할당:D3.1
가공실린더		스토퍼실린더		흡착컵	
전진	후진	전진	후진	ON	OFF
스위치:M7 램프:X27 I/0할당:D4.0	스위치:M8 램프:X28 I/0할당:D4.1	스위치:M9 램프:X2C I/0할당:D5.0	스위치:M10 램프:X2B I/0할당:D5.1	스위치:M11 램프:D6.0 I/0할당:D6.0	스위치:M12 램프:D6.1 I/0할당:D6.1
가공모터		취출실린더		리프트모터	
ON	OFF	전진	후진	상승	하강
스위치:M13 램프:D7.0 I/0할당:D7.0	스위치:M14 램프:D7.1 I/0할당:D7.1	스위치:M15 램프:X2A I/0할당:D8.0	스위치:M16 램프:X29 I/0할당:D8.1	스위치:M17 램프:D9.0 I/0할당:D9.0	스위치:M18 램프:D9.1 I/0할당:D9.1
분배실린더		저장실린더		리프트속도	
전진	후진	전진	후진	고속	저속
스위치:M19 램프:X26 I/0할당:D10.0	스위치:M20 램프:X25 I/0할당:D10.1	스위치:M21 램프:X31 I/0할당:D11.0	스위치:M22 램프:X30 I/0할당:D11.1	스위치:M23 램프:D12.0 I/0할당:D13	스위치:M24 램프:D12.1 I/0할당:D13

- PLC 프로그램(초기동작)

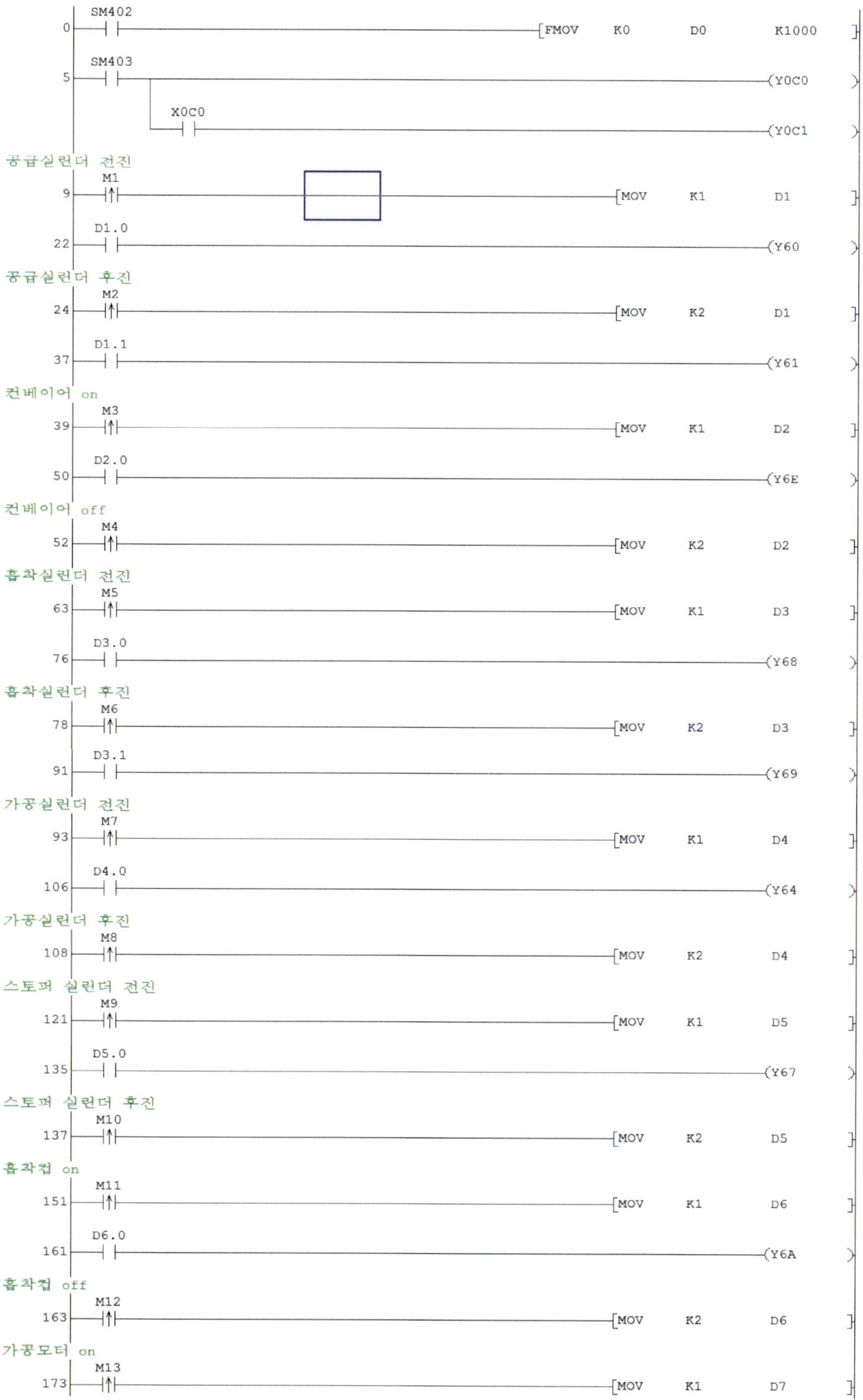

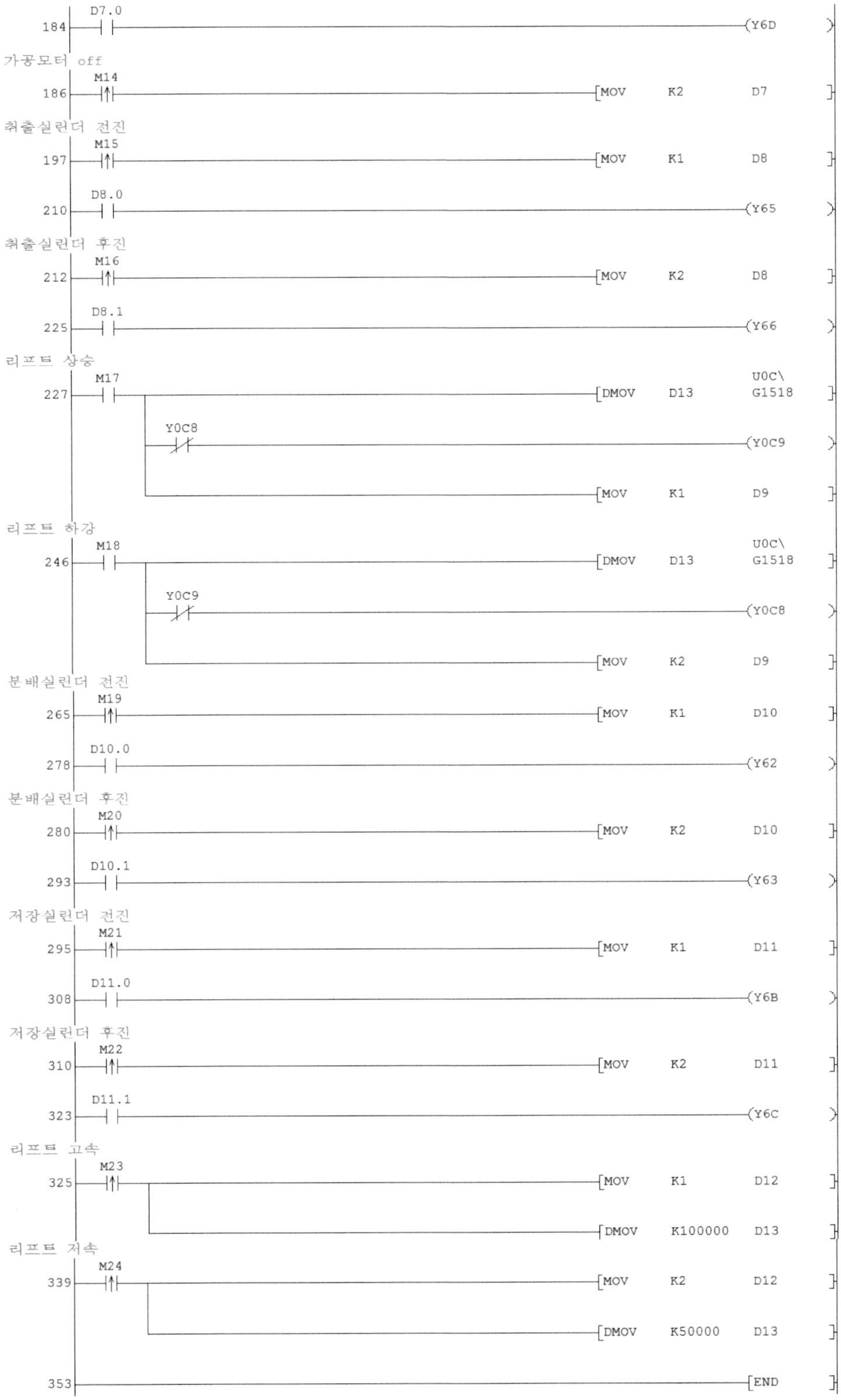
184 D7.0 (Y6D)
가공모터 off
186 M14 [MOV K2 D7]
취출실린더 전진
197 M15 [MOV K1 D8]
210 D8.0 (Y65)
취출실린더 후진
212 M16 [MOV K2 D8]
225 D8.1 (Y66)
리프트 상승
227 M17 [DMOV D13 U0C\G1518]
Y0C8 (Y0C9)
[MOV K1 D9]
리프트 하강
246 M18 [DMOV D13 U0C\G1518]
Y0C9 (Y0C8)
[MOV K2 D9]
분배실린더 전진
265 M19 [MOV K1 D10]
278 D10.0 (Y62)
분배실린더 후진
280 M20 [MOV K2 D10]
293 D10.1 (Y63)
저장실린더 전진
295 M21 [MOV K1 D11]
308 D11.0 (Y6B)
저장실린더 후진
310 M22 [MOV K2 D11]
323 D11.1 (Y6C)
리프트 고속
325 M23 [MOV K1 D12]
[DMOV K100000 D13]
리프트 저속
339 M24 [MOV K2 D12]
[DMOV K50000 D13]
353 [END]

02 기본동작

① 원점복귀: [원점복귀] 버튼을 터치하면, [원점복귀] 버튼의 램프가 점등하고, 원점복귀 동작이 완료되면 소등된다. 원점복귀는 "기본운전", "응용운전" 중에는 동작할 수 없으며, 원점복귀 동작은 아래와 같이 동작한다.

- 공급실린더 후진, 가공실린더 상승, 가공모터 정지, 분배실린더 후진, 컨베이어 OFF, 스토퍼실린더 상승, 취출실린더 후진, 저장실린더 우측, 흡착실린더 후진, 흡착 컵 해제
- 리프트 모터 원점 복귀

② 비상정지: [비상정지] 버튼을 터치하면 "원점복귀", "기본운전", "응용운전"이 즉시 정지하며, 비상정지 상태를 유지한다. [비상정지] 버튼을 다시 터치하면, 비상정지 상태가 해제된다.

③ 기본운전: 워크가 감지되면 [기본 운전] 버튼을 터치하여 아래 기본 운전 동작표와 같이 기본 운전을 실시하며, 워크가 5초 이상 감지되지 않으면, 기본 운전이 정지된다.

<table>
<tr><th>STEP.1</th><th>STEP.2</th><th>STEP.3</th><th>STEP.4</th><th>STEP.5</th><th>STEP.6</th><th>STEP.7</th></tr>
<tr><td rowspan="2">분배실린더
전진</td><td rowspan="2">컨베이어
ON</td><td rowspan="2">분배실린더
후진</td><td>금속검출</td><td>취출실린더
전진</td><td>컨베이어
OFF</td><td rowspan="2">STEP.7
⇒
STEP.1</td></tr>
<tr><td>비금속검출</td><td>5초 대기</td><td>컨베이어
OFF</td></tr>
</table>

④ 기본운전정지: [기본운전정지] 버튼을 터치하면 기본운전 동작이 STEP.6까지 동작 후 정지한다.

⑤ 기본운전횟수: 기본운전 동작 시, STEP.6이 수행될 때마다 1씩 증가한다.

⑥ 서보모터위치: 서보모터의 현재 위치를 mm단위로 실시간 표시하며, 원점 복귀 완료시 000mm로 초기화 된다.

⑦ 운전상태: 아래 조건에 따라 운전상태 램프가 점등 혹은 점멸한다.

램프	동　　작
비상	비상상태일 때 항상 점등되며, 이때 비상을 제외한 모든 램프는 소등 된다.
대기	기본/응용 운전이 정지 상태일 때 점등되며, 원점복귀 시, 1초 간격으로 점멸한다.
기본	기본 운전 중일 때 점등한다.

- 터치(화면2)

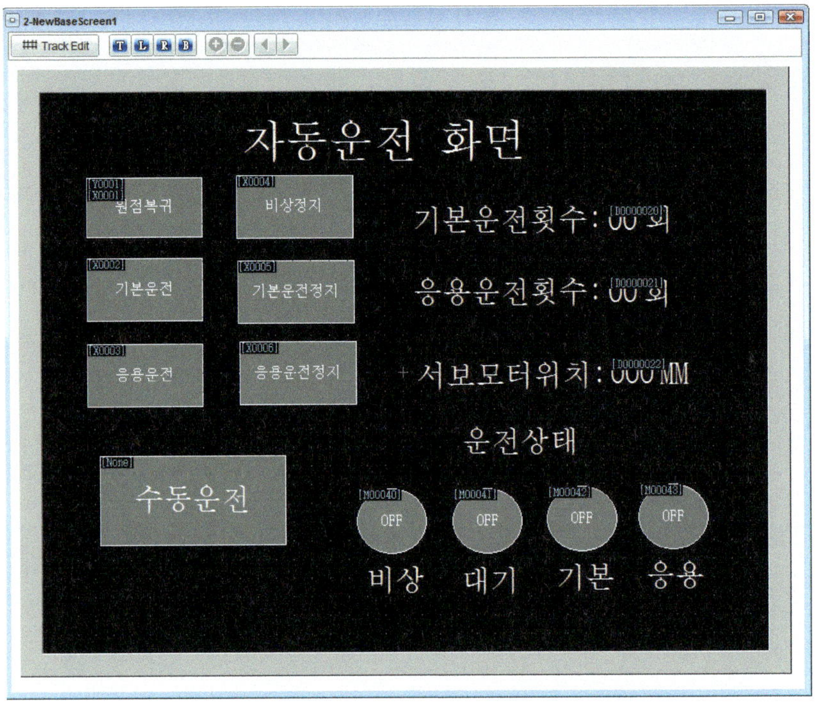

- 터치(화면2) I/O 할당표

원점복귀	기본운전	응용운전	
스위치:X1, 램프:Y1	스위치:X2	스위치:X3	
비상정지	기본운전정지	응용운전정지	
스위치:X4	스위치:X5	스위치:X6	
기본운전횟수	응용운전횟수	서보모터위치	
I/O할당:D20	I/O할당:D21	I/O할당:D22	
비상램프	대기램프	기본램프	응용램프
램프:M40	램프:M41	램프:M42	램프:M42

- PLC 프로그램 I/O 할당표(기본)

분배실린더		컨베이어		취출실린더	
전진:D0.0	후진:D0.1	ON:D1.0	OFF:D1.1	전진:D2.0	후진:D2.1
비상정지:M4		기본운전시작:M2		기본운전정지:M5	
금속릴레이:M35		비금속릴레이:M34		서보원점복귀:M500	

- PLC 프로그램(기본)

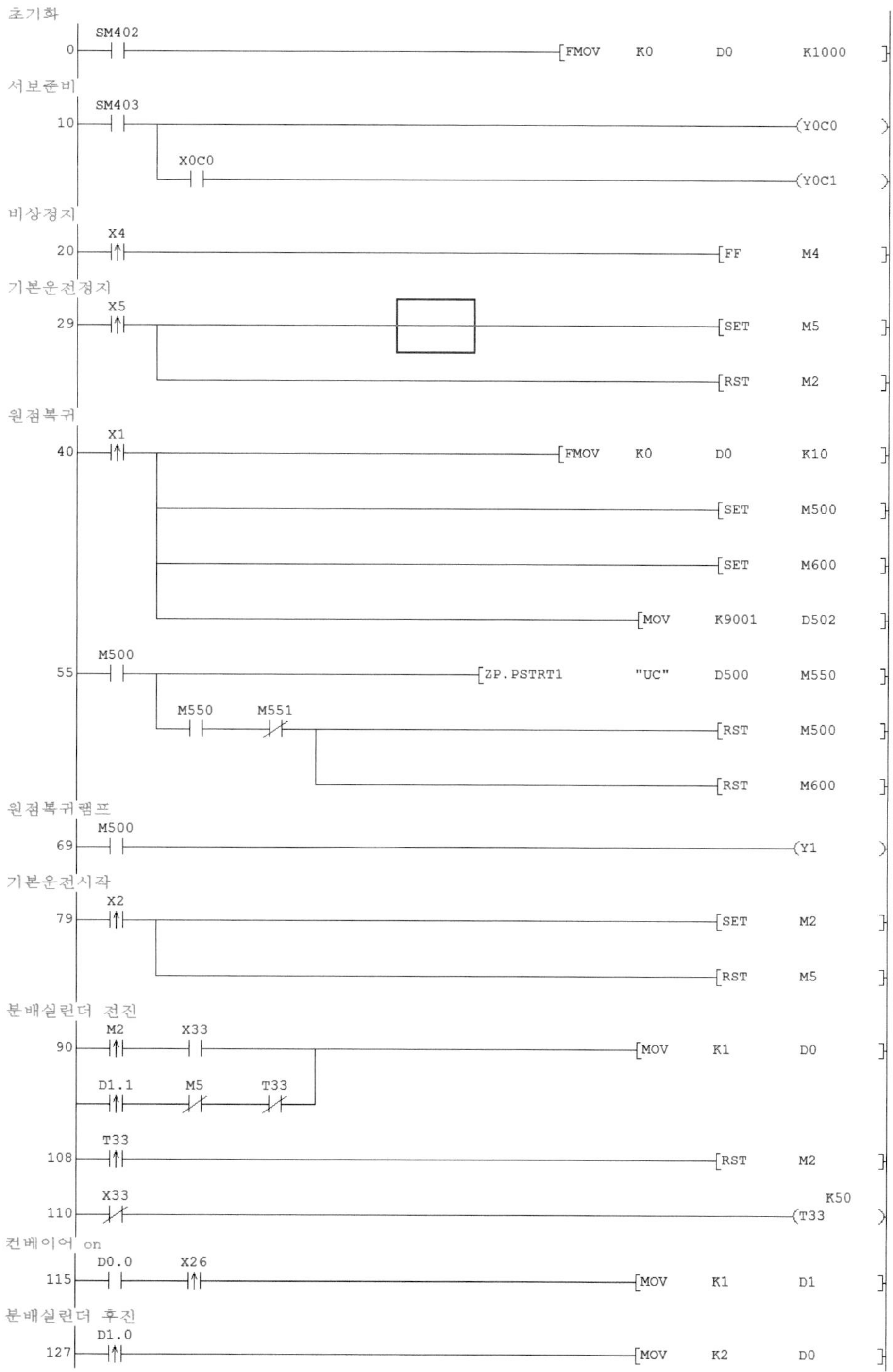

초기화
0 SM402 [FMOV K0 D0 K1000]
서보준비
10 SM403 (Y0C0)
X0C0 (Y0C1)
비상정지
20 X4 [FF M4]
기본운전정지
29 X5 [SET M5]
[RST M2]
원점복귀
40 X1 [FMOV K0 D0 K10]
[SET M500]
[SET M600]
[MOV K9001 D502]
55 M500 [ZP.PSTRT1 "UC" D500 M550]
M550 M551 [RST M500]
[RST M600]
원점복귀램프
69 M500 (Y1)
기본운전시작
79 X2 [SET M2]
[RST M5]
분배실린더 전진
90 M2 X33 [MOV K1 D0]
D1.1 M5 T33
108 T33 [RST M2]
110 X33 K50 (T33)
컨베이어 on
115 D0.0 X26 [MOV K1 D1]
분배실린더 후진
127 D1.0 [MOV K2 D0]

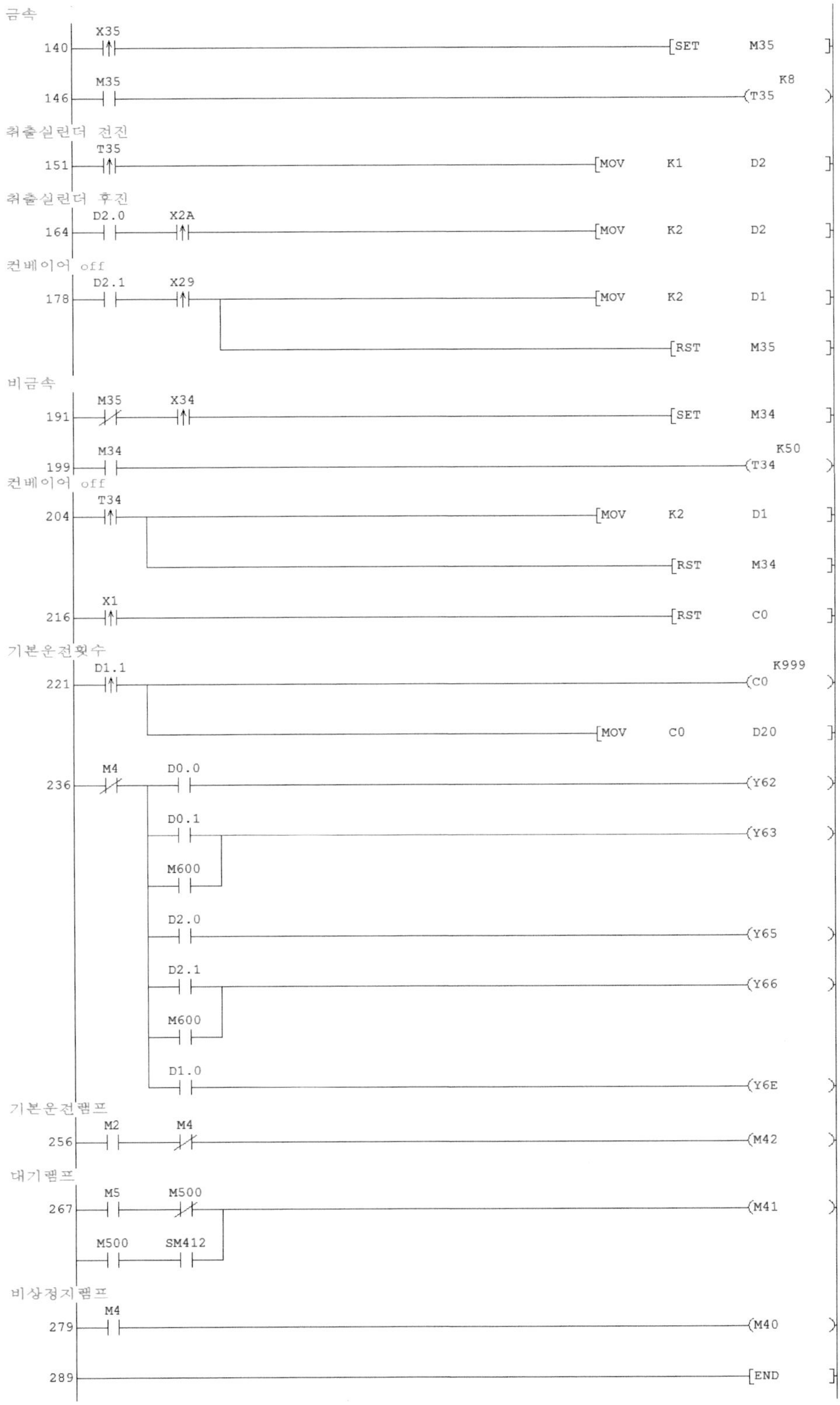
금속
140 X35 SET M35
146 M35 T35 K8
취출실린더 전진
151 T35 MOV K1 D2
취출실린더 후진
164 D2.0 X2A MOV K2 D2
컨베이어 off
178 D2.1 X29 MOV K2 D1
RST M35
비금속
191 M35 X34 SET M34
199 M34 T34 K50
컨베이어 off
204 T34 MOV K2 D1
RST M34
216 X1 RST C0
기본운전횟수
221 D1.1 C0 K999
MOV C0 D20
236 M4 D0.0 Y62
D0.1 Y63
M600
D2.0 Y65
D2.1 Y66
M600
D1.0 Y6E
기본운전램프
256 M2 M4 M42
대기램프
267 M5 M500 M41
M500 SM412
비상정지램프
279 M4 M40
289 END

03 응용동작

① 응용운전: 워크가 감지되면 응용운전을 시작할 수 있다. 워크가 10초 이상 감지되지 않으면 응용운전이 대기 상태가 되며, 워크를 공급하면 응용운전이 다시 동작한다.

STEP.1	STEP.2	STEP.3	STEP.4	STEP.5	STEP.6	STEP.7
공급실린더 전진	가공모터 회전	가공 모듈 하강	3초 대기	가공모듈 상승	가공모터 정지	공급실린더 후진

STEP.8	STEP.9	STEP.10	STEP.11	STEP.12	STEP.13	STEP.14
분배실린더 전진	컨베이어 ON	분배실린더 후진	스토퍼 하강	컨베이어 OFF	리프트하강 (흡착위치이동)	흡착 ON

STEP.15	STEP.16	STEP.17	STEP.18	STEP.19	STEP.20	STEP.21
리프트상승 (적재위치이동)	리프트 전진	리프트 하강 (3mm)	흡착 OFF	리프트 상승 (3mm)	리프트 후진 스토퍼 상승	STEP.21 ⇒ STEP.1

② 응용운전횟수: 응용운전 동작 시, STEP20이 수행될 때마다 1씩 증가하며 응용운전 동작이 정지되면 00회로 초기화 된다.

③ 응용운전정지: [응용운전정지] 버튼을 터치하면 응용운전 동작이 STEP.20까지 동작 후 정지한다.

④ 운전상태 : 아래 조건에 따라 운전 상태 램프가 점등 혹은 점멸 한다.

램프	동작
비상	비상상태일 때 항상 점등되며, 이때 비상을 제외한 모든 램프는 소등된다.
대기	기본/응용 운전이 정지 상태일 때 점등되며, 원점복귀 시, 1초 간격으로 점멸한다.
기본	기본운전 중일 때 점등한다.
응용	응용 운전 중일 때 점등하며, 응용운전 대기 중에 2초 간격으로 점멸한다.

- PLC 프로그램 I/O 할당표(응용)

공급실린더		가공모터		가공실린더		분배실린더	
전진:D0.0	후진:D0.1	ON:D1.0	OFF:D1.1	전진:D2.0	후진:D2.1	전진:D3.0	후진:D3.1
컨베이어		스토퍼실린더		저장실린더		흡착컵	
ON:D4.0	OFF:D4.1	하강:D5.0	상승:D5.1	전진:D6.0	후진:D6.1	ON:D7.0	OFF:D7.1
흡착실린더		응용운전시작		응용운전정지		비상정지	서보위치
전진:D8.0	후진:D8.1	M3		M6		M4	D22

- Servo Positioning data(테스트운전을 통해서 컨베이어벨트 위에 공작물을 놓고 높이를 측정하여 보정한다)

No.	Pattern	CTRL methode	SLV axis	Acc (ms)	DEC (ms)	Positioning address [μm]	Arc address [μm]	Command speed [mm/min]	Dwell time [ms]	M code
1	CONT	1:ABS linel	-	0:100	0:100	147000.0	0	3000.0	0	3
2	CONT	1:ABS linel	-	0:100	0:100	130000.0	0	3000.0	0	4
3	CONT	1:ABS linel	-	0:100	0:100	133000.0	0	3000.0	0	5
4	CONT	1:ABS linel	-	0:100	0:100	130000.0	0	3000.0	0	6
5	END	1:ABS linel	-	0:100	0:100	0.0	0	3000.0	0	0
6										
7										
8										
9										
10										
11	CONT	1:ABS linel	-	0:100	0:100	0.0	0	3000.0	0	1
12	CONT	1:ABS linel	-	0:100	0:100	147000.0	0	3000.0	0	3
13	CONT	1:ABS linel	-	0:100	0:100	130000.0	0	3000.0	0	4
14	CONT	1:ABS linel	-	0:100	0:100	133000.0	0	3000.0	0	5
15	CONT	1:ABS linel	-	0:100	0:100	130000.0	0	3000.0	0	6
16	END	1:ABS linel	-	0:100	0:100	0.0	0	3000.0	0	0
17										
18										
19										
20										
21	CONT	1:ABS linel	-	0:100	0:100	0.0	0	3000.0	0	2
22	CONT	1:ABS linel	-	0:100	0:100	147000.0	0	3000.0	0	3
23	CONT	1:ABS linel	-	0:100	0:100	70000.0	0	3000.0	0	4
24	CONT	1:ABS linel	-	0:100	0:100	73000.0	0	3000.0	0	5
25	CONT	1:ABS linel	-	0:100	0:100	70000.0	0	3000.0	0	6
26	END	1:ABS linel	-	0:100	0:100	0.0	0	3000.0	0	0
27										
28										
29										
30										
31	CONT	1:ABS linel	-	0:100	0:100	0.0	0	3000.0	0	1
21	CONT	1:ABS linel	-	0:100	0:100	147000.0	0	3000.0	0	3
33	CONT	1:ABS linel	-	0:100	0:100	70000.0	0	3000.0	0	4
34	CONT	1:ABS linel	-	0:100	0:100	73000.0	0	3000.0	0	5
35	CONT	1:ABS linel	-	0:100	0:100	70000.0	0	3000.0	0	6
36	END	1:ABS linel	-	0:100	0:100	0.0	0	3000.0	0	0

No.	Pattern	CTRL method	SLV axis	ACC(ms)	DEC(ms)	Positioning address [um]	Arc Address [um]	Command speed [mm/min]	Dwell time [ms]	M code
1	1:CONT	1:ABS line1	-	0;100	0;100	147000.0	0.0	3000.00	0	3
2	1:CONT	1:ABS line1	-	0;100	0;100	130000.0	0.0	3000.00	0	4
3	1:CONT	1:ABS line1	-	0;100	0;100	133000.0	0.0	3000.00	0	5
4	1:CONT	1:ABS line1	-	0;100	0;100	130000.0	0.0	3000.00	0	6
5	0:END	1:ABS line1	-	0;100	0;100	0.0	0.0	3000.00	0	0
6										
7										
8										
9										
10										
11	1:CONT	1:ABS line1	-	0;100	0;100	0.0	0.0	3000.00	0	1
12	1:CONT	1:ABS line1	-	0;100	0;100	147000.0	0.0	3000.00	0	3
13	1:CONT	1:ABS line1	-	0;100	0;100	130000.0	0.0	3000.00	0	4
14	1:CONT	1:ABS line1	-	0;100	0;100	133000.0	0.0	3000.00	0	5
15	1:CONT	1:ABS line1	-	0;100	0;100	130000.0	0.0	3000.00	0	6
16	0:END	1:ABS line1	-	0;100	0;100	0.0	0.0	3000.00	0	0
17										
18										
19										
20										
21	1:CONT	1:ABS line1	-	0;100	0;100	0.0	0.0	3000.00	0	2
22	1:CONT	1:ABS line1	-	0;100	0;100	147000.0	0.0	3000.00	0	3
23	1:CONT	1:ABS line1	-	0;100	0;100	70000.0	0.0	3000.00	0	4
24	1:CONT	1:ABS line1	-	0;100	0;100	73000.0	0.0	3000.00	0	5
25	1:CONT	1:ABS line1	-	0;100	0;100	70000.0	0.0	3000.00	0	6
26	0:END	1:ABS line1	-	0;100	0;100	0.0	0.0	3000.00	0	0
27										
28										
29										
30										
31	1:CONT	1:ABS line1	-	0;100	0;100	0.0	0.0	3000.00	0	1
32	1:CONT	1:ABS line1	-	0;100	0;100	147000.0	0.0	3000.00	0	3
33	1:CONT	1:ABS line1	-	0;100	0;100	70000.0	0.0	3000.00	0	4
34	1:CONT	1:ABS line1	-	0;100	0;100	73000.0	0.0	3000.00	0	5
35	1:CONT	1:ABS line1	-	0;100	0;100	70000.0	0.0	3000.00	0	6
36	0:END	1:ABS line1	-	0;100	0;100	0.0	0.0	3000.00	0	0
37										

- PLC 프로그램(응용)

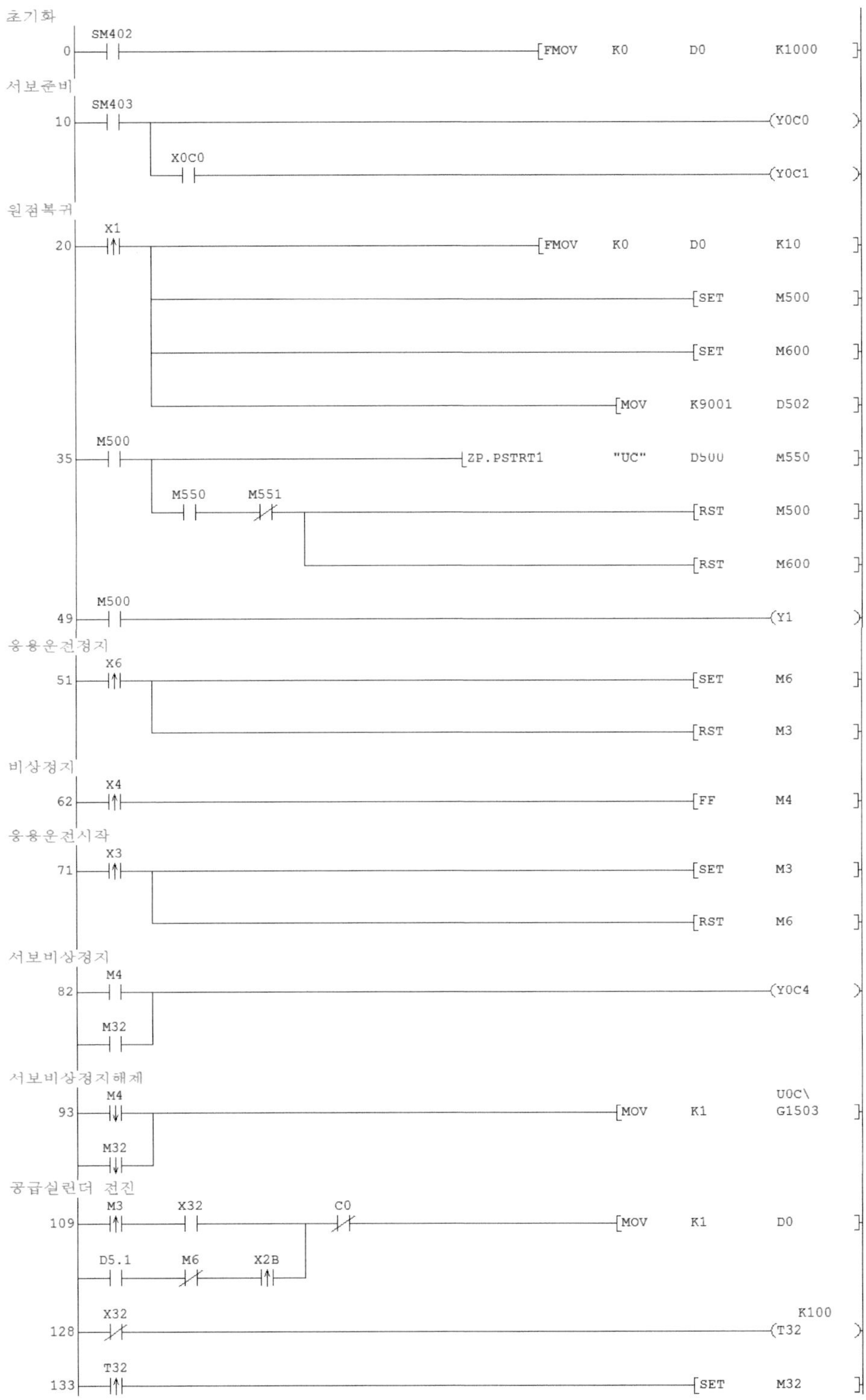
초기화
0 SM402 FMOV K0 D0 K1000
서보준비
10 SM403 Y0C0
X0C0 Y0C1
원점복귀
20 X1 FMOV K0 D0 K10
SET M500
SET M600
MOV K9001 D502
35 M500 ZP.PSTRT1 "UC" D500 M550
M550 M551 RST M500
RST M600
49 M500 Y1
응용운전정지
51 X6 SET M6
RST M3
비상정지
62 X4 FF M4
응용운전시작
71 X3 SET M3
RST M6
서보비상정지
82 M4 Y0C4
M32
서보비상정지해제
93 M4 MOV K1 U0C\ G1503
M32
공급실린더 전진
109 M3 X32 C0 MOV K1 D0
D5.1 M6 X2B
128 X32 K100 T32
133 T32 SET M32

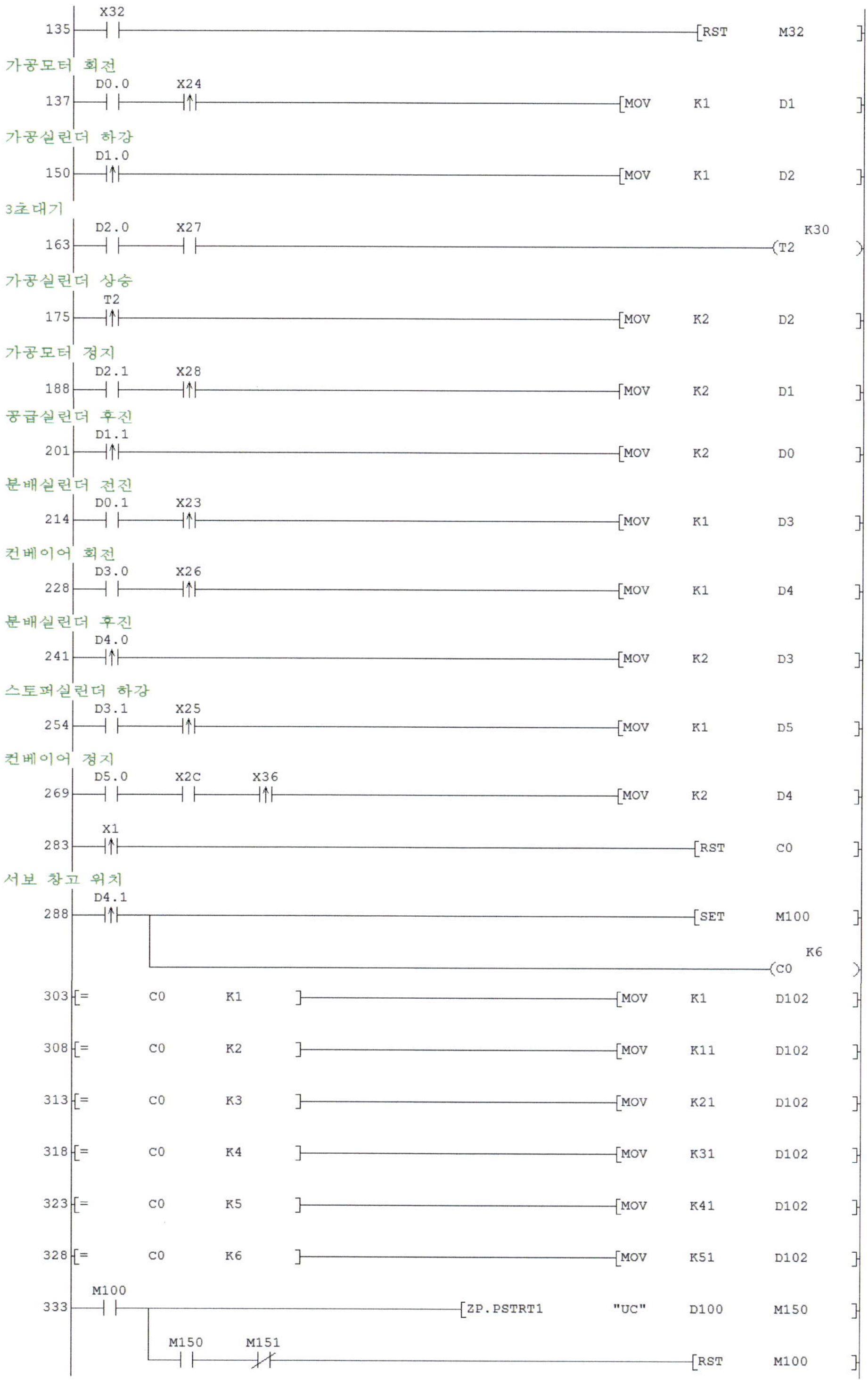
135 X32 RST M32
가공모터 회전
137 D0.0 X24 MOV K1 D1
가공실린더 하강
150 D1.0 MOV K1 D2
3초대기
163 D2.0 X27 T2 K30
가공실린더 상승
175 T2 MOV K2 D2
가공모터 정지
188 D2.1 X28 MOV K2 D1
공급실린더 후진
201 D1.1 MOV K2 D0
분배실린더 전진
214 D0.1 X23 MOV K1 D3
컨베이어 회전
228 D3.0 X26 MOV K1 D4
분배실린더 후진
241 D4.0 MOV K2 D3
스토퍼실린더 하강
254 D3.1 X25 MOV K1 D5
컨베이어 정지
269 D5.0 X2C X36 MOV K2 D4
283 X1 RST C0
서보 창고 위치
288 D4.1 SET M100
C0 K6
303 = C0 K1 MOV K1 D102
308 = C0 K2 MOV K11 D102
313 = C0 K3 MOV K21 D102
318 = C0 K4 MOV K31 D102
323 = C0 K5 MOV K41 D102
328 = C0 K6 MOV K51 D102
333 M100 ZP.PSTRT1 "UC" D100 M150
M150 M151 RST M100

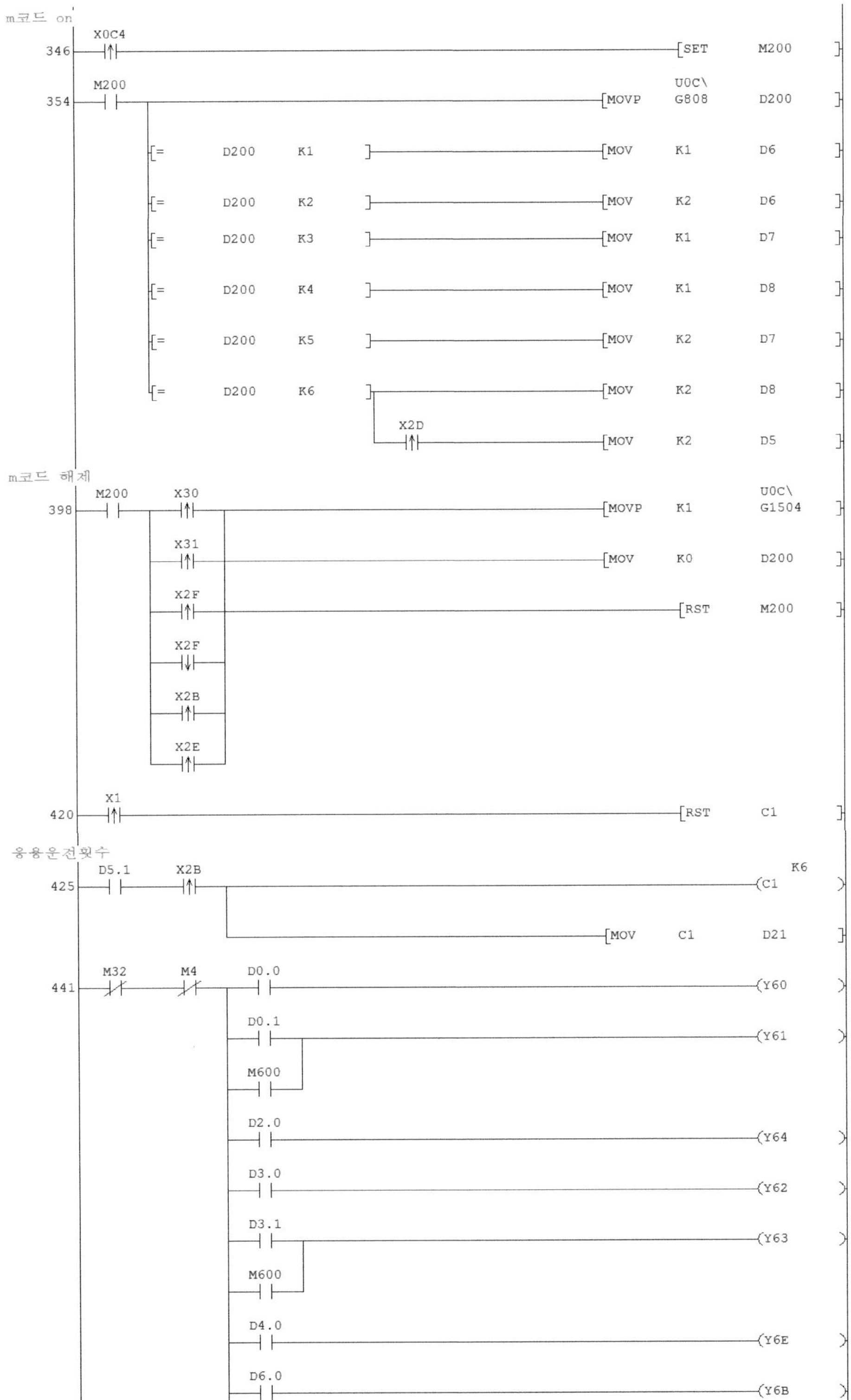
m코드 on
346 X0C4 [SET M200]
354 M200 [MOVP U0C\ G808 D200]
[= D200 K1] [MOV K1 D6]
[= D200 K2] [MOV K2 D6]
[= D200 K3] [MOV K1 D7]
[= D200 K4] [MOV K1 D8]
[= D200 K5] [MOV K2 D7]
[= D200 K6] [MOV K2 D8]
X2D [MOV K2 D5]
m코드 해제
398 M200 X30 [MOVP K1 U0C\ G1504]
X31 [MOV K0 D200]
X2F [RST M200]
X2F
X2B
X2E
420 X1 [RST C1]
응용운전횟수
425 D5.1 X2B (C1 K6)
[MOV C1 D21]
441 M32 M4 D0.0 (Y60)
D0.1 (Y61)
M600
D2.0 (Y64)
D3.0 (Y62)
D3.1 (Y63)
M600
D4.0 (Y6E)
D6.0 (Y6B)

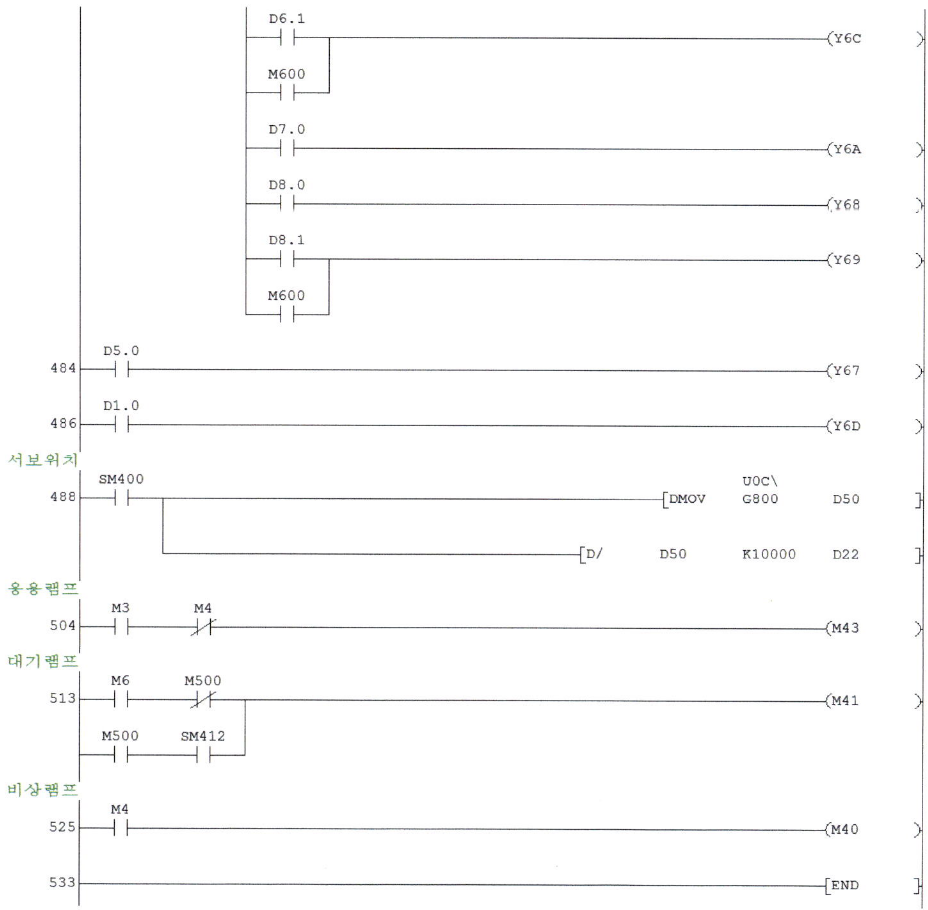
D6.1
M600
Y6C
D7.0
Y6A
D8.0
Y68
D8.1
M600
Y69
D5.0
Y67
D1.0
Y6D
서보위치
SM400
DMOV
U0C\
G800
D50
D/
D50
K10000
D22
용용램프
M3
M4
M43
대기램프
M6
M500
M41
M500
SM412
비상램프
M4
M40
END

Question 실기문제 2

○ 요구사항

- 장비 시스템 상태는 모든 실린더, 램프, 모터 등은 후진, OFF 및 정지 상태인지 확인 후 작업을 시작하시오.

- 서보앰프 파라미터 및 위치 데이터는 아래와 같이 설정하고 그 외 항목은 수험자가 임의로 정한다.
  ① 원점복귀속도: 3000 mm/min
  ② 클리프 속도: 500 mm/min
  ③ 흡착실린더 전진상태에서 리프트 상하 이동 지령속도: 1000 mm/min
  ④ 흡착실린더 후진상태에서 리프트 상하 이동 지령속도: 3000 mm/min

- 터치화면

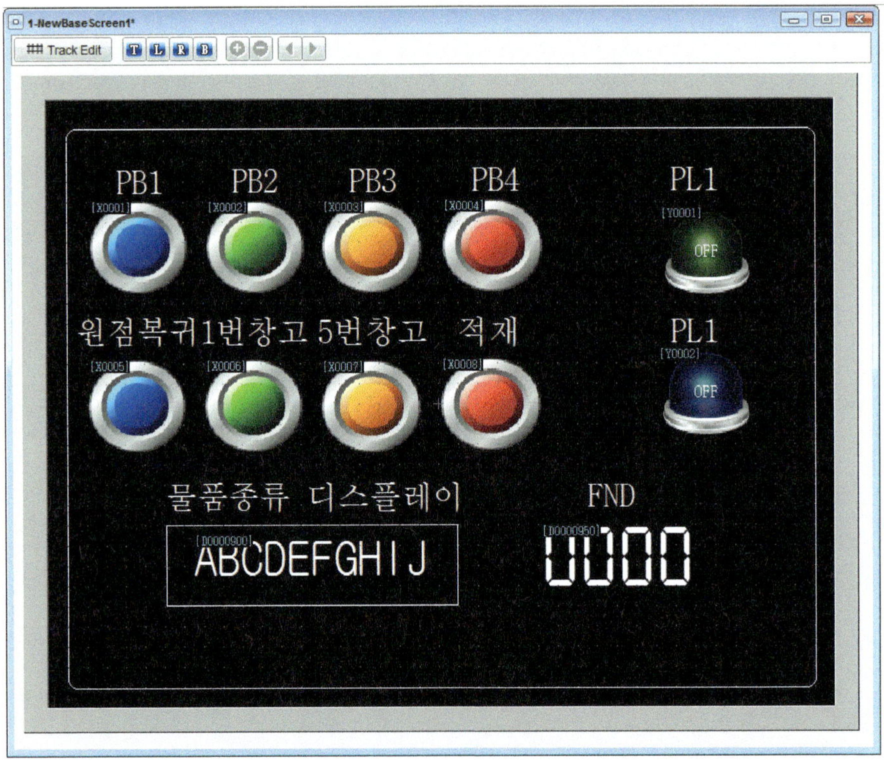

- 터치 I/O 할당표

PB1	PB2	PB3	PB4	PL1(램프)
X1	X2	X3	X4	Y1
원점복귀	1번창고	5번창고	적재	PL2(램프)
X5	X6	X7	X8	Y2
물품종류 디스플레이:		FND:		
D900		D950		

01 기본동작

① 입·출력모듈, FND모듈 등을 이용하여 아래와 같은 동작 및 표시 상태로 제어된다.

동작	구분	동작 및 표시 상태
1	리프트운전 (JOG운전)	- 흡착실린더 후진 - 원점복귀 버튼을 ON-OFF하면 어떤 위치에 있든지 원점복귀한다. - PB1(터치)을 누르고 있는 동안 리프트 상승 - PB2(터치)를 누르고 있는 동안 리프트 하강
2	실린더	- PB3(터치)를 누르면 공급실린더, 배출실린더, 송출실린더, 창고실린더, 가공실린더가 동시에 4초간 전진을 2회 반복한다. - PB4(터치)를 누르면 컨베이어, 가공드릴이 4초간 동작한다.
3	FND	- 가공드릴 정지 후 FND는 0, 3, 6, 9, 0을 3초 간격으로 표시한다. 이때 6 이하이면 흡착패드가 동작한다.

② 터치 패널의 "PB1", "PB2", "PB3", "PB4" 버튼을 터치하면 위 1, 2, 3 동작이 수행되어야 한다. 단, FND 표시 상태에서는 터치패널에서도 동작이 되어야 한다. 또한 동작 중 서보 앰프에 연결된 "비상정지" 버튼을 누르면 즉시 정지한다.

- PLC 프로그램 I/O 할당표(기본)

서보하강	서보상승	실린더제어	컨베이어/가공드릴
X2	X1	D0	M4
FND:0	FND:3	FND:6	FND:9
M300	M301	M302	M303
흡착컵		FND표시	
M500		D950	

- PLC 프로그램(기본)

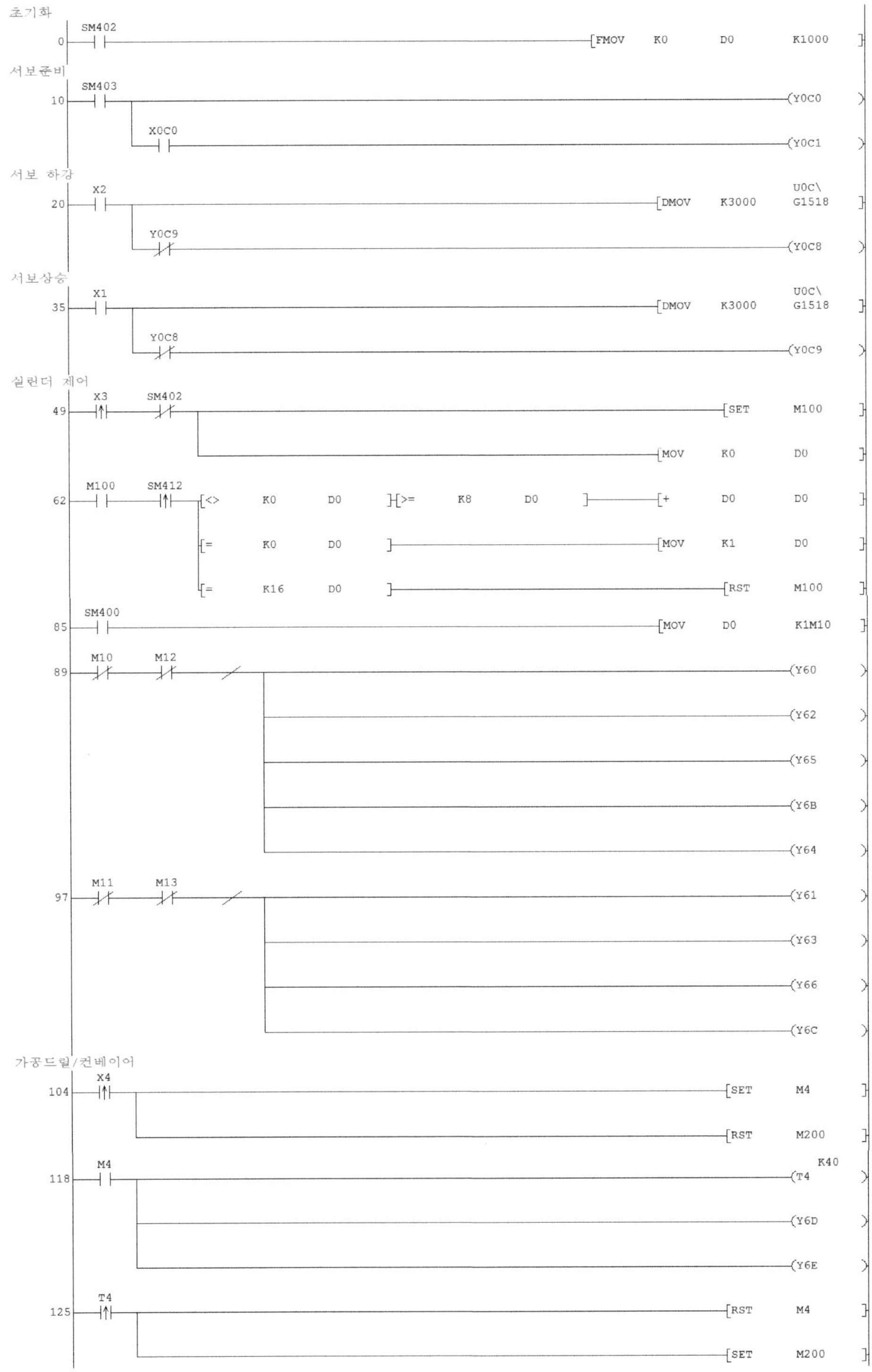
초기화
0 SM402 FMOV K0 D0 K1000
서보준비
10 SM403 Y0C0
X0C0 Y0C1
서보 하강
20 X2 DMOV K3000 U0C\ G1518
Y0C9 Y0C8
서보상승
35 X1 DMOV K3000 U0C\ G1518
Y0C8 Y0C9
실린더 제어
49 X3 SM402 SET M100
MOV K0 D0
62 M100 SM412 <> K0 D0 >= K8 D0 + D0 D0
= K0 D0 MOV K1 D0
= K16 D0 RST M100
85 SM400 MOV D0 K1M10
89 M10 M12 Y60
Y62
Y65
Y6B
Y64
97 M11 M13 Y61
Y63
Y66
Y6C
가공드릴/컨베이어
104 X4 SET M4
RST M200
118 M4 T4 K40
Y6D
Y6E
125 T4 RST M4
SET M200

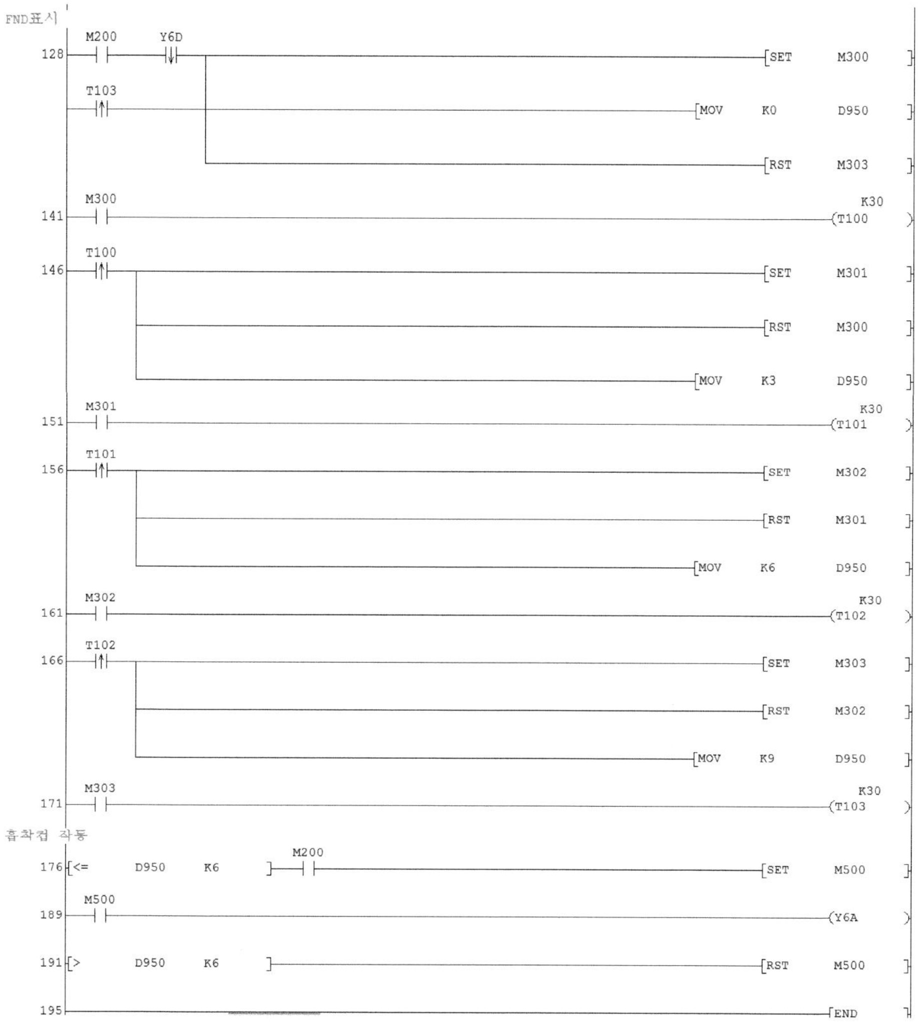
FND표시
128 M200 Y6D [SET M300]
T103 [MOV K0 D950]
[RST M303]
141 M300 K30 (T100)
146 T100 [SET M301]
[RST M300]
[MOV K3 D950]
151 M301 K30 (T101)
156 T101 [SET M302]
[RST M301]
[MOV K6 D950]
161 M302 K30 (T102)
166 T102 [SET M303]
[RST M302]
[MOV K9 D950]
171 M303 K30 (T103)
흡착컵 작동
176 [<= D950 K6] M200 [SET M500]
189 M500 (Y6A)
191 [> D950 K6] [RST M500]
195 [END]

02 응용동작

① 매거진에 공작물을 재질 구분 없이 공급한다.

② "원점복귀" 버튼을 터치하면 원점복귀를 실시한다. 원점복귀 중에는 원점복귀램프(PL1)가 0.5초 간격으로 점멸하며 원점복귀가 완료되면 점등된다.

③ "1번 창고" 버튼을 터치하면 아래 순서와 같이 동작되도록 한다.
흡착 위치까지(컨베이어 바로 위)리프트 하강 ⇛ 흡착 ON ⇛ 1번 창고 위치로 리프트 상승 ⇛ 창고실린더 전진 ⇛ 흡착실린더 전진 ⇛ 리프트 하강 ⇛ 흡착 OFF ⇛ 리프트 상승 ⇛ 흡착실린더 후진 ⇛ 창고실린더 후진

④ "5번 창고" 버튼을 터치하면 아래 순서와 같이 동작되도록 한다.
흡착 위치까지(컨베이어 바로 위)리프트 하강 ⇛ 흡착 ON ⇛ 5번 창고 위치로 리프트 상승 ⇛ 흡착실린더 전진 ⇛ 리프트 하강 ⇛ 흡착 OFF ⇛ 리프트 상승 ⇛ 흡착실린더 후진

⑤ "적재" 버튼을 터치하면 아래 제어조건과 같이 동작시킨 후 비금속 물품은 저장 박스에 적재하고, 금속 물품을 1번 창고, 5번 창고에 적재 후 종료되도록 한다.

동작 요소	제 어 조 건
물품 공급	- 물품을 재질 구분하지 않고 공급하며, 물품이 없으면 이하 동작은 되지 않음 - 물품표시등(PL2)은 물품이 없으면 점등, 물품이 있으면 소등
공급 실린더	- "적재" 버튼을 터치하면 물품을 공급 후 후진 - 물품이 없으면 공급하지 않음 - 두 번째 물품은 적재 완료 또는 배출 완료 후 공급 - 금속 물품을 2개 공급하면 더 이상 공급하지 않음
분배 실린더	- 공급실린더가 후진 완료하면 컨베이어에 송출 후 후진
컨베이어	- 분배실린더가 전진하면 회전 - 스토퍼센서가 금속 물품을 감지하면 정지, 비금속은 계속 회전
스토퍼 실린더	- 금속을 감지하면 하강, 비금속은 상승 상태 유지 - 흡착 완료 후 상승
스토퍼 센서	- 금속 물품을 감지하면 적재 시작

⑥ "물품종류 디스플레이" 메시지

- 초기상태: "감지대기" 표시
- 비금속일 경우: 비금속 감지 후 저장박스에 저장완료 시까지 "저장물품" 표시
- 금속일 경우: 금속 감지 후 창고에 저장완료 시까지 "창고물품" 표시

⑦ 동작 중 서보 앰프에 연결된 "비상정지" 버튼을 누르면 즉시 정지한다.

- PLC 프로그램 I/O 할당표(응용)

공급실린더		분배실린더		컨베이어	
전진:D0.0	후진:D0.1	전진:D1.0	후진:D1.1	ON:D2.0	OFF:D2.1
스토퍼실린더		저장실린더		흡착컵	
전진:D3.0	후진:D3.1	전진:D4.0	후진:D4.1	ON:D5.0	OFF:D5.1
흡착실린더		원점복귀		물품디스플레이	
전진:D6.0	후진:D6.1	M5		D900	

- Servo Positioning data(테스트운전을 통해서 컨베이어벨트 위에 공작물을 놓고 높이를 측정하여 보정한다)

No.	Pattern	CTRL methode	SLV axis	Acc (ms)	DEC (ms)	Positioning address [μm]	Arc address [μm]	Command speed [mm/min]	Dwell time [ms]	M code
1	CONT	1:ABS linel	-	0:100	0:100	147000.0	0	3000.0	0	3
2	CONT	1:ABS linel	-	0:100	0:100	130000.0	0	3000.0	0	4
3	CONT	1:ABS linel	-	0:100	0:100	133000.0	0	3000.0	0	5
4	CONT	1:ABS linel	-	0:100	0:100	130000.0	0	3000.0	0	6
5	END	1:ABS linel	-	0:100	0:100	0.0	0	3000.0	0	0
6										

No.	Pattern	CTRL method	SLV axis	ACC(ms)	DEC(ms)	Positioning address [um]	Arc Address [um]	Command speed [mm/min]	Dwell time [ms]	M code
1	1:CONT	1:ABS line1	-	0;100	0;100	147000.0	0.0	3000.00	0	3
2	1:CONT	1:ABS line1	-	0;100	0;100	130000.0	0.0	3000.00	0	4
3	1:CONT	1:ABS line1	-	0;100	0;100	133000.0	0.0	3000.00	0	5
4	1:CONT	1:ABS line1	-	0;100	0;100	130000.0	0.0	3000.00	0	6
5	0:END	1:ABS line1	-	0;100	0;100	0.0	0.0	3000.00	0	0
6										
7										

- PLC 프로그램(응용)

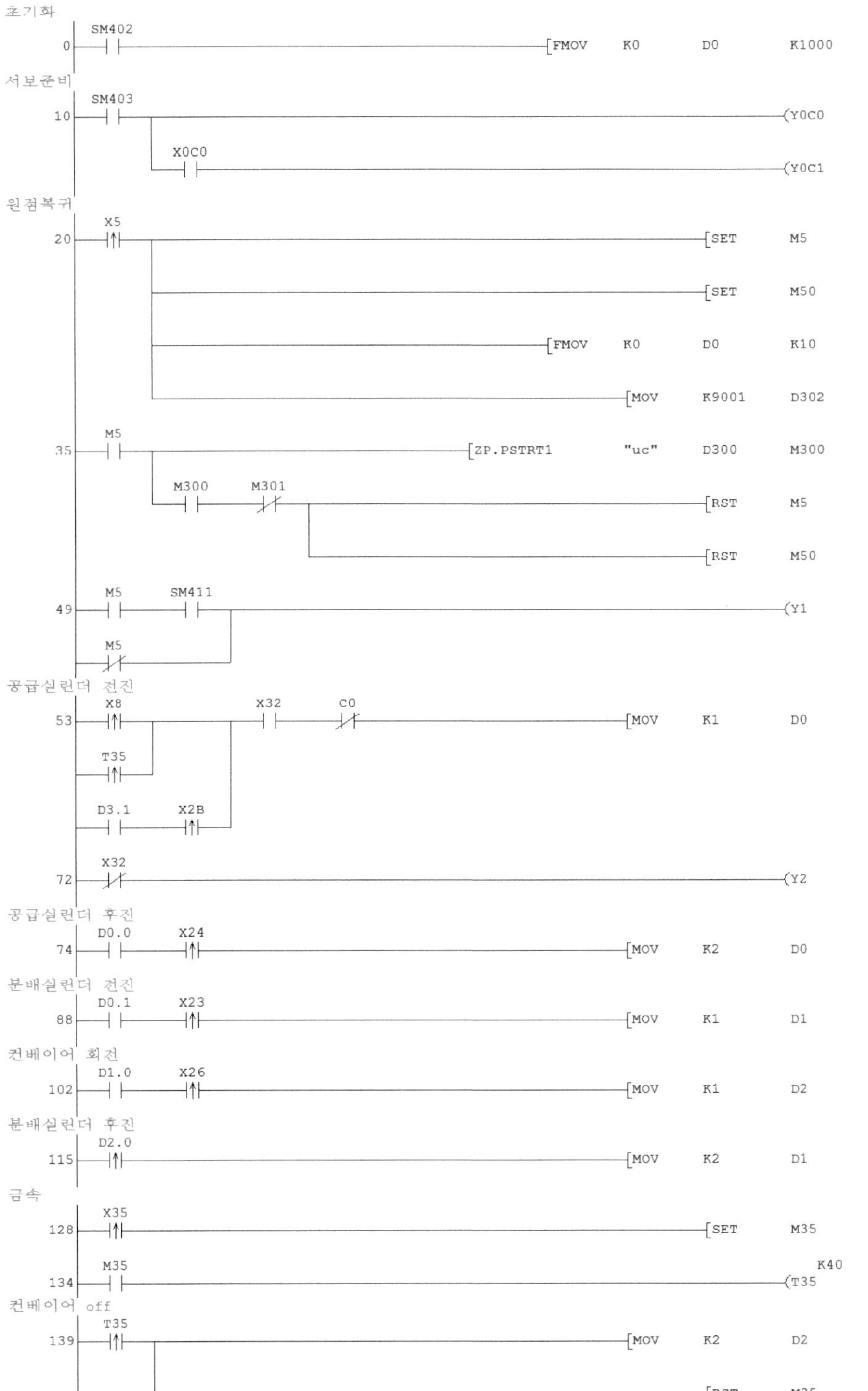
초기화
0 SM402 [FMOV K0 D0 K1000]
서보준비
10 SM403 (Y0C0)
X0C0 (Y0C1)
원점복귀
20 X5 [SET M5]
[SET M50]
[FMOV K0 D0 K10]
[MOV K9001 D302]
35 M5 [ZP.PSTRT1 "uc" D300 M300]
M300 M301 [RST M5]
[RST M50]
49 M5 SM411 (Y1)
M5
공급실린더 전진
53 X8 X32 C0 [MOV K1 D0]
T35
D3.1 X2B
72 X32 (Y2)
공급실린더 후진
74 D0.0 X24 [MOV K2 D0]
분배실린더 전진
88 D0.1 X23 [MOV K1 D1]
컨베이어 회전
102 D1.0 X26 [MOV K1 D2]
분배실린더 후진
115 D2.0 [MOV K2 D1]
금속
128 X35 [SET M35]
134 M35 K40 (T35)
컨베이어 off
139 T35 [MOV K2 D2]
[RST M35]

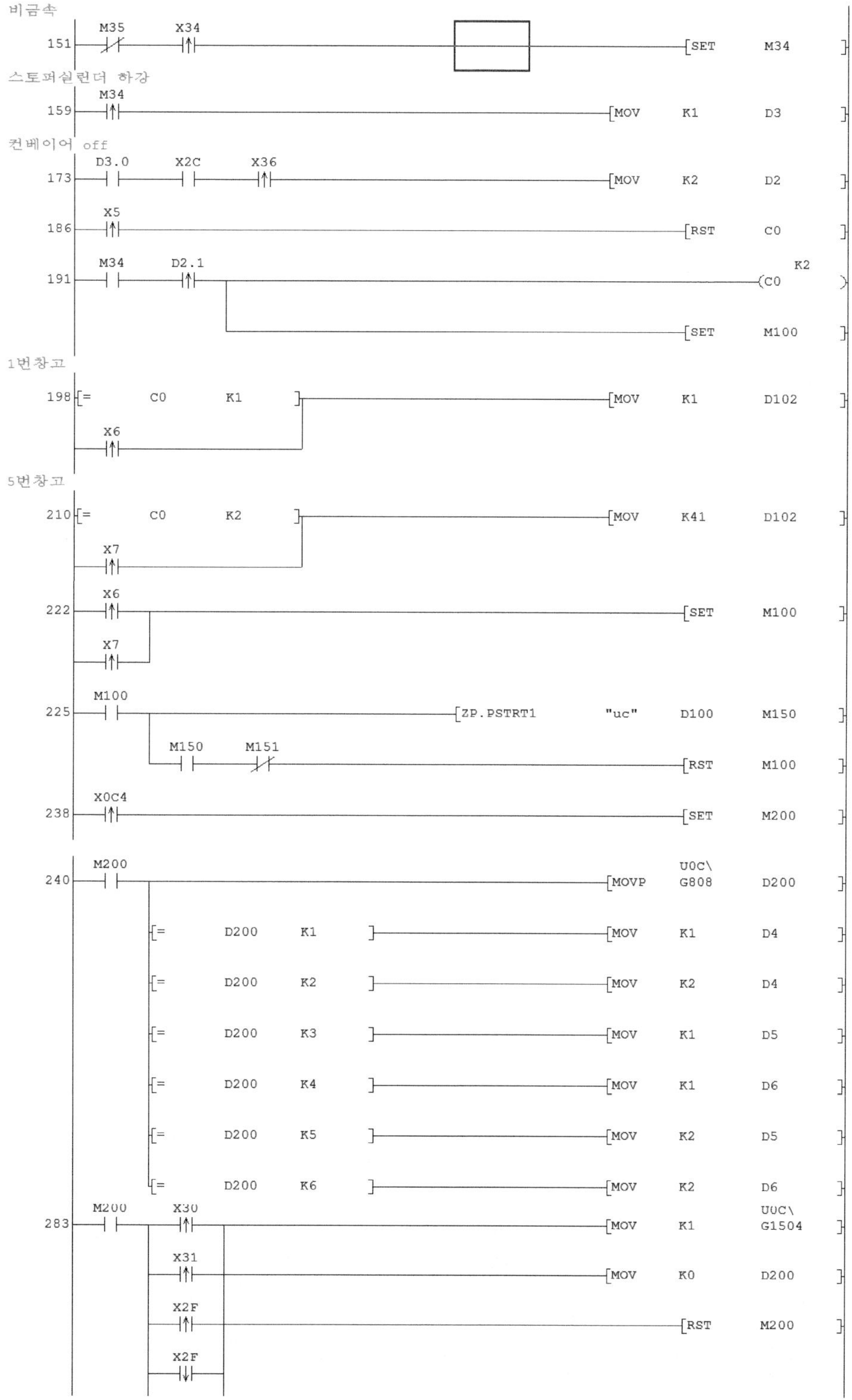
비금속
151 M35 X34 SET M34
스토퍼실린더 하강
159 M34 MOV K1 D3
컨베이어 off
173 D3.0 X2C X36 MOV K2 D2
186 X5 RST C0
191 M34 D2.1 C0 K2
SET M100
1번창고
198 = C0 K1 MOV K1 D102
X6
5번창고
210 = C0 K2 MOV K41 D102
X7
222 X6 SET M100
X7
225 M100 ZP.PSTRT1 "uc" D100 M150
M150 M151 RST M100
238 X0C4 SET M200
240 M200 MOVP U0C\ G808 D200
= D200 K1 MOV K1 D4
= D200 K2 MOV K2 D4
= D200 K3 MOV K1 D5
= D200 K4 MOV K1 D6
= D200 K5 MOV K2 D5
= D200 K6 MOV K2 D6
283 M200 X30 MOV K1 U0C\ G1504
X31 MOV K0 D200
X2F RST M200
X2F

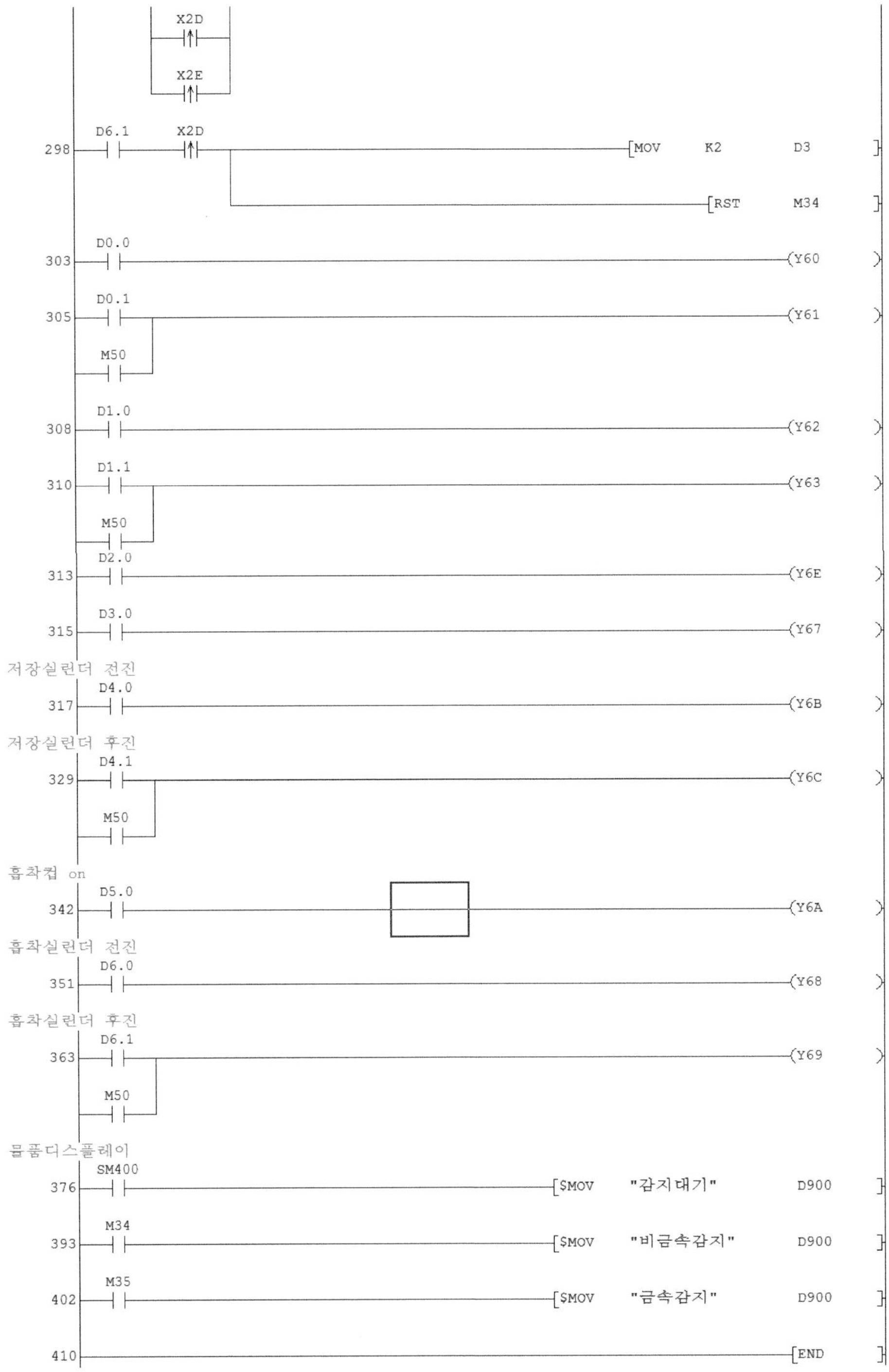
X2D
X2E
298 D6.1 X2D MOV K2 D3
RST M34
303 D0.0 Y60
305 D0.1 Y61
M50
308 D1.0 Y62
310 D1.1 Y63
M50
313 D2.0 Y6E
315 D3.0 Y67
저장실린더 전진
317 D4.0 Y6B
저장실린더 후진
329 D4.1 Y6C
M50
흡착컵 on
342 D5.0 Y6A
흡착실린더 전진
351 D6.0 Y68
흡착실린더 후진
363 D6.1 Y69
M50
물품디스플레이
376 SM400 $MOV "감지대기" D900
393 M34 $MOV "비금속감지" D900
402 M35 $MOV "금속감지" D900
410 END

Question 실기문제 3

01 기본동작

① 초기동작 스위치를 누른 후 시작 버튼을 누르면 위에 동작 순서로 반복 동작한다.

② 비상정지 스위치를 누르면 현재 동작 상태를 유지한 채 정지하고, 시작 버튼을 누르면 유지된 상태에 이어서 동작한다.

③ 정지 스위치를 누르면 STEP.4까지 동작 후 정지하며, 시작버튼을 누르면 STEP.1부터 동작한다.

④ 정지스위치와 비상정지스위치는 정지램프, 비상정지 램프와 일대일로 동작한다.

STEP.1	STEP.2	STEP.3	STEP.4	STEP.5
공급실린더 전진 → 2초	분배실린더 전진 → 2초	분배실린더 후진 → 2초	공급실린더 후진 → 2초	STEP.4 ⇒ STEP.1

- 터치화면

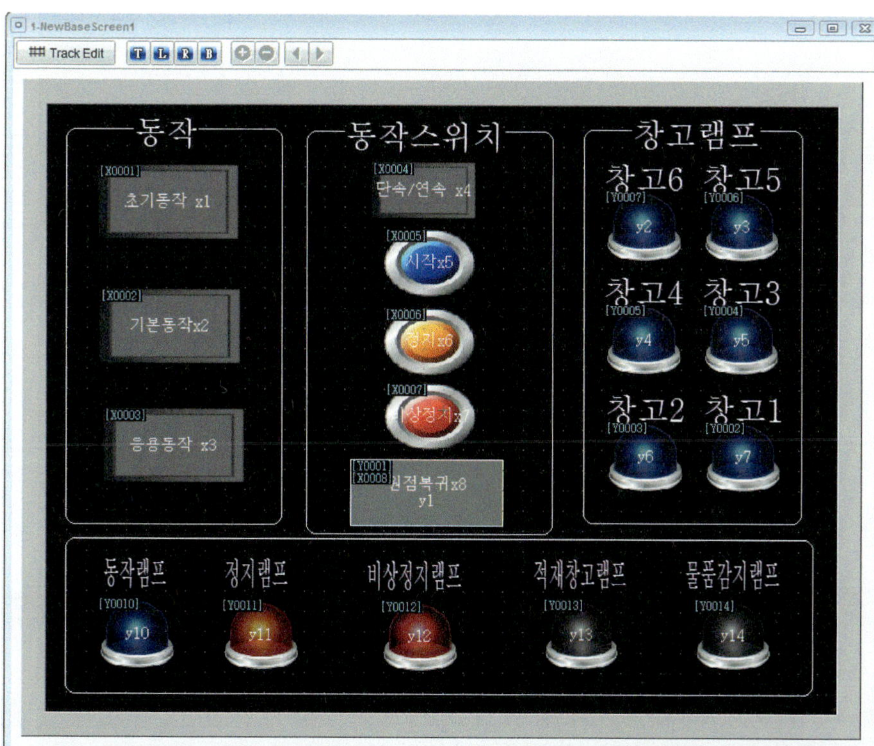

- 터치 I/O 할당표

초기동작	기본동작	응용동작	단속/연속	시작
X1	X2	X3	X4	X5
정지	비상정지	원점복귀	창고1(램프)	창고2(램프)
X6	X7	스위치:X8 램프:Y1	Y2	Y3
창고3(램프)	창고4(램프)	창고5(램프)	창고6(램프)	동작램프
Y4	Y5	Y6	Y7	Y10
정지램프	비상정지램프	적재창고램프	물품감지램프	
Y11	Y12	Y13	Y14	

- PLC 프로그램 I/O 할당표(기본)

공급실린더		분배실린더		초기동작	시작
전진:D0.0	후진:D0.1	전진:D1.0	후진:D1.1	M1	M5
정지		비상정지			
M6		M7			

- PLC 프로그램(기본)

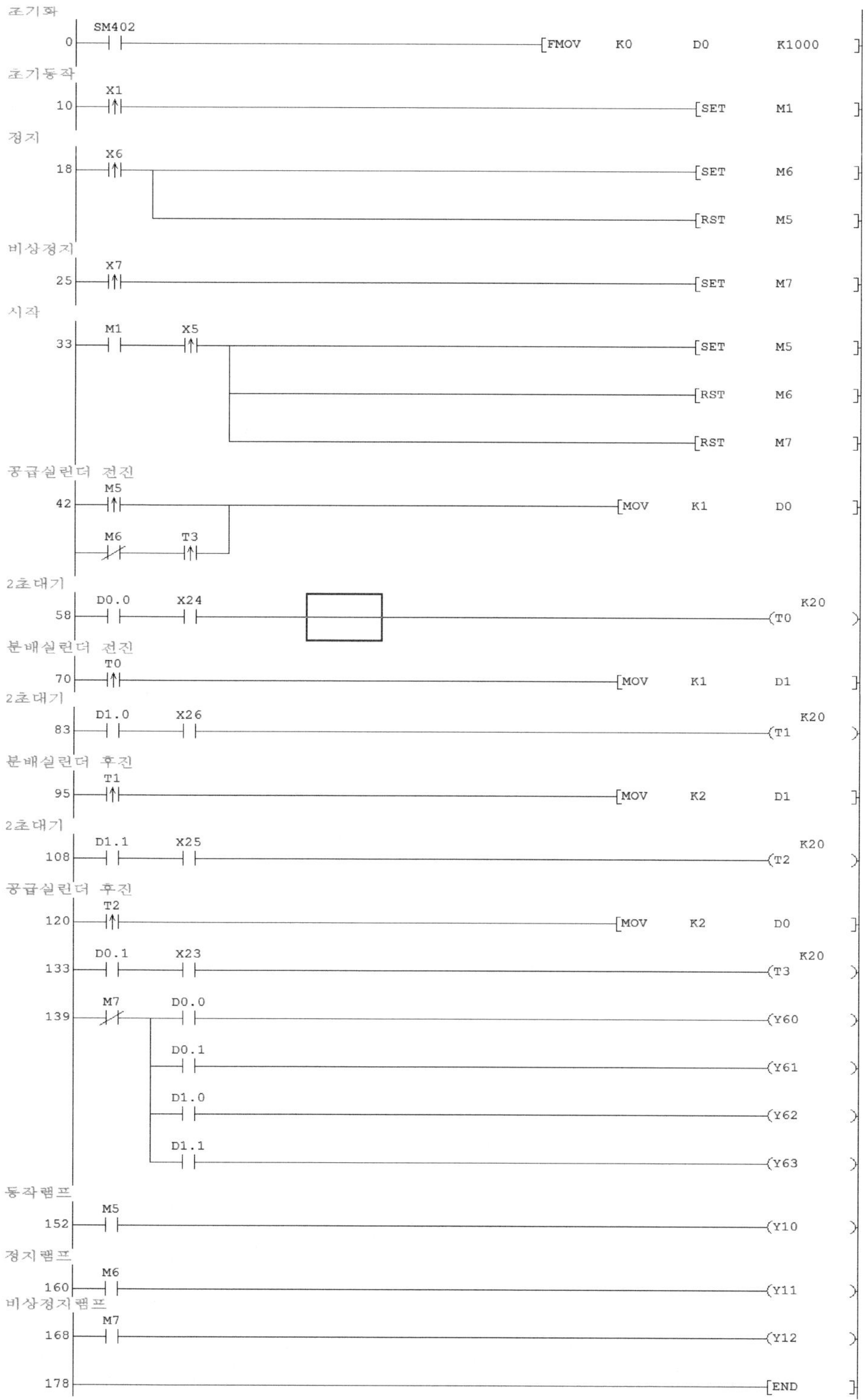

초기화
0 SM402 [FMOV K0 D0 K1000]
초기동작
10 X1 [SET M1]
정지
18 X6 [SET M6] [RST M5]
비상정지
25 X7 [SET M7]
시작
33 M1 X5 [SET M5] [RST M6] [RST M7]
공급실린더 전진
42 M5 M6 T3 [MOV K1 D0]
2초대기
58 D0.0 X24 K20 (T0)
분배실린더 전진
70 T0 [MOV K1 D1]
2초대기
83 D1.0 X26 K20 (T1)
분배실린더 후진
95 T1 [MOV K2 D1]
2초대기
108 D1.1 X25 K20 (T2)
공급실린더 후진
120 T2 [MOV K2 D0]
133 D0.1 X23 K20 (T3)
139 M7 D0.0 (Y60) D0.1 (Y61) D1.0 (Y62) D1.1 (Y63)
동작램프
152 M5 (Y10)
정지램프
160 M6 (Y11)
비상정지램프
168 M7 (Y12)
178 [END]

02 응용동작

<table>
<tr><td>STEP.1</td><td>STEP.2</td><td>STEP.3</td><td>STEP.4</td><td>STEP.5</td><td>STEP.6</td><td>STEP.7</td></tr>
<tr><td>공급실린더
전진→1초</td><td>가공모터
회전→1초</td><td>가공실린더
전진</td><td>2초대기</td><td>가공실린더
후진→1초</td><td>가공모터
정지→1초</td><td>공급실린더
후진→1초</td></tr>
<tr><td>STEP.8</td><td>STEP.9</td><td>STEP.10</td><td>STEP.11</td><td>STEP.12</td><td>STEP.13</td><td>STEP.14</td></tr>
<tr><td rowspan="2">분배실린더
전진→1초</td><td rowspan="2">컨베이어
ON→1초</td><td rowspan="2">분배실린더
후진</td><td>(금속)</td><td>취출실린더
전진하여
저장창고1에
저장</td><td>취출실린더
후진 후
컨베이어
OFF</td><td rowspan="2">STEP.13
⇒ STEP.1</td></tr>
<tr><td>(비금속)</td><td>저장박스2에
저장</td><td>컨베이어
OFF</td></tr>
</table>

① 단속/연속 운전 선택
② 기본 동작 스위치를 누른 후 시작스위치를 눌러야 동작한다.
③ 공급매거진에 5초 이상 공급 되지 않을 시 정지하며 공급하면 정지한 동작에 이어서 동작한다.
④ 운전 중 동작램프가 점등한다.
⑤ 정지스위치와 비상정지스위치는 정지램프, 비상정지 램프와 일대일로 동작한다.

- PLC 프로그램 I/O 할당표(응용)

<table>
<tr><td colspan="2">공급실린더</td><td colspan="2">가공모터</td><td colspan="2">가공실린더</td></tr>
<tr><td>전진:D0.0</td><td>후진:D0.1</td><td>ON:D1.0</td><td>OFF:D1.1</td><td>전진:D2.0</td><td>후진:D2.1</td></tr>
<tr><td colspan="2">분배실린더</td><td colspan="2">컨베이어</td><td colspan="2">취출실린더</td></tr>
<tr><td>전진:D3.0</td><td>후진:D3.1</td><td>ON:D4.0</td><td>OFF:D4.1</td><td>전진:D5.0</td><td>후진:D5.1</td></tr>
<tr><td colspan="2">금속</td><td colspan="2">비금속</td><td>기본동작</td><td>시작</td></tr>
<tr><td colspan="2">M35</td><td colspan="2">M34</td><td>M2</td><td>M5</td></tr>
<tr><td>정지</td><td>비상정지</td><td colspan="2">단속/연속</td><td colspan="2" rowspan="2"></td></tr>
<tr><td>M6</td><td>M7</td><td colspan="2">M4</td></tr>
</table>

- PLC 프로그램(응용)

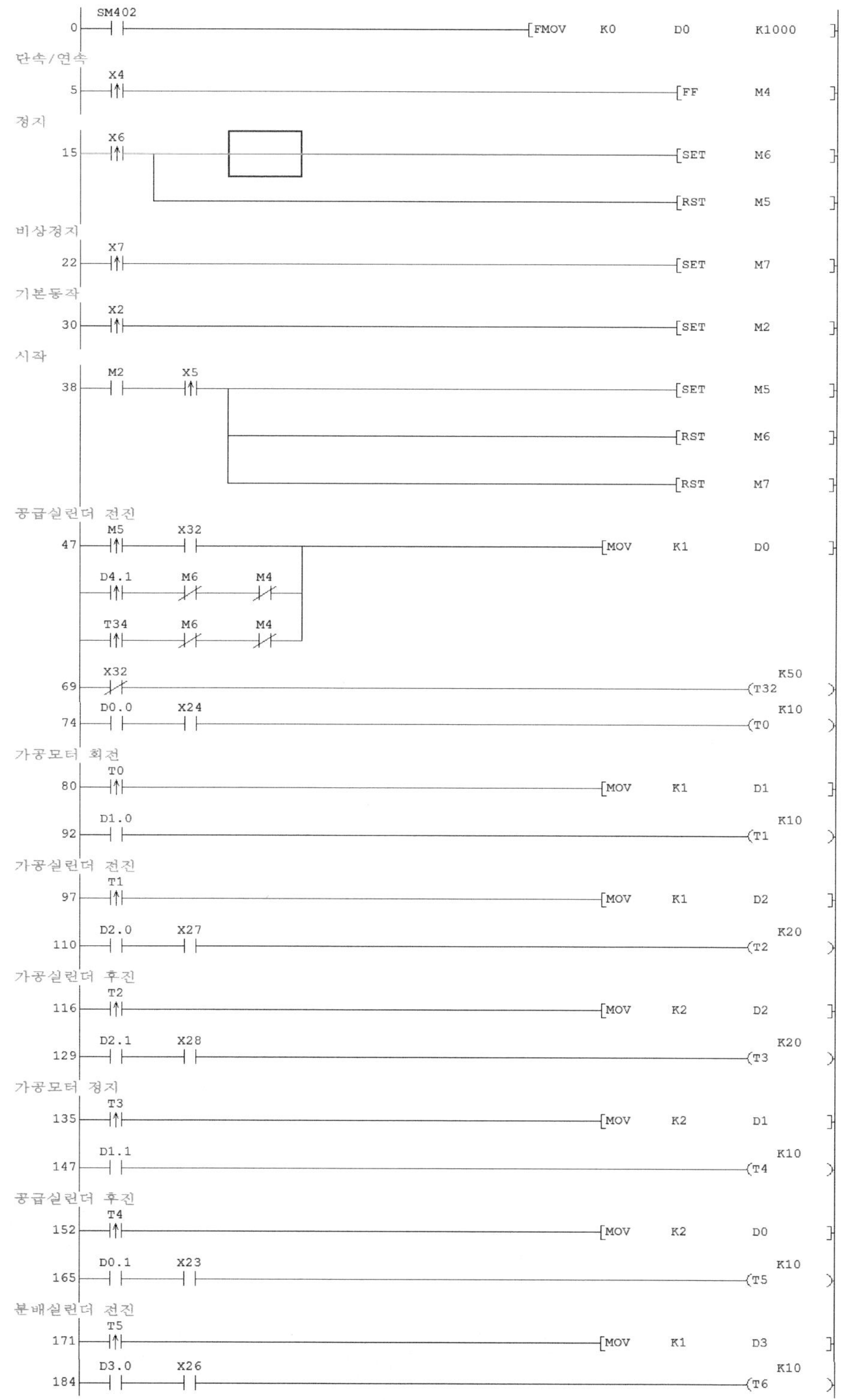
SM402
0 [FMOV K0 D0 K1000]
단속/연속
X4
5 [FF M4]
정지
X6
15 [SET M6]
[RST M5]
비상정지
X7
22 [SET M7]
기본동작
X2
30 [SET M2]
시작
M2 X5
38 [SET M5]
[RST M6]
[RST M7]
공급실린더 전진
M5 X32
47 [MOV K1 D0]
D4.1 M6 M4
T34 M6 M4
X32
69 (T32 K50)
D0.0 X24
74 (T0 K10)
가공모터 회전
T0
80 [MOV K1 D1]
D1.0
92 (T1 K10)
가공실린더 전진
T1
97 [MOV K1 D2]
D2.0 X27
110 (T2 K20)
가공실린더 후진
T2
116 [MOV K2 D2]
D2.1 X28
129 (T3 K20)
가공모터 정지
T3
135 [MOV K2 D1]
D1.1
147 (T4 K10)
공급실린더 후진
T4
152 [MOV K2 D0]
D0.1 X23
165 (T5 K10)
분배실린더 전진
T5
171 [MOV K1 D3]
D3.0 X26
184 (T6 K10)

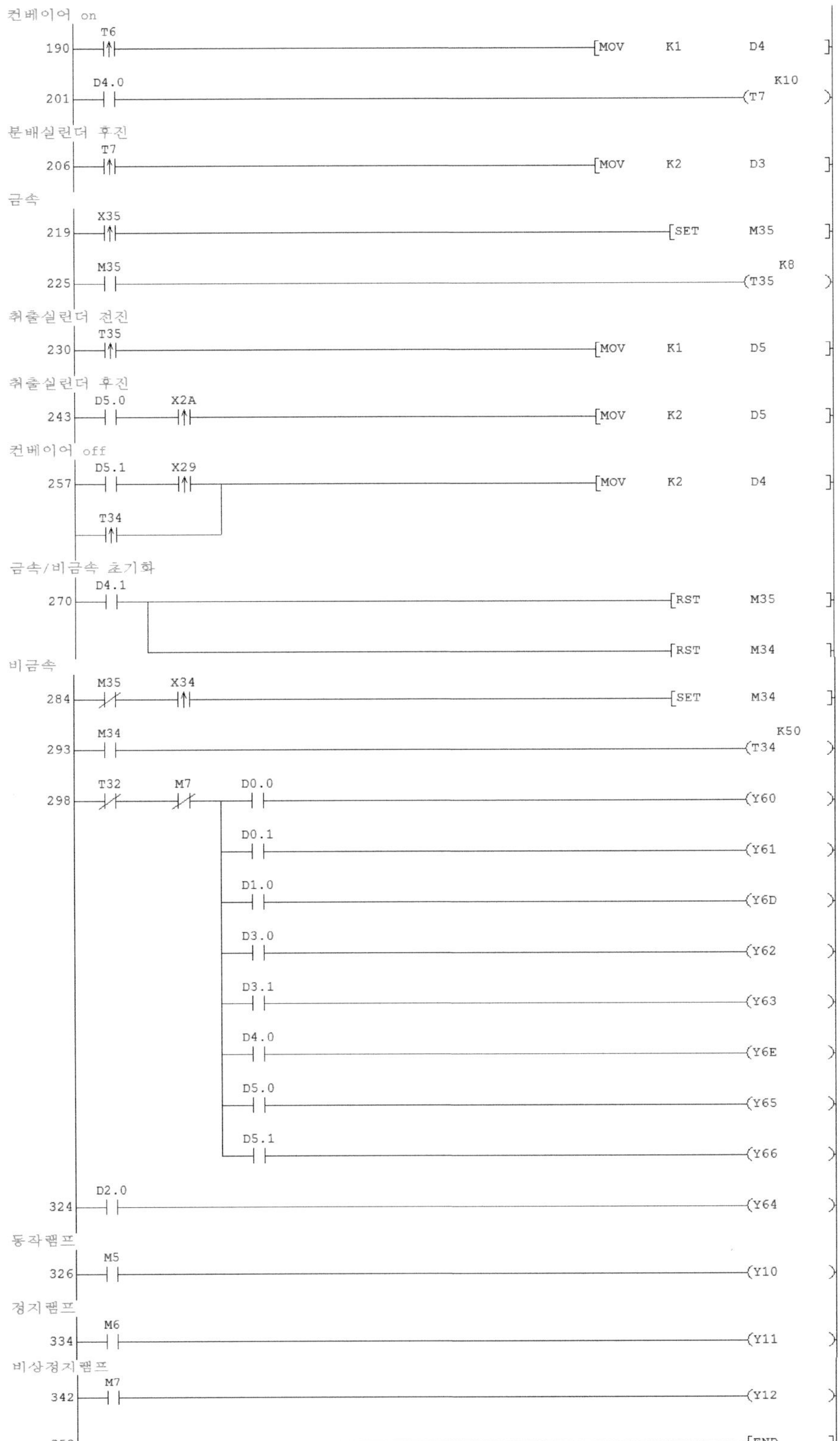

컨베이어 on
190 T6 MOV K1 D4
201 D4.0 K10 T7
분배실린더 후진
206 T7 MOV K2 D3
금속
219 X35 SET M35
225 M35 K8 T35
취출실린더 전진
230 T35 MOV K1 D5
취출실린더 후진
243 D5.0 X2A MOV K2 D5
컨베이어 off
257 D5.1 X29 MOV K2 D4
T34
금속/비금속 초기화
270 D4.1 RST M35
RST M34
비금속
284 M35 X34 SET M34
293 M34 K50 T34
298 T32 M7 D0.0 Y60
D0.1 Y61
D1.0 Y6D
D3.0 Y62
D3.1 Y63
D4.0 Y6E
D5.0 Y65
D5.1 Y66
324 D2.0 Y64
동작램프
326 M5 Y10
정지램프
334 M6 Y11
비상정지램프
342 M7 Y12
352 END

Question 실기문제 4

01 기본동작

○ 기본 동작은 터치패널의 "기본동작" 버튼을 누르면 아래 운전조건과 동작순서를 만족해야 한다.

동작 요소	제어 조건
단속/연속	- 단속 공정일 경우 한 사이클만 동작하고, 연속 공정일 경우 원형매거진에 공작물이 없을 때까지 공정을 반복해서 수행
물품 공급	- 물품을 재질 구분하지 않고 공급하며, 물품이 없으면 이하 동작은 되지 않음 - 램프5는 물품이 있으면 점등, 물품이 없으면 1초 간격 점멸
공급 실린더	- "시작" 버튼을 터치하면 물품을 공급을 위해 전진 - 가공실린더가 상승 1초 후 후진
가공 실린더	- 공급실린더 전진 1초 후 하강 - 드릴가공모터 정지 1초 후 상승
드릴 가공 모터	- 가공실린더 하강 1초 후에 드릴 모터 5초 동안 회전 - 모터회전 "가공" 램프 1초 간격 점멸(모터 운전 중에 램프 ON)
송출 실린더	- 컨베이어가 운전과 동시에 컨베이어에 송출 1초 후 후진
컨베이어	- 공급실린더가 후진 완료 후 1초 후 회전 - 금속 물품이 컨베이어 끝단 저장박스에 저장되면 정지
배출 실린더	- 비금속은 전·후진하여 배출박스에 저장
운전 및 정지 램프	- 운전 중에는 운전램프만 ON, 정지 중에는 정지램프만 ON
정지	- "정지" 스위치를 누르면, 현재 진행하고 있는 동작을 모두 수행하고 "기본동작"의 준비상태를 유지한다.
비상 정지	- "비상정지" 스위치를 누르면, 현재 동작하고 있는 모든 상태를 정지하고, 다시 "시작" 스위치를 누르면 현재 진행하고 있는 동작을 계속 수행한다.

- 터치화면

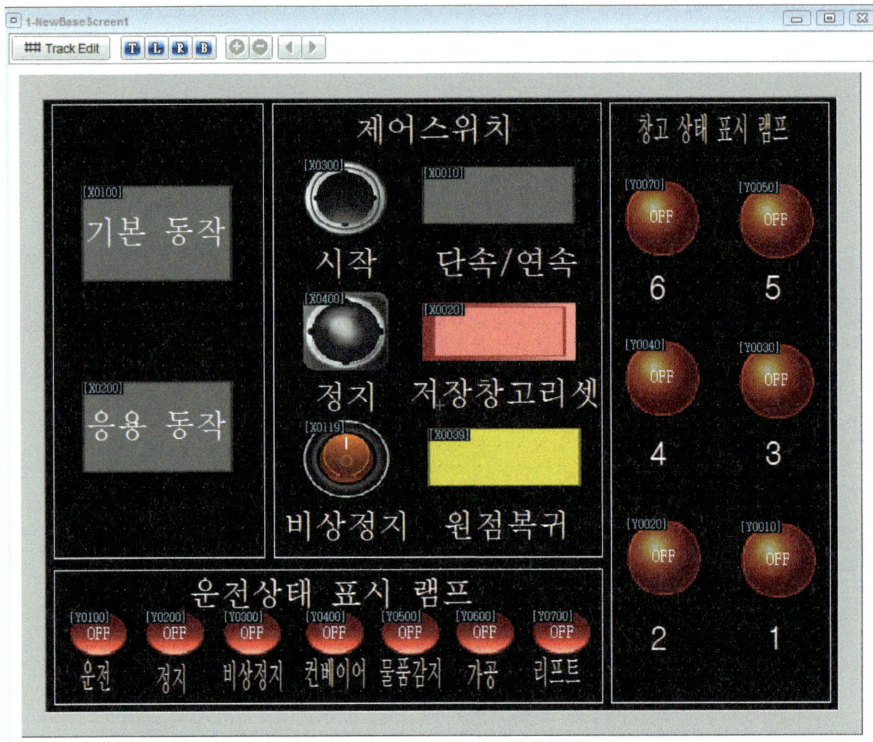

- 터치 I/O 할당표

운전 선택			
기본동작	X100	응용동작	X200

제어스위치				창고 상태 표시 램프			
시작	X300	단속/연속	X10	6번램프	Y70	5번램프	Y50
정지	X400	저장창고리셋	X20	4번램프	Y40	3번램프	Y30
비상정지	X119	원점복귀	X30	2번램프	Y20	1번램프	Y10

운전상태 표시 램프			
운전	Y100	정지	Y200
비상정지	Y300	컨베이어	Y400
물품감지	Y500	가공	Y600
리프트	Y700		

- PLC 프로그램 I/O 할당표(기본)

D0	:	D0.0	D0.1	D0.2	D0.3	D0.4
		Y60	Y61	Y62	Y63	Y64

D1	:	D1.0	D1.1	D1.2	D1.3	D1.4
		Y65	Y66	Y67	Y68	Y69

D2	:	D2.0	D2.1	D2.2	D2.3	D2.4
		Y6A	Y6B	Y6C	Y6D	Y6E

기본문제		
M119 비상정지 릴레이	**M400** 정지 릴레이, 램프 릴레이	**M998** 동작램프 릴레리
M120 비장정지 릴레이 (공작물이 나가지 않게 막아주는 B접점)	**M1000** 가공램프 릴레이	**D2.4** 컨베이어램프 ON 신호
M0 공급실린더가 전진 후 1초 대기 릴레이	**M1** 가공실린더 하강후 1초 대기릴레이	**M999** 가공모터 ON 릴레이
T999 가공모터 5초 동안 ON	**D2.3** 가공모터 비트주소 ON	**M2** 가공모터 정지 후 1초 대기
M3 가공실린더 상승 후 1초대기	**M4** 공급실린더 후진 후 1초 대기	**M6** 분배실린더 정지 후 1초대기
M5 용량형센서 감지 ON 릴레이		

- PLC 프로그램(기본)

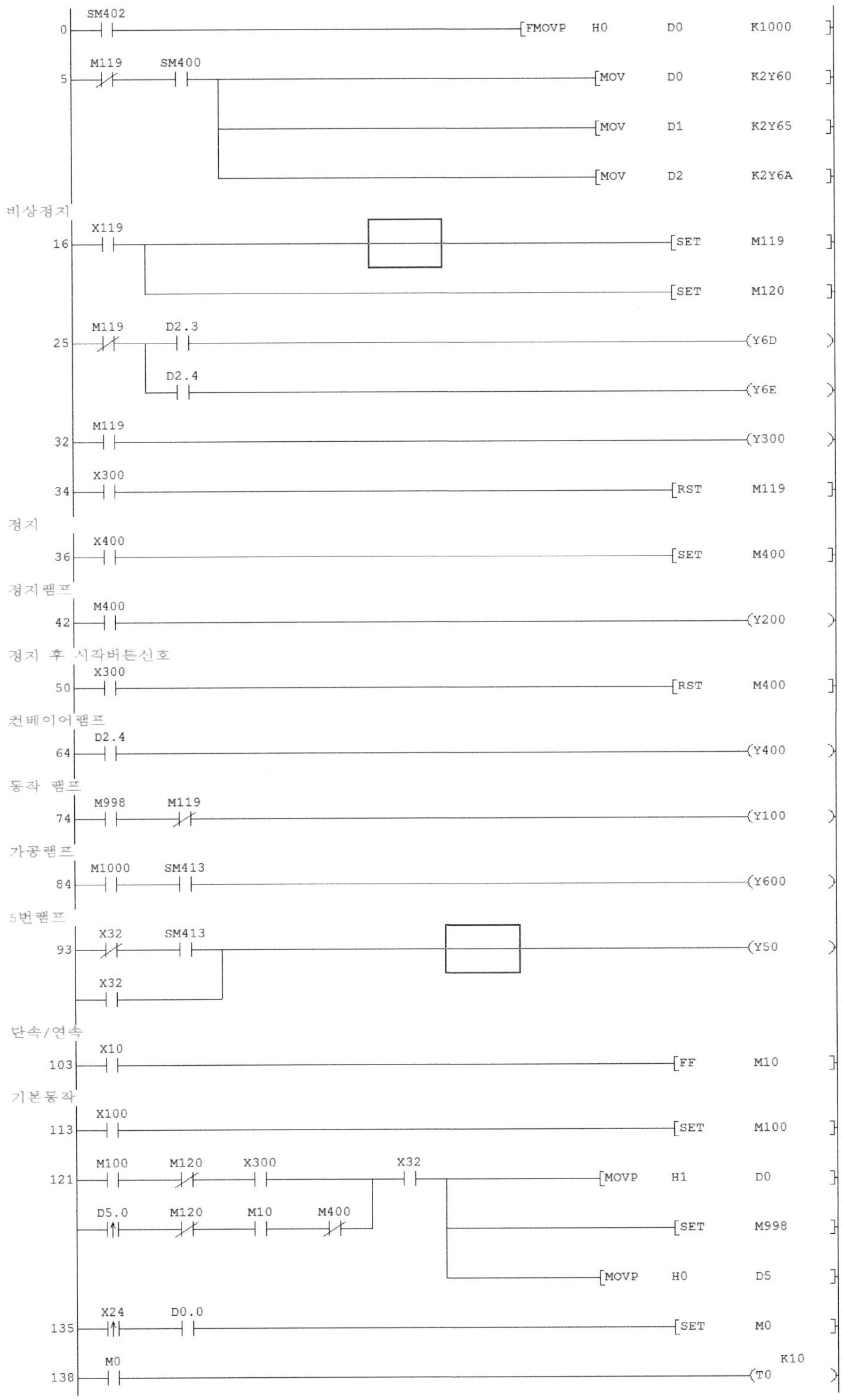

0 SM402 FMOVP H0 D0 K1000
5 M119 SM400 MOV D0 K2Y60
MOV D1 K2Y65
MOV D2 K2Y6A
비상정지
16 X119 SET M119
SET M120
25 M119 D2.3 Y6D
D2.4 Y6E
32 M119 Y300
34 X300 RST M119
정지
36 X400 SET M400
정지램프
42 M400 Y200
정지 후 시작버튼신호
50 X300 RST M400
컨베이어램프
64 D2.4 Y400
동작 램프
74 M998 M119 Y100
가공램프
84 M1000 SM413 Y600
5번램프
93 X32 SM413 Y50
X32
단속/연속
103 X10 FF M10
기본동작
113 X100 SET M100
121 M100 M120 X300 X32 MOVP H1 D0
D5.0 M120 M10 M400 SET M998
MOVP H0 D5
135 X24 D0.0 SET M0
138 M0 K10 T0

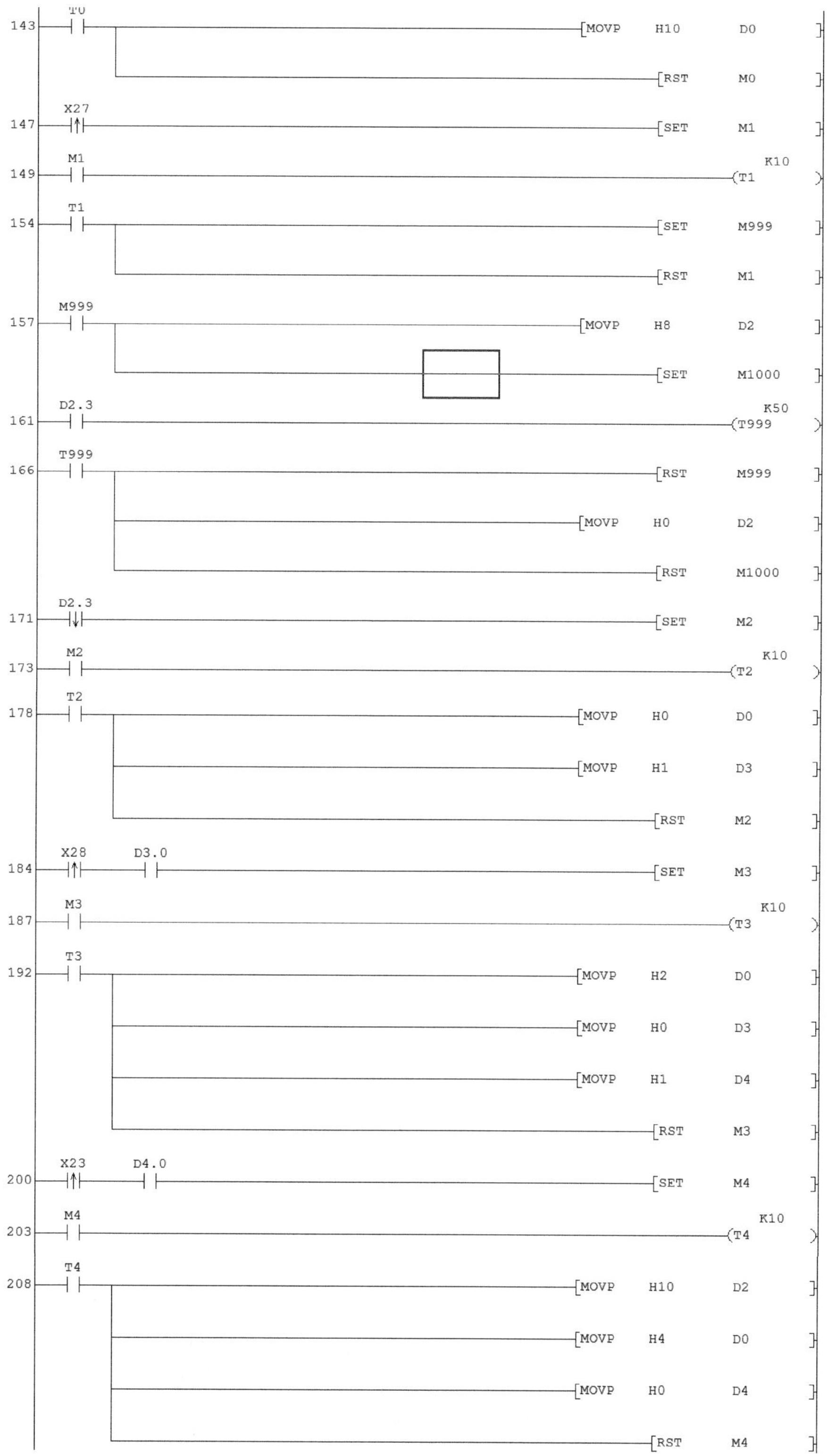
143 T0 MOVP H10 D0
RST M0
147 X27 SET M1
149 M1 T1 K10
154 T1 SET M999
RST M1
157 M999 MOVP H8 D2
SET M1000
161 D2.3 T999 K50
166 T999 RST M999
MOVP H0 D2
RST M1000
171 D2.3 SET M2
173 M2 T2 K10
178 T2 MOVP H0 D0
MOVP H1 D3
RST M2
184 X28 D3.0 SET M3
187 M3 T3 K10
192 T3 MOVP H2 D0
MOVP H0 D3
MOVP H1 D4
RST M3
200 X23 D4.0 SET M4
203 M4 T4 K10
208 T4 MOVP H10 D2
MOVP H4 D0
MOVP H0 D4
RST M4

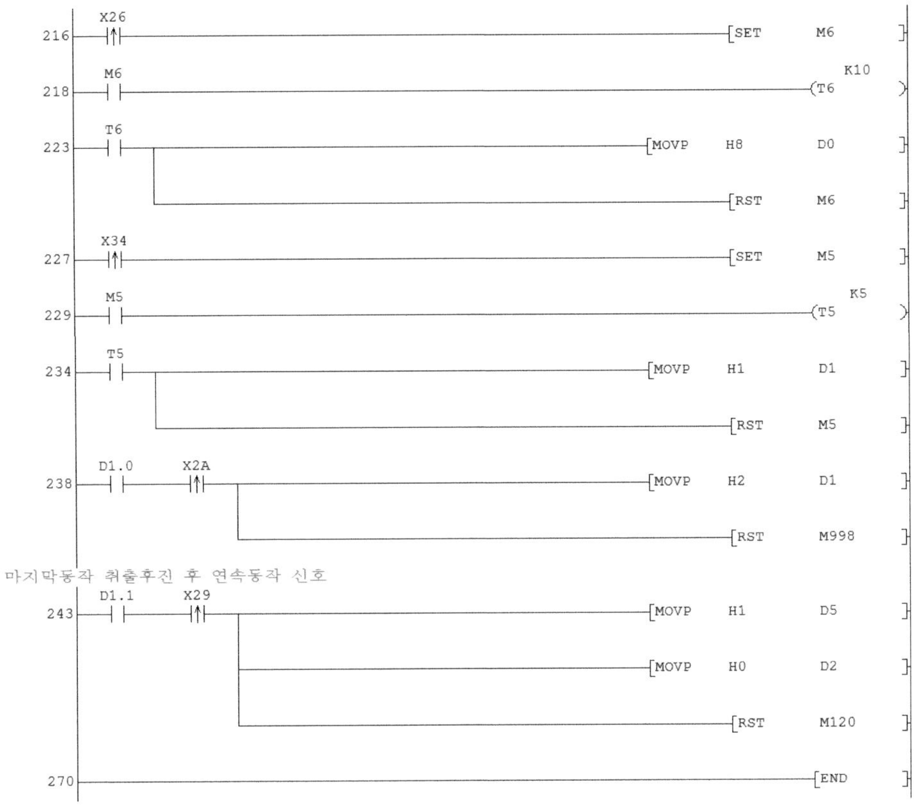
216 X26 SET M6
218 M6 K10 T6
223 T6 MOVP H8 D0
RST M6
227 X34 SET M5
229 M5 K5 T5
234 T5 MOVP H1 D1
RST M5
238 D1.0 X2A MOVP H2 D1
RST M998
마지막동작 취출후진 후 연속동작 신호
243 D1.1 X29 MOVP H1 D5
MOVP H0 D2
RST M120
270 END

02 응용동작

○ 응용동작은 터치패널의 "응용동작" 버튼을 누르면 아래 운전조건과 동작순서를 만족해야 한다.

가) 응용동작 "시작" 스위치를 누르기 전에는 항상 "원점복귀" 버튼을 눌러서 원점복귀를 수행하고, 수행하고, 또한 반복 수행이 가능해야 한다. (단, 원점복귀방법은 제한을 두지 않고, 이미 동작 중인 상태에서는 작동하지 않는다.)

- 리프트가 원점에 복귀해야한다.
- 모든 실린더 후진, 모든 모터 초기위치 복귀 상태

나) 터치패널에서 "응용동작"을 실행시키고 "시작" 스위치를 누르면, 비금속 공작물을 "저장창고"에 ④→⑥ 순서대로 저장한다. 이때 금속 공작물은 컨베이어 끝단 "저장박스"에 저장한다.

동작요소	제어 조건
물품공급	- 물품을 재질 구분하지 않고 공급하며, 물품이 없으면 이하 동작은 되지 않음 - 램프5는 물품이 있으면 점등, 물품이 없으면 1초 간격 점멸
공급실린더	- "시작" 버튼을 터치하면 물품을 공급을 위해 전진 - 가공실린더가 상승 1초 후 후진
가공실린더	- 공급실린더 전진 1초 후 하강 - 드릴가공모터 정지 1초 후 상승
드릴가공 모터	- 가공실린더 하강 1초 후에 드릴 모터 5초 동안 회전 - 모터회전 "가공" 램프 1초 간격 점멸(모터 운전 중에 램프 ON)
송출실린더	- 컨베이어가 운전과 동시에 컨베이어에 송출 1초 후 후진
컨베이어	- 공급실린더가 후진 완료 후 1초 후 회전 - 비금속 물품을 ④, ⑤, ⑥ 순서대로 저장을 완료하고, 매거진에 물품이 없는 경우 정지 - 금속 물품이 컨베이어 끝단 저장박스에 저장
스토퍼	- 비금속을 감지하면 하강(비금속을 ④, ⑤, ⑥ 순서대로 저장완료하면 하강하지 않고 통과) - 흡착 완료 후 상승
스토퍼센서	- 비금속 물품을 감지하면 적재 시작
램프	- 리프트 운전 중에는 물품을 흡착 순간부터 흡착실린더 후진 완료까지 "리프트" 램프 0.5초 간격으로 점멸, 창고표시 등은 적재된 물품번호에 맞게 램프번호와 같게 점등
정지	- "정지" 스위치를 누르면, 현재 진행하고 동작을 모두 수행하고 "기본동작"의 준비상태를 유지한다.
비상정지	- "비상정지" 스위치를 누르면, 현재 동작하고 있는 모든 상태를 정지하고, 다시 "시작" 스위치를 누르면 현재 진행하고 있는 동작을 계속 수행한다.

다) 응용동작 수행 중에 "정지" 스위치를 누르면, 현재 진행하고 있는 1회 사이클 동작을 모두 수행하고 "응용동작"의 준비상태를 유지한다.

라) 응용동작 수행 중에 "비상정지" 스위치를 누르면, 현재 동작하고 있는 모든 상태를 정지하고, 다시 "시작" 스위치를 누르면 현재 진행하고 있는 동작을 계속 수행한다.

- PLC 프로그램 I/O 할당표(응용)

응용문제		
M119 비상정지 릴레이	**M400** 정지 릴레이, 램프 릴레이	**M998** 동작램프 릴레리
M120 비장정지 릴레이 (공작물이 나가지 않게 막아주는B접점)	**M1000** 가공램프 릴레이	**D2.4** 컨베이어램프 ON 신호
M0 공급실린더가 전진 후 1초 대기 릴레이	**M1** 가공실린더 하강 후 1초 대기릴레이	**M999** 가공모터 ON 릴레이
T999 가공모터 5초 동안 ON	**D2.3** 가공모터 비트주소 온	**M2** 가공모터 정지 후 1초 대기
M3 가공실린더 상승 후 1초대기	**M4** 공급실린더 후진 후 1초대기	**M6** 분배실린더 전지 후 1초대기
M5 용량형센서 감지 릴레이	**C0** 비금속 3회 감지 카운터	**M123** 서보모터를 가동하기 위한 기본 릴레이
M50 M코드 ON 릴레이	**D123** 엔코더 임의의 디바이스 값 (마음대로 해줘도 됨)	**D1.4** 디바이스 값 ON 흡착실린더 후진
M39 원점복귀 릴레이	**M10** 연속단속 운전 릴레이 FF 신호	

- Servo Positioning data(테스트운전을 통해서 컨베이어벨트 위에 공작물을 놓고 높이를 측정하여 보정한다)

No.	Pattern	CTRL methode	SLV axis	Acc (ms)	DEC (ms)	Positioning address [μm]	Arc address [μm]	Command speed [mm/min]	Dwell time [ms]	M code
1	CONT	1:ABS linel	-	0:100	0:100	147000.0	0	3000.0	0	1
2	CONT	1:ABS linel	-	0:100	0:100	70000.0	0	3000.0	0	2
3	CONT	1:ABS linel	-	0:100	0:100	73000.0	0	3000.0	0	3
4	CONT	1:ABS linel	-	0:100	0:100	70000.0	0	3000.0	0	4
5	END	1:ABS linel	-	0:100	0:100	0.0	0	3000.0	0	0
6										
7										
8										
9										
10	CONT	1:ABS linel	-	0:100	0:100	147000.0	0	3000.0	0	5
11	CONT	1:ABS linel	-	0:100	0:100	20000.0	0	3000.0	0	2
12	CONT	1:ABS linel	-	0:100	0:100	23000.0	0	3000.0	0	3
13	CONT	1:ABS linel	-	0:100	0:100	20000.0	0	3000.0	0	4
14	END	1:ABS linel	-	0:100	0:100	0.0	0	3000.0	0	0
15										
16										
17										
18										
19										
20	CONT	1:ABS linel	-	0:100	0:100	147000.0	0	3000.0	0	1
21	CONT	1:ABS linel	-	0:100	0:100	20000.0	0	3000.0	0	2
22	CONT	1:ABS linel	-	0:100	0:100	23000.0	0	3000.0	0	3
23	CONT	1:ABS linel	-	0:100	0:100	20000.0	0	3000.0	0	4
24	END	1:ABS linel	-	0:100	0:100	0.0	0	3000.0	0	0
25										

No.	Pattern	CTRL method	SLV axis	ACC(ms)	DEC(ms)	Positioning address [um]	Arc Address [um]	Command speed [mm/min]	Dwell time [ms]	M code
1	1:CONT	1:ABS line1	-	0;100	0;100	147000.0	0.0	3000.00	0	1
2	1:CONT	1:ABS line1	-	0;100	0;100	70000.0	0.0	3000.00	0	2
3	1:CONT	1:ABS line1	-	0;100	0;100	73000.0	0.0	3000.00	0	3
4	1:CONT	1:ABS line1	-	0;100	0;100	70000.0	0.0	3000.00	0	4
5	0:END	1:ABS line1	-	0;100	0;100	0.0	0.0	3000.00	0	0
6										
7										
8										
9										
10	1:CONT	1:ABS line1	-	0;100	0;100	147000.0	0.0	3000.00	0	5
11	1:CONT	1:ABS line1	-	0;100	0;100	20000.0	0.0	3000.00	0	2
12	1:CONT	1:ABS line1	-	0;100	0;100	23000.0	0.0	3000.00	0	3
13	1:CONT	1:ABS line1	-	0;100	0;100	20000.0	0.0	3000.00	0	4
14	0:END	1:ABS line1	-	0;100	0;100	0.0	0.0	3000.00	0	0
15										
16										
17										
18										
19										
20	1:CONT	1:ABS line1	-	0;100	0;100	147000.0	0.0	3000.00	0	1
21	1:CONT	1:ABS line1	-	0;100	0;100	20000.0	0.0	3000.00	0	2
22	1:CONT	1:ABS line1	-	0;100	0;100	23000.0	0.0	3000.00	0	3
23	1:CONT	1:ABS line1	-	0;100	0;100	20000.0	0.0	3000.00	0	4
24	0:END	1:ABS line1	-	0;100	0;100	0.0	0.0	3000.00	0	0
25										
26										

- PLC 프로그램

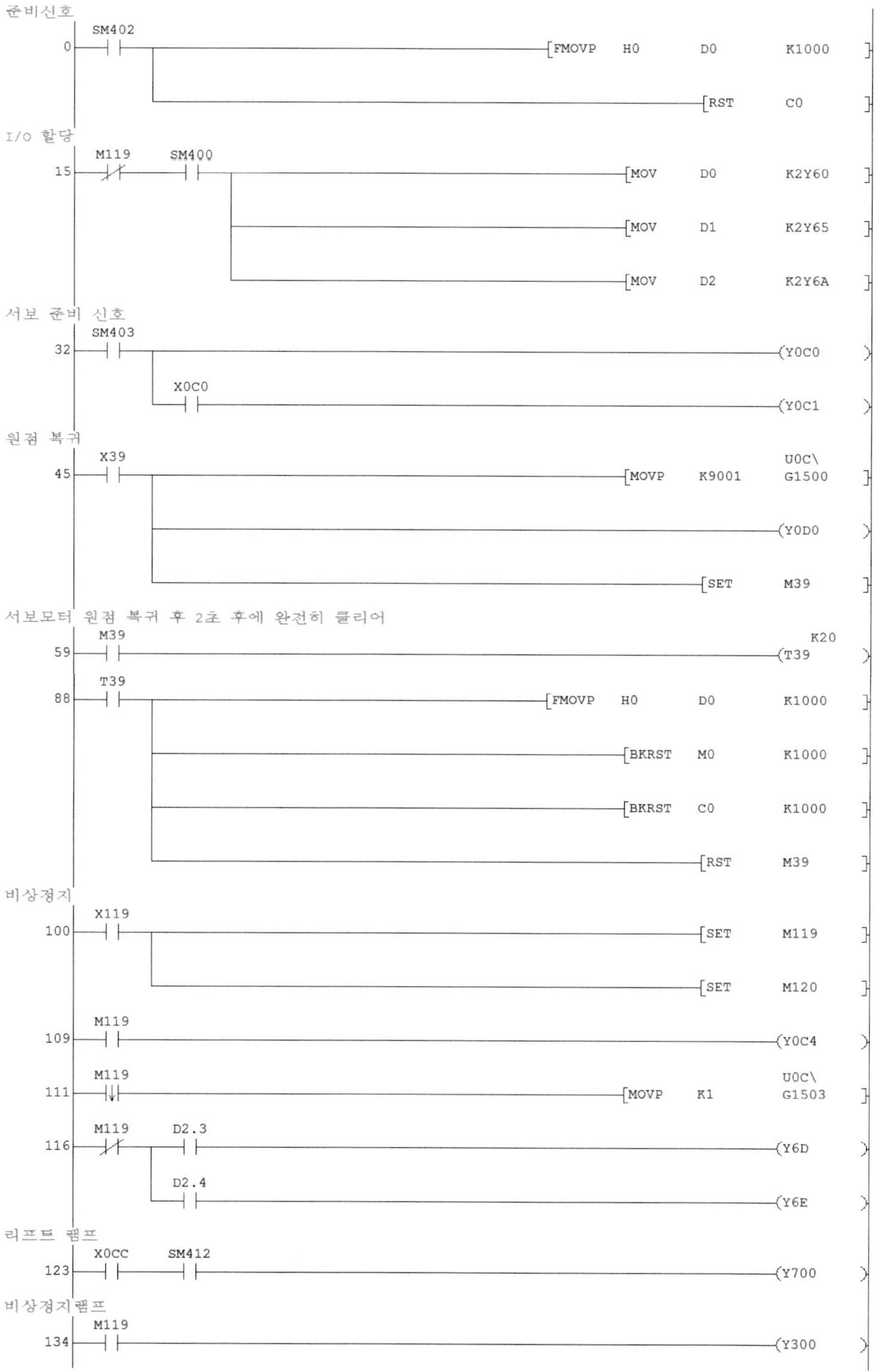
준비신호
SM402
0
FMOVP H0 D0 K1000
RST C0
I/O 할당
M119 SM400
15
MOV D0 K2Y60
MOV D1 K2Y65
MOV D2 K2Y6A
서보 준비 신호
SM403
32
Y0C0
X0C0
Y0C1
원점 복귀
X39
45
MOVP K9001 U0C\ G1500
Y0D0
SET M39
서보모터 원점 복귀 후 2초 후에 완전히 클리어
M39
59
K20
T39
T39
88
FMOVP H0 D0 K1000
BKRST M0 K1000
BKRST C0 K1000
RST M39
비상정지
X119
100
SET M119
SET M120
M119
109
Y0C4
M119
111
MOVP K1 U0C\ G1503
M119 D2.3
116
Y6D
D2.4
Y6E
리프트 램프
X0CC SM412
123
Y700
비상정지램프
M119
134
Y300

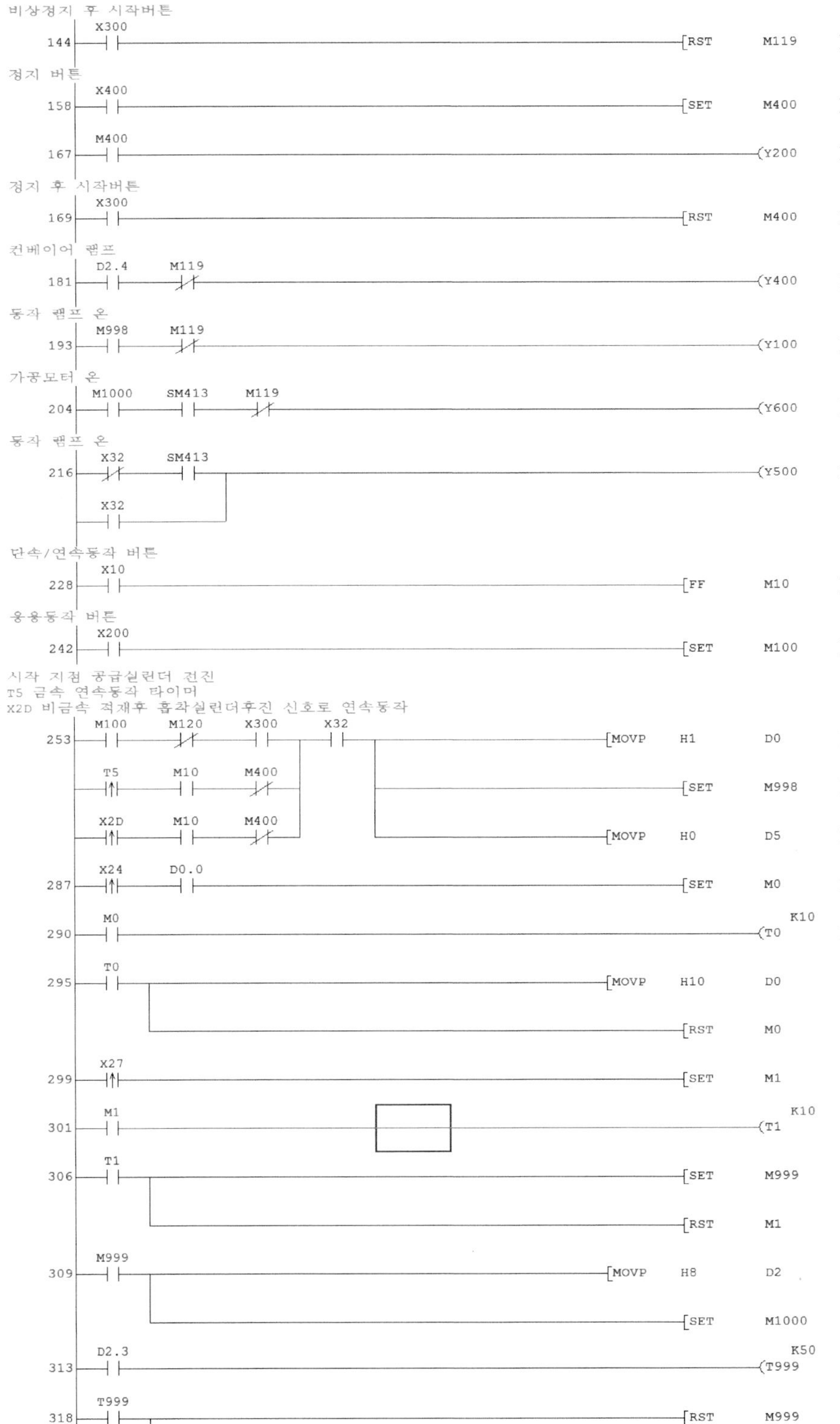
비상정지 후 시작버튼
144 X300 RST M119
정지 버튼
158 X400 SET M400
167 M400 Y200
정지 후 시작버튼
169 X300 RST M400
컨베이어 램프
181 D2.4 M119 Y400
동작 램프 온
193 M998 M119 Y100
가공모터 온
204 M1000 SM413 M119 Y600
동작 램프 온
216 X32 SM413 Y500
X32
단속/연속동작 버튼
228 X10 FF M10
응용동작 버튼
242 X200 SET M100
시작 지점 공급실린더 전진
T5 금속 연속동작 타이머
X2D 비금속 적재후 흡착실린더후진 신호로 연속동작
253 M100 M120 X300 X32 MOVP H1 D0
T5 M10 M400 SET M998
X2D M10 M400 MOVP H0 D5
287 X24 D0.0 SET M0
290 M0 K10 T0
295 T0 MOVP H10 D0
RST M0
299 X27 SET M1
301 M1 K10 T1
306 T1 SET M999
RST M1
309 M999 MOVP H8 D2
SET M1000
313 D2.3 K50 T999
318 T999 RST M999

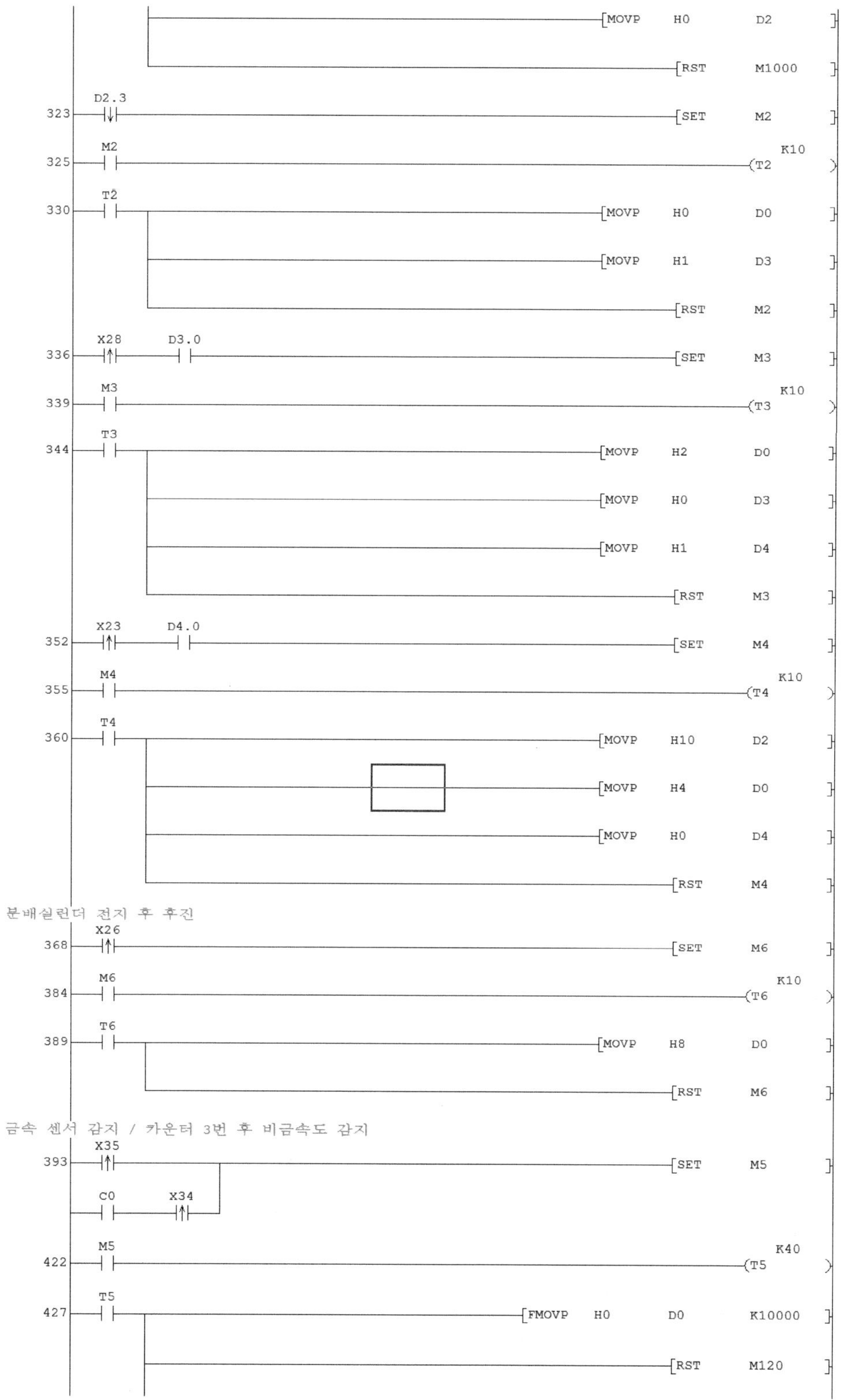
MOVP H0 D2
RST M1000
323 D2.3 SET M2
325 M2 K10 T2
330 T2 MOVP H0 D0
MOVP H1 D3
RST M2
336 X28 D3.0 SET M3
339 M3 K10 T3
344 T3 MOVP H2 D0
MOVP H0 D3
MOVP H1 D4
RST M3
352 X23 D4.0 SET M4
355 M4 K10 T4
360 T4 MOVP H10 D2
MOVP H4 D0
MOVP H0 D4
RST M4
분배실린더 전지 후 후진
368 X26 SET M6
384 M6 K10 T6
389 T6 MOVP H8 D0
RST M6
금속 센서 감지 / 카운터 3번 후 비금속도 감지
393 X35 SET M5
C0 X34
422 M5 K40 T5
427 T5 FMOVP H0 D0 K10000
RST M120

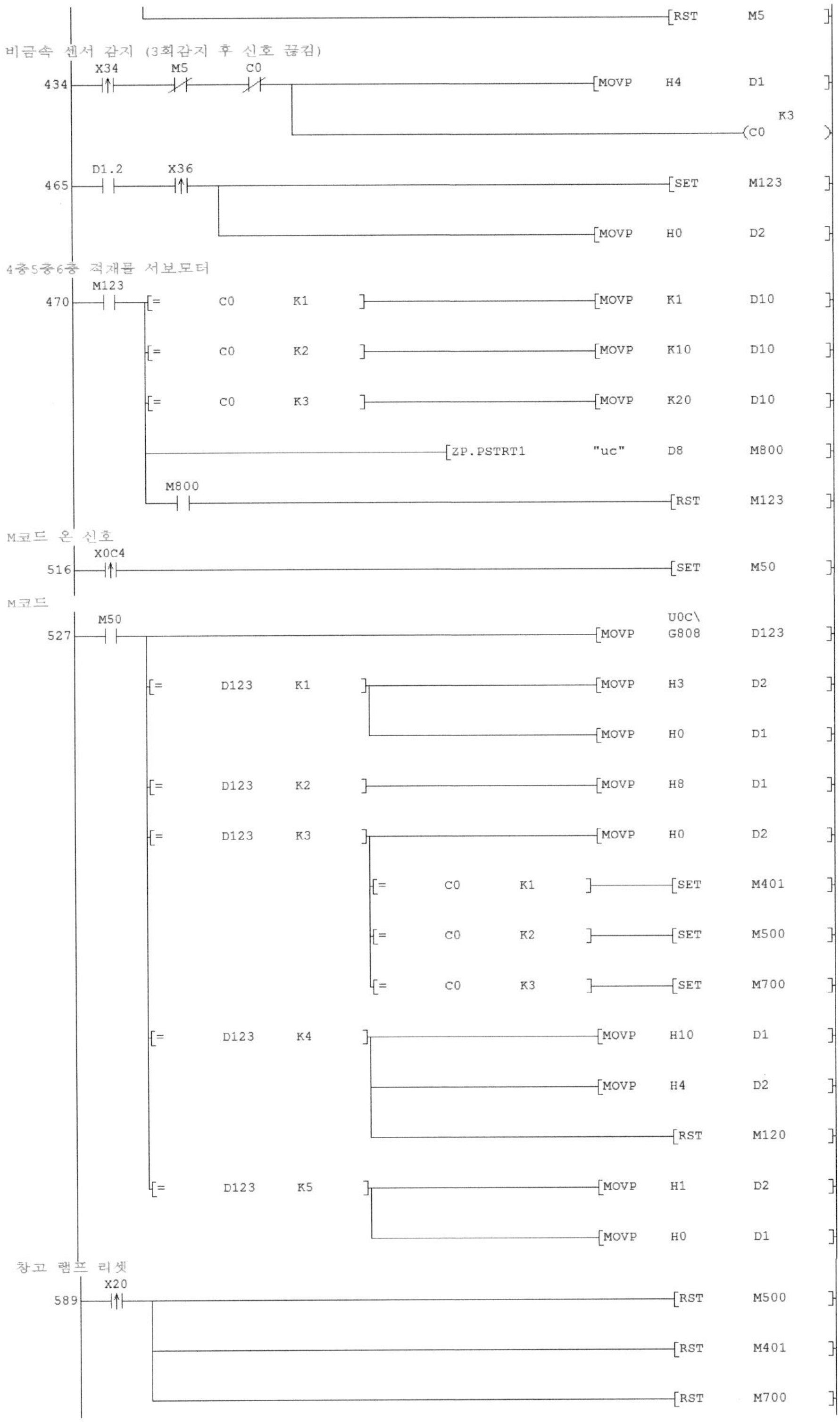
RST M5
비금속 센서 감지 (3회감지 후 신호 끊김)
434 X34 M5 C0
MOVP H4 D1
K3
C0
465 D1.2 X36
SET M123
MOVP H0 D2
4층5층6층 적재물 서보모터
470 M123
= C0 K1 MOVP K1 D10
= C0 K2 MOVP K10 D10
= C0 K3 MOVP K20 D10
ZP.PSTRT1 "uc" D8 M800
M800 RST M123
M코드 온 신호
516 X0C4 SET M50
M코드
527 M50 MOVP U0C\ G808 D123
= D123 K1 MOVP H3 D2
MOVP H0 D1
= D123 K2 MOVP H8 D1
= D123 K3 MOVP H0 D2
= C0 K1 SET M401
= C0 K2 SET M500
= C0 K3 SET M700
= D123 K4 MOVP H10 D1
MOVP H4 D2
RST M120
= D123 K5 MOVP H1 D2
MOVP H0 D1
창고 램프 리셋
589 X20
RST M500
RST M401
RST M700

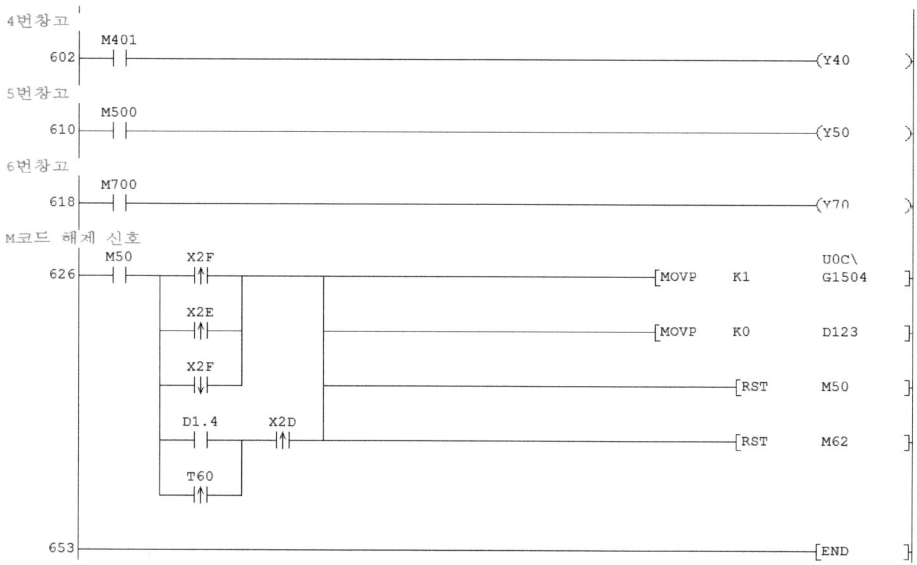
4번창고
M401
602
Y40
5번창고
M500
610
Y50
6번창고
M700
618
Y70
M코드 해제 신호
M50
X2F
626
MOVP K1 U0C\ G1504
X2E
MOVP K0 D123
X2F
RST M50
D1.4
X2D
RST M62
T60
653
END

Question 실기문제 5

01 기본동작

(1) 초기상태 : FND는 0을 표시하며 입·출력 모듈, FND모듈, 테스트 프로그램 운전을 이용하여 아래와 같은 동작 및 표시 상태로 제어한다.

동작	구 분	동작 및 표시 상태
1	테스트 프로그램운전	테스트 프로그램의 버튼을 이용하여 리프트를 원점 및 상·하 조그(jog)운전
2	실린더 제어 및 컨베이어 제어	기본 스위치를 누르면 아래와 같은 순서로 동작 ① 공급 실린더 전진→3초 후 ② 드릴회전 시작→2초 후 ③ 공급 실린더 후진→2초 후 ④ 스토퍼 실린더 상승→5초 후 ⑤ 드릴회전 정지→2초 후 ⑥ 스토퍼 실린더 상승→2초 후 ⑦ 컨베이어 회전→2초 후 ⑧ 컨베이어 정지
3	FND	위 2동작의 각 항목의 시작번호를 FND에 표시 (예: ① 공급실린더 전진 순간 "1", ⑦ 컨베어 회전 순간 "5")

(2) 터치 패널의 "기본" 버튼을 터치하면 위 2, 3 동작이 수행되도록 한다. 동작 중 "정지" 버튼을 터치하면 즉시 정지하며, 5초 후 초기상태로 된다.

- 터치화면

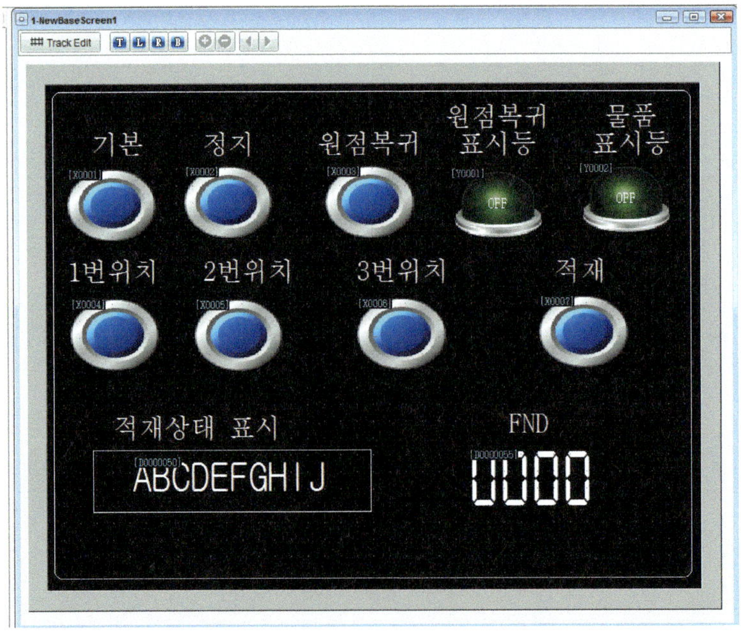

- 터치 I/O 할당표

기본	정지	원점복귀	원점복귀표시등(PL1)	물품표시등 (PL2)
X1	X2	X3	Y1	Y2
1번위치(PB1)	2번위치(PB2)	3번위치(PB3)	적재	
X4	X5	X6	X7	
적재상태 표시			FND	
D50			D55	

- PLC 프로그램 I/O 할당표(기본)

공급실린더		드릴모터	
전진:D0.0	후진:D0.1	ON:D1.0	OFF:D1.1
스토퍼실린더		컨베이어	
전진:D2.0	후진:D2.1	ON:D3.0	OFF:D3.1
조그운전	정지	FND	
X20,X21	M2	D55	

- PLC 프로그램(기본)

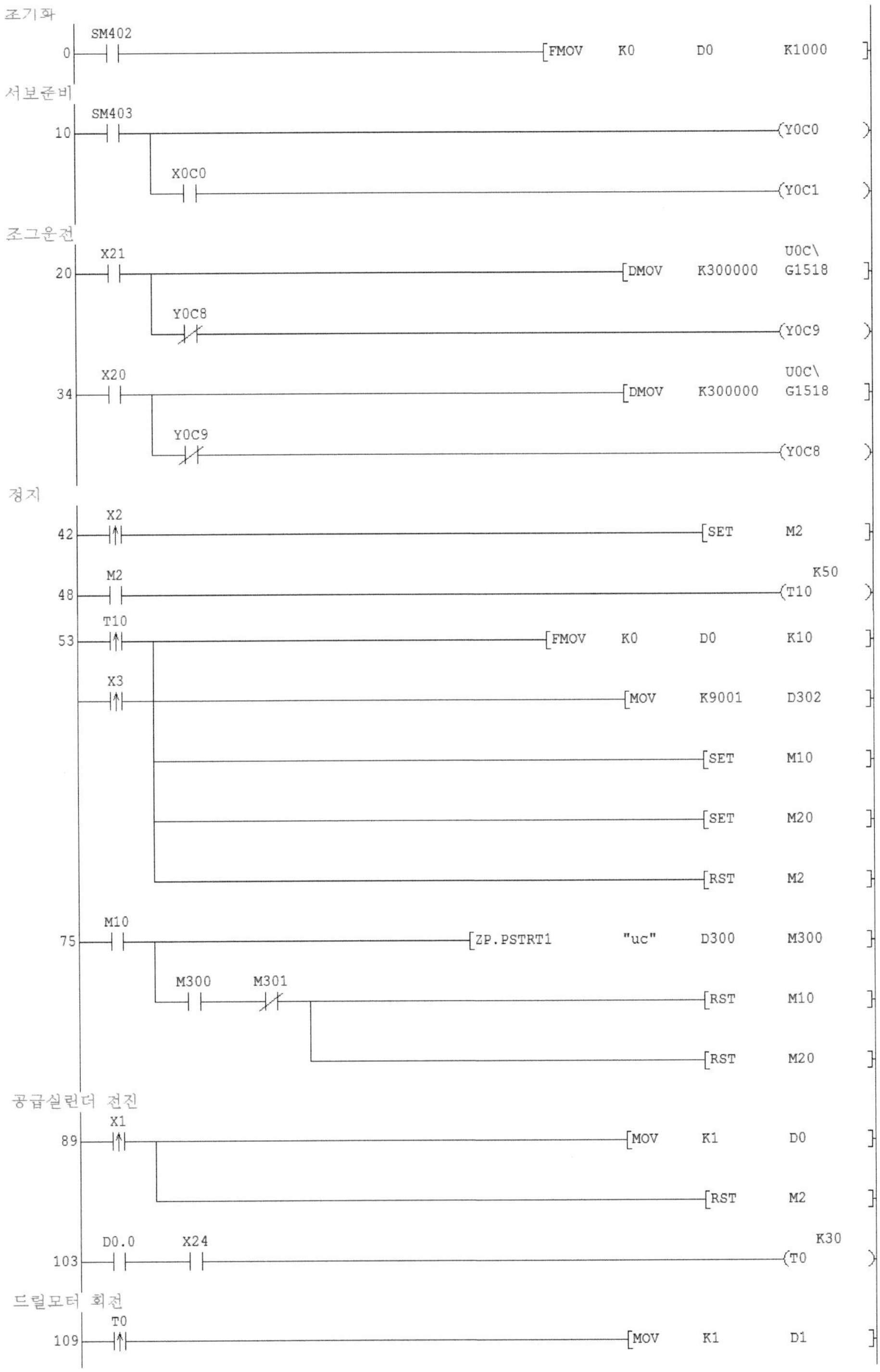

초기화
SM402
0
FMOV K0 D0 K1000
서보준비
SM403
10
Y0C0
X0C0
Y0C1
조그운전
X21
20
DMOV K300000 U0C\ G1518
Y0C8
Y0C9
X20
34
DMOV K300000 U0C\ G1518
Y0C9
Y0C8
정지
X2
42
SET M2
M2
48
K50
T10
T10
53
FMOV K0 D0 K10
X3
MOV K9001 D302
SET M10
SET M20
RST M2
M10
75
ZP.PSTRT1 "uc" D300 M300
M300 M301
RST M10
RST M20
공급실린더 전진
X1
89
MOV K1 D0
RST M2
D0.0 X24
103
K30
T0
드릴모터 회전
T0
109
MOV K1 D1

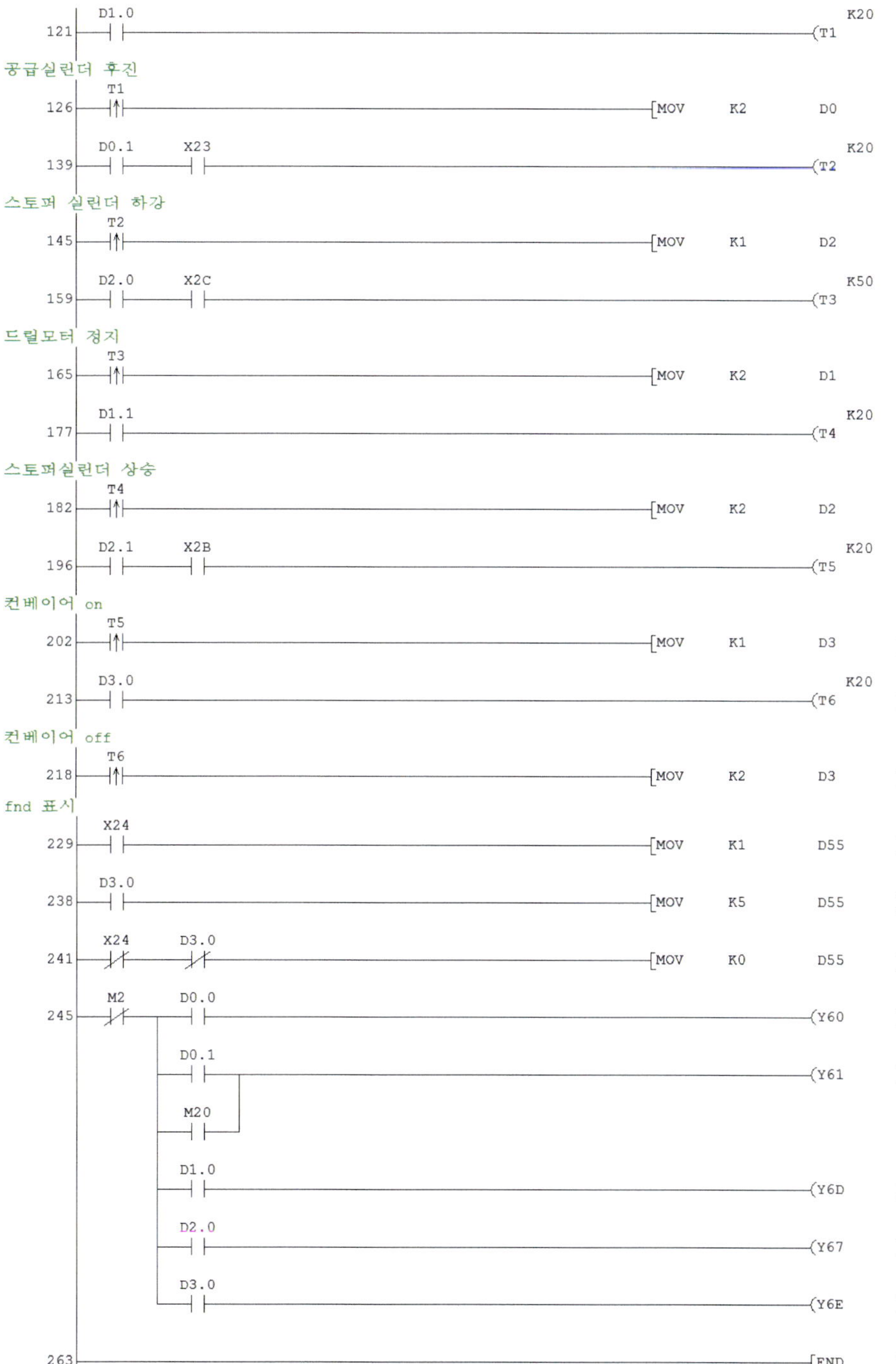
121 D1.0 (T1 K20)
공급실린더 후진
126 T1 [MOV K2 D0]
139 D0.1 X23 (T2 K20)
스토퍼 실린더 하강
145 T2 [MOV K1 D2]
159 D2.0 X2C (T3 K50)
드릴모터 정지
165 T3 [MOV K2 D1]
177 D1.1 (T4 K20)
스토퍼실린더 상승
182 T4 [MOV K2 D2]
196 D2.1 X2B (T5 K20)
컨베이어 on
202 T5 [MOV K1 D3]
213 D3.0 (T6 K20)
컨베이어 off
218 T6 [MOV K2 D3]
fnd 표시
229 X24 [MOV K1 D55]
238 D3.0 [MOV K5 D55]
241 X24 D3.0 [MOV K0 D55]
245 M2 D0.0 (Y60)
D0.1 (Y61)
M20
D1.0 (Y6D)
D2.0 (Y67)
D3.0 (Y6E)
263 [END]

02 응용동작

(1) “원점복귀” 버튼을 터치하면 다음과 같이 동작되도록 한다.

① 원점복귀 버튼을 터치하면 원점복귀를 실시한다.

② 원점복귀 중에는 원점복귀램프(램프1)가 0.5초 간격으로 점멸하며 원점복귀가 완료되면 점등된다.

※아래와 같은 조건으로 위치결정데이터를 설정한다.

No.	운전 패턴	제어방식	위치결정어드레스	지령속도
원점	-	-	0 ㎛	3000mm/min
1	END	ABS	15000 ㎛	4000mm/min
2	END	ABS	10000 ㎛	6000mm/min
3	END	ABS	7000 ㎛	2000mm/min

(2) “1번 위치”, “2번 위치”, “3번 위치” 버튼을 터치하면 리프트가 각 No.의 위치결정어드레스로 이동한다. (예: “2번 위치” 버튼을 터치하면 리프트가 10000㎛ 위치로 이동)

(3) “적재” 버튼을 터치하면 아래 제어조건과 같이 동작시킨 후 금속 물품은 배출실린더에 의해 배출박스에 적재하고, 비금속 물품은 ⑥번 창고에 적재 후 종료되도록 한다.

동작요소	제어 조건
물품공급	- 물품을 재질 구분하지 않고 공급하며, 물품이 없으면 이하 동작은 되지 않음 - 물품표시 등은 물품이 없으면 소등, 물품이 있으면 점등
공급실린더	- "적재" 버튼을 터치하면 물품을 공급 후 후진 - 물품이 없으면 공급하지 않음 - 두 번째 물품은 금속일 경우 배출박스에 배출 후 공급 - 비금속 물품을 2개 공급하면 더 이상 공급하지 않음
송출실린더	- 공급실린더가 후진 완료하면 컨베이어에 송출 후 후진
컨베이어	- 송출실린더가 전 · 후진 완료 후 1초 후 회전 - 금속 물품이 배출되면 정지 - 스토퍼센서가 비금속 물품을 감지하면 정지
스토퍼	- 비금속을 감지하면 하강 - 흡착 완료 후 상승
스토퍼센서	- 비금속 물품을 감지하면 적재 시작

(4) "적재상태표시" 메시지는 처음 대기 상태는 "적재대기", 물품을 적재 중일 때는 "적재 중", 적재완료 후에는 "적재완료"가 표시되도록 한다. 단, "적재 중" 표시는 물품을 흡착 순간부터 흡착실린더 후진 완료까지이다.

(5) 동작 중 "정지" 버튼을 터치하면 즉시 정지하고, 3초 후 초기화 상태로 된다.
(여기서 초기화의 의미는 모든 실린더 후진, 원점복귀 표시등 소등, 컨베이어 정지, 적재상태표시는 "적재대기" 상태이며 물품 표시등은 물품 재고 여부에 따라 점등 또는 소등이 되어야 한다.)

- PLC 프로그램 I/O 할당표(응용)

공급실린더		분배실린더	
전진:D0.0	후진:D0.1	전진:D1.0	후진:D1.1
컨베이어		스토퍼실린더	
ON:D2.0	OFF:D2.1	전진:D3.0	후진:D3.1
저장실린더		흡착컵	
전진:D4.0	후진:D4.1	ON:D5.0	OFF:D5.1
흡착실린더		물품표시	정지
전진:D6.0	후진:D6.1	D50	M2
서보위치1번	서보위치2번	서보위치3번	
X4	X5	X6	

- Servo Positioning data(테스트운전을 통해서 컨베이어벨트 위에 공작물을 놓고 높이를 측정하여 보정한다)

No.	Pattern	CTRL methode	SLV axis	Acc (ms)	DEC (ms)	Positioning address [μm]	Arc address [μm]	Command speed [mm/min]	Dwell time [ms]	M code
1	END	1:ABS linel	-	0:100	0:100	15000.0	0	3000.0	0	0
2	END	1:ABS linel	-	0:100	0:100	10000.0	0	3000.0	0	0
3	END	1:ABS linel	-	0:100	0:100	7000.0	0	3000.0	0	0
4										
5										
6										
7										
8										
9										
10										
11	CONT	1:ABS linel	-	0:100	0:100	0.0	0	3000.0	0	1
12	CONT	1:ABS linel	-	0:100	0:100	147000.0	0	3000.0	0	3
13	CONT	1:ABS linel	-	0:100	0:100	20000.0	0	3000.0	0	4
14	CONT	1:ABS linel	-	0:100	0:100	23000.0	0	3000.0	0	5
15	CONT	1:ABS linel	-	0:100	0:100	20000.0	0	3000.0	0	6
16	CONT	1:ABS linel	-	0:100	0:100	0.0	0	3000.0	0	2
17	END	1:ABS linel	-	0:100	0:100	0.0	0	3000.0	0	7
18										

No.	Pattern	CTRL method	SLV axis	ACC(ms)	DEC(ms)	Positioning address [um]	Arc Address [um]	Command speed [mm/min]	Dwell time [ms]	M code
1	0:END	1:ABS line1	-	0;100	0;100	15000.0	0.0	3000.00	0	0
2	0:END	1:ABS line1	-	0;100	0;100	10000.0	0.0	3000.00	0	0
3	0:END	1:ABS line1	-	0;100	0;100	7000.0	0.0	3000.00	0	0
4										
5										
6										
7										
8										
9										
10										
11	1:CONT	1:ABS line1	-	0;100	0;100	0.0	0.0	3000.00	0	1
12	1:CONT	1:ABS line1	-	0;100	0;100	147000.0	0.0	3000.00	0	3
13	1:CONT	1:ABS line1	-	0;100	0;100	20000.0	0.0	3000.00	0	4
14	1:CONT	1:ABS line1	-	0;100	0;100	23000.0	0.0	3000.00	0	5
15	1:CONT	1:ABS line1	-	0;100	0;100	20000.0	0.0	3000.00	0	6
16	1:CONT	1:ABS line1	-	0;100	0;100	0.0	0.0	3000.00	0	2
17	0:END	1:ABS line1	-	0;100	0;100	0.0	0.0	3000.00	0	7
18										
19										

- PLC 프로그램(응용)

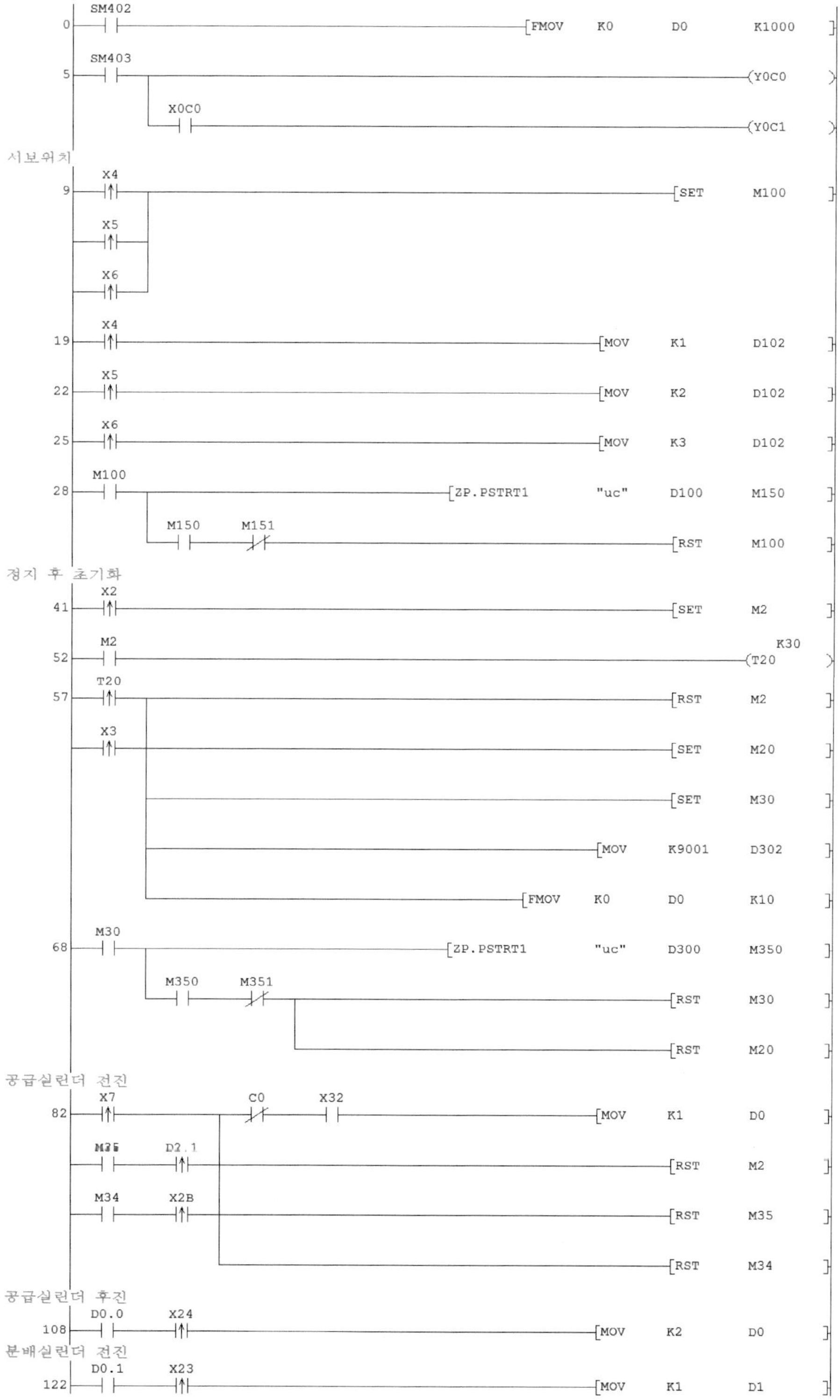
0 SM402 [FMOV K0 D0 K1000]
5 SM403 (Y0C0)
X0C0 (Y0C1)
서보위치
9 X4 X5 X6 [SET M100]
19 X4 [MOV K1 D102]
22 X5 [MOV K2 D102]
25 X6 [MOV K3 D102]
28 M100 [ZP.PSTRT1 "uc" D100 M150]
M150 M151 [RST M100]
정지 후 초기화
41 X2 [SET M2]
52 M2 K30 (T20)
57 T20 X3 [RST M2]
[SET M20]
[SET M30]
[MOV K9001 D302]
[FMOV K0 D0 K10]
68 M30 [ZP.PSTRT1 "uc" D300 M350]
M350 M351 [RST M30]
[RST M20]
공급실린더 전진
82 X7 C0 X32 [MOV K1 D0]
M35 D2.1 [RST M2]
M34 X2B [RST M35]
[RST M34]
공급실린더 후진
108 D0.0 X24 [MOV K2 D0]
분배실린더 전진
122 D0.1 X23 [MOV K1 D1]

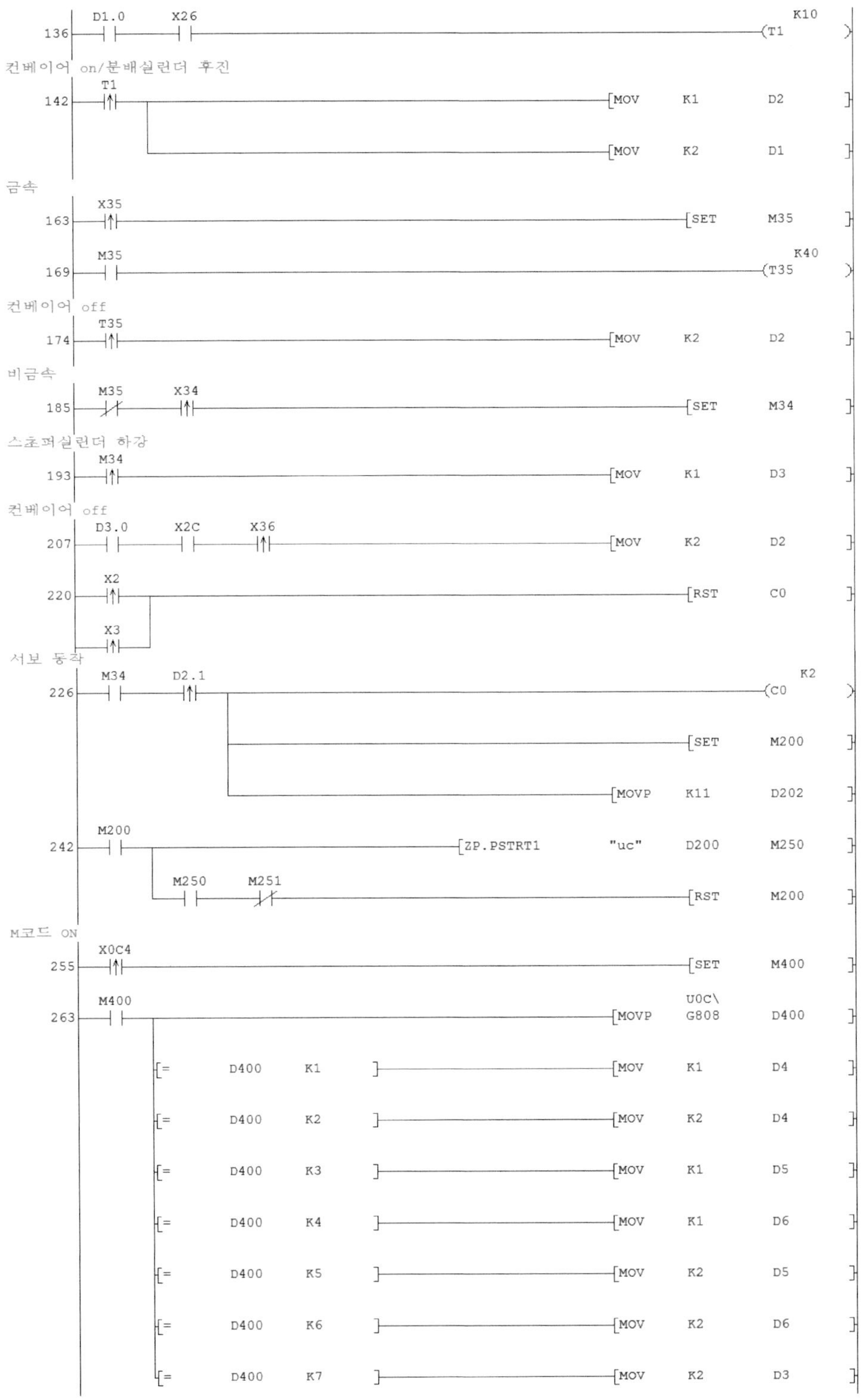
136 D1.0 X26 (T1 K10)
컨베이어 on/분배실린더 후진
142 T1 [MOV K1 D2]
[MOV K2 D1]
금속
163 X35 [SET M35]
169 M35 (T35 K40)
컨베이어 off
174 T35 [MOV K2 D2]
비금속
185 M35 X34 [SET M34]
스토퍼실린더 하강
193 M34 [MOV K1 D3]
컨베이어 off
207 D3.0 X2C X36 [MOV K2 D2]
220 X2 X3 [RST C0]
서보 동작
226 M34 D2.1 (C0 K2)
[SET M200]
[MOVP K11 D202]
242 M200 [ZP.PSTRT1 "uc" D200 M250]
M250 M251 [RST M200]
M코드 ON
255 X0C4 [SET M400]
263 M400 [MOVP U0C\ G808 D400]
[= D400 K1] [MOV K1 D4]
[= D400 K2] [MOV K2 D4]
[= D400 K3] [MOV K1 D5]
[= D400 K4] [MOV K1 D6]
[= D400 K5] [MOV K2 D5]
[= D400 K6] [MOV K2 D6]
[= D400 K7] [MOV K2 D3]

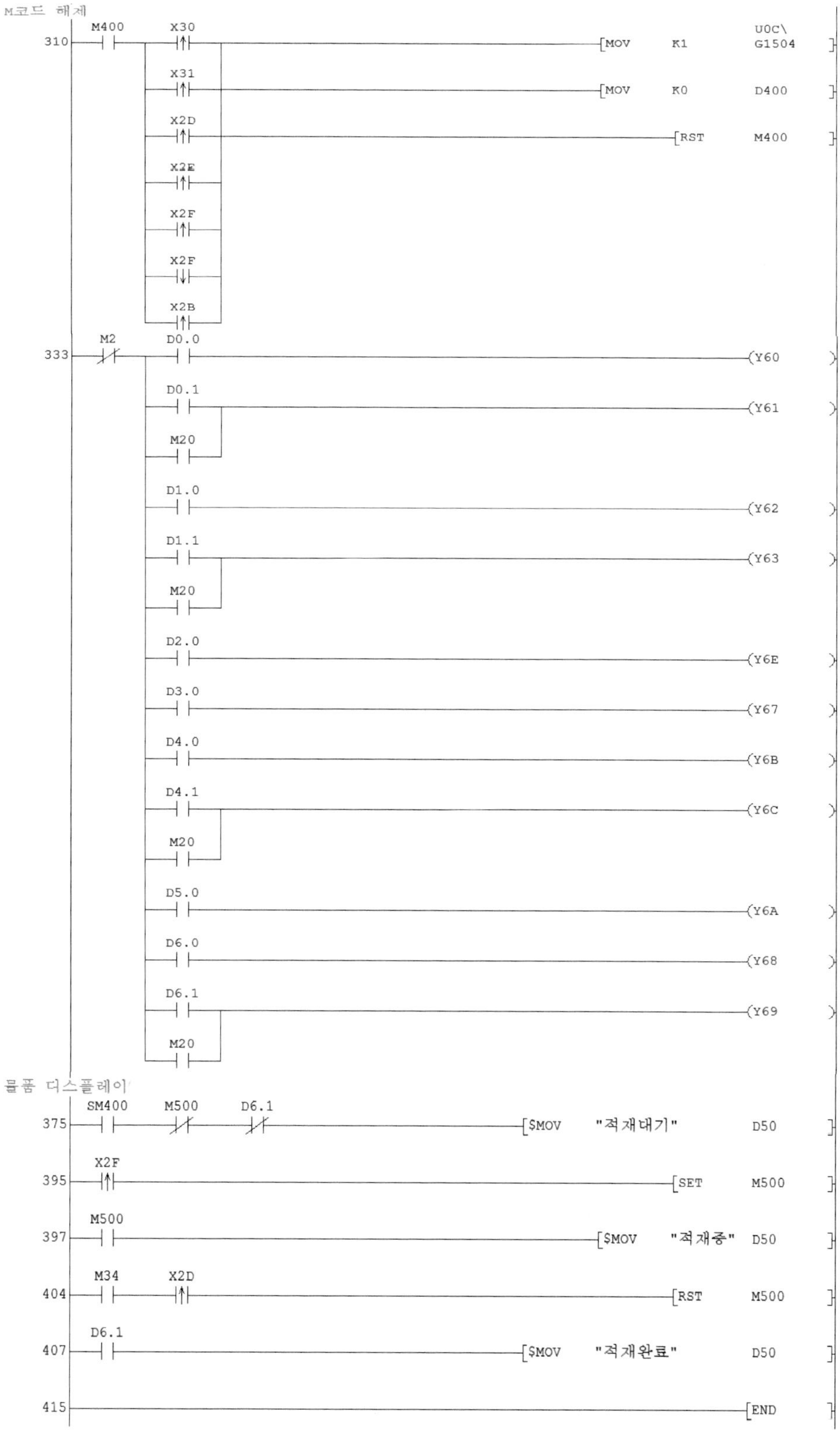
M코드 해제
310
M400
X30
MOV K1 U0C\ G1504
X31
MOV K0 D400
X2D
RST M400
X2E
X2F
X2F
X2B
333
M2
D0.0
Y60
D0.1
Y61
M20
D1.0
Y62
D1.1
Y63
M20
D2.0
Y6E
D3.0
Y67
D4.0
Y6B
D4.1
Y6C
M20
D5.0
Y6A
D6.0
Y68
D6.1
Y69
M20
물품 디스플레이
375
SM400
M500
D6.1
$MOV "적재대기" D50
395
X2F
SET M500
397
M500
$MOV "적재중" D50
404
M34
X2D
RST M500
407
D6.1
$MOV "적재완료" D50
415
END

Question 실기문제 6

01 기본동작

(1) 토글스위치(TG1)을 ON하고 시작 스위치(PB1)를 누르면 연속 동작으로 운전한다.

- 연속 동작이 끝나면 다시 시작 스위치(PB1)를 누르면 연속 동작으로 운전할 수 있어야 한다.

<table>
<tr><th>동작 요소</th><th>제어 조건</th></tr>
<tr><td>공급 실린더</td><td>- 원형매거진에 공작물 재고가 없으면 동작하지 않는다.
- 시작스위치(PL1)를 누르면 첫 번째 공작물을 공급한다.
- 두 번째 공작물부터는 작업 중인 공작물이 배출 또는 저장이 완료되면 공급하고 후진한다.</td></tr>
<tr><td>가공 실린더 및 가공모터</td><td>- 원형매거진에서 공작물이 공급되면 하강한다.
- 가공 모터는 가공실린더가 하강 시 5초간 회전한다.
- 가공 모터(작업시간 5초)가 작업완료 후 상승한다.</td></tr>
<tr><td>송출 실린더</td><td>- 가공 실린더가 상승 완료 후 전진하고 후진한다.</td></tr>
<tr><td>컨베이어 모터</td><td>- 연속동작을 할 때부터 회전한다.
- 스토퍼 실린더가 하강하고 스토퍼 센서가 공작물을 검출하면 일시 정지하며, 스토퍼 실린더가 상승 완료하면 다시 회전한다.
- 연속 동작을 종료하면 정지한다.</td></tr>
<tr><td>배출 실린더</td><td>- 비금속물품은 배출실린더가 전·후진하여 배출한다.
- 금속물품은 후진 상태를 유지한다.</td></tr>
<tr><td>스토퍼 실린더</td><td>- 금속물품은 하강하고, 하강 후 스토퍼센서가 물품을 검출하면, 3초 후 상승한다.
- 비금속을 검출하면 상승상태를 유지한다.</td></tr>
<tr><td>연속 동작 정지</td><td>- 정지 스위치(PB2)를 누르면 작업 중인 공작물이 배출 또는 저장이 완료되면 정지한다.
- 원형매거진에 10초 이상 공작물이 없으면 정지한다.
- 정지 되었을 때 모든 실린더는 초기 상태가 되어야 한다.</td></tr>
<tr><td>표시램프
(PL1, PL2, PL3)</td><td>
<table>
<tr><th></th><th>연속동작 중</th><th>정지 중</th></tr>
<tr><td>PL1
(준비표시)</td><td>소등</td><td>1초 간격으로 점멸</td></tr>
<tr><td>PL2
(운전표시)</td><td>점등</td><td>소등</td></tr>
<tr><td>PL3
(공작물표시)</td><td>원형매거진에 공작물이 있으면 점등하고, 공작물이 없으면 0.5초 간격으로 점멸</td><td>소등</td></tr>
</table>
</td></tr>
</table>

- 터치화면

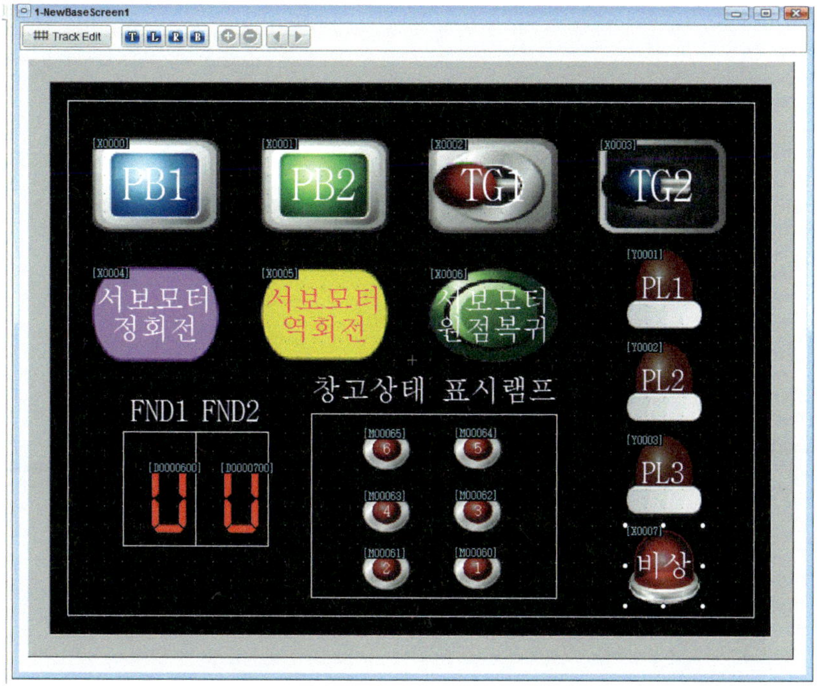

- 터치 I/O 할당표

PB1	PB2	TG1	TG2	서보(정)	서보(역)	서보원점	비상
X0	X1	X2	X3	X4	X5	X6	X7

FND1	FND2	1번창고 램프	2번창고 램프	3번창고 램프	4번창고 램프	5번창고 램프	6번창고 램프
D600	D700	M60	M61	M62	M63	M64	M65

PL1	PL2	PL3
Y1	Y2	Y3

- PLC 프로그램 I/O 할당표(기본)

D0.0	D0.1	D1.0	D1.1	D2.0	D3.0	D3.1	D4.0
Y60	Y61	Y62	Y63	Y64	Y65	Y66	Y67

D5.0	D5.1	D6.0	D7.0	D7.1	D8.0	D9.0
Y68	Y69	Y6A	Y6B	Y6C	Y6D	Y6E

- PLC 프로그램(기본)

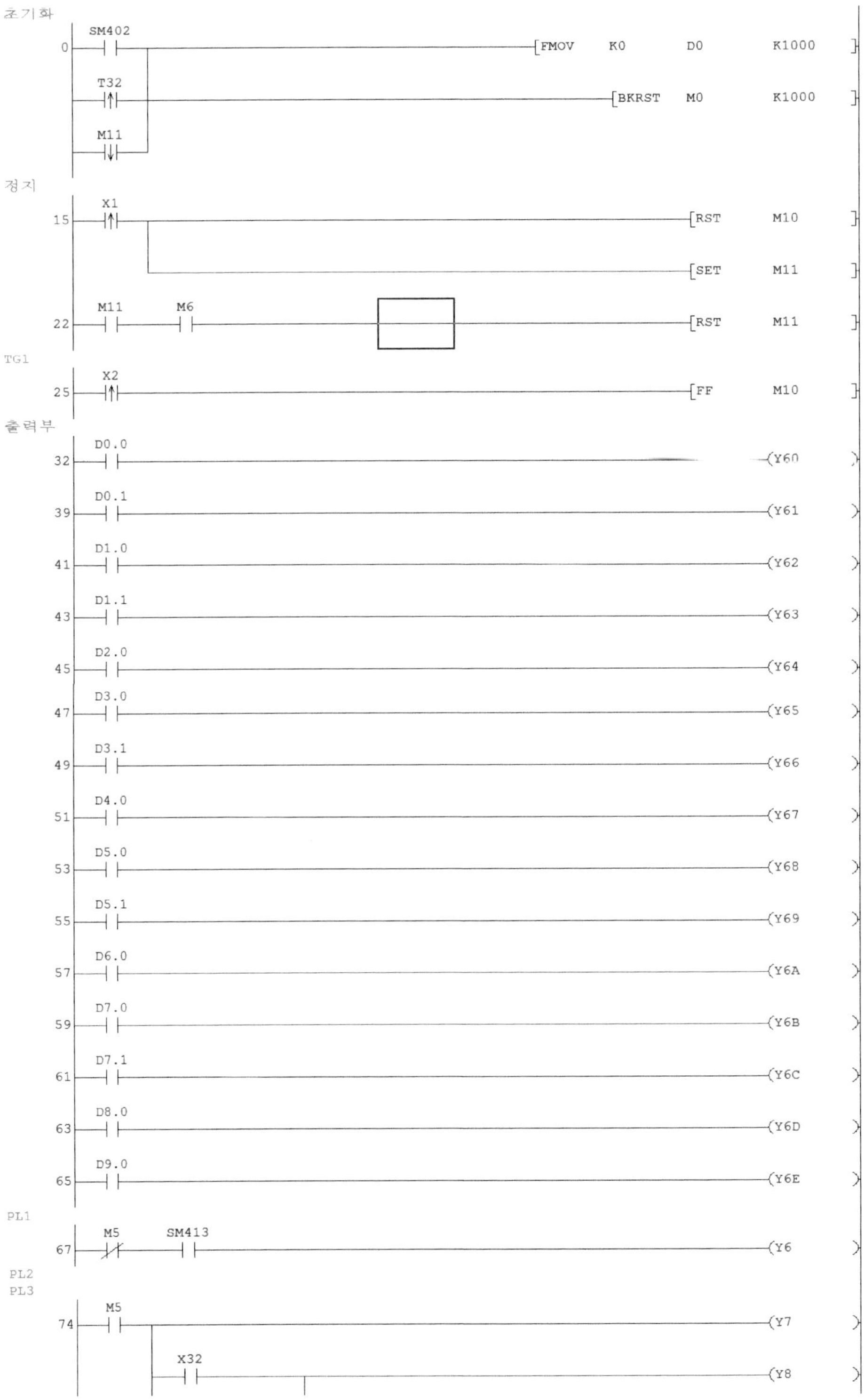

초기화
0 SM402 FMOV K0 D0 K1000
T32 BKRST M0 K1000
M11
정지
15 X1 RST M10
SET M11
22 M11 M6 RST M11
TG1
25 X2 FF M10
출력부
32 D0.0 Y60
39 D0.1 Y61
41 D1.0 Y62
43 D1.1 Y63
45 D2.0 Y64
47 D3.0 Y65
49 D3.1 Y66
51 D4.0 Y67
53 D5.0 Y68
55 D5.1 Y69
57 D6.0 Y6A
59 D7.0 Y6B
61 D7.1 Y6C
63 D8.0 Y6D
65 D9.0 Y6E
PL1
67 M5 SM413 Y6
PL2
PL3
74 M5 Y7
X32 Y8

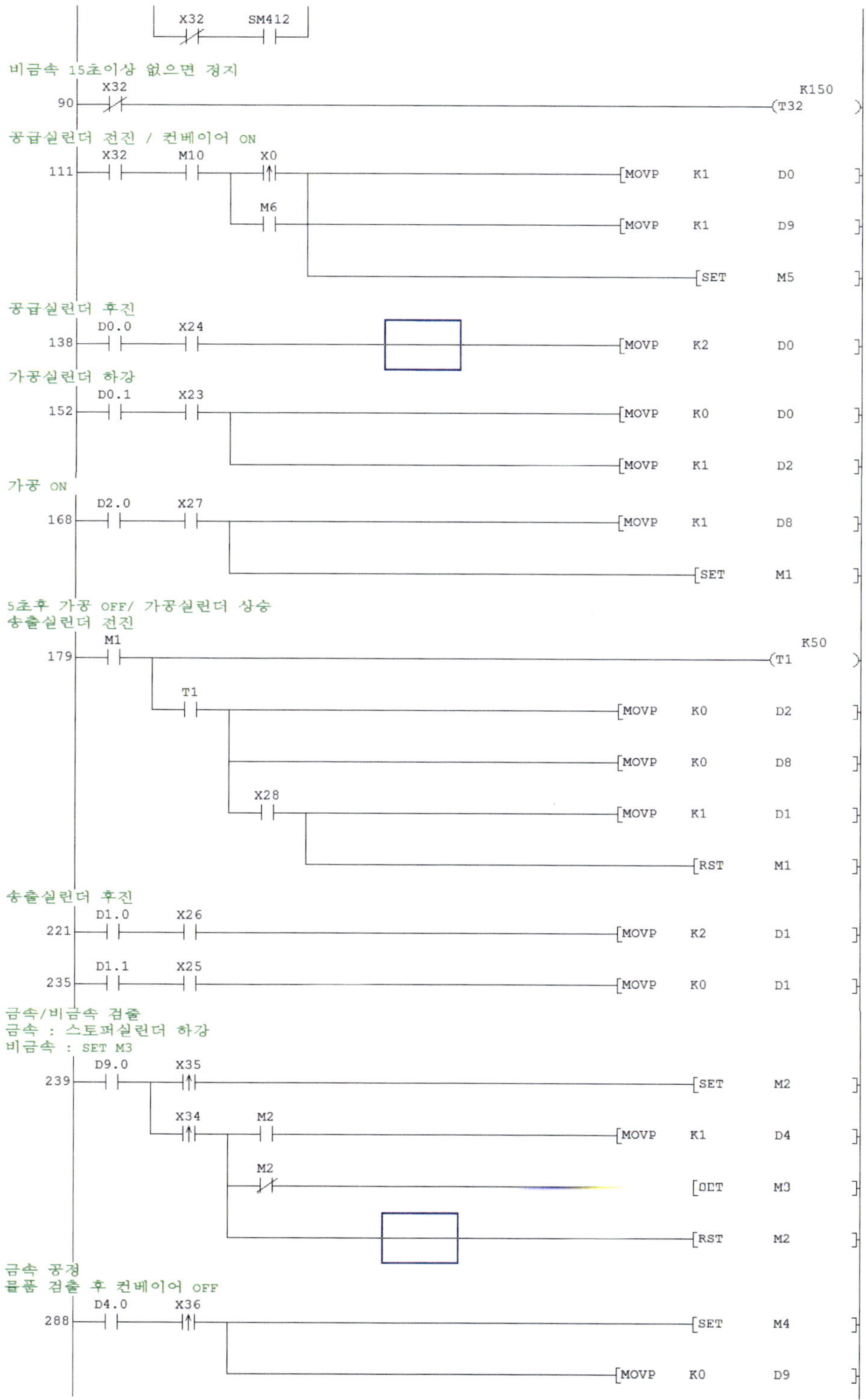
X32 SM412
비금속 15초이상 없으면 정지
90 X32 K150 T32
공급실린더 전진 / 컨베이어 ON
111 X32 M10 X0 MOVP K1 D0
M6 MOVP K1 D9
SET M5
공급실린더 후진
138 D0.0 X24 MOVP K2 D0
가공실린더 하강
152 D0.1 X23 MOVP K0 D0
MOVP K1 D2
가공 ON
168 D2.0 X27 MOVP K1 D8
SET M1
5초후 가공 OFF/ 가공실린더 상승
송출실린더 전진
179 M1 K50 T1
T1 MOVP K0 D2
MOVP K0 D8
X28 MOVP K1 D1
RST M1
송출실린더 후진
221 D1.0 X26 MOVP K2 D1
235 D1.1 X25 MOVP K0 D1
금속/비금속 검출
금속 : 스토퍼실린더 하강
비금속 : SET M3
239 D9.0 X35 SET M2
X34 M2 MOVP K1 D4
M2 SET M3
RST M2
금속 공정
물품 검출 후 컨베이어 OFF
288 D4.0 X36 SET M4
MOVP K0 D9

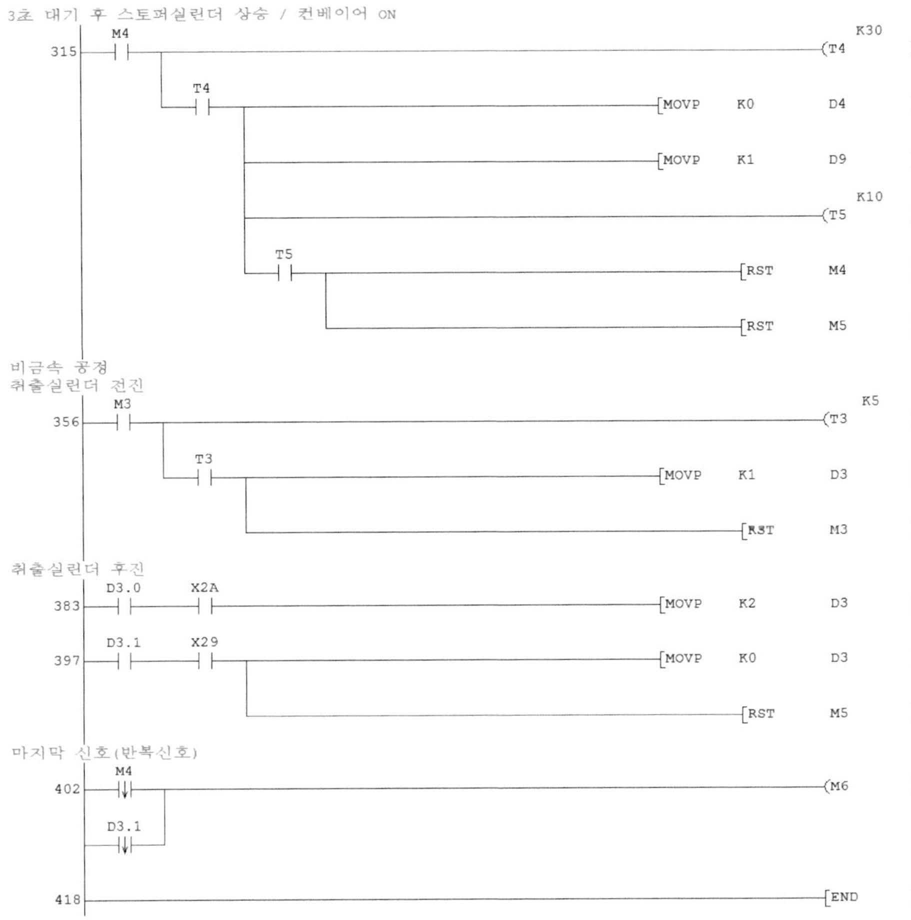
3초 대기 후 스토퍼실린더 상승 / 컨베이어 ON
315 M4 T4 K30
T4 MOVP K0 D4
MOVP K1 D9
T5 K10
T5 RST M4
RST M5
비금속 공정
취출실린더 전진
356 M3 T3 K5
T3 MOVP K1 D3
RST M3
취출실린더 후진
383 D3.0 X2A MOVP K2 D3
397 D3.1 X29 MOVP K0 D3
RST M5
마지막 신호(반복신호)
402 M4 M6
D3.1
418 END

02 응용동작

(1) 기본동작 제어조건에 응용동작의 제어조건이 추가되어 동작된다.
(2) 토글스위치(TG1), 토글스위치(TG2)를 ON 하고, 시작 스위치 (PB1)를 누르면 (ON) 시스템이 연속 동작한다.
(3) 연속동작이 정지되면 시작 스위치(PB1)에 의해 응용동작을 다시 시작할 수 있다.

동작요소	제 어 조 건
공급실린더	비금속 3개를 검출하면 공급 실린더는 공작물 공급을 중지한다.
흡착 실린더, 흡착컵, 서보모터	스토퍼 실린더의 스토퍼 센서에 비금속 공작물이 검출되면 공작물을 저장 창고로 이송한다. 저장위치는 도면을 참조한다. 〈동작순서〉 서보모터 흡착 위치 이동 → 흡착컵 ON → 서보모터 저장 위치 이동 → 흡착 실린더 전진 → 흡착컵 OFF → 흡착 실린더 후진
창고 실린더	저장 순서에 따라서 해당 위치로 전진 및 후진한다.
연속 동작 정지	저장창고에 2개의 비금속 공작물이 저장되면 정지된다.
서보모터 저장위치	서보모터 저장위치를 표시한다. - ⑤ 위치에 적재 후 5번 램프 점등 - ① 위치에 적재 후 1번 램프 점등 저장순서는 ⑤ → ①으로 저장한다.
FND1, FND2	FND1은 비금속 저장 개수를 표시한다, FND2는 금속 배출 개수를 표시한다.
서보모터	- 서보모터 정회전 버튼을 누르고 있는 동안 리프트가 하강한다. - 서보모터 역회전 버튼을 누르고 있는 동안 리프트가 상승한다. - 서보모터 원점복귀 버튼을 누르면 리프트가 원점복귀 한다.
비상 정지	운전 중 비상 버튼을 누르면 모든 시스템은 즉시 정지하고 5초 뒤 시스템 초기화 상태가 된다.

- Servo Positioning data(테스트운전을 통해서 컨베이어벨트 위에 공작물을 놓고 높이를 측정하여 보정한다)

No.	Pattern	CTRL methode	SLV axis	Acc (ms)	DEC (ms)	Positioning address [μm]	Arc address [μm]	Command speed [mm/min]	Dwell time [ms]	M code
1	CONT	1:ABS linel	-	0:100	0:100	147000.0	0	3000.0	0	1
2	CONT	1:ABS linel	-	0:100	0:100	130000.0	0	3000.0	0	2
3	END	1:ABS linel	-	0:100	0:100	7000.0	0	3000.0	0	0
4										
5	CONT	1:ABS linel	-	0:100	0:100	147000.0	0	3000.0	0	1
6	CONT	1:ABS linel	-	0:100	0:100	20000.0	0	3000.0	0	2
7	END	1:ABS linel	-	0:100	0:100	7000.0	0	3000.0	0	0
8										

No.	Pattern	CTRL method	SLV axis	ACC(ms)	DEC(ms)	Positioning address [um]	Arc Address [um]	Command speed [mm/min]	Dwell time [ms]	M code
1	1:CONT	1:ABS line1	-	0;100	0;100	147000.0	0.0	3000.00	0	1
2	1:CONT	1:ABS line1	-	0;100	0;100	130000.0	0.0	3000.00	0	2
3	0:END	1:ABS line1	-	0;100	0;100	0.0	0.0	3000.00	0	0
4										
5	1:CONT	1:ABS line1	-	0;100	0;100	147000.0	0.0	3000.00	0	1
6	1:CONT	1:ABS line1	-	0;100	0;100	20000.0	0.0	3000.00	0	2
7	0:END	1:ABS line1	-	0;100	0;100	0.0	0.0	3000.00	0	0
8										
9										

- PLC 프로그램(응용)

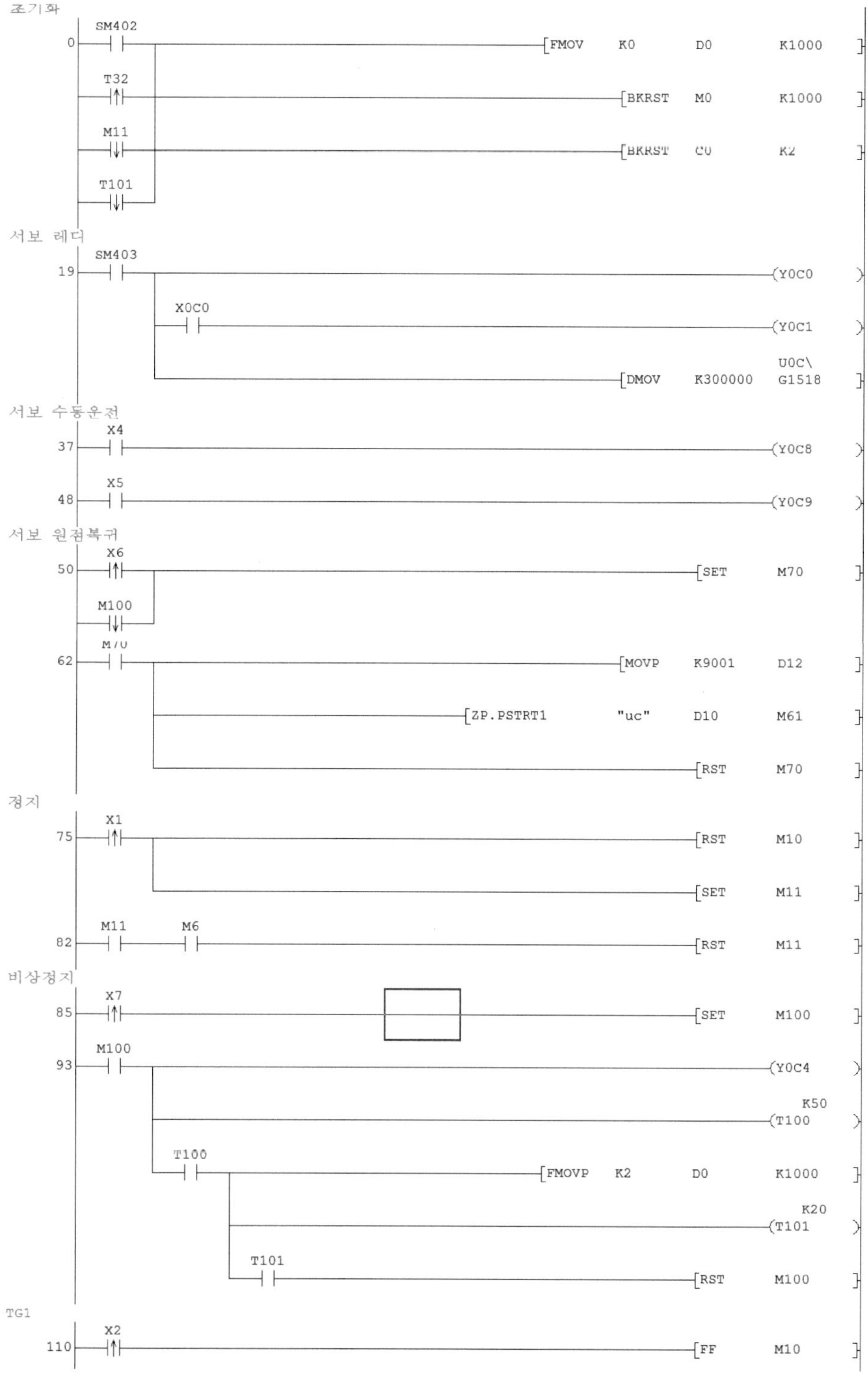
초기화
0 SM402 [FMOV K0 D0 K1000]
T32 [BKRST M0 K1000]
M11 [BKRST C0 K2]
T101
서보 레디
19 SM403 (Y0C0)
X0C0 (Y0C1)
[DMOV K300000 U0C\ G1518]
서보 수동운전
37 X4 (Y0C8)
48 X5 (Y0C9)
서보 원점복귀
50 X6 [SET M70]
M100
62 M70 [MOVP K9001 D12]
[ZP.PSTRT1 "uc" D10 M61]
[RST M70]
정지
75 X1 [RST M10]
[SET M11]
82 M11 M6 [RST M11]
비상정지
85 X7 [SET M100]
93 M100 (Y0C4)
K50 (T100)
T100 [FMOVP K2 D0 K1000]
K20 (T101)
T101 [RST M100]
TG1
110 X2 [FF M10]

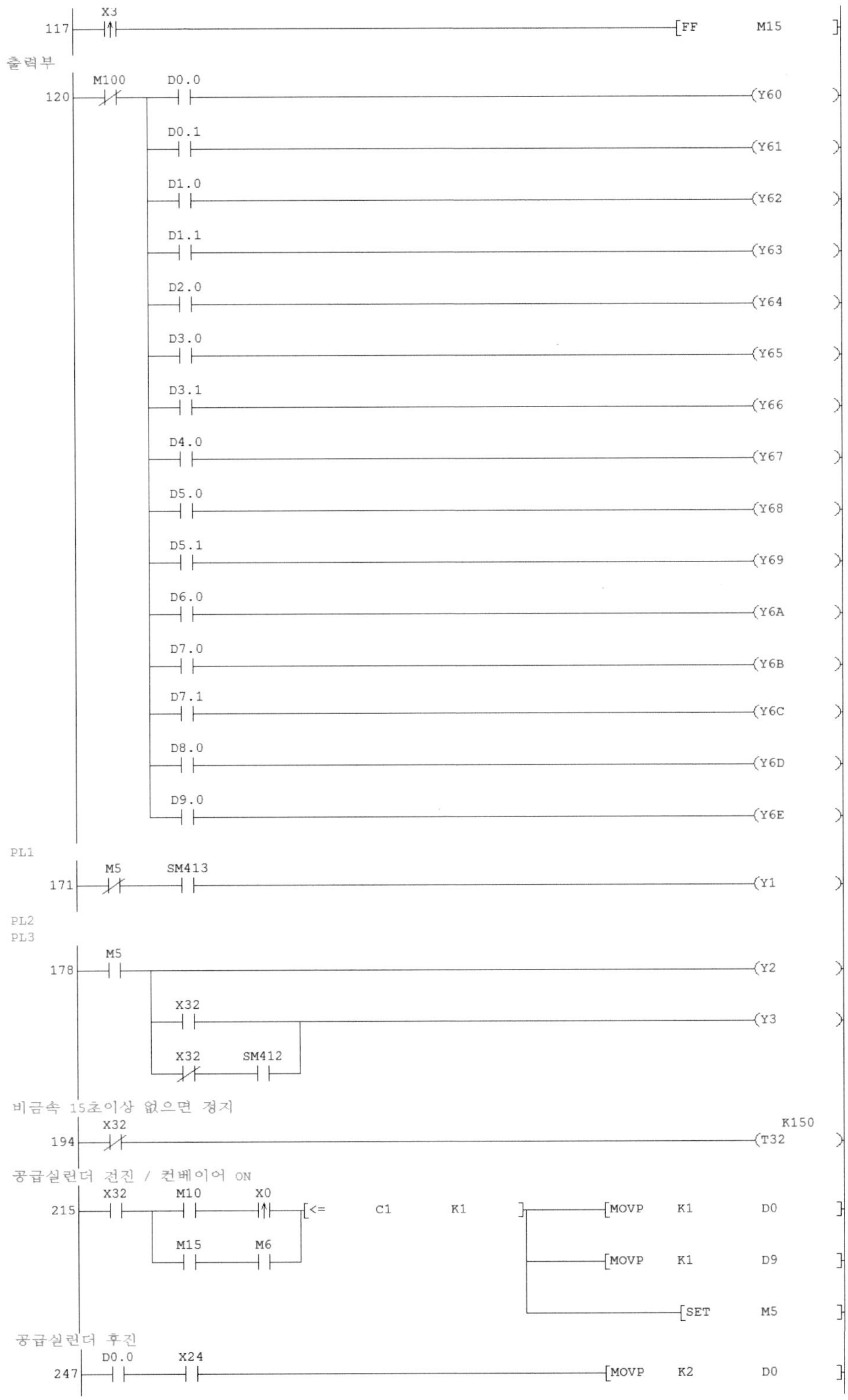
117 X3 FF M15
출력부
120 M100 D0.0 Y60
D0.1 Y61
D1.0 Y62
D1.1 Y63
D2.0 Y64
D3.0 Y65
D3.1 Y66
D4.0 Y67
D5.0 Y68
D5.1 Y69
D6.0 Y6A
D7.0 Y6B
D7.1 Y6C
D8.0 Y6D
D9.0 Y6E
PL1
171 M5 SM413 Y1
PL2
PL3
178 M5 Y2
X32 Y3
X32 SM412
비금속 15초이상 없으면 정지
194 X32 K150 T32
공급실린더 전진 / 컨베이어 ON
215 X32 M10 X0 <= C1 K1 MOVP K1 D0
M15 M6 MOVP K1 D9
SET M5
공급실린더 후진
247 D0.0 X24 MOVP K2 D0

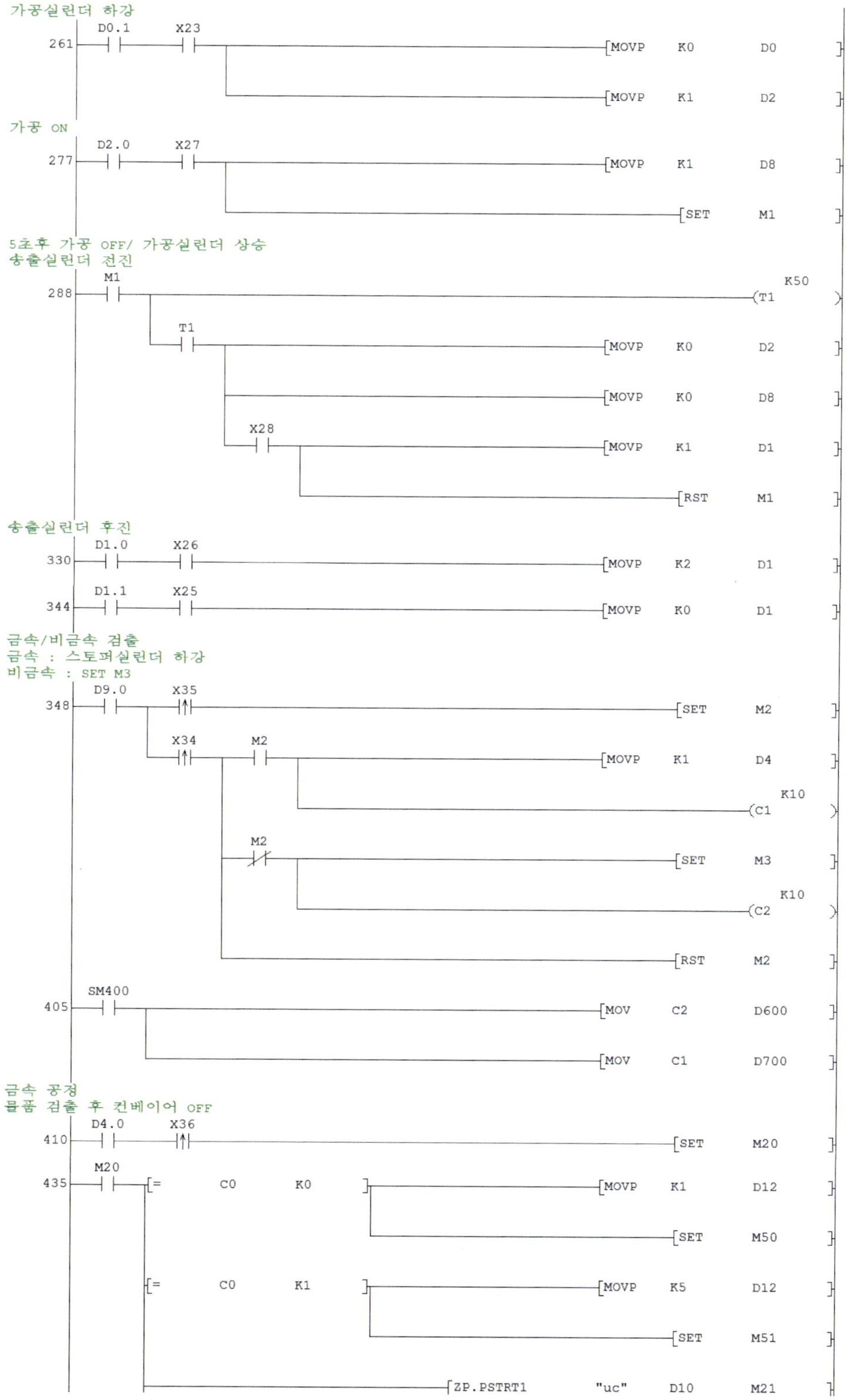
가공실린더 하강
261 D0.1 X23 [MOVP K0 D0] [MOVP K1 D2]
가공 ON
277 D2.0 X27 [MOVP K1 D8] [SET M1]
5초후 가공 OFF/ 가공실린더 상승
송출실린더 전진
288 M1 (T1 K50) T1 [MOVP K0 D2] [MOVP K0 D8] X28 [MOVP K1 D1] [RST M1]
송출실린더 후진
330 D1.0 X26 [MOVP K2 D1]
344 D1.1 X25 [MOVP K0 D1]
금속/비금속 검출
금속 : 스토퍼실린더 하강
비금속 : SET M3
348 D9.0 X35 [SET M2] X34 M2 [MOVP K1 D4] (C1 K10) M2 [SET M3] (C2 K10) [RST M2]
405 SM400 [MOV C2 D600] [MOV C1 D700]
금속 공정
물품 검출 후 컨베이어 OFF
410 D4.0 X36 [SET M20]
435 M20 [= C0 K0] [MOVP K1 D12] [SET M50] [= C0 K1] [MOVP K5 D12] [SET M51] [ZP.PSTRT1 "uc" D10 M21]

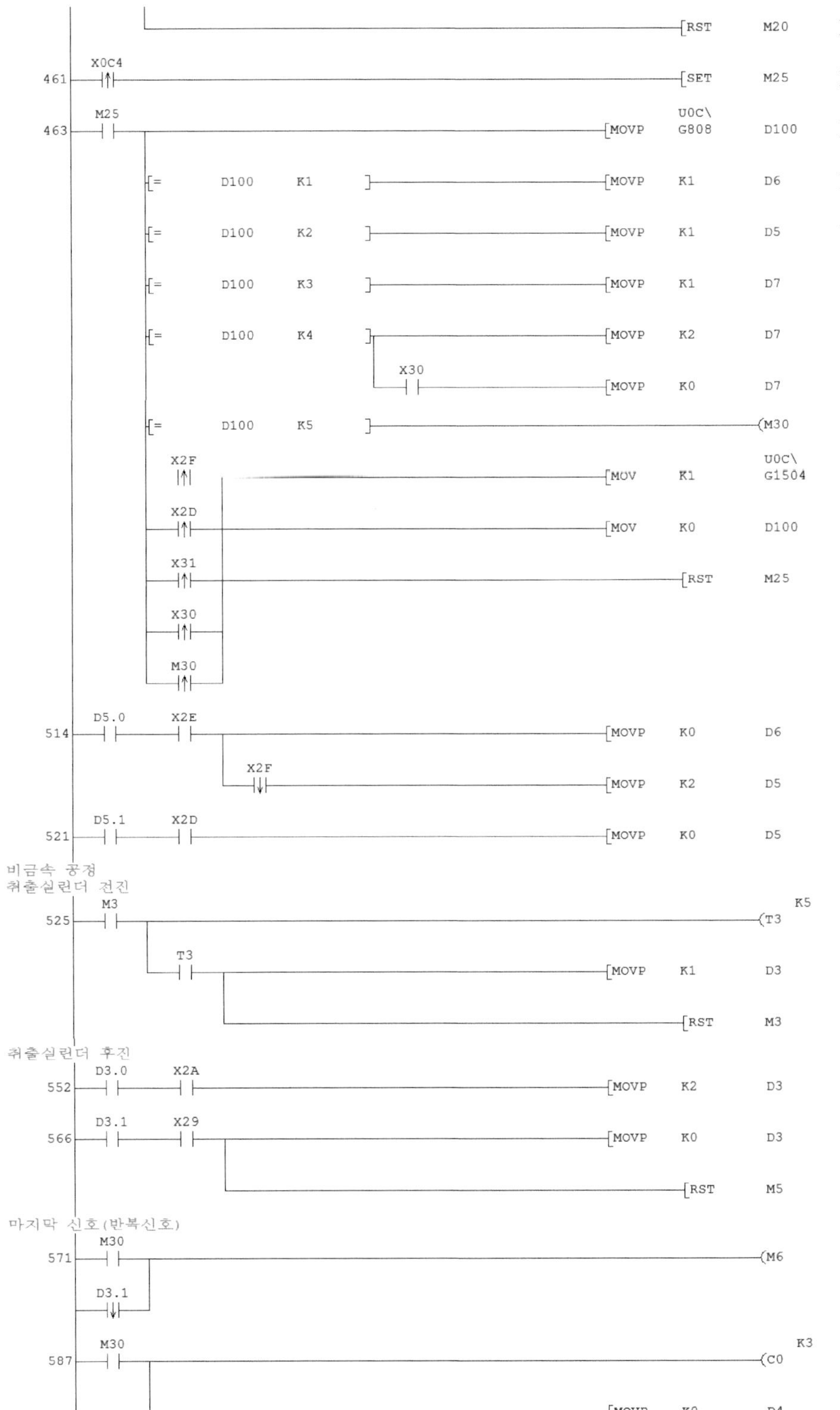
RST M20
461 X0C4 SET M25
463 M25 MOVP U0C\G808 D100
= D100 K1 MOVP K1 D6
= D100 K2 MOVP K1 D5
= D100 K3 MOVP K1 D7
= D100 K4 MOVP K2 D7
X30 MOVP K0 D7
= D100 K5 M30
X2F MOV K1 U0C\G1504
X2D MOV K0 D100
X31 RST M25
X30
M30
514 D5.0 X2E MOVP K0 D6
X2F MOVP K2 D5
521 D5.1 X2D MOVP K0 D5
비금속 공정
취출실린더 전진
525 M3 T3 K5
T3 MOVP K1 D3
RST M3
취출실린더 후진
552 D3.0 X2A MOVP K2 D3
566 D3.1 X29 MOVP K0 D3
RST M5
마지막 신호(반복신호)
571 M30 M6
D3.1
587 M30 C0 K3
MOVP K0 D4

MOVP K0 D9
596 M50 X2F SET M60
599 M51 X2F SET M64
602 END

Question 실기문제 7

01 기본동작

(1) 초기상태: 표시등 PL0는 0.5초 간격으로 점멸되어, 입·출력모듈, 램프모듈, 서보모듈을 이용하여 아래와 같은 동작 및 표시 상태로 제어된다.

동작	구분	동작 및 표시 상태
1	테스트 프로그램운전	테스트 프로그램의 버튼을 이용하여 리프트를 원점 및 상·하 조그(jog)운전
2	실린더 제어 가공드릴 제어 컨베이어 제어	PB0 스위치를 눌렀다 놓으면 아래와 같은 순서로 동작 〈동작순서〉 공급실린더 전진 → 1초 후 → 공급실린더 후진 → 1초 후 →가공실린더 하강 → 3초 간 드릴링 → 가공실린더 후진 → 1초 후 → 송출실린더 전진 → 컨베이어 5초간 회전 → 송출실린더 후진 →컨베이어 정지
3	표시등	PL0: PB0를 누르는 순간 점등, 위 2동작이 완료(컨베이어 정지) 되면 0.5초 간격 점멸
		PL1: 위 2동작이 시작되면 PL0은 점등, 드릴링 작업과 컨베이어 회전 중에는 PL1은 0.5초 간격으로 점멸

(2) 터치 패널의 "PB0" 버튼을 터치하면 위 2, 3 동작이 수행되도록 하며, PL0, PL1은 터치 패널에서도 동시에 동작되어야 한다. 동작 중 "정지" 버튼을 터치하면 즉시 정지하며, 5초 후 초기상태로 된다.

- 터치화면

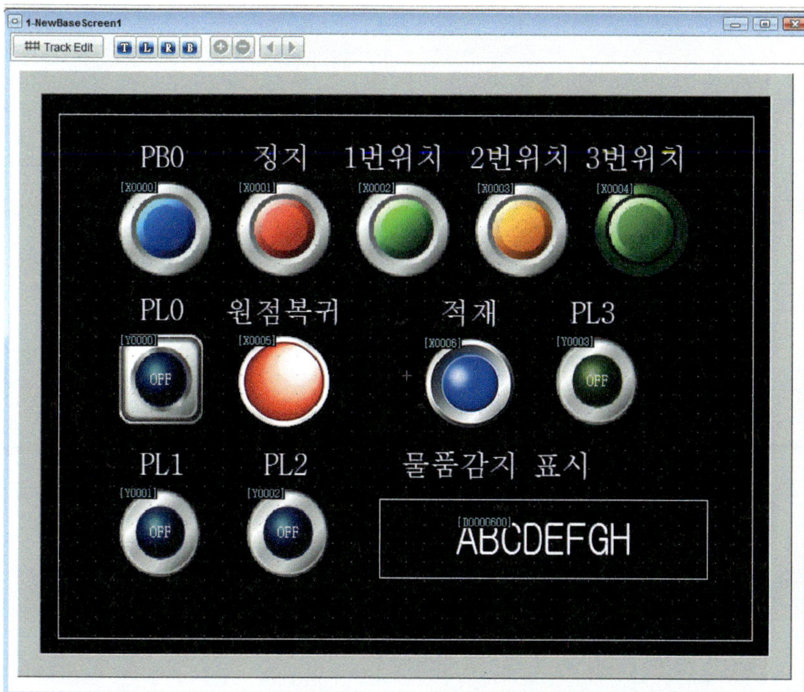

- 터치 I/O 할당표

PB0	정지	PB1 (1번위치)	PB2 (2번위치)	PB3 (3번위치)	원점 복귀	적재
X0	X1	X2	X3	X4	X5	X6

PL0	PL1	PL2	PL3	물품감지 표시
Y0	Y1	Y2	Y3	D600

- PLC 프로그램 I/O 할당표(기본)

D0	M코드1	M코드2	M코드3	M코드4
제어부1	Y6A	D1	Y6B	Y6C

- PLC 프로그램(기본)

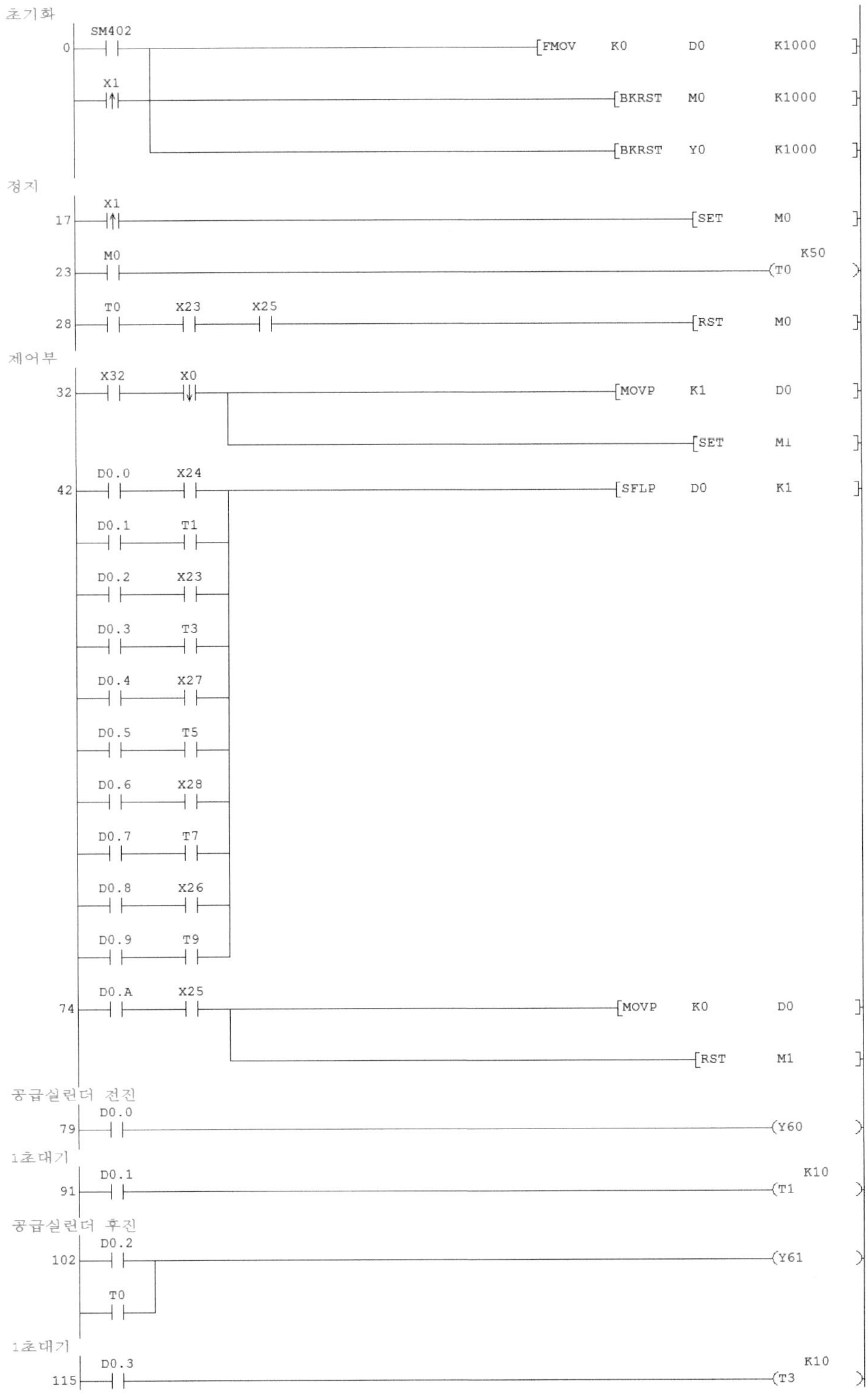
초기화
0 SM402 [FMOV K0 D0 K1000]
X1 [BKRST M0 K1000]
[BKRST Y0 K1000]
정지
17 X1 [SET M0]
23 M0 (T0 K50)
28 T0 X23 X25 [RST M0]
제어부
32 X32 X0 [MOVP K1 D0]
[SET M1]
42 D0.0 X24 [SFLP D0 K1]
D0.1 T1
D0.2 X23
D0.3 T3
D0.4 X27
D0.5 T5
D0.6 X28
D0.7 T7
D0.8 X26
D0.9 T9
74 D0.A X25 [MOVP K0 D0]
[RST M1]
공급실린더 전진
79 D0.0 (Y60)
1초대기
91 D0.1 (T1 K10)
공급실린더 후진
102 D0.2 (Y61)
T0
1초대기
115 D0.3 (T3 K10)

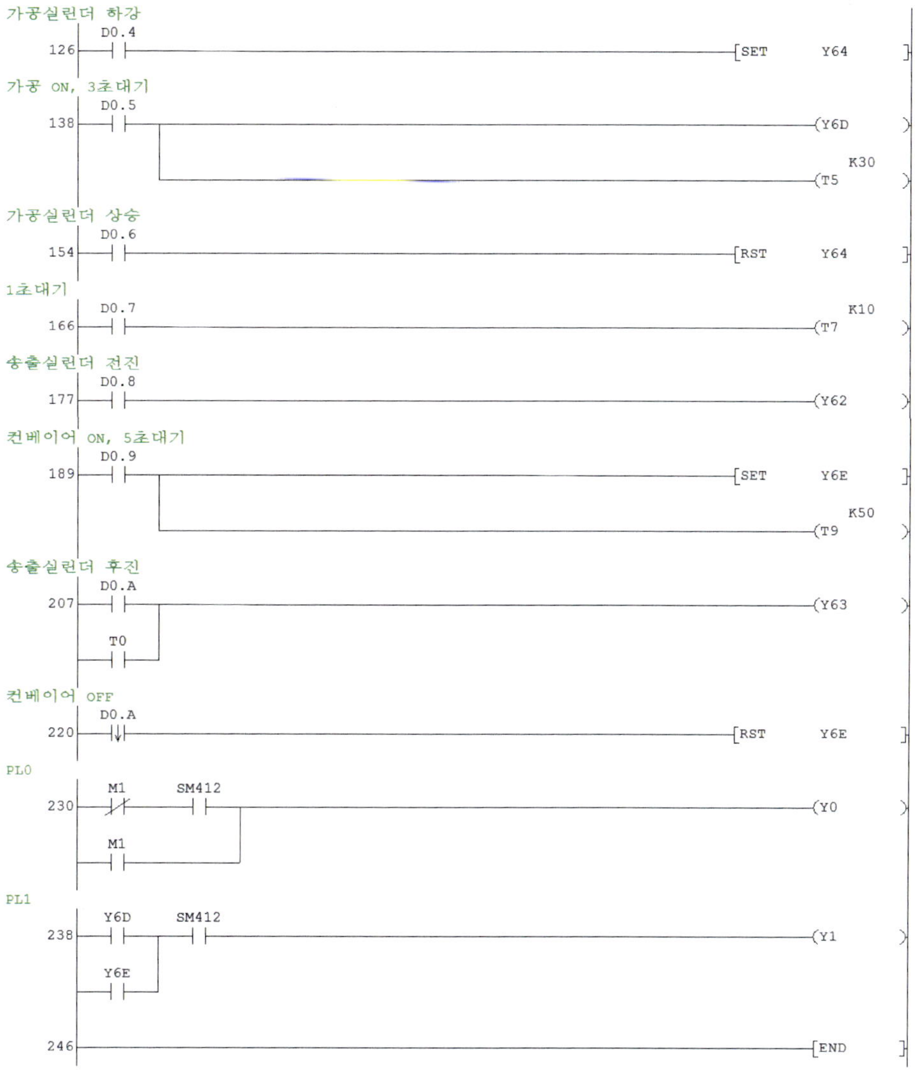
가공실린더 하강
D0.4
126
SET Y64
가공 ON, 3초대기
D0.5
138
Y6D
K30
T5
가공실린더 상승
D0.6
154
RST Y64
1초대기
D0.7
166
K10
T7
송출실린더 전진
D0.8
177
Y62
컨베이어 ON, 5초대기
D0.9
189
SET Y6E
K50
T9
송출실린더 후진
D0.A
207
Y63
T0
컨베이어 OFF
D0.A
220
RST Y6E
PL0
M1
SM412
230
Y0
M1
PL1
Y6D
SM412
238
Y1
Y6E
246
END

02 응용동작

(1) “원점복귀” 버튼을 터치하면 아래 조건과 같이 동작 되도록 한다.

- 원점복귀 버튼을 터치하면 원점복귀를 실시한다.
- 원점 복귀 중에는 원점복귀램프(PL2)가 0.5초 간격으로 점멸하며 원점복귀가 완료되면 점등된다.

(2) “1번 위치”, “2번 위치”, “3번 위치” 버튼을 터치하면 리프트가 각 No.의 위치결정 어드레스로 이동한다. (예: “2번 위치” 버튼을 터치하면 리프트가 10000㎛ 위치로 이동)

No.	운전 패턴	제어방식	위치결정어드레스	지령속도
원점	-	-	0 ㎛	3000mm/min
1	END	ABS	15000 ㎛	4000mm/min
2	END	ABS	10000 ㎛	6000mm/min
3	END	ABS	7000 ㎛	4500mm/min

(3) “적재” 버튼을 터치하면 아래 제어조건과 같이 동작시킨 후 비금속 물품과 첫 번째 금속 물품은 저장박스에 적재하고, 두 번째 금속 물품을 ⑥번 창고에 적재 후 종료되도록 한다.

동작요소	제 어 조 건
물품공급	- 물품을 재질 구분하지 않고 공급하며, 물품이 없으면 이하 동작은 되지 않음 - 물품표시등(PL3)은 물품이 없으면 1초 간격으로 점멸, 물품이 있으면 점등
공급실린더	- “적재” 버튼을 터치하면 물품을 공급 후 후진 - 물품이 없으면 공급하지 않음 - 두 번째 금속물품은 첫 번째 금속 물품과 비금속 물품을 저장박스에 적재 후 공급 - 금속 물품을 2개 공급하면 더 이상 공급하지 않음
송출실린더	- 공급 실린더가 후진 완료하면 컨베이어에 송출 후 후진
컨베이어	- 송출 실린더가 전진하면 회전 - 스토퍼센서가 두 번째 금속 물품을 감지하면 정지 - 첫 번째 비금속 물품과 금속 물품은 계속 회전
스토퍼실린더	- 두 번째 금속을 감지하면 하강(첫 번째 금속 및 비금속 물품은 실린더 상승) - 흡착 완료 후 상승
스토퍼센서	- 두 번째 금속 물품을 감지하면 적재 시작

(4) “물품감지 표시” 메시지는 “적재” 버튼을 터치하면 “감지대기”라고 나타나며, 두 번째 금속 물품을 감지하는 순간 “6번 물품”이란 메시지가 1초 간격으로 점멸한다.

(5) 동작 중 “정지” 버튼을 터치하면 즉시 정지하고 3초 후 초기화 상태로 된다. 여기서 초기화의 의미는 모든 실린더 후진, 컨베이어 정지, 물품감지표시는 “감지대기” 상태이며 PL0는 0.5초 간격 점멸 PL1은 소등 PL3은 매거진에 물품 재고 여부에 따라 점등(물품 있음) 또는 점멸(물품 없음)이 되어야 한다.

- Servo Positioning data(테스트운전을 통해서 컨베이어벨트 위에 공작물을 놓고 높이를 측정하여 보정한다)

No.	Pattern	CTRL methode	SLV axis	Acc (ms)	DEC (ms)	Positioning address [μm]	Arc address [μm]	Command speed [mm/min]	Dwell time [ms]	M code
1	END	1:ABS linel	-	0:100	0:100	150000.0	0	4000.0	0	
2	END	1:ABS linel	-	0:100	0:100	100000.0	0	6000.0	0	
3	END	1:ABS linel	-	0:100	0:100	7000.0	0	2000.0	0	
4										
5										
6										
7										
8										
9										
10										
11	CONT	1:ABS linel	-	0:100	0:100	147000.0	0	3000.0	0	1
12	CONT	1:ABS linel	-	0:100	0:100	20000.0	0	3000.0	0	2
13	CONT	1:ABS linel	-	0:100	0:100	21000.0	0	3000.0	0	3
14	CONT	1:ABS linel	-	0:100	0:100	20000.0	0	3000.0	0	4
15	END	1:ABS linel	-	0:100	0:100	0.0	0	3000.0	0	0
16										

No.	Pattern	CTRL method	SLV axis	ACC(ms)	DEC(ms)	Positioning address [um]	Arc Address [um]	Command speed [mm/min]	Dwell time [ms]	M code
1	0:END	1:ABS line1	-	0;100	0;100	150000.0	0.0	4000.00	0	0
2	0:END	1:ABS line1	-	0;100	0;100	100000.0	0.0	6000.00	0	0
3	0:END	1:ABS line1	-	0;100	0;100	7000.0	0.0	2000.00	0	0
4										
5										
6										
7										
8										
9										
10										
11	1:CONT	1:ABS line1	-	0;100	0;100	147000.0	0.0	3000.00	0	1
12	1:CONT	1:ABS line1	-	0;100	0;100	20000.0	0.0	3000.00	0	3
13	1:CONT	1:ABS line1	-	0;100	0;100	21000.0	0.0	3000.00	0	2
14	1:CONT	1:ABS line1	-	0;100	0;100	20000.0	0.0	3000.00	0	4
15	0:END	1:ABS line1	-	0;100	0;100	0.0	0.0	3000.00	0	0
16										
17										

- PLC 프로그램(응용)

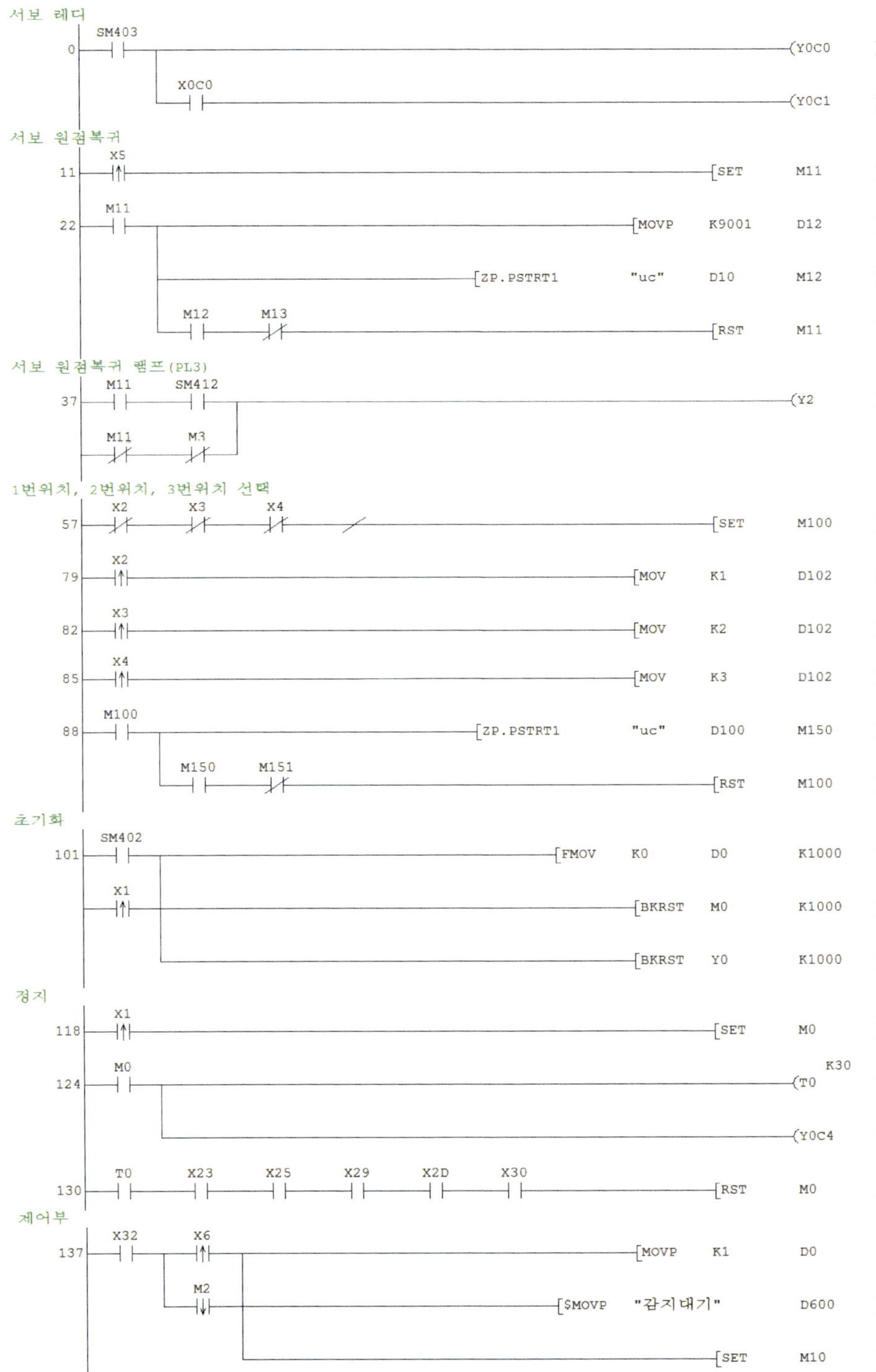

서보 레디
0 SM403 (Y0C0)
X0C0 (Y0C1)
서보 원점복귀
11 X5 [SET M11]
22 M11 [MOVP K9001 D12]
[ZP.PSTRT1 "uc" D10 M12]
M12 M13 [RST M11]
서보 원점복귀 램프(PL3)
37 M11 SM412 (Y2)
M11 M3
1번위치, 2번위치, 3번위치 선택
57 X2 X3 X4 [SET M100]
79 X2 [MOV K1 D102]
82 X3 [MOV K2 D102]
85 X4 [MOV K3 D102]
88 M100 [ZP.PSTRT1 "uc" D100 M150]
M150 M151 [RST M100]
초기화
101 SM402 [FMOV K0 D0 K1000]
X1 [BKRST M0 K1000]
[BKRST Y0 K1000]
정지
118 X1 [SET M0]
124 M0 K30 (T0)
(Y0C4)
130 T0 X23 X25 X29 X2D X30 [RST M0]
제어부
137 X32 X6 [MOVP K1 D0]
M2 [$MOVP "감지대기" D600]
[SET M10]

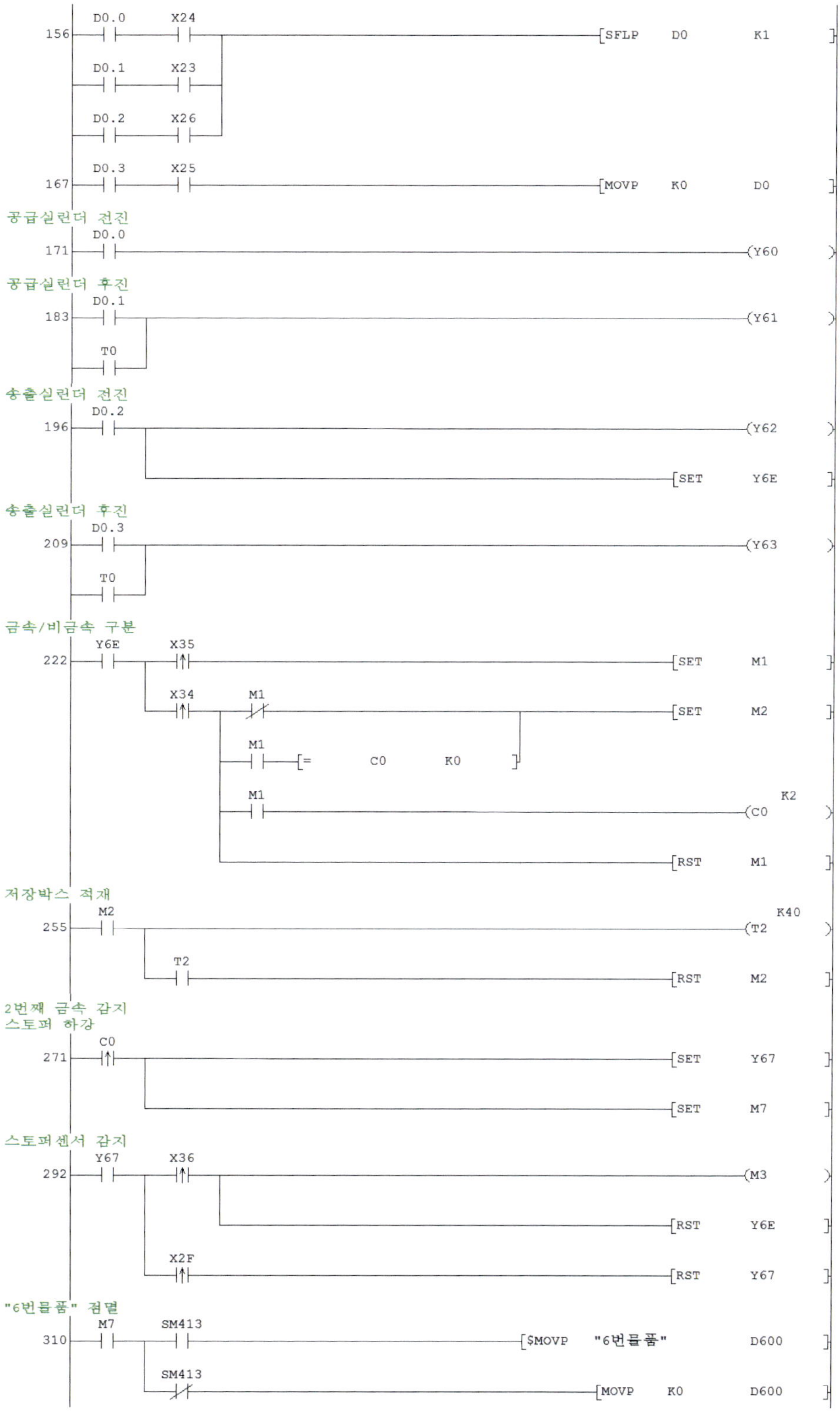
156 D0.0 X24 [SFLP D0 K1]
D0.1 X23
D0.2 X26
167 D0.3 X25 [MOVP K0 D0]
공급실린더 전진
171 D0.0 (Y60)
공급실린더 후진
183 D0.1 (Y61)
T0
송출실린더 전진
196 D0.2 (Y62)
[SET Y6E]
송출실린더 후진
209 D0.3 (Y63)
T0
금속/비금속 구분
222 Y6E X35 [SET M1]
X34 M1 [SET M2]
M1 [= C0 K0]
M1 (C0 K2)
[RST M1]
저장박스 적재
255 M2 (T2 K40)
T2 [RST M2]
2번째 금속 감지
스토퍼 하강
271 C0 [SET Y67]
[SET M7]
스토퍼센서 감지
292 Y67 X36 (M3)
[RST Y6E]
X2F [RST Y67]
"6번믈품" 점멸
310 M7 SM413 [$MOVP "6번믈품" D600]
SM413 [MOVP K0 D600]

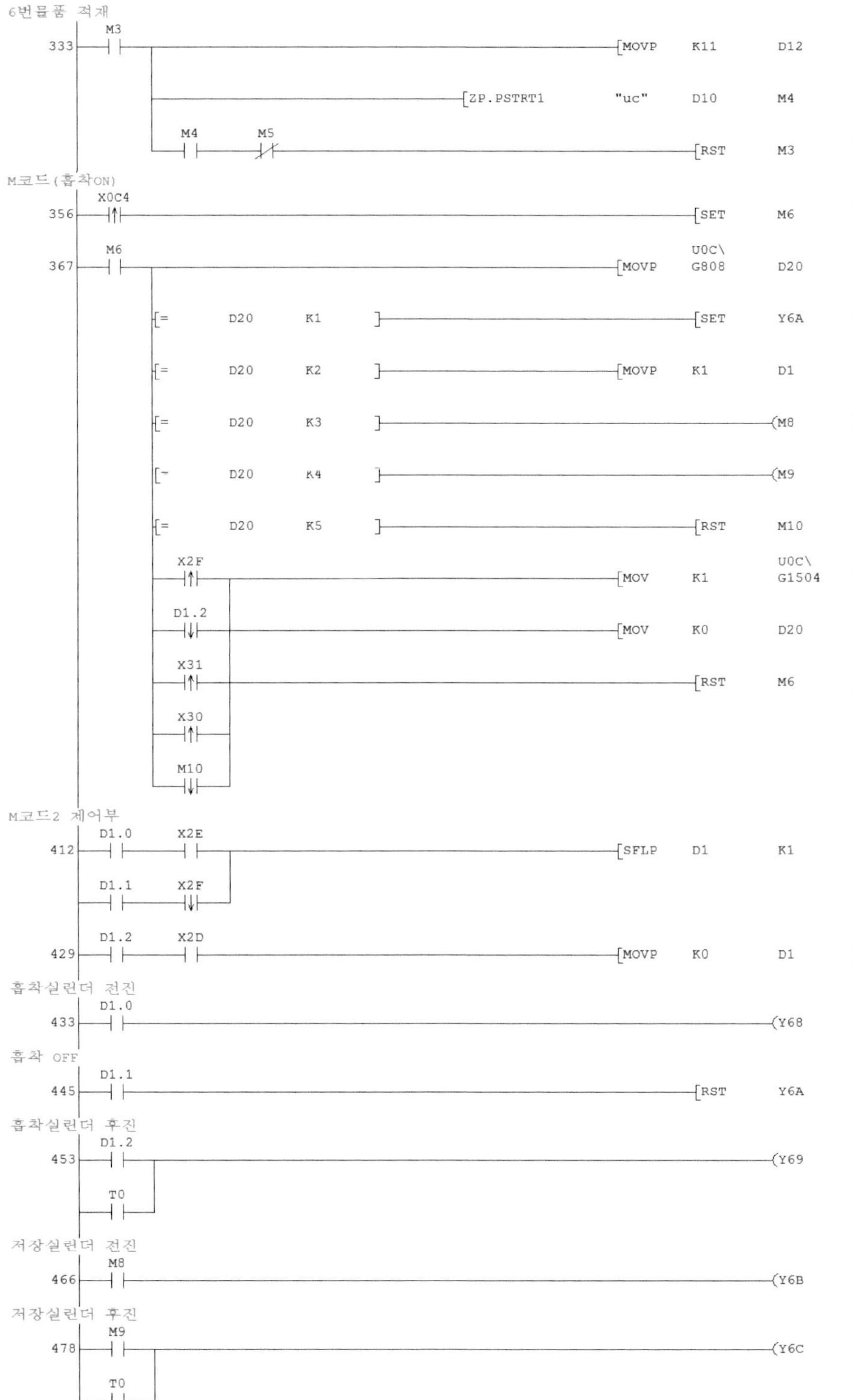
6번믈품 적재
333 M3 [MOVP K11 D12]
[ZP.PSTRT1 "uc" D10 M4]
M4 M5 [RST M3]
M코드(흡착ON)
356 X0C4 [SET M6]
367 M6 [MOVP U0C\ G808 D20]
[= D20 K1] [SET Y6A]
[= D20 K2] [MOVP K1 D1]
[= D20 K3] (M8)
[= D20 K4] (M9)
[= D20 K5] [RST M10]
X2F [MOV K1 U0C\ G1504]
D1.2 [MOV K0 D20]
X31 [RST M6]
X30
M10
M코드2 제어부
412 D1.0 X2E [SFLP D1 K1]
D1.1 X2F
429 D1.2 X2D [MOVP K0 D1]
흡착실린더 전진
433 D1.0 (Y68)
흡착 OFF
445 D1.1 [RST Y6A]
흡착실린더 후진
453 D1.2 (Y69)
T0
저장실린더 전진
466 M8 (Y6B)
저장실린더 후진
478 M9 (Y6C)
T0

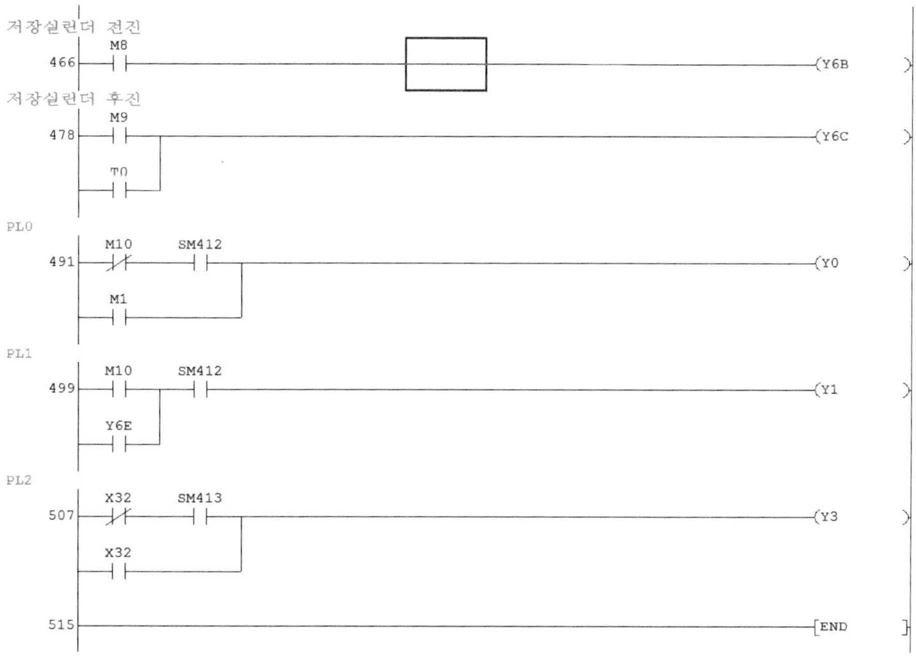
저장실린더 전진
M8
466
Y6B
저장실린더 후진
M9
478
Y6C
T0
PL0
M10
SM412
491
Y0
M1
PL1
M10
SM412
499
Y1
Y6E
PL2
X32
SM413
507
Y3
X32
515
END

저자와의
협의에 의해
인지 생략

GX-Works2를 활용한

MELSEC Q PLC

기초부터 터치패널 활용하기

2판 4쇄 2022년 1월 20일

저 자 주동인
발행인 송광헌
발행처 복두출판사
주 소 서울특별시 영등포구 경인로82길 3-4
센터플러스 807호 (우) 07371
전 화 02-2164-2580
FAX 02-2164-2584
등 록 1993. 11. 22. 제 10-902 호

정가 : 29,000원

ISBN : 979-11-5906-503-3 93560

한국과학기술출판협회 회원사

불법복사는 지적재산을 훔치는 범죄행위입니다.(저작권법 제97조 5항)